KB252510

임신출산
건강백과

헐리우드 스타 단골병원 메이요클리닉
임신출산 건강백과

2012년 5월 1일 1판 1쇄 박음
2012년 5월 4일 1판 1쇄 펴냄

지은이 Mayo Foundation for Medical Education and Research
펴낸이 김철종

편집 김희선
디자인 양미정
마케팅 최단비 오영일 김상숙

펴낸곳 (주)한언
주소 121-854 서울시 마포구 신수동 63-14 구프라자 6층
전화번호 02)701-6616 **팩스번호** 02)701-4449
전자우편 haneon@haneon.com **홈페이지** www.haneon.com
출판등록 1983년 9월 30일 제1-128호
ISBN 978-89-5596-638-1   13590

★ ★ ★ ★ ★ ★ ★

헐리우드 스타 단골병원 **메이요 클리닉**

임신출산 건강백과

메이요 클리닉 지음 | **노정래** 옮김

한의

세상에서 가장 소중한 인연으로 맺어진
엄마와 아기가 건강하고 행복하길 빌며…

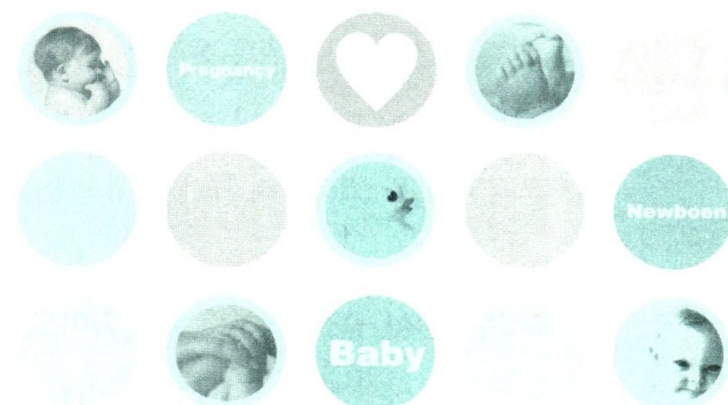

To

____

____

____

____

____

From

여러분은 이 책을 통해 원하는 다양한 정보들을 알기 쉽게 찾아볼 수 있을 것이다. 이 책은 다음과 같이 네 부분으로 이루어져 있다.

제1부 : 임신, 출산 그리고 새 생명

제 1부에서는 임신부의 신체적·심리적 변화뿐만 아니라 태아의 발달 상태까지도 한 달 단위로 나누어 자세히 설명하고 있다. 또한 분만, 출산, 신생아 그리고 산후 조리까지 세세한 정보들을 제공한다.

제2부 : 임신, 출산, 육아를 위한 가이드

임신부의 상황에 따라 최선의 결정을 할 수 있도록 돕는 정보들을 제공한다.

제3부 : 임신 가이드

제 3부에는 속 쓰림, 구토, 척추통증, 피로 등과 같이 임신 중에 일반적으로 흔히 발생하는 증상들을 자가 치료할 수 있도록 안내하고 있다.

제4부 : 임신, 출산에 따른 합병증

건강한 상태에서 임신을 할 수 있는 방법과 함께 임신 중에 발생할 수 있는 여러 가지 합병증에 대해 자세하게 설명하고 있다.

메이요 클리닉*Mayo Clinic*은 초기 창립자인 의사 윌리엄 워럴 메이요 *William Worrall Mayo*와 그의 두 아들인 윌리엄 J. 메이요 *William J. Mayo*와 찰스H. 메이요*Charles H. Mayo*에 의해 1900년대 초에 설립된 병원이다. 미네소타*Minnesota* 주 로체스터*Rochester*에 처음 메이요 클리닉이 설립되었는데, 환자들이 밀려들고 너무 바빠지면서 메이요 형제는 우수한 의료진들을 병원으로 데려오기 시작했다. 오늘날 메이요 클리닉은 미네소타 주 로체스터, 플로리다*Florida* 주 잭슨빌*Jacksonville*, 애리조나*Arizona* 주 스카츠데일*Scottsdale* 이렇게 세 곳에 위치하고 있으며, 2,000명 이상의 의사들과 연구원들이 그 곳에서 왕성하게 활동하고 있다. 메이요 클리닉은 병을 정확하게 진단하고 환자들에게 적합한 해결책을 제시함으로써 효과적인 치료가 이루어지도록 최선을 다하고 있다.

깊은 의학 지식과 경험 그리고 전문가들의 노력으로 메이요 클리닉은 그 어느 곳과도 비교할 수 없는 방대한 의학 자료들을 보유하고 있다. 1983년부터 메이요 클리닉은 건강에 관련된 책을 출판하면서 수백만의 사람들에게 신뢰성 높은 정보를 제공해왔으며, 이제는 신문, 책, 온라인 서비스까지 그 영역을 넓혀가고 있다. 그리고 이로 인해 얻어지는 수익금은 메이요 클리닉의 의학 교육과 연구에 사용되고 있다.

들어가며

이 책은 곧 아기를 가질 사람들을 위한 것이다. 만약 임신을 한 상태라면 정말 축하한다는 말을 전하고 싶다. 인생에는 몇몇 중요한 사건들이 있는데 출산은 그 중 매우 중요하고도 기쁜 일이다. 새로운 아기는 곧 부모가 될 당신에게 매우 소중한 존재로 당신은 이 특별한 존재를 보호하고, 사랑하며 양육하게 된다. 틀림없이 당신은 자신과 아기를 잘 돌보기 위해 이 책에 흥미를 가지게 됐을 것이다. 그리고 이 책은 그런 당신의 기대에 부응하여 엄마와 아기의 건강한 삶을 위한 안내서 역할을 하게 될 것이다.

임신은 자연스러운 일인 한편 여성의 신체와 가족 전체의 관계 변화를 수반하는 놀랍도록 복잡한 과정이다. 그러나 더욱 놀라운 것은 난자와 정자에 의해 형성된 세포가 하나의 인간으로 성장하는 기적과 같은 과정이다. 나는 의학에서 이보다 더 환상적이고 흥미로운 일은 없다고 생각한다.

임신은 건강한 삶을 시작할 최고의 시기로 신뢰할 수 있는 사람들에게 정확한 정보를 구하는 것이 무엇보다 중요하다. 이 책은 임신, 출산, 육아에 대한 다양한 관점과 접근방식으로 전문가들의 의견을 모은 편집물이다. 이 책에 도움을 준 '메이요 클리닉' 은 뛰어난 지식과 재능을 가진 의료진들로 구성돼 있으며, 많은 의학적 문제들을 연구함으로써 의학계의 발전을 위한 핵심적 역할을 하고 있다. 또한 이러한 최고 산부인과 의료진의 풍부한 의학지식과 공동 편집자이자 공인간호조산사인 메리 머리*Mary Murry*의 산파 경험에서 비롯된 과학적인 지혜와 경험들이 각장마다 첨가돼 있다. 이처럼 편집자들은 독자들에게 보다 건강하고 행복한 임신을 할 수 있도록 도와주는 다양한 정보를 제공하려 노력했다.

새로운 아기를 가지려고 하는 당신에게 우리의 책이 다른 어떤 것보다 정보가 풍부하고 도움이 될 만한 의미 있는 책이 되길 소망한다. 더불어 당신이 이 책에서 바라는 정부를 꼭 찾고 만족할 수 있기를 바란다. 마지막으로 낭신에게 임신이 멋진 경험이 되길, 그리고 건강한 아기가 태어나길 고대한다.

_ 편집장 로저 W. 함스*Roger W. Harms, M.D.*

CONTENTS

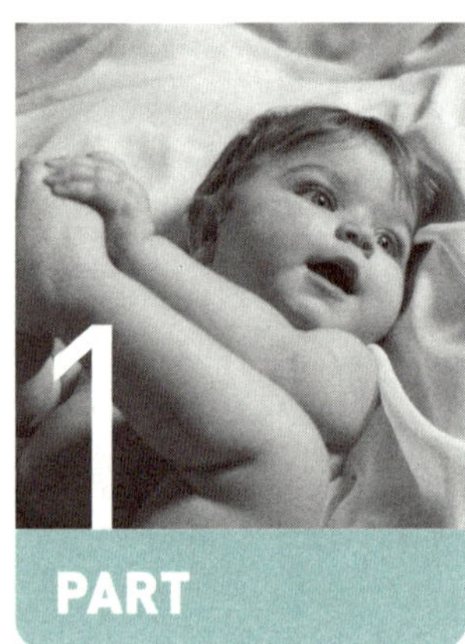

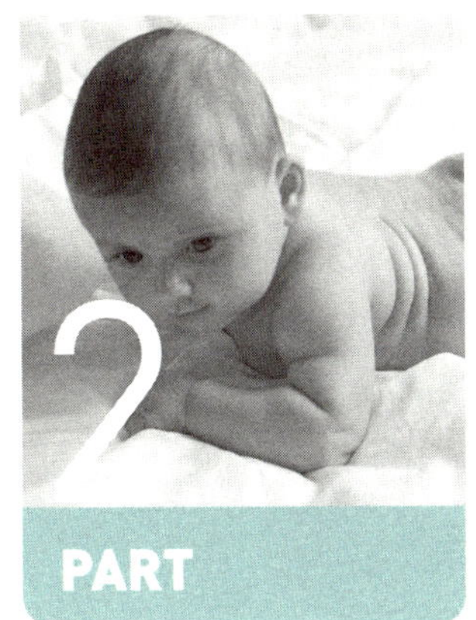

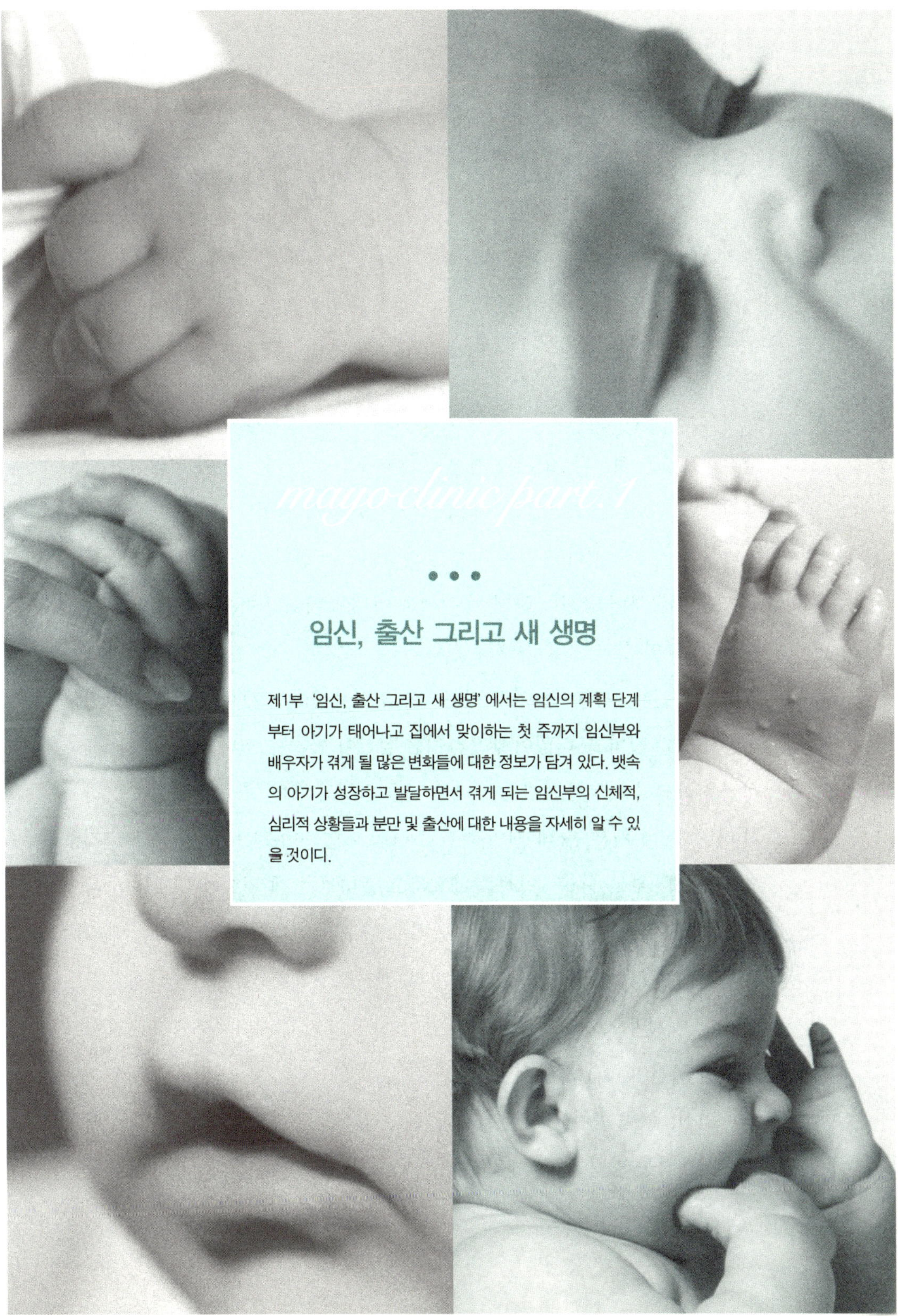

임신, 출산 그리고 새 생명

제1부 '임신, 출산 그리고 새 생명' 에서는 임신의 계획 단계부터 아기가 태어나고 집에서 맞이하는 첫 주까지 임신부와 배우자가 겪게 될 많은 변화들에 대한 정보가 담겨 있다. 뱃속의 아기가 성장하고 발달하면서 겪게 되는 임신부의 신체적, 심리적 상황들과 분만 및 출산에 대한 내용을 자세히 알 수 있을 것이디.

아기를 갖기 위한 준비과정

아이가 생기기를 바라는가? 당신은 아마도 가족을 이루는 것에 대해 한번쯤 생각해보았을 것이다. 또는 현재 임신을 시도하는 중이거나 이미 임신한 상태일 수도 있다. 만약 임신 중이라면 정말 축하받을 일이다!

자녀를 갖기로 결정한 순간부터 삶은 변하기 시작한다. 그리고 임신을 했든 안 했든 지금부터 당신이 하게 될 선택은 미래에 태어날 아이에게 평생 영향을 미칠 수 있다.

임신으로 인해 나타나는 여러 변화들은 임신부를 들뜨게 하면서 한편으론 심란하게 할 것이고, 더없이 행복하지만 심신이 힘들 수 있다.

임신을 하면서 예상치 못한 문제나 궁금증이 생길 때는 이 책에서 도움을 받기 바란다. 이 책은 총 네 개의 파트로 나눠져 있는데 1부: '임신, 출생 그리고 새 생명' 부분에서는 임신을 계획하고 준비하는 데 필요한 정보들이 들어 있다. 또한 임신기간을 일주일 단위로 나누고 있어서 시간의 흐름에 따른 태아의 성장발달과 임신부의 신체적, 정서적 변화를 알아보는 데 유용할 것이다. 마지막으로 태어날 아기에 대한 설명 그리고 예비부모에게 도움이 될 만한 조언이 함께 포함돼 있다.

2부: '임신, 출산, 육아를 위한 가이드' 에는 임신기간 자신을 돌봐줄 담당 의사를 선택하는 방법, 태아 유전자 검사에 대한 자세한 설명, 출산 시 통증을 완화할 수 있는 방법 등의 내용이 포함돼 있다. 그리고 3부: '임신 가이드' 는 대부분의 임신부가 궁금해 하는 것들에 대한 설명과 함께 임신부 자가 관리법을 소개한다. 마지막으로 4부: '임신과 출산에 **따른 합병증**' 에서는 임신으로 인해 일어나는 합병증에 대한 설명들을 볼 수 있다.

임신은 한 생명을 낳아 기르는 매우 소중한 경험의 첫 단계이다. 이 점을 늘 생각하면서 앞으로 일어날 여러 변화들에 대비하여 궁금점이 생기거나 정보가 필요할 때 이 책을 참고하기 바란다.

임신을 위한 준비

임신을 하기 전 그에 대해 미리 생각해보는 것은 임신부와 태어날 아기를 위한 최상의 조건을 갖출 수 있도록 해준다. 각자의 가족계획에 따라 조금씩 차이는 있겠지만 임신에 대해 미리 생각하고 내리는 결정들은 아기와 임신부의 건강상태에 큰 영향을 주는 만큼 만약 아기를 가질 계획이라면 다음과 같은 질문들을 스스로에게 해보기 바란다.

- 나는 왜 아기를 낳으려 하지?
- 남편도 나와 같은 마음으로 아이를 바라고 있나?
- 나의 현재와 미래의 삶에 아기는 어떤 영향을 미칠까? 또한 나는 이러한 변화들을 내 삶의 일부분으로 기꺼이 받아들일 준비가 돼 있나?
- 나는 아이를 키울 수 있는 정신적, 경제적 준비가 돼 있나?
- 내가 아이를 바르게 잘 키울 수 있을까?

한편 당신은 자신의 건강상태에 대해서도 생각해보아야 한다. 임신 전 건강 상태가 좋을수록 임신 후 뱃속 아기와 자신의 건강에 아무 문제없을 확률이 더 높기 때문이다. 물론 지금까지 이러한 사실을 생각한 적이 한번도 없다고 해서 앞으로 건강하지 않은 임신을 하게 된다는 것은 아니다. 하지만 임신을 위한 준비를 빨리 시작할수록 당신과 아기 모두에게 훨씬 도움이 될 것임은 분명하다. 현재 임신을 시도하든 아니면 이미 임신한 상태이든지 말이다.

이어지는 부분에서는 임신 전, 임신 중 그리고 출산 후 등 여러 상황에서 어떻게 하는 것이 임신부와 아기에게 가장 도움이 되는지에 대한 자세한 정보가 나와 있다.

좋은 식습관 갖기

충분한 영양 섭취는 임신 중에만 중요한 것이 아니다. 임신을 준비하고 있는 상태에서도 잘 먹고 영양분을 균형 있게 섭취하는 것은 자신과 태어날 아기를 위한 최고의 준비가 될 수 있다. 임신부는 자신과 태아 두 사람을 위해 음식을 먹어야 하는데 이것은 전보다 두 배 많이 먹는 것을 의미한다기보다는 음식의 양과 질을 전보다 두 배 더 신경 써야 한다는 의미이다.

이미 좋은 식습관을 가지고 있다면 태아에 필요한 영양분을 공급하는 부분에서는 다른 사람보다 앞선 것이다. 하지만 임신기간 동안에는 태아의 성장에 꼭 필요한 철, 칼슘, 엽산, 주요 비타민 그리고 기타 여러 가지 영양분들의 섭취를 더욱 늘리고, 자신과 태아에게 좋지 않은 영향을 줄 수 있는 음식물은 피해야 한다. 그러나 너무 어렵게 생각할 필요는 없다. 대부분은 지금까지의 식습관에 조금만 더 양적, 질적으로 신경을 쓰면 될 것이다.

만약 현재 영양부족 상태이거나 혹은 다이어트를 하느라 끼니를 거르고 다양한 음식을 먹지 않아왔다면 이제는 그러한 식습관을 바꿔야 한다. 실제로 임신의 계획부터 출산할 때까지 올바른 식습관을 갖는 것은 매우 중요한 일이다. 왜냐하면 임신부가 자신이 임신했음을 잘 느끼지 못하는 임신초기에 태아의 주요 내장기관들이 대부분 형성되기 때문이다. 또한 칼로리와 영양분을 적게 섭취하면 태아의 세포 발달을 정상보다 둔화시켜 저체중아를 낳을 수도 있으며, 단기적·장기적으로 아기의 건강에 영향을 미칠 수 있다.

그러나 바른 식습관이 반드시 엄격한 식단을 따르는 것을 의미하지는 않는다. 건강한 임신을 위해 필요한 영양분과 체중증가를 위해 다양한 음식들을 먹는 것으로 충분하다. 다만 항상 잊지 말아야 할 것은 임신부가 먹고 마시는 모든 것들이 태아에 직접적으로 영향을 미친다는 사실이다.

체중증가

임신기간 동안 적절한 체중의 증가는 임신부에게 매우 중요하다. 임신 전의 신장과 체중에 따라 담당 의사가 임신 중 적절한 체중증가의 범위를 알려줄 것이다. 임신을 하면 분명히 체중은 증가한다. 하지만 끝없이 증가하지는 않는다. 그러므로 건강한 임신을 위해서 적설한 체중증가가 꼭 필요하다는 것을 항상 기억하고 적절한 체중증가를 자연스럽게 받아들이도록 한다.

그동안 적절하다고 여겨지는 임신부의 체중증가 범위는 큰 폭으로 변해왔다. 최근까지 의학 전문가들은 체중이 최소한으로 늘어나는 것이 임신부와 태아에 좋다고 생각해 왔다. 주변의 어른들 중에도 아마 약 9kg 이상 몸무게가 늘면 안 된다고 말씀하시는 분이 계실 것이다. 하지만 요즘에는 임신부의 신장을 고려하여, 임신할 때 체중이 정상 범위였다면 11~15kg의 체중증가가 임신부와 태아에 가장 좋다고 여겨지고 있다.

임신 중 체중증가가 일어나는 까닭은 단순히 살이 찌기 때문만은 아니다. 뱃속에서 자라고 있는 아기의 무게, 임신으로 인한 혈액과 체액의 증가 모두가 임신부의 체중증가에 영향을 미친다.

임신과 체중증가

임신부의 체중은 다음과 같은 변화들 때문에 약 11~15kg까지 증가한다.

- 태아 : 약 3~4kg
- 양수 : 약 0.9kg
- 자궁 확장 : 0.9kg~1kg
- 혈액량 증가 : 약 1.3~1.8kg
- 태반 : 약 0.7kg
- 유방 팽창 : 약 0.5kg
- 지방 비축과 근육 발달 : 약 2.7~3.6kg
- 체액 증가 : 약 0.9~1.3kg

이와 같은 체중변화 범위를 이상적으로 볼 수 있지만 무엇보다 중요한 것은 의사와 함께 본인에게 가장 적절한 기준을 찾는 것이다. 그것은 임신 전 체중, BMI 지수, 병력, 임신부와 태아의 건강상태 또는 쌍둥이를 임신했는지에 따라 달라진다. 산전진찰을 받는 동안 의사는 당신의 체중이 시간에 따라 어떻게 변하는지 체크할 것이다.

특히 임신중기(2삼분기 : 임신기간을 삼등분하여 임신 14주까지를 1삼분기 또는 임신초기, 28주까지를 2삼분기 또는 임신중기, 29주부터 42주까지를 3삼분기 또는 임신후기라고 한다-옮긴이)와 임신후기(3삼분기)에 대분분의 체중증가가 이루어지도록 해야 한다. 임신초기 동안 하루에 150~200칼로리를 더 섭취하게 되면 한 달에 0.5~0.7kg 정도 체중이 증가하게 되는데, 활동량이 많을수록 소모돼야 할 칼로리는 늘어난다.

임신중기에는 임신 전 보다 하루에 400~500칼로리가 더 필요하다. 보통 임신중기와 후기에는 일주일에 0.2~0.5kg 정도 살이 찐다고 한다. 임신 전에 정상 체중이었거나 마른 편이었던 임신부가 이 시기에 체중이 적절하게 증가하지 않으면 저체중아를 낳을 수도 있다. 한편 임신 전에 과체중이었으나 건강상 특별한 문제가 없었다면 임신기간 중 체중의 증가 정도가 평균보다 덜 하더라도 태아의 성장에 큰 영향을 미치지 않는다.

그러나 적절한 체중증가보다 더욱 중요한 것은 어떤 음식으로 필요한 칼로리를 섭취했는가이다. 예를 들어, 한번에 200칼로리 이상을 섭취했더라도 그것이 사탕을 통해 얻은 것이라면 필요한 영양분을 충분히 얻었다고는 할 수 없을 것이다. 그보다는 하루 식단에 통곡물 빵 한 조각, 탈지우유 한 컵, 지방이 적은 살코기 약 28g을 더하면 탄수화물, 칼슘, 단백질, 철과 같은 중요한 영양소뿐만 아니라 필요한 여분의 칼로리도 얻을 수 있다.

한편 임신 전에 BMI지수가 30 이상이었다면 임신부와 태아에 모두 위험할 수 있다. 왜냐하면 이 경우 임신부가 임신성 당뇨병을 겪게 되거나 제왕절개를 해야 할 확률이 매우 높아지며, 태아에게는 척추갈림증(spina bifida)이나 심장기형과 같은 선천적 기형이 나타날 위험이 커질 수 있기 때문이다. 또한 아기가 거대아(거대아의 기준에 대해서는 4kg, 4.25kg, 4.5kg 등 다양한 정의가 있으나, 2000년 미국 산부인과 학회에서는 4.5kg 이상으로 정의하였다-옮긴이)가 될 확률도 높아지는데, 거대아는 출산 시 산도를 통과하기 어려워 제왕절개를 해야 할 확률이 증가할 수 있다.

그러므로 당신이 BMI지수 30이상인 상태에서 임신을 했다면 의사와 함께 자신의 체중증가 정도와 건강상태를 꼼꼼히 체크해야 한다. 또한 임신기간 동안 약 7~11kg, 혹은 그 이하의 체중증가만 허용될 것이다. 보통 처음 임신 3개월 동안은 약 0.9kg 그리고 임신 4~9개월 동안은 일주일마다 0.3kg의 체중증가가 적절하다. 한편 BMI지수가 18.5이하로 낮은 경우에도 임신부와 태아가 위험할 수 있다. 왜냐하면 태아가 뱃속에서 충분히 자라기 전(임신 37주가 지나기 전)에 세상에 나올 수도 있기 때문이다.

임신부의 낮은 BMI지수는 약 2.5kg 이하의 저체중아를 출산할 확률을 높인다. 따라서 다시 한 번 강조하지만 체중증가 상황을 담당 의사에게 말하고 상담 받는 일은 매우 중요하다. 만약 임신부의 BMI지수가 낮다면 의사는 정상 임신부들보다는 약간 많은 약 13~18kg의 체중을 늘리라고 권고할 텐데, 보통 임신 첫 주부터 3개월 동안은 약 2kg의 체중증가 그리고 임신 4~9개월까지는 일주일에 최소 0.5kg의 체중증가를 이상적으로 생각할 것이다.

나의 BMI지수는?

체질량지수(body mass index, BMI)는 키와 몸무게에 따라 비만도를 측정하는 수치이다. 다음의 표를 이용해 당신의 BMI지수를 알 수 있다.

체질량 지수 결정			
	정상	과체중	비만
BMI(kg/m2)	19 ~ 24	25 ~ 29	30 ~ 35
신장		무게	
147	41~52	54~62	64~75
150	42~54	56~64	67~78
152	44~55	58~67	69~81
155	45~57	59~69	71~83
160	48~61	63~73	76~89
163	50~63	66~76	78~92
165	51~65	68~78	81~95
168	53~67	70~81	84~97
170	54~69	72~83	86~100
173	56~71	74~86	89~104
175	58~73	76~88	91~106
178	59~75	78~91	93~109
180	61~77	81~94	97~113
183	63~80	83~96	99~116
185	65~82	85~99	102~119
188	67~84	87~101	105~122
191	68~86	90~104	108~126

※ 이 표는 미국 단위를 환산한 것이므로 정확한 자신의 BMI지수를 알고자 한다면 담당 의사에게 물어보도록 한다.

풍부한 영양 섭취하기

임신기간 동안 몸에 좋은 다양한 음식을 먹는 일은 매우 중요하다. 하루에 최소 세끼의 식사를 하고 건강식품을 중간에 틈틈이 먹으면 임신부에게 필요한 영양분을 공급받는 데 어려움이 없을 것이다. 입덧 때문에 식사를 하는 것이 힘들면 간단한 간식이라도 꼭 먹어야 한다. 참고로 필요한 여러 영양분을 한 끼 식사로 한 번에 보충할 수도 있을 것이다. 예를 들어 치즈 피자 한 조각에는 곡물(빵), 야채(토마토소스), 유제품(치즈) 등이 포함돼 있어서 한 끼 식사를 대신할 수 있다.

임신 중에는 일반인에게 권장되는 음식 피라미드의 각 단계 섭취량보다 조금 더 많은 음식을 먹는 것이 일반적이다. p72에 나오는 '매일의 영양분 최소 권장섭취량' 표 대로 먹는다면 보통 하루에 1,800~2,800칼로리를 섭취하게 될 것이다.

임신부가 섭취하는 음식과 그에 따른 영양분을 좀더 확실히 파악하기 위해 '매일 영양분 최소 권장섭취량' 표를 복사하고 그 옆에 하루 종일 먹은 음식을 기록하면 자신에게 부족하거나 과다한 영양분을 알게 돼 식습관을 올바르게 고칠 수 있다. 또한 리스트에 기록한 내용을 의사에게 보여주면 보나 정확한 진료를 받을 수 있을 뿐 아니라 알레르기, 개인적인 식성, 음식에 들어 있는 영양분 측정의 어려움 때문에 필요한 만큼의 영양 섭취가 힘든 경우에도 의사의 도움을 받을 수 있다.

음식을 섭취할 때는 식품 성분표에 적혀 있는 식품의 재료와 영양소를 자세히 살펴보고, 이를 통해 칼로리는 높지만 건강에는 좋지 않은 당이나 지방의 섭취는 줄여야 한다. 한편 식품에 붙어있는 라벨에 표기된 인공감미료와 나트륨의 양에도 주의해야 한다. 일반적으로 식품에 상업적으로 사용되는 인공감미료는 인체에 무해하다고 하지만 가급적이면 인공감미료의 섭취를 줄이는 것이 좋다. 특히 임신부에게 좋지 않은 인공감미료는 사탕, 요구르트, 탄산음료 등에 많이 포함돼 있으니 적절히 섭취하도록 한다.

또한 비록 임신 중에 요구되는 소금(나트륨)의 양이 증가한다 하더라도 짠 음식이나 과자를 너무 많이 먹는 것은 좋지 않다.

특히 임신부가 고혈압이거나 임신으로 인한 여러 증상들로 고생을 하고 있다면 짠 음식은 더더욱 피해야 한다. 일반적으로 의사의 지시가 아니라면 갑자기 짠 음식을 많이 먹는 것은 몸에 좋지 않다.

비타민과 무기질 보충제 섭취하기

필요한 비타민과 무기질을 얻는 가장 좋은 방법은 음식을 충분히 섭취하는 것이다. 하지만 음식 섭취만으로 임신 중에 필요한 엽산, 철, 칼슘 성분들을 충분히 얻는 것은 매우 어려우므로 많은 의사들이 임신부에게 비타민 보충제를 처방해 준다.

임신부용 비타민 보충제나 다른 종류의 여러 보충제를 복용하고 있더라도 영양 균형이 잘 잡힌 식사는 반드시 필요하다. 실제로 비타민 보충제가 불균형한 영양분 섭취를 대신할 수는 없기 때문이다. 이어지는 내용은 임신부와 태아에게 가장 중요한 영양분에 대한 소개와 자세한 설명이다.

• 엽산 : 엽산은 임신초기에 매우 중요한 역할을 하는 비타민B의 일종이다. 미국 질병통제예방센터(CDC)와 공중 위생국은 임신 여부와 상관없이 출산 가능 연령의 모든 여성들에게 하루에 400마이크로그램(0.4mg)의 엽산을 섭취할 것을 권장하고 있다. 왜냐하면 400마이크로그램 이상의 엽산을 섭취할 경우 척추갈림증이나 무뇌증과 같은 신경관 결손이 태아에게 발생할 위험을 많이 감소시킬 수 있기 때문이다. 그리고 임신사실을 알고난 후에야

엽산 복용을 시작한다면 엽산을 통한 태아 신경관 결손에 대한 예방효과가 불충분할 수도 있으므로 미리 챙겨두는 것이 좋다. 왜냐하면 태아의 신경관 결손은 임신부가 임신 사실을 미처 깨닫기 전인 임신 1~4주 차에 주로 발생하기 때문이다.

다행히 엽산보충제나 종합비타민제 또는 엽산이 많이 포함된 음식 섭취를 통해 필요한 만큼의 엽산을 섭취할 수 있다. 이전에 임신했을 때 태아의 신경관에 문제가 발생했던 임신부라면 의사가 하루 4,000마이크로그램(4mg)의 엽산을 섭취할 수 있는 보충제를 처방해 주는데, 이것을 임신 전, 즉 임신을 계획할 때부터 임신초기 3개월 동안 복용해야 할 것이다. 그러나 이와 같은 경우 외에는 절대 담당 의사의 허락 없이 하루에 1,000마이크로그램(1mg) 이상의 엽산을 섭취하고 소비해서는 안 된다. 너무 많은 엽산 섭취는 비타민 B-12 부족으로 인해 나타나는 증상들의 발견을 어렵게 할 수 있기 때문이다.

엽산이 함유된 좋은 식품

영양 강화 시리얼, 영양 강화 통곡물 빵, 녹색채소, 말린 완두콩과 콩류, 오렌지, 자몽 같은 감귤류와 주스, 바나나, 머스크멜론, 토마토

• **철분** : 적혈구에서 주로 발견되는 무기질 중 하나인 철분은 식단에서 매우 중요한 성분이다. 혈액량이 급속히 증가하는 임신기간에는 철의 중요성이 더욱 커지는데, 철분을 충분히 공급받지 못하면 쉽게 피로를 느끼게 될 뿐 아니라 철분 결핍성 빈혈이 생겨 병균에 대한 면역성이 떨어질 수 있기 때문이다. 또한 철분은 태아와 태반의 조직을 형성하는 데도 필요하다. 실제로 아기는 태어나서 6개월 정도는 엄마의 뱃속에서 저장해 둔 철분을 이용한

다. 임신 중 하루에 필요한 철분 30mg을 음식을 통해 충분히 섭취하는 것은 사실상 거의 불가능하다. 임신부에게 요구되는 철분의 양은 임신하지 않은 성인 여성에게 요구되는 것의 두 배에 이르기 때문이다. 그러므로 철분이 풍부하게 들어 있는 음식물 섭취와 더불어 철분보충제를 복용하는 것이 필수적이다.

한편 철분이 태아에 보다 잘 흡수되게 하려면 비타민 C가 많이 들어 있는 음료와 철분보충제를 함께 먹는 것이 좋다. 그러므로 비타민 C가 풍부한 오렌지나 토마토 또는 야채 주스 등을 많이 먹는 것은 매우 바람직하다. 또한 보충제가 아닌 철분이 많이 함유된 음식과 함께 비타민C가 다량 함유된 음식을 같이 먹는 것도 철분 흡수력을 보다 강화한다. 이를 테면 철분이 다량 함유된 시리얼과 함께 딸기를 먹는 것이 좋은 예가 될 수 있다.

철분이 함유된 좋은 식품
지방이 적은 붉은 살코기, 가금류, 생선, 시금치, 두부, 건포도와 건자두 같은 말린 과일, 캐슈 cashew, 아몬드, 땅콩 같은 견과류, 영양 강화 통곡물 빵과 시리얼

• 칼슘 : 이 무기질은 태아의 뼈와 치아가 튼튼하게 형성되는 데 도움을 준다. 하루에 1,000~1,500mg의 칼슘이 임신부터 모유수유 때까지 필요한데, 이것은 대부분의 성인 여성에 요구되는 칼슘양보다 약 40퍼센트 이상 많은 것이다. 만약 평소에도 유제품을 규칙적으로 즐겨먹었다면 칼슘을 조금만 더 섭취해도 요구량에 맞출 수 있을 것이지만 그렇지 않았다면 칼슘이 함유된 음식들을 많이 먹도록 해야 한다.

임신부를 위한 대부분의 영양보충제에 어느 정도 들어 있기는 하지만 일반적으로 하루에 필요한 양이 충분히 포함돼 있지는 않으므로 다양한 형태로 칼슘을 보충하는 것이 좋다. 담당 의사는 흡수력이 좋은 탄산칼슘이나 구연산칼슘으로 이루어진 칼슘보충제를 권할 것이다.

임신 중에는 활동에 필요한 에너지 공급과 더불어 태아의 세포 발달, 조직 성장, 두뇌 발달을 위해 단백질, 탄수화물, 지방과 같은 영양분을 많이 섭취해야 하는데, 특히 비타민 A와 비타민 C는 매우 중요하다. 비타민 A는 태아의 건강한 피부와 시력을 위해 필요하며, 뼈의 성장을 촉진한다. 또한 비타민 C는 태아의 잇몸, 치아, 뼈 등이 건강하게 발달하게 하며, 임신부의 건강한 신체 조직 유지와 철 흡수력을 증진한다. 비타민 A는 통호밀빵, 시리얼, 쌀, 파스타 등과 같은 식품에 많이 함유돼 있으며 망고, 키위, 오렌지 같은 과일에는 비타민 C가 풍부하다.

식사를 통해 이 같은 영양분들을 충분히 얻지 못한다면 영양보충제가 도움이 될 수 있다. 그러나 과도한 비타민이나 무기질 섭취는 태아에게 해로울 수 있기 때문에 담당 의사와의 상담이 필요하다. 예를 들어 10,000IU(IU:비타민 복용량의 국제단위)보다 많은 양의 비타민 A를 매일 복용할 경우 태아의 뼈, 심장, 신경계, 머리, 얼굴 등에 기형이 나타날 수 있으므로 5,000IU 이상 섭취하는 것은 피해야 한다.

칼슘이 함유된 좋은 식품

우유, 치즈, 요구르트, 연어, 뼈째 먹는 정어리 통조림, 시금치, 브로콜리, 말린 콩, 파파야, 오렌지, 칼슘 강화 과일 주스와 시리얼

채식주의 임신부를 위한 식단

채식주의자인 경우에도 임신기간에 자신의 식단을 그대로 유지한 채 건강한 아기를 출산할 수 있다. 하지만 임신기간 중 식단과 섭취하는 식품에 대

한 검토는 필요한데, 그것은 필요한 영양분을 충분히 공급받기 위해서 다양한 음식을 통해 매일매일 섭취하는 영양분의 균형을 유지하는 일이 중요하기 때문이다.

평상시에 생선, 우유, 달걀과 같은 음식들을 자주 먹어왔다면 철, 칼슘, 단백질 등을 필요한 만큼 얻을 수 있겠지만 만약 임신부가 우유, 달걀 등 동물성 식품을 일체 먹지 않는 완전 채식주의자라면 매일매일 식단을 짤 때 주의해야 한다. 완전 채식주의자들은 보통 아연, 비타민 B-12, 철, 칼슘, 엽산 등의 영양분을 충분히 공급받기가 어려우므로 이로 인한 특정 영양분의 결핍을 막기 위해서는 다음과 같이 하면 도움이 될 것이다.

• 칼슘이 풍부한 음식을 하루에 최소 4번 이상 먹는다.

브로콜리, 양배추, 말린 콩, 칼슘이 풍부한 주스, 시리얼, 콩 제품 등과 같은 식품들은 유제품을 대신해 임신부에게 필요한 칼슘을 공급해준다.

• 열량이 풍부한 음식을 자주 먹는다.

체중이 잘 증가하지 않는 임신부라면 특히 중요하다. 견과류, 땅콩버터, 씨앗, 말린 과일 등은 열량이 풍부하므로 적절히 섭취하면 도움이 될 것이다.

• 영양보충제를 적절히 활용한다.

완전 채식주의자 임신부라면 대부분 비타민 B-12 보충제가 필요하다. 임신부에게 필요한 여러 영양분을 공급해주는 임신부용 영양비타민제도 필수적이다. 안전한 비타민제 복용을 위해서는 담당 의사나 믿을 만한 영양사에게 조언을 구할 수 있을 것이다.

안전하게 요리하고 먹기

'따뜻한 음식은 따뜻하게, 차가운 음식은 차갑게 유지하면서 청결하게 먹어라.' 라는 말이 있다. 임신기간에도 이 말을 지킨다면 임신부와 태아가 질병으로 고생하는 일은 없을 것이다. 임신을 하게 되면 신진대사와 순환계가 변해 박테리아 감염에 의한 식중독에 걸릴 확률이 높아지므로 임신부는 특히 조심해야 한다. 일단 임신부가 박테리아로 인한 식중독에 걸리게 되면 임신하지 않은 상태에서 걸린 식중독보다 훨씬 심각한 결과가 나타날 수 있다. 식중독은 임신부에게 나타나는 증상과 관계없이 태아에게도 악영향을 끼치게 되는데, 그 이유는 박테리아의 독성분이 태반을 따라서 임신부에서 태아로 옮겨가기 때문이다.

살모넬라*salmonella*와 리스테리아*listeria*는 음식을 통해 사람에게 감염돼 식중독을 일으키는 대표적인 박테리아로 이 중 살모넬라균은 익히지 않은 가금류, 생선, 달걀, 우유 또는 이러한 재료들로 가공된 식품 등에서 발견된다. 대개 식중독으로 인한 증상들은 살모넬라균에 오염된 음식을 먹은 뒤 24시간 이내에 나타나는데 구토, 설사, 열, 두통 그리고 복부 통증 등을 겪은 후 대부분 2~4일이면 회복된다. 하지만 임신 중인 경우에는 회복기간이 더 길어질 수 있다. 리스테리아균 역시 매우 흔한 식중독균으로 특히 리스테리아 모노키토게네스*monocytogenes* 라고 불리는 균은 음식을 통해 번져서 리스테리아병 이라고 불리는 증상을 발생시킨다. 저온 살균을 하지 않은 우유, 브리*brie*치즈나 페타*feta* 치즈와 같은 부드럽고 하얀 치즈, 덜 익은 가금류, 핫도그, 가공 육류품 등에서 리스테리아균이 번식할 수 있다. 그러므로 이러한 음식들은 임신 중에 되도록 피하는 것이 바람직하다.

리스테리아병의 증상은 감기나 독감의 증상과 비슷해 열이 나고 피로함을 느끼며 구토, 메스꺼움, 설사 등에 시달리게 된다. 이 병의 약 1/3정도가 임신 중에 발생하는데, 심각한 경우에는 유산으로 이어지질 뿐 아니라 임신부의 혈액을 통해서 옮겨진 병균으로 인해 태아가 뇌수막염에 걸릴 수도 있다. 다음은 임신부 자신과 태아의 건강을 위해서 꼭 지켜야 할 몇 가지 사항이다.

• 현명하게 장보기 : 식사 준비를 위해 장을 볼 때는 냉장보관이나 냉동보관하지 않고 금방 조리해서 먹을 수 있는 음식 재료를 사는 것이 좋다. 고기, 가금류, 생선, 달걀 등은 냉장보관이나 냉동보관이 필수적인데, 이러한 식재료를 통해서 식중독 박테리아에 노출될 수 있기 때문이다. 또한 사온 식품들은 포장을 뜯고 적절하게 보관해야 한다.

• 냉장고 안 체크하기 : 박테리아의 번식을 막기 위해서는 냉장고 안 온도를 약 1~4도로, 냉동실 온도는 약 영하 17도 이하로 유지해야 한다. 그러므로 저렴한 냉장고 온도계를 구입해 항상 냉장고 온도를 체크하기를 바란다. 또한 유통기한이 지난 식품은 냉장고에 보관하지 말고 즉시 폐기하도록 한다. 이 것은 그동안 방치해 왔던 냉장고 안을 깨끗이 청소할 좋은 기회가 될 것이다.

• 손과 모든 식재료를 깨끗이 씻기 : 음식을 준비하기 위해 손을 씻을 때는 항상 손톱 아래까지 깨끗이 하도록 한다. 손을 청결하게 하는 것은 음식을 통한 병균의 번식을 막는 최고의 방법이기 때문이다. 식사를 준비할 때는 익히지 않은 음식과 익힌 음식을 분리해서 보관하고, 육류와 농산물은 각각 도마를 구분해서 사용한다. 또한 도마와 칼 등 요리 기구들은 사용 후 뜨거운 비눗물로 세척하는 것이 좋다. 한편 요리하는 동안 세균에 오염될 수도 있으므로 익히지 않은 식재료를 다룬 뒤에는 손을 깨끗이 씻어야 할 것이

다. 그리고 임신 중에 먹을 음식을 고르고 어떻게 조리할지를 결정할 때, 특히 다음과 같은 재료들을 다룰 때는 이전보다 좀 더 주의해야 한다.

• 조리되지 않은 과일과 야채 : 과일과 야채를 그냥 먹을 때는, 먹기 전에 항상 깨끗이 씻는 것을 잊지 않도록 한다. 경우에 따라 껍질을 박박 문질러 씻거나 깎아낼 수도 있을 것이다. 한편 싹이 난 자주개자리(alfalfa, 장미목 콩과의 여러해살이 풀로, 식이섬유가 많아 변비에 좋다 - 옮긴이)는 절대 먹지 말아야 한다.

• 갈려서 가공된 육류 : 햄버거, 갈린 닭고기, 소시지 등은 더욱 조심스럽게 다뤄야 한다. 왜냐하면 대장균은 보통 육류의 표면에서 자주 발견되는데다, 잘게 갈리는 공정을 통해 식품 전체에 균이 퍼질 수 있기 때문이다. 또한 가공된 육류는 먹기 좋게 잘 굽는다 하더라도 육류 안쪽까지 대장균을 죽일 수 있을 만큼의 온도에 도달하기 어렵다. 그러므로 살짝 익히거나 중간 정도 익힌 햄버거와 소시지는 삼가는 것이 좋다.
고기는 바짝 구워져서 겉에 약한 회색빛이 돌고 육즙이 흐르지 않는 상태에서 먹도록 한다. 그리고 가금류 또한 먹기 전에 충분히 익혀야 한다. 음식이 알맞게 요리되었는지 확인할 수 있도록 온도계를 구비하면 도움이 될 것이다.

• 생선과 조개류 : 해산물은 영양이 매우 풍부하기 때문에 임신부에게 좋은 식단이 되며, 특히 생선에 많이 함유돼 있는 오메가-3 지방산은 태아의 두뇌 발달에 탁월한 영향을 미친다. 하지만 날생선과 익힌 생선 모두 바이러스 또는 박테리아 감염 가능성이 있으므로 항상 주의해야 할 것이다.
생선을 요리할 때는 10분 규칙을 이용하면 도움이 된다. 10분 규칙이란 생선의 가장 두꺼운 부분의 두께를 잰 뒤 인치 당 약 230도의 온도로 10분 동안 가열하는 것이다. 보통 대합, 굴, 새우 같은 어패류는 4~6분 정도 끓이면 되는데, 임신 중에는 날것이나 충분히 익히지 않은 생선 및 조개류는 피하는 것이 좋다. 또한 신선한 수산물을 구입하고, 구입한 것은 그날 바로 요리해 먹는 것이 바람직할 것이다. 한편 환경오염으로 인해 여러 수산물들이 독성을 가질 수 있다는 사실에도 항상 주의해야 한다.

1979년부터 규제되고 있음에도 불구하고 폴리염화페비닐(PCBs)은 우리 주변에 여전히 남아있다. 특히 PCBs는 어류에 축적돼 그 농도가 점점 높아진다. 또한 PCBs와 같이 치명적인 영향을 끼치는 메틸수은(methylnercury)은 산업 폐기물과 화석연료 연소의 부산물로, 대기에 방출돼 강과 바다를 오염시킨다. 임신부나 임신부를 돌봐주는 사람이 수은에 노출되면 태아의 두뇌와 신경 발달에 해를 끼칠 수 있다. 신경계가 충분히 발달한 성인이나 어느 정도 자란 아이들보다 한창 성장발달 중인 태아가 메틸수은으로 인한 악영향에 더욱 민감하기 때문이다. 임신 중이거나 임신을 계획 중 또는 임신부를 돌봐줄 예정이라면 미국 환경청(EPA)이 규정한 다음의 지침들을 준수해서 수산물에 존재하는 환경 오염 물질에 최대한 노출되지 않도록 해야 한다.

- 체내에 축적된 수은의 농도가 낮은 태평양 연어, 대구, 흘림도다리(flounder), 새우, 양식 송어, 메기 등의 생선을 먹는 것이 좋다. 상어, 황새치, 고등어, 옥돔 등에는 축적된 화학적 오염물질의 농도가 높으므로 먹지 말아야 한다.
- 가족이나 친구가 잡아온 민물고기를 일주일에 약 170g이상 섭취하지 말아야 한다.
- 가정이나 식당에서 일주일에 약 340g이상의 생선은 먹지 않도록 한다.
- 휴양지의 호수, 강, 시내 등에서 물고기를 잡아 먹어도 되는지 지역관리자

의 조언 및 평가에 항상 주의를 기울여라. 민간인 낚시 허용 여부 및 여러 정보들이 포함된 주의사항 안내문이 물가 울타리 등에 안내돼 있을 것이다. 또한 시중에서 유통되고 식당에서 판매되는 생선에 유해물질이 포함돼 있는지 조사하는 정부의 발표에 귀기울여야 한다.

임신 중 적절한 운동

임신기간은 의자에 기대앉아 편하게 쉴 수 있는 최고의 시간인 것처럼 보인다. 그러나 임신 후 신체가 변화하기 시작하면서 임신부는 평소보다 더 피곤함을 느끼게 된다. 또한 척추 뼈 통증, 근육 경련, 몸이 붓는 현상, 변비 등과 같은 임신 관련 증상을 견디기 힘들 것이다. 그렇다면 어떻게 해야 할까? 그저 앉아서 쉬는 것은 문제 해결에 도움이 안 된다. 실제로 임신은 운동해야 하는 중요한 이유 중 하나이다. 운동을 하면 임신부에게 흔히 나타나는 임신 관련 증상들을 줄일 수 있기 때문이다. 임신부는 운동을 통해 체력을 키우고 전체적인 건강상태를 증진할 수 있다. 이것은 임신부가 나중에 순산할 수 있도록 도울 뿐 아니라 분만 후 회복 시간을 단축시킬 수 있다.

하지만 상당수의 임신부들은 여전히 임신 중에 운동을 하는 것이 위험하지 않을까 하는 의문점을 가질 것이다. 그에 대한 대답은 특별한 경우를 제외하고는 운동을 하는 것이 좋다는 것이다. 대신 어떤 운동을 시작하고 지속하기 전에 담당 의사에게 먼저 말하도록 한다. 특히 갑상선질환과 같은 병을 앓고 있다면 의사와의 상담이 더욱 중요하다.

임신은 그 상태를 유지하는 것만으로도 체력적으로 많은 힘을 필요로 한다. 임신기간에는 보통 약 11~15kg 정도 체중이 증가하며, 이 기간은 현재의 체중을 그대로 유지하거나 줄일 수 있는 시간이 아니다. 또한 임신부의 심장은 임신 전에 비해 50퍼센트 이상 증가한 혈액을 온몸으로 공급해야 하며, 몸 역시 휴식을 취할 때도 평소의 20퍼센트 이상 산소를 소비하게 되므로 운동을 할 때 소비하는 산소량은 더욱 증가하게 된다.

태아가 자라면서 임신부의 배는 점점 부르게 되는데, 그에 따라 바뀐 자세로 인해 척추 근육이 긴장하면서 몸의 전체적인 균형도 달라진다. 그리고 임신 후기가 되면 골반의 관절과 인대가 출산을 위해 이완될 것이다.

결론적으로 이 모든 변화는 임신부가 운동을 해야 하는 이유가 된다. 단, 운동을 할 때는 근육과 관절을 다칠 수 있으므로 주의해야 할 것이다.

운동을 시작하는 좋은 방법

일반인을 대상으로 미국의 질병통제예방센터와 미국 스포츠의학협회(ACSM)는 가능하다면 매일 30분이나 그 이상의 시간 동안 적당한 운동을 하도록 권유하고 있다. 만약 임신을 한 상태라도 신체 컨디션이 좋다면 앞에서 말한 일반인의 조건과 같이 운동을 해도 좋을 것이다. 특히 일주일에 3~4회씩 20분 이상 운동을 하면 건강에 매우 도움이 된다.

운동을 처음 시작하는 사람들에게는 걷기가 가장 좋은 운동이다. 걷는 것은 적당한 유산소 운동도 되고 관절에도 최소한의 압박만을 가하기 때문이다. 이외에도 초보자들이 하기 좋은 또 다른 운동으로는 체중이 거의 실리지 않는 수영이나 고정된 자전거타기가 있다. 단, 어떤 운동이든지 시작하기 전에 담당 의사와 먼저 상담해야 할 것이다.

즐기면서 할 수 있는 운동이라면 계획을 세우는 것이 매우 기대될 것이다. 대개 일상생활 중에 쉽게 할 수 있는 운동을 택하는 것이 좋은데, 그 이유는 운동할 수 있는 시간이나 장소가 자신에게 적절하지 않으면 운동하려는 의지가 약해질 수 있기 때문이다. 만약 운동에 대한 동기부여가 필요하다면 보건소나 건강센터 등을 찾아가라. 임신부를 위한 운동 프로그램들이 많이 개설돼 있을 것이다. 그곳에서 안전한 방법으로 또 다른 임신부들과 어울리며 즐겁게 운동할 수 있다.

주의해야 하는 운동이나 활동

일반적으로 임신기간에 맞춰 안전하다고 알려진 운동방법을 따르는 것이 좋다. 임신 3개월 후에는 오랜 시간 척추에 무리를 줄 수 있는 계단 오르내리기 같은 운동은 피하는 것이 좋은데, 이는 뱃속에서 자라는 아기의 무게가 임신부의 혈액순환에 문제를 일으킬 수 있기 때문이다. 또한 오랜 시간 움직이지 않고 서 있는 것 또한 임신부의 원활한 혈액순환을 방해할 수 있다.

임신 사실을 알게 된 후부터는 넘어지거나 배를 다치지 않도록 운동을 할 때 각별히 주의해야 한다. 체조, 승마, 스키, 수상스키, 체력 소모가 큰 라켓 운동 등은 임신부에게 무리가 될 수 있다. 또한 축구나 농구처럼 몸싸움이 잦은 운동을 할 때도 조심해야 하는데, 이러한 운동은 넘어지거나 다른 사람과 부딪힐 위험이 크며, 점프를 하거나 갑자기 방향을 바꿔야 할 때도 있기 때문이다. 임신 중에는 관절을 지탱해주는 연골과 인대가 부드러워져서 있기 때문에 다칠 위험이 더욱 커질 수 있다는 것을 기억해야 한다.

수중이나 고도가 높은 장소에서 운동하는 것 역시 문제가 될 수 있다. 일반적으로 스노클snorkel을 쓰고 수면을 헤엄치는 것은 괜찮지만 스쿠버다이빙은 안 하는 것이 좋다. 왜냐하면 수중의 감압(減壓) 현상이 태아에게 나쁜 영향을 줄 수 있기 때문이다. 또한 해발 6,000피트 이상의 고지대에서 하이킹 등의 활동을 할 경우 고산병에 걸릴 수 있는데, 이 경우 임신부와 태아의 건강이 위협받을 수 있으므로 주의한다.

신체 변화나 상태에 집중하기

몸 상태가 좋다면 의사에게 허락 받은 범위 내에서 임신 전과 같은 운동을 해도 괜찮을 것이다. 하지만 임신부는 운동하는 동안에도 계속해서 자신의 몸 상태에 관심을 가져야 한다. 지치고 힘이 들기 시작하면 운동량을 줄여 속도를 늦춰야 하며 현기증, 메스꺼움, 시야의 흐릿해짐, 피로, 호흡이 가빠지는 것 등을 조심한다. 이러한 증상들은 임신부와 태아의 생명을 위협하는 심장마비의 신호일 수 있기 때문이다.

가슴과 복부의 통증, 질 출혈 등이 나타나면 임신부는 운동을 멈추고 안정을 취해야 하며 필요하면 의료진의 도움도 받아야 한다. 어떠한 통증이든지 참으면서 운동을 해서는 결코 안 된다. 임신부에게 나타나는 통증은 안정을 취하거나 하던 운동을 멈추라며 몸이 보내는 신호인 것이다. 따라서 담당 의사와 함께 운동 중 나타나는 통증이나 증상들에 대해 상담하도록 한다.

몸 상태에 유의하며 운동을 한다면 운동 중 발생할 수 있는 여러 문제들을 미리 예방할 수 있다. 우선 운동 시작 전이나 후에 스트레칭을 해 근육의 긴장을 풀어 둔다면 부상이나 근육 경련을 피할 수 있다. 그리고 탈수 증상을 막기 위해 목마름에 상관없이 운동 중에 수시로 수분을 섭취하고 체온이 급격히 상승하여 열이 나지 않도록 따뜻한 날에는 이른 아침이나 늦은 저녁에 야외 운동을 하는 것이 좋다. 또한 실내에서 운동을 한다면 환기가 잘 되는 장소를 선택해야 할 것이다. 당연히 지칠 때까지 운동을 하는 일도 삼간다.

아기를 위한 생활습관

임신을 하게 되면 주위 사람들로부터 임신부가 해야 하는 것과 하지 말아야 하는 것에 대한 수많은 조언을 듣게 될 것이다. 이렇게 임신부는 임신에 관한 새로운 정보들을 매일매일 접하게 되며, 어떨 때는 일 년 전 또는 일주일 전에 들었던 내용과는 전혀 다른 정보를 접하게 되기도 할 것이다. 이런 상황에서 임신부는 새로운 사실이 무엇이고 자신의 상황에 어떻게 적용해야 하는지 혼란스러울 수 있다.

임신부는 아마 다음과 같은 점이 궁금할 것이다. 저녁 식사 중 마시는 술 한 잔도 해로울까? 담배 피는 사람 곁에는 절대 가면 안 되는 것일까? 카페인은 임신 중 절대 먹어서는 안 되는 것일까? 뜨거운 욕조에 들어가도 아이에게 해가 되지는 않을까? 임신 중 성관계가 유산을 초래할까?

임신 중에는 몸에 여러 가지 변화가 일어난다. 임신으로 인해 앞으로 임신부의 생활습관이 얼마나 어떻게 바뀌어야 하는지는 현재에 달려 있다. 임신 중에는 흡연, 음주 그리고 평소 꾸준했던 약 복용 등과 같이 임신부와 태아에게 치명적인 영향을 줄 수 있는 생활습관들은 모두 버려야 한다. 그 외에 다른 것들은 항상 조심하거나 잠시 접어두는 것이 현명할 것이다.

본인의 생활습관이 자신과 뱃속의 아기에게 어떠한 영향을 미칠지 궁금하다면 담당 의사와 이야기해보면 된다. 한편으로는 임신이 그동안의 나쁜 습관들 버리고 새로운 생활습관을 익힐 수 있는 아주 적절한 기회라고 여길 수도 있을 것이다.

음주

'한 잔의 술도 태아에게 나쁜 영향을 미칠까?'라는 질문에 대한 답은 무엇일까? 대답은 '아마도 그렇지는 않을것이다.' 이다. 그러나 임신 중 전혀 술을 마시지 않은 임신부의 태아가 가장 건강하다는 것이 여러 전문가들의 의견이다. 적당한 또는 소량의 알코올도 태아에게는 악영향을 끼칠 수 있기 때문에 임신부의 음주는 태아의 건강에 위협적이다.

만약 임신부가 술을 마신다면 그것은 태아가 술을 마신 것과 같다. 맥주, 와인 또는 어떤 것을 마시든 술의 종류는 중요하지 않다. 일단 음주를 하게 되면 임산부의 혈중 알코올이 태반을 통과하여 태아에게로 이동한다는 것을 잊어서는 안 된다. 임신 중 음주가 지속되면 유산을 하거나 뱃속에서 태아가 사망할 수 있으며, 태아의 신체 발달에 영구적인 손상을 입히기도 한다.

태아알코올증후군(fetal alcohol syndrome, FAS)은 임신 중 과도한 음주로 인해 발생할 수 있는 가장 심각한 문제이다. 태아알코올증후군을 가진 아이들은 안면 기형, 심장기능의 저하, 체중 미달, 정신지체 등의 치명적인 문제들을 지니고 있으며, 성장발달의 지체, 집중력 저하, 학습능력 부족, 행동장애 등의 증상들이 나타난다.

한편 임신부가 과도하지는 않지만 술을 적당히 마신 경우 태아알코올효과(fetal alcohol effect, FAE)를 가진 아기가 태어날 수 있다. 태아알코올효과는 태아알코올증후군과 같은 증상을 일부 보이는데, 장애의 정도나 유형에 따라 아이의 상태가 알코올관련선천적장애(ARBDs)와 알코올관련신경발달장애(ARNDs)로 구분된다. 알코올로 인해 아기가 입는 장애는 평생 안고 가야 하는 것이다. 하지만 이것은 임신부 스스로 주의하기만 한다면 예방할 수 있다. 일단 임신부는 자신이 임신한 것을 안 즉시 술을 마시지 말아야 한다. 만약 임신 사실을 모르고 임신초기에 술을 마셨다면 태아에 선천적 장애가 발생할 수 있으므로 이런 일이 발생하지 않도록 특히 주의한다.

또한 모유수유 중 술을 마시게 되면 소량의 알코올이 모유에 섞여 아기에게 전해질 수 있다. 따라서 모유수유가 끝날 때까지 음주는 삼가는 것이 좋으며, 금주를 위해 담당 의사와 상의하면 많은 도움이 될 것이다.

흡연

흡연이 임신부와 태아에게 해롭다는 것은 누구나 인정하는 명백한 사실이다. 임신 중 흡연은 다음과 같은 치명적 결과를 초래한다.

- 임신 37주째가 되기 전에 아기를 출산하게 된다. 그리고 조산은 미숙아 또는 다른 건강상 문제를 가진 아기를 태어나게 할 수 있다.
- 임신 중 태아에 영양을 공급하는 태반에 문제를 일으킨다.
- 아기가 태어나기 전 자궁에서 사망할 수 있다.
- 체중 미달인 아기가 태어날 수 있다. 약 2.5kg 이하의 체중으로 태어난 아기는 건강상 문제와 만성질환을 갖게 될 확률이 더욱 높다.

- 선천적 장애를 가진 아기가 태어날 수 있다.
- 아기가 영아돌연사증후군(SIDS)으로 잠자던 도중 갑자기 사망할 수 있다.
- 아기가 행동발달 장애와 함께 천식과 같은 만성 호흡기질환을 가지고 태어날 수 있다.

왜 흡연이 이와 같은 건강상 문제들을 초래하는 것일까? 그것은 담배연기에 포함된 수천 가지 화학물질 때문이다. 특히 그 중 두 가지, 일산화탄소와 니코틴은 임신부의 혈액을 통해 태아에게까지 악영향을 미치는 독성을 가지고 있을 뿐 아니라 태아에게 공급되는 산소의 양 역시 감소시킨다. 또한 니코틴은 임신부의 심장박동수와 혈압을 높이고 혈관을 좁아지게 하며, 태아에게 공급되는 영양분의 양을 줄인다.

따라서 임신 전에 금연하는 것이 가장 바람직하며, 출산 후에도 완전히 담배를 끊어야 한다. 또한 자신과 아기 모두를 위해 담배를 피우는 사람 곁에는 가지 않는 것이 좋은데, 그 이유는 담배 연기에 자주 노출돼 간접흡연을 하게 되면 출산 전후에 상관없이 아기의 건강에 문제가 발생할 수 있기 때문이다.

임신 후 흡연을 계속해왔더라도 아직 담배를 끊기에 결코 늦지 않았다. 임신이 되고 한참 지나서 담배를 끊는다하더라도 그렇지 않은 경우보다는 유해 화학물질에 아기가 계속 노출되는 것을 최대한 줄일 수 있기 때문이다. 또한 금연을 통해 임신부는 암, 심장질환 또는 그 밖의 다른 여러 치명적인 질병에 걸릴 확률을 줄일 수 있다.

흡연은 중독성이 매우 강한 습관이기 때문에 그만두는 것이 힘들 것이다. 따라서 금연하기로 결심했다면 담당 의사에게 도움을 요청하는 것이 좋다. 특히 니코틴 패치나 껌 같은 금연 보조제를 사용하기 전에 의사와 상담하는 것이 매우 중요하다. 이러한 보조제들이 금연을 도와주기는 하지만 한편으로 임신 중 또 다른 건강 문제들을 일으킬 수 있기 때문이다. 담당 의사는 금연 보조제를 사용함으로써 발생할 수 있는 문제들을 줄이고, 금연에 도움이 될 수 있는 여러 가지 조언을 해 줄 것이다. 또한 각 지역의 금연 프로그램 등을 소개해줄 수도 있다.

약물 복용

당신이 지금 임신을 한 상태라면 불법적인 약물 복용에 관한 대답은 간단하다. 즉 절대로 복용해서는 안 된다는 것이다. 모든 마약류는 태아에게 해를 끼친다. 코카인, 마리화나, 헤로인, 메타돈*methadone*, LSD, 펜시클리딘 *phencyclidine*, 메탐페타민*methamphetamine*, 기타 향정신성 의약품 등이 절대 복용을 금지해야할 불법 약물에 속한다.

임신 중에는 임신부가 복용하는 모든 약물이 그대로 태아에게 전달된다. 이것은 태아의 성장발달에 영향을 미칠 뿐만 아니라 세상에 태어나 자라날 아이의 미래를 결정짓는다. 또한 태아와 신생아의 사망을 초래할 수도 있다.

카페인 함유 음료를 마시는 것

임신 중에는 카페인이 들어있는 음료는 가능한 한 마시지 않는 것이 가장 바람직하다. 만약 마신다면 카페인 섭취를 최소한으로 줄여야 할 것이다. 임신부가 섭취해도 괜찮은 카페인의 양은 전문가에 따라 그 기준이 제각각이다. 하지만 대체적으로 커피 1~2잔 정도에 해당하는 하루 200mg 이하의 카페인은 임신부와 태아에게 부정적인 영향을 미치지 않는다는 의견이 일반적이다.

하지만 하루에 커피 4잔 이상에 달하는 카페인 500mg 이상을 섭취한다면 이는 임신부와 태아 모두에게 안전하지 않다. 이와 같이 많은 양의 카페인을 규칙적으로 섭취하게 되면 태아의 체중과 머리둘레 감소를 초래할 수 있다. 또한 저체중아는 적절한 체온과 혈당 수치를 유지하기가 어려워서 또 다른 건강상의 문제들을 일으키기도 한다.

카페인은 대부분 커피를 통해 섭취되지만 차, 탄산음료, 코코아, 초콜릿 등을 통해서도 섭취될 수 있다. 따라서 하루에 섭취하는 카페인의 양을 줄이기 위해서는 카페인이 없는 다른 음료를 마시는 것이 좋다. 아니면 커피나 차를 뜨거운 물에 우려내는 시간을 줄여 함유되는 카페인의 양이 적어지게 한다. 예를 들어 티백을 7분 동안 우려내지 않고 단지 1분 정도만 우려낸다면 카페인의 양은 평소보다 절반 이상 줄어들 것이다.

보통 허브 차는 마셔도 안전하다고 여겨지지만, 되도록이면 허브 차 역시 피하는 것이 좋다. 임신에 어떠한 영향을 미치는지 허브 잎에 대한 성분과 효과 등이 자세히 알려져 있지 않기 때문이다. 특히 어떤 허브 차의 경우에는 임신부와 태아의 건강에 문제를 일으킬 수 있는데, 예를 들어 나래지치(comfrey)라는 허브는 심각한 간장질환을 유발할 수 있다. 허브에 대한 보다 자세한 정보를 원한다면 638쪽을 참고하라.

집에서의 위험 요소 제거하기

임신 중에도 집안 살림을 할 수 있다. 실제로 집안 곳곳에는 태어날 아기를 위해 미리 손봐야 할 것들이 많다. 그런데 대부분의 임신부들은 다음과 같은 궁금증을 가질 것이다. 임신 중에 벽을 새로 칠하거나 가정용 세제를 사용해도 될까? 애완동물을 씻기는 것은? 컴퓨터 모니터 앞에 앉아 있어도 될까? 긴장된 근육을 풀어주기 위해 따뜻한 물에 몸을 담그고 있어도 괜찮을까? 이러한 질문에 대한 대답은 '그렇다' 이다. 출산을 위한 다음과 같은 일들은 모두 무리하지 않는 범위에서 임신부가 할 수 있는 것들이다.

• 페인트 칠 : 보통 임신부는 유성 페인트, 납, 수은 등에 노출되는 것을 피해야 한다. 특히 새로운 페인트칠을 위해 전에 칠해진 표면을 벗겨내다보면 오래된 페인트에서 유해 물질들이 나올 수 있으므로 주의해야 한다. 또한 페인트 제거제와 같은 유기용매를 다루는 일도 임신부는 되도록 피해야 한다. 작은 방이나 좁은 공간에서 아기의 가구 일부를 페인트칠 할 때에는 환기가 잘 되도록 창문을 열고 작업을 해 유해한 가스를 들이마시지 않도록 하고 방호복과 방호장갑을 꼭 착용하도록 한다. 또한 페인트칠 작업을 하던 공간에서는 음식이나 음료수를 먹거나 마시지 않도록 해야 한다. 그리고 사다리를 이용할 때에도 매우 조심해야 하는데, 이는 임신으로 인해 불러온 배 때문에 사다리 위에서 균형을 잃고 떨어질 수도 있기 때문이다.

• 집안 대청소 : 가정에서 사용하는 일반적인 세제는 뱃속의 아기에게 해를 끼치지 않는다고 알려져 있다. 하지만 강한 오염 가스를 대기 중으로 방출하는 세제는 가까이 하지 않는 것이 좋다. 특히 암모니아와 표백제 같은 화학물질들은 절대로 섞으면 안 되는데, 이는 혼합되는 중에 독성이 매우 강한 가스가 발생할 수 있기 때문이다. 그리고 강한 부식성을 가진 가스의 흡입은 반드시 피해야 하며, 피부를 통해서 화학물질이 신체로 흡수되지 않도록 보호장갑을 꼭 착용해야 한다. 거칠고 독성이 있는 화학성분이 포함되지 않은 식초나 베이킹소다 등을 세제로 쓰는 것도 좋은 방법이 될 것이다.

• 쓰레기통 청소 : 설치류를 잡아먹는 고양이 몸 안에는 톡소플라즈마증(toxoplasmosis)이라고 불리는 병을 유발하는 기생충이 살고 있다. 그러므로 고양이를 키우는 여성들은 임신 전에 반드시 예방접종을 해야 한다. 물론 모든 고양이들이 주인에게 기생충을 옮기지는 않는다. 하지만 만약 임신부

에게 면역성이 없거나 병균이 태아에게 전염될 경우 시각장애나 청각장애 또는 정신지체와 같은 선천적 장애를 가진 아기가 태어날 수 있다. 따라서 꼭 찬 쓰레기통을 비울 때는 고무장갑을 꼭 끼도록 하고 아니면 다른 사람에게 부탁하는 것이 더 나을 것이다. 또한 고양이 배설물 등이 쌓이지 않도록 쓰레기통을 자주 바꾸는 것이 좋다.

• 뜨거운 물에 몸 담그기 : 목욕을 하면서 임신부는 다른 건강상의 문제들을 신경 쓰지 않고 뭉친 근육을 이완하면서 안정을 취할 수 있다. 하지만 약 38도 이상의 높은 온도의 물에 오랫동안 몸을 담그는 것은 피해야 하는데, 너무 뜨거운 물은 혈압을 낮춰서 임신부를 기절하게 만들 수도 있기 때문이다. 그러므로 따뜻하거나 약간 뜨거운 물에 몸을 담그고 목욕을 즐기다가 어지러움을 느끼면 목욕을 중단하는 것이 좋다.

성관계

일반적으로 별 문제가 없다고 여겨지는 건강상태라면 임신 마지막 1달을 제외하고는 정상적인 성관계를 가질 수 있다. 하지만 임신 후 항상 관계를 원하게 되지는 않을 것이다. 임신초기 호르몬 분비의 변화와 체중증가 그리고 신체 에너지의 감소는 임신부의 성적 욕구를 떨어뜨릴 수 있는데, 이러한 상태는 극도의 피로감과 메스꺼움이 자주 나타나는 임신 1~3개월까지 지속된다. 그러다 임신 4~6개월째에는 임신부의 생식 기관과 유방으로 흘러드는 혈액량이 증가하면서 성적 욕구도 다시 높아진다. 하지만 임신후기로 갈수록 성적 호기심은 다시 줄어든다. 불어난 배로 인해 성관계를 갖는 것이 신체적으로 어려워지고 피로감과 허리통증이 임신부의 기분을 가라앉히기 때문이다. 한편 뱃속의 아기에게 해가 될지 모른다는 두려움 때문에 예비 엄마와 아빠가 서로 성관계를 갖는 것을 꺼리게 되는 경우도 있다. 어떤 이들은 특히 임신초기에 나눈 성교가 유산을 일으킬지 모른다고 걱정하기도 한다. 하지만 임신 중 성관계에 대해 지나치게 걱정할 필요는 없다. 임신초기에 발생하는 유산은 보통 임신부가 성관계를 가진 것과 상관없이 유전적 결함으로 인해 발생하는 것이 많기 때문이다.

비록 오르가즘이 자궁의 수축을 유발하는 것은 사실이지만 여러 전문가들의 연구결과에 따르면 건강한 임신부에게(성교와는 상관없이) 오르가즘은 조산이나 조기 양막파열을 일으키지는 않는다고 한다. 그러나 임신후기에 일주일에 한번 이상 갖는 성관계는 자궁 내 세균 감염 위험의 확률을 높일 수 있으므로 출산 예정일 한달 전부터는 성관계를 자제하도록 담당 의사가 조언할 것이다. 또한 임신기간 중 어떤 문제가 발생하는 경우에도 의사는 성관계를 당분간 자제하도록 할 것이다. 예를 들어 질 출혈 또는 자궁경부와 태반에 이상이 발생하면 조산의 위험이 있기 때문에 이럴 때에는 성관계를 갖지 말아야 한다. 또한 쌍둥이 또는 그 이상의 다태임신 같은 특별한 경우에도 임신후기 성관계를 자제해야 할 수 있다. 하지만 그렇다고 임신이 배우자와의 신체적 접촉의 끝을 의미하는 것은 아니다. 성관계를 갖기 어렵거나 자제해야 하는 상황이라면 서로 안아주고 보듬어주며 친밀감을 나눌 수 있을 것이다.

주의해야 할 약

임신 중에는 어떠한 약도 먹어서는 안 될까? 실제로 그렇지는 않다. 물론 절대 복용하지 말아야 하는 약도 있지만 필요하다면 먹어도 괜찮은 약도 있다.

물론 그렇다고 해서 임신부에게 필요한 모든 약품이 안전한 것은 아니다. 예를 들어 아스피린이나 감기약 같은 일반의약품은 임신부와 태아에게 부작용을 일으킬 수 있다. 그러므로 일반의약품을 비롯하여 처방약과 한약 등을 복용하기 전에는 반드시 담당 의사의 확인을 받아야 한다.

만약 임신부가 천식, 갑상선 기능저하, 고혈압, 저혈압 등 정기적으로 특정 약품을 복용해야 하는 상태라면 의사가 복용을 중지시키기 전까지는 약을 먹어도 괜찮다. 의사는 임신 전부터 출산 후까지 복용해도 임신부의 건강을 해치지 않는 약을 처방해 줄 것이다. 대부분은 계속 복용해오던 약이 가장 안전할 것이다. 하지만 어떤 경우에는 계속해왔던 약의 복용을 중지하거나 임신부와 태아에게 위험을 덜 끼치는 약으로 교체하라는 조언을 받을 수도 있을 것이다. 경우에 따라 전문가들의 연구결과가 임신 중인 여성에게 어떤 약품이 안전한지를 결정하는 데 도움을 줄 것이다. 하지만 약품 복용으로 인해 발생할 수 있는 단기적, 장기적 영향을 추측하기란 쉽지 않을 뿐 아니라 때로 불가능하며, 대부분의 의약품들이 아직도 연구 중이어서 임신부에게 안전한지 확신할 수가 없다. 또한 어떤 약품이 태아의 성장에 악영향을 미치고 태어난 아기의 삶에 어떤 영향을 끼칠지도 알려져 있지 않다.

한편 몇몇 의약품은 임신초기에 복용했을 경우 태아에게 치명적인 영향을 끼치는 것으로 알려져 있다. 태아에게 위험한 약품은 다음과 같다.

- 이소트레티노인*isotretinoin* 성분의 여드름 치료제(Accutane)
- 수면제, 항암제 등 여러 용도로 사용되는 쌀리도마이드*thalidomide* 성분의 혈액암 치료제(Thalomid)
- 아시트레틴*acitretin* 건선 치료제(Soriatane)

※ 편집자주 : 이 책은 약품의 이름을 성분명을 중심으로 설명하고 있으며, 괄호 안에 제품명을 따로 표기하고 있다.

현재 이러한 약을 복용하고 있다면 복용을 중지할 때까지 임신이 되지 않도록 조심해야 한다. 담당 의사는 위험한 약의 복용을 끊을 수 있도록 도와주면서 안전한 임신을 위해 언제까지 기다려야 하는지도 알려줄 것이다. 또한 의사와 상담하지 않고는 절대 앞서 말한 약을 다시 복용해서는 안 된다. 의약품에 관한 보다 자세한 정보를 원한다면 652쪽 '의약품' 부분을 참고하면 된다. 그리고 약에 관해 보다 자세한 설명이 필요할 때는 담당 의사를 찾아가 상담하는 것이 좋다.

백신

임신 중에는 독감과 같은 감염성 질환에 걸릴 확률이 증가한다. 실제로 독감은 임신부에게 매우 치명적임이 증명됐기 때문에 전문가들은 임신부에게 독감 예방접종을 맞도록 강력히 권하고 있다. 비활성 바이러스로 이루어진 독감 예방접종은 임신기간과 상관없이 항상 안전하다고 여겨지지만 몇몇 전문가들은 유산의 위험이 지나간 임신 4개월부터 예방접종을 하도록 권유하고 있다. 만약 독감이 유행할 것이라고 예상되는 시기에 임신초기를 보낼 것 같다면 독감 예방접종을 미뤄야 하는지 말아야 하는지를 담당 의사에게 물어보도록 한다.

수두, 풍진, 홍역 등을 위한 예방접종은 임신부에게 허락되지 않는다. 물론 수두, 풍진, 홍역 등은 대부분 어린 시절에 나타나는 병으로 이미 면역력을 가지고 있을 가능성이 높으며, 이마저도 어린이 면역 프로그램이 잘 진행되고 있기 때문에 발병은 드물다. 하지만 임신 중 앞서 말한 질병에 걸리게 되면 심각한 합병증이 발생할 수 있으므로 주의해야 한다. 만약 수두에 걸릴 가능성이 있고 임신을 계획 중이라면 의사는 수두 예방접종을 권하고 임신을 한 달 이상 미루도록 할 것이다.

그러나 이미 임신을 했는데 심각한 감염성 질환에 면역성이 없다면 임신부는
병균에 감염되지 않도록 최대한 조심해야 한다. 한편 출산 후 담당 의사는 풍
진 등과 같은 병에 걸리지 않도록 임산부에게 예방접종을 맞도록 권할지도
모른다. 그러면 다음 임신 때에는 위험한 질병으로부터 면역성을 가지게 될
것이다. 단, 예방접종을 하면 최소 한 달 동안은 임신을 시도해서는 안 된다.

임신 중 직장에서 일하기

임신 중에도 직장에서 일을 하는 사람은 당신만이 아니다. 임신한 많은 여
성들이 출산 직전까지 직장에서 일을 하고 있다. 임신으로 인해 여러 심각
한 문젯거리들이 생길 수 있는데, 어떤 것들은 시간이 많이 지나기 전에 꼭
해결해야 할 필요가 있다. 다음은 그러한 문제들이다.

- 임신 사실을 언제 직장 상사와 동료들에게 말해야 하나?
- 임신 중에 나타나는 피곤함과 입덧 문제를 직장생활 중에 어떻게 잘 다룰
  수 있을까?
- 직장생활을 계속하는 것이 임신기간 동안 나와 아기의 건강에 해가 될까?
- 출산휴가 기간은 어느 정도 돼야 할까?

이 밖에도 임신 중에 직장에서 일하는 것에 대한 더 많은 질문과 걱정들이
있을 것이다. 이러한 것들에 대해 의사와 상담하는 것을 두려워하지 말라.
그리고 무엇보다 자신의 하루 일과를 도와줄 사람을 찾아보는 것이 좋다.

임신 사실을 직장에 알리기

직장에서 임신 사실을 언제 밝히는 것이 가장 좋은지에 대한 의견은 분분하다. 많은 여성들이 유산의 위험이 지나간 임신 4개월쯤 주변 사람들에게 임신 사실을 말하고 싶어 한다. 물론 어떤 여성들은 기다리지 못하고 바로 임신 사실을 밝히기도 한다.

직장에서 임신 사실을 말하기에 완벽하게 좋은 시기란 따로 없다. 하지만 직장 상사가 자신의 건강 문제 등을 잘 살필 수 있도록 하기 위해서는 임신 사실을 말하는 것을 너무 늦출 필요는 없다. 그리고 임신임을 말할 때는 다음과 같은 사항들을 고려하면 더욱 좋다.

• 상사에게 개인적으로 찾아갈 것 : 직장 상사가 다른 사람을 통해 자신의 소식을 듣게 하는 것보다는 직접 말을 하는 편이 낫다. 직장에서 매우 신뢰하는 한두 명에게만 임신 사실을 말했다 하더라도 비밀이 계속 유지되기는 어렵다. 게다가 회의 시간에 졸음을 참기 어렵거나 화장실에 자주 들락날락한다면 상사는 당신이 아프거나 일에 흥미를 잃었다고 생각할지도 모른다. 따라서 상사에게 임신 사실을 숨기기보다는 말하는 것이 좋을 것이다.

• 직장에서 겪게 될 문제들을 고려할 것 : 오늘날 우리 사회에서 여성이 단지 임신했다는 이유만으로 직장에서 차별 대우를 받는 것은 불법이다. 그럼에도 불구하고 다가오는 연봉 협상, 승진 또는 중요한 업무를 수행하는 데 있어서 차별받을 것 같은 불안감 때문에 여성들은 자신의 임신 사실을 회사에 알리기 꺼려한다. 결국 회사에서 자신이 수행해야할 일들을 고려하여 결정하게 되는 것이다. 하지만 출산 전에 끝내기 불가능한 특정 업무를 피하고 싶다면 상사에게 임신 사실을 빨리 말하는 것이 좋다.

● 예기치 못한 상황들을 충분히 고려할 것 : 직장 상사와 동료들은 당신이 정확히 언제까지 회사에 다닐 수 있고, 출산 후 언제 다시 복귀할 것인지 알고 싶어 할 것이다. 따라서 임신의 시작과 함께 대략적인 계획들을 말하는 것이 좋다. 하지만 갑자기 양수가 터져서 예정보다 빨리 출산을 하게 되는 등 예상치 못한 일들이 언제든지 발생할 수 있으므로 상황이 언제든지 바뀔 수 있음을 회사 사람들에게 충분히 인식시켜야 한다.

예를 들어 당신은 이렇게 말할 수 있다. "저는 임신기간 내내 계속 회사에 다니는 게 목표지만 임신 7개월부터는 언제 출산할지 확실하지 않아요." 아무리 아주 자세한 부분까지 계획을 세웠다 할지라도 예기치 못한 문제나 상황들로 인해서 언제든지 계획이 수정될 수 있음을 잊지 말아야 한다.

● 직장에서 제공하는 혜택들에 대해 알 것 : 직장에서 자신의 임신 사실을 발표했다면 그 다음에는 직장 내 인사 담당부서로 가야 한다. 그리고 건강보험, 임산부에게 제공되는 혜택, 출산휴가 정책 등에 관한 정보들을 수집하라. 또한 출산 전 자신의 시간을 좀 더 효율적으로 활용하고 출산 후 육아를 위해 집에서 일할 수 있는 근무시간 선택제도나 재택근무에 대한 회사의 방침도 알 필요가 있다.

● 해결책을 제시할 것 : 임신했음을 밝히기 전에 먼저 생각해야 할 것이 있다. 바로 자신이 맡고 있는 업무를 동료들에게 어떻게 분배할 것인가이다. 필요하다면 출산으로 인해 몇 달 동안 회사를 비우는 사이 자신의 업무를 대신해 줄 사람을 교육하는 것도 고려해야 할 것이다.

만약 당신이 영업 관리 부서에 속해 있거나 새로운 업무를 맡아 책임이 늘어났다면 업무 대리자를 찾는 일은 매우 중요하다. 왜냐하면 과중한 업무가 임신부와 태아에 건강상 좋지 않은 문제를 일으킬 수 있기 때문이다.

그러므로 임신부 자신이 임신으로 인해 발생할 수 있는 업무 문제들의 해결책을 회사에 미리 제시한다면 직장상사와 동료들이 불편함을 느끼거나 업무 과중함 등으로 인한 피해를 입지 않을 것이다.

• 법이나 정책에 대해 잘 알고 있을 것 : 비록 근무시간과 병가, 의료 혜택 등은 회사마다 다르지만 국가는 새로 태어난 아기를 돌보느라 일할 수 없는 여성들과 임신부의 권리를 보호하기 위해 '모성보호관련법' 등을 마련해 놓고 있다. 하지만 작은 규모의 기업들은 이러한 법률 적용을 받지 않는 경우도 있으므로 주의해야 한다. 또한 임신부가 신입사원이라면 회사의 모든 혜택을 받을 자격이 안 될 수도 있다. 자신이 받을 수 있는 혜택들이 무엇인지 궁금하다면 회사에서 제공하는 안내 책자를 참고하거나 인사부에 가면 도움을 받을 수 있을 것이다.

입덧과 졸음 견디기

슈퍼우먼에 관한 신화는 단지 신화일 뿐이다. 임신 중 일을 하는 것이 안전하다해도 임신부에게 임신 전과 같은 업무 능력을 기대하기는 어렵다. 정상적 업무 진행이 힘든 이유 중 하나는 입덧인데, 임신초기 임신부의 70퍼센트 이상이 아침에 입덧을 한다. 그리고 입덧은 임신초기부터 시작돼 임신 6개월 정도면 증세가 거의 사라진다.

그러나 어떤 임신부는 임신 3개월이 지나도 계속 입덧을 하며, 운이 나쁜 경우 임신기간 내내 입덧으로 고생하기도 한다. 입덧은 보통 아침에 많이 발생한다고 알려져 있지만 증세가 완전히 사라질 때까지는 하루 중 언제라도 나타날 수 있다. 다음은 입덧을 가라앉히는 데 도움이 되는 방법이다.

• 메스꺼움을 유발하는 것은 피한다.

많은 여성들이 임신 중에 특정 음식이나 냄새 때문에 메스꺼움을 느낀다. 따라서 입덧이 심해진다면 회사에서 입덧을 잘 다스릴 수 있도록 방법을 준비하고 그에 따라 처신해야 한다. 예를 들어 회사 식당에서 여러 가지 음식 냄새 때문에 입덧을 할 것 같으면 검은 봉지를 미리 챙겨가거나 혹은 자신의 사무실 책상에서 식사를 할 수도 있다. 또한 주변의 강한 화장수나 향수 냄새도 입덧을 심해지게 할 수 있는데, 만약 옆자리에 앉은 동료의 향이 너무 강해서 참기 힘들다면 다음과 같이 말할 수 있을 것이다. "원래 나는 K씨가 면도 후에 바르는 그 로션 향을 참 좋아했어요. 그런데 임신 한 뒤부터는 주변의 모든 화장품 냄새가 입덧을 심하게 만드네요. K씨 자리가 내 자리와 너무 가까워서 그런데, 당분간만 면도 후 바르는 로션을 바르지 않으면 어떨까요?"

• 간식을 먹고 가벼운 식사를 한다.

크래커나 그 밖의 다른 가벼운 먹을 것들을 입덧이 시작할 기미가 보일 때 먹으면 증상을 완화하는 데 도움이 된다. 입덧을 진정시키는 데 가장 효과적인 먹을거리를 찾았다면 책상 서랍이나 지갑에 응급 상황을 대비해서 비치해 두는 것도 좋다. 임신부의 위가 완전히 텅 비거나 반대로 가득 차게 되면 입덧이 더욱 심해지기 때문이다. 아침에 일어나서 침대에 나오기 전 크래커를 약간 먹으면 아침마다 시달렸던 입덧이 조금 덜해질 것이다.

• 충분한 수분을 섭취한다.

임신초기에는 보다 많은 수분이 필요하다. 따라서 충분한 수분이 공급되지 않으면 입덧이 더욱 심해질 것이다. 200ml 컵으로 6~8컵 정도의 수분 섭취가 가장 이상적이며, 여기에 카페인이 들어 있는 음료는 포함되지 않는다.

● 충분한 휴식을 취한다.

피곤할수록 입덧은 더욱 심해지기 때문에 밤에 편안하게 수면을 취하는 것이 매우 중요하다. 또 아침에 분주하게 서두르는 것도 메스꺼움을 심하게 할 수 있으므로 출근하는 날에는 일찍 자고 여유 있게 일어나는 것이 좋다. 수면은 최대한 충분히 취하고 스트레스는 최소한 덜 받도록 해야 한다. 임신부는 잠을 조금 더 잤다고 해도 여전히 하루를 보내기 위해 필요한 에너지가 부족할 수 있기 때문이다. 특히 임신 후 6개월 정도 지날 때까지 임신부는 극심한 피로감을 느낄 것이다. 피로한 것은 활동을 줄이라는 몸의 신호이지만 회사에서 근무를 하는 날에는 그러기가 쉽지 않으므로 스스로 몸상태를 조절해야 한다.

다음은 보다 나은 하루 생활을 위한 방법이다.

● 자주 휴식시간을 가진다.

피로감으로 인해 집중력이 흐트러지고 결정을 내리기가 어려워질 때는 규칙적으로 쉬는 것이 업무의 생산력을 더욱 높여줄 것이다. 10분이라도 불을 끈 채 눈을 감고 휴식을 취하면 에너지는 금방 충전될 수 있다. 몇 분마다 자리에서 일어나 주변을 돌아다니는 것도 기분 전환에 도움이 된다.

● 스케줄을 잘 조절한다.

만약에 오후에 일하는 것이 힘들다면 어려운 업무는 오전에 끝내는 것이 좋다. 반면 오전에 에너지를 다시 얻는 데 어려움이 있다면 많은 에너지가 필요한 일은 오후로 미루도록 해라. 아니면 하루 중 업무의 시작 시간을 조금 늦추는 등 보다 유동적인 근무 시간이 필요할 수도 있다. 그리고 저녁에는 조금 더 편히 쉴 수 있도록 외근은 피하는 것이 좋다. 만약 활동적인 직업을 가졌다면 저녁 시간과 주말을 이용해 충분한 휴식을 취해야 한다. 한편 하루 종일 앉아서 일을 하는 경우라면 저녁에 산책을 하거나 임신부를 위한 운동 프로그램에 참여하여 하루 동안 쌓인 피로를 푸는 것이 좋다. 결국 자신의 컨디션을 잘 조절하는 것이 무엇보다 중요하다.

● 편한 마음으로 도움을 구한다.

평상시라면 퇴근하고 집에 돌아와 집안을 청소하거나 설거지를 하는 등의 집안일을 했을 것이다. 하지만 임신 중에는 좀 더 휴식을 취하기 위해 집안일을 돌봐줄 도우미를 구하는 것도 괜찮다. 또한 직접 물건을 사러 다니는 대신 집에서 쉽게 즐길 수 있는 온라인 쇼핑을 한다면 집에서 휴식을 취할 시간이 더 늘어날 것이다.

그리고 근무 시간에 동료들로부터 도움을 받는 것을 너무 부끄러워할 필요는 없다. 잠시 자리를 비우거나 10분 정도 낮잠을 잘 때 전화를 대신 받아주는 것 또는 늦은 오후로 예정된 회의 시간을 조정해서 당신이 임신부를 위한 모임에 참석할 수 있게 해주는 것 등의 호의를 편하게 받아들여라. 동료들은 당신을 도우면서 끈끈한 동료애를 가질 수 있을 것이다.

편안한 자세로 있기

임신을 하고 뱃속에서 아기가 자라나면 임신부는 앉고 서거나 몸을 구부려 짐을 드는 일 등의 여러 활동들이 힘겨울 수 있다. 또한 방광에 지속적인 압력이 가해지고, 척추가 긴장되며, 혈관으로부터 체액이 흘러들어와 팔다리가 붓고 저린 현상이 나타난다.

임신부는 소변을 자주 봐 방광에 가해지는 압력을 완화하거나 몇 시간 마다 몸을 움직여서 긴장된 근육을 풀고 체액이 축적되는 것을 막을 수 있다. 하지만 근무 내내 편안한 몸 상태를 유지하면서 언제든지 나타날 수 있는 건강에 위험한 증상을 막기 위해서는 보다 전략적인 방법들이 필요하다. 다음은 근무 중에 활용할 수 있는 방법들이다.

• 앉아 있는 자세 : 임신 중이 아니더라도 하루 종일 사무실에서 앉아 근무를 한다면 좋은 의자를 쓰는 일은 매우 중요하다. 특히 임신부는 체중이 계속 증가할 때 높이와 경사를 조절할 수 있는 의자가 필요하다. 조정이 가능한 팔걸이, 튼튼한 좌석과 등받이 쿠션 그리고 척추를 받쳐주는 지지대는 오랜 시간 앉아 있어도 몸에 무리가 가지 않도록 해줄 것이다. 이와 같은 조건을 충족할 수 없는 의자라면 할 수 있는 범위 내에서 최대한 편안한 좌석을 만들어야 할 것이다. 예를 들어 등을 받쳐주는 푹신한 의자를 원한다면 척추 아래쪽을 지지하도록 디자인된 쿠션이나 작은 베개 등을 구입할 수 있다. 이러한 쿠션은 오랜 시간 운전을 하며 출퇴근 할 때 좀 더 편히 운전할 수 있도록 자동차 좌석의 등받이 쿠션으로도 사용될 수 있다. 또한 앉아있는 동안에 발을 발판이나 상자에 올려 두면 척추에 무리가 덜 갈 뿐 아니라 다리에 하지정맥류나 정맥의 혈액 응고 현상 등이 발생할 위험이 줄어든다. 그리고 발과 다리가 붓는 것을 방지할 수도 있을 것이다. 바닥이 둥근 발판의 경우 발로 살살 굴릴 수 있는데, 이것은 혈액순환에도 좋고 휴식이 필요할 때 지친 몸을 달래주기도 한다. 단, 다리를 꼬고 앉는 것은 자제해야 한다.

• 서 있는 자세 : 오랜 시간 가만히 서 있는 것은 건강에 그다지 큰 영향을 끼치지 않는다고 여겨질 수 있다. 하지만 임신 중에는 혈관이 계속 확장되기 때문에 오랜 시간 서 있게 되면 다리로 너무 많은 혈액이 몰려 통증, 어지러움

그리고 기절 등을 유발할 수 있다. 또한 서 있는 것은 척추에도 압력을 가하므로 서서 일하는 임신부라면 상자나 낮은 발판에 다리를 올려놓아 척추에 가해지는 압력을 줄이고 다리로 피가 쏠리는 현상을 막아야 한다. 발은 자주 바꿔가며 올려놓아야 하며, 보조 양말을 신거나 휴식을 자주 취하는 것도 도움이 된다. 대부분의 전문가들은 굽이 높은 신발이나 반대로 굽이 없는 평평한 신발 보다는 굽이 적당히 낮은 신발을 신을 것을 권하고 있다. 직업상 이유로 하루에 4시간 이상을 서서 지내야 한다면 임신초기부터 일을 쉬어야 하는지 아니면 다른 업무를 맡아야 하는지 담당 의사와 의논해야 한다.

• 몸을 구부리고 물건을 들어 올리는 자세 : 척추통증을 줄이거나 예방하기 위해서는 몸을 구부리고 물건을 들어 올릴 때 바른 자세를 취해야 한다. 바닥에서 물건을 집을 때는 어깨 넓이만큼 다리를 벌리고 허리가 아닌 무릎을 구부리도록 해야 한다. 그 다음 짐을 붙잡을 때는 되도록 허리를 꼿꼿이 핀 다음 다리 근육으로 들어 올릴 준비를 하면서 집어 올릴 물건에 몸을 가까이 가져간다. 이 때 구부렸던 몸을 펴면서 몸을 꼬지 않도록 해야 한다.

스트레스 조절하기

평소라면 업무상 받는 스트레스가 업무 능력을 향상시킬 수도 있다. 이를테면 스트레스를 받으면 보다 열심히 일하게 되고 가능하다고 여겼던 것 이상을 성취할 수도 있다. 하지만 임신부에게 이러한 업무상 스트레스는 본인과 태어날 아기를 위해 사용해야 할 시간과 에너지를 다 써버리게 하는 원인이 되기 쉽다. 즉 그동안 아무리 잘 먹고 꾸준히 운동해 왔더라도 여러 시간 스트레스를 받으며 일을 하는 동안 모든 것들이 소용없게 되고 마는 것이다. 물론 일과 관련된 스트레스가 완전히 없어진다는 것은 불가능하다. 하지만 스트레스를 최소화 할 수는 있다. 의지할 수 있는 동료, 친구 또는 배우자와 자신의 문제를 상의하라. 담당 의사 역시 든든한 조언자가 될 것이며, 나아가 당신이 스트레스를 줄이는 데 도움을 줄 수 있는 다른 여러 전문가나 모임 등을 소개해 줄 것이다.

유머감각이 있고 매사에 긍정적이며 낙관적인 주변 사람들도 스트레스를 해소하는 데 도움을 준다. 그들은 당신이 보다 넓은 마음을 갖도록 해 줄 것이다. 스트레스로 인해 화가 나거나 흥분하게 되면 모든 것을 멈추고 현재 상황을 바꾸기 위해 자신이 할 수 있는 일이 무엇인지를 곰곰이 생각해 보라. 만약 여의치 않으면 그냥 모든 것을 내버려 두고 마음을 편하게 갖는 것도 좋다.

이외에도 요가나 명상 등을 통해서도 하루 동안 쌓인 스트레스를 해소할 수 있는데, 이러한 운동은 대부분 아무 때나 어디에서든지 할 수 있다. 다음은 스트레스를 해소하는 운동들이다.

• 호흡 : 코를 통해 숨을 천천히 들이쉰 다음 다섯을 셀 때까지 숨을 참는다. 그리고 다섯을 세면 숨을 천천히 내쉰다. 같은 식으로 3~4번 반복한다.

• 명상 : 즐거웠던 경험이나 좋아하는 장소를 떠올려나. 집중하기가 어렵다면 자신이 좋아하는 사진이나 의미가 있는 물건을 응시해도 된다. 음악 감상 또한 마음을 편안히 하고 몇 분이라도 잡념을 떨쳐 버리는 데 도움이 된다. 업무 중에 이같이 명상을 하는 것이 불가능하다면 쉬는 시간이나 출퇴근 시간 또는 퇴근 후 집에서 휴식을 취하는 시간 등을 이용할 수도 있다.

• 일기 쓰기 : 하루 일과 중에서 좌절감을 느끼거나 스트레스를 풀고 싶은 것이 생길 때마다 10분 정도 시간을 내 노트에 일기를 쓸 수도 있다. 문법이

나 맞춤법은 신경 쓰지 않아도 좋다. 단지 느끼고 표현하고 싶은 것을 무엇이든지 쓰면 된다. 다 쓰고 나서 쓴 것을 한번 읽어보라. 겪고 있는 문제에 대한 좋은 생각이나 해결책 등을 스스로 찾을 수 있다는 사실에 놀라게 될 것이다. 그러다보면 결국 스트레스는 점점 해소될 것이다.

직장 내에서 주의할 점

당신의 직업이 힘든 육체적 노동과 관련이 없다면 아마 임신 중에도 아무 걱정 없이 직장에 계속 다닐 수 있을 것이라고 생각할지도 모른다. 이것은 대개 사실이다. 하지만 몇몇 연구에 따르면 어떤 활동이나 작업 환경은 조산을 유발하고 미숙아 출산에도 영향을 줄 수 있다고 한다. 다음은 임신부와 태아에 악영향을 미칠 수 있다고 알려진 활동이나 작업 환경이다.

- 반복적으로 무거운 물건 들어올리기
- 오랜 시간 서 있기
- 대형 기계 등으로 인한 큰 진동
- 시간이 오래 걸리고 짜증나는 출퇴근 길

이 밖에도 임신부에게 염려되는 영향을 미치는 작업 환경들이 있다. 예를 들어 잦은 업무 변경은 적절한 휴식을 취하는 데 방해가 된다. 또한 뜨거운 작업 환경에서 일하게 되면 체력이 저하돼 힘이 많이 드는 일을 수행하기가 어려워진다. 특히 임신후기가 되면 민첩함과 균형 감각을 요구하는 활동들이 더욱 힘들어질 것이다.

앞서 언급된 작업 환경에서 일하고 있는 임신부는 담당 의사에게 자신의 상태를 점검받고 가능하다면 직장 상사와도 이야기하는 것이 좋다. 지켜야 할 특별한 예방조치가 있거나 고쳐야 할 업무처리 방법이 있다면 담당 의사가 조언해줄 것이다. 이 때 의사는 임신기간을 고려해 조언해 줄 것이며 필요하다면 임신부에게 작업장 환경 규제 등이 설명돼 있는 문서를 고용주에게 전해줄 수 있다. 임신부에게 위험한 작업 환경들은 다음과 같다.

유해물질의 위험

만약 임신부가 병원이나 보건소와 같은 의료 업계 또는 제조업에 종사한다면 안전을 위해 직장에서 노출 가능한 유해물질들에 대해 잘 알고 있어야 한다. 성장 발달하는 태아에게 해로운 영향을 미치는 유해물질에는 납, 수은, 전리 방사선(X-ray), 항암제 등이 있으며, 아직 완전히 결론나지는 않았지만 몇몇 연구에 따르면 마취 가스와 벤젠 등의 유기 용매 같은 화학 물질도 해로운 것으로 알려져 있다. 화학물질, 약물, 방사선 등 어느 것에라도 자신이 노출되고 있다고 생각되면 담당 의사와 상담해야 한다. 또한 유해물질로의 노출을 줄이기 위해 현재 직장에서 사용하는 장비가 무엇인지도 말해야 할 것이다. 예를 들어 작업 가운, 장갑, 마스크, 환기 시스템 등 말이다.

이와 같은 정보들에 근거하여 담당 의사는 당신이 지금 유해물질에 노출돼 문제가 발생한 가능성이 있는지, 있다면 그 가능성을 어떻게 줄이거나 없앨 수 있을지를 판단할 것이다. 작업 활동에 대해서 1~2주 정도 매일매일 일지를 쓴다면 발생할 수 있는 위험 가능성이 어떤 것인지를 평가하는 데 많은 도움이 된다.

다행히도 환경적 요인들은 태아의 선천적 장애 유발에는 아주 적은 영향을 끼치는 것으로 알려져 있다. 선천적 장애는 주로 작업장의 유해물질이 아닌 임신 중 음주, 흡연, 약물 복용 때문에 발생한다. 그렇지만 유해하다고 알려진 물질에는 되도록 노출되지 않도록 조심하는 것이 좋다.

병균 감염의 위험

직업이 의사, 보육사, 교사, 수의사 또는 육류 가공업자라면 일하는 동안 병균에 감염될 확률이 크다. 더군다나 임신을 했다면 몇 가지 병균의 감염이 매우 걱정될 것이다. 특히 풍진, 수두, 파보*parvo* 바이러스, 거대세포 바이러스(CMV), 톡소플라즈마, 단순포진, B형 간염, 에이즈와 같은 병에 걸리지 않도록 병균의 감염을 항상 조심해야 한다.

대부분은 어렸을 적에 병을 앓았거나 예방 주사를 맞았기 때문에 이와 같은 병에는 이미 면역성을 가지고 있겠지만 만약 면역성이 없다면 감염되지 않도록 항상 조심해야 하고 가능할 때마다 감염 경로를 차단할 수 있는 방법을 실천해야 한다.

의료기관에서 근무하는 경우 감염을 최대한 방지하기 위해서 장갑을 착용하고 손을 자주 씻어야 하며, 일하는 중에는 음식을 먹지 말아야 한다. 어린 아이들을 돌보는 일을 한다면 기저귀를 갈고 난 뒤나 아이들이 화장실 다녀오는 것을 도와준 뒤 또는 음식을 먹기 전에 반드시 손을 씻도록 한다. 또한 여러 아이들에게 키스하거나 음식을 나눠 먹어서는 안 된다.

근무지에서 자신에게 병균이 감염될 위험이 크다고 생각된다면 담당 의사와 상의해야 한다. 의사는 임신부의 건강상태, 면역 여부, 근무 상황 등을 점검해 특별한 예방 조치나 피해야할 점들이 있다면 조언해 줄 것이다.

직장 내에서의 컴퓨터 사용

컴퓨터의 사용이 더욱 보편화되면서 모니터 앞에서 오랜 시간 작업을 하는 것이 임신부에게 어떤 영향을 주는지에 대한 염려도 커지고 있다. 컴퓨터 모니터에서는 소량의 비전리 방사선(nonionizing radiation)이 방출되는데, 연구에 의하면 적은 양의 방사선은 태아에게 위험하지 않다고 한다.

그럼에도 불구하고 컴퓨터 앞에서 근무하는 것이 여전히 걱정이 되고 신경이 쓰인다면 위험을 방지할 수 있는 예방책이 하나 있다. 그것은 본인의 모니터에서 약 0.5~0.7m(팔 길이)정도, 뒤나 옆에 있는 동료의 모니터에서는 약 1~2m정도 떨어져 앉는 것이다. 이 정도 거리로 떨어져 앉으면 임신부에게 노출되는 방사선의 양이 급격히 줄어들기 때문이다.

한편 컴퓨터 모니터에서는 전자기장(EMFs)도 나온다. 이것은 전력선이나 전자제품에서도 발생하는데, 고농도의 전자기장에 노출될 경우 건강에 해를 입을 수 있다고 한다. 하지만 회사에서 사용하는 컴퓨터 모니터에서 발생되는 전자기장의 양은 매우 적다. 더군다나 최근의 여러 연구들을 살펴보면 하루 종일 컴퓨터 앞에 앉아서 일하는 임신부에게 특별한 건강상의 문제는 없었다고 한다.

컴퓨터 앞에서 오래 일을 하는 사람들은 목과 등에서부터 손목에 이르기까지 통증을 호소한다. 하지만 이러한 문제들은 대부분 정기적인 휴식을 통해 해결된다. 또한 손을 적절한 위치에 두고 여러 가지 사무기기의 위치를 자신의 키와 신체 조건에 맞춰 조절하는 것 역시 도움이 될 것이다.

출산 · 육아 휴가 준비

출산 휴가를 계획할 때는 직장을 얼마나 쉴지에 대해서도 결정해야 한다. 대부분의 경우 각종 유급 휴가들을 출산 휴가로 대체하지 않으면 출산 휴가 기간에는 급여를 받을 수가 없다. 따라서 임신을 하기 전 자신의 출산 휴가 중 어떤 혜택이 생기고 없어지는지 미리 확인할 필요가 있다. 그리고 예비 아빠 역시 출산 · 육아 휴가 때 받을 수 있는 혜택이나 자신이 입게 될 피해를 꼼꼼히 따져봐야 할 것이다.

출산 후 육아 또한 예비 부모들이 철저하게 계획해야 하는 것 중 하나이다. 왜냐하면 아기를 돌봐줄 사람을 금방 구하지 못할 수도 있을 뿐 아니라 때로는 전혀 못 구할 수도 있기 때문이다. 따라서 육아 휴가가 끝날 때까지 아기를 돌봐줄 사람을 마냥 기다리기만 하지 말고 이와 같은 문제가 발생하기 전에 같은 경험이 있었던 가족, 친구, 동료들에게 조언을 구하는 것이 좋다. 그들의 경험담을 통해 육아를 위해 결정해야 할 일과 자신이 해야 할 일이 무엇인지를 차츰 깨닫게 될 것이다.

나이가 임신에 문제가 될까?

미국에서는 한 해에 약 4백만 명에 달하는 여성들이 출산을 한다. 그중에는 10대도 있지만 대부분 20~30대 여성들이다. 그러나 요즘에는 갈수록 발달하는 의학기술로 인해 심지어는 40~50대 여성들의 출산도 가능해졌는데, 예를 들어 2000년에 출산을 한 50대 여성은 무려 255명이나 되었다.

첫 아기를 출산하는 임신부의 평균연령은 지난 30년 동안 계속 증가했다. 1970년에 초산하는 산모의 평균연령이 21.4세였다면 2002년에는 25.1세까지 증가했다. 또한 그 수치가 각각 다르기는 하지만 산모의 연령이 높아지고 있는 것은 인종에 상관없이 미국의 모든 50개 주에서 뚜렷하게 나타나는 사회적 현상이 되고 있다(통계청 자료에 따르면 2007년 한국 출산 여성의 평균연령은 30.6세였다-옮긴이).

출산하는 여성의 평균연령이 높아지는 이유 중 하나는 35세 이상 여성 출산의 증가 현상이다. 지난 30년 동안 30대 후반 연령의 여성이 낳은 아기의 수는 1970년에는 전체의 6.3퍼센트, 2000년에는 13.4퍼센트였다. 교육 수준의 향상과 사회생활 진출이 늘면서 출산을 미루는 여성들의 수가 늘고 있는 것이다. 실제로 1970~2000년까지 4년제 대학 이상 여성 졸업자의 수는 거의

3배 가까이 증가했으며, 같은 기간에 사회로 진출하는 여성의 수는 거의 40퍼센트까지 증가했다.

하지만 여전히 대부분의 출산은 20~34세 사이의 여성들에게서 이루어지고 있으며, 이들의 출산을 통해 태어난 아기들이 전체의 3/4을 차지하고 있다. 비록 20대 초반의 산모수가 줄어들고 30대 초반의 산모수가 증가하는 추세지만 주요 출산 여성의 연령은 30여 년 동안 거의 변화가 없는 것이다. 그러므로 앞으로도 당분간은 산모 중 절반 이상은 20대 여성일 것이다.

나이에 따른 임신 가능성

30~40대 여성이라면 자신이 임신하기에 적절한 나이인지 궁금할 것이다. 실제로 생식능력은 20~24세 때 최고조에 달하며, 나이가 들수록 점점 떨어진다. 만약 30대 초중반 여성이라면 20대 초반일 때보다 15~20퍼센트 정도, 30대 중후반 여성이라면 25~50퍼센트 정도 수정 능력이 떨어질 것이다. 또한 40대 초반에서 중반의 여성은 95퍼센트 이상 수정 능력이 저하된다.

미국에서는 20대 여성 중 10퍼센트가 불임으로 인해 고생하고 있으며, 30대 여성 중 25퍼센트가 임신하는 데 어려움을 겪고 있다. 40대 이상의 경우에는 절반 이상이 생식 능력을 잃는다. 전문가들에 의하면 20대 중반부터 여성의 수정 능력은 저하된다고 하는데, 보통 35세 이상이 되면 생식 능력의 감퇴는 급격한 속도로 진행된다. 또한 여성의 나이가 35세 이상인 커플 중 1/3이 임신하는 데 어려움을 겪고 있는 것으로 알려져 있다.

하지만 어떤 연구 결과는 이러한 나이에 따른 생식 능력의 감소가 특정 기간의 낮은 임신 가능성을 의미할 뿐 전반적인 임신 가능성이 줄어드는 것을 의미하지는 않는다고 한다. 즉 30대 중후반 여성은 젊었을 때보다 임신을 하기 어려워진다기 보다는 임신을 하는 데 다소 시간이 오래 걸릴 뿐이라는 것이다.

그러면 왜 나이가 들수록 수정 능력은 떨어지는 것일까? 전문가들은 여성의 수정 능력이 난자의 개수와 건강상태에 달려있다고 보며, 자궁의 상태와 호르몬 분비의 변화도 영향을 미칠 것이라고 한다.

난자의 건강함(우수성)

여성은 덜 성숙된 상태인 난자를 약 2백만 개 가지고 태어난다. 이중 사춘기가 될 때까지 잘 발달하지 못한 대부분의 난자들은 사라지고 약 40,000개 정도의 난자만이 남게 된다. 여성의 일생 중 가임기간은 대략 30년 정도로 이 기간 동안에 일반적으로 약 400개의 난자가 한 달에 한 번씩 배란되게 된다. 이러한 과정을 반복하면서 가지고 있던 난자를 모두 배출하고 난소가 자궁과 질의 세포들을 자극하는 에스트로겐estrogen 호르몬을 더 이상 분비하지 않으면 여성은 폐경기를 맞게 되는 것이다.

여러 연구에 따르면 여성이 30대 중반이 되면 난자의 건강함이 떨어진다고 한다. 젊은 여성의 난자와 비교해 정자와의 수정성공률 자체가 떨어지는 것은 아니지만 수정후 수정란이 주머니배(수정란이 분열되어 세포덩어리를 이룬 것)로 발달하는 과정이 더 어려운 것이다.

또한 나이가 많은 여성의 난자는 염색체 관련 문제(염색체 이상이나 퇴행성 변화)를 더 많이 가지고 있다. 이러한 문제 때문에 수정된 난자가 자궁에 정상적으로 착상하지 못해 유산이 되기도 한다. 이수성체(aneuploidy)라고 불리는 이러한 염색체 이상은 임신초기에 유산을 일으키는 대표적인 원인 중 하나로 임신부가 자신의 임신 사실을 알아채기도 전에 유산을 발생하게 한다.

난자의 개수

어떤 여성은 다른 사람들보다 더 빨리 난자가 소모되어 임신할 수 있는 기회

남성의 생식 기능도 시간이 지날수록 약화될까?

당신은 아마도 60~70대, 심지어는 80대의 남성이 아이를 두었다는 이야기를 들어본 적이 있을 것이다. 이것은 매우 드물게 발생하지만 일어날 수 있는 일이다. 하지만 전문가들의 말에 따르면 남성 역시 나이가 많아질수록 생식능력이 감소한다고 한다. 보통 남성의 생식능력은 여성보다는 조금 늦은 30대 후반부터 약화되기 시작하는데, 한 연구 결과에 따르면 남성의 배우자에 대한 임신 성공률은 35세~40세 사이에 40% 정도 감소한다고 한다.

그렇다면 남성의 생식능력을 감소시키는 원인은 무엇일까? 정자는 난자와 만나기 위해서 힘든 과정들을 거친다. 성숙한 정자는 부부의 성관계 후 살아남아 여성의 생식기관을 따라 이동한다. 그리고 난자의 준비가 모두 끝날 때까지 기다리다 난자의 투명대(zona pellucida)를 뚫고 안으로 들어간다. 그래야 성숙한 난자 속에 초기 태아 발달을 위한 유전자 물질을 줄 수 있기 때문이다. 정자에게 이러한 과정들은 언제나 어려운 숙제로 최상의 조건에서도 정자는 사정 후 단지 2~3일 동안만 난자와 수정될 수 있다.

남성의 연령대가 높을수록 정자가 이러한 힘든 과정을 견디기 어려워진다. 심지어 30대 초반부터 남성의 정자에는 정자의 기능과 초기 태아세포의 발달에 악영향을 줄 수 있는 염색체 문제가 더욱 잘 생긴다. 또한 정자의 수가 적은 편이 아니더라도 정자의 활동이 활발하지 않다면 남성의 생식능력에 영향을 줄 수 있다.

현재 의사와 과학자들은 고환과 전립선의 변화가 정자의 생성과 정액의 생화학적 성분에 부정적인 영향을 미치는지와 남성의 연령이 높아질수록 정자의 활동에 영향을 미칠지 모르는 새로운 물질의 존재에 대한 연구를 꾸준히 진행 중이다. 보통 흡연과 몇몇 약물 복용이 생식기능을 감소시키는 원인으로 제시되고 있다.

가 줄어든다. 이처럼 보유하고 있는 난자의 수가 일정 수준 이하로 떨어지면 여성의 수정 능력은 감소하는 것은 당연한 일이다. 보통 35~40세 사이 여성들의 난자는 생리주기마다 그 수가 급격히 줄어들어 수정 능력이 현저하게 떨어지게 된다. 따라서 의사와 과학자 등 여러 전문가들은 여성의 나이에 따른 난자의 손실을 줄이는 치료법을 개발해 모든 여성의 가임기간을 연장할 수 있기를 바라고 있다.

자궁의 친화력

전문가들의 연구 발표에 의하면 30대 중후반의 여성들은 자궁 친화력(수정란이 자궁에 잘 착상하도록 도와주는 자궁의 성질이 감소하는 경향)이 있다고 한다. 하지만 자궁 친화력의 감소가 나이와는 상관이 없다는 정반대의 연구 결과도 있다.

호르몬 분비의 변화

여성의 나이가 30대 중반에 들어서면 여포자극호르몬(FSH), 에스트라디올 *estradiol* 호르몬의 분비가 증가하고 인히빈*inhibin-B* 호르몬의 분비는 감소한다. 이러한 호르몬 분비의 변화는 간접적으로 난소에서의 난포(미성숙난자가 들어있는 작은 주머니) 형성을 억제하고 착상과 배아 발달을 위해 자궁내막이 두꺼워지는 것을 방해하게 된다. 따라서 이러한 호르몬 분비의 변화를 파악하는 검사들은 체외수정과 같은 시술을 통해 임신을 시도할 때 임신 성공 가능성을 예측하는 자료가 된다. 하지만 이러한 검사들은 주로 체외수정 등의 보조생식술과 관련해서 주로 연구되어 왔기 때문에 자연임신이 가능한지 여부를 판단하는 데에는 별로 유용하지 않다.

고령 출산의 위험

만약 30~40대 여성이 임신을 계획하고 있다면 자신에게 발생할 건강문제나 유산의 위험에 대해 걱정이 될 수 있다. 또한 태어날 아기가 염색체 이상이나 선천적 장애 등을 가지고 태어나지 않을까 노심초사할 수도 있을 것이다. 물론 여성의 연령대가 높아질수록 임신과 출산의 위험 또한 커지는 것은 사실이며, 미국 산부인과학회에 따르면 여성의 나이 35세가 임신과 출산이 위험의 위험이 증가하는 기준점이 된다. 하지만 임신과 관련한 위험들은 나이에 따라 점진적으로 증가하는것이지, 35세 이후부터 갑자기 발생하는 것은 아니다(35세 이전에는 위험이 전혀 없다가 35세가 되면 갑자기 생기는 것이 아니라는 의미이다-옮긴이). 또한 오늘날의 고령산모들은 20년 전의 고령산모들보다 임신으로 인한 위험을 훨씬 적게 가지고 있다. 과거에는 35세 이상의 고령산모가 낳은 아기 대부분은 막내아이였고 여러 가지 위험을 무릅쓰고 출산을 감행하는 것이 일반적이었으며, 충분한 산전관리도 받지 못했다. 하지만 오늘날에는 35세 이상의 고령산모들이 첫째나 둘째 아이를 출산하고 있으며, 적절한 산전관리도 잘 받고 있기 때문이다.

정기적으로 산부인과 진료를 받으며 적절한 생활습관을 가진 건강한 여성이라면 나이가 많다고 하더라도 임신과 출산을 무사히 할 수 있을 것이다. 실제로 여러 연구들에 따르면 35세 이상의 고령임신이 위험요소가 있기는 하지만 이러한 위험요소들은 관리가 가능하고 예후 또한 좋다고 보고하고 있다. 하지만 그렇더라도 임신부 스스로가 나이에 따른 잠재적인 위험요소들에 대해 잘 알고 있어야 어떠한 문제가 일어나도 적절히 대처할 수 있을것이다.

고령 임신부에 발생할 수 있는 위험

35세 이상의 임신부에게는 다음과 같은 위험 상황이 발생할 수 있다.

• 유산 : 임신부의 나이가 35세가 넘으면 유산의 위험이 증가하는데, 40세가 넘으면 이는 훨씬 더 증가한다. 40세의 여성이라면 유산 확률이 25퍼센트로, 즉 네 명 중 한 명은 유산을 겪을 수 있다.

• 다태임신 : 젊은 여성들에 비해 35세 이상인 여성들은 자연수정보다는 체외수정(IVF)과 같은 산부인과 시술의 도움을 받아 임신에 성공하는 경우가

많다. 이러한 시술은 대부분 착상 확률을 높이기 위해 2~3개의 수정란을 자궁내로 주입하게 되기 때문에 쌍둥이나 그 이상의 다태임신이 될 가능성이 높아진다. 또한 체외수정(IVF) 시술 때문이 아니더라도 여성의 연령이 높아질수록 다태아를 낳을 확률은 커진다. 왜냐하면 나이가 들면 호르몬 분비가 변하게 되는데 이것이 한 번에 여러 개의 난자를 배출하게 해 다태아를 임신하게 만들기 때문이다.

• 고혈압 : 나이가 들수록 임신기간에 처음으로 고혈압이 발견될 가능성이 증가한다. 또한 자간전증*preeclamsia*이라고 불리는 임신 중독증이 발생할 위험도 증가하는데 중상으로는 고혈압, 얼굴과 손의 부종, 임신 20주 이후 발생하는 단백뇨등이 있다.

• 임신성 당뇨병 : 임신 전에는 당뇨가 없었더라도 나이가 많을수록 임신기간에 당뇨병이 발병할 확률이 커진다. 이때의 당뇨병을 특별히 '임신성 당뇨병*gestational diabetes*' 이라고 부르는데, 만약 제대로 치료받지 못하면 임신 중에 태아는 거대아가 되어 제왕절개 수술의 확률이 높아지게 된다. 임신성 당뇨병에 걸린 임신부의 아기는 빌리루빈*bilirubin*이 축척되어 태어날 때 피부가 노란색을 띠며, 저혈당증에 빠지기 쉽다.

• 전치태반 : 여성의 나이가 35세가 넘으면 임신 중에 전치태반(plecenta previa)이 발생할 확률이 크다. 전치태반이란 임신부의 태반이 자궁경관 근처에 위치해서 자궁경부의 일부, 혹은 전체를 덮는 현상을 말한다. 전치태반이 있으면 임신후기에 하혈을 경험하게 될 수 있으며, 그런 경우에는입원을 해야 한다. 또한 전치태반의 경우 제왕절개로 분만을 하여야 한다.

• 비정상적인 태아의 위치 : 35세 이상의 임산부에서 둔위 또는 다른 비정상 태위가 증가하여 자연분만이 어려울 수 있다. 이경우에는 제왕절개 분만을 하게 된다.

• 제왕절개 : 35세 이상의 고령 임신부는 임신과 관련된 합병증이 더 많이 발생하기 때문에 젊은 임신부보다 제왕절개로 출산하는 빈도가 높다. 또한 고령 임신부는 젊은 임신부에 비해 보조 생식술을 통해 임신에 성공하는 경우가 많아 쌍둥이나 세 쌍둥이를 임신하게 되는 경우가 많기 때문에 그에 따라 제왕절개율이 증가하게 된다. 또한 의사들은 고령임신인 경우 산모와 태아의 상태를 좀 더 주의 깊게 살펴보기 때문에 문제가 발견되는 즉시 제왕 절개 수술을 고려할 수 있다. 예를 들어 진통 중에 관찰되는 태아의 심장 박 동이 정상보다 느리다면 이 때 의사는 바로 제왕절개 수술을 권유할 것이다. 나이가 많은 산모는 또한 유도분만을 하게 되는 경우가 많은데, 이것 또한 제왕절개를 증가시키는 요인이다. 한 연구에 의하면 고령 임신부는 임신 중 에 체중이 과도하게 늘어나는 경향이 있어서 난산의 위험이 증가하고 결국 제왕절개 분만을 하는 경우가 많다고 한다.

태아에게 발생할 수 있는 위험

35세 이상의 여성이 출산한 태아에게는 다음과 같은 위험이 발생할 수 있다.

• 사산 : 정확한 이유는 밝혀지지 않았지만 35세 이상의 고령 산모의 경우 태아가 사산될 확률이 높다고 알려져 있다.

• 조산(임신 32주 전 출산) : 노산의 경우 임신 32주 전에 출산을 하는 경우가

많은데, 이러한 조산은 신생아의 합병증과 사망의 위험을 증가시킨다.

• 저체중아 : 의사들은 태어난 아기의 체중이 약 2.5kg에 미치지 못할 때 그 아기를 저체중아로 분류하고 있다. 저체중아는 1.5~2년 정도가 지나면 정상적인 아기들과 거의 비슷하게 성장하지만 초기에는 성장이 늦으며, 출생 시에 저혈당증과 저체온증을 보일 수 있다. 저체중아 분만의 위험성을 줄이기 위해 임신부는 임신 중 절대 금연해야 한다.

• 거대아 : 출생 시 태아의 체중이 약 4.5kg이상이면 거대아로 분류되는데, 임신부의 나이가 30세 이상일 경우 거대아가 보다 자주 태어난다. 태아가 너무 크다면 산모와 태아 모두 출산과정을 견디기가 더욱 힘들어질 것이다. 즉 제왕절개 확률이 높고 태아 역시 출산과정에서 쇄골 골절과 같은 부상을 당할 수 있다. 또한 저혈당과 황달이 발생할 가능성 역시 높다.

• 염색체 이상 : 35세 이상의 여성이 낳은 아기에게는 염색체 이상, 특히 다운증후군, 에드워드증후군, 파타우증후군 (Patau' s syndrome) 등이 발생할 위험이 높아진다. 3염색체성 (trisomy)은 염색체 이상의 대표적인 유형이다. 이것은 한 염색체에 정상적인 두 개의 카피copy 대신 3개의 카피가 있는 것을 의미한다. 예를 들어, 다운증후군으로 잘 알려진 트리소미trisomy 21은 가장 흔한 21번째 염색체가 3개의 카피를 가진다. 한편 에드워드증후군(18번째 염색체 이상)과 파타우증후군(13번째 염색체 이상)은 일반적으로 다운증후군보다 치명적이지만 흔히 나타나지는 않는다.
임신부가 아직 30세 이전이라면 다운증후군을 가진 아기가 태어날 확률은 1/1000보다 적지만 30세가 되면 약 1/1000정도 된다. 35세 임신부가 낳은 아기의 경우에는 다운증후군 발생 확률이 1/400(0.25퍼센트)이고 40세 산모의 아기에게는 약 1/100(1퍼센트)의 확률로 발생한다.

30~40대 임신부의 경우에 다운증후군과 같은 염색체 이상을 알기 위해 산부인과에서 양수천자검사(amniocentesis)를 할 수도 있지만 이 방법 또한 검사에 따른 위험이 있을 수 있다. 따라서 태아에게 염색체 이상이 발생할 가능성이 있어 걱정이 된다면 검사방법에 대해 먼저 의사와 상의해야 한다.

● 선천적 장애(비염색체이상) : 몇몇 연구에 따르면 선천적 심장결손, 내반족(內反足, 발이 안쪽으로 휘는 병-옮긴이), 횡경막탈장(diaphragmatic hernia, 복강내 장기들이 횡격막 결손을 통하여 흉강내로 탈장된 상태-옮긴이)과 같이 염색체 이상과는 상관없는 선천적장애를 가진 아기가 태어날 확률이 임신부의 나이가 많을수록 커진다고 한다. 임신을 준비하면서 다음과 같은 것들이 또한 궁금할 것이다.

- 2부 : 유전자 선별 검사 이해하기, 386쪽
- 2부 : 산전 검사이해하기, 397쪽
- 4부 : 임신과 출산에 따른 합병증, 721쪽

임신 전 병원 방문 : 무엇을 상담해야 할까?

임신하기 전에 병원에서 의사, 조산사 또는 다른 건강 전문가와 상담하는 것은 매우 바람직하다. 다음과 같은 주제들에 대해 상담할 것을 권한다.

☐ **피임**

그동안 피임약을 복용해왔다면 의사는 약의 복용을 중단하고 한 달이나 두 달 정도 다른 피임방법을 사용하라고 권유할 것이다. 왜냐하면 여성의 생리주기가 원래대로 돌아가는 데 몇 달 걸리기 때문이다. 생리주기가 규칙적이지 않으면 배란이 일어난 시기를 정확히 알 수 없어서 출산 예정일을 정확히 예측하기 어렵다.

☐ **면역**

자신이 아기에게 선천적 기형(birth defects)의 위험을 안겨줄 수 있는 병에 면역성이 있는지 알아보는 것은 빠를수록 좋다. 만약 당신이 수두, 풍진과 같은 세균성 질병에 면역성이 없다면 적어도 임신 한 달 전에는 예방주사를 맞을 것을 권고한다.

☐ **현재와 과거의 병력**

만약 당뇨, 천식, 고혈압 등과 같은 건강상 문제를 가지고 있다면 건강관리에 항상 유의해야 한다. 현재는 건강에 이상이 없더라도 임신 중에는 만성질환에 대한 특별히 관리가 필요하다. 왜냐하면 뱃속에서 자라는 아기가 엄마의 신체에 새로운 변화를 일으킬 수 있기 때문이다.

☐ **집안의 병력**

본인이나 배우자의 가족 중 선천적 기형을 가진 사람이 있거나 아이를 갖는 데 치명적 영향을 미칠만한 병력이 있다면 의사와 상담해야 한다.

의사는 임신 전에 예비엄마의 처방약 복용을 금하거나 복용량을 바꿀 것이다. 정기적으로 복용하는 일반의약품이 있다면 꼭 의사에게 말해야 한다. 어떤 약물에는 카바kava, 길초근, 은행나무와 같이 사람에 따라 유해할 수도 있는 약초 성분이 포함돼 있다. 아직 종합비타민제를 복용하고 있지 않다면 약을 구입하여 복용을 시작하는 것이 좋다. 종합비타민제에 포함된 엽산은 임신초기에 발생할 수 있는 심각한 선천적 기형을 예방할 수 있게 해주기 때문이다.

이전에 유산한 경험이 있거나 임신하는 데 어려움이 있었다면 의사와 그것들에 대해 상담해야 한다. 의사는 전과 같은 일이 발생하지 않도록 조언을 해줄 것이며, 이를 통해 당신이 느낄 수 있는 임신에 대한 걱정이나 두려움을 줄일 수 있을 것이다.

그동안 흡연을 하고 술을 즐겨 마셨는가? 혹은 엉망인 식습관을 가지고, 규칙적으로 운동도 하지 않았다면 임신을 준비하는 이 시기야말로 나쁜 습관을 버리고 보다 건강하고 바른 생활습관을 가질 수 있는 절호의 기회이다. 이제 담배를 끊기 원한다면 금연을 위해 필요한 것들을 의사가 알려줄 것이다. 또한 식습관 개선과 운동, 스트레스 해소에 대한 조언을 받을 수 있다.

가능하다면 병원에 갈 때는 남편과 함께 가는 것이 좋다. 당신이 모를 수도 있는 집안의 병력들을 상담 받을 수 있을 뿐아니라, 남편이 임신과 출산에 도움을 줄 수 있기 때문이다. 또한 배우자의 건강과 생활습관이 임신부의 건강에도 영향을 미칠 수 있기 때문에 매우 중요하다.

매일의 영양분 최소 권장섭취량

다음 표를 참고하면 임신부가 충분한 영양분을 공급받기 위해서 어떤 음식물을 얼마나 섭취해야 하는지 알 수 있다.

	임신 중 하루 섭취량	선택 가능한 식품
빵과 곡물류	최소한 9회 섭취 1회 섭취량 = 파스타 반컵, 요리된 곡물이나 밥 / 빵 1 조각 / 과자 6조각 / 햄버거 빵 반개, 머핀 또는 작은 베이글 반개	시리얼, 베이글, 현미, 통곡물 빵, 롤케이크, 과자, 통밀 파스타 (통 곡물은 하루에 적어도 3번 섭취)
야채	4회 이상 섭취 1회 섭취량 = 조리된 야채 반컵 또는 생야채 1컵	여러 종류의 상추, 시금치, 풋고추나 빨간 고추, 고구마, 겨울호박, 완두콩, 깍지콩, 브로콜리, 당근, 옥수수, 토마토
과일	3회 이상 섭취 1회 섭취량 = 조리된 과일 반컵 또는 중간 크기의 생과일 1개	사과, 살구, 바나나, 포도, 망고, 파인애플, 딸기, 라즈베리, 오렌지, 자몽, 멜론, 복숭아, 건포도
우유, 요구르트, 치즈	3회 이상 섭취 1회 섭취량 = 우유 1 컵 또는 요구르트/치즈 30g	탈지 우유, 저지방 치즈, 저지방 요구르트, 저지방 코티즈cottage 치즈(유지방을 제거한 연질치즈-옮긴이)
고기, 생선, 달걀, 말린 콩	최소 3회, 섭취1회 섭취량 = 170 ~ 255g	닭고기, 말린 완두콩과 일반 콩, 생선, 기름기를 뺀 소고기와 돼지고기, 땅콩버터, 칠면조
지방과 당분	조금씩 섭취	버터, 마가린, 사워크림sour cream, 견과류, 아보카도, 올리브유, 샐러드 소스, 설탕, 시럽, 꿀, 사탕, 디저트 류

임신 1개월

남편과 나는 거의 일 년 전부터 아이를 갖기 위해 노력해왔다. 생리가 늦어지면서 나는 임신일지도 모른다는 생각에 기쁨을 감출 수 없었지만 언제나 신중한 남편은 조금 더 기다리며 지켜보자고 했다. 생리 예정일이 며칠 지난 뒤 나는 자가 임신 테스트기를 구입했다.테스트기로 임신 여부를 검사하는 동안 남편은 거실에서 기다리고 있었고 테스트기에는 붉은 선이 선명하게 나타났다. 내가 남편에게 테스트 결과를 보여주자 남편은 흥분하며 "이거 확실한 거 맞지?" 하고 말했다. 결과는 확실했다. 지금 우리 부부는 설렘을 가지고 첫 아이를 기다리고 있다. - 어느 부부의 경험담

임신 1~4주 태아의 성장

그동안 임신을 매우 기다려왔다면 이제 임신에 관한 궁금증들이 매우 많을 것이다. 지금 뱃속의 아기는 어떤 모습일까? 크기는 어느 정도일까? 이번 주에는 아기가 얼마나 어떻게 자랄까?

매주 뱃속의 아기가 어떻게 자라는지 잘 안다면 이 같은 궁금증을 해결하는 데 도움이 될 것이다. 또한 자신의 신체에 나타나는 변화들 역시 이해하기 쉬울 것이다. 이 장에서는 수정에서 착상까지 임신 1개월 동안 일어나는 변화들에 대해 이야기한다.

임신 1~2주 : 수정 전과 후

수정 전

이상하게 들릴 수 있지만, 임신 첫 주는 실제로 임신이 된 때를 말하는 것이 아니라 임신이 되기 전 마지막 생리기간을 의미한다. 왜 그럴까? 그것은 전문가들이 출산 예정일을 여성의 마지막 생리 시작일부터 40주 후로 계산하기 때문이다. 즉 아직 임신이 된 것은 아니지만 마지막 생리도 임신의 한 부

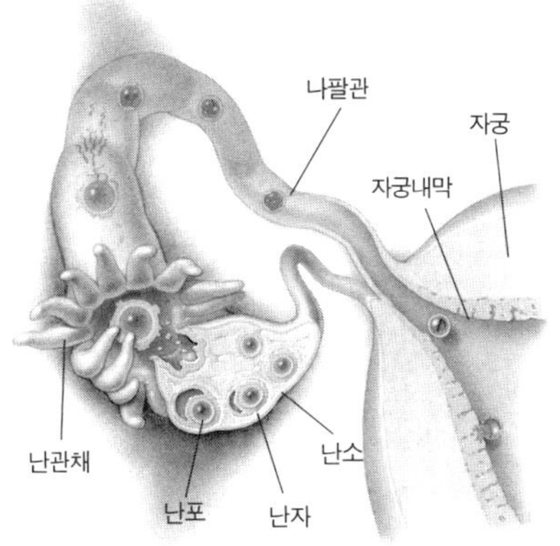

분으로 포함된다는 것이다. 임신은 일반적으로 마지막 생리 시작일로부터 약 2주 뒤에 일어나는데, 이는 임신이 된 후 약 38주가 지나면 아기를 직접 안아볼 수 있다는 뜻이다. 하지만 공식적으로 정해진 임신기간은 40주이다.

생리 중에도 난자의 배출을 촉진하는 난포자극호르몬(FSH)은 계속 분비되며, 난자는 난포라 불리는 난소 안 작은 공간에서 성숙한다. 며칠 후 여성의 몸은 황체형성호르몬을 내놓는다. 이 호르몬은 성숙한 난포를 자극하여 난포 안에 있던 난자를 배출하게 하는데, 이러한 과정을 배란이라 부른다. 여성은 두 개의 난소를 가지고 있지만 대부분 둘 중 한쪽 난소에서만 배란이 일어난다. 한편 난소와 나팔관을 연결하며 난소를 에워싸듯이 손을 벌리고 있는 것 같은 부분을 난관채(fimbriae) 라고 부르는데, 난자는 난관채를 통해 난소와 자궁을 연결하는 나팔관으로 천천히 이동한다. 그리고 나팔관에서 정자는 난자와 만나게 된다. 만약 배란이 일어나기 전이나 일어나는 동안 성관계를 갖는다면 임신할 가능성이 있다. 하지만 어떠한 이유에서 수정이 이루어지지

않으면 난자와 자궁벽은 다음 생리를 통해 질 밖으로 배출될 것이다.

수정

수정은 임신이 시작되는 첫 단계이다. 여성의 난자와 남성의 정자는 결합해 단일세포를 이루게 되는데, 바로 이것이 앞으로 일어날 놀라운 현상들의 시작이 된다. 수정으로 인해 생겨난 미세한 세포가 자가 분열을 반복한 수 약 38주가 지나면 2조개 이상의 세포들로 이루어진 사람, 즉 사랑스런 아기가 되는 것이다.

수정은 남녀의 육체적 결합 후 이루어진다. 성교시 여성의 질에는 최고 10억 개의 정자가 포함된 남성의 정액이 방출된다. 정자는 긴 꼬리 같은 것을 가지고 있는데, 이것을 이용해 난자를 향해 이동한다.

수백만 개의 정자는 여성의 생식기관을 헤엄쳐 올라간다. 정자는 질에서 자궁경부를 통해 자궁과 나팔관으로 이동한다. 이 과정 중에 많은 정자들이 살아남지 못하고 죽는다. 소수의 정자만이 나팔관에 있는 난자까지 다다르며, 이 때 한 정자가 무사히 난자 벽을 뚫고 들어가면 수정이 이루어지는 것이다. 난자는 지름이 200분의 1인치인 작은 세포로, 대뇌부채살(corona radiata)이라고 불리는 영양세포와 투명대(zonapellucida) 라고 불리는 젤라틴 성분의 물질로 둘러싸여 있다. 수정이 완전히 이루어지기 위해서 정자는 이것을 뚫고 들어가야 한다. 최고 100마리의 정자들이 난자의 벽을 통과하는 것을 시도하고, 그 중 일부가 난자의 외벽을 뚫고 들어가기 시작한다. 하지만 결국 단 한 마리의 정자만이 난자에 침투하는 데 성공하며, 이후 난자는 다른 정자들이 들어올 수 없도록 자신의 세포막 성질을 변화시킨다. 때로는 한 개 이상의 난포가 생기거나 한 개 이상의 난자가 방출될 때가 있다. 이 때 각각의 난자가 정자와 결합하면 한 명 이상의 아기를 갖게 되는 것이다.

한편 정자가 난자의 중심으로 침투하면 이 두 세포는 수정란이라고 불리는 하나의 독립된 세포로 바뀌게 된다. 이 수정란은 여성과 남성으로부터 각각 23개의 염색체를 받아 총 46개의 염색체를 가지고 있는데, 그 안에는 수천 가지의 유전자가 담겨 있다. 그리고 유전자는 아기의 성별, 눈동자의 색깔, 머리카락 색깔, 아기의 크기, 얼굴 생김새 등을 결정하고, 지능과 인격에도 영향을 미친다. 드디어 수정이 완벽히 이루어진 것이다!

남자아이일까, 여자아이일까?

수정이 이루어지는 순간 아기의 성별은 결정된다. 총 46개의 염색체는 태아의 유전물질을 담고 있다. 그 중 두 개는 성염색체로 난자와 정자로부터 각각 한 개씩을 받아서 태아의 성별을 결정한다. 여성의 난자에는 오직 X염색체만 존재한다. 하지만 남성의 정자에는 X염색체와 Y염색체 모두 존재할 수 있다. 만약 수정이 이루어질 때, X염색체를 가지고 있는 정자가 X염색체를 가지고 있는 난자와 만난다면 아기는 여자(XX)가 된다. 반면 Y염색체를 가지고 있는 정자가 난자와 만나면 아기는 남자(XY)가 될 것이다. 따라서 아기의 성별을 결정하는 것은 오직 아빠에게서 전달받은 성염색체이다.

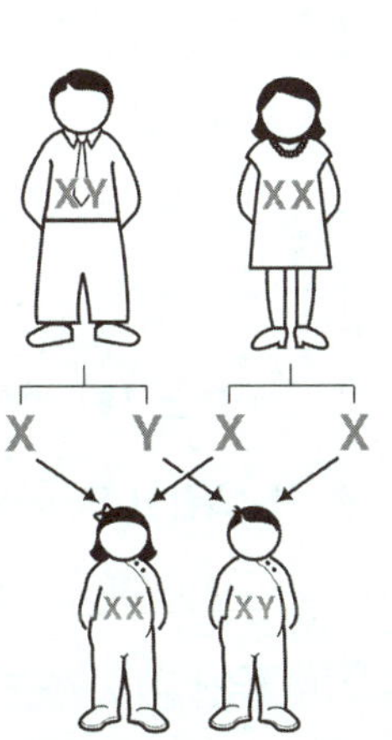

임신 3~4주 : 착상과 초기 발달

임신이 된 후부터 태아는 계속 성장 발달한다. 먼저 세포분열이 진행되는데, 약 12시간 이내에 한 개의 수정란은 2개의 세포로 분열되고 분열된 각각의 세포들은 또 12시간마다 2개의 세포로 다시 분열된다. 이렇게 수정란은 분열을 반복하면서 나팔관을 따라 자궁으로 이동한다. 수정이 이루어진 후 약 3일이 지나면, 수정란은 13~32개의 세포로 분열돼 마치 작은 라즈베리 열매 모양과 같이 된다. 이때 분열된 수정란을 상실배(morula) 라고 부르는데, 상실배 시기 수정란은 나팔관을 완전히 통과하여 자궁으로 진입한다. 수정 후 4~5일이 지나면 약 500개의 세포로 구성된 상실배는 목적지인 자궁 안에 도착하게 된다. 이제 상실배는 세포덩어리에서 주머니배(blastocyst)가 된다. 주머니배의 안쪽 부분에는 세포들이 빽빽하게 모여 있는데, 이것이 태아로 자라게 된다. 그리고 영양막(trophoblast)이라고 불리는 주머니배의 바깥층은 태아에게 영양분을 공급하는 태반이 될 것이다.

자궁에 도착한 뒤, 주머니배는 한동안 자궁 표면에 달라붙어 머문다. 그리고 자궁 내막 상피에 효소를 분비하여 스스로 자궁에 착상할 수 있는 환경을 만든다. 이러한 현상은 일반적으로 수정 후 약 1주일 이내에 일어난다. 수정 후 12일째 되는 날까지 주머니배는 새로운 보금자리인 자궁에 안정적으로 착상한다. 그리고는 자궁의 가장자리 부분인 자궁내막에 단단히 고정된 후 엄마의 혈액으로부터 영양분을 공급받기 시작한다.

수정 후 약 12일이 지나면, 태반이 형성되며 주머니배의 외벽으로부터 작은 돌기가 나기 시작한다. 이 돌기로부터 작은 혈관으로 채워진, 구불거리는 세포 조직이 발달한다. 융모막이라고 불리는 이 세포 조직은 자궁에 있는 모세혈관 한복판에서 자라고 결국에는 태반을 거의 뒤덮게 된다. 마지막 생리 후 4주, 즉 수정 후 14일이 지나면 태아의 크기는 약 1mm일 것이다. 조직과 내장기관의 발달에 따라서 태아의 몸은 다음과 같이 세부분으로 나뉜다.

- 외배엽은 가장 바깥에 자리하며, 이 부분에서 태아의 몸 중앙을 따라 신경관, 즉 태아의 뇌, 척수, 척수신경, 척추 등이 발달한다.
- 중배엽은 중간에 자리하며, 이 곳에서 태아의 심장과 혈관, 혈구 그리고 림프관과 같은 초기 순환계가 생겨난다. 그리고 태아의 골격, 근육, 신장 그리고 생식기관 또한 이곳에서 발달한다.

- 내배엽은 가장 안쪽에 자리하는데, 이 곳에서 태아의 폐 점막과 장, 방광
  이 발달한다.

임신 1~4주간 임신부의 몸

임신기간 동안 뱃속에서 자라는 태아에 대한 궁금증이 생기는 것은 자연스
러운 일이다. 그러나 한편으로 자신의 몸에 일어나는 여러 변화들에 대해서
도 자세히 알고 싶어질 것이다.

임신부의 몸에 일어나는 변화들은 중요하다. 작은 수정란이 아기로 자라 태
어날 때까지 임신부의 몸은 태아가 잘 자라는 데 필요한 충분한 영양분을 공
급하고, 아기를 무사히 낳을 수 있도록 스스로 준비한다.

임신 1주 : 임신 전

임신을 하기 위해서 그리고 좋은 엄마가 되기 위해서는 임신하기 전의 생활
방식이 매우 중요하다. 또한 엄마의 생활방식이 앞으로 태어날 아기에게도
큰 영향을 미치므로 금연과 금주가 필수적이다. 또한 복용하는 처방약이 있
다면, 임신 중에 그 약을 복용해도 되는지 반드시 의사에게 문의해야 한다.
또한 엽산이 최소 400마이크로그램 이상 포함된 비타민 보충제를 매일 복
용해야 할 것이다. 신경관은 뇌, 척수, 척수 신경 그리고 척추 등으로 발달하
는 매우 중요한 기관으로 적정량의 엽산 섭취는 태아에게 신경관 결손이 발
생할 위험을 감소시킨다. 척추갈림증은 신경관 결손 중 하나로 태아의 척추
뼈가 융합되지 않아 문제가 생기는 질환인데, 엽산을 충분히만 섭취한다면
태아에게 이와 같은 질환이 발생할 가능성은 많이 줄어든다.

출산예정일 계산하기

다음 표를 이용하면 출산예정일을 계산할 수 있다. 예를 들어 마지막 생리주기가 시작된 첫 날이 3월 27일이라면 추측되는 출산예정일은 1월 1일이다. 마지막 생리주기가 시작된 첫 날이 아래의 표에 나와 있지 않다면 가장 근접한 날짜를 골라 모자라거나 더해진 만큼의 날을 가감하면 된다. 예를 들어 마지막 생리 시작일이 4월 4일이라면(아래 표에는 하루 전인 4월 3일이 있다), 추정되는 예정일은 1월 9일이다(아래 표에는 하루 전인 1월 8일이 있다).

임신 1주	임신 3주	임신 5~10주		임신 12주	임신 23주	임신40주(만달)
마지막 생리주기가 시작한 날	수정된 시기	태아에게 선천적 장애가 발생하기 가장 쉬운 기간		자연유산의 위험 감소	일부 미숙아 들은 생존가 능성이 있음	예상되는 출산예정일
		태아의 내장 기관이 형성 되기 시작	주요 내장 기관은 대부분 형성됨			
1월 2일	1월 16일	2월 6일	3월 13일	3월 27일	6월 12일	10월 9일
1월 9일	1월 23일	2월 13일	3월 20일	4월 3일	6월 19일	10월 16일
1월 16일	1월 30일	2월 20일	3월 27일	4월 10일	6월 26일	10월 23일
1월 23일	2월 6일	2월 27일	4월 3일	4월 17일	7월 3일	10월 30일
1월 30일	2월 13일	3월 6일	4월 10일	4월 24일	7월 10일	11월 6일
2월 6일	2월 20일	3월 13일	4월 17일	5월 1일	7월 17일	11월 13일
2월 13일	2월 27일	3월 20일	4월 24일	5월 8일	7월 24일	11월 20일
2월 20일	3월 6일	3월 27일	5월 1일	5월 15일	7월 31일	11월 27일
2월 27일	3월 13일	4월 3일	5월 8일	5월 22일	8월 7일	12월 4일
3월 6일	3월 20일	4월 10일	5월 15일	5월 29일	8월 14일	12월 11일
3월 13일	3월 27일	4월 17일	5월 22일	6월 5일	8월 21일	12월 18일
3월 20일	4월 3일	4월 24일	5월 29일	6월 12일	8월 28일	12월 25일
3월 27일	4월 10일	5월 1일	6월 5일	6월 19일	9월 4일	1월 1일
4월 3일	4월 17일	5월 8일	6월 12일	6월 26일	9월 11일	1월 8일
4월 10일	4월 24일	5월 15일	6월 19일	7월 3일	9월 18일	1월 15일
4월 17일	5월 1일	5월 22일	6월 26일	7월 10일	9월 25일	1월 22일
4월 24일	5월 8일	5월 29일	7월 3일	7월 17일	10월 2일	1월 29일
5월 1일	5월 15일	6월 5일	7월 10일	7월 24일	10월 9일	2월 5일
5월 8일	5월 22일	6월 12일	7월 17일	7월 31일	10월 16일	2월 12일
5월 15일	5월 29일	6월 19일	7월 24일	8월 7일	10월 23일	2월 19일
5월 22일	6월 5일	6월 26일	7월 31일	8월 14일	10월 30일	2월 26일
5월 29일	6월 12일	7월 3일	8월 7일	8월 21일	11월 6일	3월 5일

임신 1주	임신 3주	임신 5 ~ 10주		임신 1주	임신 23주	임신40주(만달)
마지막 생리주기가 시작한 날	수정된 시기	태아에게 선천적 장애가 발생하기 가장 쉬운 기간		마지막 생리주기가 시작한 날	일부 미숙아들은 생존가능성이 있음	예상되는 출산 예정일
		태아의 내장 기관이 형성되기 시작	주요 내장 기관은 대부분 형성됨			
6월 5일	6월 19일	7월 10일	8월 14일	8월 28일	11월 13일	3월 12일
6월 12일	6월 26일	7월 17일	8월 21일	9월 4일	11월 20일	3월 19일
6월 19일	7월 3일	7월 24일	8월 28일	9월 11일	11월 27일	3월 26일
6월 26일	7월 10일	7월 31일	9월 4일	9월 18일	12월 4일	4월 2일
7월 3일	7월 17일	8월 7일	9월 11일	9월 26일	12월 11일	4월 9일
7월 10일	7월 24일	8월 14일	9월 18일	10월 2일	12월 18일	4월 16일
7월 17일	7월 31일	8월 21일	9월 25일	10월 9일	12월 25일	4월 23일
7월 24일	8월 7일	8월 28일	10월 2일	10월 16일	1월 1일	4월 30일
7월 31일	8월 14일	9월 4일	10월 9일	10월 23일	1월 8일	5월 7일
8월 7일	8월 21일	9월 11일	10월 16일	10월 30일	1월 15일	5월 14일
8월 14일	8월 28일	9월 18일	10월 23일	11월 6일	1월 22일	5월 21일
8월 21일	9월 4일	9월 25일	10월 30일	11월 13일	1월 29일	5월 28일
8월 28일	9월 11일	10월 2일	11월 6일	11월 20일	2월 5일	6월 4일
9월 4일	9월 18일	10월 9일	11월 13일	11월 27일	2월 12일	6월 11일
9월 11일	9월 25일	10월 16일	11월 20일	12월 4일	2월 19일	6월 18일
9월 18일	10월 2일	10월 23일	11월 27일	12월 11일	2월 26일	6월 25일
9월 25일	10월 9일	10월 30일	12월 4일	12월 18일	3월 5일	7월 2일
10월 2일	10월 16일	11월 6일	12월 11일	12월 25일	3월 12일	7월 9일
10월 9일	10월 23일	11월 13일	12월 18일	1월 1일	3월 19일	7월 16일
10월 16일	10월 30일	11월 20일	12월 25일	1월 8일	3월 26일	7월 23일
10월 23일	11월 6일	11월 27일	1월 1일	1월 15일	4월 2일	7월 30일
10월 30일	11월 13일	12월 4일	1월 8일	1월 22일	4월 9일	8월 6일
11월 6일	11월 20일	12월 11일	1월 15일	1월 29일	4월 16일	8월 13일
11월 13일	11월 27일	12월 18일	1월 22일	2월 5일	4월 23일	8월 20일
11월 20일	12월 4일	12월 25일	1월 29일	2월 12일	4월 30일	8월 27일
11월 27일	12월 11일	1월 1일	2월 5일	2월 19일	5월 7일	9월 3일
12월 4일	12월 18일	1월 8일	2월 12일	2월 26일	5월 14일	9월 10일
12월 11일	12월 25일	1월 15일	2월 19일	3월 5일	5월 21일	9월 17일
12월 18일	1월 1일	1월 22일	2월 26일	3월 12일	5월 28일	9월 24일
12월 25일	1월 8일	1월 29일	3월 5일	3월 19일	6월 4일	10월 1일

임신 2~3주 : 배란, 수정 그리고 착상

태아에게 영양분을 공급하게 될 자궁벽은 끊임없이 발달한다. 여성의 몸은 난포자극호르몬을 분비하는데, 이 호르몬은 여성의 난소에서 난포를 성숙시켜 배출하도록 한다. 배란된 난자가 나팔관으로 이동할 때, 에스트로겐과 프로게스테론progesterone이라는 두 호르몬이 이러한 과정에 관여한다. 이 두 호르몬이 분비되면 여성의 체온은 상승하고 자궁경관샘(cervical glands)에서 나오는 분비액이 달라진다. 수정이 일어나면 난소를 둘러싸고 있는 황체가 발달하면서 적은 양의 프로게스테론을 생성하기 시작한다. 황체는 여성이 임신할 수 있도록 도와주는데, 황체가 만들어내는 프로게스테론은 자궁벽의 수축을 막아주며, 자궁벽에 혈관이 잘 발달할 수 있도록 한다.

수정 후 대략 4일이 지나면 태아세포의 성장은 주머니배 단계에 이르게 된다. 이 시기에 태반은 HCG이라는 호르몬을 생성하기 시작한다. 이 호르몬은 우선 혈액에서 검출 가능하고, 곧 소변에서도 검출되므로 자가 임신 테스트에 이용된다. 즉 수정 후 6~12일이 지난 후, 소변에서 검출되는 HCG의 양을 측정해 임신 여부를 판단하는 것이다.

수정란이 나팔관을 지나 자궁벽에 착상하기까지는 수정 후 약 일주일 정도의 시간이 걸리는데, 이 시기에 여성의 자궁내막은 수정란의 원활한 착상을 위해 충분히 두꺼워져 있다. 한편 수정란이 자궁벽에 착상할 때쯤 적은 양의 출혈이나 누런 빛의 냉이 분비될 수 있다. 이러한 증상들은 평상시와 같은 생리의 시작으로 여겨질 수도 있지만 임신을 알리는 첫 신호일 수도 있다. 또한 때로는 수정란이 자궁에 착상할 때 적은 양이지만 출혈이 발생하기도 하는데 이를 착상혈이라고 한다.

착상이 이루어질 즈음이면 태반으로 발달할 손가락 모양의 작은 돌기가 많은 양의 에스트로겐과 프로게스테론 호르몬을 분비한다.

임신 테스트하기 적절한 때는?

임신인 것 같다. 언제 자가 임신 테스트를 하는 것이 좋을까?

보통 다음 생리 예정일이 시작하기로 예정된 날까지 또는 조금 더 기다려보는 것이 좋다. 그 이유는 다음과 같다. 임신 테스트기의 원리는 자궁벽에 난자가 수정된 후 분비되는 호르몬을 감지하는 것이다. 이 때 분비되는 호르몬을 HCG호르몬이라 부르는데, 이는 수정 후 6~12일이 지나야 감지될 뿐 아니라 개인마다 차이가 있으므로 생리 시작 예정일보다 하루 뒤에 검사를 하는 것이 좋다.

임신 테스트기는 얼마나 정확할까?

임신 테스트기의 결과는 꽤 정확한 편이다. 다음 생리가 시작해야 하는 날부터 측정할 경우 90퍼센트 이상 임신 여부를 판단할 수 있다. 생리 시작 예정일이 일주일 정도 지났다면 검사 결과의 정확도는 97퍼센트까지 증가한다. 하지만 보다 정확한 검사 결과를 얻으려면 다음과 같이 하는 것이 좋다.

- 임신 테스트기의 설명서를 잘 읽고 사용방법을 따른다.
- 아침에 일어나자마자 배출된 소변은 HCG 농도가 가장 높으므로 아침에 테스트를 실시한다.

임신 테스트기의 원리는?

임신이 되고 HCG가 분비되기 시작하면 임신부의 혈액과 소변에서 HCG를 발견할 수 있다. 이 때 임신 테스트기가 소변에 포함된 HCG를 감지해 임신 여부를 판단하는 것이다. 검사를 위해 테스트 스틱에 소변을 적신다. HCG가 소변에 존재하면 몇 분 후 테스트 스틱에 점이나 선이 나타날 것이다. 이 때 양성 반응이 나오면 임신이다.

테스트 결과 임신이면 어떻게 해야 하나?

결과가 임신으로 나오면 병원 진료 예약을 하고 의사를 만나야 한다. 임신부용 비타민을 처방받도록 한다.

테스트 결과 임신이 아니면 어떻게 해야 하나?

만약 임신이 아니라는 결과가 나왔지만 여전히 임신으로 의심되는 증상들이 나타난다면 며칠 더 기다려보고 다시 검사를 해본다. 또는 의사를 직접 찾아간다.

분비되는 두 호르몬은 점차 여성의 자궁, 자궁내막, 자궁경부, 질 그리고 유방에 여러 변화를 초래할 것이다. 그러나 이 시기는 생리가 멈추거나 그 밖의 임신 증상이 나타나기에는 매우 이른 시점으로 임신임을 미처 알기 전에 자연유산 되는 일도 매우 빈번하다. 전문가들은 전체 자연유산의 3/4정도는 그 원인이 착상 실패에 있다고 추정한다. 착상이 이루어진 후 10일 이내에 마약, 담배, 알코올, 각종 의약품과 화학약품 등 해로운 환경에 노출된다면 자궁의 태아에게 악영향을 미칠 수 있다. 그러므로 착상이 막 이루어진 시기에 주의하지 않으면 유산이나 기형아 출생을 초래할 수도 있는 것이다. 하지만 대부분의 유산은 누구의 탓도 아닌 임신이 이루어지는 과정 중 자연적으로 발생한다.

임신 4주 : 임신초기

임신초기라도 임신부의 몸에는 뚜렷한 변화들이 나타난다.

심장과 순환계

임신 첫 주에는 태아에게 산소와 영양분을 공급하는 역할을 하는 혈액이 많이 생산되기 시작한다. 때문에 임신 12주가 될 때까지 혈액량은 갑작스럽게 큰 폭으로 증가하는데 출산할 때까지 일반적인 혈액량의 30~50%정도 증가한다. 이러한 혈액증가는 신체가 임신으로 인해 발생하는 여러 변화들에 잘 적응할 수 있도록 도움을 준다. 그리고 혈액의 증가와 더불어 심장박동 역시 빨라져 맥박이 1분에 15회 증가한다.

이러한 놀라운 변화들은 이미 임신초기에 느낄 수 있다. 예를 들어 일찍 잠자리에 들어 충분한 수면을 취했음에도 아침에 여전히 피곤함을 느끼거나 아니면 보다 자주 낮잠을 자게 될 수 있다. 만약 피로감을 심하게 느낀다면 그에 맞춰 휴식을 충분히 취해야 할 것이다.

유방

유방은 임신으로 인한 신체 변화가 나타나는 대표적인 곳이다. 임신부는 유방이 부드러워지면서 보다 풍만해지고 무거워지는 것을 느낄 수 있다. 때로는 욱신거리며 아프기도 한데, 이것은 임신초기에 충분히 나타날 수 있는 흔한 증상이다.

에스트로겐과 프로게스테론 호르몬 분비가 증가하게 되면 유방의 모유분비샘이 발달하고 크기가 확장되면서 전체적으로 크기가 커진다. 또한 유륜이 커지고 색이 짙어지는 것도 볼 수 있는데, 이러한 피부색 변화는 증가한 혈액량과 색소세포의 성장으로 인해 발생하는 것이다.

자궁

임신 4주가 되면서 자궁 또한 변화하기 시작한다. 즉 자궁벽이 점점 두꺼워지면서 자궁벽의 혈관들이 태아에게 영양을 공급할 준비를 한다.

자궁경부

자궁의 입구로서 나중에 태아가 세상으로 나오는 통로이기도 한 자궁경부는 점점 부드러워지고 색깔도 변한다. 첫 진료 때 담당 의사는 임신했음을 확인하기 위해 이러한 자궁경부의 변화를 먼저 살펴볼 것이다.

자가진단을 위한 참고

임신 1개월이면 몸에서 나타나는 여러 증상들이 불편하고 힘겨울 수 있다. 가슴 당김, 피로, 두통 그리고 배뇨횟수의 증가 등 일반적인 질문에 대한 더욱 자세한 답변 및 정보를 얻고 싶다면 573쪽 3부 '임신 가이드' 에서 찾아볼 수 있다.

임신 1~4주간 임신부의 감정

임신은 흥미로우면서도 때로는 지루하고 걱정되는 과정일 수 있다. 임신부는 아마도 불안과 기쁨이 교차하는 새롭고 예상치 못했던 감정들을 느끼게 될 것이다.

임신에 대한 반응

임신이 계획되었던 것인지 아닌지에 상관없이 임신부는 자신의 임신에 대해서 상반되는 감정을 동시에 가지게 된다. 임신했다는 사실에 가슴이 떨리고 두근거리는 한편 때로는 현실을 생각하면서 스트레스를 받을 수도 있다. 당신은 아마도 아기가 건강하게 태어날지, 자신이 좋은 엄마가 될 수 있을지 걱정스러울 것이다. 또한 새로운 아기를 기르면서 가지게 될 경제적 부담이나 임신 중 직장생활에 대한 고민을 할 수도 있다. 그러나 이러한 감정을 갖는 자신을 탓할 필요는 없다. 이것은 임신한 여성이라면 누구나 갖는 자연스러운 현상이기 때문이다.

감정의 혼란

임신부는 임신으로 인한 여러 신체적 변화들에 적응하고 엄마라는 새로운 역할을 준비하면서 감정의 기복이 심해진다. 아마도 유쾌했다가도 금방 지치고, 기뻤다가도 다시 우울해지곤 할 것이다. 이렇듯 임신부의 심리상태는 하루에도 몇 번씩 바뀐다. 감정기복이 생기는 이유 중 일부는 뱃속에서 아기가 자라는데서 받는 신체적 스트레스 때문이거나 아니면 단지 피곤해서일 수도 있다. 또한 특정 호르몬의 분비 증가와 신진대사의 변화가 기분을 좌우하기도 한다.

임신 중에는 자라는 태아를 위해서 여러 호르몬들이 다양한 농도로 분비된다. 과정이나 방법이 객관적으로 증명된 것은 아니지만 의사들은 이러한 호르몬 분비의 변화가 임신부의 기분에 영향을 준다고 생각하고 있다. 특히 프로게스테론, 에스트로겐 그리고 기타 여러 호르몬 분비의 갑작스러운 변화가 감정기복을 일으키는 역할을 일부 담당하는 것으로 여겨진다. 또한 갑상선과 부신에서 분비되는 호르몬 역시 임신부의 감정에 영향을 줄 수 있다고 한다.

남편과 가족들에게 받는 관심과 도움 역시 임신부의 기분에 매우 큰 영향을 미친다. 임신과정을 견디고 엄마라는 새로운 정체성을 확립하기 위해서는 남편과 가족들의 이해와 도움 그리고 격려가 어느 때보다 절실하다.

배우자의 반응

당신과 마찬가지로 남편도 임신에 대해서 상반된 감정을 동시에 느낄 것이다. 그는 이제 곧 아빠가 된다는 생각과 함께 이제부터 아빠로서의 역할과 책임을 맡게 된다는 것에 가슴이 마구 뛸지 모른다. 또한 그는 태어날 아이와 새로운 가족을 형성하고 사랑을 나눌 수 있다는 기대에 마음이 매우 들뜨기도 할 것이다.

한편 그는 염려하고 걱정하는 마음도 생길 것이다. 자신이 아빠로서 경제적인 책임을 충분히 질 수 있을지 또는 힘든 세상에 아기가 태어나 고생만 하게 되는 것은 아닌지 걱정스러울 것이다. 어쩌면 태어나는 아기가 자신의 삶의 방식을 영원히 바꾸게 될까봐 두려워할지도 모른다.

남편에게 이러한 감정들이 생기는 것은 지극히 자연스러운 현상이다. 세상에 앞으로 일어날 일들을 완벽히 준비하는 예비아빠는 거의 없다. 아마도 남편은 이제 곧 아빠가 될 것임에도 불구하고 아빠의 역할을 제대로 할 준비는 거의 되어 있지 않을 것이다. 보통 남성들은 임신 24주째에 들어선 아내의 배에 손을 얹고 아기의 발길질을 직접 느낀 후에야 자신이 곧 아빠가 된다는 것을 실감하게 된다.

남편이 자신의 근심과 걱정 그 밖의 모든 감정을 좋은 것이든 나쁜 것이든 솔직하게 드러내도록 격려하라. 물론 당신 역시 그래야 한다. 서로의 감정을 정직하게 모두 털어놓는 것은 부부간의 관계를 돈독하게 할 뿐 아니라 새로 태어날 아기를 위한 여러 준비들을 함께 진행하는 데도 도움이 된다.

배우자와의 관계

임신부는 곧 엄마가 될 것이라는 생각 때문에 자신의 다른 역할과 인간관계에 다소 소홀해질 수 있다. 말하자면 반려자나 연인으로서의 심리적인 정체성을 잠깐 잊게 되는 것이다. 예를들어 남편은 성관계를 원하지만 자신은 그렇지 않은 경우가 생길 수 있다. 그런 경우 남편의 제안을 거절하면 남편은 아내가 자신을 거부했다고 느끼게 된다. 따라서 거절을 할 때는 현재 상황에서만 성관계를 피하고 싶을 뿐, 여전히 남편의 존재가 얼마나 든든하고 위로가 되는지 알려줄 필요가 있다.

임신 중 부부 사이에 오해와 다툼이 생기는 것은 피할 수 없는 당연한 일이다. 일에 더 매달리는 남편을 보면서 아내는 자신에게 관심을 가져주지 않는 남편에게 서운한 마음이 들어 남편과 자주 다투게 된다. 하지만 어쩌면 남편은 단지 가족의 생계를 위해서 보다 열심히 일하려고 노력했던 것 뿐일 수도 있다.

이해와 대화는 갈등을 예방하고 줄이는 중요한 열쇠이다. 마음을 열고 남편과 솔직하게 대화해라. 그러면 이를 통해 무엇이 문제였는지를 발견하면 다툼을 줄일 수 있을 것이다.

병원 진료

당신은 이미 자가 임신 테스트를 실시했을 것이고 임신 판정을 받았을 것이다. 이제는 어떤 산부인과 의사에게 진료를 받을 것인지 결정하고 첫 병원 진료 예약을 해야 한다. 가족 주치의, 산부인과 의사, 조산사 중 누구를 선택하든 간에 그는 앞으로 임신기간 중 당신을 돌봐주고 필요한 지식을 알려주며 당신이 편안하게 지낼 수 있도록 도와줄 것이다.

의사와의 관계는 임신초기부터 매우 끈끈해지기 시작한다. 처음 병원을 방문하면 의사는 임신부의 전체적인 건강을 체크하고 임신에 치명적인 영향을 줄 수 있는 요인들은 없는지 확인할 것이다. 또한 당신에게 임신 몇 주 째인지도 알려줄 것이다.

진료에 앞서

처음 병원을 방문하면 의사는 임신부의 과거와 현재 건강상태를 체크하고 혹시 임신부가 앓고 있는 만성질환이 있는지 물을 것이다. 만약 임신 경험이 있다면 그 당시 특별한 문제는 없었는지를 물을 수도 있다. 이를 통해 의사는 임신부의 과거와 현재 건강상태에 대해 최대한 많은 정보를 얻으려 할 것이며, 이때의 대답에 따라서 앞으로 받게 될 치료 및 조치들이 달라진다.

어떤 의사들은 임신부가 처음 병원에 진찰을 받으러 왔을 경우 일대일로 만나서 이야기를 한 다음 나중에 남편과 함께 오도록 하는데, 그렇게 하면 아마 임신부는 남편에게는 알리고 싶지 않은 사적인 문제들을 의사에게 이야기하기가 훨씬 쉬워질 것이다. 그러므로 첫 진찰을 받기 전에 생리주기, 피임법 사용, 자신과 남편 집안의 병력, 근무 환경 및 생활습관들을 메모해 두는 것이 좋다. 또한 의사를 처음 만나게 되면 그동안 가지고 있었던 여러 궁금증을 해결할 수가 있으므로 궁금한 점이 생각날 때마다 평소에 메모를 해두면 도움이 될 것이다. 짧은 진료시간을 잘 활용하기 위해 생각을 미리 정리해둔다.

임신기간 1～4주, 언제 의사에게 연락해야 할까?

임신을 하면 신체적 변화들이 생기게 된다. 따라서 두렵고 걱정이 되는 것은 당연한 일이다. 또한 모든 변화가 항상 뚜렷하게 나타나지는 않기 때문에 여러 가지 궁금한 점이 많이 생길 것이다. 이것이 임신초기에 발생하는 약한 출혈일까 아니면 초기 자연유산의 신호일까? 끈질기게 나를 괴롭히는 두통은 단지 증가한 혈액량 때문일까 아니면 다른 심각한 문제 때문일까? 이렇듯 임신부는 현재 어떤 상황이고 어떤 조치를 취해야 하는지 정확히 알기가 매우 어렵다. 게다가 첫 임신이라면 더욱 혼란스러울 것이다.

올바른 판단을 위해서는 의사를 비롯한 여러 전문가들의 도움을 받아야 한다. 의사를 만나면 그동안 궁금했던 증상이나 몸 상태에 대해 물어본다. 아마 이를 통해 어떤 상황이 응급상황인지 알 수 있을 것이다. 만약 응급 상황이 발생한 것 같으면 즉시 의사에게 연락하라. 설사 잘못된 판단이라도 조심해서 나쁠 것은 없기 때문이다. 임신 1개월이 되면 다음과 같은 것이 궁금할 것이다.

– 4부 : 임신과 출산에 따른 합병증, 721쪽

임신 1개월에 임신부에게 나타날 수 있는 문제나 이상한 증상들은 다음과 같다. 언제나 자신의 상태를 잘 살피고, 필요하다면 의사에게 바로 연락하도록 한다.

	신호와 증상 언제	의사에게 연락해야 하나?
질 출혈	하루가 지나기 전에 사라진 가벼운 출혈	다음에 방문
	하루 이상 지속되는 출혈	24시간 이내에 연락
	상당량의 출혈	즉시 연락
	통증, 쑤심, 미열, 오한을 동반한 출혈	즉시 연락
	신체조직의 배출	즉시 연락
통증	한쪽이나 양쪽 복부를 당기고 비틀고 날카로운 것으로 찌르는 것 같은 통증	다음에 방문
	가끔씩 느껴지는 보통의 두통	다음에 방문
	타이레놀과 같은 해열 진통제를 복용한 뒤에도 두통이 사라지지 않을 때	24시간 이내에 연락
	두통이 심각하거나 오랜 시간 지속될 때, 특히 현기증, 심약함, 구토, 메스꺼움 또는 시각장애 등이 동반될 때	즉시 연락
	중증의 혹은 매우 고통스러운 골반 통증	즉시 연락
	4시간 이내에 진정되지 않는 모든 골반 통증	즉시 연락
	열이나 출혈과 함께 발생하는 통증	즉시 연락
구토	때때로 또는 하루에 한번 매일 발생	다음에 방문
	하루에 세 번 이상 발생하거나 구토 중간에 아무것도 먹고 마실 수 없을 때	24시간 이내에 연락
	열이나 통증을 동반할 때	즉시 연락
그밖에	오한 또는 열(38.8도 이상)	즉시 연락
	배뇨를 보기 힘들거나 통증이 있을 때	당일 연락
	배뇨 횟수 증가	다음에 방문
	심각하지 않은 변비	다음에 방문
	3일 동안 심각한 변비가 발생했을 때	당일 연락

임신 2개월

임신 5주~8주간 태아의 성장

이 기간에도 태아는 계속 성장 발달한다. 임신 5~8주째가 되면 태아의 세포는 급속도로 증가하며, 각각 세부적 기능을 수행하게 된다. 이렇게 세포가 분열하는 각각의 구조나 기능이 특수화되는 과정을 분화(differentiation)라고 하는데, 이러한 과정은 인체를 구성하는 여러 종류의 세포를 모두 만들어내는 데 필수적이다. 한편 세포분화 후 태아는 외형적 특징을 나타내기 시작한다.

임신 5주

이제 태아세포는 하나의 단세포 덩어리가 아니라, 뚜렷한 형태를 갖춘 배아(embryo)가 된다. 배아는 세 엽으로 구분되는데, 이 엽들에서 모든 신체조직과 기관들이 발달한다. 가장 바깥층의 외배엽에서는 나중에 태아의 뇌, 척

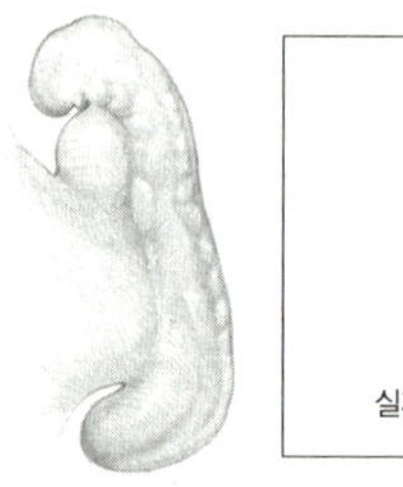

실제크기

수, 척추 신경 그리고 척추 등으로 발달할 신경관이 만들어진다. 신경관은 배아의 정중선(신체의 앞뒷면의 중앙을 지나는 선-옮긴이)을 따라 위아래로 뻗

어있다. 한편 신경관의 융합은 배아의 중간 부분에서 시작하는데, 이것은 마치 이중지퍼처럼 중앙에서 각각 위와 아래방향으로 진행된다. 이 때 가장 위에 있는 부분은 단단해지면서 태아의 뇌가 된다.

세포 중간에 있는 중배엽은 심장을 비롯한 순환계통 관련 기관들이 생성되는 곳이다. 태아의 중앙 불룩한 부분에서는 심장이 발달하며, 임신 후 5주가 지나면 초기 형태의 혈구와 혈관이 태아와 태반 모두에 형성된다.

비록 들을 수는 없지만 수정 후 21~22일이 지나면 태아의 심장이 뛰기 시작하는데, 초음파를 이용한다면 이를 직접 확인할 수 있을 것이다. 이처럼 심장이 뛰면서 혈액 순환이 시작되면 순환계가 태아의 내장기관 중 가장 먼저 제 기능을 하게 된다.

또한 내배엽에서는 폐, 장 그리고 방광 등이 발달하게 되는데, 임신 5주에는 아직 내배엽에서 많은 변화들이 일어나지 않을 것이다. 수정 단계에 태아는 아주 작은 단일 세포에 불과하다. 수정 후 3주, 즉 임신 5주차까지 태아의 크기는 약 1.5mm로 펜의 끝 부분 정도 될 것이다.

임신 6주

임신 6주차가 되면 태아의 성장은 매우 빨라진다. 크기가 세 배 정도 커지면서, 기본적인 얼굴의 형태도 나타난다. 이 시기에는 나중에 아기의 눈이 되는 안포(眼胞)와 내이(內耳)가 발달할 통로 또한 형성된다. 또한

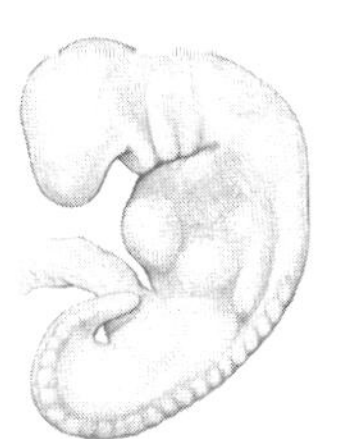

실제크기

얼굴의 가장자리 약간 위쪽에서는 조직이 안쪽으로 성장하면서 입의 형태를 이루게 되며, 입 아래쪽 부분에 있는 여러 개의 작은 주름은 나중에 아기의 목과 아래턱이 된다.

임신 후 6주가 지나면 태아의 척추를 따라 나있는 신경관이 닫힌다. 그리고 뇌가 급속도로 성장하면서 이제 막 형성돼 커지고 있는 머릿속 부분을 채우게 된다. 이때 태아의 뇌는 특정 구역들로 구분돼 발달하며 몇몇 두개골 신경은 육안으로 확인이 가능하다.

흉곽 앞쪽에서는 비록 초보적인 단계이지만 태아의 심장이 주 혈관을 따라 전신에 혈액을 공급하는데, 맥박 또한 일정하다. 그리고 소화계통과 호흡계통도 형성되기 시작하며, 태아 몸체의 중심을 따라 40여개의 작은 조직 덩어리들이 발달하는데 이것들은 나중에 태아의 등과 가장자리에서 결합조직, 갈비뼈, 근육 등을 형성할 것이다. 한편 태아의 팔과 다리로 발달할 작은 돌기들도 이때 쯤에는 육안으로 식별이 가능하다. 임신 6주차, 즉 수정 후 4주가 지난 태아의 크기는 약 3mm정도이다.

임신 7주

이 시기에는 태아와 임신부의 태반을 연결하는 탯줄이 자궁 안 태아가 착상한 곳에서 확실히 나타난다. 탯줄은 육안으로도 확인할 수 있는데, 이것은 두 개의 동맥과 한 개의 큰 정맥으로 이뤄져 있다.

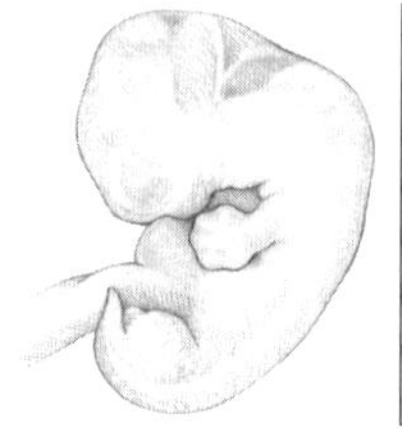

실제크기

영양소와 산소를 가득 포함한 혈액은 정맥을 통해 태반에서 태아에게 전달되었다가 두 동맥을 따라 다시 되돌려 보내진다. 이 때 태아에게 보내진 혈액이 태반으로 되돌려 보내지는 시간은 약 30초 정도이다.

태아의 뇌는 점점 복잡한 구조로 발달하면서 차츰 척수액의 순환을 위해 필요한 공간과 통로들이 형성된다. 발달 중인 태아의 두개골은 아직 투명해서 그 속이 보이는데, 확대경을 통해 이 시기 태아의 두개골을 관찰한다면 빠르게 발달하고 있는 뇌의 부드러운 표면을 볼 수 있을 것이다.

한편 태아의 얼굴은 보다 정확히 그 형태를 갖추기 시작한다. 입으로 발달할 작은 구멍과 작은 콧구멍, 귀로 발달할 톱니자국, 눈의 홍채 색깔 등이 보이기 시작한다. 그리고 이 시기에는 눈의 수정체가 형성되며, 귀의 중간부분이 내이와 외부를 연결하기 시작한다. 또한 태아의 팔, 다리 그리고 손과 발이 점점 모양을 갖추기 시작하고 손가락과 발가락은 약 1주 뒤에 모양이 나타난다. 1주일 전부터 자라기 시작한 돌기는 어깨와 손 부분의 형태로 발전하며, 그 모양은 작은 물갈퀴와 비슷하다. 임신 후 7주가 지나면 태아의 크기는 약 8mm정도로 연필에 달린 지우개 끝보다 약간 큰 크기이다.

임신 8주

이 시기에는 태아의 손가락과 발가락이 비록 물갈퀴 형태이긴 하지만 그 모양새를 갖추기 시작한다. 작은 팔과 다리가 계속 성장하면서 세부적인 발달을 거듭해 물갈퀴 모양의 손과 발이 뚜렷하게 형태를 갖추게 된다. 손목, 팔

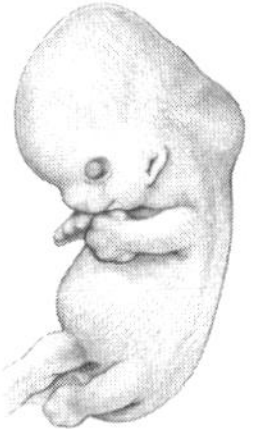
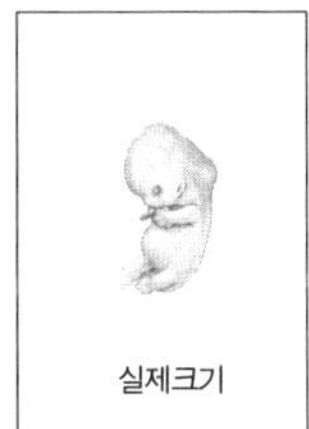

실제크기

꿈치, 발목을 눈으로도 명확히 구별할 수 있을 뿐 아니라 심지어 태아는 팔꿈치와 손목을 굽힐 수도 있다.

이제 눈꺼풀도 형성되기 시작한다. 하지만 눈꺼풀의 성장이 끝날 때까지 아기의 눈은 떠 있는 것처럼 보일 것이다. 태아의 귀, 윗입술, 코의 끝부분역시 그 모양을 뚜렷이 갖추게 된다.

그리고 소화관, 특히 소장이 빠르게 발달한다. 심장을 비롯한 순환계의 기능도 보다 완벽히 발달하기 시작하는데, 태아의 심장은 성인 심박 수의 두 배인 1분에 150번 정도 뛴다. 임신 후 8주가 지나면 태아의 크기는 약 1.2cm정도이다.

임신초기, 태아를 위해 조심해야할 것

수정 후 3~8주 동안은 태아가 가장 약할 때이므로 매우 조심해야 한다. 또한 임신 5~10주에 해당하는 때에는 태아의 모든 주요 내장기관이 형성되므로, 이 때 태아세포에 발생된 상처는 척추파열과 같은 주요 선천적 장애를 초래할 수 있다. 태아에 영향을 끼치는 것들은 다음과 같다.

- **기형유발 물질** : 발달하는 태아에게 신체적 장애를 유발하는 물질이다. 예를 들면 알코올, 특정 의약품, 기분전환용 마약류 등이 해당된다. 임신부는 위험한 물질에의 노출을 반드시 피해야 한다.
- **감염** : 박테리아와 바이러스도 임신초기에 태아에 위험을 줄 가능성이 있다. 아기에게 위험한 감염은 오직 엄마를 통해서만 전달된다. 그런데 임신부 자신이 크게 아프지 않고, 심지어는 아픈지도 모르는 사이에 아기에게 심각한 문제가 발생하기도 한다. 다행히도 임신부가 이러한 감염을 예방하기 위해 여러 종류의 예방접종을 받았거나 자연적으로 면역력을 가지고 있을 수도 있다. 하지만 수두, 홍역, 볼거리, 풍진, 헤르페스 바이러스 감염 등과 같은 병에 걸리지 않도록 언제나 주의해야 하고 적절한 예방조치를 취해야 한다.
- **방사선** : 암을 위한 방사선 치료와 같은 전리방사선에 심하게 노출되면 태아가 피해를 입게 된다. 진단용 엑스레이 검사는 태아에게 선천적 장애를 심각하게 일으키지는 않지만 아프더라도 약을 먹지 않고 참는 것과 마찬가지로 필요하지 않다면 되도록 엑스레이에 노출되지 않는 것이 좋다. 물론 엑스레이 검사가 꼭 필요한 건강상의 문제를 가지고 있다면 검사를 받아야 할 것이다. 강도가 세지 않다면 병을 진단하기 위한 엑스레이 검사는 임신초기라 하더라도 해보다는 도움이 될 수 있다. 임신 사실을 알기 전에 엑스레이 검사를 받았다면 당황하지 말고 담당 의사와 상담하라.
- **영양 부족** : 임신 중에 충분히 영양을 섭취하지 않는다면 뱃속의 태아에게도 큰 문제가 생길 수 있다. 필요한 영양분의 섭취가 부족하다면 태아세포의 발달이 원활하게 진행되지 않기 때문이다. 엽산을 하루에 최소 400마이크로그램 섭취하고 하루에 요구되는 비타민은 꼭 보충해주도록 한다. 충분한 비타민 섭취는 태아에게 척추갈림증과 기타 여러 신경관 손상 등이 발생하지 않도록 예방해줄 것이다.

임신 5~8주간 임신부의 몸

임신 2개월이 되면 임신부의 몸에는 많은 변화들이 일어난다. 이 시기에는 임신초기에 나타나는 불편하고 성가신 변화들을 가장 많이 겪게 되는데, 메스꺼움, 가슴의 두근거림, 극심한 피로, 불면증, 빈뇨 등이 이에 해당된다. 하지만 이러한 현상들 때문에 너무 고민할 필요는 없다. 이것들은 그저 임신이 잘 진행되고 있다는 신호로 여기면 된다. 실제로 최근 한 연구결과에 따르면 임신 8주째까지 이러한 신체 변화 및 증상들이 나타나는 임신부들의 자연유산 확률은 다른 이들보다 더 낮다고 한다.

호르몬의 중요성

호르몬은 임신으로 인해 나타나는 여러 증상들을 조정하는 화학전달 물질이다. 이 중 프로게스테론이라는 호르몬은 난소와 태반에서 분비되며, 자궁이 수축하지 않도록 돕는다. 또한 자궁벽의 혈관들의 증가를 촉진한다. 한편 난소와 태반에서는 에스트로겐 호르몬이 분비되는데, 이 호르몬은 자궁, 자궁내막, 자궁경부, 질, 유방의 변화와 발달을 일으킨다. 그리고 체내에서 생성되는 인슐린의 양을 조절하는 등 매우 중요한 신체적 작용에 많은 영향을 준다.

임신부의 태반은 다른 두 가지 중요한 호르몬을 생성하는데, 바로 HCG호르몬과 HPL호르몬이다. 이 호르몬들은 성숙한 난포에서 난자가 방출된 후 난소 안에 존재하는 세포덩어리인 황체가 계속 유지될 수 있도록 도와준다. 이 중 HPL 호르몬은 태아의 성장과 가장 밀접한 관련을 맺고 있는 호르몬으로 임신부의 신진대사가 원활히 이루어지도록 도와 태아를 위한 충분한 당분과 단백질을 확보할 수 있도록 한다. 또한 임신부의 유방을 자극하여 아기를 위한 젖이 분비되도록 한다.

임신을 하면 몸이 어떻게 변할까

임신기간에 분비되는 여러 호르몬은 크게 두 가지 역할을 한다. 하나는 태아의 성장에 영향을 주는 것이고, 다른 하나는 임신부의 내장기관 기능이 변하도록 신호를 보내는 것이다. 실제로 임신부에게 일어나는 모든 임신 증상들의 원인은 호르몬에 있다. 다음은 어디에서 무슨 증상이 나타나는지에 대한 대략적인 내용들이다.

호르몬

호르몬 분비는 임신 2개월째에도 여전히 증가하여 임신부에게 익숙하지 않은 신호나 증상을 일으킨다. 메스꺼움, 구토, 유방의 통증, 두통, 현기증, 빈뇨, 불면증, 생생한 꿈(태몽) 등을 경험하게 되는 것이다. 특히 메스꺼움과 구토, 즉 흔히 우리가 입덧이라고 부르는 현상은 임신 2개월인 임신부라면 대부분 경험하는 가장 대표적인 호르몬 관련 증상이다.

전문가들도 왜 호르몬 분비의 변화가 입덧을 일으키는지는 아직 뚜렷이 밝혀내지 못했다. 다만 높은 호르몬의 수치가 소화계통 기관의 기능에 영향을 미친다는 것만 알려져 있을 뿐이다. 증가된 프로게스테론 호르몬은 소화관을 따라 이동하는 음식물의 이동속도를 낮춘다. 그래서 임신부가 섭취한 음식이 위장에 보다 오래 남아 있게 되고 이것이 입덧으로 이어지게 되는 것이다. 또한 임신 중에 분비되는 에스트로겐 호르몬 역시 뇌에 직접적인 영향을 줘서 메스꺼움을 유발한다.

입덧(morning sickness)은 임신한 여성의 70%에게서 나타난다. 이러한 현상은 일반적으로 임신 4~8주 사이에 시작되고 임신 14주가 되면 증상이 줄어든다. 일반적으로 아침에 많이 나타난다고 알려져 있지만 입덧은 하루 중 언제라도 나타날 수 있다. 그리고 일부 여성의 경우 침과다증(ptyalism)이라는 특이한 질병으로 인해 타액이 지나치게 많이 분비돼 임신초기에 입덧을 하기도 한다.

심장과 순환계

임신부의 몸은 태아에게 산소와 영양분을 공급하기 위해 혈액을 계속해서 더 많이 생성한다. 따라서 혈액의 증가는 임신기간 내내 계속된다. 특히 임신부에게 엄청난 양의 혈액 순환이 요구되는 임신 2~3개월 기간에는 혈액량이 큰 폭으로 증가하게 된다. 한편 임신부의 혈관은 보다 빠른 속도로 확장되는데다 순환하는 혈액량은 필요한 양에 비해 적은 편이어서 심장은 더 강하고 빠르게 뛴다. 이처럼 순환계의 기능이 변하면서 임신부는 피로, 현기증, 두통 등을 느끼게 된다.

유방

에스트로겐과 프로게스테론 호르몬의 증가는 젖샘을 발달시켜 유방을 커지게 한다. 또한 임신부는 유두 주변에 동그랗게 있는 갈색부분인 유륜의 범위가 커지고 색이 짙어지는 것을 발견할 수 있는데, 이는 혈액순환의 증가 때문으로 약간의 통증이 동반되기도 한다.

자궁

임신 전 자궁은 서양배(과일) 크기와 비슷하지만 임신 후 점점 커지기 시작해 임신기간 동안 원래 크기의 약100배 정도까지 커지게 된다. 자궁은 뱃속의 아기가 잘 자랄 수 있도록 임신부의 골반에서 갈비뼈 바로 아래까지 확장되는데, 보통 임신 2~3개월에 자궁의 크기는 골반에 딱 맞는 정도일 것이다. 그러다 자궁이 점점 커지면서 임신부는 보다 자주 소변을 보고 싶다는 느낌을 받게 되고, 재채기나 기침 또는 크게 웃으면 소변이 새어나오는 경험을 할 수도 있다. 이것은 몸속 자궁의 위치 변화로 인한 단순한 문제로 임신초기에는 자궁 아래에 놓여있던 방광이 자궁이 확장되면서 그 자리에서 조금씩 밀려나기 때문이다.

임신 5~8주 기간 동안 태반은 계속 성장하고 자궁에 보다 단단히 붙어있게 된다. 때로는 소량의 출혈을 일으키기도 하는데, 이것은 임신 중 충분히 일어날 수 있는 일이다. 하지만 출혈이 있는 경우에는 반드시 의사와 상담하는 것이 좋다.

자궁경부

이 시기에 자궁경부는 푸르스름한 빛을 띠면서 부드러워진다. 그리고 임신 기간 내내 자궁경부는 계속 부드러워질 것이다. 이것은 출산시 자궁경부가 얇아지면서 열리기 위한 준비과정이다. 한편 생리주기나 임신기간에 자궁경부의 안을 채우는 점액성 분비물(mucous plug)이 임신 7주까지 자궁경부에 자리 잡는다. 이 점액성 분비물은 자궁 내 병균 번식을 막기 위해서 자궁 입구를 차단하는 역할을 하는데, 출산을 앞두고 자궁이 열리기 시작하면 그 양이 줄어든다.

질

임신 12주가 되면 아마도 약간의 질 출혈이 있을 것이다. 통계에 의하면 임신 여성 40퍼센트 정도가 이와 같은 출혈을 경험하며, 그 중 절반에 못 미치는 여성들이 자연유산을 경험한다고 한다.

자가 진단을 위한 참고

임신 5~8주 기간에 일어나는 몸속 변화들은 여러 가지 불편한 증상들을 유발할 수 있다. 유방 팽창, 피로, 기절, 입덧과 관련한 일반적인 문제점들을 다루는 데 도움을 얻고자 한다면 573쪽의 3부 '임신 가이드' 를 읽으면 된다.

웜드 업 *warmed-up* 효과

이전에 임신 경험이 있다면 임신 중 변화 속도나 임신으로 인한 부작용이 전보다 빨리 나타날 수 있다. 이러한 상황을 '웜드 업' 효과라고 하는데, 이것은 한 번 불었던 풍선을 쉽게 다시 불 수 있는 것과 비슷하다.

즉, 임신 경험이 있는 자궁은 임신기간 중 보다 빠르게 확장되며, 복부 근육과 인대도 한 번 늘어 났었기 때문에 자궁의 확장과 함께 전보다 쉽게 늘어난다. 이렇게 자궁이 보다 빠르고 크게 확장 되면 첫 임신보다 빨리 골반에 압력이 가해지기 때문에 척추에 통증이 생기는 등의 부작용 역시 빨리 나타날 수 있다.

임신 5～8주간 임신부의 감정

여성에게 임신은 생물학적 면에서 뿐만 아니라 심리적으로도 매우 특별한 경험이 될 것이다. 즉 여전히 부모님의 딸이지만 한편으론 한 아이의 엄마가 되면서 삶에서 새로운 역할과 정체성을 갖게 되는 것이다. 이런 일들을 실제로 겪게 되면 여성의 심리는 매우 긍정적이 되는 한편 부정적이 되기도 한다.

기대

곧 부모가 된다는 사실은 큰 기대를 갖게 한다. 아마 어떻게 하면 좋은 엄마가 될 수 있는지 여러 정보들을 수집할 것이다. 이러한 기대감은 임신초기부터 나타나는데, 특히 어릴 적 추억이나 주변에서 보아왔던 여러 가족들의 모습을 통해 부모가 된 자신의 모습을 상상하게 된다. 어린 시절의 경험, 개인적으로 생각하는 이상적 부모상 등을 통해 앞으로 자신이 어떤 부모가 될지 끊임없이 그려보는 것이다.

또한 부모가 된다는 기대와 함께 태어날 아이의 생김새를 떠올려 보기도 할 것이다. 이러한 상상은 결코 시간낭비가 아니다. 왜냐하면 이러한 감정에서 아기와의 끈끈한 정서적 친밀감이 형성되기 때문이다.

걱정과 두려움

임신 2개월이 되면 임신 사실을 알고 처음 느꼈던 흥분은 두려움이라는 감정 앞에 기가 꺾이게 될 것이다. 임신인지 알기 전에 혹시 뱃속 아기에게 좋지 않은 영향을 끼칠 만한 일을 하지는 않았을까? 두통 때문에 먹은 아스피린은 괜찮을까? 저녁식사 때 먹은 와인 한잔도 아기에게 해로운 것은 아닐까? 독감에 한번 걸렸던 건 어쩌지?

이때 기억해야 할 가장 중요한 사실은 당신이 임신과정의 모든 것을 계획하고 조절할 수 없다는 것이다. 물론 건강한 임신을 위한 생활습관은 본인의 선택에 달렸지만 염려되는 점이 있다면 전문가와 상담하면 된다. 그러므로 너무 걱정하지 말고 조금은 마음을 편안하게 갖는 것이 좋다.

하지만 또 다른 걱정거리들도 있을 것이다. 출산의 고통을 잘 견딜 수 있을까? 좋은 엄마가 될 수 있을까? 이런 고민들은 남편과 함께 이야기 해보는 것이 좋다. 혼자서만 계속 고민한다면 부부간의 관계에 거리감이 생겨 정서적 친밀감과 사랑이 필요한 시기에 서로 도움을 주지 못하게 될 수 있기 때문이다.

어떤 여성들은 임신초기에 불안과 걱정, 염려로 가득 찬 꿈을 꾸거나 초조함을 감추지 못한다. 이러한 자신의 모습이 (남편에게는 아내의 모습이) 감정을 조절하지 못하고 이성을 잃은 것처럼 보일 수 있지만 이는 지극히 정상적이고 평범한 일이다. 하지만 이 같은 정서적 불안감이 계속 지속돼 생활에 좋지 않은 영향을 끼친다면 치료법이나 조언을 줄 수 있는 전문가와 상담을 하는 것이 좋다.

병원 진료

첫 진료 때 기억할 일들

첫 진료를 위해 예약한 날에는 2~3시간 정도 넉넉히 시간을 비워 서두르는 일이 없도록 한다. 병원에 가면 의사를 비롯해 간호사, 병원 직원 등 여러 사람들을 만날 것이다. 의사에게 자신의 신체적·정신적 변화 그리고 현재 상황 등을 말하도록 한다. 그러면 담당 의사는 신체 검사를 하고 임신 예정일을 알려줄 것이다. 또한 몇 가지 검사도 받아야 한다.

현재와 과거의 건강상태 알아보기

첫 진료에서는 담당 의사가 임신부의 현재와 과거의 건강상태를 점검하고 만성질환이 있는지 혹은 지난번 임신 때 특별한 이상은 없었는지 등을 물을 것이다. 임신부의 건강상태에 대해 자세히 아는 것은 담당 의사에게 가장 중요한 사항으로 병력에 따라 앞으로 임신기간 중에 신경 쓰고 주의해야 할 것들이 달라지기 때문이다.

병원을 찾았을 때는 임신기간과 보험 내역 등을 잘 알아둬야 한다. 또한 의사와의 상담시간은 그동안 궁금했던 것들을 질문할 수 있는 좋은 기회이므로 평소에 궁금했던 것들을 메모해 두었다가 가져간다면 더욱 좋을 것이다.

신체 검사

임신 후 처음 병원에 가면 의사는 임신부의 체중, 신장, 혈압, 일반적 건강상태 등을 체크할 것이다. 그 중 골반 진찰은 검사 중에 매우 중요한 부분이다. 진찰 중에 의사는 질경을 통해 임신부의 질 내부를 검사할 것이다. 이때 의사는 자궁의 입구인 자궁경부를 살펴보고 자궁경부와 자궁 크기의 변화를 점검하여 임신 진행정도를 짐작한다.

의사는 질경을 통해 자궁경부에서 세포와 점액을 채취하여 팹 테스트*pap test*를 실시한다. 팹 테스트는 자궁경부에 암세포 혹은 암전구세포(암으로 진행할 수 있는 세포)들이 있는지 감별하기 위한 것이다.

질경 검사 후 의사는 한 손은 임신부의 복부에, 반대편 손가락은 질 안에 넣어서 자궁경부를 점검한다. 자궁과 난소의 크기도 이때 점검하는데, 이때 많은 의사들이 산도의 크기도 함께 가늠한다. 임신초기에 산도의 크기를 예측하기란 어렵지만 그래도 산도의 크기를 미리 알아두면 출산할 때 조금이나마 임신부에게 도움이 되기 때문이다. 만약 골반이 너무 좁아서 산도를 통해 아기의 머리가 쉽게 지날 수 없다면 의사는 이를 기록하고 다음에도 항상 주의해서 진찰할 것이다.

많은 임신부들이 골반 검사를 걱정한다. 검사를 할 때는 숨을 천천히 깊게 내쉬면서 최대한 편안하게 하려고 노력해라. 긴장을 하게 되면 근육 팽팽해져 검사중 더욱 불편함을 느낄 수 있기 때문이다. 보통 골반 검사는 단지 몇 분이면 끝난다. 한편 골반 검사나 팹 테스트를 실시한 후에는 24시간 이내에 약간의 질 출혈이 있을 수 있다. 출혈은 단지 몇 방울일수도 있고 조금 더 심할 수 있지만 대부분 하루가 지나면 사라진다. 팹 테스트로 인해 발생하는 출혈은 자궁경부의 외부에서 발생하는 것으로 태아에게 해가 되지 않지만, 그래도 불안하다면 의사에게 연락하도록 한다.

출산예정일 계산하기

의사도 당신만큼이나 출산 예정일이 궁금할 것이다. 왜냐하면 출산 예정일을 알고 있으면 아기의 성장발달 진행과정을 정확하게 살펴볼 수 있기 때문이다. 그러나 의사가 임신초기에 진찰한 적이 없다면 정확한 출산예정일을

첫 진료 때 의사와 상담해야 할 내용들

병원에서 첫 진료를 받게 되면 다음에 해당되는 내용을 의사와 상담하게 될 것이다.

- [ ] 이전 임신 경험에 대한 모든 사항
- [ ] 평균 생리주기
- [ ] 마지막 생리를 시작한 첫 번째 날
- [ ] 피임약의 사용
- [ ] 복용하고 있는 처방약이나 일반의약품
- [ ] 임신부가 가지고 있는 알레르기 증상
- [ ] 건강 상태 또는 현재 앓고 있는 질병
- [ ] 과거에 수술 받은 경험
- [ ] 임신부의 근무 환경
- [ ] 운동, 식습관, 흡연 또는 음주에의 노출 등 평소 생활습관
- [ ] 성관계를 통해서 감염될 수 있는 치명적인 요소들 - 예를 들어 본인이나 남편이 여러 사람과 성관계를 가진 경우
- [ ] 자신이나 남편 그리고 친지들에게 과거에 발생했거나 아니면 현재 발생하고 있는 당뇨, 고혈압, 루푸스*lupus*, 우울증 등과 같은 건강상의 문제들
- [ ] 부부의 양쪽 집안에 선천적 기형이나 유전질환 등이 발생한 적이 있는지 여부
- [ ] 집에서 안정감을 느끼고 편안함을 느끼는지와 같은 집의 환경

예측하는 것은 쉽지 않다. 출산 예정일은 그동안 여러 연구를 통해 정해진 계산법을 따라 추측하지만 어떤 경우에는 임신이 진행됨에 따라 변할 수도 있기 때문이다.

출산예정일을 계산하기 위해서 대부분의 의사들은 임신부의 마지막 생리주기가 시작된 날에 7일을 더하고 3개월을 뺀다. 예를 들어, 마지막 생리가 11월 20일에 시작했다면 7일을 더한 후(11월 27일) 3개월을 뺀다. 그러면 출산 예정일은 8월 27일이 되는 것이다.

무엇이 조산을 유발하나

조산은 임신 37주가 지나기 전에 분만하는 것을 말한다. 담당 의사는 임신부에게 조산의 가능성
이 있는지 확인하려 할 것이다. 조산의 정확한 원인은 확실히 규명되지 않았지만 다음에 소개되
는 몇몇 상황과 조건들이 조산을 유발하는 것으로 알려져 있다.

- 조산을 한 경험이 있는 경우
- 자연 유산 및 낙태 경험
- 양수과다증(hydramnios)
- 임신부가 앓고 있는 심각한 병이나 질환
- 노산
- 두 명 이상의 쌍둥이를 임신한 경우
- 양수와 태막으로의 바이러스 및 세균 감염
- 비정상적 자궁
- 흡연

각종 검사

처음 병원을 방문하게 되면 일반 혈액형 검사와 Rh 혈액형 검사 (Rh 양성인
지 음성인지)를 받게 될 것이다. 그리고 매독, 풍진 또는 B형 간염에 걸렸는
지도 검사받을 것이다. 대부분은 어릴 적에 풍진 예방접종을 맞기 때문에
풍진에 대해서 면역성을 가지고 있지만 만약 면역성이 없다면 임신 중에는
풍진에 걸린 사람과의 접촉을 반드시 피해야 한다. 왜냐하면 풍진은 뱃속의
아기에게 심각한 영향을 끼칠 수 있기 때문이다.

또한 혈액검사를 통해 적혈구 항체에 대한 검사 (가장 흔하게는 Rh 항체에 대
한 검사)를 받게 되는데, 이러한 적혈구 항체들은 출생 후에 아기에게 빈혈
이나 황달을 초래할 수 있다. 또한 임신부는 에이즈의 원인이 되는 HIV 바
이러스 검사를 받거나 갑상선질환이 의심될 경우 갑상선기능 검사를 받게
될 것이다.

한편 임신부는 소변 검사를 통해서 방광이나 신장의 감염 유무를 확인할 수
있다. 또한 소변으로 배출된 당과 단백질을 분석해서 임신부가 당뇨병이나
신장질환을 앓고 있는지도 알 수 있다.

첫 진료를 효과적으로 받으려면

첫 번째 임신이건 아니건 임신부는 첫 진료 때 의사에게 자신의 전체적인 건강상태와 생활습관을 체크 받고 앞으로의 임신과 출산에 대해 진솔하게 상담하게 될 것이다. 가장 효과적으로 첫 진료를 받으려면 다음에 오는 내용들을 기억해 두는 것이 좋다.

- 건강한 임신을 위해서 현재 자신의 생활습관을 어떻게 바꿀 것인지에 대해 의사와 이야기한다. 영양분 섭취, 운동, 흡연, 음주 등과 임신 중 직장에서 조심해야 할 것들을 이야기하게 될 것이다.
- 아마 임신과 출산에 대해서 궁금한 점이나 두려운 점이 많이 있을 것이다. 이러한 문제들을 빨리 해결할수록 안정을 되찾게 된다.
- 자신의 생각을 강하게 밀어 붙여야 한다. 만약 의사가 자신의 질문에 대해 만족스러운 답변을 해주지 않거나 자신이 알아들을 수 없는 어려운 용어들을 사용하며 답변을 해준다면 이해할 수 있을 때까지 물어본다.
- 의사와 이야기할 때는 정직하고 정확해야 한다. 앞으로 받게 될 보호 및 치료는 당신이 얼마나 정확한 정보를 의사에게 전달했는가에 달려 있다.

진료 예약

임신부의 건강상태에 따라 앞으로 얼마나 자주 병원에 와야 하는지가 결정된다. 대부분의 임신부들은 임신 8개월이 될 때까지 4~6주마다 병원을 찾게 되고, 그 후에는 병원에 오는 횟수가 증가한다. 임신 9개월째가 시작할 때까지는 2주마다, 출산할 때까지는 매주 병원에 가야한다. 임신부에게 당뇨병이나 고혈압과 같은 만성질환이 있다면 보다 자주 의사에게 건강 상태를 점검받아야 할 것이다. 반면 건강상태가 좋고 이전에 순조롭게 분만한 경험이 있다면 병원에 와야 하는 횟수는 줄어들지도 모른다. 문제가 발생하면 언제든지 의사에게 연락하도록 한다.

임신 5~8주, 언제 의사에게 연락해야 할까?

무슨 일이 생기면 언제든지 의사에게 연락한다. 미리미리 조심해서 나쁠 것은 없다. 임신 2개월이 되면 다음과 같은 것들이 궁금할 것이다.

- 2부 : '임신 중 여행하기', 442쪽
- 4부 : 임신오조, 787쪽

임신 2개월에 임신부에게 나타날 수 있는 문제나 이상한 증상들은 다음과 같다. 언제나 자신의 상태를 잘 살피고, 필요하다면 의사에게 바로 연락하도록 한다.

	신호와 증상 언제	의사에게 연락해야 하나?
질 출혈	하루가 지나기 전에 사라진 가벼운 출혈	다음에 방문
	하루 이상 지속되는 출혈	24시간 이내에 연락
	상당량의 출혈	즉시 연락
	통증, 쑤심, 미열, 오한을 동반한 출혈	즉시 연락
	신체조직의 배출	즉시 연락
통 증	한쪽이나 양쪽 복부를 당기고 비틀고 날카로운 것으로 찌르는 것 같은 통증	다음에 방문
	가끔씩 느껴지는 보통의 두통	다음에 방문
	타이레놀과 같은 해열 진통제를 복용한 뒤에도 두통이 사라지지 않을 때	24시간 이내에 연락
	두통이 심각하거나 오랜 시간 지속될 때, 특히 현기증, 심약함, 구토, 메스꺼움 또는 시각장애 등이 동반될 때	즉시 연락
	중증의 혹은 매우 고통스러운 골반 통증	즉시 연락
	4시간 이내에 진정되지 않는 모든 골반 통증	즉시 연락
	열이나 출혈과 함께 발생하는 통증	즉시 연락
구 토	때때로 또는 하루에 한번 매일 발생	다음에 방문
	하루에 세 번 이상 발생하거나 구토 중간에 아무것도 먹고 마실 수 없을 때	24시간 이내에 연락
	열이나 통증을 동반할 때	즉시 연락
그밖에	오한 또는 열(38.8도 이상)	즉시 연락
	배뇨를 보기 힘들거나 통증이 있을 때	당일 연락
	배뇨 횟수 증가	다음에 방문
	심각하지 않은 변비	다음에 방문
	3일 동안 심각한 변비가 발생했을 때	당일 연락

임신 3개월

임신 9~12주간 태아의 성장

임신 9주

임신 9주째가 되면 태아는 보다 인간의 특징적인 외형을 갖추게 돼 이전의 올챙이 같은 모양보다 사람에 가까운 모습이 된다. 태아의 척수신경 끝에 있던 꼬리는 점점 줄어들다가 사라지며, 얼굴은 더 둥글게 된다.

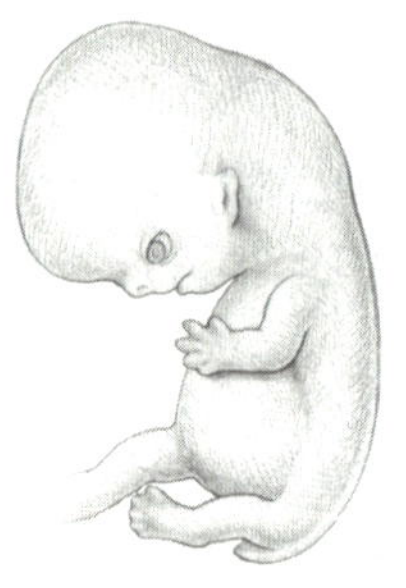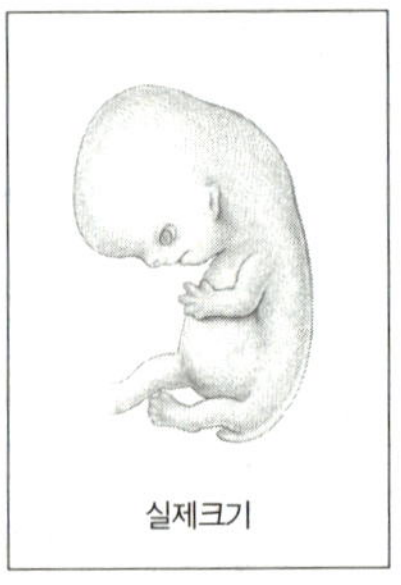

실제크기

태아의 머리는 몸에 비해 꽤 큰 편으로 가슴을 향해 숙여져 있다. 또한손과 발에 계속 손가락과 발가락이 형성되는 중이며, 팔꿈치 역시 모양이 보다 명확해진다. 그리고 젖꼭지와 모낭도 형성된다.

태아의 췌장, 담관(담낭에서 분비된 담즙을 십이지장으로 연결하는 관-옮긴이), 담낭, 항문이 형성되며 대장과 소장의 길이가 더욱 길어진다. 임신 9주가 되면 고환이나 난소와 같은 체내 생식기관이 발달하기 시작하지만 체외 생식기관은 태아의 성별을 구분할 만큼 확실하게 눈에 띄지 않는다. 태아는 약간씩 움직일 것이지만 임신부는 몇 주가 더 지난 후에야 그 움직임을 느낄 수 있을 것이다. 착상 후 7주, 즉 임신 9주가 되면 태아의 크기는 거의 2.5cm 정도로 무게는 약 3.5g에 약간 못 미친다.

임신 10주

임신 10주가 되면 생명 유지에 꼭 필요한 태아의 주요 내장기관들이 형성되기 시작한다. 태아의 꼬리는 완전히 사라지고 완벽히 분리된 손가락, 발가락과 척추 뼈가 형성되기 시작한다. 태아의 눈꺼풀의 형성은

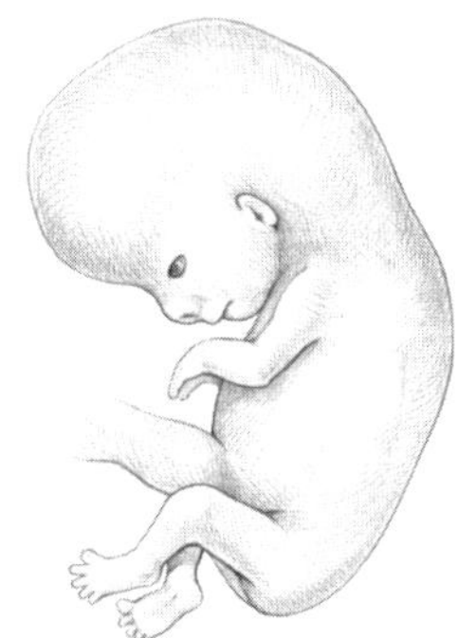
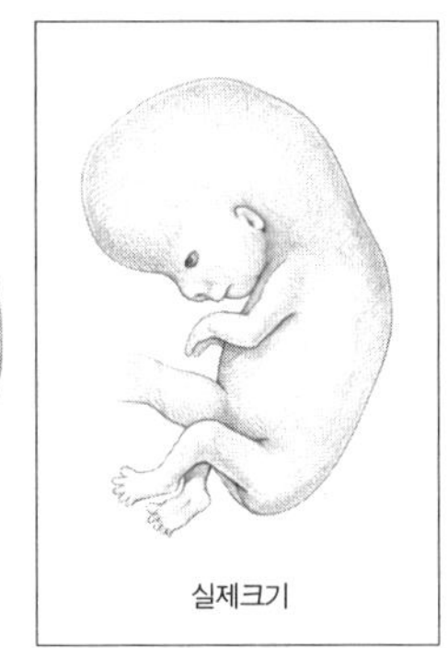

더 진행돼 이제 눈을 감고 있는 것처럼 보일 것이다. 외이(外耳) 역시 발달을 계속하여 그 모습이 최종적인 형태, 성인의 귀 모습으로 완성되며, 이가 날 자리에 돌기가 생기기 시작한다. 이 시기에 태아의 뇌는 보다 빠른 속도로 발달하여 매분 250,000개 정도의 뉴런이 생성된다. 또한 태아가 남자라면 태아의 고환이 남성 호르몬인 테스토스테론을 분비하기 시작할 것이다.

임신 11주

임신 11주 하고도 하루가 지나면 뱃속의 아기는 태아세포에서 태아로 공식적인 명칭이 바뀌게 된다. 모든 내장기관들이 제자리에 자리 잡으며, 임신 11주째에는 급속한 성장이 이루어진다. 임신 11~20주 기간에 태아는 체중이 30배 증가하고 크기는 약 3배정도 커질 것이다. 또한 이와 같은 성장을 촉진하기 위해 태반에 있는 혈관이 더욱 커지고 수가 많아지면서 태아에게 많은 영양분을 공급할 것이다.

태아의 귀는 위쪽으로 이동하여 머리의 가장자리에 위치하게 된다. 그리고 생식기관은 더 빠르게 발달한다. 임신 11주가 끝날 때까지 체외 성기의 조직 돌기가 발달하는데 이것이 나중에 음경 또는 음핵과 대음순이 된다.

임신 12주

아래턱과 코의 형태가 더욱 명확해지면서 아기의 얼굴 모습이 세밀하게 구별이 된다. 또한 임신 12주가 되면 손톱과 발톱이 생겨 자라기 시작한다. 이 시기에 태아의 분당 심장 박동 수는 보다 증가할 것이다. 임신 12주까지 태아는 거의 7.5cm에 가까운 크기이고 체중은 약 22g정도이다.

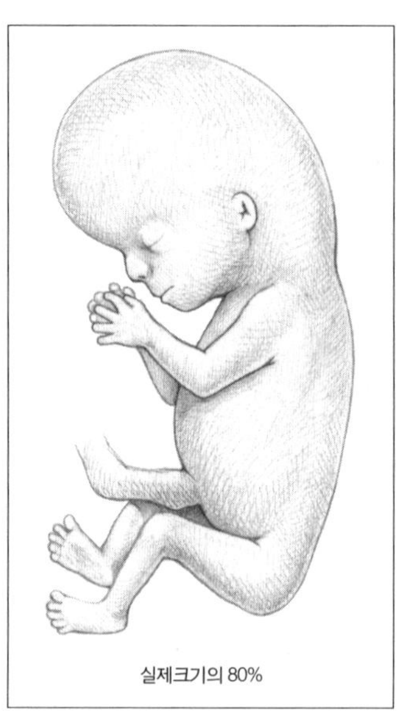

실제크기의 80%

임신 9 ～ 12주간 임신부의 상태

임신 9~12주는 임신기간 3개월 중 세 번째 달에 해당된다. 아침이면 심해지는 입덧, 빈뇨와 같이 임신으로 인한 불편하고 힘든 상황들이 임신 3개월에는 특히 심해질 것이다. 하지만 임신 4개월째에 접어들면 임신초기에 발생하는 증상들이 급격히 줄어든다.

호르몬

임신 3개월에도 여전히 호르몬의 분비는 계속 증가하지만 약간의 변화도 있다. 임신 12주가 끝날 때까지 태아와 태반은 난소보다 더 많은 에스트로겐과 프로게스테론을 분비하는데, 이것은 입덧, 유방 통증, 두통, 현기증, 잦은 소변, 불면증과 같은 증상들을 계속 유발시킨다. 이중 입덧은 특히 귀찮고 힘든 증상이다. 만약 입덧을 하고 있다면 이번 달 내내 지속되겠지만 아마 다음달 중순이나 말쯤에는 진정될 것이다.

한편 혈액량의 증가와 HCG 호르몬 분비의 증가가 복합적으로 작용해 임신부는 피부가 약간 붉고 통통해 보이게 될 것이다. 이는 HCG 호르몬과 프로게스테론 호르몬의 영향으로, 이 두 호르몬은 얼굴의 피지선에서 분비되는 피지의 양을 증가시킨다. 이것은 피부를 부드럽고 빛나 보이게도 하지만 생리기간 중 여드름이 잘 났던 임신부라면 여드름 증상이 심해질 수도 있다.

심장과 순환계

혈액량 증가는 임신기간 동안 꾸준히 계속되지만 급격히 증가하는 것은 이번 달이 마지막이 될 것이다. 이러한 변화에 맞추어 심장은 더욱 강하고 빠르게 뛴다. 또한 이러한 순환계통 기관의 변화는 피로, 현기증, 두통과 같은 증상들의 원인이 된다.

눈

임신 중에 생기는 여분의 체액은 각막을 약 3퍼센트 정도 두껍게 만든다. 일반적으로 이러한 증상은 약 임신 10주까지 뚜렷이 나타나고 출산 후 약 6주가 지날 때까지 지속된다. 때때로 임신기간 동안 안압이 10퍼센트 낮아지기도 한다. 각막의 두께 증가와 안압의 감소 현상으로 인해 임신부의 시야는 흐려질 것이다. 만약 콘택트렌즈, 특히 하드렌즈를 착용한다면 눈에 불편함을 느낄 수 있다. 하지만 렌즈에 이상이 있는 것은 아니며 출산 후 눈은 정상으로 돌아간다.

유방

에스트로겐과 프로게스테론 호르몬의 분비는 유방과 젖샘의 발달을 촉진시킨다. 이에 따라 유륜의 크기가 커지고 색도 짙어진다. 이 시기의 유방은 보다 딱딱해지고 통증이 있게 되며, 더욱 커지고 무거워질 것이다.

자궁

임신 12주까지 자궁의 크기는 골반에 딱 맞는다. 때문에 겉모습만 봐서는 다른 사람들이 당신이 임신을 했는지 알기란 어렵다. 그러나 겉모습이 어떻든지 간에 임신부는 분명 임신으로 인한 여러 증상들을 겪게 된다. 이번 달에는 자궁이 거의 방광이 있는 곳까지 크기가 커지기 때문에 자주 소변이 마려운 느낌이 들 수 있다. 그러나 곧 자궁이 골반 위로 확장하기 때문에 방광으로 가해지는 압력이 아주 커지지는 않을 것이다.

뼈, 근육, 관절

임신부는 복부 아래쪽에서 통증, 근육의 경련, 당김 등을 느끼게 되는데, 이는 자궁을 지지해주는 인대가 자궁의 크기에 맞춰 늘어나기 때문이다. 따라서 임신 3개월이 지나면 갑자기 움직였을 때 날카로운 통증이 수반되곤 한다. 이러한 통증은 복부와 자궁을 연결하여 잡아매고 있는 둥근 인대가 강하게 잡아 당겨짐으로 인해 발생하는 것으로 건강에 큰 문제가 있는 것은 아니다.

체중증가

태아, 태반, 양수 그리고 엄청나게 증가한 혈액량과 신체조직에서 발생된 체액, 커진 자궁과 유방의 무게를 모두 더해 임신부의 체중은 임신 12주까지 약 0.9kg 정도 늘어나게 된다. 만약 임신 전 체중이 정상범위였다면 임신기간 동안 약 11~15kg 정도 체중증가가 예상된다. 체중증가의 대부분이 임신중기에 일어나며, 임신 33~34주 후에는 1주일에 약 0.5kg씩 체중이 늘어날 것이다.

자가 진단을 위한 참고

임신 3개월이면 몸에서 나타나는 여러 증상들이 불편하고 힘겨울 수 있다. 복부 통증, 근육 경련, 여드름, 피로, 빈뇨, 입덧 등 일반적인 질문에 대한 더욱 자세한 답변 및 정보를 알고 싶다면 573쪽 3부 '임신 가이드' 를 찾아보라.

임신 9~12주간 임신부의 감정

몸매에 대한 생각

임신초기에 당신은 이미 신체에 나타난 많은 변화들을 경험했을 것이다. 날씬함을 강조하는 우리 사회 분위기를 생각하면 이러한 신체의 여러 변화들이 못마땅하게 느껴질 수 있다. 아마 자신이 뚱뚱하고 못생겨졌다고 생각할 것이다. 올챙이배와 같이 배가 점점 불어나면서 이 같은 감정들은 임신 3개월 기간에 특히 강하게 일어난다.

신체 외형과 기능의 변화는 임신부의 기분을 좌우한다. 일반 사람들, 특히 남편에게 자신이 더 이상 매력적이지 못하다고 느낄 수 있다. 특히 첫 임신이라면 몸의 형태가 변하는 것이 큰 걱정거리가 될 것이다. 그리고 몸매가 변하는 것이 마음에 들지 않아 배우자와 성관계를 갖는 것이 즐겁기는커녕 싫어질 수도 있다. 심지어 배우자가 자기를 왜 사랑하는지 의문을 품게 되기도 한다.

만약 이 같이 느낀다면, 두 가지만 기억해라. 대부분의 여성들이 임신 중에도 성관계를 하고 행복을 느끼지만, 그 정도가 조금 줄어들기 마련이다. 또한 믿기 어렵겠지만 남편들은 임신으로 인해 아내의 몸이 변하는 것을 사랑스러워 할 것이다. 이 말이 거짓말 같다면 한번 남편에게 직접 물어보라!

단순한 성관계보다 더 깊은 성적 관계가 있다. 이를 테면 마사지는 관능적인 감정과 친밀감을 높아지게 하고 성관계가 편안해지도록 유도할 것이다. 마사지만으로도 부부간에 서로 친밀감을 느끼고 행복할 수 있다. 중요한 점은 자신과 남편 사이에 최적의 방법을 찾고 관계를 지속하는 것이다.

병원 진료

임신 3개월이면 담당 의사와 두 번째 진료가 있을 것이다. 첫 진료보다는 짧겠지만 두 번째 진료에서도 이전과 마찬가지로 중요한 이야기를 많이 할 수 있다. 의사는 임신부의 체중과 혈압을 체크할 것이며, 첫 진료에서 이상한 점이 없었다면 골반 검사는 다시 하지 않을 것이다. 또한 임신 12주째 즈음 병원을 방문했다면 의사는 도플러*Doppler*라고 하는 특별한 장치를 이용하여 태아의 심장 박동 소리를 들려 줄 것이다.

임신 9~12주, 언제 의사에게 연락해야 할까?

걱정되는 일이 있으면 무조건 전화해라. 조심스러워서 나쁠 것은 없다.

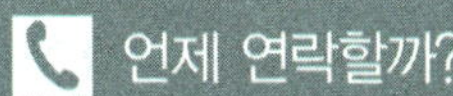

임신 3개월에 임신부에게 나타날 수 있는 문제나 이상한 증상들은 다음과 같다. 언제나 자신의 상태를 잘 살피고, 필요하다면 의사에게 바로 연락하도록 한다.

	신호와 증상 언제	의사에게 연락해야 하나?
질 출혈	하루가 지나기 전에 사라진 가벼운 출혈	다음에 방문
	하루 이상 지속되는 출혈	24시간 이내에 연락
	중간정도의 출혈	즉시 연락
	통증, 쑤심, 미열, 오한을 동반한 출혈	즉시 연락
	신체조직의 배출	즉시 연락
통증	한쪽이나 양쪽 복부를 당기고 비틀고 날카로운 것으로 찌르는 것 같은 통증	다음에 방문
	가끔씩 느껴지는 보통의 두통	다음에 방문
	타이레놀과 같은 해열 진통제를 복용한 뒤에도 두통이 사라지지 않을 때	24시간 이내에 연락
	두통이 심각하거나 오랜 시간 지속될 때, 특히 현기증, 심약함, 구토, 메스꺼움 또는 시각장애 등이 동반될 때	즉시 연락
	중증의 혹은 매우 고통스러운 골반 통증	즉시 연락
	4시간 이내에 신정되지 않는 모든 골반 통증	즉시 연락
	열이나 출혈과 함께 발생하는 통증	즉시 연락
구토	때때로 또는 하루에 한번 매일 발생	다음에 방문
	하루에 세 번 이상 발생하거나 구토 중간에 아무것도 먹고 마실 수 없을 때	24시간 이내에 연락
	열이나 통증을 동반할 때	즉시 연락
그밖에	오한 또는 열 (38.8도 이상)	즉시 연락
	배뇨를 보기 힘들거나 통증이 있을 때	당일 연락
	배뇨 횟수 증가	다음에 방문
	심각하지 않은 변비	다음에 방문
	3일 동안 심각한 변비가 발생했을 때	당일 연락

임신 4개월

우와! 이제 임신 3개월이 지났다. 남편과 나는 우리의 임신을 기다렸던 주변 사람들에게 보다 편안해진 현재의 상태를 전한다. 뱃속의 아기가 움직이는 것은 재밌기도 하고 놀랍기도 한 경험이다. 처음보다 입덧이나 피곤함 역시 줄었고 기분도 훨씬 좋아졌다. – 한 임신부의 경험담

임신 13~16주간 태아의 성장

임신 13주

임신초기가 지나면서 태아의 내장기관, 신경과 근육이 기능을 수행하기 시작한다. 발달 중인 안구를 보호하기 위해 눈꺼풀이 덮여 있으며, 태아의 눈과 귀가 이제 명확히 구분이 된다. 약 임신 30주 전까지는 눈꺼풀이 떠지지 않을 것이다. 그리고 머리와 팔다리에는 뼈로 발달할 조직들이 만들어지고 있는데 만약 태아를 가까이서 살짝 볼 수 있다면 몇 개의 작은 갈비뼈를 확인할 수 있을 것이다.

태아는 팔을 구부리고 다리를 차는 등 자신의 몸을 어느 정도 움직일 수 있다. 하지만 임신부는 태아가 조금 더 자라야 이 움직임을 느낄 수 있을 것이다. 임신 13주면 태아는 자신의 엄지손가락을 입으로 가져갈 수 있으며, 나중에는 빨기도 한다.

임신 14주

임신 14주이면 태아의 생식기관 대부분이 제 기능을 한다. 만약 남자 아이라면 전립선이 발달할 것이고 여자 아이라면 난소가 복부에서 골반으로 이동할 것이다. 이제 갑상선이 제 기능을 하기 시작했기 때문에 태아의 몸에는 여러 호르몬들이 분비되기 시작한다. 또한 태아의 입천장은 임신 14주까지 완전히 형성된다.

임신 15주

눈썹과 머리카락이 자라는 것이 눈에 보이기 시작한다. 만약 태아의 머리카락이 검은색이라면 머리카락의 색깔을 결정하는 색소를 모낭이 만들기 시작한 것이다. 태아의 눈과 귀는 이제 완벽하게 보통 아기의 것과 같은 모습이며, 비록 머리에서 약간 낮은 부분이기는 하지만 귀의 위치도 거의 제자리를 찾았다.

태아의 피부도 발달하고 있는데, 아직은 피부가 매우 얇아서 피부를 통해 혈관을 볼 수 있다. 아기의 골격계를 구성할 뼈와 골수는 임신 15주에도 발달을 계속한다. 근육 또한 발달해 임신 15주에 이르면 태아는 주먹을 쥘 수 있을 것이다.

임신 16주

골격계와 신경계는 팔다리와 온몸의 움직임을 잘 조절하기 위한 서로간의 연결이 충분히 완료된 상태이다. 또한 태아의 얼굴 근육이 많이 발달돼서 다양한 표정을 짓기도 한다. 물론 태아가 감정을 느끼고 의도적으로 표정을 짓는 것은 아니지만 자궁 안에서 태아가 곁눈질 하거나 찡그리는 것을 볼 수 있다.

태아의 골격계는 계속 발달하여 뼈에 더 많은 칼슘을 저장한다. 만약 태아가 여자라면 임신 16주에는 수백만 개의 난자가 태아의 난소 안에서 형성되고 있을 것이다. 또한 임신 16주가 되면서 태아의 눈은 빛에 반응하기 시작한다.

임신부는 미처 느끼지 못하겠지만 이 시기에 태아는 딸꾹질을 자주 할 것이다. 태아는 호흡이 완벽히 이루어지기 전까지 딸꾹질을 하게 된다. 하지만 태아의 호흡관은 공기가 아닌 유체(fluid)들로 가득 차 있기 때문에 성인이 하듯이 특별한 소리를 내지는 않는다. 임신 16주가 되면 태아의 크기는 10cm~12.5cm 정도가 되고 체중은 약 85g에 조금 못 미친다.

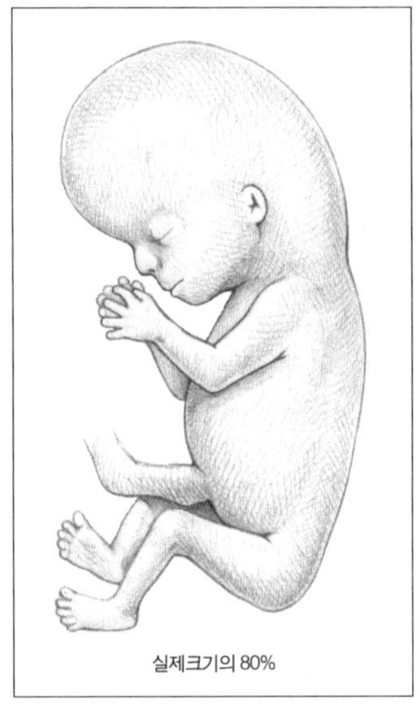

임신 13~16주간 임신부의 몸

이 시기는 임신의 황금기라고 불리는데 이것은 매우 적절한 표현이다. 임신 초기 증상들은 거의 사라지고 임신중기로 접어들면서 나타나는 증상들은 아직 시작되지 않았기 때문이다. 또한 이제 자연유산의 확률이 급격히 감소해 안정기로 접어들게 된다. 이제 임신 13~16주에는 새로운 것들을 느끼게 될 것이다.

임신 첫 주부터 시작한 변화들은 여전히 계속 진행되고, 변화속도도 점점 빨라진다. 그리고 이제 겉모습 역시 일반인과 확연히 차이가 날 것이다. 다음은 몸에 일어나는 변화이다.

호르몬

임신기간 내내 임신부의 태반, 난소, 부신, 뇌하수체에서 호르몬이 분비된다. 임신 4개월에도 호르몬의 농도는 높은 수준을 유지하며, 태아의 성장과 임신부의 모든 내장기관에 영향을 끼친다.

심장과 순환계

순환계가 계속해서 확장하기 때문에 혈압이 낮아진다. 실제로 임신 24주까지 임신부의 최고혈압이 10포인트 정도 떨어질 것이며, 최저혈압은 10~15포인트까지 하락할 것이다. 그러나 시간이 지나면 혈압은 임신 전 수준으로 차차 돌아갈 것이다.

한편 날씨가 덥거나 뜨거운 물로 샤워를 하면 현기증이 날 수 있으므로 주의해야 한다. 그 이유는 뜨거운 열이 피부의 작은 혈관들을 확장하면 심장으로 되돌아오는 혈액의 양이 일시적으로 감소하기 때문이다.

이번 달에도 혈액량은 계속 증가한다. 이 때 생산되는 혈액의 대부분은 혈액을 이루는 구성성분 중 하나인 혈장으로, 임신 첫 주부터 20주 동안은 적혈구보다 혈장이 더 빨리 생성되기 때문에 혈액의 농도가 매우 낮아진다. 따라서 많은 양의 적혈구를 생성하기 위해 꼭 필요한 성분인 철분이 부족할 경우 빈혈이 나타날 수 있다. 일반적으로 임신부의 혈액에 충분한 적혈구가 없을 때 빈혈이 나타나는데, 이는 신체 조직으로 산소를 공급하는 헤모글로빈이 부족하기 때문이다. 빈혈이 있게 되면 피곤함을 느끼고 질병에 걸리기 쉽지만 심각하지 않다면 태아에게 큰 영향을 주지는 않을 것이다. 또한 철분이 조금 부족하더라도 임신에는 큰 문제가 없다.

이번 달에는 증가한 혈액량으로 인해 임신부의 몸에는 새로운 증상들이 나타날 것이다. 콧속 조직들이 붓고 약해져, 콧물이 더 많이 나 코 막힘 현상이

잦게 된다. 또한 전에는 없었던 코피가 자주 날 것이고 이를 닦을 때는 잇몸에서 피도 날 것이다. 임신한 여성의 80퍼센트가 잇몸이 붓고 피가 나는 증상을 보이는데, 이와 같은 증상들은 불편하고 짜증나는 일이지만 본인과 태아에 나쁜 영향을 주는 것은 아니다.

호흡기 계통

프로게스테론 호르몬의 영향으로 임신부의 폐활량이 증가하여 한번 숨을 쉴 때마다 임신 전보다 30~40퍼센트 정도 많은 공기를 들이쉬고 내쉬게 될 것이다. 호흡기의 이러한 변화는 보다 많은 양의 산소를 태반과 태아에게 공급할 뿐 아니라 임신부의 몸에서 평상시보다 많은 양의 이산화탄소를 제거한다.

이번 달에 임신부는 스스로 호흡이 약간 짧아지면서 빨라졌다는 것을 느낄 것이다. 임신 13주 정도 된 임신부들 중 2/3에게 비슷한 증상이 나타나는데, 이와 같은 증상이 나타나는 이유는 태아로부터 이산화탄소를 보다 쉽고 많이 전달받기 위해 뇌가 임신부의 체내 이산화탄소 농도를 낮추기 때문이다. 이렇게 뇌는 호흡량과 일정 시간에 대한 호흡률을 조절하며, 그 결과 많은 임신부들은 숨이 가빠지는 것을 느끼게 된다. 또한 증가한 폐활량을 위해서 임신부의 흉곽은 임신기간 동안 그 범위가 5~7.5cm 정도까지 확장된다.

소화기 계통

임신기간 동안 분비가 증가한 프로게스테론과 에스트로겐 호르몬은 소화관을 포함하여 임신부의 체내 모든 근육들을 부드럽게 하여 섭취한 음식물이 식도를 따라 위로 이동되는 속도가 느려진다. 그러면 소화가 다 돼 위가 비어질 때까지 시간도 더 오래 걸리게 되는데, 이는 보다 많은 영양분을 혈류에 흡수시켜 태아에게 전달하기 위함이다. 하지만 불행하게도 확장된 자궁과 다른 장기들이 복부에 밀집돼 있는 상태에서 소화 속도가 느려지면 속 쓰림 현상과 변비와 같은 증상이 나타날 수 있다. 그리하여 속 쓰림과 변비는 임신 4개월에 흔히 겪게 되는 임신의 부작용이다.

임신한 여성의 약 절반이 속 쓰림 증상을 호소한다. 이러한 증상은 목에서 위로 음식물이 이동하는 통로인 식도에 소화액이 역류할 때 발생하며, 식도에 문제를 일으킬 뿐 아니라 쓰리고 따가운 느낌을 준다. 변비 역시 임신한 여성 절반에게서 나타난다. 이는 소화계의 전반적인 속도가 느려지고, 급격히 커지는 자궁으로 인해 압박을 받기 때문이다. 또한 임신 중에는 대장의 일부인 결장(結腸)이 보다 많은 수분을 흡수하기 때문에 대변이 더욱 딱딱해지고 내장의 움직임 또한 어려워진다.

유방

임신부의 유방과 그 안에 있는 젖샘은 역시 크기가 계속 커진다. 특히 유륜은 이 시기에 눈에 띄게 두드러진다. 출산 후에는 유륜의 색깔이 조금 밝아지겠지만 임신 전보다는 여전히 어두운 상태로 남을 것이다. 임신부의 유방은 보다 당기는 느낌이 나고 통증이 있게 되며, 크고 무거워진다.

자궁

자라나는 태아가 머물 수 있도록 자궁이 계속 확장되기 때문에 임신부의 배역시 점점 불러온다. 그리하여 이 시기에는 현저하게 배가 부르게 된다. 임신초기를 지나면서 자궁은 무거워진다. 또한 그 높이가 높아지고 크기도 커지면서 몸의 무게중심 역시 변하게 된다. 따라서 스스로 의식하기도 전에, 임신부는 서있거나 움직이거나 걸을 때 자세와 방법을 알맞게 조절하기 시작할 것이다. 자신의 몸이 기울고 있다고 느낀다면 이것은 매우 정상적인 과정임을 기억해라. 그리고 아기가 태어나면 몸은 원래대로 돌아갈 것이므로 걱정할 필요없다.

자궁은 골반 안에 있기에는 너무 커져서 원래 있던 내장기관들이 본래 위치에서 밀려나게 된다. 또한 골반 주변의 근육과 인대가 심하게 당기거나 복부가 쑤시는 등의 통증이 수반될 수 있다. 또한 자궁은 다리에서 혈액이 되돌아오는 정맥 위에 위치해 있기 때문에 크기가 커지면 정맥에 압력을 가해서 밤중에 다리 근육 경련을 일으키기 쉽다. 한편 이 시기에는 배꼽이 튀어나오는데 이것은 역시 자궁의 확장으로 복부에 압력이 가해지기 때문이다. 하지만 배꼽 역시 아기를 출산하면 다시 원래 자리로 돌아갈 것이다.

임신부는 임신 4개월이 되면 자궁 주변의 근육과 인대가 늘어나 아래쪽 복부에 약간의 통증을 느낄 수 있다. 이것은 자연스러운 현상이지만 만약 복부에 통증이 심하다면 담당 의사에게 꼭 말해야 한다.

요로(urinary tract)

프로게스테론 호르몬은 자궁의 근육을 이완한다. 그리고 신장으로부터 방광까지 소변을 이동시키는 요로의 근육도 이완하므로 소변의 이동속도가 느려진다. 그런데 이렇게 소변의 이동속도가 느려지면 몸속 포도당이 소변으로 빠져나가게 되며, 방광과 신장의 병균감염의 위험성이 더 높아질 수 있다.

소변이 뜨겁게 느껴지고 약간의 미열이 있으면서 평소보다 자주 소변을 본다면 요로감염일 수 있다. 이러한 문제가 생기면 곧바로 의사에게 진찰 받아야 한다. 복통과 요통도 요로감염의 한 증상이다. 임신기간에는 특히 요로 감염을 알아채고 치료하는 것이 매우 중요한데, 치료하지 않고 방치한다면 조산을 유발할 수도 있기 때문이다.

뼈, 근육 그리고 관절

임신 4개월이면 임신부의 뼈, 관절, 근육이 태아의 무게를 지탱할 수 있도록 조절돼 변화에 적응하기 시작한다. 임신부의 복부를 지지해주는 인대에 보다 탄력이 생기면서 골반뼈 사이의 관절이 부드럽고 느슨해지기 시작하는 것이다. 이러한 변화들은 임신부의 골반을 확장해 아기가 순조롭게 나올 수 있도록 하는 준비과정이라 할 수 있다.

성장하는 태아로 인해 무게 중심이 바뀌게 되면 균형을 맞추기 위해 척추 뼈 아래쪽이 휘기 시작한다. 또한 자세가 변하면서 등쪽 근육과 인대가 팽팽해지면서 척추에 통증을 느끼게 된다.

질

이 시기에는 질 분비물이 더욱 증가할 것이다. 이것은 임신 중 일어나는 정상적인 현상으로 질을 구성하는 세포에 호르몬이 영향을 미치면서 발생한다. 임신 호르몬이 점액의 생산을 촉진하게 되면 대부분의 정상적인 질분비물이 빠르게 증식하는 세포들로 변하게 된다. 그리고 이처럼 질에서 빠르게 생성되었다가 떨어져나오는 세포들이 정상적인 질 내의 습기들과 결합하면, 가늘고 하얀 분비물이 되는 것이다.

보통 질 분비물의 높은 산성도는 질에 존재할 수 있는 해로운 박테리아들의 성장을 막는 역할을 한다고 여겨지는데, 임신으로 인한 호르몬 분비의 변화는 질내 환경의 균형들을 깨뜨릴 수 있다. 이러한 경우 질내에 살고 있는 한 종류의 박테리아가 다른 것들보다 빠른 속도로 성장하게 되고 그로 인해 질 세균 감염이 발생하게 된다. 만약 배출되는 냉의 색깔이 초록빛이나 노란빛을 띠고 강한 냄새가 나면서 외음부에 가려움과 따가움이 느껴진다면 바로 의사와 상담해야 한다. 하지만 너무 놀랄 필요는 없다. 질 감염은 임신 중 발생하는 흔한 일이며 완벽히 치료될 수 있기 때문이다.

진균감염(yeast infectios)은 일반의약품으로도 치료가 가능하다. 하지만 임신 중에는 의사와의 상담 없이 약을 복용해서는 안 된다. 진균감염으로 인한 증상들과 질내 다른 세균으로 인한 감염 증상이 비슷하므로 약을 복용하거나 치료를 받기 전에 의사와 상담을 해서 자신이 어떤 세균에 감염이 되었는지 정확히 아는 것이 중요하다.

피부

임신 4개월에는 임신으로 인해 분비되는 호르몬이 피부에도 영향을 주어 변화를 일으킨다. 가장 흔한 증상은 피부 색이 어두워지는 것인데 이것은 임신 여성의 90%에게서 나타난다. 유두 주변, 외음부와 항문 사이, 배꼽 주변, 겨드랑이, 허벅지 안쪽 피부 등에서 피부 색이 어두워질 것이다. 원래 피부가 까맣다면 이러한 변화는 더욱 두드러지게 나타난다. 어두워졌던 피부 색은 출산 후 다시 원래대로 돌아가지만 어떤 부분은 임신 전 보다는 조금 어둡게 남겨질 수 있다.

얼굴의 피부 역시 약간 어두워짐을 느낄 수 있다. 이것은 기미(chloasma) 또는 임신 기미라고 불리는 현상으로, 보통 이마, 관자놀이, 볼, 아래턱, 코 주변에 생긴다. 대개 어두운 정도가 매우 심하지는 않고 출산 후에는 점차적으로 완전히 사라진다. 또 다른 변화들로는 다음과 같은 것이 있다.

- 배꼽부터 음모까지 이어진 하얀 선이 어둡게 변한다.
- 원래 있던 사마귀, 주근깨, 피부 흉터 등이 어둡게 변한다.
- 손바닥과 발바닥이 붉게 변하고 가려움증이 생긴다. 이는 에스트로겐 호르몬의 증가 때문인데, 보통 임신 여성의 2/3에게서 나타난다.

- 추울 때 다리와 발에 푸르스름한 얼룩이 생긴다. 이 역시 에스트로겐 호르몬의 증가 때문으로 아기가 태어나면 원래 피부색깔로 돌아간다.
- 새로운 사마귀가 더 많이 나타난다.
- 손톱과 발톱이 더 빨리 자라고 부드러워져 잘 깨진다.
- 발한(發汗) 증상이 나타나고 땀띠가 난다. 임신한 여성은 호르몬 작용으로 인해 몸에 열이 더 발생하기 때문에, 뱃속의 태아를 위해 발생하는 열을 밖으로 방출해 체온을 조절할 필요가 있다. 그로 인해 피부에 땀이 많이 나며 땀띠도 더 잘 생기게 된다.

임신부에게 일어나는 피부 변화의 대부분은 출산 후에는 보통 원래 상태로 되돌아가므로 그리 걱정하지 않아도 된다. 단, 원래 있던 사마귀의 변화와 새로운 사마귀의 발생은 예외이다. 임신기간에 생긴 사마귀가 피부암으로 연결될 가능성은 없지만 새로운 사마귀가 생기면 의사에게 문의하는 것이 바람직할 것이다.

체중증가

임신부는 아마도 임신 4주가 되면 일주일에 약 0.5kg씩, 총 2kg 정도의 체중이 증가할 것이다. 하지만 어떤 사람은 일주일도 되지 않아서 0.5kg 이상이 증가하기도 하고, 또 어떤 사람은 일주일 동안 단지 0.2kg만 증가한다. 이와 같이 임신부마다 일주일에 늘어나는 체중이 다를 수 있지만 대개 의사들은 한달 동안 발생한 일시적인 체중 변화보다는 임신기간 전체의 체중 변화 유형을 관찰한다.

자가 진단을 위한 참고

이 시기에 나타나는 신체의 여러 변화들은 힘들고 성가실 수 있다. 척추통증, 변비, 속 쓰림, 다리 근육 경련 등에 관련된 질문에 대한 더욱 자세한 답변 및 정보를 알고 싶으면 573쪽 3부 '임신 가이드' 를 찾아본다.

임신 13~16주간 임신부의 감정

임신부는 임신 4개월이 되면 자신의 뱃속에 정말로 아기가 자라고 있음을 실감하기 시작할 것이다. 외형적으로는 전에 입던 청바지를 입는 것이 힘들어질 것이고 의사에게 진료를 받을 때에는 태아의 심장박동 소리를 들을 수 있게 되는 것이다. 또한 이 시기에는 입덧이 완전히 멈추고, 잠도 더 편하게 잘 수 있게 돼 체력을 회복하는 데에도 도움이 될 것이다. 결과적으로 임신부는 우울한 마음을 떨치게 될 것이고, 아기를 위한 방과 물건들을 준비하면서 기분이 한결 나아질 것이다.

쇠뿔도 단김에 빼라는 말이 있듯이 기회를 놓치지 마라. 기분과 체력이 모두 충전됐을 때, 출산 준비를 해두는 것이 좋다. 예비 부모들을 위한 특강에 관심이 있다면 남편과 함께 정보를 찾고 등록을 한다. 또한 태어날 아기를 위한 소아과 의사나 담당 의사를 가족들이나 친구들에게 추천받아 두는 것도 도움이 될 것이다. 추천을 받은 후에는 몇 군데를 직접 예약하고 둘러보며 상담을 받은 다음 서류 수속을 마쳐 두는 것이 바람직하다(p496 2부 '아기의 담당 의사 선택하기).

이 시기는 좋은 엄마와 아빠가 되기 위해 지켜야 할 것들을 충분히 숙지하고 출산 후 원래 생활로 돌아가면 아이를 어떻게 키울 것인지 생각할 수 있는 시간이다.

이러한 자세한 사항들에 대해서 고민하다 보면 집중력이 떨어지는 것을 느끼거나 심지어는 머릿속이 산만해지고 건망증이 심해질 수도 있다. 하지만 당신이 임신 전에 어떠했는지에 상관없이 이것은 정상적인 현상으로 가물가물한 기억력에 신경 쓸 필요는 없다. 몇 분만 지나도 기억은 돌아올 것이다.

병원 진료

임신 4개월에 병원 진찰을 받을 때는 태아의 성장과 출산 예정일을 확정하는 것이 주된 목적이다. 이번 진찰에서는 태아의 성장 정도를 결정하는 데 도움이 되는 자궁의 크기를 의사가 측정할 것이다. 즉 자궁 위부터 치골까지의 길이를 말하는 자궁고를 체크함으로써 검사는 끝난다.

의사는 임신부의 체중과 혈압을 체크하고 최근 나타난 이상 증상은 없는지 물을 것이다. 그리고 원한다면 도플러라고 불리는 특수 장치를 통해 태아의 심장박동 소리를 들려 줄 것이다. 한편 유전자 검사와 같은 태아의 건강 진단 테스트를 아직 받지 않았다면 의사와 상담하여 검사 날짜와 방법을 상의하는 것이 바람직하다(p397 2부 '산전 검사 이해하기'를 참고하시오).

임신 13~16주, 언제 의사에게 연락해야 할까?

초기 임신 3개월의 기간보다 임신 4개월째에는 견디기가 좀 더 쉽다는 것을 임신부도 느낄 것이다. 그렇다하더라도 일어날 수 있는 모든 상황들에 대한 지식을 가지고 있어야 하며 임신초기와 마찬가지로 언제든지 응급 상황이

발생하면 의사에게 연락해야 한다. 임신 4개월이 되면 다음과 같은 것들이
궁금할 것이다.

- 2부 : 산전 검사 이해하기, 397쪽
- 4부 : 조기분만, 762쪽
- 4부 : 우울증, 780쪽

쌍둥이, 세 쌍둥이, 네 쌍둥이? 오 나에게 이런 일이!

임신 4개월이 되어 병원을 방문한 미국 임신부 100명 중 3명은 쌍둥이, 세쌍
둥이 또는 그 이상의 다태아를 임신했다는 놀라운 소식을 담당 의사에게 듣
게 될 것이다. 이렇듯 다태아를 출산하는 산모의 수는 증가하는 추세인데,
이러한 증가의 원인으로 두 가지를 꼽을 수 있다. 첫째는 다태아를 임신할
가능성이 높은 30대 이상 산모가 증가했기 때문이고, 둘째는 피임약 복용과
수정을 유도하는 생식 기술이 발달했기 때문이다.

 자궁이 임신 주수에 비해 훨씬 크거나 태아의 심장박동이 하나 이상일 경우
보통 다태아 임신을 의심하게 되는데, 이러한 소견은 산전진찰을 통해서 쉽
게 발견된다. 또한 삼중표지물질선별(triple screen) 검사를 통해서도 쌍둥이
혹은 그 이상의 다태아를 임신 했는지 알 수 있다.

담당 의사는 임신부가 다태아를 임신했다고 생각하면 보다 확실한 사실 확
인을 위해 초음파 검사를 실시할 것이다. 초음파 검사를 하면 자궁과 태아
의 모습이 화면에 나타난다. 오늘날 초음파 검사는 보편화되어 있기 때문에
다태아 임신의 90퍼센트 이상을 분만 전에 확인할 수 있다.

다태아는 어떻게 생기는가

쌍둥이에는 일란성과 이란성, 두 가지 유형이 있다. 일란성 쌍둥이는 하나의 수정란이 두 개의 태아들로 발달함으로써 태어나게 된다. 두 아기는 유전적으로 동일하기 때문에 성별도 같고 얼굴 생김새도 거의 비슷하다. 한편 이란성 쌍둥이는 두 개의 난자가 각각 다른 두 개의 정자와 수정하여 탄생하게 된다. 따라서 아기의 성별은 둘 다 여자, 둘 다 남자이거나 혹은 둘

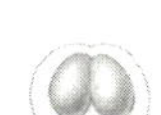
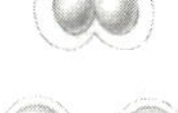

일란성 쌍둥이는 하나의 수정란이 두 개로 나뉘어 각각 동일한 유전자 정보를 가진 태아들로 발달할 때 생긴다.

이란성 쌍둥이는 다태아 중 가장 흔히 발생하는 유형으로 두 개의 난자가 각각 다른 정자를 만나 생긴다.

의 성별이 서로 다를 수 있다. 유전적으로 봤을 때 이란성 쌍둥이는 일반적인 형제자매와 같아서 생김새만 약간 닮았을 뿐이다.

뱃속의 아기들이 일란성 쌍둥이인지 이란성 쌍둥이인지는 초음파 검사를 통해서 확인이 가능하다. 예를 들어 한 아기는 남자고 다른 아기는 여자라면 그들은 이란성 쌍둥이다. 또한 태아들 주변의 융모막과 양막(membrane)을 통해서도 일란성 쌍둥이인지 아닌지를 알 수도 있다. 때로는 두 아기가 일란성 쌍둥이인지를 확인하기 위해서 출산 후에 몇 가지 추가적인 검사를 실시하기도 한다.

세 쌍둥이는 다양한 방법으로 생겨날 수 있다. 그리고 대부분의 경우 3개의 독립된 난자가 각각 다른 정자와 만나 수정된다. 다른 가능성은 두 개의 난자 중 하나가 수정되어 두 개로 분리, 발달되어 일란성 쌍둥이가 되고 나머지 난자 하나는 다른 정자와 결합하여 세 번째 아기가 되는 것이다. 한편 매우 드

물긴 하지만 한 개의 수정된 난자가 세 개로 분리되어 일란성 세 쌍둥이가 될 수도 있다.

다태아를 임신한 임신부를 위해

쌍둥이, 세 쌍둥이 혹은 그 이상의 아기를 한꺼번에 임신하게 되면 임신으로 인한 일부 부작용 중 어떤 것은 특히 임신부를 힘들게 할 수 있다. 예를 들어 입덧, 속 쓰림, 불면증 그리고 피로감 등이 매우 두드러지게 나타나 생활하는 데 지장을 주기도 한다. 또한 자라나는 태아들로 인해 태내에 공간이 많이 필요하게 되면 임신부는 복부 통증을 느낄 뿐 아니라 호흡이 가빠질 것이다. 그리고 임신후기로 갈수록 치골에 압박감을 느낄 수 있다.

다태아를 임신한 임신부일수록 자주 의사에게 진찰을 받아야 한다. 다태아 임신의 경우에는 그에 따른 특별한 조치와 보호가 필수적이기 때문이다. 또한 담당 의사가 항상 태아들의 성장과 임신부의 건강 상태를 유심히 체크하여 발생 가능한 치명적인 문제들을 미리 방지할 수 있게 한다.

한편 두 명 이상의 아기에게 충분한 영양분을 공급해야 하므로 임신부의 영양 섭취와 체중 증가가 보다 중요한 부분을 차지하게 된다. 임신부는 음식을 많이 섭취하여 체중을 늘리고 철분을 충분히 공급해야 하는데, 보통 의사는 쌍둥이를 임신한 임신부에게 하루 300칼로리 이상, 총 2,700~2,800칼로리 정도를 섭취하도록 권고할 것이다. 참고로 미국 영양협회에서는 쌍둥이를 임신했을 경우 15~20kg 정도, 세 쌍둥이를 임신한 경우에는 23kg의 체중증가를 권하고 있다.

다태아를 임신한 임신부에게 빈혈은 보다 잘 발생하게 된다. 그래서 담당 의사는 보통 60~100mg의 철분을 섭취하도록 권할 것이다. 또한 일하고, 여행하고, 운동하는 등의 여러 활동을 제한받게 될 수도 있다.

다태아를 임신할 경우 발생 가능한 합병증

다태아를 임신하게 되면 여러 가지 합병증이 발생할 확률이 더욱 높아진다. 더 많은 아기를 한꺼번에 임신할수록 위험은 더욱 커질 것이다. 예를 들어, 다음과 같은 문제들이 임신부에게 발생할 수 있다.

• 조산 : 조산은 임신 37주가 되기 전에 자궁경부가 열리는 것을 말하는데, 다태아를 임신했을 경우 조산의 위험은 더욱 커진다. 조산은 한 명 또는 그 이상의 아기들을 예정보다 빨리 세상에 나오게 하는데, 쌍둥이 중 60퍼센트, 세쌍둥이 중 90퍼센트 이상이 임신 37주 전에 태어난다고 한다. 쌍둥이가 임신부의 뱃속에 머무르는 시기는 평균 37주로 세 쌍둥이는 평균 35주 혹은 그보다 빠르며, 네 쌍둥이 이상은 거의 모두 예정보다 빨리 태어난다.
조산으로 태어난 아기들은 출생 시 체중 미달(2.5kg 이하)이거나 다른 여러 건강상의 문제를 가지고 있을 확률이 매우 높다. 이러한 이유들 때문에 담당 의사는 임신부에게 조산이 시작될 증상이나 신호는 없는지 보다 유심히 살펴보게 될 것이다. 한편 진통이 시작되어 진통 주기가 빨라지고 강도가 세지면 의사에게 즉시 연락해야 한다. 임신 주수에 따라 조산은 때때로 집중관찰과 절대안정이 필요한 경우가 있기 때문이다. 조기분만에 대한 자세한 내용은 762쪽을 보고 참고하면 된다.

• 자간전증 : 이것은 임신 중 고혈압 또는 다태아를 임신한 임신부에게 자주 발생하는 문제로 한 명의 아기를 임신했을 때보다 더 일찍 증세가 나타나는 경향이 있다. 자간전증의 증상 및 신호는 빠른 체중 증가, 두통, 복부 통증, 시야의 흐릿해짐, 손과 발의 붓는 현상 등이다. 이러한 문제가 나타나면 바로 의사에게 연락하도록 한다.

• 제왕절개 : 쌍둥이나 세 쌍둥이 이상을 임신했다면 제왕절개수술을 받아야 할 확률이 커지는 것은 사실이다. 하지만 쌍둥이를 임신한 산모 중 절반은 자연분만을 통해 건강하게 아기를 낳는다. 그러나 세 명 이상의 아기를 임신한 경우 담당 의사는 임신부와 태아의 안전과 건강을 위해서 제왕절개수술을 권할 것이다.

• 쌍둥이간 수혈증후군 : 쌍둥이간 수혈증후군은 일란성 쌍둥이에게만 나타나는 문제이다. 이는 쌍둥이들의 태반혈관들이 서로 연결되어 두 태아의 순환계까지 영향을 미치는 것이다. 태반의 혈관이 두 태아의 순환계를 연결할 경우 발생한다. 이렇게 되면 한 태아는 너무 많은 혈액을 공급받고 다른 태아는 너무 적은 혈액을 공급받는 불균형 현상이 일어나게 된다.

이 때 많은 혈액을 공급받은 아기는 다른 아기에 비해 크고 순환계의 혈액양도 비정상적으로 많아지는 반면 부족한 혈액을 공급받은 나머지 태아는 매우 작고, 성장 속도가 느리며 혈액이 부족해서 빈혈 증세가 나타나게 된다. 이러한 상황은 한 아기 또는 두 아기 모두에게 위험을 초래해서 조산을 유도해야 할 수도 있다.

하지만 몇몇 새로운 치료가 도움이 될 수 있다. 연구들에 따르면 양수천자술로 과도한 양수를 배출시켜 주는 것이 도움이 될 수 있다고 한다. 또한 몇몇 전문 병원에서는 혈관들 사이의 연결을 끊기 위해 레이저 수술을 실시하기도 하는데, 일반적으로 산과의전문의와 신생아전문의로 이루어진 고위험 관리 팀이 이러한 아기들을 돌보게 된다. 한편 쌍둥이간 수혈증후군의 아기들을 빨리 분만하여 치료해서 얻는 이득이 조산으로 인한 위험보다 크게 되면 가능한 빨리 분만을 유도한다.

• 사라지는 쌍둥이 증후군(vanishing twin syndrome) : **때때로 초기 초음파 검사를 통해서 쌍둥이임을 확인했는데, 나중에 초음파 검사를 다시 해보면 한 명이 사라진 경우가 있다. 이러한 상태를 사라지는 쌍둥이 증후군이라고 하는데, 이와 같은 일이 왜 발생하는지 전문가들도 정확한 원인을 아직 찾지 못하고 있다. 두렵고도 혼란스럽겠지만 이것은 임신부의 잘못이 아니다. 이러한 상황은 어찌할 수 없는 것이다.**

• 결합 쌍둥이(또는 샴쌍둥이) : 결합 쌍둥이란 일란성 쌍둥이가 완전히 분리되지 못하고 신체 일부가 결합되어 있는 것을 말하는 것으로 과거에는 이러한 쌍둥이들을 흔히 샴쌍둥이라고 불렀다. 결합 쌍둥이는 태어날 확률이 10만 명 중의 한 명 정도로 매우 드물다. 그들은 대개 가슴, 머리, 골반 등이 붙어 있는데 일부 결합 쌍둥이는 내장기관을 공유하고 있기도 하다. 이러한 결합 쌍둥이들을 분리하기 위해서는 수술이 실시될 수 있는데, 쌍둥이의 어느 부분이 결합되어 있고, 얼마나 많은 장기를 공유하고 있는지에 따라 수술의 성공 여부가 결정된다.

임신 4개월에 임신부에게 나타날 수 있는 문제나 이상한 증상들은 다음과 같다. 언제나 자신의 상태를 잘 살피고, 필요하다면 의사에게 바로 연락하도록 한다.

	신호와 증상 언제	의사에게 연락해야 하나?
질 출혈	가벼운 출혈	당일 방문
	하루 이상 지속되는 출혈	즉시 연락
	상당량의 출혈	즉시 연락
	통증, 쑤심, 미열, 오한을 동반한 출혈	즉시 연락
	신체조직의 배출	즉시 연락
	노란색 또는 녹색의 냄새가 심한 질 분비물이 배출되거나 하루 종일 외음부가 빨갛고 간질거리는 증상이 나타날 때	24시간이내 연락
통증	때때로 한쪽이나 양쪽 복부를 당기고 비틀고 날카로운 것으로 찌르는 것 같은 통증	다음에 방문
	가끔씩 느껴지는 보통의 두통	다음에 방문
	타이레놀과 같은 해열 진통제를 복용한 뒤에도 두통이 사라지지 않을 때	24시간 이내에 연락
	두통이 심각하거나 오랜 시간 지속될 때, 특히 현기증, 심약함, 구토, 메스꺼움 또는 시각장애 등이 동반될 때	즉시 연락
	중증의 혹은 매우 고통스러운 골반 통증	즉시 연락
	4시간 이내에 진정되지 않는 모든 골반 통증	24시간 이내에 연락
	다리게 쥐가 나 잠이 깰 때	다음에 방문
	빨갛고 붓는 다리 통증	즉시 연락
	열이나 출혈과 함께 발생하는 통증	즉시 연락
구 토	때때로 또는 하루에 한번 매일 발생	다음에 방문
	하루에 세 번 이상 발생하거나 구토 중간에 아무것도 먹고 마실 수 없을 때	24시간 이내에 연락
	열이나 통증을 동반할 때	즉시 연락

<table>
<tr><td rowspan="5">그밖에</td><td>오한 또는 열(38.8도 이상)</td><td>즉시 연락</td></tr>
<tr><td>통증이 수반되는 배뇨</td><td>당일 연락</td></tr>
<tr><td>진흙, 먼지 빨래 먹이는 풀 같은
먹지 못하는 음식에 대한 갈망</td><td>다음에 방문</td></tr>
<tr><td>계속해서 우울하고 삶에 기쁨이 사라질 때</td><td>다음에 방문</td></tr>
<tr><td>다른 사람이나 자신에게 해를 끼치고 싶은
생각과 함께 위와 같은 증상이 따를 때</td><td>즉시 연락</td></tr>
</table>

임신 5개월

나는 뱃속에서 작은 움직임을 느낀다. 때때로 뱃속의 아기가 나를 살짝살짝 간지럽게 한다. 하지만 깜짝 놀라 아랫배에 손을 대려 하면 어느 새 아기의 움직임이 사라진다. 이제 아기의 움직임을 느끼는 것은 하루 일과 중 큰 기쁨이다. – 어느 임신부의 경험담

임신 17~20주간 태아의 성장

임신 17주

임신 17주에는 태아의 눈썹과 머리카락이 보이기 시작한다. 태아는 아마도 딸꾹질을 자주 할 것이다. 비록 소리는 들을 수 없지만 임신부는 태아의 딸꾹질을 느낄 수 있는데, 두 번째 임신이라면 더욱 확실히 느낄 수 있다. 한편 태아의 피부 아래에 갈색 지방층이 점점 발달하기 시작한다. 이 지방은 아기가 태어날 때 자궁 안밖의 온도 차이로부터 아기를 따뜻하게 보호하는 역할을 하는데, 임신 마지막 달까지 계속 두터워진다.

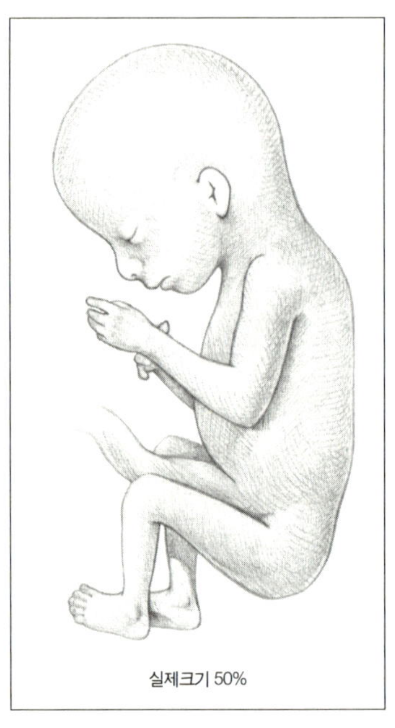

실제크기 50%

임신 18주

이 시기에는 태아의 뼈가 단단해지기 시작한다. 내이에서 가장 먼저 뼈가 형성되는데, 뼈가 충분히 발달하면 제 기능을 하게 된다. 즉 태아의 뇌로부터 뻗어 나온 신경의 끝이 귀와 연결돼, 태아가 소리를 들을 수 있는 것이다. 태아는 엄마의 심장 소리, 위가 꾸르륵거리는 소리, 탯줄을 통해 피가 흐르는 소리 등을 듣는다. 심지어 외부의 큰 소리에는 깜짝 놀라기도 할 것이다. 태아는 또한 삼킬 수도 있게 된다. 자궁 안에서 태아는 매일 적절량의 양수를 삼키는데, 과학자들은 태아가 양수를 삼킴으로써 자궁 안의 양수가 일정량으로 유지되는 것이라고 생각한다.

임신 19주

임신 19주가 되면 태지(vernix) 라고 불리는 매끄럽고 하얀 지방이 태아의 피부를 덮어 보호해준다. 태지는 태아의 연약한 피부가 트거나 상처가 나지 않도록 보호해준다. 태지 아래에서는 가늘고 섬세한 솜털이 태아의 피부를 덮는다. 이 시기에 태아의 신장은 충분히 발달하여 소변을 만들어내기 시작하며, 만들어진 소변은 태아와 양수를 담고 있는 자궁 안 양막 주머니로 배출된다. 이제 태아의 청력은 매우 잘 발달돼 있다. 태아는 어러 가지 소리를 들을 수 있고 심지어는 엄마의 대화 소리를 듣기도 한다. 태아에게 엄마의 목소리는 어떤 상황에서도 가장 두드러지게 들리므로 만약 임신부가 뱃속의 아기에게 노래를 불러주거나 이야기를 한다면 아기는 뱃속에서 그 소리를 인지할 것이다. 하지만 태아가 여러 소리들을 구분할 수 있는지는 아직 확실히 알 수 없다. 태아의 뇌에는 수백만 개의 운동 뉴런이 생성되고 있다. 운동 뉴런은 근육과 뇌 사이에서 움직임과 관련된 정보를 전달하는 신경으로 그 결과 태아는 무의식적인 움직임뿐만 아니라 엄지손가락 빨기, 머리 움직이기 등과 같은 의도적인 행위도 할 수 있다. 임신부는 이러한 아기의 움직임을 느낄 수도, 못 느낄 수도 있다. 만약 아직 못 느꼈다면 곧 느끼게 될 것이다.

임신 20주

임신 20주에는 태아의 피부가 태지의 보호 아래 점점 두꺼워지고 층이 발달한다. 태아의 피부는 가장 바깥층인 표피와 중간층이자 피부의 90퍼센트를 차지하는 진피, 피부의 가장 깊숙한 층으로 대부분 지방으로 구성돼 있는 피하조직 이렇게 세 층으로 구분된다. 태아의 모발과 손톱 역시 계속 자라는데, 이 시기 태아의 모습은 얇은 눈썹과 모발 그리고 잘 발달된 팔다리를 가지고 있는 보통 아기의 모습과 같다.

임신 중기에 해당하는 20주째에 접어들면서 임신부는 아기의 움직임을 느끼기 시작할 것이다. 그러면 움직임을 느낀 날짜를 기록하고 다음 진찰 때 의사에게 말하도록 한다. 뱃속의 아기는 이제 크기가 15cm정도 되고 몸무게는 약 0.25kg일 것이다.

임신 17~20주간 임신부의 몸

임신 5개월이면 임신 후 20주, 즉 임신 중반기에 들어서게 되며, 이 때 자궁은 배꼽까지 확장돼 있을 것이다. 또한 이 시기에 임신부는 때로 매우 특별한 경험을 할 수도 있다. 즉, 보통 태동이라고 부르는 아기의 움직임을 느끼게 되는 것이다.

아기의 움직임은 마치 위 속에 나비가 날아다니거나 무엇인가 요동치는 것과 비슷한 느낌일 것이다. 이러한 움직임은 처음에는 불규칙적으로 나타나지만 나중에는 점점 규칙적으로 변하게 된다. 특히 태아의 활동이 가장 활발한 때는 임신 7개월 중반과 임신 8개월이 될 것이다. 한편 임신 첫 주부터 시작된 많은 변화들은 이 시기에도 여전히 계속되고 있으며, 변화하는 속도 역시 빨라지고 있다. 그리고 불러온 배는 이제 누가 봐도 임신했음을 알게 한다.

호르몬

임신부의 호르몬 수치는 임신 5개월에도 계속 증가한다. 이것은 태아의 성장과 임신부의 모든 내장기관에 영향을 미친다.

심장과 순환계

임신부의 순환계는 계속 급격히 팽창한다. 때문에 임신부의 몸은 평상시보다 저혈압 상태를 유지할 것이다. 나중에는 임신 전과 같은 상태로 되돌아가겠지만 이 시기에는 누워 있다가 갑자기 일어나거나 따뜻한 물로 샤워를 한 뒤 두통, 어지러움, 메스꺼움 등을 느낄 수 있다.

임신부의 혈액량 역시 계속해서 증가한다. 이번 달 내내 몸에서 형성되는 것은 대개 혈액 중 체액성분인 혈장이다. 만약 임신부에게 철분이 충분하나면 나중에는 직혈구의 생성도 증가할 것이다.

적혈구의 감소로 발생하는 철 결핍성 빈혈은 적혈구 생성을 위해 하루에 필요한 철분 30mg이 임신부에게 공급되지 않았을 때 나타난다. 철 결핍성 빈혈은 임신 20주째인 임신부들 대부분이 겪는 현상으로 임신부를 피곤하게 만들 뿐 아니라 병균감염이 잘 되게 한다. 하지만 심각한 정도가 아니라면 태아에게는 별 영향을 미치지 않을 것이다. 임신 5개월에도 임신부는 코 막힘, 코피, 이를 닦을 때의 잇몸 출혈 등 임신으로 인한 부작용들에 시달리게 되는데, 이러한 현상들은 코와 잇몸에 보다 많은 양의 혈액이 흐름으로써 나타난다.

호흡기 계통

프로게스테론 호르몬으로 인해 이 시기에도 폐활량 증가는 계속된다. 한번 호흡할 때 임신부의 폐는 임신 전보다 40퍼센트 이상의 공기를 들이쉬고 내 쉬게 되며, 호흡 역시 약간 더 빨라질 것이다. 이것은 대부분의 임신부들에 게 나타나는 정상적인 현상이다.

소화기 계통

임신 호르몬의 영향으로 소화기 계통의 기능이 둔해진다. 이로 인해 악화된 소화 기능과 확장된 자궁 때문에 속 쓰림과 변비 증상 역시 계속될 것이다. 이러한 증상은 임신기간 동안 반 이상의 임신부들에게 나타난다.

유방

임신부의 가슴 변화는 이 시기에 특히 두드러진다. 증가한 혈류량과 젖샘 크기의 확장으로 임신 전 보다 가슴 사이즈가 거의 2컵 정도 더 커지기 때문 이다. 유방의 정맥도 눈으로 식별할 만큼 두드러지게 된다.

자궁

임신 20주까지 자궁은 계속 커져 배꼽까지 확장될 것이다. 자궁이 끝까지 커 지면 그 크기가 임신부의 음부 부분에서 흉곽의 아랫 부분까지 커진다. 한편 태아가 자라는 동안 태반 역시 계속 발달한다. 임신 17주까지 태반은 2.5cm 이상 두꺼워지며, 태아에게 산소와 영양분을 공급할 수천 개의 혈관을 포함 한다. 확장된 자궁은 이제 임신부의 무게중심에도 영향을 미친다. 그래서 임 신부가 서고 움직이고 걷는 것에도 변화가 생기게 되며, 척추와 아래쪽 복부 에도 통증이 계속 될 것이다. 임신 20주 즈음에 임신부는 서혜부(사타구니)

쪽에서 당기고 찌르는 것 같은 통증을 느낀다. 또는 갑작스런 움직임이 있거나 무엇인가에 부딪혔을 때 날카로운 근육의 경련이 일어나는데, 이것은 자궁을 지탱해주는 중요한 인대가 잡아당겨지면서 발생하는 것이다. 이러한 통증은 몇 분 정도 지속되다가 곧 사라지는 것으로, 고통스럽기는 하지만 건강에 해가 되지는 않는다. 하지만 계속되는 복부의 모든 통증은 조산이나 그 외 다른 문제의 증상일 수 있으므로 의사와 상담하는 것이 좋다.

요로

소변의 이동 속도가 감소하는 현상은 임신 5개월에도 계속된다. 이것은 자궁의 확장 그리고 신장으로부터 방광까지 소변이 이동하는 통로인 요로 근육이 이완되면서 발생한다. 이러한 현상 때문에 임신부는 요로감염에 걸릴 확률이 높아지는데, 평소보다 자주 소변이 마렵거나 뜨거운 소변, 열, 복부통증, 척추통증 등과 같은 증상이 나타난다면 감염을 의심해볼 수 있다. 그러므로 이 같은 증상들이 나타난다면 바로 담당 의사에게 연락해야 한다. 요로감염은 일반적으로 조산을 일으키는 원인들 중 하나이기 때문이다.

뼈, 근육 그리고 관절

임신부의 복부를 지탱해주는 인대는 더욱 탄력적으로 변한다. 그리고 골반뼈 사이의 관절은 보다 부드러워지고 느슨해진다. 또한 임신부가 앞으로 넘어지는 것을 방지하기 위해 아래쪽 척추가 뒤쪽으로 약간 휘어지는데, 이와 같은 뼈, 관절, 인대의 변화는 척추에 통증을 유발한다. 임신 여성 절반 이상이 척추통증에 시달리며, 보통 임신 15~17주 사이에 통증이 시작된다. 척추통증이 사라지지 않고 아래쪽 복부를 따라 계속 지속된다면 즉시 담당 의사에게 연락해야 한다.

질

임신 5개월에도 임신부의 냉증은 계속 된다. 자궁경부와 질의 상피에 있는 샘에서 분비되는 임신 호르몬의 영향으로 약간의 냄새가 나고 가늘고 하얀 냉이 분비된다.

임신 중에 보통 나타나는 증상이므로 크게 걱정할 필요는 없다. 하지만 초록빛이나 노란빛을 띠고 냄새가 매우 심하며, 외음부가 가렵고 따끔거리면서 빨갛게 된다면 반드시 의사에게 연락해야 한다. 이것은 임신 중에 빈번히 발생하는 질 감염의 증상들로 치료가 가능하다.

피부

임신 4개월에 피부가 변하는 것처럼 보였다면 임신 5개월에는 그 변화를 더욱 크게 느낄 것이다. 또한 앞으로 임신이 진행될수록 피부 변화 또한 계속 진행될 것이다. 임신 5개월이 되면 피부색이 점점 어두워진다.

또한 유두, 배꼽, 겨드랑이, 서혜부 그리고 항문과 외음부 사이에 있는 회음부 주변의 피부 색깔이 특히 어두워질 것이다. 하지만 이러한 변화들은 출산 후에는 사라질 것이므로 크게 걱정할 필요가 없다.

한편 이미 있는 사마귀나 없어지거나 새로운 사마귀가 피부에 생기지는 않을 것이다. 만약 새로운 사마귀나 원래 있던 사마귀의 크기와 겉모습이 변했다면 담당 의사에게 연락해야 한다.

체중증가

임신 5개월에는 1주마다 약 0.5kg, 즉 총 2kg정도의 체중이 증가하여 임신 20주가 될 때까지 약 5kg의 체중이 증가할 것이다.

자가 진단을 위한 참고

이 시기에 나타나는 여러 변화와 증상들은 임신부를 힘들게 할 것이다. 코피, 피부 색소 침착, 숨 가쁨과 같은 일반적으로 모든 임신부들이 겪는 불편함에 대한 정보를 원한다면 573쪽 3부 '임신 가이드'를 찾아보는 것이 도움이 될 것이다.

임신 17~20주간 임신부의 감정

태동이 느껴짐

초산이 아니라면 임신부는 임신 20주, 혹은 조금 더 일찍 태아의 움직임을 느낄 수 있을 것이다. 태동이라 불리는 이러한 태아의 움직임은 임신부에게 즐거움과 안심을 느끼게 하는 한편 임신부에게 뱃속의 아기를 독립된 존재로 인식하게 해, 틈틈이 아기가 어떻게 생겼을지 상상하게 만든다. 또한 입덧과 같이 임신으로 인해 나타나는 여러 증상들을 잊고 잠시 기쁨을 느끼게 될 수도 있다.

뱃속의 아기와 부모간의 감정적 친밀감을 너욱 끈끈하게 해주는 것이 바로 태동일 것이다. 임신 중에 남편은 아내의 배에 손을 올려놓고 아내와 함께 태아의 움직임을 느끼며, 태아와 감정적 교류를 나눌 수 있다. 이때쯤이면 임신부는 자신이 뱃속의 아기와 대화를 나누는 게 가능하지 아니면 어떠한 긍정적인 영향을 줄 수 있는지 궁금할 것이다.

태내에 있는 아기의 능력에 대한 연구가 최근에 들어서야 진행되고 있기 때문에 이에 대해 정확히 알기는 힘들다. 하지만 잔잔한 음악 듣기, 차분하고 사랑스럽게 아기와 대화하기 등이 태아에게 악영향을 미치지는 않을 것이다. 게다가 아기에게 필요한 것들을 자신이 채워주고 있다는 느낌은 진정한 부모가 되기 위한 중요한 요소이다.

초음파 검사

임신 5개월에 초음파 검사를 하면서 임신부는 매우 이색적인 경험을 할 것이다. 초음파 검사를 통해서 태아의 모습과 형태뿐만 아니라 태아의 작은 심장이 작은 흉곽 안에서 뛰고 있는 것도 볼 수 있는 것이다. 대부분의 경우 태아는 매우 건강할 것이며, 초음파 검사는 매우 흥미롭고 가치 있는 경험이 될 것이다. 예비 엄마들에게 태아의 움직임을 처음 느끼는 순간은 매우 두근거리는 것이며, 예비 아빠들 역시 초음파 검사를 통해 임신을 보다 자기와 직접 관계된 것이라고 느낄 수 있게 된다.

따라서 초음파 검사를 할 때는 남편과 함께 병원에 가는 것이 좋다. 임신부는 눈앞에 나타나는 태아의 선명한 이미지를 통해 임신에 보다 감정적으로 다가가게 되고 태아에 대한 애착도 보다 강해진다. 초음파 검사가 어떻게 실시되고 무엇을 볼 수 있는지 더 알고 싶다면 '바른 결정을 위한 지침: 태아 건강 검진에 대하여' 을 참고할 수 있다.

병원 진료

임신 5개월이 돼 병원에 가면 의사는 태아의 발달 상태, 출산예정일 체크, 임신부의 건강상태 등을 중점적으로 살필 것이다. 만약 자신이 언제 처음으로 태동을 느꼈는지 기억한다면 담당 의사에게 말하는 것이 좋다. 태동을 처음 느낀 날은 태아의 개월 수를 정확하게 알 수 있는 힌트 중 하나이기 때문이다.

지난 달 정기검진 때처럼 담당 의사는 아마도 자궁 위부터 치골까지의 길이, 즉 자궁고를 측정할 것이다. 이 검사를 통해서 의사는 태아의 나이와 성장 상태를 더욱 확실하게 알 수 있기 때문이다. 임신 18~34주 까지 자궁고는 cm를 단위로 했을 때 임신기간 숫자와 같다. 즉, 임신 18주에는 자궁고가 약 18cm이고, 임신 19주에는 약 19cm가 되는 것이다.

의사는 자궁고를 검사할 뿐만 아니라 임신부의 체중과 혈압을 체크하고 임신부에게 특별한 이상이나 문제는 없었는지 물을 것이다. 그리고 초음파 검사를 통해 태아의 상태도 확인할 것이다. 한편 원한다면 양수천자 검사도 받을 수 있다. 양수천자란 태아를 둘러싸고 있는 양수를 채취하여 그 성분을 검사하는 것으로, 이때 채취된 양수를 분석하여 태아에게 다운증후군과 같은 염색체 이상이 있는지 알 수 있다. 이번 달에는 다음과 같은 것들이 궁금할 것이다.

- 2부 : 산전 검사 이해하기 397쪽-
- 4부 : 철 결핍성 빈혈, 791쪽

임신 17~20주, 언제 의사에게 연락해야 할까?

이 기간에 발생할 수 있는 문제와 의사에게 연락할 때를 아는 것은 이제 더욱 중요하다.

임신 5개월에 임신부에게 나타날 수 있는 문제나 이상한 증상들은 다음과 같다. 언제나 자신의 상태를 잘 살피고, 필요하다면 의사에게 바로 연락하도록 한다.

	신호와 증상 언제	의사에게 연락해야 하나?
질 출혈	가벼운 출혈	당일 연락
	하루 이상 지속되는 출혈	즉시 연락
	상당량의 출혈	즉시 연락
	통증, 쑤심, 미열, 오한을 동반한 출혈	즉시 연락
	신체조직의 배출	즉시 연락
	노란색 또는 녹색의 냄새가 심한 질 분비물이 배출되거나 하루 종일 외음부가 빨갛고 간질거리는 증상이 나타날 때	24시간이내 연락
통증	때때로 한쪽이나 양쪽 복부를 당기고 비틀고 날카로운 것으로 찌르는 것 같은 통증	다음에 방문
	가끔씩 느껴지는 보통의 두통	다음에 방문
	타이레놀과 같은 해열 진통제를 복용한 뒤에도 두통이 사라지지 않을 때	24시간 이내에 연락
	두통이 심각하거나 오랜 시간 지속될 때, 특히 현기증, 심약함, 구토, 메스꺼움 또는 시각장애 등이 동반될 때	즉시 연락
	중증의 혹은 매우 고통스러운 골반 통증	즉시 연락
	4시간 이내에 진정되지 않는 모든 골반 통증	24시간 이내에 연락
	다리에 쥐가 나 잠이 깰 때	다음에 방문
	빨갛고 붓는 다리 통증	즉시 연락
	열이나 출혈과 함께 발생하는 통증	즉시 연락
구 토	때때로 또는 하루에 한번 매일 발생	다음에 방문
	하루에 세 번 이상 발생하거나 구토 중간에 아무것도 먹고 마실 수 없을 때	24시간 이내에 연락
	열이나 통증을 동반할 때	즉시 연락

오한 또는 열 (38.8도 이상)	즉시 연락
통증이 수반되는 배뇨	당일 연락
지속적이고 상당한 양의 양수 배출	즉시 연락
진흙, 먼지 빨래 먹이는 풀 같은 먹지 못하는 음식에 대한 갈망	다음에 방문
계속해서 우울하고 삶에 기쁨이 사라질 때	다음에 방문
다른 사람이나 자신에게 해를 끼치고 싶은 생각과 함께 위와 같은 증상이 따를 때	즉시 연락
피곤, 기력쇠약, 숨참, 가슴 두근거림, 현기증, 가벼운 두통	때때로 일어난다면 다음에 방문 자주 일어난다면 당일 연락

임신 6개월

임신 21~24주간 태아의 성장

임신 21주

임신 21주가 되면 태아는 하룻동안 삼킨 양수에서 적은 양의 당을 흡수하기 시작한다. 그리고 태아가 흡수한 당 성분은 이제 충분히 제 기능을 하는 소화기관으로 이동한다. 하지만 양수로부터 공급받는 영양분은 태아에게 아주 적은 양으로 필요한 영양분의 대부분은 여전히 태반을 통해 얻을 것이다. 이 시기에는 태아의 골수가 혈구를 만들기 시작하는데, 골수는 간, 비장과 함께 혈구를 생성하는 역할을 맡게 된다.

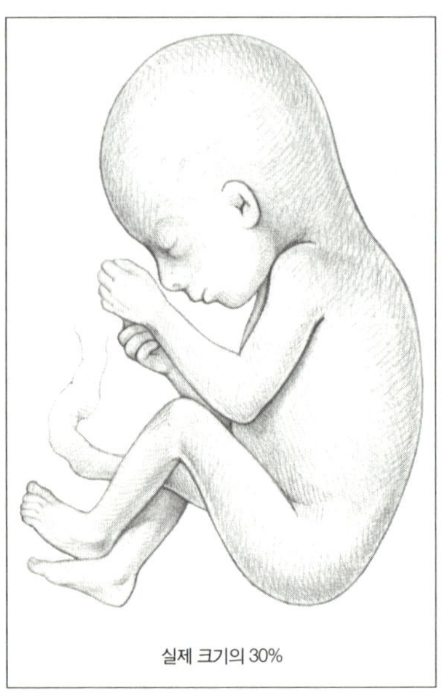

실제 크기의 30%

임신 22주

임신 22주에는 태아의 미각과 촉각이 눈에 띄게 발달한다. 미뢰가 태아의 혀에 생겨나기 시작하고 태아의 뇌와 신경 말단이 촉각을 느낄 정도로 충분히 발달한다. 이 시기에 만약 태아를 미리 볼 수 있다면 아기가 뱃속에서 자신의 얼굴을 만지고, 엄지손가락을 빨며, 신체 여기저기를 만져보는 등 새롭게 발달한 촉각을 스스로 시험하는 모습을 볼 수 있을 것이다. 이러한 태아의 행위는 필요한 어떤 것을 찾는 것이 아니라 단지 손으로 느껴지는 감각을 신기해 하는 것 뿐이다.

마찬가지로 태아의 생식기관 역시 발달하고 있다. 만약 남자아이라면 복부에서 고환이 발생하기 시작할 것이고, 여자아이라면 자궁과 난소가 제 위치에 자리한 상태에서 질이 발달하고 있을 것이다. 태아는 이미 평생 가임기간 동안 배출할 모든 난자를 가지고 있다. 임신 22주에 태아의 머리에서 둔부까지의 길이는 약 19cm이며, 체중은 0.5kg정도 된다.

임신 23주

아기는 출생 후에 호흡을 통해 생명을 유지하므로 임신 23주가 되면 폐가 급속도로 발달한다. 폐는 폐포(기도 끝의 포도송이 모양의 작은 공기 주머니-옮긴이) 형성에 영향을 주는 계면활성제라는 물질을 생성하기 시작한다. 이 때 계면활성제는 공기가 들어왔을 때 폐포를 쉽게 부풀게 한 뿐 아니라 공기가 빠져나갔을 때 서로 달라붙지 않도록 도와준다. 임신 23주 전에는 아기가 태어나도 폐는 전혀 제 기능을 할 수 없지만 23주 이후부터는 엄마 뱃속에서 나와도 기능할 수 있다. 하지만 아무 도움 없이 스스로 호흡을 완벽히 하려면 보다 많은 계면활성제가 필요하다.

한편 이 시기에는 태아의 폐에 있는 혈관들이 호흡을 위해 발달하기 시작한다. 태아는 뱃속에서 호흡을 하는 것처럼 보이지만 그것은 그저 호흡을 시도해보는 것에 불과하다. 태아의 폐에는 양수가 드나들기 때문에 태아는 여전히 태반을 통해서 산소를 전달받는다. 즉 태어날 때까지 태아의 폐에는 산소가 없는 것이다.

태아의 모습은 점점 아기의 모습을 닮아가고 있지만 지방은 거의 없고 말랐으며, 주름이 많고 쭈글쭈글한 피부를 가지고 있어서 여전히 가느다랗고 약해 보인다. 그러나 피부가 형성되는 속도보다 지방이 형성되는 속도가 빠르면 태아의 쭈글쭈글한 피부 안쪽에 지방이 쌓이기 시작할 것이다. 그리고 시간이 지날수록 태아는 예쁜 아기의 모습을 갖추게 된다.

임신 23주에 태어난 아기라도 신생아집중치료실(NICU)에서 적절한 치료를 잘 받으면 때로 사망하지 않고 살아남기도 하지만 심각한 후유증이 남는 경우가 대부분이다.

임신 23주 시기에는 한창 발달하고 있는 중간 뇌의 안쪽 부분인 배아기질(germinal matrix)을 비롯하여 태아의 뇌가 충분히 발달하지 않았고 그 속에 있는 혈관도 연약한 상태이다. 따라서 이 시기에 태어나게 되면 완전하지 못한 뇌혈관들이 출생 후에 갑자기 출혈을 일으킬 수 있는데, 이것이 바로 두개내출혈(ICH) 또는 뇌실내출혈(IVH)이다. 만약 출혈이 심각하다면 아기에게 발달장애가 남을 수 있다.

또한 임신후기가 될 때까지는 태아의 망막이 완전히 형성되지 않기 때문에 임신 23주쯤에 태어난 아기는 미숙아망막증(retinopathy of prematurity)으로 시력이 손상된다.

다행히도 갈수록 조산에 대한 연구가 활발해지고 문제 예방과 해결을 위한 의약품의 연구 및 개발에도 가속도가 붙고 있다. 그 결과 임신 23주쯤에 조산으로 인해 태어난 아기들이 정상적으로 건강하게 자라는 사례가 늘고 있다. 물론 조산하지 않고 예정일을 채운다면 태아에게는 더욱 좋을 것이다.

임신 24주

임신 24주에 태아는 양막 주머니 안에서 자신이 위에 있는지 아래에 있는지 또는 뒤집혀 있는지 등을 느끼기 시작한다. 그 이유는 몸의 평형을 맞춰주는 내이가 발달하고 있기 때문이다. 임신 후 24주가 되기 전에 태어난 아기가 생존할 확률은 50퍼센트로 임신기간이 길어질수록 생존 확률은 커지겠지만 여전히 태아에게 위험이 발생할 확률은 남아있을 것이다. 한편 임신 24주에 태아의 길이는 약 38cm이고 체중은 약 0.7kg정도이다.

임신 21~24주간 임신부의 몸

6개월째가 되면서 임신은 중기에 이르게 된다. 자궁은 복부까지 확장되며, 임신부는 태동을 느낄 수 있을 것이다. 하지만 이 때의 태동은 단지 지난 달에 느꼈던 것과 같은 위 속에서 나비가 팔락거리는 것 같은 느낌이 아니다. 임신 6개월이 되면서 임신부에게 일어나는 변화는 다음과 같다.

호르몬

여러 종류의 호르몬들은 태아의 성장에 따라 그 종류와 분비되는 양이 달라진다. 우선 임신이 진행되면 비 임신 여성에 비해 에스트로겐과 프로게스테론 분비량이 10배까지 증가한다.

또한 임신 5개월까지는 에스트로겐의 농도보다 프로게스테론의 농도가 약간 높다가 임신 21, 22주가 되면 두 호르몬의 농도가 똑같아진다. 그리고 임신 24주가 되면 전과는 반대로 임신부의 프로게스테론 농도보다 에스트로겐의 농도가 약간 더 높아지게 될 것이다.

심장과 순환계

이번 달에도 임신부의 혈압은 정상치보다 낮은 상태로 지속되겠지만 임신 후 24주가 지나면 혈압은 임신 전과 같은 상태로 되돌아갈 것이다. 한편 이 시기에도 임신부의 몸에서는 혈액량이 많이 증가하는데, 만약 그동안 충분히 철분을 섭취했다면 적혈구의 생성이 혈장의 생성을 따라잡을 것이다. 하지만 만약 하루 권장량인 30mg의 철을 섭취하지 않았다면 철 결핍성 빈혈에 걸릴 위험이 커진다. 한편 임신부는 코 막힘, 코피, 이 닦을 때 잇몸 출혈 등이 계속돼서 곤욕을 치를 수 있는데, 이러한 증상들은 모두 코와 잇몸을 지나는 혈액량 증가 때문에 발생한다.

호흡기 계통

증가하는 폐활량으로 인해 임신부 흉곽은 더욱 넓어져 아기가 태어날 때까지 거의 5~7.5cm 정도 넓어질 것이다. 물론 출산 후에는 임신 전 흉곽 크기로 되돌아간다. 한편 계속되는 호흡기 계통의 변화가 호흡을 가빠지게 하겠지만 전체적인 호흡량이 적어지지는 않을 것이다. 그리고 임신후기로 가면서 태아가 골반 쪽으로 이동을 하면 호흡이 한결 쉬워진다.

유방

유방은 임신 6개월에도 계속 커진다. 그리고 모유를 생성할 준비가 다 돼 조금 이르기는 하지만 유두 주변에서 물방울 같은 것이나 노란 액체가 나오기도 한다. 이것이 바로 초유이다. 초유에는 활동성과 면역성이 강한 항체가 들어 있으므로 모유수유를 한다면 출산 후 며칠 동안은 아기에게 이것을 먹이는 것이 좋다. 한편 이 시기에 유방 속 혈관들은 더욱 두드러져 피부를 통해서 붉고 푸른 선(혈관)을 볼 수 있다.

자궁

대략 임신 22주부터 자궁은 출산을 준비하기 시작한다. 즉 출산이라는 큰일을 위해 근육을 강하게 수축하기 시작하는 것이다. 보통 이러한 근육 수축 현상을 브락스톤-힉스Braxton-Hicks 수축이라고 부르는데, 때때로 통증은 아니지만 아랫배 근처가 당기는 것 같은 증상이 나타난다.

브락스톤-힉스 수축은 가진통이라고도 불린다. 왜냐하면 실제로 출산이 임박해서 발생하는 자궁수축과는 많이 다르기 때문이다. 브락스톤-힉스 수축은 실제 자궁수축과 달리 불규칙적으로 발생하며, 강도와 수축시간이 매우 다양하다. 반면에 분만이 시작되기 전에 나타나는 실제 자궁의 수축은 일정한 패턴이 있어서 시간이 흐를수록 수축시간이 점점 길어지고, 강도와 빈도 모두 증가한다.

또한 브락스톤-힉스 수축은 어느 한 부분에서만 발생하는 경향이 있지만 출산을 위한 자궁수축은 임신부의 복부와 아래쪽 부분, 등 넓은 부분에 걸쳐 발생하는 편이다.

그러나 브락스톤-힉스 수축과 분만 전 나타나는 실제 수축을 구분하기란 쉽지 않다. 수축이 느껴지고, 특히 고통이 심하며 수축이 6시간 이상 지속된다면 바로 의사를 찾아가야 한다. 또한 수축으로 인한 통증이 너무 고통스럽다면 조산을 알리는 신호일지도 모른다.

실제 수축과 브락스톤-힉스 수축의 가장 큰 차이점은 수축이 자궁경부에 어떠한 영향을 미치고 있는가 하는 것이다. 브락스톤-힉스 수축이라면 자궁경부에는 아무런 변화도 생기지 않지만 분만 전 실제 수축이 시작된 것이라면 자궁경부의 입구 부분이 넓어지며 열리기 시작할 것이다. 자궁수축이 정말 시작된 것인지 알고 싶으면 빨리 병원을 방문한다.

요로

이 시기에도 요로감염의 위험은 크다. 이것은 임신으로 인한 신체 변화가그 원인으로 자궁 확장과 프로게스테론에 의한 요관(신장에서 방광으로 소변을 옮기는 관-옮긴이) 속 근육 긴장이 풀어져 소변의 흐름을 느리게 만드는 것이다. 만약 소변보는 횟수가 평소보다 잦고 배출되는 동안 타는 듯이 따끔따끔하거나 복부나 척추에 통증이 수반될 경우 의사에게 연락해야 한다. 왜냐하면 이런 것들이 나타나면 요로감염이 의심되는데, 요로감염은 조산을 유발할 수 있기 때문이다.

뼈, 근육 그리고 관절

복부를 지탱해주는 인대는 임신 6개월째에도 계속 늘어나며, 골반뼈 사이의 관절 역시 출산을 위해 계속 이완되고 부드러워진다. 또한 점점 증가하는 태아의 무게 때문에 임신부가 넘어지지 않도록 아래쪽 척추가 뒤로 젖혀진다. 그러나 뼈, 관절, 인대에 일어나는 이러한 변화는 임신부에게 척추통증을 유발한다.

질

가늘고 하얀 냉이 약간의 냄새를 풍기거나 혹은 아무 냄새 없이 분비되는 상태가 계속 지속될 것이다. 많은 여성들이 임신 중에 냉증이 심해지는데, 이것은 지극히 정상이다.

하지만 배출되는 냉이 초록빛 또는 노란빛을 띠거나 냄새가 심하고, 외음부가 가렵거나 따가우면서 빨갛게 되면 조심해야 한다. 이것은 질 감염의 증상으로 이와 같은 증상들이 나타나면 의사에게 바로 연락해야 한다.

체중증가

임신 6개월이 되면 임신부는 아마도 일주일에 약 0.5kg씩, 한 달에 총 2kg 정도 체중이 늘 것이다. 혹시 체중 변화가 일정하지 않더라도 갑작스런 증가나 감소현상이 아니라면 그리 걱정할 필요는 없다.

자가 진단을 위한 참고

임신 6개월째에 나타나는 신체의 여러 변화들은 힘들고 성가실 수 있다. 척추 통증, 임신으로 인한 여러 불편함, 다리 근육 경련, 발진 등에 관련된 질문에 대해 더욱 자세히 알고 싶다면 573쪽 3부 '임신 가이드' 를 참고하라.

임신 21~24주간 임신부의 감정

두려움

이 시기가 되면 점점 출산에 대한 두려움이 생기기 시작할 것이다. 실제로 당신은 이런 생각들을 해봤을 것이다. 내가 제 시간에 병원에 도착하지 못하면 어떻게 하지? 처음 보는 의료신들 앞에서 내 몸을 보여야 하나? 분만 시 자신을 통제하지 못하면 어떻게 해야 할까? 아기에게 무슨 잘못이라도 생기면? 아마 배우자도 같은 문제들에 대해 깊이 생각해보았을 것이다. 설사 그렇지 않다고 부정하더라도 예비 부모들은 대개 같은 걱정거리들을 안고 있다. 그러면서 아내나 남편은 상대방이 자신보다 훨씬 강하다고 여길 것이다. 특히 남편은 분만 중 아내에게 무슨 일이 일어나지는 않을지 매우 걱정하게 된다.

출산육아준비 교실은 이러한 두려움을 떨쳐버리는 데 아주 도움이 된다. 예비 부모들은 보통 임신 6~7개월이 되면 이 수업에 참가하게 되는데, 일반적으로 6~8주 동안 매주 한 번씩 가게 될 것이다. 이러한 출산육아준비 교실은 당신과 남편에게 매우 특별한 기회를 제공한다. 같은 걱정을 하고 있을 다른 부부들과 자신의 걱정을 나누고, 근거 없는 소문들과 도움이 되는 정보를 분별할 수 있기 때문이다. 또한 출산 관련 전문가와의 만남을 통해 마음이 한결 가라앉을 수 있다.

자리를 잡고 앉아 걱정이 되는 것을 남편과 함께 적어보라. 그리고 난 뒤 서로의 걱정을 비교해본다. 나중에 이것을 수업에 참가하는 다른 부부, 출산 전문가, 담당 의사와 함께 이야기한다. 아마 도움이 되는 의견과 조언을 얻을 수 있을 것이며, 이를 통해 걱정은 점점 줄어들 것이다.

성적 욕구의 증가

일반적으로 임신부는 임신 6개월이 되면 임신초기보다 성적 욕구를 더 느끼게 되는데, 때로는 임신 전보다 성욕이 더 강해질 수도 있다. 만약 그렇다면 태아에게 압박이 가해지지 않는 범위 내에서 성관계를 갖는 것이 좋을 것이다. 그러나 성적 욕구의 증가가 모든 여성에게 나타나는 것은 아니어서 이와 반대로 어쩌면 전혀 하고 싶지 않을 수도 있다. 또한 보통 임신후기로 넘어가면서 임신부는 성욕이 다시 감소하는 것을 발견하게 된다.

병원 진료

이 시기에 병원을 찾으면 의사는 아기의 성장 상태를 체크하고 임신부의 건강에 이상은 없는지 확인할 것이다. 또한 지난 번 진료 때보다 얼마나 자궁이 확장되었는지를 알기 위해 자궁고를 측정하게 되는데, 임신 6개월에 자궁고는 약 21~24cm이다. 뿐만 아니라 의사는 임신부의 체중, 혈압 그리고 태아의 심장 박동도 체크하면서 그 동안 특별한 증상이나 이상은 없었는지 물을 것이다.

임신 21~24주, 언제 의사에게 연락해야 할까?

발생 가능한 문제 상황들을 미리 알아두고 필요하면 즉시 의사에게 연락하도록 한다. 임신 6개월이 되면 다음과 같은 것들이 궁금할 것이다.

- 2부 : 제왕절개수술 뒤 자연분만 시도하기, 476쪽
- 2부 : 선택적 제왕절개에 대해 알아보기, 483쪽

임신 6개월에 임신부에게 나타날 수 있는 문제나 이상한 증상들은 다음과 같다. 언제나 자신의 상태를 잘 살피고, 필요하다면 의사에게 바로 연락하도록 한다.

	신호와 증상 언제	의사에게 연락해야 하나?
질 출혈	가벼운 출혈	당일 연락
	하루 이상 지속되는 출혈	즉시 연락
	상당량의 출혈	즉시 연락
	통증, 쑤심, 미열, 오한을 동반한 출혈	즉시 연락
	신체조직의 배출	즉시 연락
	노란색 또는 녹색의 냄새가 심한 질 분비물이 배출되거나 하루 종일 외음부가 빨갛고 간질거리는 증상이 나타날 때	24시간이내 연락
통증	때때로 한쪽이나 양쪽 복부를 당기고 비틀고 날카로운 것으로 찌르는 것 같은 통증	다음에 방문
	가끔씩 느껴지는 보통의 두통	다음에 방문
	타이레놀과 같은 해열 진통제를 복용한 뒤에도 두통이 사라지지 않을 때	24시간 이내에 연락
	두통이 심각하거나 오랜 시간 지속될 때, 특히 현기증, 심약함, 구토, 메스꺼움 또는 시각장애 등이 동반될 때	즉시 연락
	중증의 혹은 매우 고통스러운 골반 통증	즉시 연락
	다리에 쥐가 나 잠이 깰 때	다음에 방문
	빨갛고 붓는 다리 통증	즉시 연락
	열이나 출혈과 함께 발생하는 통증	즉시 연락
구토	때때로 또는 하루에 한번 매일 발생	다음에 방문
	하루에 세 번 이상 발생하거나 구토 중간에 아무것도 먹고 마실 수 없을 때	24시간 이내에 연락
	열이나 통증을 동반할 때	즉시 연락

오한 또는 열 (38.8도 이상)	즉시 연락
지속적이고 상당한 양의 양수 배출	즉시 연락
얼굴이나 손, 발의 갑작스럽게 부을 때	즉시 연락
시각에 이상이 있을때 (흐릿함, 부옇게 흐려짐)	즉시 연락
진흙, 먼지 빨래 먹이는 풀 같은 먹지 못하는 음식에 대한 갈망	다음에 방문
계속해서 우울하고 삶에 기쁨이 사라질 때	다음에 방문
다른 사람이나 자신에게 해를 끼치고 싶은 생각과 함께 위와 같은 증상이 따를 때	즉시 연락
피곤, 기력쇠약, 숨참, 가슴 두근거림 현기증, 가벼운 두통	때때로 일어난다면 다음에 방문 자주 일어난다면 당일 연락
졸도	즉시 연락
베뇨 시 통증과 화끈거림, 열 복부와 등 통증이 자주 일어남	당일 연락

임신7개월

임신 25~28주간 태아의 성장

임신 25주

이제 태아의 손은 완전히 발달돼서 작은 손톱도 있고 손가락을 이용해 주먹을 쥘 수도 있다. 임신 25주가 되면 태아는 손으로 자신의 여러 신체부위를 만지기도 하고, 탯줄과 자궁 안의 다른 환경과 구조들을 살피기도 할 것이다. 손은 완전한 형태를 갖췄지만 신경이 완벽히 발달된 것이 아니어서 태아가 엄지발가락을 움켜쥐기는 쉽지 않을 것이다.

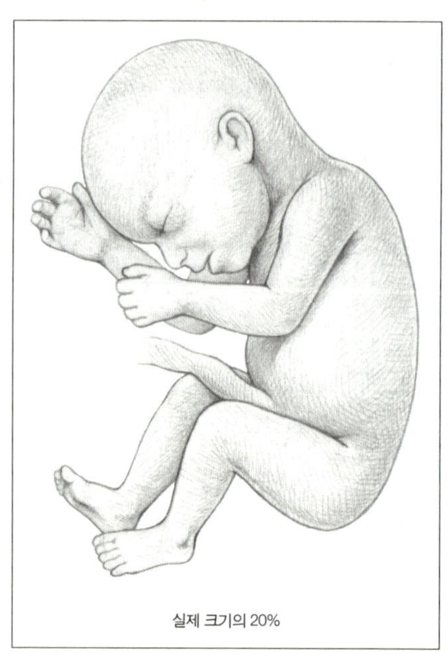

실제 크기의 20%

임신 26주

이 시기에는 태아의 눈썹과 속눈썹이 거의 완벽하게 형성돼 있다. 여전히 온몸이 빨갛고 피부에는 주름이 많지만 시간이 지날수록 더 많은 지방이 피부 아래에 쌓이게 될 것이다. 이런 과정을 통해 뱃속 아기는 남은 14주 동안 계속 체중이 늘며, 보다 탄력적인 피부를 갖게 된다.

이제 태아의 손과 발에도 지문이 생긴다. 눈을 구성하는 요소들도 모두 발달되었지만 약 1~2주가 더 지날 때까지 태아는 눈을 뜰 수 없을 것이다. 그리고 임신 26주까지 태아의 체중은 0.7kg~1kg 정도일 것이다.

임신 27주

임신 27주까지 뱃속의 아기의 모습은 태어날 때의 모습보다 더 작고 말랐으며 새빨갛다. 그리고 태아의 폐, 간, 면역성 등은 아직 완전히 발달하지 못했다. 하지만 만약 이 시기에 아기가 태어난다면 생존할 확률은 적어도 85퍼센트 이상이다.

또한 이 시기에는 태아는 엄마와 아빠의 목소리를 알아듣고 기억하기 시작한다. 하지만 태아의 귀는 피부의 갈라짐이나 긁힘을 방지해주는 태지라는 두꺼운 지방에 덮여 있기 때문에 소리를 아주 명확하게 듣지는 못할 것이다. 그리고 자궁 안에서 양수를 통해 소리를 듣는 것은 마치 물속에서 소리를 듣는 것과 같아서 소리를 제대로 듣기 어렵다. 한편 임신 27주가 되면 태아는 임신 12주 때의 3·4배 크기가 된다.

임신 28주

지난 몇 달 동안 태아의 눈은 망막의 발달을 위해서 감겨진 상태였지만 임신 28주부터는 눈을 뜨고 감을 수 있게 된다. 따라서 만약 뱃속의 아기를 볼 수 있다면 눈동자 색깔도 구분이 가능할 것이다. 하지만 눈동자 색이 완전히 결정된 것은 아니므로 생후 6개월 이내에 색깔이 바뀔 수 있다(특히 푸른색 또는 청회색인 경우).

또한 태아의 두뇌는 계속 발달하면서 크기가 급격하게 커지고, 피부 아래에
는 지방층의 축적이 진행된다.

이제 태아는 규칙적인 시간에 잠을 자고 일어난다. 하지만 이러한 생활은
성인과 다르며, 심지어 신생아와도 같지는 않아서 이 시기에 태아는 한 번에
단지 20~30분만 잠을 잔다. 그리고 임신부는 앉거나 누울 때 태아의 움직
임을 가장 쉽게 느낄 수 있다. 임신 28주, 즉 임신 후 7개월이 지날 무렵이면
태아의 신장은 약 25cm이고 체중은 약 0.9kg 정도일 것이다.

임신 25 ~ 28주간 임신부의 몸

이 시기에 자궁은 임신부의 배꼽과 가슴 중간 부분까지 확장되며, 임신 7개
월 중반이 지날수록 태아의 활동이 활발해진다. 그리고 임신 28주가 되면
이미 임신기간의 70%가 지난 것으로 이제 출산까지 얼마 남지 않게 된다.
다음은 이 기간에 일어나는 변화들이다.

심장과 순환계

임신 7개월에는 혈압이 상승하여 임신 이전의 혈압수치로 돌아간다. 또한
심장이 빠르고 불규칙하게 뛰면서 두근거림을 느끼게 되는데, 마치 가슴이
울렁거리는 것 같을 것이다. 비록 이러한 증상들이 걱정은 될 수 있지만 심
각한 문제는 아니다. 임신후기로 갈수록 증상은 줄어들 것이다. 하지만 만
약 가슴 뛰는 현상이 줄지 않으면서 가슴 통증이나 숨이 가빠지는 것이 동반
된다면 담당 의사에게 말해야 한다. 그러면 그는 당신의 건강상태를 체크하
기 위해 몇 가지 검사를 할 것이다.

호흡기 계통

프로게스테론 호르몬의 영향으로 여전히 폐활량이 증가한다. 이러한 변화는 임신부가 더 많은 산소를 공급받고 이산화탄소를 배출하며 그 결과 약간 호흡이 짧고 빨라지는 경험을 하게 될 것이다.

소화기 계통

프로게스테론 호르몬의 영향으로 여전히 음식의 소화 속도가 늦어질 것이다. 그리고 확장되는 자궁이 계속 장을 압박하기 때문에 임신부는 속 쓰림이나 변비 또는 둘을 동시에 겪게 된다.

유방

유방에 있는 젖샘은 임신 7개월이 되면 출산 후 모유수유를 위해 더욱 커질 것이다. 그리고 유륜 주변의 작고 약간 튀어나온 것 같은 피부샘이 더욱 두드러지게 되는데, 이것은 모유수유를 준비하고 있음을 알려주는 또 다른 현상이다. 또한 피부샘에서는 유두와 유륜 주변 피부를 촉촉하고 부드럽게 해주는 피지가 분비돼 모유수유를 할 때 따끔거리거나 유두에 마찰이 발생하지 않도록 도와줄 것이다.

자궁

이 시기에는 임신부의 복부와 가슴 거의 정중앙 부분까지 자궁이 확장되었을 것이다. 출산할 때까지 자궁은 음부에서 갈비뼈 아래쪽 공간까지 자리를 차지하게 된다. 한편 임신 27~32주가 되면 태아의 모든 활동이 가장 활발해지기 때문에 이로 인해 브락스톤-힉스 수축과 분만 전 실제 수축 그리고 태아의 발차기나 주먹질을 구분하기가 더욱 어려워진다.

하지만 이것들 사이에는 차이점이 있다. 우선 브락스톤-힉스 수축은 불규칙적이고 발생하는 원인이 없으며, 수축 시간과 강도 또한 일정하지 않다. 하지만 실제 수축은 일정한 패턴이 있다. 즉, 수축 시간이 점점 길어지고 강도가 세지며 발생 주기도 빨라지는 것이다. 또한 복부에서 척추 하부까지 수축이 넓게 분포되어 발생하는 경향이 있다. 반면 가진통은 보통 자궁 윗부분, 복부, 서혜부 등 한 부분에서만 국한되어 일어난다. 만약 이 시기에 염려스러운 수축이 일어나면 의사에게 연락해야 한다. 특히 수축으로 인해 통증이 심해지고 6시간 이상 수축이 지속된다면 주의해야 하는데, 이 시기의 주기적인 자궁 수축은 조산을 알리는 신호일 수 있기 때문이다.

요로

자궁의 확장과 함께 요로의 근육이 이완되는 까닭에 소변의 흐름이 계속 느려진다. 때문에 임신부에게 요로감염이 발생할 위험은 계속 증가한다. 보다 자주 화장실에 가게 되고 소변을 볼 때 통증, 따끔거림, 열 등이 느껴지거나 소변의 냄새, 색깔 등이 변하면 요로 감염일 확률이 매우 크다. 요로 감염은 조산의 주요 원인이므로, 이런 증상이 발생하면 의사를 찾아가도록 한다.

뼈, 근육 그리고 관절

임신부의 골반을 지지해주는 인대는 임신 7개월째 되면 보다 유연성을 가지게 된다. 이는 출산할 때 골반을 쉽게 확장하게 해서 아기가 무사히 잘 태어날 수 있게 하기 위함이지만 임신 전보다 인대의 지지력이 부족해 임신부에게 척추통증을 일으킬 것이다. 또한 골반의 인대가 유연해질수록 관절에 무리가 가기 때문에 절반 이상의 임신부들이 골반의 앞쪽 중앙 부분이나 척추 중간 부분에서 통증을 느낀다.

지금까지는 척추뼈 통증이 없었다고 하더라도 임신 7개월이 되면 통증이 시작될 것이다. 일반적으로 임신 5~7개월 사이에 나타나는 척추뼈 통증은 절반 이상의 임신부들이 겪는 증상으로 이는 태아의 체중으로 인해 무게중심이 자꾸 아래로 이동하기 때문에 발생한다. 즉 아래쪽 척추가 뒤로 휘어야 자세가 편해지고, 넘어지지 않는 것이다. 그러나 이러한 임신부의 자세 변화는 척추 근육과 인대를 긴장시키고 통증을 유발한다.

질

질 내의 세포에 임신 호르몬이 영향을 미치면서 냉증이 계속 심해진다. 냉이 만약 묽고 하얀색이며 냄새가 없거나 혹은 아주 약간 있다면 그다지 걱정할 필요가 없다. 하지만 배출되는 냉이 초록빛 또는 노란빛을 띠거나 강한 냄새가 날 경우, 외음부가 가렵거나 따가우면서 붉게 되는 경우라면 조심해야 한다. 이것은 질 감염의 증상으로 이와 같은 증상들이 나타나면 의사에게 바로 연락해야 한다.

체중증가

이 시기에 임신부는 아마도 일주일에 약 0.5kg씩, 한 달에 총 2kg 정도 체중이 늘 것이다. 만약 불어난 자신의 체중이 신경 쓰인다면 이것을 기억하도록 한다. 즉 늘어난 체중을 구성하는 대부분은 지방이 아니라는 사실을 말이다. 그것은 거의 태아, 태반, 양수, 임신부의 조직을 보호해주는 체액의 무게 모두를 합친 것이다.

자가 진단을 위한 참고

임신 7개월에 일어나는 신체의 여러 변화들은 힘들면서 귀찮고 성가실 수 있다. 변비, 가려움 등에 관련된 질문에 대한 더욱 자세한 내용을 알고 싶으면 573쪽 3부 '임신 가이드'를 참고하라.

임신 25∼28주간 임신부의 감정

임신을 즐기기

임신 7개월이 되면 총 임신기간 중 2/3가 지난 것이다. 출산 전까지 남은 3개월은 매우 흥미진진하면서도 동시에 스트레스를 받는 시기일 수 있다. 임신부는 보통 이 시기에 출산 준비물을 구입하고, 아기 방을 꾸미거나 출산준비 강의를 들으며, 보다 자주 의사에게 진찰 받는 등 바쁜 일상을 보내게 된다. 또한 남은 3개월 동안 또 다른 신체 변화 겪게 될 것이다.

임신 마지막 달에 겪게 될 불편함과 불안이 시작되기 전에 현재 상황을 충분히 즐겨라. 때로는 자신의 임신에 대해 생각해보고 그동안 있었던 일들을 적어보는 것도 좋다. 아니면 잔잔한 음악을 틀고 뱃속에 있는 사랑하는 아기에게 부드럽게 이야기하거나 자신의 사진을 보여줄 수도 있을 것이다(아기가 실제로 보는 것은 아니지만). 임신을 통해 느끼고 겪는 모든 것들을 즐길 수 있도록 무엇이든 시도해보라. 그러는 사이 3개월은 금방 지나갈 것이다.

병원 진료

이 시기에 진찰을 받기 위해 병원에 가면 의사는 아기의 성장 상태를 확인하는 동시에 자궁 크기의 변화를 살피는데, 보통 임신 25∼28주의 자궁고는 그 숫자와 똑같이 약 25~28cm정도일 것이다. 또한 담당 의사는 태아의 머리가 아래쪽을 향하는지 또는 반대로 발이나 둔부가 아래쪽을 향하는지 말해줄 것이다. 이 때 발이나 둔부가 아래쪽을 향하고 있는 것을 브리치 *breech* 포지션이라 부르며, 이럴 경우에는 대부분 제왕절개수술을 받아야 한다. 그러나 태아가 위치를 바꾸기에는 아직 시간이 많이 남았고 또한 곧 바뀔 것이다. 그러므로 임신 7개월에 태아가 브리치 포지션이라고 해서 크게 걱정할 필요는 없다.

의사는 태아의 크기, 위치, 심장박동을 체크할 뿐만 아니라 매달 임신부의 건강상태도 체크할 것이다. 그리고 임신부의 체중과 혈압을 확인하고 특별한 증상은 나타나지 않았는지 물을 것이다. 임신부는 또한 임신성 당뇨병에 걸리지 않았는지 당 부하검사를 받게 된다. 그리고 만약 임신부의 혈액형이 Rh-라면 임신 7개월에 Rh항체 검사를 받게 되는데, 이 때 Rh면역글로불린(RHIg)이 처음으로 투여될 수도 있다. 또한 빈혈이 있는지 확인하는 혈액 검사도 이루어질 것이다.

당부하 검사

위험요소가 있다는 의사의 진단에 따라 때로 시기가 앞당겨질 수도 있지만 당부하 검사는 보통 임신 26~28주 사이에 이루어진다. 검사를 위해서 우선 임신부는 포도당 용액 한잔을 마신다. 그리고 한 시간 뒤에 담당 의사는 임신부의 정맥에서 혈액을 채취해 혈당 수치를 체크한다. 만약 결과가 비정상이라면 100그램 경구 당부하 검사라고 불리는 두 번째 검사를 한 번 더 받아야 한다. 100그램 경구 당부하 검사를 받기 위해 임신부는 검사 전날 밤부터 금식을 해야 한다. 검사를 위해 병원에 도착하면 첫 번째 검사 때 마셨던 것보다 농도가 높은 포도당 용액을 한잔 마시게 되는데, 세 시간 동안 혈액이 몇 차례 채취되며, 그 때마다 혈당 수치가 기록된다. 한 연구에 따르면 첫 번째 당부하 검사의 결과가 비정상이었던 임신부 중 약 15퍼센트만이 두 번째 경구 포도당 부하검사에서 임신성 당뇨병으로 진단받았다고 한다. 그러므로 첫 번째 검사 결과가 비정상이었더라도 너무 염려할 필요는 없다.

만약 임신성 당뇨병으로 진단 받았다면 임신부는 남은 임신기간 동안 자신의 혈당을 잘 조절해서 태아가 과도하게 자라지 않도록 해야 한다. 또한 출산 전까지 혈당수치를 정기적으로 체크하는 것도 잊지 말아야 한다. 올바른 치료를 위해 어떻게 해야 할지는 담당 의사가 조언해줄 것이다.

Rh항체 검사

Rh인자는 거의 모든 사람들의 적혈구 표면에서 발견되는 단백질의 한 유형이다. 85퍼센트 이상의 사람들이 Rh인자를 가지고 있으며, 흔히 이를 Rh양성 혈액을 가졌다고 표현한다. 임신을 하지 않았다면 Rh인자 여부는 건강에 아무런 영향을 끼치지 않으며, 임신부와 태아 모두 Rh+혈액형일 경우에는 임신 중이라도 염려할 일이 없다. 그런데 만약 임신부가 Rh-이고, 태아가 Rh+라면(배우자의 혈액형이 Rh+인 경우) 이 때는 Rh부적합증(임신부의 몸에 항체가 생성돼 태아를 공격함-옮긴이)이라는 문제가 발생한다.

임신초기 혈액 검사를 통해 Rh-판정을 받았다면 임신 7개월, 즉 임신 28주쯤에 Rh항체검사를 받게 될 것이다. 검사 결과 임신부가 Rh 항체를 생성하지 않았다 해도 만일의 경우를 대비해 의사는 Rh면역글로불린(RHIg)을 근육에 투여할 수 있다. Rh면역글로불린은 임신부의 혈류에 들어온 태아의 Rh+세포 겉에 입혀져서 RH+세포가 몸속에서 이물질로 인식되는 것을 방지한다. 즉 싸워야 할 Rh+ 인자의 인식을 막아 몸에 항체가 생성되지 않게 하는 것으로 말하자면 Rh 항체의 형성을 막기 위한 선제공격이라고 할 수 있다.

임신 25 ～ 28주, 언제 의사에게 연락해야 할까?

임신 7개월이 되면 이제 조산의 가능성에 항상 대비해야 한다. 조산이란 임신 37주가 지나기 전에 자궁경부가 열리면서 수축이 시작되는 것을 말하는데, 조산아들은 대부분 체중이 2.5kg 이하로 정상 체중에 미치지 못한다. 또한 이들은 저체중외에 다른 문제들로 인해 건강을 위협받을 수 있기 때문에 조산으로 인한 다음과 같은 신호나 증상들을 항상 주의 깊게 지켜봐야 한다.

- 자궁수축에 수반되는 통증의 느낌이 마치 복부가 당기는 것 같을 때
- 척추뼈 하부에도 수축이 일어나면서 골반 하부와 위쪽 허벅다리에 무거운 것이 누르는 것 같은 느낌이 들 때
- 출혈이 발생하거나 질에서 묽은 액체 같은 것이 새어 나올 때 또는 혈액이 묻어 있는 것 같은 냉 분비 등 평소의 냉증과 다른 모습을 보일 때

만약 한 시간에 다섯 번 이상 수축이 발생한다면 통증이 없더라도 다음과 같이 해야 한다. 큰 컵으로 물 한잔을 마시고 눕는다. 그 후로 한 시간에 6번 이상의 수축이 발생하면 바로 의사에게 연락하거나 병원으로 가야 한다. 특히 조이는 듯한 통증과 함께 출혈도 수반된다면 빨리 조치를 취하는 것이 중요하다. 이 무렵에 발생하는 질 출혈은 조산의 위험을 알리는 신호일 수 있으므로 매우 조심해야 한다. 임신 7개월이 되면 다음과 같은 것들이 궁금할 것이다.

- 4부 : 조기분만, 762쪽
- 4부 : 임신성 당뇨, 783쪽
- 4부 : RH인자 부적합, 801쪽

임신 7개월에 임신부에게 나타날 수 있는 문제나 이상한 증상들은 다음과 같다. 언제나 자신의 상태를 잘 살피고, 필요하다면 의사에게 바로 연락하도록 한다.

	신호와 증상 언제	의사에게 연락해야 하나?
질 출혈	가벼운 출혈	당일 연락
	하루 이상 지속되는 출혈	즉시 연락
	상당량의 출혈	즉시 연락
	통증, 쑤심, 미열, 오한을 동반한 출혈	즉시 연락
	노란색 또는 녹색의 냄새가 심한 질 분비물이 배출되거나 하루 종일 외음부가 빨갛고 간질거리는 증상이 나타날 때	24시간이내 연락
통증	시간당 6번 이상의 규칙적인 자궁수출이 2시간 이상 계속 될때	즉시 연락
	때때로 한쪽이나 양쪽 복부를 당기고 비틀고 날카로운 것으로 찌르는 것 같은 통증	다음에 방문
	가끔씩 느껴지는 보통의 두통	다음에 방문
	타이레놀과 같은 해열 진통제를 복용한 뒤에도 두통이 사라지지 않을 때	24시간 이내에 연락
	두통이 심각하거나 오랜 시간 지속될 때, 특히 현기증, 심약함, 구토, 메스꺼움 또는 시각장애 등이 동반될 때	즉시 연락
	중증의 혹은 매우 고통스러운 골반 통증	즉시 연락
	다리에 쥐가 나 잠이 깰 때	다음에 방문
	빨갛고 붓는 다리 통증	즉시 연락
	열이나 출혈과 함께 발생하는 통증	즉시 연락
구토	때때로 또는 하루에 한번 매일 발생	다음에 방문
	하루에 세 번 이상 발생하거나 구토 중간에 아무것도 먹고 마실 수 없을 때	24시간 이내에 연락
	열이나 통증을 동반할 때	즉시 연락

	그밖에	
	오한 또는 열(38.8도 이상)	즉시 연락
	지속적이고 상당한 양의 양수 배출	즉시 연락
	얼굴이나 손, 발의 갑작스럽게 부을 때	당일 연락
	시각에 이상이 있을 때(흐릿함, 부옇게 흐려짐)	즉시 연락
	진흙, 먼지 빨래 먹이는 풀 같은 먹지 못하는 음식에 대한 갈망	다음에 방문
	계속해서 우울하고 삶에 기쁨이 사라질 때	다음에 방문
	다른 사람이나 자신에게 해를 끼치고 싶은 생각과 함께 위와 같은 증상이 따를 때	즉시 연락
	피곤, 기력쇠약, 숨참, 가슴 두근거림 현기증, 가벼운 두통	때때로 일어난다면 다음에 방문 자주 일어난다면 당일 연락
	졸도	즉시 연락
	배뇨 시 통증과 화끈거림, 열 복부와 등 통증이 자주 일어남	당일 연락

임신 8개월

임신 29 ~ 32주간 태아의 성장

임신 29주

임신 29주에도 태아의 크기와 체중은 계속 증가할 것이다. 그리고 이 시기에 임신부는 태아의 움직임을 보다 자주, 강하게 느끼게 된다. 심지어는 태아가 주먹으로 치는 강도가 세져, 때로는 순간적으로 임신부가 숨을 쉬지 못할 정도가 될 수 있다.

임신 30주

태아의 체중이 급격히 증가하고 피부 아래의 지방층도 보다 두꺼워질 것이다. 임신 30~37주 기간에 태아는 일주일에 0.2kg 씩 체중이 증가한다.

임신 30주가 되면 태아는 일정한 리듬에 맞춰 횡격막을 이용해 숨쉬는 연습을 시작하는데, 이로 인해 딸꾹질을 하기도 한다. 이와 같은 태아의 움직임 때문에 임신부는 약간의 경련과 함께 자궁이 당기는 느낌이 들 것이다. 임신 30주가 되면 태아는 체중이 약 1.3kg 정도 되고 머리에서 둔부까지의 길이는 약 27cm 정도 될 것이다.

임신 31주

임신 31주에도 태아의 생식기관은 계속 발달한다. 남자 아기라면 신장 근처에 있는 고환이 서혜부를 지나 음낭 가까이 가서 자리를 잡는다. 한편 여자 아기는 소음순이 음핵을 덮지 않았기 때문에 음핵이 도드라져 보일 것이다.

이 시기에 태아의 폐는 더욱 발달하지만 아직 완전하지는 않다. 만약 임신 31주에 아기가 태어난다면 신생아집중치료실(NICU)에서 6주 이상 머물러야 할 확률이 크며, 호흡을 위해 인공호흡기의 도움을 받아야 할 것이다. 그러나 태아의 뇌는 몇 주 이상 발달해왔기 때문에 뇌출혈의 위험은 줄어든다.

임신 32주

취모는 지난 몇 달 동안 태아의 몸을 덮고 있던 부드러운 솜털이다. 임신 32주가 되면서 솜털은 조금씩 빠지기 시작해 태어난 직후에는 아기의 어깨와 등에서만 약간의 솜털을 볼 수 있을 것이다.

임신 32주에 임신부는 태아의 움직임이 달라졌음을 느낄 것이다. 이제 자궁이 꽉 찰만큼 태아가 성장했기 때문에 아이의 발길질이 전과 같이 세지는 않다. 때때로 임신부는 태아의 움직임을 느끼고 싶어 할 것이다. 만약 태아의 활동이 줄어들었다고 생각될 때는 30~60분 동안 왼쪽 방향을 바라보며 옆으로 누워 있으면 아기가 움직이는 것을 느낄 수 있다.

자궁의 공간 제약으로 태아의 발차기나 움직임이 줄어들긴 하겠지만 그렇다하더라도 만약 태동을 2시간에 10번 이상 느끼지 못한다면 의사에게 연락해야 한다. 갑작스런 태동의 감소는 문제가 있음을 알리는 신호이기 때문이다. 임신 32주까지 태아의 체중은 약 1.8kg이고 머리부터 둔부까지 길이는 약 29cm이다. 임신 32주가 지나면 아기가 예정일보다 빨리 태어나더라도 거의 대부분 생존하여 정상적인 성장을 할 수 있다.

임신 8개월이 되면 임신부의 자궁은 갈비뼈 바로 아래까지 계속 확장된다. 또한 신체적으로 새로운 신호나 증상들 역시 나타나기 시작하는데, 임신후기에 나타나는 신체적 변화들은 대부분 자궁의 확장이 그 원인이다. 이 시기에는 피곤을 매우 자주, 오래 느낄 것이다.

심장과 순환계

이 시기에 심장과 순환기 계통 기관들은 태아에게 충분한 산소와 영양분을 공급하기 위해 쉬지 않고 일한다. 태아에게 많은 혈액을 공급해야 하므로 평소보다 더 많은 혈액이 필요한 것이다. 때문에 심장은 더 빨리 뛴다. 임신 8개월 초반에는 임신 전보다 심장이 뛰는 횟수가 약 20퍼센트 이상 증가한다. 불행하게도 태아에게 혈액을 공급하기 위해 너무 과도하게 작동된 순환기 계통 기관들 때문에 임신부는 새롭고 불편한 증상을 겪게 할 것이다. 증가한 혈액량을 통과시키기 위해 정맥이 확장되는 상황에서 태아가 골반 정맥에 압력을 가하기 때문에 붉고 푸른 혈관들이 튀어나오는 것이 눈에 보일 정도가 된다. 특히 이러한 증상들은 다리와 발목에서 두드러질 것이다.

하지만 이와 같은 현상이 나타나더라도 너무 걱정할 필요는 없다. 임신 여성 중 약 20퍼센트에게 같은 증세가 나타나기 때문이다. 이것은 임신부의 심장으로 되돌아가는 정맥 속 밸브의 기능이 약화돼 나타나는 증상으로 다리에 있는 정맥이 확장되는데다 태아의 성장으로 인해 확장된 자궁이 정맥에 압력을 가하는 임신후기에 주로 나타난다. 임신부에게는 또한 거미상혈관종이 나타날 수 있다. 이것은 거미 다리나 별모양처럼 피부에 붉게 부어오른 작은 반점들이 가지처럼 퍼지는 현상이다. 거미상 혈관종이 발생하는 이유 역시 증가된 혈액량 때문이다. 붉은 반점은 얼굴, 목, 가슴 위쪽과 팔 등에 나타나는데, 출산 후 몇 주가 지나면 모두 사라질 것이다. 운이 없다면 임신부는 치질에 걸릴 수도 있다. 이것은 직장에 있는 정맥이 확장되는데다, 증가된 혈액량과 확장된 자궁이 골반 정맥, 즉 다리와 골반에 위치한 기관들의 혈액을 다시 심장으로 돌려보내는 통로에 압력을 가하기 때문에 일어난다. 몇몇 여성은 임신 중 생애 처음 치질에 걸리며, 만약 원래 치질을 앓고 있는 임신부였다면 문제가 더 심해질 수 있다. 임신부는 또한 거의 매일 아침마다 눈과 얼굴이 많이 부을 것이다. 이것 또한 순환되는 혈액량이 증가했기 때문인데, 임신 8개월부터 임신 여성 절반 이상이 이 같은 증상을 겪게 된다.

호흡기 계통

폐 아래에 있는 넓고 평평하며 납작한 근육인 횡격막은 시간이 지날수록 계속 확장되는 자궁으로 인해 제자리에서 자꾸 밀려나게 된다. 보통 아기가 태어날 때까지 횡격막은 제자리에서 약 4cm 이상 밀려나게 될 것이다.

임신 8개월이 되면 자궁은 임신부가 느낄 수 있을 정도로 횡격막을 밀어내게 된다. 그 결과 호흡이 짧아져 임신부는 마치 충분한 산소를 들이마시지 못하는 것처럼 느낄 수 있다. 하지만 이것은 태아에게 아무런 영향도 끼치지 않을 것이다. 이 시기에는 폐활량이 다시 조정돼 호흡이 짧아지긴 하지만 뇌에서 분비되는 프로게스테론 호르몬의 영향을 받아 숨을 깊게 쉴 수 있게 되기 때문이다. 즉, 한번 숨을 쉴 때마다 임신 전보다 더 많은 양의 산소를 들이마시고 내쉬게 되는 것이다.

유방

임신부의 유방은 임신 8개월에도 계속 커진다. 어떤 경우에는 체중이 증가하는 이유가 전부 유방이 커져서라고 생각할 수도 있지만 물론 그렇지는 않다. 임신기간에 증가한 유방의 무게는 약 0.5~1.3kg정도로, 이것은 증가한 체중에 비해 매우 적은 부분을 차지한다. 한편 유방이 커지는 이유는 대부분 젖샘의 확장과 순환되는 혈액량의 증가 때문이다.

앞으로 몇 주 동안은 초유 생성을 위한 몇 가지 변화가 있을 것이다. 아기가 태어나고 며칠 동안 아기에게 영양분을 공급하기 위해 초유를 먹이게 되는데, 초유에는 단백질이 매우 풍부하다. 아직 유방에서 초유가 조금씩 나오지 않는다 해도 이제 곧 시작될 것이다.

자궁

임신부의 자궁은 계속 확장되고 그로 인해 앞서 언급되었던 여러 부작용들이 나타난다. 게다가 정맥의 확장, 치질, 호흡의 가빠짐, 속쓰림, 변비 등이 한꺼번에 나타나기도 한다. 자궁은 브락스톤힉스 수축이라고 알려진 가상의 수축을 통해 분만을 위한 연습을 할 것이다. 이러한 가상의 수축 현상은 일정한 주기 없이 우발적으로 일어나는 현상으로, 이와 달리 분만 전에 나타나는 실제 자궁 수축은 일정한 패턴이 있다. 즉, 수축 시간이 점점 길어지고 강도가 커지며 주기도 빨라지는 것이다. 만약 통증이 수반되거나 한 시간에 다섯 번 이상 수축이 일어난다면 꼭 의사에게 연락해야 한다. 통증과 규칙적인 수축은 조산(임신 37주를 지나지 않은 경우)을 알리는 신호이기 때문이다.

요로

확장되는 자궁은 방광에도 압력을 가하기 때문에 임신 8개월부터는 웃거나, 기침하거나, 재채기할 때 소변이 새어나올 것이다. 이것은 임신으로 인해 발생하는 매우 불쾌한 작용 중의 하나이다. 하지만 이러한 증상이 평생 지속되는 것은 아니며, 출산 후에는 곧 사라질 것이다. 임신 8개월에도 요로감염의 위험성은 남아있다. 요로감염은 확장된 자궁과 이완된 요로 근육 때문에 소변이 흐르는 속도가 느려지면서 발생한다. 평소보다 자주 소변이 마렵거나 뜨거운 소변, 열, 복부통증, 척추통증 등과 같은 증상이 나타나면 바로 담당 의사에게 연락해야 한다. 이러한 증상들은 요로감염은 신장에 문제를 일으키고 조산의 원인이 되는 요로감염을 알리는 신호이기 때문이다.

질

임신 8개월 질에서 출혈이 발생하면 즉시 담당 의사에게 연락해야 한다. 이러한 출혈은 전치태반으로 인해 발생한 것일 수 있기 때문이다. 전치태반이란 태반이 부분적, 혹은 전체적으로 자궁경부의 입구를 덮고 있는 것으로 확장된 자궁으로 인해 태반이 자궁경부에서 떨어져 나오며 출혈을 일으킬 수 있다. 전치태반은 매우 응급한 상황으로 임신부 200명당 1명꼴로 발생한다.

뼈, 근육 그리고 관절

임신 호르몬의 분비 증가는 임신부의 신체 결합조직을 부드럽게 만드는데, 특히 골반 부분의 뼈 사이 관절들은 더욱 이완된다. 이것은 출산을 위해 꼭 필요한 준비과정이긴 하지만 한쪽 둔부에 통증을 유발할 수 있다. 또한 자궁의 확장으로 인해 아래쪽 척추뼈에 통증이 느껴질 것이다.

한편 척추뼈 하부로부터 다리와 발까지 연결된 좌골신경 역시 자궁의 확장으로 인해 압박을 받게 된다. 그로 인해 둔부부터 넓적다리 아래로 쑤시고 감각이 무뎌지는 증상이 생길 수 있다. 좌골신경통이라 불리는 이러한 통증은 매우 참기 어렵지만 일시적이며, 일반적으로 그리 심각하지 않다. 또한 출산이 가까워져 태아가 위치를 바꾸기 시작하면 증상이 보다 나아질 것이다.

피부

임신 8개월이 되면 정맥의 확장과 거미상 혈관종 뿐만 아니라 다른 여러 피부 변화들이 나타날 수 있다. 특히 복부의 피부가 팽팽해지면서 매우 건조하고 가려워질 수 있는데, 임신 여성 중 약 20퍼센트 정도가 복부 또는 전신에 걸쳐 가려움증을 겪는다. 가려움이 매우 심하고 붉은 반점이 갑자기 증가한다면 임신부는 임신소양성두드러기성구진 및 반점(PUPPP)이라는 피부질환에 걸린 것이다.

임신소양성두드러기성구진 및 반점은 150명 중 한명 꼴로 임신부에게 나타난다. 처음에는 복부에서 발생하여 점점 팔, 다리, 둔부 또는 넓적다리로 퍼지는 것이 일반적인데 의사들 역시 정확한 원인은 알지 못하고 단지 유전일 것이라는 추측만 하고 있다.

한편 초임부이거나 2명 이상의 다태아를 임신한 임신부에게 보다 흔히 나며, 대개 처방약을 통해 치료 가능하다. 또한 임신부의 유방, 복부 심지어는 위쪽 팔이나 둔부, 넓적다리 피부에도 붉거나 보랏빛을 띠는 들쭉날쭉한 선이 나타날 것이다.

이러한 임신선은 임신 여성의 절반 이상에게 나타나는 것으로 일반적으로 알려진 것과는 달리 체중증가와는 관련이 없다. 실제로 임신선은 피부가 늘어나고, 피부의 탄성섬유를 약하게 하는 코티솔cotisol이라는 호르몬이 증가하여 생기는 것으로 여겨진다.

또한 의사들은 유전적 요인이 임신선의 유무를 결정짓는 가장 큰 요소라고 말한다. 임신선이 생기는 막기 위해 임신부가 할 수 있는 일은 없다. 이것은 피부 아래의 깊은 결합조직에서 발생하는 것으로 크림이나 연고를 피부의 겉에 바르는 것은 아무 소용이 없다. 시간이 지날수록 임신선은 밝은 분홍색이나 회색으로 변하겠지만 하지만 완전히 사라지지는 않는다.

머리카락

임신 8개월이 되면 임신부는 자신의 머리숱이 보다 풍성해지고 모발에 윤기가 흐르는 것처럼 느껴질 것이다. 이것은 임신으로 인해 임신부의 머리카락 성장 주기가 달라지기 때문이다.

일반적으로 머리카락은 한 달에 약 1.3cm(일 년에는 약 5~20cm) 정도 자란다. 그리고 휴지기가 찾아오면 자라는 것을 멈추고 결국 빠지게 된다. 임신기간에는 머리카락이 휴지기에 머무르는 시간이 길어진다. 따라서 하루에 빠지는 머리카락이 줄어들게 되고, 임신부는 자신의 머리숱이 많아지는 것처럼 느끼게 되는 것이다.

만약 이러한 증상이 나타나면 상황을 그저 즐기면 된다. 아기가 태어나면 머리카락의 휴지기는 다시 짧아지고 빠지는 머리카락도 다시 많아질 것이기 때문이다. 또한 출산 후 몇 달 동안은 머리카락이 더 가늘어진 것처럼 느껴질 수도 있다. 그러나 출산 후 6개월에서 1년 사이에 모발상태는 원래대로 되돌아갈 것이다.

체중증가

임신 8개월에는 1주마다 약 0.5kg, 즉 한 딜에 총 2kg 정노의 체숭이 증가한다. 한편 임신이 진행되면서 손에서 열이 나고, 저리고 쑤시는 등의 통증이 있을 수 있다. 이것은 손목터널증후군(carpal tunnel syndrome)에 의한 통증으로 체중증가와 몸의 부기로 인해 발생한다.

전체 임신부의 25퍼센트에게서 나타나는 이 증후군은 체중을 비롯하여 혈액 및 양수 등 인체의 여러 유체들의 증가로 인해 손목 관절이 지나가는 부분에 압력이 가해지면서 발생한다. 이는 일상생활에 불편함을 주지만 출산 후 곧 사라질 것이다.

자가 진단을 위한 참고

임신 8개월인 임신부에게 일어나는 신체의 여러 변화들은 힘들고 성가시게 여겨질 수 있다. 손목터널증후군, 좌골신경통, 피부의 변화, 정맥의 확장 등에 대한 더욱 자세한 정보는 573쪽 3부 '임신 가이드' 에 있다.

임신 29 ~ 32주간 임신부의 감정

걱정 다스리기

인제 몇 주만 지나면 새로운 생명을 책임져야 하는 엄마가 된다. 이러한 사실로 인해 당신은 아마도 임신 8개월에 들어서면서 기분이 가라앉고 모든 것이 걱정스럽고 당황스러울 것이다. 특히 첫 아이를 낳을 임신부에게는 더더욱 그러하다. 걱정을 없애기 위해서 아기가 태어나기 전에 결정해야 하는 사항들을 다시 점검해보는 것이 좋다. 아기의 건강을 소아과 의사에게 맡겨

조산을 알려주는 신호나 증상들 기억하기

조산의 위험은 임신 8개월에도 여전히 존재한다. 주의해서 관심을 가지고 살펴야 할 증상들은 다음과 같다.

- 복부가 당기는 것 같은 느낌으로 통증이 없는 자궁 수축이 시작될 때
- 아래 척추 부분에 통증이 수반되거나 아래 골반과 허벅다리에 묵직한 느낌이 들면서 진통이 시작될 때
- 질에서 수분이 많은 유체나 출혈이 발생하거나, 혈액의 색을 띤 냉 분비 등과 같이 산모의 냉증에 변화가 생길 때

만약 다음 한 시간 동안 6번 이상의 진통이 찾아오면 의사에게 연락하거나 병원으로 간다. 복부에 쥐가 나거나 통증이 수반되면서 출혈도 함께 나타난다면 특별히 조심해야 한다.

야 할까 아니면 가족의 주치의에게 부탁해야 할까? 모유를 먹일까 분유를 먹일까? 태어나는 아기가 남자라면 포경수술을 시켜야 하나? 이렇게 결정해야 할 여러 문제들을 고민하다보면 임신부는 자신에게 드는 여러 걱정거리들을 잊고 감정을 조절할 수 있다.

이 시기에는 새로 태어날 아기에 대한 걱정과 기대로 인해 밤새 잠을 제대로 잘 수가 없을 것이다. 밤이 되어도 모든 상황이 걱정되고 불안하다면 출산 육아교실에서 배운 긴장을 풀어주는 운동을 해보는 것도 좋다. 이것은 임신부를 보다 편하게 할 뿐 아니라 출산을 위한 좋은 운동도 될 것이다.

병원 진료

임신 8개월에 진료를 받는다면 이제 한 달에 한번 받아왔던 정기 진료는 끝난다. 다음 달부터는 출산 때까지 2주에 한번 또는 1주에 한번 병원에 가게 될 것이다. 임신 8개월에 병원을 찾으면 의사는 다시 임신부의 혈압과 체중을 체크하고 어떤 특별한 증상이나 이상은 없었는지 물을 것이다. 임신부는 이 때 자신이 느끼는 태아의 활동 시간이나 움직임 등을 의사에게 말할 수 있다.

또한 의사는 임신부의 자궁 크기를 측정함으로써 태아의 성장 정도를 추측하게 되는데, 임신 8개월에 이루어지는 임신부의 자궁고는 29~32cm 정도이다. 한편 임산부는 임신 8개월이 되면 다음과 같은 것들이 궁금할 것이다.

- 2부 : 포경수술 실시여부 결정하기, 490쪽

- 2부 : 아기의 담당 의사 선택하기, 496쪽

- 2부 : 모유를 먹일까? 분유를 먹일까?, 501쪽

임신 8개월에 임신부에게 나타날 수 있는 문제나 이상한 증상들은 다음과 같다. 언제나 자신의 상태를 잘 살피고, 필요하다면 의사에게 바로 연락하도록 한다.

	신호와 증상 언제	의사에게 연락해야 하나?
질 출혈	어떤 출혈이라도 발생할 때	즉시 연락
	노란색 또는 녹색의 냄새가 심한 질 분비물이 배출되거나 하루 종일 외음부가 빨갛고 간질거리는 증상이 나타날 때	24시간이내 연락
통 증	시간당 6번 이상의 규칙적인 자궁수축이 2시간 이상 계속될때	즉시 연락
	한쪽이나 양쪽 복부를 당기고 비틀고 날카로운 것으로 찌르는 것 같은 통증	다음에 방문
	가끔씩 느껴지는 보통의 두통	다음에 방문
	타이레놀과 같은 해열 진통제를 복용한 뒤에도 두통이 사라지지 않을 때	24시간 이내에 연락
	두통이 심각하거나 오랜 시간 지속될 때, 특히 현기증, 심약함, 구토, 메스꺼움 또는 시각장애 등이 동반될 때	즉시 연락
	중증의 혹은 매우 고통스러운 골반 통증	즉시 연락
	다리에 쥐가 나 잠이 깰 때	다음에 방문
	빨갛고 붓는 다리 통증	즉시 연락
	열이나 출혈과 함께 발생하는 통증	즉시 연락
구 토	때때로 또는 하루에 한번 매일 발생	다음에 방문
	하루에 세 번 이상 발생하거나 구토 중간에 아무것도 먹고 마실 수 없을 때	24시간 이내에 연락
	열이나 통증을 동반할 때	즉시 연락
그밖에	오한 또는 열 (38.8도 이상)	즉시 연락
	지속적이고 상당한 양의 양수 배출	즉시 연락
	얼굴이나 손, 발의 갑작스럽게 부을 때	당일 연락

그밖에	시간에 이상이 있을때 (흐릿함, 부옇게 흐려짐)	즉시 연락
	진흙, 먼지 빨래 먹이는 풀 같은 먹지 못하는 음식에 대한 갈망	다음에 방문
	계속해서 우울하고 삶에 기쁨이 사라질 때	다음에 방문
	다른 사람이나 자신에게 해를 끼치고 싶은 생각과 함께 위와 같은 증상이 따를 때	즉시 연락
	피곤, 기력쇠약, 숨참, 가슴 두근거림 현기증, 가벼운 두통	때때로 일어난다면 다음에 방문 자주 일어난다면 당일 연락
	졸도	즉시 연락
	배뇨 시 통증과 화끈거림, 열 복부와 등 통증이 자주 일어남	당일 연락

임신 9개월

임신 33~36주간 태아의 성장

임신 33주

태아의 체중은 임신 33주째가 되어서도 일주일에 약 0.2kg정도씩 꽤 빠른 속도로 증가한다. 실제로 앞으로 4주 동안 놀랄만한 태아의 성장이 있을 것이다. 그러다 임신 9개월이 되면 태아의 체중증가는 그 속도가 비교적 줄어든다.

이 시기 태아의 동공은 수축, 이완을 하고 빛을 감지하는 기능을 하는 것에 어려움 없도록 충분히 발달한다. 태아의 폐 역시 보다 잘 발달해서 임신 33주에는 태어나도 괜찮을 정도이다. 물론 이 시기에 태아가 태어난다면 좀 더 신경 써서 돌봐야 하겠지만 아기의 건강에는 문제가 거의 없을 것이다.

임신 34주

하얗고 유연한 성분으로 태아의 피부를 덮어 보호해주는 지방인 태지가 임신 9개월이 되면 더욱 두꺼워진다. 산모는 갓 태어난 아기에게서 태지가 존재한 여러 흔적들을 볼 수 있는데 특히 태아의 팔 아래, 귀와 서혜부 아래쪽에서 쉽게 찾을 수 있다.

동시에 부드럽고 푹신푹신한 솜털인 취모가 지난 몇 달 전부터 자라기 시작해 이제는 거의 다 자랐을 것이다. 임신 34주가 되면서 태아의 무게는 약 2.5kg이고 머리부터 둔부까지 길이는 대략 32cm 정도 된다.

임신 35주

태아는 계속 성장을 거듭하는데, 특히 어깨 주변에 피하지방이 쌓인다. 앞으로 약 3주 동안 태아의 체중은 일주일에 약 0.2kg이상 급격히 증가할 것이다. 한편 자궁 내부가 꽉 찼기 때문에 임신 35주에는 태동을 덜 느낄 것이다. 이 시기에 태아는 더 건강하고 커졌지만 자궁이 꽉 찬 상태라 발길질 하는 것이 힘든 것이다. 그래도 임신부는 태아의 스트레칭, 구르기, 몸부림 등을 느낄 수 있다.

임신 36주

한때 온몸이 주름 투성이였던 태아는 임신 36주가 되면 완전히 성장한다. 만약 태아의 모습을 볼 수 있다면 작지만 둥근 얼굴을 가진 토실토실한 모습을 확인할 수 있을 것이다. 통통한 태아의 얼굴은 최근 급격히 이루어진 피하지방의 축적과 함께 충분히 발달하여 움직일 준비를 마친 근육을 통해 갖춰진 것이다. 임신 36주, 즉 임신 9개월의 마지막 시기가 되면 태아는 체중이 2.7kg 또는 그 이상일 것이다.

임신 33~36주간 임신부의 몸

임신 9개월이 되면 출산 준비로 인해 임신부의 몸은 여러 가지로 힘들 것이다. 이 시기에는 태아가 매우 커져 임신부는 편안한 수면을 취하기 어려워질 뿐 아니라 태아의 체중을 지탱해야 하므로 온몸의 근육이 쑤시고 아플 것이다. 따라서 임신부는 항상 피곤을 느끼게 되는데, 기진맥진한 상태라면 휴식을 충분히 취해줘야 한다. 이때 다리를 위쪽으로 하고 쉬면 더욱 도움이 된다. 이처럼 피곤을 느끼는 것은 임신부가 자신의 몸을 쉬게 하고 활동을 천천히 해야 한다는 신호이므로 무리하지 않도록 한다. 이 시기에 어떤 변화가 나타나는지는 다음과 같다.

호흡기 계통

확장되는 자궁의 압박으로 인해 횡격막이 폐의 원래 자리를 자꾸 침범하게 된다. 때문에 호흡이 달리지게 되는데, 결과적으로 임신부는 자신이 충분한 공기를 공급받지 못한다고 느끼게 된다. 하지만 태아가 자궁과 골반 아래쪽으로 내려가면 곧 호흡은 훨씬 쉬워진다. 즉, 횡격막에 가해졌던 압력이 완화되면서 보다 쉽게 호흡할 수 있는 것이다.

유방

임신 9개월에도 젖샘은 계속 발달해 유방이 커질 것이다. 또한 피부를 촉촉하게 해주는 작은 피지샘이 유두와 유륜 주변에서 쉽게 발견된다.

자궁

이 시기에 태아는 태어날 준비를 하며 자궁 안에서 자리를 잡는다. 태아의 적절한 자세는 팔과 다리를 가슴에 모은 채 머리가 아래쪽에 있는 자세이다. 임신부는 이 시기에 태아가 골반 아래쪽으로 내려가는 것을 느낄 수 있는데, 이를 흔히 하강감(下降感)이라고 한다. 위쪽 복부가 편안해졌다고 생각이 든다면 그것은 태아가 골반 아래쪽으로 이동해서 골반, 둔부, 방광에 압력을 훨씬 많이 가하기 때문에 상대적으로 그렇게 느껴지는 것이다.

몇몇 임신부들, 특히 초임부에게는 하강감이 출산 몇 주 전에 느껴질 수 있지만 어떤 임신부들은 출산이 시작되는 날에 하강감을 느끼기도 한다. 태아가 언제 골반 아래로 이동하는지 또는 임신부가 태아의 이동을 언제 느끼게 될지는 정확히 알 수 없다.

소화기 계통

임신 9개월이 되면서 태아가 골반 아래쪽으로 이동했다면 임신부의 속 쓰림이나 변비 등 소화기 관련 증상들에 변화가 생길 것이다. 태아가 임신부의 위와 장에 더 이상 많은 압력을 가하지 않게 되므로 임신부는 보다 식욕이 돋게 된다. 그동안 속 쓰림 현상이 있었다면 이제는 발생 빈도도 줄어들 것이며, 심각하지도 않을 것이다.

요로

임신 9개월에도 웃거나, 기침하거나, 재채기할 때 소변이 새어나올 것이다. 이것은 자궁이 확장되면서 방광에 압력을 가해서 나타나는 증상이다. 또한 임신 9개월에 태아가 내려오면서 요로 관련 문제들이 더욱 심해질 것이다. 태아가 골반 아래쪽 깊은 곳으로 내려갈수록 방광에는 더욱 강한 압력이 가해지게 된다. 따라서 임신부는 이제 화장실에 정말 매우 자주 드나들게 될 것이다. 아마 임신 마지막 주에는 하룻밤에 7번 이상 일어나 화장실에 갈 수 있다. 그러나 이러한 증상은 출산 후 곧 사라질 것이다.

뼈, 근육 그리고 관절

임신 9개월부터 몸의 결합조직들이 출산을 위해 부드러워지고 이완되기 시작한다. 아마도 골반 부분에서 가장 눈에 띄는 변화가 생기는데, 임신부는 마치 자신의 다리가 나머지 신체부위에서 떨어져 나가는 것 같은 느낌이 들 것이다(물론 절대 그런 것은 아니다).

운동하는 것을 멈춰서는 안 되지만 임신 9개월에는 운동할 때 특히 조심해야 한다. 왜냐하면 이 때에는 몸의 모든 결합조직들이 부드러워지고 긴장이 풀려서 근육이나 관절에 부상을 입기가 매우 쉽기 때문이다.

한편 확장된 자궁 때문에 한쪽 둔부나 아래쪽 척추에 통증이 나타날 수 있다. 또한 두 좌골 신경에 자궁이 압력을 가해서 둔부나 넓적다리가 쑤시고 감각이 무뎌지는 등의 좌골신경통이 생기기도 한다. 그러나 태아가 골반으로 내려간다면 이와 같은 증상은 곧 완화될 것이다.

질

임신 9개월이면 자궁경부가 넓어지기 시작할 것이다. 이 시기가 되면 질이 날카로운 무엇인가에 찔리는 것 같은 통증이 있을 것이다. 그러나 이러한 느낌이 출산이 시작되는 것을 의미하지는 않으며, 이러한 통증이 왜 생기는지는 알 수 없지만 임신부와 태아에게 위험하지 않은 것은 확실하다. 자궁경부는 분만이 시작되기 며칠 또는 몇 시간 전에 넓어지기 시작하는데, 특히 초임부라면 분만 전에도 자궁경부가 넓어지지 않을 수 있다. 또한 모든 여성에게 조금씩 차이가 있을 수 있다.

임신후기에 나타나는 냉증은 크게 걱정할 일이 아니지만 냉증 때문에 생기는 여러 불편함이 있다면 담당 의사에게 말해야 한다. 한 가지 주의해야 할 것은 복부 통증을 질 통증이라고 잘못 생각하면 안 된다는 점이다. 아래쪽 복부에서 발열, 오한, 설사, 출혈 등을 동반하며 통증이 발생하면 바로 의사에게 연락하도록 한다.

임신 9개월이면 언제든지 자궁의 수축이 있을 수 있다. 때로는 별로 고통스럽지 않을 뿐 아니라 심지어 느끼기 어려운 자궁수축이 일어날 수도 있다. 그러므로 자궁이 뭉치면서 단단해지는 한편 경련도 느껴진다면 수축의 주기와 빈도를 잘 살펴야 한다. 가진통은 언제 발생할지 예측이 불가능하고 자주 발생한다 하더라도 일정한 주기가 있는 것이 아닌 반면 분만 전 일어나는 실제 자궁의 수축은 5분 이내 간격으로 발생하며, 일정한 주기가 반복된다.

피부

임신 9개월 피부에 다음과 같은 증상들이 뚜렷이 보일 것이다.

- 하지정맥류 : 특히 다리와 발목에 잘 발생한다.
- 거미상 혈관종 : 특히 얼굴, 목, 위쪽 가슴 또는 팔에 잘 발생한다.
- 복부 또는 전신에 건조함과 가려움증이 발생한다.
- 유방, 복부, 팔뚝, 둔부, 넓적다리 등에 임신선이 나타난다.

피부에 발생하는 이러한 증상들은 출산 후면 정도기 악해지거나 완전히 사라진다. 또한 임신선의 경우 보통 부홍색이나 회색빛을 띠며 점차 사라지는데 출산 후에도 흔적이 약간 남을 수 있다.

체중증가

임신 9개월에는 1주마다 약 0.5kg, 즉 한 달에 총 2kg 정도의 체중이 증가할 것이다. 보통 한 달이 지나 임신 10개월이 될 때까지 임신부는 총 11~15kg 정도 체중이 늘게 된다.

자가 진단을 위한 참고

임신 9개월인 임신부에게 신체에서 일어나는 여러 변화들은 힘들고 귀찮고 성가실 수 있다. 속 쓰림, 좌골신경통, 짧아지는 호흡 등에 관련된 질문에 대한 더욱 자세한 답변 및 정보를 알고 싶다면 573쪽 3부 '임신 가이드'를 참고하라.

편안한 분만을 위한 준비운동

임신 9개월에 임신부는 운동을 통해 출산을 준비할 수 있다. 다음에 소개되는 운동들은 분만이 진행되는 동안 가장 긴장을 많이 하는 근육들에 효과가 있으므로 편안한 분만을 위해 도움이 될 것이다.

케겔 *Kegel* 운동법

왜 해야 하나?

임신 중 자궁, 방광, 대장을 지지하느라 이완돼 있는 골반하부에 있는 근육들을 케겔 운동으로 강화해준다. 이는 마지막 임신 10개월에 나타나는 여러 가지 여러 불편함을 덜어주고 임신기간과 출산 후 발생할 수 있는 요실금과 치질의 발생을 최소화하는 데 도움이 될 것이다. 실제로 최근 한 연구결과에 따르면 골반하부의 근육을 강화할 경우 임신기간과 임신 후에 나타날 수 있는 요실금 증상을 완화하는 데 도움이 된다고 한다.

어떻게 하나?

임신부의 질과 항문을 감싸고 있는 골반저근(골반 장기들을 지지하는 근육-옮긴이)을 정확히 찾는 것이 중요하다. 정확히 찾았는지 확인하고 싶다면 화장실에 소변을 보던 중 소변의 흐름을 멈추도록 노력해본다.

이 때 사용하게 되는 근육이 골반하부의 근육, 즉 골반저근이다. 하지만 이렇게 골반저근을 찾는 것을 습관처럼 하면 안 된다. 소변을 보던 중 아니면 방광이 가득 차 있을 때 케겔 운동을 하게 되면 실제로 근육이 약해질 수 있기 때문이다.

또한 이로 인해 방광의 소변을 완전히 배출하지 못하게 되면 요로감염에 걸릴 확률이 매우 커진다.골반저근을 정확히 찾는 데 어려움이 있다면 다른 방법을 사용할 수도 있다.

먼저 질 안으로 손가락을 넣는다. 그리고 힘을 주면 수축되는 근육을 찾는데, 이 때 수축하는 근육이 골반저근이다.

골반저근을 정확히 구분할 수 있게 되면 먼저 방광을 비운 다음 앉거나 서서 자세를 취한다. 그리고 골반저근을 강하게 긴장시킨다. 초 간격을 두고 연속으로 4~5회 정도 골반저근의 수축과 이완을 반복한다. 1회에 10초간 골반하부 근육을 수축시키고 10초간 이완한다.

이와 같은 방법으로 케겔 운동을 하루에 3회 실시하거나 아니면 조금 더 간단한 방법으로 게겔 운동을 3회 실시하나. 간난한 케겔 운농법이란 속으로 10이나 20을 빠르게 세면서, 숫자를 셀 때마다 골반저근의 수축과 이완을 반복하는 것이다.

케겔 운동을 하는 동안에는 복부, 넓적다리, 둔부 근육을 수축해서는 안 된다. 그렇지 않으면 오히려 골반저근이 약해질 수 있기 때문이다. 또한 운동 중에는 숨을 참지 말고, 단지 편안하게 자신의 질과 항문을 감싸고 있는 근육을 수축하는 것에만 정신을 집중해야 한다.

양반다리 자세

왜 해야 하나?

양반자세를 취하게 되면 보다 앉아 있기가 편해지고 척추, 넓적다리, 골반의 근육을 긴장시키며 강화하는 데 도움이 된다. 또한 이것은 임신부의 골반 관절의 유연성을 증가시켜 주고 하체의 혈액순환을 증진시켜 보다 쉽게 아기를 출산할 수 있게 한다.

어떻게 하나?

등을 곧게 펴고 양쪽 발바닥을 붙여서 앉는다. 이 때 발뒤꿈치를 서혜부 쪽을 향하게 하고, 양 무릎은 편안하게 바깥쪽을 향하게 한다. 그러면 임신부는 안쪽 넓적다리 근육이 수축되는 것을 느낄 것이다. 단, 무릎을 위아래로 흔들어서는 안 된다. 양반다리 자세를 취해 앉아 있는 것은 결코 어렵지 않다. 임신을 하면 관절이 보다 유연해지는 경향이 있기 때문이다. 그럼에도 불구하고 양반다리 자세를 취하는 것이 어렵다면 벽에 등을 기대고 양쪽 넓적다리 아래에 쿠션을 받치거나 다리를 교차시키고 앉은 다음 바깥쪽으로 나오는 다리를 번갈아가며 바꿔준다. 이 때 등은 항상 곧게 펴 있어야 한다.

쪼그리고 앉기(squat)와 벽면 슬라이드(wall slide) 운동

왜 해야 하나?

만약 임신부가 매일 몇 분 동안 웅크리고 앉아 있는 연습을 하거나 웅크린 자세로 분만을 할 경우 태아가 자궁 입구로 내려갈 공간이 더 생겨서 자궁이 열린 후 태아가 나오기가 더욱 쉬워질 것이다. 물론 분만 중에 웅크리고 있는 것은 매우 힘든 일이다. 때문에 임신부는 필요한 근육의 힘을 미리 키워놔야 한다. 임신후기가 돼 분만이 가까워 올수록 스쿼트 운동을 자주 하는 것이 좋다. 또한 벽면 슬라이딩이라고 불리는 운동 역시 도움이 될 것이다.

어떻게 하나?

• 스쿼트 : 두 발을 어깨넓이로 벌리고 바로 선다. 스쿼트 자세를 취하기 위해 몸을 점점 낮추는데, 이 때 등은 곧게 펴져 있어야 하고 발뒤꿈치는 바닥에 수평하게 닿아 있어야 한다. 만약 발뒤꿈치가 자꾸 위로 들린다면 발의 위치를 조금 넓게 벌린다. 손은 무릎에 편안히 올려두고 10~30초 동안 스쿼트 자세를 유지한다. 이후 팔로 무릎을 밀면서 천천히 몸을 위로 이동한다. 이제 같은 방법을 연속 5번 반복한다.

• 벽면 슬라이딩 : 벽을 등지고 두 발은 어깨넓이로 벌린 채 똑바로 선다. 벽에 등을 대고 천천히 미끄러지듯이 앉는 자세를 취한다. 하지만 무릎이 발보다 더 나와서는 안 된다.
균형을 잡기 위해서 손은 편안하게 넓적다리에 올려두고 무릎과 발은 앞쪽을 향하도록 한다. 몇 초 동안 같은 자세를 유지하고 벽에 등을 댄 채 천천히 몸을 편다. 같은 방법으로 3~5회 반복하고 익숙해지면 10회까지 운동량을 점차 늘리는 것이 좋다.

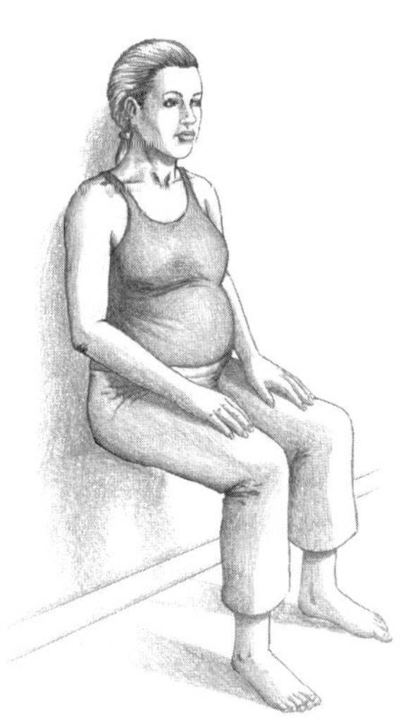

골반 기울이기 운동(pelvic tilt)

왜 해야 하나?

이 운동은 임신부의 복부 근육을 강화하기 때문에 임신과 출산 중 발생할 수 있는 요통을 줄여주고 원활한 분만이 이루어질 수 있도록 도와준다. 또한 이것은 임신부의 척추의 유연성을 증진시켜 척추뼈 통증을 줄이기도 한다.

어떻게 하나?

머리를 등과 일직선으로 둔 채 손을 바닥에 대고 무릎을 꿇는다. 그러고 나서 둔부를 앞으로 기울리고 복부는 당기면서 등을 조금씩 둥글게 한다. 몇 초 동안 같은 자세를 유지한 후 다시 복부와 척추를 편안히 하면서 등을 편다. 같은 방법으로 3∼5회 반복하고 익숙해지면 10회까지 점차 운동량을 늘리는 것이 좋다. 일어서서도 골반 기울이기 운동을 할 수 있다. 똑바로 벽을 등지고 서서 등의 일부를 벽쪽으로 민다. 또는 똑바로 서서 간단하게 골반을 앞뒤로 움직여줘도 된다.

회음부 마사지

왜 해야 하나?

분만 일주일 전쯤에 질 입구와 항문 사이(회음부)를 마사지 해주면 조직들을 수축시켜 출산이 훨씬 쉬워질 뿐 아니라 분만 시 아기의 머리가 질 입구를 통과할 때 발생하는 통증을 최소한으로 줄여줄 것이다. 나아가 아기의 머리가 보이기 시작할 때, 질 입구를 넓히기 위해 실시하는 회음부 절개수술 역시 피할 수도 있다. 여러 전문가들은 예전부터 회음부 마사지를 강력히 추천해왔다. 회음부 마사지가 분만 시 회음부 외상을 초래하지 않는다는 확실한 연구결과는 아직 없지만 진행 중인 몇몇 연구들에 따르면 좋은 결과를 가져다주는 것으로 여겨진다.

어떻게 하나?

비누와 따뜻한 물로 손을 깨끗이 씻고 손톱이 청결한지도 살핀다. 그 다음 K-Y젤리 같은 수용성 윤활제를 엄지손가락에 바르고 질 안으로 넣는다. 그리고 조직이 수축되도록 직장 방향쪽으로 힘을 가하며 문지른다. 하루에 8~10회 정도를 반복한다. 괜찮다면 배우자가 마사지를 해줄 수도 있다. 회음부 마사지를 하는 동안 임신부는 약간의 쓰라림이나 다른 불편함을 느낄 수 있지만 이것은 정상적인 증상이다. 그러나 날카로운 통증이 있다면 마사지를 멈춘다.

• 몇 가지 주의할 점 : 회음부 마사지를 하는 것이 불편함을 느끼게 한다면 굳이 할 필요는 없다. 그리고 회음부 마사지를 꾸준히 해왔더라도 분만 시 회음부절개를 하지 않는다는 보장은 없다. 만약 거대아 또는 비정상적인 자리에 위치하고 있는 태아를 분만할 때는 아기와 산모의 안전을 위해서 회음절개술을 실시해야 하기 때문이다.

임신 33 ~ 36주간 임신부의 감정

출산 준비하기

임신 9개월이 되면 아마도 임신부는 분만이 언제 시작되며, 아기를 낳는 과정은 어떨지 많은 생각을 하게 될 것이다. 아기의 건강에 대한 걱정과 두려움으로 임신부의 긴장감이 갈수록 커지는 것은 충분히 이해할 수 있는, 어쩌면 당연한 현상일 것이다.

또한 임신부는 출산의 고통에 대해 깊이 생각할 것이다. 정말로 많이 아프면 어쩌지? 얼마나 오랫동안 진통을 하게 될까? 내가 잘 견딜 수 있을까?

특히 초산을 앞둔 임신부라면 이러한 걱정들이 끊임없이 머릿속을 맴돌 것이다. 출산에 대한 두려움을 느끼는 것은 당연하다. 분만 시 무슨 일이 어떻게 발생할지는 아무도 알 수 없기 때문이다. 하지만 기억해야 할 점은 모든 여성들이 매일매일 세상 곳곳에서 산고를 이겨내고 있다는 사실이다. 출산은 여성이라면 누구나 겪는 자연스러운 과정인 것이다. 출산을 준비하며 임신부는 다음의 것들을 할 수 있다.

- 여러 지식을 쌓는다. 분만이 시작되고 나서 자신에게 어떤 일들이 벌어지는지 미리 알고 있으면 실제 분만이 시작되어도 긴장과 두려움이 훨씬 줄어들게 되고, 고통도 덜어질 것이다. 출산육아교실에 참가하여 같은 상황에 놓인 예비 엄마들을 만나, 분만이 시작되면 어떤 상황이 벌어질지 서로 이야기 나누면 도움이 될 것이다.

- 쉽게 출산을 경험한 여성과 이야기를 나눈다. 분만과정 중 고통을 덜 수 있는 요령을 배울 수 있을 것이다.

- 주어진 상황에서 최선을 다해 아기를 낳을 것이라고 스스로에게 다짐해 본다. 아기를 낳는 것에 정답이 있는 것은 아니다.

- 분만 도중 고통을 완화해 주는 여러 시술 또는 약물 투여에 거부감을 갖지 말아야 한다. 벌써부터 자신에게 어떤 방법은 되고 어떤 방법은 안 된다는 고집을 부려서는 안 된다. 실제 상황이 되기 전에는 자신에게 무엇이

필요하고 무엇이 불필요한지 절대로 알 수가 없기 때문이다. 분만 시 산모의 고통을 완화해주는 방법들에 대한 자세한 부가적 정보는 447쪽 2부 '분만과 진통 완화' 에 있다.

병원 진료

한 달에 한 번 병원을 방문했던 임신부는 이제 임신 9개월이 되면서 2주일에 한 번씩 병원 진찰을 받게 된다. 예전 진찰 때와 마찬가지로 의사는 임신부의 체중, 혈압 그리고 태아의 활동이나 움직임 등을 체크할 것이다. 의사는 또한 임신부의 자궁의 크기를 재고 특별히 불편한 점이나 이상한 점은 없었는지 물을 것이다. 임신 9개월 중반 쯤 되면 임신부의 자궁고는 33~34cm 정도이다. 지금까지는 센티미터를 단위로 했을 때 자궁고의 길이가 임신기간과 숫자가 같았지만 이제는 다를 것이다.

한편 의사는 진찰을 하면서 태아의 위치도 체크할 것이다. 임신 33주까지 태아는 세상으로 나올 준비를 하며 머리를 아래쪽으로 두게 되는데, 초임부가 아니라면 분만 바로 일주일 전에 태아가 자신의 위치를 바꿀 수도 있다. 자궁의 어느 쪽에 태아가 자리 잡고 있는지 알아보기 위해서 의사는 태아의 신체 중 어느 부분이 골반에서 가장 멀리 떨어져 있는지 살펴본다. 가장 멀리 떨어져 있는 부분, 즉 태아가 태어날 때 제일 먼저 밖으로 나오는 부분을 태아 출현부라고 부르는데, 대부분의 경우 태아의 출현부는 머리이다.

임신부가 병원을 찾으면 의사는 먼저 배의 모양을 보고 태아의 위치를 짐작한다. 만약 출산 예정일이 다가오는데도 태아의 위치가 불분명하면 질 검사를 실시할 것이다. 내진을 통해 의사는 열려진 자궁 입구에 태아의 어느 부분이 있는지 확인하는데, 만약 의사가 여전히 태아의 위치를 확신하지 못한다면 초음파를 이용할 수도 있다.

태아의 머리가 아래를 향하고 있다면 상황은 잘 진행되고 있는 것이다. 그러나 태아의 둔부나 다리가 아래를 향하고 있는 둔위(臀位)의 경우에는 제왕절개 수술을 해야 할 확률이 높다.

태아가 거꾸로 위치한 상태이고 아직 골반 아래까지 완전히 내려가지 않았다면 의사는 앞으로 남은 몇 주 동안 태아의 위치를 바꾸기 위해 애쓸 것이다. 이때 사용되는 방법을 외부 전위법(external version)이라고 부르는데, 말 그대로 외부에서 자궁 속 태아가 회전하도록 돕는 것이다. 담당 의사는 임신부의 복부에 압력을 가해서 태아의 머리가 아래로 향하도록 한다. 또한 자궁을 부드럽게 하고 통증을 줄이기 위해서 약물이 사용되기도 한다. 이와 같은 외부 전위법은 보통 출산 예정일 2~4주 전에 시도된다.

임신 33~36주, 언제 담당 의사에게 연락해야 할까?

임신은 이제 거의 막바지에 이르렀고 아기는 벌써 자신이 세상으로 나올 때가 가까웠음을 알고 있다. 하지만 여전히 어떤 문제가 생기면 의사에게 먼저 연락해야 함을 잊어서는 안 된다. 임신 9개월이 되면 다음과 같은 것들이 궁금할 것이다.

- 2부 : 분만과 진통 완화, 447쪽
- 4부 : 조기분만, 762쪽
- 4부 : B군 연쇄상구균, 807쪽

임신 9개월에 임신부에게 나타날 수 있는 문제나 이상한 증상들은 다음과 같다. 언제나 자신의 상태를 잘 살피고, 필요하다면 의사에게 바로 연락하도록 한다.

	신호와 증상 언제	의사에게 연락해야 하나?
질 출혈	점보다 많은 질 출혈	당일 연락
	시간당 6번 이상의 규칙적인 자궁 수축이 2시간 이상 계속될 때	즉시 연락
통 증	때때로 한쪽이나 양쪽 복부를 당기고 비틀고 날카로운 것으로 찌르는 것 같은 통증	다음에 방문
	가끔씩 느껴지는 보통의 두통	다음에 방문
	타이레놀과 같은 해열 진통제를 복용한 뒤에도 두통이 사라지지 않을 때	24시안 이내에 연락
	두통이 심각하거나 오랜 시간 지속될 때 특히 현기증, 심약함, 구토, 메스꺼움 또는 시각 장애 등이 동반될 때	즉시 연락
	중증의 혹은 매우 고통스러운 골반 통증	당일 연락
	열이나 출혈과 함께 발생하는 통증	즉시 연락
구 토	때때로 또는 하루에 하번 매일 발생	다음에 방무
	하루에 세 번 이상 발생하거나 구토 중간에 아무것도 먹고 마실 수 없을 때	24시가 이내에 여락
	열이나 통증을 동반할 때	즉시 연락
그밖에	오한 또는 열(38.8도 이상)	즉시 연락
	상당한 양의 양수가 흐를 때	즉시 연락
	얼굴이나 손, 발이 갑작스럽게 부을 때	즉시 연락
	갑작스러운 체중증가	당일 연락
	시각 장애(흐릿함, 부옇게 흐려짐)	즉시 연락
	극심한 숨참	즉시 연락
	극심힌 가려움	디음에 방문
	배뇨 시 통증과 화끈거림, 열. 복부와 등 통증이 자주 일어남	당일 연락

임신 10개월

엄마가 되기 위해서 겪어야 하는 여러 자연적인 과정 중에 마지막 달이 가장 견디기 힘들 것이라 생각한다. 이제 나는 준비가 되었다. 지금까지 나는 임신기간 9개월을 잘 견뎠다. 이제는 나에게 닥쳐오는 그 무엇도 두렵지가 않다. – 어떤 임신부의 경험담

임신 37~40주간 태아의 성장

임신 37주

임신 37주가 끝날 때가 되면 태아는 기한을 다 채운 것이다. 아직 태아의 성장이 완전히 멈춘 것은 아니지만 체중증가는 하루에 14g정도로 현저하게 줄어들고, 피하지방의 축적으로 인해 아기의 몸이 둥글게 된다. 태아의 성별에 따라 출생 시 체중을 예상할 수 있다. 뱃속의 아이가 남자라면 임신기간이 비슷하더라도 여자 아기보다 체중이 더 많이 나간다.

임신 38주

지난 몇 주 동안은 태아의 신체기관 형성보다는 그 기능이 더 눈에 띄게 발달해 왔다. 그리고 뇌와 신경계는 아기가 태어나서 10대 후반이 될 때까지도 계속 발달한다. 이러한 이유 때문에 임신부가 술과 약물을 먹는 것이 아

기에게 매우 치명적인 것이다. 임신 9개월이 되면 태아의 뇌는 호흡, 소화, 심장박동, 음식 섭취 등의 복잡한 기능을 제어할 수 있게 된다. 이 시기에 태아의 체중은 약 3kg정도이고 길이는 약 36cm이다.

임신 39주

임신 39주까지 태아의 피부를 둘러싸고 있던 태지와 쉬모는 비록 출산 후 약간 흔적이 남아 있기는 하지만 거의 대부분 사라진다. 그리고 피하지방이 충분히 축적돼 엄마의 도움이 없이도 태아는 자신의 체온을 유지할 수 있게 된다. 또한 훨씬 건강해져 태어날 때 모습도 통통할 것이다.

태아의 몸은 계속 성장하고 있지만 여전히 머리가 가장 큰 부분을 차지한다. 때문에 태어날 때 머리가 가장 먼저 나오는 이유도 여기에 있다.

한편 임신 39주에 태반에서는 박테리아와 바이러스로부터 태아를 보호해줄 수 있는 단백질 성분의 항체가 계속 만들어진다.

생후 6개월 동안은 이 항체들이 여러 병균의 전달을 차단하는 면역체계를 작동하여 태아를 보호할 것이다. 그리고 그 외 몇몇 항체들은 모유를 통해 아기에게 공급된다. 임신 39주까지 태아의 체중은 일반적으로 3~3.4kg 정도이지만 이 시기에는 개인차기 매우 크다. 39주된 태아의 정상 체중범위는 2.7~4kg 사이이다.

임신 40주

출산 예정일이 임신 40주 기간에 있지만 언제 분만이 시작될지는 정확히 알 수 없다. 전문가들에 따르면 단지 5퍼센트의 임신부만이 예정일에 출산을 한다고 한다. 그러므로 출산 예정일보다 한 주 빨리 또는 한 주 늦게 출산한다고 해서 걱정할 필요는 없다. 모든 준비가 끝났다 하더라도 인내를 가지고 기다려야 한다. 출산은 쉬운 것이 아니다!

분만이 시작되면 태아는 세상에 나올 준비를 하면서 호르몬 분비의 급증 과 같은 급격한 변화를 겪게 된다. 이는 아기의 혈압과 혈당 수치를 유지하는 데 도움을 줄 뿐 아니라 자궁에 출산의 시작을 알리는 역할도 한다.

분만 시에는 한 번의 수축이 일어날 때마다 태반에서 태아에 이동하는 혈액량이 조금씩 줄어들게 된다. 하지만 이러한 혈액 공급의 감소나 중단은 빈번하지도 지속시간이 길지도 않기 때문에 태아는 이를 잘 견딜 것이다. 실제로 아기가 태어나면서 겪는 변화들은 놀라운 것으로 어떤 의미에서 이전에 태아에게 일어난 일들은 이 멋지고 환상적인 경험을 위한 서두에 불과하다.

임신 40주가 되면 평균적으로 아기의 체중은 약 3~3.6kg이고 신장은 약 46~52cm 정도 된다. 아기의 체중과 신장이 약간씩 평균치 이하 또는 이상이더라도 모두 정상이고 건강할 것이다.

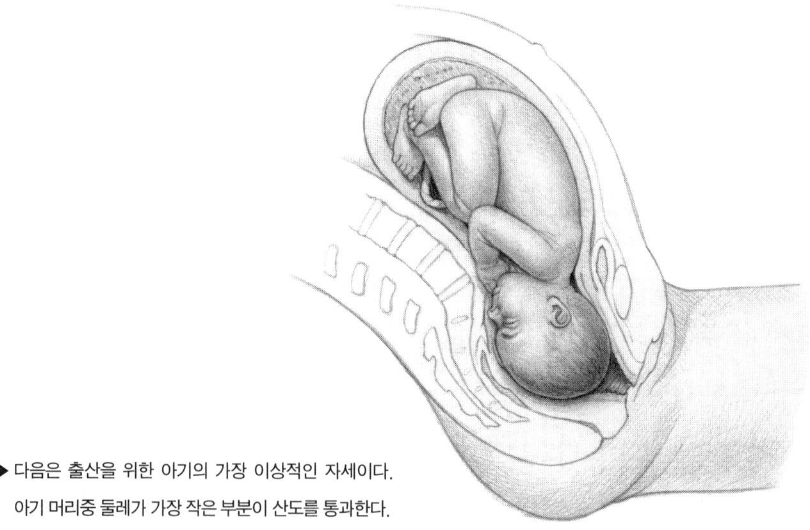

▶ 다음은 출산을 위한 아기의 가장 이상적인 자세이다.
아기 머리중 둘레가 가장 작은 부분이 산도를 통과한다.

임신 37~40주간 임신부의 몸

임신하기 전에 자궁은 무게가 약 56g에 지나지 않았고 약 14g 정도의 무게를 견딜 수 있었다. 하지만 임신을 하면 자궁의 무게는 20배까지 증가하여 무게가 약 1.5kg 가까이 나가게 되고 태아와 태반 그리고 양수까지 모든 무게를 견디게 된다.

40주 동안 태아의 발달과 더불어 임신부 신체에 여러 변화들이 발생한 후, 마지막 임신 10개월이 되면 임신부는 출산의 고통을 거쳐 세상에 하나뿐인 새로운 생명을 품에 안게 될 것이다. 임신 10개월, 어디에서 어떤 변화가 일어나는지는 다음과 같다.

호흡기 계통

임신부의 호흡은 여전히 가쁠 것이다. 하지만 태아가 분만을 위해 골반 아래로 내려가면(특히 초임부의 경우) 횡격막에 가해졌던 압박이 줄어든다. 압박이 줄어들면 임신 마지막 주 임신부의 호흡은 훨씬 깊어지고 부드러워질 것이다.

소화기 계통

호르몬의 영향으로 임신 마지막 달에도 소화 속도가 느린 편이라 임신부는 여전히 속 쓰림과 변비로 고생할 것이다. 하지만 아기가 태어나면 상황은 나아질 것이다. 출산을 하고 위에 가해지는 압력이 줄어들면 소화기능은 회복된다.

유방

에스트로겐과 프로게스테론 호르몬의 분비로 인해 유방크기는 임신 10개월에 가장 커진다. 또한 출산일이 다가오면서 유방에서 생성된 노란 빛깔의 초유가 유두 주변으로 새어나오기 시작할 것이다.

한편 임신기간 동안 계속 커진 유방으로 인해 유두가 유방 속으로 움푹 들어갈 수도 있다. 하지만 그렇다고 해도 모유수유를 위해 유두에 취할 수 있는 특별한 방법들이 있으므로 모유수유를 못할까봐 걱정할 필요는 없다. 그리고 이에 대해서는 담당 의사나 지역 보건소에 가서 문의해 자세한 정보를 얻을 수 있을 것이다.

자궁

임신 10개월이 되면 자궁은 더 이상 확장되지 않는다. 이 시기에는 자궁이 임신부의 골반에서 갈비뼈 바로 밑까지 공간을 꽉 채우고 있을 것이다. 만약 태아가 골반 아래로 아직 내려오지 않았더라도 이번 달에는 곧 내려올 것이다. 첫 임신이라면 이 기간에 하강감을 느끼게 되지만 만약 출산 경험이 있다면 출산에 임박해서야 태아가 내려갈 것이다.

요로

임신 10개월이 되면 태아가 골반 아래로 내려가서 방광을 계속 압박하게 된다. 따라서 임신부는 보다 자주 화장실에 가고 싶어지고, 소변이 자주 마렵기 때문에 밤에 잠을 자는 것도 쉽지 않을 것이다. 또한 웃거나, 기침하거나, 재채기 할 때 소변이 새어나오는 증상도 계속되는데, 출산 후에는 저절로 사라지게 된다.

뼈, 근육 그리고 관절

태반에서 생성되는 릴랙신*relaxin*이라는 호르몬은 임신부의 골반 뼈 세 개를 지지해주는 인대를 이완해 태어나는 아기의 머리가 충분히 지날 수 있도록 골반을 열리게 한다. 한편 릴랙신 호르몬의 영향으로 팔다리가 마음대로 움직여지지 않고, 긴장이 풀려 힘이 없는 것처럼 느껴질 수도 있다. 또한 분만 몇 주 전에 태아가 골반 아래로 내려간다면(이것은 초임부에게 특히 자주 발생한다) 골반 관절에 압력 또는 통증이 발생할 것이다.

질

앞으로 남은 몇 주 동안 자궁경부가 열리기 시작한다. 이것은 분만 시작 몇 주 전에 시작될 수도 있고 바로 몇 시간 전에 시작될 수도 있다. 지름이 10cm 정도가 될 때까지 자궁의 입구가 열리면 산모는 아기를 밀어낼 수 있게 된다. 이 때 자궁입구가 열리면서 질에 날카롭고 찌르는 것 같은 통증이 있을 것이다. 또한 태아의 머리가 산모의 골반을 밀어내면서, 산모는 자신의 질 입구와 항문 사이 영역인 회음부에 압력을 느끼고 날카로운 통증을 겪게 된다.

박테리아가 자궁에 치입하는 것을 막기 위해서 임신 중에는 점액성 분비물이 임신부의 자궁경부를 채우고 있다. 하지만 자궁경부가 출산을 준비하며 얇아지고 신장이 풀리면 이러한 분비물들이 빠셔나가게 된다. 그러나 이러한 증상이 분만의 시작을 알리는 신호는 아니다. 이것은 보통 분만이 시작되기 2주 전쯤에 발생하거나 때로는 분만 직전에 일어나기도 한다. 그러므로 갑작스럽게 점액성 분비물이 배출되더라도 놀랄 필요가 없다. 때때로 어떤 여성들은 언제 배출되었는지도 알아채지 못할 것이다.

임신 여성 중 9퍼센트는 분만이 시작되기 전에 양막 주머니가 터지거나 양수가 새어나온다. 이와 같은 일이 발생하면 바로 의사의 지시에 따라야 한다. 담당 의사는 양수가 터지면 최대한 빨리 산모와 태아의 상태를 확인하고 조치를 취해줄 것이다. 한편 의사에게 진찰받기 전에는 산모의 질 안으로 박테리아가 침입할 수 없도록 주의해야 한다. 체내형 생리대의 사용이나 성관계는 피해야 한다는 의미이다.

질에서 배출된 물질에 분비물이 섞여있고, 색깔이 있다면 바로 의사에게 연락해야 한다. 예를 들어 질 분비액이 초록빛을 띠거나 고약한 냄새를 풍긴다면 요로관 감염이거나 태아가 대변에 노출되었을 확률이 크다.

피부

임신부는 임신 9개월에도 다음과 같은 피부 변화를 겪게 된다.

– 하지정맥류 : 특히 다리와 발목에 잘 발생한다.

– 거미상 혈관종 : 특히 얼굴, 목, 위쪽 가슴 또는 팔에 잘 발생한다.

– 복부 또는 전신에 건조함과 가려움증이 발생한다

– 유방, 복부, 팔뚝, 둔부, 넓적다리 등에 임신선이 나타난다

이렇게 임신부의 피부에 발생하는 여러 증상들은 출산 후면 정도가 약해지거나 완전히 사라진다. 보통 임신선은 분홍색이나 회색빛을 띠며 점점 사라지는데 출산 후 흔적이 약간 남을 수도 있다.

체중증가

임신 10개월에는 태아의 성장 속도가 느려지면서 임신부의 체중증가 속도 또한 보다 느려지다 결국 멈추게 된다. 따라서 출산을 앞둔 시점에서는 0.5kg정도 체중이 줄거나 체중 변화가 없는 것이 일반적이다. 보통 임신부는 임신이후 출산 예정일이 다가올 때까지 총 11~15kg의 체중이 는다. 다음은 임신기간동안 일어나는 체중증가 정도를 분석한 표이다.

임신 기간 동안 일어나는 체중증가 정도

태 아	약 3~4kg
태 반	약 0.7kg
양 수	약 0.9kg
유방 팽창	약 0.5~1.3kg
자궁 확장	약 0.9kg
지방 비축과 근육 발달	약 2.7~3.6kg
혈액량 증가	약 1.3~1.8kg
체액 증가	약 0.9~1.3kg
합 계	약 11~15kg

자가 진단을 위한 참고

임신 10개월인 임신부에게 일어나는 신체의 여러 변화들은 힘들고 귀찮고 성가실 수 있다. 척추 뼈 통증, 변비, 가려움증, 새어나오는 소변 등에 관한 질문에 대한 더욱 자세한 답변 및 정보를 알고 싶다면 573쪽 3부 '임신 가이드' 를 참고하면 된다.

임신 37~40주간 임신부의 감정

출산을 기다림

임신기간 막바지에 접어들수록 임신부는 점점 지쳐갈 것이다. 불러 나온 배 때문에 자세를 편하게 취할 수가 없어서 잠을 잘 수가 없을 뿐 아니라 잠이 들었다가도 어느새 태아에 의해 눌리는 방광 때문에 매 시간마다 잠을 깨서 화장실에 가게 된다.

그런 면에서 임신부에게 이 시간은 흐르지 않고 멈춰있는 것처럼 느껴질 것이다. 지루함과 불편함을 잊기 위해서는 바쁜 일상을 보내는 것이 도움이 될 것이다. 최신 베스트셀러를 읽는 등 취미 생활을 즐기고 친구들이나 가족들과 시간을 보내라.

활기차게 하루하루를 보내다 보면 시간이 보다 빠르게 흘러갈 것이고 마침내 출산의 날이 다가올 것이다. 더욱이 이렇게 마음 편히 여유를 즐길 때가 언제 또 찾아오겠는가?

몸과 마음을 여유롭게 다스릴 것

실제로 두렵고 걱정되는 마음을 억누르지 못하면 분만 시 더욱 힘들어질 수 있다. 스트레스가 몸에 영향을 끼쳐 원활한 분만을 방해하는 것이다. 분만 동안 산모가 느끼는 공포는 긴장을 초래하는데, 이러한 긴장이 통증을 더 심하게 느끼게 한다. 그러면 심한 통증으로 공포가 더욱 더 가중되고 이것이 끊임없이 반복되어 고통이 심해진다. 이를 의학적으로는 공포-긴장-통증 주기(fear-tension-pain cycle) 라고 한다.

그러므로 산모는 심리적 · 신체적으로 긴장을 풀면서 편안하게 마음을 갖도록 의식적으로 노력해야 한다. 이를 위해 편안한 마음을 가질 수 있는 여러 방법들을 배우고 꾸준히 연습을 하도록 한다. 긴장 및 스트레스를 해소하여 분만을 돕는 방법에는 몇 가지가 있다. 점진적 근육 이완법, 직접적 근육 이완법(touch relaxation), 마사지, 상상요법 등은 가장 일반적인 방법이다. 이미 출산육아교실에서 배운 내용일 수도 있지만 잠시 소개하면 다음과 같다.

• 점진적 근육 이완법 : 머리나 발을 시작으로 신체의 다른 부분으로 옮겨가며 한 부분씩 근육을 이완한다.

• 직접적 근육 이완법 : 다른 사람이 산모의 관자놀이를 강하지만 부드럽게 몇 초 동안 압력을 가한다. 그리고 두개골, 어깨, 척추, 팔, 손, 다리, 발 등으로 옮겨간다. 상대방이 각 신체 부분을 눌러줄 때마다 그 부분의 근육이 풀어질 것이다.

• 마사지 : 배우자가 직접 임신부의 등과 어깨를 마사지 해줄 수 있다. 임신부의 팔과 다리를 전체적으로 쓸어내리고 눈썹과 관자놀이는 작은 원을 그리듯이 마사지 한다.
이러한 마사지를 받게 되면 뇌는 기분이 좋아지게 하는 엔도르핀을 분비하도록 명령할 것이다. 이외에도 자신에게 가장 적절한 마사지 방법을 찾는 것이 좋다.

• 상상요법 : 집중이 잘 되는 특별하고 조용한 환경을 만든 다음, 편안한 모습의 자신을 상상해본다. 향기, 색깔, 촉감 등 자세한 것들에 집중하라. 상상이 잘 되게 하기 위해 자연의 소리나 잔잔한 음악을 틀면 훨씬 도움이 된다.

• 명상 : 방 안의 어떤 물체, 마음 속의 이미지, 특정 단어의 반복 등 한 가지에만 정신을 집중한다. 명상 중 머릿속이 복잡해지면 처음에 초점을 맞췄던 것에 다시 집중한다.

• 호흡법 : 코로 공기를 들이쉬면서 시원하고 상쾌한 산소가 자신의 폐로 이동하는 것을 상상한다. 그리고 입으로 숨을 내쉴 때는 공기와 함께 모든 긴장이 빠져나가는 것을 상상한다. 또한 평소보다 더 느리게도 호흡해보면서 기분이 어떻게 변하는지 살핀다.

임신 10개월째가 되면 이와 같이 몸과 마음을 편안하게, 즉 분만 시 도움을주는 방법들을 연습해 두는 것이 좋다. 미리 연습해 두면 정말 필요할 때 잘 활용할 수 있을 것이다. 한편 연습을 할 때는 항상 조용하고 편안한 상태에서 하도록 한다. 필요하다면 베개나 부드러운 음악을 사용할 수 있을 것이다.

병원 진료

이제 임신부는 아기가 태어날 때까지 일주일에 한 번씩 병원 진찰을 받아야 한다. 예전 진찰 때와 마찬가지로 의사는 임신부의 체중, 혈압 그리고 태아의 활동이나 움직임 등을 체크하고, 임신부의 자궁의 크기를 재면서 특별히 불편한 점이나 이상한 점은 없었는지 물을 것이다.

임신 10개월에 의사는 골반 검사도 실시할 것이다. 이 검사를 통해서 자궁 안의 태아가 머리를 아래로 하고 있는지 다리나 둔부를 아래로 하고 있는지 알 수가 있는데, 대부분의 태아는 머리를 아래쪽으로 위치하고 있다. 출산 예정일이 다가올수록 의사는 분만 시 제일 먼저 자궁 밖으로 빠져나오는 태아의 출현부에 대해 계속 언급할 것이다. 또한 태아선진부 하강정도(station)는 태아가 산모의 골반에서 얼마나 멀리 내려와 있는지를 뜻한다.

골반 검사와 더불어 담당 의사는 임신부의 자궁경부가 얼마나 부드러워졌으며, 얼마나 열렸고 얇아졌는지를 체크한다. 자궁이 열리고 어느 정도 상황이 진행되었다면 의사는 숫자와 퍼센트로 진행상황을 설명할 것이다.

예를 들어 의사는 '자궁이 3cm 열렸고 30퍼센트 얇아졌다' 라고 말할 것이다. 만약에 자궁경부가 10cm 정도 열리고 100퍼센트 얇아졌다고 하면 이제 산모는 아기를 자궁 밖으로 밀어내도 된다.

그러나 이러한 수치들에 너무 신경을 쓸 필요는 없다. 여러 검사들이 분만 시 발생할 수 있는 통증이나 기타 발생 가능한 상황 모두를 설명해주지는 않는다. 자궁경부가 3cm만 열렸어도 분만이 시작될 수 있고 자궁경부가 전혀 열리지 않았는데도 진통이 시작될 수도 있다. 실제로 분만을 예상하지 못한 상황에서 갑자기 진통이 시작되면 담당 의사는 이전의 검사 결과들을 모두 잊을 것이다.

임신 37~40주, 언제 의사에게 연락해야 할까?

언제 병원에 가야하나?

언제 병원에 가야 하는지 결정하는 것은 어려운 일이다. 당신은 아마도 한 시간 동안 3~5분마다 수축이 일어날 때까지 기다려야 한다는 내용을 책에서 보았을 수 있다.

하지만 주변 친구는 진통이 시작되어 걷지도, 이야기조차 하지 못할 때 병원에 가라고 할 수도 있다. 아니면 어떤 사람은 아랫배에서 시작된 통증이 배꼽 위로 이동할 때까지 기다려야 한다고 말해주었을지도 모른다. 그리고 어쩌면 남편은 모든 조언들을 무시하고 진통이 시작되자마자 바로 병원에 가자고 할 수 있을 것이다.

그렇다면 언제 병원에 가는 것이 좋을까? 사실 병원에 가야하는 적절한 때가 정해져 있는 것은 아니다. 실제로 의사들마다 병원에 언제 가는 것이 가장 좋은지에 대해 의견이 분분하다. 임신부는 너무 복잡하게 생각하지 말고 자신의 담당 의사의 지시에 따르면 된다. 왜냐하면 임신기간 동안 쭉 태아의 상태를 지켜본 담당 의사보다 자신의 상황을 잘 알고 있는 사람은 없을 것이기 때문이다.

한편 잦은 통증과 함께 분만이 매우 빠른 속도로 진행된다면 최대한 빨리 병원에 가는 것이 좋다. 또한 전에도 분만이 빨리 진행되었던 경험이 있거나 어머니나 자매의 분만 속도가 빨랐다면 산모 역시 분만이 빠르게 진행될 확률이 크다.

임신 37~40주간 발생할 수 있는 좋지 않은 상황들

다음과 같은 일들이 임신 마지막 달에 발생할 경우 응급 상황을 초래할 수 있으므로 항상 주의해야 한다.

질 출혈

임신 10개월째에 하혈을 하면 바로 담당 의사에게 연락해야 한다. 이는 태반이 조기에 분리되어 떨어지는 조기태반박리로 인한 출혈일 수 있기 때문이다. 이러한 상황이 발생한다면 빠른 조치가 필요하게 된다.

최근 골반 검사 후에 있었던 가벼운 출혈과 조기태반박리로 인한 하혈을 혼동하지 않도록 한다. 골반 검사 때문에 나타나는 하혈은 가벼운 증상으로 걱정할 필요가 없다.

지속적이고 정도가 심각한 복부 통증

매우 고통스러운 복부 통증이 지속된다면 즉시 담당 의사에게 연락해야 한다. 흔하지는 않지만 이 또한 조기태반박리로 인해 나타나는 증상일 수 있기 때문이다. 또한 열이 나고 냉증도 동반된다면 임신부는 병균에 감염된 것일 수 있다.

태아의 활동량 감소

태어나기 며칠 전부터 태아의 활동량이 다소 줄어드는 것은 정상적인 현상이다. 태아는 휴식을 취하며 세상에 태어날 그 날을 위해 에너지를 저장하고 있는 것이다. 하지만 일반적으로 태아의 활동량이 급격히 줄어들지는 않으므로 활동 정도가 급격히 줄었다면 무엇인가 잘못된 것일 수 있다.

태동을 체크하기 위해서 임신부는 왼쪽을 향해 옆으로 돌아누운 다음 아기가 얼마나 자주 움직이는지 느껴봐야 한다. 만약 2시간 동안 태아가 10회 이하로 움직이거나 태아의 줄어든 움직임 때문에 걱정이 된다면 담당 의사에게 연락해야 한다.

chapter.11

출산의 고통과
아기의 탄생

출산 예정일을 일주일 앞둔 시기는 임신부에게 기다림의 연속으로 출산이 시작되기를 고대하는 조급한 마음 때문에 시간이 멈춘 것 같을 것이다. 하지만 기억해야 할 것은 출산 예정일은 단지 추측해 계산된 날짜일 뿐이라는 것이다. 출산은 출산 예정일 전 또는 후 언제든지 일어날 수 있다. 실제로 출산 예정일 3주 전 또는 2주 후에 출산하는 것이 가장 흔하다.

최종 준비

아기가 태어나기 전에 많은 시간이 당신에게 주어질 것이다. 그렇다면 이 시간에 할 수 있는 출산 준비에는 어떤 것이 있을까? 다음에 제공되는 체크 리스트를 참고하면 도움이 될 것이다.

출산 · 육아교실 수업 참가하기

출산육아교실을 통해 임신부와 배우자는 출산을 보다 효과적으로 준비할 수 있을 것이다. 임신부에게 도움이 되는 강좌들이 병원, 보건소, 지역 건강 센터 등에서 다양하게 개설되어 있으므로 자신에게 맞는 강좌를 문의하여 선택하면 된다. 일반적으로 출산육아교실은 일주일에 1~2일씩 여러 달에 걸쳐 진행되거나 1~2개월 동안 주말에만 하루 종일 집중적으로 몰아서 진행되기도 한다.

출산 시 도움이 되는 호흡법 뿐만 아니라 편안한 분만을 위한 여러 방법들을 잘 알고 있으며, 자연분만에 도움을 줄 수 있는 간호사들이 종종 출산교실의 강사가 되기도 한다. 강사들은 적절하게 신생아를 돌볼 수 있을 뿐만 아니라 모든 분만과정에 대해서도 전문가이므로 임신부는 분만이 시작됨을 알려주는 증상들, 분만 시 진통을 덜 수 있는 방법들, 분만 자세, 출산 직후 아기를 돌보는 법, 신생아 돌보는 법, 모유수유 등에 대한 충분히 정보를 얻을 수 있을 것이다.

또한 분만할 때 자신의 몸에 일어나는 증상들에 대해 미리 알 게 되면 실제 분만을 할 때 두려움을 덜 느낄 수 있다. 특히 초산을 앞둔 임신부라면 출산육아교실에 참여하는 것이 두려움을 누그러뜨리고 여러 가지 궁금증을 해결할 수 있는 좋은 기회가 될 것이다. 또한 자신과 같은 상황인 다른 여러 임신부들을 만나게 되면 서로에게 더욱 도움이 될 것이다. 분만이 시작되고 자신의 옆에 있어줄 배우자나 다른 가까운 사람과 함께 출산육아교실에 참여할 수 있다면 더욱 좋다. 물론 임신 가이드북을 읽는 것도 출산에 대한 여러 정보를 얻는 데 도움이 된다. 하지만 직접 참여할 수 있는 출산교실을 완전히 대신할 수는 없을 것이다.

그 동안 선택한 것들 다시 점검하기

임신 10개월이 되면 출산에 대해 궁금한 여러 가지를 의사와 상의하고 싶을 것이다. 특히 필요하게 될지 모르는 제왕절개 수술에 대해서도 의사와 미리 이야기해두는 것이 좋다.

자신이 원하는 출산방법을 의사에게 솔직히 말해야 한다. 이러한 상담을 통해서 임신부는 자신에게 도움이 되는 방법을 선택할 수 있다. 또한 분만 시 진통을 줄여주는 방법에 대해서도 의사와 상의하면 좋을 것이다. 만약 무통분만을 원한다면 임신부는 출산과정 중 일반적으로 사용되는 마취제에 대해서도 잘 알고 있어야 한다.

요즘에는 허리 아래로 감각을 마비시키는 국소 마취제가 대개 사용되는데, 에피듀럴*epidural*도 그 중 하나이다. 이것은 임신부의 아래쪽 척추 뼈에 투여되어 하반신을 일정시간 마비시킨다(p447 '임신 가이드 : 분만과 진통 완화'를 참고하시오).

분만이 시작되면 산모는 진통으로 인해 매우 고생하게 되므로 분만 중 필요한 여러 시술들에 대해 의사가 추천하는 방법들을 듣고 결정하기란 매우 어렵다. 따라서 이전에 미리 의사와 함께 상의하며 필요한 모든 것들을 결정하고 준비해 두어야 한다.

예를 들어 진통을 줄이기 위해 어떤 방법을 쓸 것인지? 분만 촉진제는 언제 투여되는지, 등을 바닥에 대고 누워서 출산하는 전통적인 분만 자세보다 더 편안한 자세가 있는지? 회음부절개술은 어떤 상황에서 이루어지는지? 등에 대해 의사와 함께 미리 결정해 두어야 하는 것이다.

또한 분만이 시작되면 어떻게 조치를 취해야 하는지도 미리 생각해 두어야 한다. 언제 의사에게 상황을 알릴 것인가? 분만이 시작되면 병원으로 바로 갈 것인가 아니면 의사에게 먼저 전화를 할 것인가? 의사에게 바라는 특별한 조치가 있는가?

병원 진찰 중 의사와의 상담을 통해서 어떻게 분만하기를 원하는지 서면 또는 구두로 계획을 세울 수 있다. 하지만 기억해야 할 것은 미리 세워둔 계획은 실제로 일어나는 분만 상황에 따라 언제든지 변경될 수 있다는 점이다. 즉, 출산 계획은 의무사항이 아니라 임신부를 안내해주는 역할을 할 뿐인 것이다. 첫 출산을 앞둔 대부분의 여성들은 앞으로 자신에게 어떤 일이 일어날지 정확히 알지 못한다. 게다가 각각의 산모가 겪는 상황은 모두 다르기 때문에 분만이 계획대로 진행되는 일은 드물다. 따라서 때때로 예상하지 못했던 문제가 발생할 수 있는데, 그럴 때는 의료진의 즉각적인 조치가 필요할 것이다. 문제가 발생했을 때는 믿고 신뢰할 수 있는 의사에게 그동안 진찰을 받았음을 잊지 말아야 한다. 또한 자신이 통제할 수 없는 상황을 받아들이는 마음의 준비도 필요할 것이다.

질문하기를 주저하지 말자

출산 방법에 대해서 의사와 상의할 때는 질문을 주저하지 마라. 예를 들어 당신은 다음과 같은 사항들이 궁금할 수 있다.

• **분만 중에 화장실에 가고 싶으면 어떻게 해야 하나요?**

과거에는 분만 전에 관장을 하는 것이 일반적이었다. 산모의 장을 비움으로써 산모와 아기의 감염 확률을 줄이고 더 강한 자궁수축을 유도할 수 있다는 이론에 따른 것이었다. 최근에는 인산나트륨(sodium phosphate)이 첨가된 일회용 관장약(fleet enema) 이 널리 사용되고 있다. 미국 파크랜드Parkland 병원에서는 관장을 관례적으로 시행하지는 않는다. 때때로 적은 양의 대변이 분만 중에 밖으로 배출되기도 하는데, 이는 지극히 정상적인 일로 걱정할 필요가 없다.

일부 여성들은 분만 중에 일어나서 몇 시간마다 소변을 배출할 수도 있다. 담당 의사도 산모가 그럴 수 있도록 권할 것이다. 왜냐하면 방광이 꽉 차서 공간을 차지하면 아기가 내려오는 속도가 느려질 수 있기 때문이다.

하지만 진통이 찾아오면, 특히 경막외 마취를 했다면 방광이 꽉 찬 것을 느끼는 것이 매우 어렵다. 또는 자궁수축에 안 좋은 영향을 미칠 것을 걱정해 산모가 스스로 몸을 움직이는 것을 원하지 않을 수도 있다. 따라서 의료진은 산모에게 간이 화장실을 제공하거나 방광에 카테터를 연결하여 중간마다 방광을 비워줄 것이다.

• **음모는 모두 밀어야 하나요?**

꼭 그렇지는 않다. 예전에는 산모의 음모를 미는 것 또한 분만이 이루어지는 부위를 청결하게 하려는 기본적인 규칙과도 같았다. 오늘날에는 음모를 통해 감염이 이루어지지 않는 것이 확인되었기 때문에 음모를 미는 일은 드물다.

• 처음 보는 많은 사람들 앞에서 맨몸을 드러내야 하나요?

분만을 하는 중에 의료진들은 주기적으로 산모의 질 검사를 하면서 분만 진행 정도를 살필 것이다. 실제 분만을 할 때는 담당 의사, 분만 코치 그리고 보통 최소 한 명이상의 간호사가 산모와 함께 할 것이다. 때때로 출생 직후 아기의 상태를 살피기 위해 소아과 의사도 옆에 있을 수 있지만 그 외에 분만실에 누가 있는가 하는 것은 모두 산모에게 달려있다.

분만을 도와주는 의료진들은 거의 매일 분만과정을 지켜보기 때문에 이와 같이 과정에 매우 익숙해져 있다. 대학병원인 경우에는 산모의 분만과정을 의학과 학생들이 관찰해도 괜찮은지 산모에게 묻기도 한다. 의학과 학생들도 또한 전문가들로 분만을 옆에서 보조할 수도 있기 때문에 산모에게 도움이 될 수 있다.

• 분만 중에 시끄럽게 해도 상관이 없나요?

분만은 적극적인 신체활동으로 집에서 운동이나 집안일을 할 때와 마찬가지로 분만을 하면서 끙끙대거나 소리를 낼 수 있다. 그러므로 분만 중 소리를 내는 것에 대해 걱정할 필요가 없다. 이것은 지극히 자연스러운 일로, 적어도 옆에 있던 의사가 놀라는 일은 없을 것이다.

• 분만으로 인해 아기가 다칠 수 있나요?

아기가 세상으로 나오는 과정은 먼 거리는 아니지만 꽤 험난하다. 분만 중 가장 힘든 시기 동안 아기는 폭이 좁은 산도를 따라 밖으로 밀려난다. 엄마의 골반을 지나기 위해서 아기는 나선모양으로 회전하면서 움직여야 한다. 때때로 격렬한 분만과정 동안 받는 스트레스에 대한 반응으로 아기의 심장박동이 느려지기도 하는데, 이것은 예상되는 증상으로 심각한 일은 아니다.

남편이 궁금해 할 수 있는 점

• 분만 중에 아내에게 문제가 발생하면 어떻게 해야 하나요?

대부분의 남편들은 아내가 분만을 할 때 매우 두려움을 느끼지만 그런 사실을 잘 인정하려 하지 않는다. 하지만 말로 하든 안 하든 그 두려움은 꽤 클 수 있다. 오늘날 분만 중에 산모가 사망하는 경우는 매우 드물다. 만약 아내의 건강한 분만이 염려된다면 미리 담당 의사와 함께 이야기를 나누길 권한다. 발달된 의학기술 덕에 분만 중에 산모가 사망하는 일이 매우 드물다는 의사의 설명을 들으면 남편은 안심할 수 있을 것이다.

병원에 미리 등록하기

출산 계획에 맞춰 병원이나 분만센터에 미리 등록할 수 있는지 문의한다. 필요한 등록 서류를 제출하고 분만이 시작되기 전에 보험에 관련된 업무들을 처리해 시간을 아끼도록 한다. 종종 출산육아교실 수업에서 병원을 미리 둘러볼 수도 있는데, 자신이 머물며 출산할 병원을 보는 것은 임신부에게 심리적으로도 좋을 것이다.

병원에 입원할 준비하기

분만이 언제 시작될지 모르므로 미리 짐을 싸고 병원에 갈 준비를 해두는 것이 좋다. 다음은 병원에 갈 때 준비해야 할 물건 리스트이다.

분만을 위해 준비해야 할 것

- 시계 : 자궁 수축 시간을 체크할 수 있다.
- 양말과 슬리퍼 : 분만실이 쌀쌀할 수 있다.
- 안경 : 산모는 콘텍트 렌즈를 착용할 수 없다.
- 입술 보호제 : 진통을 완화하기 위한 호흡법을 반복하다보면 입술이 건조해질 것이나.
- 빨 수 있는 딱딱한 사탕
- 등을 마사지 할 수 있는 테니스공이나 밀대 : 산모의 하복부통이 심해지면 유용하게 사용된다.
- CD플레이어나 MP3플레이어
- 책이나 잡지 등 읽을거리
- 보호자를 위한 간식
- 배터리를 충분히 채운 카메라

- 배터리가 충분히 충전된 비디오카메라

- 아기가 태어나면 연락해야 할 사람들의 전화번호 목록

- 공중전화카드 : 병원에서는 휴대폰 사용이 금지될 수 있다.

출산 후를 위해 준비해야 할 것

- 편리한 모유수유를 위하여 앞이 열리는 파자마나 잠옷 가운

- 긴 원피스

- 산모용 브래지어 : 만약 아기에게 모유를 먹일 것이라면 유방을 받쳐주는
  수유 브래지어가 필요할 것이다.

- 속옷

- 세면도구, 화장품, 헤어드라이어

- 집에서 기다리고 있을 다른 자녀들을 위한 선물

- 간식이나 미처 챙기지 못한 물건을 사기 위한 약간의 현금

퇴원을 위해 준비해야 할 것

- 헐렁한 옷 : 아마도 임신중기에 입었던 옷 정도의 크기면 적당할 것이다.

- 모자를 포함한 아기 옷

- 아기를 위한 담요

화장품과 같이 미리 짐을 쌀 수 없는 물건들은 리스트를 작성해 두면 병원으로 갈 때 잊지 않고 쉽게 챙길 수 있을 것이다. 서두를 필요는 없지만 그래도 미리 잘 준비해두는 것이 좋다. 또한 퇴원 후 아기를 자동차에 태울 때 사용할 자동차 시트를 준비해야 한다.

편안한 마음먹기

대부분의 임신부가 기대와 걱정이 섞인 감정을 가지고 출산을 맞이한다. 그러나 여성의 몸은 임신과 출산을 하도록 만들어져 있으니 너무 걱정하지 않기 바란다. 물론 분만이 힘든 것은 사실이다. 하지만 진통을 줄이는 방법을 미리 배워두면 가능한 쉽게 그것을 넘길 수 있을 것이다.

많은 임신부들이 임신 마지막 주에는 집에서 에너지 넘치는 행동을 보인다. 정신없이 집안 청소를 하는 등 그동안 미뤄두었던 집안일에 열정적으로 매달리는 것이다. 출산 후 집에 돌아왔을 때 집이 깨끗해야 한다는 생각이 강하게 들겠지만 절대 기진맥진할 정도로 집안일을 해서는 안 된다. 앞으로 있을 출산을 위해 에너지를 아껴두어야 하기 때문이다.

출산 전 준비해야할 일들을 끝내는 것보다 중요한 것은 아기가 태어나기 전에 여유 있는 시간을 즐기는 것이다. 근사한 저녁을 먹고 산책을 즐기거나 취미생활에 빠져보라. 책을 읽고 남편과 꼭 껴안고 잠을 자거나 친척이나 친구의 집을 방문하는 것도 좋다. 바쁜 일상을 보내다보면 분만을 기다리기가 훨씬 나을 것이다.

출산할 때 몸에는 어떤 변화가 일어나나

당신은 아기의 탄생을 기다리며 기쁘게 마지막 출산 준비를 하고 있을 것이다. 한편 이 시기에는 당신의 몸도 출산을 위한 준비를 한다. 분만이 시작될 때가 다가올수록 아기가 곧 태어날 것 같은 분명한 징조들이 나타나는 것이다. 하강감, 가진통(브락스톤–힉스 수축) 그리고 혈성이슬(bloody show)같은 여러 변화들이 그것이다.

하강감

출산 예정일이 다가올수록 임신부는 출산을 위해서 태아가 자신의 골반 아래로 깊이 내려가는 것을 느끼게 되는데, 아기가 내려가는 이러한 자연스러운 현상에 대한 느낌을 하강감이라고 한다.

임신부의 외형을 통해서도 태아가 내려왔는지 알 수 있다. 옆모습을 보면 임신부의 불러 나온 배가 아래로 처지고 기울기가 심해질 것이다. 또한 임신부의 호흡이 훨씬 쉬워진다. 그 이유는 임신부의 횡격막에 압력을 가하던 태아가 골반 아래로 내려가서 더 이상 압력을 가하지 않기 때문이다. 마찬가지로 위쪽 복부에 여유 공간이 생겨서 음식을 배불리 먹기도 훨씬 수월해질 것이다.

반면에 골반 아래로 내려간 태아는 방광에 더 큰 압박을 가하게 된다. 임신부는 골반 하부가 태아와 부딪칠 때마다 쑤시는 것 같은 통증이 있을 것이다. 무게중심은 더욱 낮아져서 균형을 잡기 약간 힘들 수 있다. 하지만 일부 여성들은 아무런 변화를 느끼지 못하기도 한다.

만약 초임부라면 태아의 하강은 아마 분만이 시작되기 2~4주 전쯤 발생할 것이다. 그에 반해 출산 경험이 있다면 태아는 분만 바로 몇 시간 전에 내려올 수도 있고 심지어는 분만 중에 내려오기도 한다. 따라서 태아의 하강감이 곧 분만이 임박했음을 알려주는 신호인 것은 아니다.

브락스톤–힉스 수축(가진통)

임신 4~9개월 기간 동안 임신부는 때때로 자궁이 당기는 느낌이 나면서 통증이 없는 가진통을 경험하게 된다. 손을 복부에 올려두면 더욱 확실히 느낄 수 있는데, 이러한 현상을 가진통(브락스톤–힉스 수축)이라 부른다. 이것은 자궁이 분만을 준비하고 있음을 알려주는 것으로 분만 전에 근육을 강화하는 운동을 미리 하는 것이다.

출산 예정일이 다가오면서 이러한 가진통은 일반적으로 강도가 세지며 심지어 통증이 동반되는데, 때때로 브락스톤-힉스 수축이 실제 분만과 혼동되기도 한다.

하지만 브라스톤–힉스 수축은 불규칙적으로 나타나며 임신부가 안정을 취하면 멈추기도 하는 반면에 실제 진통은 임신부의 활동과는 상관없이 일정한 간격을 가지고 강도가 세진다.

아기의 자세와 위치

임신후기에 이르면 의사는 태아의 자세와 위치에 대해서 의학적인 상황들과 함께 설명할 것이다. 여기서 태아의 자세란 자궁 안에서 태아의 위치를 말하는데,

태아의 예를 들어 얼굴이 왼쪽을 향하는지 오른쪽을 향하는지, 머리가 먼저인지 다리가 먼저인지 등을 의미한다. 임신 중에 태아는 자궁 안에 떠있는 상태이기 때문에 다소 자유롭게 자세를 바꿀 수 있다.

하지만 일반적으로 임신 32~36주 사이에 태아는 분만을 위해서 머리를 아래쪽으로 두는 자세를 취하게 된다. 이렇게 머리가 아래를 향하는 자세를 두정태위 또는 정상위라고 부른다.

그러나 아기가 다른 자세를 취하고 있을 수도 있다. 때로는 다리가 아래를 향하고 있거나(둔위) 옆으로 누워있는 경우(횡와위)도 있다. 출산 예정일이 가까워지면서 의사는 임신부의 복부 외형을 보고 아기의 자세를 짐작하는데, 때로는 내진이나 초음파를 검시를 할 수도 있다.

사연분만 시 아기는 사궁에서 실 쪽으로 내려오면서 산보의 골반을 통과해야만 하다 태아선진부 하강정도(station)란 태진시 태아선진부의 하강정도로 태아선진부가 골반입구에서 궁둥뼈가시(ischial spine) 사이에 위치할 때 하강정도-5,-4,-3,-2,-1 및 0으로 하고 궁둥뼈가시에서 골반출구까지를 하강정도 +1,+2,+3,+4,+5로 세분화한 것이다.

태아선진부의 하강정도를 파악하는 것이 중요한데, 궁둥뼈가시는 골반입구와 골반출구의 중간 부분에 위치하고, 태아선진부가 궁둥뼈가시 부위에 있을 때를 하강정도 0이라 한다. 태아선진부가 하강정도 0또는 그 이하에 있으면 골반에 진입되어 있음을 의미한다.

진입이 일어나는 시기는 임신 36주부터 진통 시작 이후까지 다양한데, 대부분의 초임부는 진통이 일어나기 전에 태아의 머리가 이미 진입되어 있지만 경임부의 경우에는 대부분 진통이 시작된 이후에 진입하기 시작한다.

혈성이슬(Bloody show)

임신기간 중에 자궁경부는 점액 덩어리로 채워져 있다. 이 점액 덩어리들은 자궁경부와 질 사이를 채워서 자궁에 박테리아가 침입하거나 자궁이 세균에 감염되지 않도록 한다.

이것은 분만이 시작되기 몇 주 혹은 몇 시간 전에 배출되는데, 이러한 현상을 혈성이슬이라 부른다. 아마 약간의 출혈과 함께 갈색 점액 덩어리가 질 밖으로 나온 것을 발견할 수 있지만 때로는 이러한 점액 덩어리의 배출을 전

매운 음식을 먹으면 분만이 시작될까?

대부분의 임신부들은 분만을 시작하게 한다는 민간요법에 대해 최소한 한 가지라도 들어보았을 것이다. 예를 들어 출산 예정일이 가까워졌을 때 다음에 나열된 민간요법을 하면 분만에 도움이 된다는 이야기를 말이다.

– 자주 걷기, 성관계 갖기, 운동, 설사약 복용, 유두 자극하기, 매운 음식 섭취, 울퉁불퉁한 길에서 자동차 운전하기, 금식, 깜짝 놀라기, 피마자유 섭취, 허브 차 마시기

이러한 오랜 민간요법 중에 진짜 효과가 있는 것이 있을까? 몇몇 민간요법은 약간의 과학적 근거를 기반으로 하고 있기도 하다. 출산 후 아기에게 모유를 먹이는 것과 비슷하게 유두를 자극하는 것은 자궁의 수축을 유도한다. 성관계를 가지면 자궁수축이 촉진된다는 민간요법도 생물학적으로는 그럴듯하다. 왜냐하면 분만유도제에 사용되는 물질과 유사한 성분이 남성의 정액에 들어 있기 때문이다. 그러나 약간의 과학적 근거가 있다고 하더라도 담당 의사가 임신부에게 민간요법을 시도할 것을 권유하지는 않을 것이다.

실제로 의사는 임신 9개월이 되면 자궁 내로의 감염을 막기 위해서 성관계를 갖는 것을 금할 것을 권유한다. 또한 유두 자극 역시 불필요한 자궁수축을 일으킬 수 있으므로 이 역시 하지 못하게 할 것이다.

대부분의 민간요법들은 과학적 근거를 갖고 있지 않을 뿐 아니라 효과가 있지도 않다. 일부 민간요법의 경우에는 경솔한 짓이기까지 한데, 예를 들어 금식은 뱃속의 아기에게 정말로 치명적이다. 결론적으로 분만을 시작하기 위해 임신부가 할 수 있는 방법은 없다. 단지 전문가들은 만삭 시 산책 등 가벼운 운동이 도움을 줄 수 있다고 조언할 뿐이다.

혀 알아채지 못 할 수도 있다. 분만이 시작되기까지 몇 주 이상이 남았더라도 이슬 현상은 나타날 수 있으며, 이것은 얼마 후 분만이 일어날 것임을 알리는 것이다.

분만이 임박했음을 알려주는 증상들

정상적인 임신이라면 28주까지는 4주에 한번, 36주까지는 2주에 한번, 그 이후에는 매주 정기적으로 병원에 방문하도록한다. 건강한 임신부라면 방문 횟수를 줄일 수 있지만, 임신 중 고혈압성 질환을 가진 경우는 매주 방문을 하도록 횟수를 증가할 수 있다. 정기적 산전 관리의 목적은 임신부의 건강과 태아의 성장을 평가하는 것이다.

검사항목은 태아측면에서는 태아 심장박동 소리와 자세, 태아의 크기 및 성장도, 양수 양, 태동, 임신말기에는 태아의 선진부 및 하강도이며, 모체측면에서는 혈압, 체중, 소변의 당 단백, 두통 복통, 흐릿한 시력, 출혈 등의 증상 여부, 자궁저의 높이, 내진을 통한 태아의 선진부, 하강도, 골반의 크기와 모양, 자궁 경부의 단단함, 소실, 개대 징도를 평가한다. 조산의 위험이 높은 임신부는 자주 그러나 조심스럽게 자궁경부의 조기 소실과 개대 여부를 확인하여야 한다.

'분만이 시작했는지 내가 어떻게 알 수 있나요?' 라는 질문은 의사들이 예비 엄마에게 듣는 가장 흔한 질문 중 하나이다. 출산 경험이 있는 여성들은 '그저 때가 되면 알게 돼요' 라며 속 시원히 대답해주지 않을 것이다. 첫 출산을 기다리는 임신부와 남편이라면 혹시 병원으로 가는 길에 아기가 태어날까봐 매우 걱정하지만 실제로 그러한 상황은 그리 쉽게 일어나지 않는다.

물론 분만이 갑자기 시작돼 빠르게 진행될 수도 있다. 하지만 대부분은 그렇지 않아서 작고 미묘한 증상들이 분만의 시작을 알린다.

얇고 부드러워지는 자궁경부

분만이 시작됨을 알려주는 증상 중 하나는 자궁 문이 열리고 자궁경부와 자궁입구의 근육이 얇고 부드러워지는 것이다. 보통 길이가 3cm 정도 되는 자궁경부는 분만이 진행되면서 점점 짧아지고 두께 역시 종이 한 장 정도로 얇아진다. 하지만 임신부는 골반 검사 때 자궁경부를 살피기 전까지 자궁경부가 얇아졌다는 사실을 모르고 있었을 것이다.

분만은 어떻게 시작될까?

태아는 자궁 안에서 약 270일 동안 성장한 후 이제 세상 밖으로 나간다. 그러나 분만이 어떻게 해서 시작되는가 하는 것은 여전히 의학 미스터리로 남아있다. 어쨌거나 당신의 몸은 아기가 세상에 나오는 때가 언제인지를 대부분의 경우 매우 정확하게 안다.

분만진통(parturition)은 현대의학이 아직까지도 풀지 못하고 있는 영역 중의 하나이다. 지금까지 분만진통에 대한 이론은 크게 두 가지 이론으로 설명하고 있는데, 하나는 태아로부터 신호가 전달되어 자궁의 이완상태가 무너져 분만진통이 일어난다는 이론이고, 다른 하나는 자궁수축물질이 분비되어 분만진통을 일으킨다는 이론이다.

현재 의사들은 산모의 몸에서 프로스타글란딘*prostaglandin*이라는 특정 화학물질이 분만 제 2기에 관여하는 것으로 생각한다. 일단 진통이 시작되면 프로스타글란딘은 옥시토신처럼 자궁근육의 수축에 중요한 역할을 한다. 이 때 어떤 것이 산모의 몸을 자극해 프로스타글란딘을 대량 분비하게 하는데, 이것은 강력한 자궁수축을 유도한다. 그리고 이렇게 발생한 자궁수축 및 자궁의 해부학적 변화와 그에 따른 염증반응은 프로스타글란딘의 합성 증가와 그에 따른 분만진통을 증가시킨다.

분만은 출산을 위해 자궁경부가 열리게 하는 일련의 자궁수축이다. 그리고 이 과정에서 각종 화학물질을 분비하는 아기의 샘 시스템(glandular system), 태반, 자궁 사이에서 일어나는 복잡한 신호가 프로스타글란딘의 분비를 자극하는 것으로 보인다. 이러한 분만의 상호과정을 완전히 이해하는 것은 여전히 과학이 풀지 못한 숙제로 남아 있다.

자궁경부가 개대되고 얇아지는 것은 센티미터나 퍼센트로 표현된다. 만약 담당 의사가 "자궁 경부가 50퍼센트 얇아졌습니다."라고 말한다면 이것은 원래보다 두께가 반 정도 얇아졌음을 의미한다.

자궁경부가 완전히 열리면 두께는 최대한 얇아지는데, 이것은 자궁경부 근육이 잘 늘어나 분만 시 태아가 자궁경부의 입구를 지나갈 수 있다는 것을 말해준다.

자궁경부의 확장

임신기간 막바지에 이르면 의사는 당신에게 자궁이 얼마나 열렸는지 말해 줄 것이다. 자궁이 열린다는 것은 분만이 임박했음을 의미한다. 초산일 경우 보통 자궁이 열리기 전에 먼저 얇아지는 반면 출산 경험이 있는 경우에게는 자궁이 먼저 열리고 난 후 얇아지는 것이 일반적이다.

자궁이 열리는 것은 cm로 표현되는데 분만 중에 자궁경부의 입구는 보통 0~10cm까지 열린다. 의사는 자궁 검사를 통해 자궁이 열린 정도를 확인하고 그 정도에 따라 현재 임신부의 자궁 상태를 짐작한다. 자궁이 얇아지고 확장되는 것은 진통의 시작과 함께 분만이 진행되고 있음을 알려주는 신호이기 때문이다.

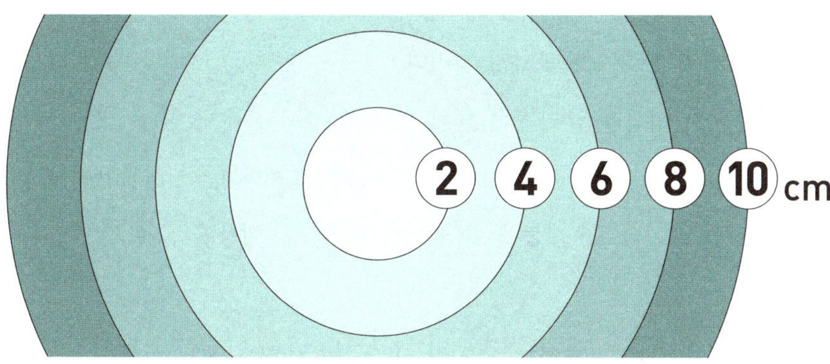

양수가 터짐

분만이 어느 정도 진행되면 아기가 머무르던 양막은 새거나 터지며, 태아의 충격을 흡수해주던 양수가 질을 통해 배출된다. 대부분의 임신부들은 드라마에서처럼 일상생활 중 갑자기 양수가 터지면 분만이 곧 시작될 것이라는 두려움에 사로잡히곤 한다. 하지만 실제로는 극적으로 양수가 터지는 일은 흔하지 않다.

설사 그런 일이 일어난다 해도 그것은 집에 있을 때나 침대에 있을 때 일어날 것이다. 대부분의 경우에는 분만 중 또는 병원에서 의사의 보호를 받을 수 있을 때 양수가 터질 것이다. 만약 분만 중 양수가 저절로 터지지 않았을 때는 의사가 직접 터뜨리기도 한다.

소화기능 장애

많은 여성들이 분만이 시작될 때 설사와 메스꺼움을 겪는다.

자궁수축

분만이 시작되면 자궁이 수축하기 시작하면서 태아가 산도를 따라 아래로 이동한다. 진통은 쑤시는 것 같은 통증과 불편함이 아래쪽 등 부분과 복부에서 시작되는데, 자세를 바꿔도 멈추지 않는다. 시간이 지날수록 진통의 강도는 더 세지고 주기도 빨라질 것이다.

진통은 분만의 시작을 알리는 신호일 수도 있고 아닐 수도 있다. 많은 여성들이 가진통(브락스톤-힉스 수축)을 경험하고는 실제 분만이 시작됐다고 믿을 수 있지만 말이다. 두 진통을 잘 구분하려면 다음 내용을 잘 살펴야 한다.

• 진통주기 : 시계를 이용하여 진통의 시작부터 다음 진통이 시작될 때까지

걸리는 시간을 체크한다. 실제 진통은 주기가 빨라지면서 일정한 패턴을 보여주지만 가진통이라면 주기는 불규칙적일 것이다.

• 진통시간 : 진통이 한번 시작되고 끝날 때까지 지속되는 시간을 체크한다. 처음에는 30초 정도 수축이 있다가 점차 시간이 길어지면서 75초까지 수축이 지속되고 강도도 더욱 커진다. 하지만 가진통은 진통시간과 강도가 일정하지 않다.

그렇다면 언제 분만이 시작될까? 담당 의사는 자신의 지식과 경험에 근거하여 추측하지만 사실 이것은 정말 개인마다 다르다. 일주일이나 한 달 또는 한 달 이상에 걸쳐 임신부의 자궁은 얇아지고 확장될 수 있다. 또는 어떤 사람에게는 단지 한 시간 만에 이 모든 일들이 이루어지기도 한다.

분만을 하면 어떤 느낌이 들까?

진통이 시작되면 어떤 느낌일까? 아마 산모에게는 생리통과 그나마 비슷할 뿐 전에 경험해 보지 못한 느낌일 것이다. 실제 분만에서 진통은 자궁의 위쪽에서 시작되어 복부의 아래로 퍼져 등 아랫부분까지 느껴진다.

아마 산모는 아래쪽 복부와 등, 둔부 또는 서혜부 윗부분에서 통증을 느낄 것이다. 진통은 매우 쑤시고, 압박이 가해지고, 꽉 찬 느낌 또는 경련이나 요통으로 묘사된다.

산모들마다 진통에 대한 느낌은 다양하다. 어떤 산모에게 진통은 강한 생리통처럼 느껴지지만 다른 산모에게는 통증이 너무 심해 출산이 어려울 수도 있다. 그러면 어떻게 통증을 견뎌야 할까? 또 통증은 얼마나 심해질까? 어떻게 하면 분만을 잘할 수 있을까?

출산의 고통은 그동안 당신이 상상했던 것보다 덜 할 수도, 더 할 수도 있다. 모든 경우에 대비하기 위해 가장 좋은 방법은 미리 출산교실에 참가함으로써 분만에 대해 유연성 있게 생각하는 것이다. 진통에 두려움이라는 감정까지 더할 필요는 없다. 자궁의 수축으로 인한 진통은 궁극적으로 분만을 돕기 위한 긍정적인 증상임을 잊지 말아야 할 것이다.

영원히 지속되는 진통이란 없다. 정해진 시간이 지나면 곧 끝이 나는 것이다. 그리고 진통을 완화해주는 방법에는 여러 가지가 있으며, 많은 여성들이 출산 계획의 일부로 이 중 한 개 이상의 방법을 선택한다.

언제 병원에 가야하나?

규칙적인 진통이 시작되었다면 다음 질문은 '언제 병원에 가야하나, 아니면 언제 의사에게 연락할까' 일 것이다. 담당 의사는 당신에게 언제 병원에 와야 하는지 미리 알려주는데, 예를 들어 진통으로 인해 걷기조차 힘들게 되면 병원에 오라고 할 것 수 있다. 대부분의 여성들은 진통이 5분 간격으로 규칙적으로 나타나면 병원으로 오라는 지시를 받는다. 또한 만약 분만 진행이 갑자기 빨라진다면 빨리 병원에 가야 한다.

출산 예정일이 다가올수록 언제든지 찾아갈 수 있는 병원을 정하고 자동차의 연료를 채워두는 등 만반의 준비를 해둔다. 병원에 도착해서 어디에 주차를 해야 병원 안으로 이동하기 편할지 주차 공간을 미리 체크해두는 것도 매우 좋은 생각이다. 분만이 시작되어 한밤중에 병원에 가야할 경우 집에 남겨지는 자녀를 맡기거나 도움을 청할 수 있는 친구나 이웃에게 미리 부탁을 해두는 것도 좋다.

혹시 분만이라고 오해한 거라면?

텔레비전이나 영화를 보다 보면 임신한 여성이 한밤중에 일어나 자기 배에 손을 얹으며 옆에서 자고 있는 남편을 조용히 깨우면서 '여보 일어나요. 아기가 나오려나 봐요' 라고 말하는 장면을 종종 볼 수 있다. 하지만 실제로는, 특히 출산 경험이 없다면 대체 분만이 시작되는 것을 어떻게 알게 되는지 매우 궁금할 것이다. 5분 간격으로 찾아오는 주기적인 진통이 시작되면 당신은 병원으로 갈 것이다. 그런데 막상 도착했는데 진통이 멈출 수 있다.

이 때 의사는 당신을 다시 집으로 돌려보내며 아직 본격적인 분만이 시작되지 않았다고 하거나 자궁이 열리지 않았다고 할 것이다. 이와 같은 일이 발생하면 당황하거나 두려워하지 말고, 대신 좋은 연습을 했다고 생각하면 된다. 가진통과 실제 진통을 구분하는 것은 매우 까다롭다. 구분하는 가장 확실한 방법은 질 검사를 통해 자궁이 열렸는지를 확인하는 것이다. 그러므로 자신이 느끼는 진통이 실제 진통인지 궁금하거나 그 외에 다른 질문이 있다면 의사에게 전화하도록 한다.

대부분의 의사들은 양수가 터졌을 경우 병원에 오기를 권유할 것이다. 임신부의 건강이 염려되면 의사는 되도록 빨리 병원에 오도록 지시하게 된다. 어쨌든 무엇이든지 담당 의사와 상의하고 결정하는 것이 가장 현명한 방법이다.

분만단계

분만은 고정된 한 순간의 이벤트가 아니다. 분만은 연속적인 것이며, 한 시간에서 24시간 이상까지 진행되는 과정이다. 그렇다면 대체 분만 시간은 얼마나 걸릴까? 분만 시간은 여러 요인들에 의해 결정된다.

일반적으로 첫 아기를 낳을 때 분만은 더 오래 걸리는데, 그 이유는 초임부의 경우 자궁(자궁경부)과 질(산도)이 덜 유연해서 열리는 데 시간이 더 필요하기 때문이다. 초산인 경우 분만은 평균 14시간, 보통 12~24시간 정도 지속되지만 출산 경험이 있는 경우라면 분만 시간은 평균 6시간, 보통 4~8시간 정도이다.

분만은 얼마동안 지속되며, 또 개인마다 얼마나 다르게 진행될까? 모든 상황이 똑같지는 않지만 분만 과정은 대략 다음과 같이 진행된다. 분만과정은 3단계로 나뉜다. 제 1기는 태아가 자궁 밖으로 나오기 위해 자궁이 열리는 단계이다. 제 2기는 태아를 자궁 밖으로 밀어내 세상에 태어나게 하는 시기이다. 마지막으로 분만의 세 번째 단계는 후산, 즉 태반이 배출되는 시기이다. 이 중 분만 첫 번째 단계가 가장 시간이 오래 걸리는데, 이것은 다시 잠복기, 활성기, 이행기 이렇게 세 시기로 나뉜다.

분만진통의 3단계

제 1기 : 태아의 만출을 위해서 자궁경부가 열리는 시기로 잠복기, 활성기, 이행기로 나뉜다.

제 2기 : 자궁경부가 10cm 열린 후 태아가 나오기까지

제 3기 : 태반과 태아막이 배출되는 시기

제 1기 : 잠복기, 활성기, 이행기

잠복기

자궁경부가 열리기 시작하면 태아는 자궁 밖으로 나오기 위해 질 쪽으로 내려간다. 시간이 지날수록 닫혀 있던 자궁입구가 완전히 열리게 되는데, 그 길이가 10cm에 달한다. 이렇게 자궁이 넓게 열려야 태아의 머리가 충분히 지날 수 있게 된다. 태아가 머물던 자궁은 근육으로 이루어진 속이 비어있는 신체기관이다. 즉 크기가 크고 위아래로 유연성을 가지고 있는 병(bottle)이라고 생각하면 된다. 자궁의 입구인 자궁경부는 쉽게 표현하면 병의 목 부분에 해당된다. 분만이 시작될 때에는 자궁이 닫혀 있지만 곧 자궁이 수축되고 진통이 시작되면서 아래쪽으로 압력이 가해지면서 자궁경부가 열리게 되는 것이다. 이렇게 가해지는 압력은 두 가지 방법으로 분만에 영향을 준다. 즉 진통 중에 태아는 자신을 밀어내는 힘을 받는 동시에 얇아진 자궁경부가 태아의 머리를 잡아당기는 것이다.

• 무슨 일이 일어나나 : 잠복기는 산모의 자궁경부가 약 0~3cm 정도 열리는 기간을 말한다. 보통 이 시간이 가장 오래 걸리지만 다행히 진통은 가장 덜하다. 잠복기는 진통의 시작과 함께 시작되는데, 산모마다 나타나는 증상 또는 반응들이 매우 다양하다. 진통이 너무 미미하고 불규칙적이어서 심지어 어떤 산모는 분만이 시작된 것도 모를 것이다. 또 어떤 산모는 진통이 시작된 후 단지 몇 시간 만에 자궁이 10cm까지 완전히 열리기도 한다.

일반적으로 잠복기 단계에서 진통은 한번에 30~60초 정도 지속된다. 진통은 5~20분마다 규칙적 혹은 불규칙적으로 발생할 수도 있는데, 이때의 진통은 산모가 견딜만한 수준이다. 진통이 시작되면 산모에게 척추통증, 위장 문제 또한 설사 등의 증상이 나타날 수 있다. 일부 여성들은 복부가 따뜻해지는 느낌이 날 때 분만이 시작됐다고 말한다.

또한 산모는 혈액이 섞여 있는 점액 덩어리가 질을 통해 배출되는 이슬현상을 볼 수 있을 것이다. 이슬현상은 자궁경부가 열리기 시작하면서 나타난다. 잠복기는 몇 시간에서 하루까지 지속될 수 있기 때문에 산모는 인내심을 가져야 할 필요가 있다. 자궁은 완전히 열리기 전에 충분히 부드러워져야 하므로 분만은 꼭 진통이 시작될 때 함께 시작되지는 않는다. 자궁이 열리기 전 특히 초산인 경우에는 몇 시간, 심지어는 며칠 농안 불규직적이고 고통스러운 진통이 찾아올 것이다.

• 어떤 느낌일까 : 분만이 시작되고 초기 몇 시간 동안은 보통 집에 머물게 될 것이다. 실제로 많은 여성들이 그렇게 하고 있다. 임신부에게 아무 문제나 고통이 없다면 휴식을 취하며 낮잠을 잘 수도, 일을 할 수도 있다. 또는 일부 여성들은 평상시와 같이 생활하면서 분만이 시작된 것을 거의 느끼지 못할 지도 모른다. 처음 진통이 시작되면 임신부는 몇 달 동안 기다려왔던 아기

를 이제 무사히 볼 수 있다는 생각에 흥분을 감추지 못하고 들뜨는 한편 때로는 두려울 것이다. 그럴수록 편안한 마음을 가져야 한다. 기억해야 할 점은 이 순간을 위해 오랫동안 준비해왔다는 것이다. 이제 모든 준비는 끝났다!

• 무엇을 할 수 있을까 : 주기적인 진통을 강하게 느낄 때까지 임신부는 집안 일을 하거나 텔레비전이나 영화를 볼 수 있다. 또는 게임을 하거나 전화통화를 할 수도 있을 것이다. 무엇이든 정신을 분산시켜 진통을 잊을 수 있도록 가장 하고 싶은 일을 찾아 집중한다. 의자에 앉아 쉬거나 일어나서 움직이는 것도 좋다. 걷는 것은 진통을 줄여주는 좋은 방법이기 때문이다. 잠복기 동안 진통을 줄이는 데 도움이 될 만한 것들로는 다음과 같은 것이 있다.

- 간단한 샤워 또는 목욕하기
- 조용하고 편안한 음악 듣기
- 남편에게 연락하기
- 천천히 깊게 숨쉬기
- 자세를 자주 바꿔주기
- 물, 주스 등 음료수 마시기
- 가볍고 몸에 좋은 간식 먹기
- 젖은 수건으로 몸을 시원하게 하기
- 건조한 입술에 입술 보호제 바르기
- 화장실 자주 가기

등 아래쪽에 통증이 있다면 냉찜질이나 온찜질 혹은 둘을 번갈아가며 찜질을 하는 것이 좋다. 아니면 통증을 줄이기 위해서 테니스 공이나 긴 막대 등을

분만에 영향을 미치는 요인들

분만의 진행에 영향을 미치는 여러 요인에는 다음과 같은 것이 있다.

아기의 머리 크기

두개골 뼈가 아직 완전히 결합된 것은 아니기 때문에 아기의 머리는 산도를 따라서 엄마의 골반을 지나는 동안 모양과 크기가 달라진다. 한편 아기의 머리가 적절치 못한 각도로 산도를 지난다면 산모가 느끼는 불편함의 위치와 강도 그리고 분만 시간 등에 영향을 미칠 것이다.

아기의 자세

아기가 하는 턱을 가슴 쪽으로 둔 채 머리가 가장 먼저 산도를 지나도록 아기가 자세를 취하고 있다면 분만은 가장 쉽게 진행된다. 왜냐하면 아기 몸중 직경이 가장 좁은 부분이 밖으로 빠져나오게 되기 때문이다. 하지만 아기가 언제나 이런 바람직한 자세를 취하고 있는 것은 아니다. 때로는 둔부나 다리가 먼저 세상에 나오는 브리치 상태일 수도 있다. 심지어는 자궁속에서 옆으로 누워있거나 어깨가 가장 먼저 세상에 나올 수도 있다.

산모의 골반 형태와 크기

골반은 빈 공간을 만드는 세 개의 뼈로 구성돼 있으며, 분만 시 아기의 머리가 이 곳을 지나간다. 대부분의 아기들은 그 크기가 엄마의 골반을 지나기에 적당한데, 그 이유는 골반이 작은 여성의 경우 크기가 작은 아기를 임신하는 경향이 있기 때문이다. 또한 자연은 또 다른 방법으로 골반이 작은 산모가 원활히 분만을 하도록 돕는다. 분만이 가까워지면 태반은 릴랙신*relaxin*이라는 호르몬을 분비한다. 이 호르몬은 인대를 완화해 골반을 넓어지게 하는데, 이 때문에 산모는 임신후기 뒤뚱거리며 걷게 된다. 어쨌든 이렇게 넓어진 골반은 아기가 잘 지날 수 있는 충분한 공간이 된다.

자궁경부가 얇아지고 열리는 능력

드물게 자궁경부가 얇아지지 않거나 열리지 않는 경우도 있지만 대부분의 분만에서 자궁경부는 충분히 열릴 것이다. 그러나 완전히 열리는 데 걸리는 시간은 산모마다 매우 다양하다.

아기를 밀어내는 산모의 힘

아기를 밀어내기 위해 산모는 복부 근육을 사용하므로 체력이 좋은 산모라면 더 쉽게 분만할 수 있다. 하지만 긴 시간 지속되는 분만으로 인해 산모가 지쳤다면 아기를 밀어내는 힘의 효과가 덜 할 것이다.

산모의 신체 상태

건강한 상태로 분만이 잘 진행되고 휴식도 충분히 취한다면 산모는 자궁수축을 통한 분만에 좀 더 힘을 줄 수 있을 것이다. 하지만 초기 분만이 너무 길어지거나 산모가 아프거나 피곤하다면 아기를 밀어내기에는 이미 기진맥진한 상태일 것이다. 산모가 가지고 있는 에너지는 진통을 견디는 것과 분만에 집중하는 능력에 영향을 미칠 수 있다.

분만에 대한 산모의 마음가짐

산모가 분만에 대해 긍정적인 생각을 가지고, 앞으로 무슨 일이 진행될지 잘 알고 있다면 그리고 의료진을 신뢰하고 자신의 분만에 관해 선택한 것들을 생각하다보면 어느새 분만 활성기에 들어서 있을 것이다. 분만에 대해서 걱정하고 두려워하는 여성일수록 보다 힘든 시간을 보내게 된다. 왜냐하면 스트레스는 산모의 신체적 반응에도 영향을 미쳐서 때로는 분만을 방해할 수 있기 때문이다.

의료진들로부터의 도움

분만실에 있는 의사, 간호사, 분만 보조자 또는 남편 모두 분만이 잘 진행되도록 돕고 산모를 안정시키기 위해 노력할 것이다. 그들은 분만을 위해 필요한 모든 것들을 제공할 수 있다. 특히 중요한 것은 산모와 산모를 돌봐주는 의료진들 간의 긴밀한 관계이다. 현재 어떤 상황인지를 설명해주며 분만을 도와주는 담당 의사에게서 산모는 편안함을 느끼면서 보다 긍정적인 마음으로 출산을 위해 노력할 것이다.

의약품

진통 완화를 위한 특정 의약품들은 분만 진행을 돕기도 또는 저지하기도 한다. 대개분만 초기에 진통제를 사용하면 보다 편하고 쉽게 분만을 할 수 있다. 또한 통증이 줄어 편안해지면 산모가 아기를 밀어내는 데 힘을 더 쏟을 수 있다고 일부 의사들은 생각한다. 하지만 만약 진통제가 분만 속도를 늦추고 산모가 아기를 밀어내는 데 방해가 된다면 앞서 말한 긍정적인 효과를 상쇄하게 될 것이다. 따라서 진통을 견딜 수 없을 때에만 진통제 사용을 고려하는 것이 좋다.

가지고 등을 문질러줄 수도 있을 것이다. 주의할 점은 통증을 덜기 위해서 아세타미노펜(acetaminophen, 타이레놀 등의 주성분)을 제외한 기타의약품, 아스피린, 마약성 진통제를 의사의 처방 없이 복용해서는 안 된다는 것이다.

검사를 하지 않고는 분만이 본격적으로 진행되고 있는지 확실히 알 수 없다. 하지만 나타나는 여러 증상들을 통해 병원에 가야할 때인지를 적절히 판단할 수 있다.

특히 의사는 진통 시간과 강도를 통해 분만이 어디까지 진행됐는지 정확하게 파악할 수가 있으므로, 분만이 시작된 후 언제 병원에 가야 하는지 궁금하다면 담당 의사에게 물어 보는 것이 좋다.

• 병원에 도착한 후 : 의사에게 상태를 점검받고 입원 수속이 완료되면 당신은 입원실 또는 분만실로 향하게 될 것이다. 그리고 나서 환자복이나 잠옷으로 갈아입고 자궁이 얼마나 열렸는지 검사를 받는데, 몸에 태아감시장치를 연결해 진통 시간과 태아의 심장박동을 체크 받을 것이다. 맥박, 혈압, 체온과 같은 산모의 활력 징후(vital sign) 역시 분만 중 계속해서 주기적으로 체크된다.

산모는 보통 손등이나 팔에 플라스틱 튜브와 연결된 정맥주사를 맞는데, 이 주사는 산모의 몸속으로 약물이 들어가게 하는 역할을 한다. 플라스틱 튜브는 이동이 가능한 지지대에 걸려있어서 산모가 걷거나 화장실에 갈 때도 자유롭게 움직일 수 있다.

정맥주사를 통해 산모는 분만 중에도 계속 수분을 공급받을 수 있고, 필요하다면 옥시토신(진통 촉진제) 같은 약물도 투여 받을 수 있다. 대개의 경우 많은 의사들이 분만 초기에 정맥주사를 놓지만 산모를 위해서 그렇게 하지 않는 경우도 있다. 마취 없이 하는 보통 분만의 경우 이러한 정맥주사는 꼭 필요하다기보다는 발생할 수 있는 문제에 대비하기 위한 목적이 강하다.

예를 들어 자궁수축이 자궁경부를 열만큼 강하지 않다면 자궁수축을 돕는 약물을 투여 받을 수도 있다.

또한 규칙적으로 일어나던 자궁수축이 분만 도중 멈추기도 하는데, 만약 몇 시간 동안 분만이 멈추면 의사는 양수를 터뜨리거나 옥시토신을 투여해 인위적으로 분만을 자극할 것이다.

활성기

활성기는 분만 제 1기 중에서 두 번째 단계에 해당된다. 이 시기에는 3~4cm 정도 열렸던 자궁이 7cm까지 열린다.

• 무슨 일이 일어나나 : 활성기는 엄마가 되기 위해서 꼭 견뎌야 하는 산고가 본격적으로 시작되는 단계이다. 자궁의 수축은 더욱 강해지고 점차 수축 시간도 길어져, 아마도 45초 혹은 그 이상 진통이 지속될 것이다. 또한 3~4분 간격으로 진통이 있을 것인데, 이것은 2~3분 간격으로 더 짧을 수도 있다. 어찌 됐든 진통과 진통 사이에 산모가 쉴 수 있는 시간이 점점 줄어든다는 것은 확실하다.

하지만 좋은 소식은 한 번 진통이 시작되면 진통시간은 보다 짧아진다는 것이다. 자궁이 계속 열리고 있는 동안 태아는 산모의 골반을 따라 아래로 이

분만 시 척추통증을 줄이는 요령

일부 여성들은 분만 중, 특히 활성기와 이행기를 지날 때 척추에 매우 강한 통증을 느낄 것이다. 흔히 산모의 척추통증은 잘못된 자세로 아기가 산도에 진입하면서 아기의 머리가 꼬리뼈에 압박을 가하기 때문에 일어난다. 하지만 모든 여성들이 이런 경우를 겪는 것은 아니다. 일부 산모들은 단순히 다른 부분보다 척추가 조금 더 아프게 느껴진다. 척추통증을 줄이기 위한 방법으로는 다음과 같은 것들이 있다.

- 분만 보조인에게 아래쪽 척추를 가볍게 마사지해줄 것을 부탁한다. 손이나 손가락 관절을 이용해 직접 누르거나 그 부위를 마사지해달라고 하면 된다.
- 테니스 공이나 밀대를 꼬리뼈 아래로 굴린다.
- 좀 더 편안함을 느낄 수 있도록 분만 보조인에게 실내 온도를 조절해 줄 것을 부탁한다.
- 보다 편한 자세를 취한다.
- 할 수 있다면 샤워를 하고 아래쪽에 따뜻한 물을 뿌린다.
- 원한다면 에피듀럴이나 신경 마취제 투여를 요청할 수도 있다.

동한다. 약 1cm 정도 열렸던 자궁은 활성기를 거치면서 보통 4cm까지 더 열릴 것이다.

출산 경험이 있는 산모라면 자궁이 열리는 속도는 더욱 빠르다. 평균적으로 활성기는 3~8시간 지속되는데, 잠복기보다는 시간이 짧게 걸리지만 통증은 훨씬 크다. 아마 산모는 활성기 단계에 이르기 전에 병원에 도착할 것이다. 분만이 진행되는 동안 자궁의 변화를 살피기 위해 의사는 몇 차례 골반 검사를 실시한다. 또한 진통이 있을 때마다 태아의 상태와 산모의 활력 징후도 체크한다. 태아감시장치는 태아의 심장박동을 체크할 것이다.

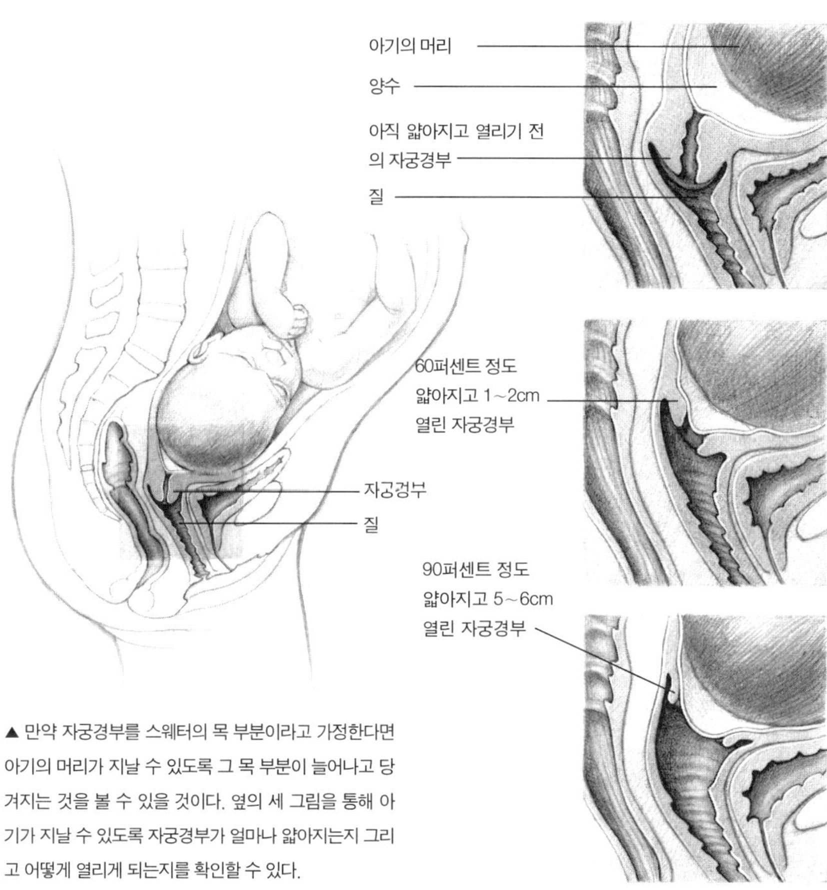

▲ 만약 자궁경부를 스웨터의 목 부분이라고 가정한다면 아기의 머리가 지날 수 있도록 그 목 부분이 늘어나고 당겨지는 것을 볼 수 있을 것이다. 옆의 세 그림을 통해 아기가 지날 수 있도록 자궁경부가 얼마나 얇아지는지 그리고 어떻게 열리게 되는지를 확인할 수 있다.

만약 산모의 양막이 아직 터지지 않았다면 이 시기에는 자궁경부가 더 많이 열리면서 터지게 될 것이다. 또는 의사가 직접 양막을 터뜨려 양수가 새어 나오도록 할 수도 있다.

• 어떤 느낌일까 : 활성기 동안에 산모의 진통은 더욱 심해지고 척추에 보다 큰 압박이 가해지는 것을 느낄 것이다. 산모는 아마 진통으로 인해 말도 할 수 없을 것이다. 하지만 활성기 초반에는 곧 아기가 태어난다는 생각에 산모는 보통 기분이 좋아지고 흥분할 수 있으며, 진통이 잠시 멈춘 사이에 이야기하거나 텔레비전을 보고 음악도 들을 수 있다.

분만이 계속 진행되면서 진통은 더욱 고통스러워진다. 그러면 처음의 흥분된 마음은 점점 사라지면서 매우 피곤하고 지칠 것이다. 일부 산모들은 자신이 예민해지고 화도 잘 내게 되었다고 말한다. 이처럼 산모는 진통으로 인해 더 이상 말할 수 없을 만큼 고통스러울 때를 겪을 것이다.

분만실에서 진통을 하면서 산모는 출산교실에서 배운 호흡법이나 통증 완화 방법들이 진통을 견디고 분만을 하는 데 실제로 얼마나 중요한지를 깨닫게 될 것이다. 한편으론 '내가 정말 잘 할 수 있을까? 라는 의문이 끊임없이 들기도 할 것이다. 그러다 보면 산모의 자신감은 흔들리기 시작하고 진통이 영원히 끝나기 않을 것처럼 느껴지기도 한다.

산모는 분만을 잘 진행하기 위해 온힘을 다할 것이다. 분만에 완전히 집중하는 데에는 조용하고 어두운 방이 도움이 될 수 있다. 활성기 동안 산모는 진통이 최고조에 이르렀다가 약해지는 일이 반복될 때마다 옆에서 자신을 도와주는 사람에게 의지하고 싶을 수도 있고, 혹은 반대로 보다 분만에 집중하기 위해 누구의 도움도 원치 않을 수 있다.

분만실에서 쓰이는 기구들

병원에 입원해본 적이 없다면 병원 환경에 약간 겁을 먹을 수 있다. 하지만 분만이 진행되는 과정을 잘 알고 있다면 한결 편안해질 것이다. 다음은 분만실에서 일반적으로 사용되는 의료장비들 및 기구들과 사용되는 때에 대한 설명이다.

• **분만 침대** : 분만 침대는 보통 1인용 침대로 그 높이가 지면에서 매우 높다. 분만 침대는 매우 실용적으로 디자인 돼 있어서 높이를 조절할 수 있으며, 보다 쉬운 분만을 위해 침대의 끝 부분이 없다. 또한 산모가 아기를 밀어내기 위해 힘을 줄 때 잡을 수 있는 막대기도 설치되어 있을 것이다. 대부분의 분만 침대에는 다리를 올려놓는 받침대가 있는데, 이것은 분만 시 도움이 되고, 출산 때 봉합이 필요한 경우에도 쓰인다.

• **태아감시장치** : 이 장비는 산모의 자궁수축과 태아의 심장박동을 기록한다. 태아감시장치의 작동을 위해서 산모의 배에는 두 개의 넓은 벨트가 채워지게 된다. 위쪽의 벨트는 산모의 자궁수축의 강도와 빈도를 측정하고 기록하고,. 나머지 벨트는 보통 산모의 아래쪽 복부에 채워져서 태아의 심장박동을 기록한다.

이것들은 모두 동시에 이루어져 저장되는 동시에, 화면에 상태를 보여줘서 자궁수축과 태아 심장박동 사이의 상호작용을 관찰하게 한다.

그런데 왜 태아감시 장치를 사용할까? 산모의 자궁수축에 대한 태아의 반응은 심장박동으로 나타난다. 자궁수축에 따라 태아의 심장 박동은 빨라질 수도 있고 느려질 수도 있는데, 만약 수축 후 아기의 심장박동이 갑자기 느려진다면 이것은 태아에게 충분한 산소 공급이 이루어지고 있지 않다는 의미일 수 있다. 분만 중 태아의 심장박동이 정상이고 산모의 자궁수축도 잘 진행되고 있다면 신모는 중간에 몸에서 벨트를 풀고 사세를 바꾸거나 걸을 수도 있다.

• **혈압계** : 이 장치는 분만 중에 산모의 혈압을 수시로 체크한다. 산모는 혈압을 체크하기 위한 띠를 팔뚝에 두르고, 혈압을 측정하는 기계와 연결될 것이다.

• **요람** : 아기는 태어나서 의사와 간호사에게 건강상태를 체크 받는 동안 요람에 누워 있게 된다.

• **기타** : 일부 분만실에는 흔들의자, 출산 의자, 도구, 공 등 원활한 분만을 위한 기타 여러 장비들을 갖추고 있을 것이다. 산모는 여분의 베개, 담요, 수건 등을 요구할 수 있다. 어떤 분만실에는 산모가 샤워할 수 있도록 목욕통이나 샤워시설을 갖추고 있기도 한다.

• 무엇을 할 수 있을까 : 호흡법과 명상법을 잘 활용하면 점점 강도가 세지는 진통을 잘 견디는 데 도움이 된다. 하지만 만약 자연분만을 위한 여러 방법들을 그동안 전혀 배우지도 연습하지도 않았다면 산모가 진통을 잘 견딜 수 있도록 의료진이 간단한 호흡법을 설명해줄 것이다. 하지만 호흡법을 적용하는 것이 산모에게 익숙하지 않거나 효과가 전혀 없다면 배운 호흡법을 반드시 사용할 필요는 없다.

많은 산모들이 활성기 동안 진통을 줄여주는 약을 의사에게 요청한다. 보통 활성기 단계에서 경막외마취제가 사용된다. 견디기가 힘들면 진통을 억제하는 방법을 의사와 상의하라. 일부 여성들에 의하면 진통이 점점 심해질 때 배에 분만 공을 굴리거나 따뜻한 물에 샤워를 하는 것이 진통을 완화하는 데 도움이 되었다고 한다.

한편 계속 자세를 바꿔주는 것 역시 아기가 밑으로 내려가는 데 도움이 된다. 특히 산모가 많이 걷게 되면 그 움직임과 중력의 영향으로 분만이 더욱 쉽게 진행된다. 힘들지 않다면 걷기를 계속 하고 진통이 시작되면 멈춘다. 어떤 방법이든지 산모가 움직이는 것은 분만 진행에 도움이 될 것이다.

진통이 잠시 멈출 때마다 몸에 힘을 빼 긴장을 풀도록 한다. 그렇게 하면 분만의 각 단계에서 에너지를 효율적으로 사용하는 데 훨씬 도움이 될 것이다. 중간 중간 자기 자신에게 용기를 북돋워 주는 말을 해주는 것도 좋다. 비록 진통이 매우 고통스럽긴 하지만 지금까지 세상의 모든 여성들이 이와 같은 일을 경험해왔다. 분만은 영원히 지속되는 것이 아니며, 출산을 위한 유일한 방법이자 과정이다. 가능하면 이와 같이 생각하면서 분만에 보다 집중한다면 진통을 견디는 데 도움이 될 것이다.

활성기 동안 거의 매 시간 마다 소변을 보도록 한다. 물론 이제 막 태어나려는 아기 때문에 화장실에 가고 싶지 않을 수도 있다. 그러므로 필요하다면

분만을 위한 산모의 자세

분만을 위한 최고의 자세가 정해져 있는 것은 아니다. 따라서 분만이 시작되면 자신에게 가장 편안한 자세를 찾으면 된다. 어떤 자세가 가장 좋은지 자신의 몸 상태를 잘 살핀다. 한 가지 요령이 있다면 가능한 모든 자세를 취해보는 것이다. 산모가 새로운 자세에 익숙해질 때까지 진통은 강도가 세질 것이다. 그러나 바닥에 등을 대고 누워있는 것은 좋은 분만자세라고 할 수 없다. 왜냐하면 누워있게 되면 자궁의 무게가 주요 혈관에 압박을 가해 자궁으로의 혈액 순환을 방해할 수 있기 때문이다. 산모는 다음과 같은 분만 자세들을 시도해볼 수 있다.

• **반만 눕기** : 산모는 의자에 앉은 것 같이 침대에 등을 기대고 반만 누울 수 있다. 침대의 머리맡을 접어 올리고 머리와 어깨를 베개에 기댄다. 진통이 느껴질 때마다 산모는 자신의 다리나 다리 받침대 근처의 손잡이를 붙잡을 수 있다. 그리고 몸을 뒤로 젖히거나 아니면 앞으로 굽힐 수도 있다.

• **서 있거나 걷기** : 분만 초기일수록 서 있거나 걷는 것이 산모에게 도움이 될 것이다. 특히 분만의 진행 속도가 더딜 때, 서거나 걷게 되면 분만이 다시 잘 진행될 수 있다. 진통이 시작되면 옆에 있는 사람이나 고정된 물체에 기대도록 한다. 물론 산모가 경막외마취 주사를 맞았거나 다리에 여러 의료장비들이 연결되어 있어 침대를 쉽게 떠날 수 없는 상황이라면 분만 중에 서 있거나 걷는 것은 불가능할 것이다. 대부분의 산모들은 분만 초기 단계 또는 경막외 마취를 시작하기 전에 걷는다.

• **무릎 꿇기** : 만약 산모에게 극심한 척추통증이 발생한다면 바닥에 베개를 깔아 그 위에 무릎을 꿇고 침대나 의자 쪽으로 몸을 수그려서 통증을 줄일 수 있다. 이러한 자세는 태아의 무게가 산모의 척추에 덜 실리게 해서 통증을 준다. 분만 침대는 대개 두 부분으로 나뉘어 있는데, 윗부분은 살짝 꺾여 위로 들린다. 산모는 침대 아래 부분에 무릎을 꿇고 위쪽 부분에 상체와 팔을 둘 수 있다.

• **쪼그려 앉기** : 쪼그려 앉게 되면 골반이 보다 넓어져 태아가 산도를 이동하면서 움직일 수 있는 공간이 더 생긴다. 또한 이 자세는 산모가 좀 더 효율적으로 태아를 밀어낼 수 있게 한다. 만약 이 자세가 편안하게 느껴지면 침대 위에서 쪼그리고 앉는다. 단, 진통이 시작되었을 때 침대에서 떨어지지 않도록 자신을 누군가에게 요청해야 할 것이다.

• **앉아 있기** : 산모는 앉아 있고, 남편이 뒤에서 산모를 받쳐주는 자세이다. 또는 남편이 자신의 등을 만져주는 동안 의자에 베개를 대고 기대앉아 있는 것이 편하게 느껴질 수도 있다. 일부 병원에서는 산모가 분만 중이나 아기를 밀어낼 때 사용할 수 있는 의자나 공과 같은 분만 도구들을

갖추고 있으므로 의사와 상담하여 자신이 분만 중에 사용할 수 있는 도구가 병원에 준비되어 있는지 확인하는 것이 좋다.

• **엎드려서 손과 무릎으로 몸을 지지하기** : 분만 중에 엎드려서 손과 무릎으로 몸을 지지하는 것을 부끄러워할 필요는 없다. 많은 산모들이 이러한 자세가 편안하다고 여긴다. 이러한 자세는 분만 중 척추에 보다 압력을 덜 가하고, 아기가 올바른 자세를 취하도록 움직이기 쉽게 해 준다. 태아에게 공급되는 산소의 양을 최대로 하기 위해서 의사가 이 자세를 권할 수도 있다.

• **옆으로 누워있는 자세** :
많은 산모들이 분만 중에 옆으로 누워있을 때 편안함을 느낀다. 이 자세는 자궁과 태아에게 흘러가는 혈액의 양을 최대한 증가하게 하며, 아기의 무게를 덜어 척추통증을 완화할 수 있다.

직접 경험하기 전까지는 어떤 자세가 자신에게 가장 적절한지 알 수 없지만 미리 의사와 함께 여러 분만 자세에 대해 듣고 마음에 드는 것을 선택해 두는 것이 바람직하다.

옆에서 분만을 도와주는 사람에게 말해서 소변을 자주 보고 방광을 미리 비워두도록 한다. 만약 경막외마취제가 투여 되었다면 의료진은 카테터(도뇨관)를 이용하여 산모의 방광을 비우도록 조치를 취할 것이다.
활성기를 거치면서 산모는 약간 구역질이 날 수도 있다. 의사는 산모에게 젤리나 갈은 사과 같은 가벼운 음식을 먹도록 허락할 것이다. 하지만 산모 대부분은 아무런 입맛도 없을 것이다. 이럴 때는 입과 목을 마르지 않게 하기 위해서 얼음 조각이나 딱딱한 사탕을 빨아 먹는 것이 도움이 된다. 또한 입술이 촉촉하도록 입술 보호제를 바르는 것도 좋다.

이행기

분만 제 1기 중 마지막 단계를 이행기라고 부른다. 이 시기는 가장 짧지만 한편으로 가장 힘든 시간이 될 것이다. 이행기를 거치면서 자궁은 7∼10cm

까지 열린다. 이행기 동안 산모의 진통은 더욱 빈번히 보다 강도 높게 발생한다. 따라서 진통이 끝나고 다음 진통이 시작될 때까지 가쁜 숨을 고르기에도 바쁠 것이다. 진통은 거의 순간적으로 그 강도가 최고조에 다다르며, 60~90초 동안 지속된다. 이 때는 진통이 영원히 사라지지 않을 것처럼 느껴질 것이다.

• 무슨 일이 일어나나 : 이행기는 산모에게 매우 견디기 힘든 시간이다. 산모는 아래쪽 등과 직장에 많은 압박을 받을 것이다. 또한 구역질이 나고 토할 것 같은 기분이 들 수 있는데, 때로는 1분 동안 매우 더워 땀을 흘렸다가도 다음 1분 동안은 추워서 오한이 나기도 할 것이다. 그리고 다리가 떨리고 경련이 일어날 수 있는데, 이것은 정상적인 증상이다.

진통 완화제를 투여받지 않았다면 이행기는 산모에게 분만 중 가장 힘든 시간이 될 것이다. 아기가 태어날 때가 가까워지면 보통 진통 완화제를 사용하지 않지만 언제나 예외는 있다. 이 시점에서 정맥을 통해 투여된 진통 완화제는 태아의 호흡에 영향을 줄 수 있기 때문에 거의 사용되지 않지만 경막외마취제를 사용할 수 있는 기회는 여전히 남아 있다. 어쨌든 의사를 믿고 그의 조언을 따르는 것이 좋다.

• 어떤 느낌일까 : 이행기는 매우 빠르게 지나간다. 어느 순간 이행기가 지나고 산모는 이제 아기를 밀어낼 준비를 할 것이다. 혹은 고통이 영원히 끝나지 않을 것처럼 느끼면서 자신이 1분이라도 더 견딜 수 있을지 의문을 갖게 될 수도 있다. 많은 여성들, 특히 자연분만을 시도하는 이들은 이행기 동안 매우 지쳐 기진맥진하게 된다.

그러므로 감정 조절이 안 되더라도 걱정할 필요는 없다. 하지만 정신을 집중하여 자신이 지금 왜 병원에 있는지는 기억해야 한다. 산모는 출산을 통해 아기를 만나려고 병원에 있는 것이다. 그리고 이제 그 순간이 얼마 남지 않았다! 산모의 몸은 아기를 출산할 수 있게 만들어져 있으며, 따라서 분만으로 인한 어떠한 고통도 이겨낼 수 있을 것이다. 그러므로 고통에 대한 두려움을 버리고 자신의 몸에 모든 것을 맡겨두는 것이 좋다.

● 무엇을 할 수 있을까 : 이행기 동안은 진통을 견디는 것에만 온 신경을 집중한다. 아예 진통이 시작될 때 진통의 반 정도만 견딘다고 생각하는 것도 도움이 될 수 있다. 정점을 지나면 나머지 반을 견디기는 보다 쉬울 것이다. 만약 산모의 진통이 의료기기를 통해 그 상태가 체크된다면 옆에 있던 배우자가 진행 상황을 보고 언제가 진통의 정점일지를 미리 알려줄 수 있다. 그러면 산모는 진통으로 인한 가장 힘든 때를 미리 준비해 진통을 버티기가 훨씬 수월할 것이다.

한편 이행기 동안 산모는 자신을 정신없게 만드는 라디오나 텔레비전을 꺼 두고 싶어 질 수 있다. 견디기 힘든 시간을 잘 보내기 위해 다음과 같은 방법을 사용해 본다.

- 산모의 자세 바꾸기
- 이마에 차가운 젖은 수건 올려놓기
- 진통 중간 중간에 마사지하기
- 출산 교실에서 배운 호흡법, 명상법 시도하기

겪고 있는 진통과 앞으로 다가올 진통을 동시에 생각하지 마라. 다가오는 것을 하나씩 차근차근 견디는 것이 좋다. 이행기를 견디기 어려워질수록 분만이 거의 다 끝나가고 있음을 기억하라. 평균 이행기 시간은 약 15분에서 3시간 정도이다. 곧 세상으로 아기를 밀어내야 할 시간이 다가오는 것이다.

산모는 힘을 주고 싶은 느낌이 들어도 자궁이 완전히 열렸음을 의사로부터 확인받기 전에는 참아야 한다. 그래야만 자궁이 파열되거나 부어서 분만이 더욱 늦어지는 상황을 막을 수 있다.

물론 아기가 자꾸 신호를 보내면 힘을 주지 않으면서 참기가 매우 어려워질 것이다. 하지만 의사의 지시가 있을 때까지 숨을 가쁘게 쉬거나 크게 몰아서 쉬면서 힘을 주지 말고 참고 기다려야 한다.

제 2기 : 아기의 탄생

힘을 주는 데에는 목적이 있다. 즉 이러한 과정을 통해서 아기가 태어날 수 있는 것이다. 산모의 질 입구에서 곧 아기의 머리가 보일 것이다. 하지만 안타깝게도 아기의 머리가 보인 뒤에도 산모는 30~40분 정도 더 분만과정을 견뎌야 하는데, 특히 회음부절개술을 피하기 위해서는 더욱 주의해야 한다. 때때로 태아는 즉시 세상으로 나와야 할 때가 있다. 이러한 경우에는 빠른 분만의 진행을 위해 회음부절개술이 이루어질 수도 있다. 이때 필요하다면 산모에게 마취제가 사용된다. 대부분의 경우 산모는 다른 시술 없이 정상적으로 분만할 수 있을 것이다. 아기의 머리가 보이면 의사가 아기의 기도와 탯줄의 상태를 확인한다.

산모는 이때까지 힘주지 말고 기다리며 지시에 따라야 한다. 의사의 지시가 있을 때까지 힘을 주지 않고 참는 것은 쉽지 않지만 그래도 산모는 해야 한다. 숨을 가쁘게 쉰다면 조금 도움이 될 것이다. 천천히 힘을 주게 되면 질이 늘어날 시간을 벌게 돼 파열되지 않게 된다.

분만 동기를 부여하기 위해서 산모는 손을 밑으로 내려 아기의 머리를 만지거나 거울을 통해 아기가 나오는 것을 볼 수 있다. 이를 통해 아기를 품에 안을

아기는 어떻게 자궁 밖으로 나올까

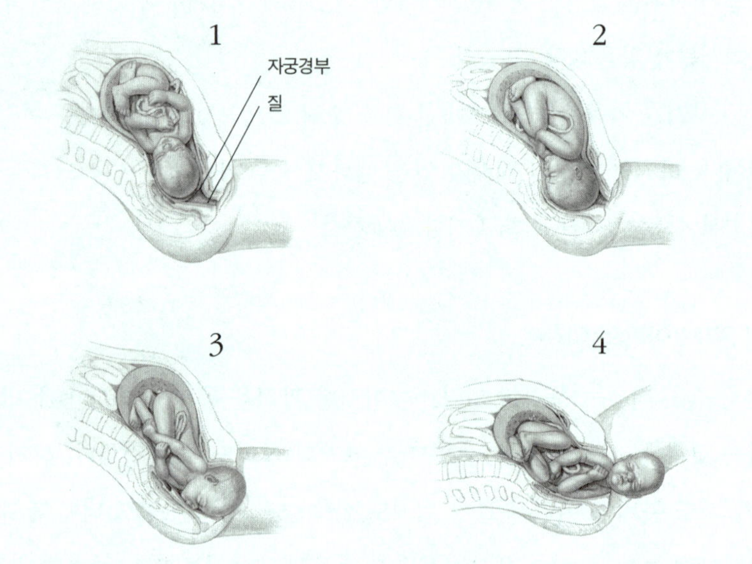

여성의 골반은 매우 복잡한 구조로 돼 있어서 아기는 밖으로 나오기 위해서 골반의 구조에 맞춰 여러 방법을 사용하게 된다. 골반이 시작하는 부분은 가로로, 끝나는 부분은 뒤 쪽에서 앞으로가 가장 넓다. 한편 아기는 머리 뒤쪽에서 앞쪽의 길이가 가장 길고, 가로로는 어깨 부분이 가장 넓다. 결과적으로 아기는 산도를 통과할 때 몸을 한번 비틀어서 방향을 바꿔야 한다.

모든 골반의 입구는 가로 방향이 가장 넓기 때문에 대부분의 아기들은 왼쪽이나 오른쪽을 바라보면서 골반으로 진입한다(그림1). 반면 골반의 끝은 앞 쪽에서 뒤 쪽으로 폭이 넓기 때문에 아기들은 거의 모두 얼굴을 올리거나 내리게 된다(그림 2). 분만 시 작용하는 힘과 산도를 지나는데 생기는 저항 때문에 이러한 과정을 거치게 되는 것이다.

몸의 방향을 바꾸면서 아기는 산모의 질을 향해 내려간다. 그리고 결국 질 입구가 늘어나면서 아기의 머리 꼭대기 부분이 나타난다(그림 3). 산모의 외음부가 충분히 벌어진 상태라면 아기의 머리가 밖으로 나올 것이다. 아기는 턱 끝을 가슴 쪽을 향한 채 골반을 빠져 나온다(그림 4).

보통 아기는 얼굴을 아래로 향하고 나오며 어깨가 질을 빠져나오면서 고개를 빠르게 옆으로 돌린다. 다음에 아기의 어깨가 질 입구를 빠져나오면 나머지 부분도 미끄러지듯이 나온다. 이제 산모는 태어난 아기를 만질 수 있을 것이다.

순간이 얼마 남지 않았다는 것을 알게 되면 산모는 기쁜 마음으로 다시 힘을 주게 될 것이다. 이제 단지 몇 번만 애쓰면 드디어 아기가 태어나는 것이다.

출산 직후

태어난 아기는 여전히 탯줄로 태반과 연결돼 있다. 때로는 의사에게 미리 말해 부모가 직접 태아의 탯줄을 잡고 자를 수 있다. 탯줄을 자를 때 특별히 위험한 상황이 발생할 가능성은 거의 없다.

따라서 두 집게로 탯줄을 잡고 가위로 탯줄을 자르면 된다. 만약 탯줄이 태아의 목을 두르고 있다면, 태아의 어깨가 자궁 밖으로 나오기 전에 탯줄을 잘라야 한다.

아기는 태어나자마자 산모의 팔에 안기거나 배에 눕혀질 것이다. 아니면 때로는 상태를 살펴보기 위해 간호사나 소아과 의사에게 보내질 수도 있다. 태어나고 얼마 지나지 않아 의사는 아기의 체중을 재고 건강상태를 체크하기 위해 여러 가지를 검사한다. 그리고 아기의 몸을 잘 말린 다음 춥지 않도록 아기의 몸을 잘 싸서 눕힌다.

이때 아프가 채점법(Apgar Score, 신생아의 심장박동 수·호흡 속도 등 신체상태를 나타낸 수치. 294쪽을 참고하시오)이 1~5분 간격으로 기록될 것이다. 그리고 아기가 신생아실에서 바뀌는 것을 방지하기 위해 신분 증명을 위한 팔찌가 아기의 팔목에 채워진다. 이것은 아기의 신분을 증명할 수 있는 여러 방법 중 한가지이다.

대부분의 경우 산모는 출산 직후 바로 아기를 품에 안고 젖을 먹일 수 있다. 하지만 아기에게 약간이라도 문제가 있어 추가적인 치료가 필요하다면 신생아실에서 좀 더 아기의 상태를 지켜봐야 한다.

분만을 어떻게 도와줄까(남편이 할 수 있는 일)

분만 보조인은 부모님, 형제자매 또는 친구일 수도 있지만 대개는 남편이 될 것이다. 분만 보조인은 분만이 진행되는 동안 산모의 신체적, 심리적 어려움을 옆에서 도와주어야 한다. 각 분만 단계마다 분만 보조인이 산모에게 해줄 수 있는 일은 다음과 같다.

잠복기 동안

• **산모의 진통 주기 체크하기** : 산모의 진통이 시작되고 다음 진통이 시작되기까지의 시간을 잰다. 그리고 기록한다. 진통이 5분 간격으로 산모에게 찾아오면 이제는 의사를 불러야 할 때이다.

• **산모가 안정할 수 있도록 도와주기** : 산모에게 진통이 시작되면 옆에서 지켜보는 사람도 같이 초조하고 떨리게 된다. 드디어 지난 9개월 동안 기다려왔던 순간이 눈앞에 다가온 것이다. 하지만 자신의 역할은 어디까지나 산모를 안정시키는 것임을 잊지 말아야 한다. 즉, 옆에서 분만을 지켜보는 사람은 최대한 진정해야 한다는 말이다. 함께 깊은 숨을 내쉬도록 한다.
진통 중간에 출산육아교실에서 배운 통증을 완화해주는 호흡법을 산모와 함께 시도할 수도 있다. 예를 들어 산모에게 근육의 긴장을 풀거나 턱과 손에서 힘을 빼라고 할 수 있다. 그리고 산모의 등, 다리, 어깨 등을 부드럽게 마사지해 주어라. 자신도 함께 아기를 만날 준비를 하고 있음을 말과 행동으로 보여주어서 산모를 안심시키도록 한다.

• **산모가 기분을 전환하도록 도와주기** : 텔레비전을 함께 보거나 대화를 나누는 등 산모가 잠시 분만의 고통을 잊고 기분을 전환할 수 있도록 옆에서 도와준다. 우스갯소리를 하는 것도 도움이 될 것이다. 웃음은 산모의 기분을 좋게 만든다.

• **산모가 필요로 하는 것을 채워주기** : 무엇을 해야 할지 잘 모르겠다면 무엇이 필요한지 산모에게 직접 물어본다. 산모도 자신에게 무엇이 필요한지 확실하게 말하지 못한다면 본인이 생각하기에 기분을 좋게 해주고 분만에 좀 더 도움이 될 것 같은 것들을 산모에게 해주면 된다. 하지만 산모가 개인적으로 별로 관심이 없거나 진통 중이라면 억지로 무엇인가 해주려 해서는 안 된다.

• **용기를 북돋아 줄 것** : 진통이 올 때마다 산모에게 용기를 북돋워주고 격려를 해준다. 특히 진통이 시작될 때마다 산모에게 앞으로 아기를 만날 수 있는 시간이 가까워지고 있다는 것을 일깨워라. 고통을 참지 못한다며 산모를 비난하거나 앞으로 더 이상 통증이 없을 것처럼 이야기해서는 안 된다. 굳이 말하지 않아도 산모는 옆 사람의 공감과 지지가 필요하기 때문이다.

• **자신도 돌볼 것** : 분만을 보다 잘 도와주기 위해서는 기진맥진해서는 안 되기 때문에 주기적으

로 바람을 쐬는 등 기분전환을 해야 할 것이다. 하지만 산모는 옆에서 분만을 도와주던 사람이 자기 앞에서 식사를 하거나 오랜 시간 자리를 비워두길 원하지 않을 것이다. 이러한 산모의 마음을 존중하고 이해해줘야 한다. 그러나 분만 중 어지럽고 지칠 때는 자리에 앉아 쉬면서 의료진에게 도움을 요청해야 한다.

분만 활성기 동안

• **분만실을 조용하게 할 것** : 문을 닫고 조명을 어둡게 하는 등 분만실과 출산실은 가능한 한 조용한 분위기를 유지하는 것이 좋다. 분만 중에 조용한 음악을 들려줄 수도 있다.

• **계속 산모 곁에 있을 것** : 산모에게 진통이 찾아왔는지 구분하는 법을 배워야 한다. 만약 산모에게 태아감시장치가 연결되어 있다면 의사에게 장치가 나타내는 신호들을 어떻게 알아볼 수 있는지 물어본다. 아니면 산모의 배에 자신의 손을 올려두고 자궁이 수축되는지 느껴볼 수도 있다.
진통이 시작될 것 같으면 산모에게 언제 진통이 시작될 것인지를 미리 말해 산모가 스스로 준비하도록 도와준다. 또한 각 진통이 정점에 달할 때와 약해질 때 산모가 잘 견딜 수 있도록 용기를 불어 넣는다.
산모가 진통을 견디기 어려워하면 옆에서 같이 호흡을 한다. 그동안 익혀둔 여러 기술들을 이용하여 산모의 등 아래쪽 또는 복부를 부드럽게 마사지하고, 산모가 편안함을 느낄 수 있도록 한다. 일부 여성들은 분만 중에 자신을 건드리지 않고 내버려두기를 원할 수도 있다. 그럴 때는 분만 보조자가 아닌 그저 남편으로 옆에 있어준다. 산모가 불편해 한다면 자세를 바꾸도록 하거나 빠른 분만의 진행을 위해 산모를 걷게 할 수도 있다. 산모가 원한다면 물이나 얼음조각을 주거나 시원한 물을 적신 수건으로 몸을 닦아준다.

• **산모의 대변자가 되어줄 것** : 산모와 의료진 사이를 오가며 되도록 정보나 의견을 많이 주고받는다. 분만이 얼마나 진행되었는지 궁금하거나, 분만 상황에 대한 궁금증이 생겼을 때 또는 산모에게 필요한 약이 있는지 궁금할 때는 언제든지 의사에게 물어보라. 만약 산모가 진통제를 원한다면 의사와 공개적 또는 비공개적으로 의논할 수 있다. 분만은 통증 이기기 시합이 아니다. 산모가 진통을 줄일 수 있는 약물을 사용한다 하더라도 분만에 문제가 생기지 않는다는 것을 기억해라.

• **계속해서 산모에게 용기를 줄 것** : 분만이 활성기에 접어들면 산모는 많이 지치고, 신경이 매우 날카로워질 수 있다. 따라서 분만 잠복기 단계에서와 마찬가지로 계속해서 산모에게 용기를 북돋워 주어야한다. "진통을 잘 견디고 있어." 또는 "정말 잘 하고 있어. 당신이 정말 자랑스럽다." 와 같은 말들을 해줄 수 있을 것이다.

• **감정적으로 받아들이지 말 것** : 깊은 배려를 했음에도 불구하고 산모는 짜증을 내거나 심지어는 질문에 대답조차 하지 않을 수 있다. 그러나 이것을 기분 나쁘게 생각해서는 안 된다. 표현이 어떻든 산모는 당신이 옆에 있어주는 것만으로도 안정감을 느끼고 있을 것이다.

분만 이행기 동안

• **계속 산모를 곁에 있을 것** : 아기가 산도를 향해 아래로 내려가는 시기인 이행기는 보통 산모에게 가장 힘든 시간이다. 이제 산모에게 더 많은 용기와 격려를 불어넣어 주어야 한다. 한번에 하나씩만 견디면 된다고 이야기한다. 도움이 된다면 진통 중간에 산모와 이야기를 나누거나 함께 호흡을 할 수 있다.

일부 산모들은 진통이 심해지면 옆에 누가 있는 게 싫을 수 있다. 이 경우 산모의 주변이 너무 북적이지 않도록 한다. 실제로 산모의 손을 잡고 눈을 맞추거나 단순히 '사랑한다' 고 말해주는 것이 수많은 말보다 훨씬 산모에게 힘이 될 수 있다.

• **산모가 필요로 하는 것을 가장 먼저 채워줄 것** : 분만이 진행되는 동안 곁에서 산모가 무엇이 필요한지 주의를 집중해라. 의사가 허락한다면 산모에게 물이나 얼음조각을 줄 수도 있다. 산모의 몸을 마사지해주고, 주기적으로 자세를 바꾸도록 도와준다. 얼마나 분만이 진행되었는지 산모에게 계속 알려주며, 격려를 그치지 마라. 이러한 것들은 산모의 상태를 기록하거나 사진을 찍고 혹은 친구들과 가족들에게 연락하는 것보다 훨씬 중요하다.

산모가 힘을 주는 동안

• **산모의 힘주기와 숨쉬기를 도와줄 것** : 의료진의 도움을 빌리거나 출산 교실에서 배웠던 것을 떠올리면서 산모를 도와주도록 한다. 산모가 힘을 주면 등을 받쳐주거나 한 쪽 다리를 잡아준다. 도움이 될 것 같으면 무엇이든지 시도해본다.

• **산모 가까이 머물 것** : 산모가 힘을 주어야 하는 순간이 되면 모든 일들이 빠르게 진행될 것이다. 하지만 때로는 힘을 주었다 쉬는 동작을 몇 시간 동안 반복해야 할 수도 있다. 어쨌든 분만이 막바지에 다다를수록 옆에서 분만을 도와주는 사람의 존재는 매우 중요하다.

• **분만 진행상황을 설명해줄 것** : 의사가 허락한다면 거울을 통해서 아기의 머리 부분을 산모에게 보여주면서 분만이 어떻게 진행되고 있는지를 알려줄 수 있다. 또는 아기가 태어나기까지 얼마나 더 기다리면 되는지 말해줄 수도 있다.

• **탯줄을 자를 것** : 직접 탯줄을 자르게 되어도 당황하지 마라. 의사에게 어떻게 하면 되는지 들은 다음 그대로 따라 하기만 하면 된다. 탯줄을 자르는 것이 정 불편하다면 꼭 직접 할 필요는 없다.

분만이 끝나고

• **축하하기**: 아기가 태어나면 이제 새로운 가족이 생긴 것을 기뻐해라. 단, 산모에게 수고했다는 인사를 전하는 것을 잊지 않는다. 물론 본인이 분만을 무사히 도왔다는 사실 또한 자축하면 좋을 것이다.

분만 제 3기 : 태반의 배출

아기가 태어나면 많은 일들이 일어난다. 산모와 배우자는 아기의 탄생을 축하하고 기뻐하며 아마도 서로의 사랑을 한 번 더 확인할 것이며, 산모는 분만이 끝나고 아기가 무사히 태어났음에 안도하고 긴장을 풀 것이다.

한편 담당 의사는 분만실 한쪽 편에서 아기가 첫 호흡을 하면서 울음을 터뜨릴 때까지 계속 아기의 상태를 체크할 것이다. 한편 분만의 마지막 단계는 태반의 배출이다. 태반은 자궁 내에서 탯줄에 의해 태아와 연결되어 있던 기관으로 임신기간 중 태아에게 영양분을 공급하는 역할을 했다. 보통 후산이라고도 불리는 태반의 배출은 신모와 배우자에게는 중요한 의미를 가지지 않지만 의료진들은 이때 산모에게 과다출혈이 있지는 않은지 주의깊게 살피게 된다.

• 무슨 일이 일어나나 : 아기가 태어난 후에도 산모의 진통(자궁수축)은 계속될 것이다. 그러나 이 때 진통의 강도는 그리 세지 않다. 출산 후에 진통이 일어나는 데는 몇 가지 이유가 있는데, 그 중 하나가 태반을 배출하기 위한 것이다. 보통 출산 후 약 5~10분 이내에 태반이 자궁벽에서 떨어져 나오는데,

이는 마지막 자궁수축이 태반을 자궁에서 질 밖으로 배출시키기 때문이다. 태반을 완전히 배출하기 위해 산모는 마지막으로 한 번 더 힘을 주는데, 일반적으로 태반은 소량의 혈액과 함께 나온다. 때로는 태반이 몸 밖으로 완전히 배출되는 데 30분이 걸리기도 한다.

아기를 출산하면 의사는 산모의 아래쪽 복부를 마사지 해줄 것이다. 이것은 자궁의 수축을 유도해 태반이 떨어져 나오도록 하기 위함이다. 한편 태반이 몸 밖으로 배출된 후 의사는 자궁수축을 촉진하기 위해 정맥주사를 통해 옥시토신과 같은 약물을 투여할 것이다. 출산 후 자궁의 수축은 혈관을 좁혀 출혈을 최소화하며, 확장된 자궁을 임신 전 크기로 줄어들게 도와준다.

• 어떤 느낌일까 : 태반을 밀어내기 위해 자궁이 수축하는 동안 산모는 큰 통증을 느끼지 못한다. 따라서 태반이 배출될 때까지 단지 참고 기다리는 것이 어쩌면 가장 힘들게 느껴질 것이다. 또는 의사가 산모의 복부를 좀 세게 마사지할 때 아픔을 느낄 수 있다.

• 무엇을 할 수 있을까 : 산모는 힘을 주어서 태반이 보다 쉽게 배출되도록 할 수 있다. 산모가 힘을 주면 의사는 태반에 붙어있는 탯줄의 나머지 부분을 부드럽게 당길 것이다. 그리고 분만 직후 수유를 시도한다면 자궁수축과 모유 수유를 돕는 옥시토신이라는 호르몬이 분비되어 태반 배출을 돕는다. 태반의 배출은 보통 출산과정의 한 부분이다. 하지만 태반이 자발적으로 자궁벽에서 떨어져 나오지 않는다면 문제가 커질 수 있다. 따라서 태반이 산모의 몸속에 남아있을 경우 의사는 직접 자궁 안의 태반을 제거할 것이다. 태반이 떨어져 나오면 의사는 태반을 살펴보고 그것이 정상인지 또한 전부 나왔는지 확인할 것이다. 태반이 전부 나온 게 아니라면 의사는 산모의 자

궁 안 나머지 태반을 제거할 것이다. 때에 따라서는 드물긴 하지만 나머지 태반을 없애기 위해 수술이 이루어지는 경우도 있다. 자궁 안에 남은 태반은 출혈이나 세균감염 등의 원인이 되기 때문이다.

출산의 모든 과정이 끝나면 의사가 배출된 태반을 폐기하기 때문에 거의 모든 산모는 자신의 태반을 보지 못한다. 만약 보고 싶다면 의사나 간호사에게 미리 말해두면 된다. 태반은 보통 둥글고 납작한 모양으로 직경이 약 15~20cm이며 무게는 0.5kg 정도 된다. 만약 다태아를 출산했다면 하나 이상의 태반이 배출되거나 배출된 태반에 한 개 이상의 탯줄이 연결돼 있을 것이다.

태어난 아기와의 만남

새로 태어난 아기를 품에 처음 안는 순간 모든 부모는 그동안 아기를 만날 준비를 하며 견뎠던 고통과 수고를 한순간에 잊을 것이며, 이 순간이 삶에서 잊을 수 없는 가장 특별한 기억으로 남을 것이다.

이제 당신은 태어난 아기의 부모가 되었다. 새로 태어난 아기는 이 세상에서 당신과 한 가족이 된 것이다. 이것은 정말 기적과도 같은 일이 아닐 수 없다. 어떠한 기쁨에도 견줄 수 없는, 소중한 가족이 생긴 이 순간을 소중히 하며, 축하하고 다른 사람들과 기쁨을 나누기 바란다!

chapter.12

제왕절개

제왕절개 수술은 자궁을 절개하여 상처를 낸 뒤 아기를 출산하는 방법으로 자연분만보다 산모와 태아에게 훨씬 안전하다는 의사의 결정이 내려진 뒤에 진행된다. 물론 대부분의 제왕절개는 예상치 못했던 상황에서 하게 된다. 하지만 제왕절개 대해 잘 알아두고 발생 가능한 모든 상황을 준비해두면 산모에게 여러모로 도움이 된다.

제왕절개수술이 필요한 이유

분만이 정상적으로 진행되지 않을 때

분만이 제대로 이루어지지 않을 때 제왕절개를 많이 선택하게 된다. 실제로 제왕절개수술의 1/3은 분만 진행 속도가 너무 느리거나 아예 멈춰버렸기 때문에 이루어진다. 분만이 지연되는 이유는 다양하다. 아마도 입구가 충분히 열릴 만큼 자궁이 활발하게 움직이며 수축하지 않았거나 태아의 머리가 산모의 골반을 지나기에는 너무 크기 때문일 수도 있다. 특히 아기의 머리가 골반과 맞지 않는 경우를 아두골반불균형(CPD)라고 부르는데, 이는 자궁이 완전히 열리는 것을 방해해 분만을 지연시킨다.

분만 중에 태아가 비정상적인 심장박동을 보일 때

보통 분만 중 태아의 심장박동은 매우 안정적이다. 만약 비정상적인 심장박동 패턴을 보인다면 태아의 산소공급에 문제가 생긴 것으로 태아의 심장박동이 우려할 만큼 문제가 있다면 의사는 산모에게 제왕절개수술을 권할 것이다. 이와 같은 이유로 제왕절개가 이루어질 확률은 10~15퍼센트 정도로 이러한 비정상적인 태아의 심장박동은 보통 탯줄이 압박받거나 태반이 최적의 상태로 기능하지 않기 때문에 발생한다. 자세한 내용을 알고 싶다면 262쪽 '태반에 문제가 있을 때' 와 '탯줄에 문제가 있을 때' 를 참고하라.

불행히도 태아에 치명적 영향을 미치는 이러한 비정상적인 심장박동은 아무런 사전 신호 없이 나타난다. 따라서 나중에 발견되었을 때는 이미 심각한 문제들이 발생한 뒤일 것이다. 결국 산부인과 의사들에게 가장 어려운 것은 치명적 영향이 가장 적은 시점은 어느 때이며, 언제 제왕절개수술을 실시해야 하는지를 결정하는 것이다.

태아가 정상적인 위치에 있지 않을 때

태아의 머리가 산도를 향하지 않고 다리나 둔부가 아래를 향하고 있는 것을 거꾸로 위치했다고 표현한다. 이 경우 자연분만을 시도하게 되면 따르는 위험이 너무 크기 때문에 일반적으로 제왕절개를 선택하게 된다. 만약 태아가 거꾸로 위치해 있음에도 불구하고 자연분만을 시도한다면 태아가 자궁 밖으로 나가기 전에 탯줄이 먼저 자궁 밖으로 미끄러져 나가 태아의 산소 공급이 차단된다. 또한 쉽게 나온 다른 신체부위와 달리 머리가 산도에 갇혀버릴 수도 있다. 한편 태아가 자궁을 따라 옆으로 누워있는 경우를 횡와위라고 한다. 이때에도 산모는 제왕절개수술을 받아야 한다.

태아가 거꾸로 누워있다면 분만이 시작되기 전 의사는 산모의 복부에 힘을 가하여 자연적으로 태아의 위치를 정상으로 되돌리려 할 것이다. 이러한 조치를 역아외회전술이라고 부르는데, 이러한 방법이 효과가 없다면 제왕절개수술을 심각하게 고려해야 한다.

산모에게 건강상 심각한 문제가 있을 때

산모가 당뇨병, 심장병, 폐질환 또는 고혈압 등을 앓고 있다면 제왕절개수술을 해야 할 것이다. 때로는 이러한 산모의 상황 때문에 분만을 유도해 보다 빨리 출산하도록 조절하기도 한다. 하지만 자궁이 잘 열리지 않거나 태아의 심장박동에 문제가 있어 제왕절개를 선택해야 할 가능성이 높아지면 초기 유도분만은 실패할 수도 있다.

대부분의 경우 산모를 위해서도 자연분만은 선호된다. 관상동맥질환을 가진 산모, 특히 폐혈관질환을 가진 산모라면 더욱 자연분만을 시도해야 한다. 이러한 산모들이 제왕절개수술을 받으면 상황이 악화될 수 있기 때문이다. 또한 임신으로 인해 고혈압이 심해진 산모들도 가능하면 자연분만을 하는 것이 좋다. 그러므로 산모의 건강에 심각한 문제가 있다면 임신 중에 미리 의사와 상의하여 여러 상황을 대비한 준비 및 결정을 해두는 것이 좋다. 태아가 단순포진(헤르페스)에 감염되지 않도록 제왕절개수술을 선택하는 특별한 경우도 있다. 산모의 생식기에 헤르페스 바이러스가 있다면 자연분만 시 아기가 감염되어 심각한 질병을 얻게 될 수 있기 때문이다. 이 경우 출산 중 발생할 수 있는 위험 상황을 줄이기 위해 제왕절개수술이 필요하기도 하다.

태아의 머리가 잘못된 위치에 있을 때

태아가 산모의 골반으로 내려갈 때는 태아의 머리나 얼굴이 아래를 향해야 한다. 이 때 태아의 턱은 반드시 가슴 쪽으로 접혀 있어야 하고, 직경이 가장 작은 뒤통수 부분이 가장 앞쪽에 있어야 한다. 만약 태아의 턱이 올라가 있거나 머리 방향이 돌아가 있다면 직경이 가장 작은 부분이 아닌 가장 큰 부분이 앞쪽에 위치하여 골반에 꽉 끼게 될 것이다. 이 경우 태아의 머리가 아닌 이마나 얼굴이 먼저 자궁 밖으로 모습을 보일 것이다. 이러한 상황에서는 아무리 자궁이 최대한 넓게 열렸다 하더라도 태아가 산모의 골반을 무사히 지날 수가 없기 때문에 제왕절개수술을 반드시 해야 한다. 또한 대부분의 태아가 분만과정 중 고개를 숙이는 반면에 일부 태아는 후방 후두위(occiput position)라는 자세로, 즉 머리가 앞쪽에 있으나 얼굴은 들린 채 산도를 지난다. 의사는 산모의 손을 무릎이나 둔부에 올려놓게 할 것이다. 이러한 산모의 자세는 자궁을 아래로 향하게 하고 태아가 쉽게 자세를 바꾸도록 할 것이다.

또한 의사는 산모의 진통 중에 질 검사를 하면서 태아의 머리 위치를 바꾸거나 때때로 겸자를 이용하여 태아의 방향을 바꾸고 바른 위치에서 분만이 이루어지도록 유도하기도 한다. 그러나 이 방법도 소용이 없다면 제왕절개 수술이 가장 안전한 출산 방법이 될 것이다.

대부분의 후방 후두위는 전방으로 자연 회전되며, 다만 지속성 후방 후두위의 경우 태아머리가 회음부까지 하강하지 못하면 분만이 어려울 수도 있다.

다태아를 출산하는 경우

다태아를 임신한 여성 중 절반 정도가 제왕절개수술을 택하지만 태아의 위치, 체중, 임신기간에 따라 자연분만이 가능할 수 있다. 하지만 세 쌍둥이 이상을 출산할 때는 사정이 달라진다. 여러 연구결과에 의하면 세 쌍둥이 출산의 90퍼센트 이상이 제왕절개수술에 의해 이루어졌다고 한다.

두 명 이상의 태아가 자궁에 존재하게 되면 그 중 한 명의 태아는 비정상적인 위치에 있을 확률이 매우 크다. 이러한 상황에서, 특히 나중에 태어나는 쌍둥이는 자연분만보다는 제왕절개를 하는 것이 산모와 태아에게 더욱 안전하다. 실제로 일부 연구에 따르면 다태아 중 두 번째 아기를 자연분만하는 것이 첫 번째 아기보다 위험이 훨씬 크고 사망률도 높다고 한다.

다태아 임신은 모두가 각각 특별한 경우이다. 쌍둥이, 세 쌍둥이 혹은 그 이상의 아기를 임신했다면 의사와 상의하여 가장 적절한 분만 방법을 선택해야 한다. 하지만 모든 상황은 언제든지 변할 수 있음을 잊지 말아야 한다. 예를 들어 검사했을 때는 모두 정상적인 위치에 있었던 쌍둥이였더라도 첫 번째 아기가 태어난 뒤에는 상황이 어떻게 변할지 모르기 때문이다.

태반에 문제가 있을 때

태반에 문제가 생겨서 제왕절개수술을 선택해야 하는 경우는 두 가지이다. 바로 태반조기박리와 전치태반일 경우이다. 태반조기박리는 분만이 시작되기 전에 자궁내벽에서 태반이 떨어져 나오면서 발생한다. 이것은 산모와 태아의 생명에 위협이 될 정도로 치명적이다. 만약 의사가 산모에게 태반조기박리가 발생했음을 알았다면 산모와 태아의 상태에 따라 적절한 조치를 취할 것이다.

하지만 태아감시장치가 현재 태아에게 직접적인 문제가 없다는 것을 보여준다면 산모는 입원을 하고 의사는 계속 산모와 태아의 상태를 체크할 것이다. 그러나 태아가 위험한 상태라면 최대한 빨리 아기를 분만해야 한다. 몇몇 경우에는 자연분만이 가능할 수 있겠지만, 아마도 제왕절개수술을 택하는 것이 보다 안전할 것이다.

전치태반의 경우는 태반조기박리와는 대처 방법이 조금 다르다. 전치태반은 자궁 아래쪽에 태반이 자리하고 있어서 자궁경부의 입구를 부분적으로 또는 완전히 덮고 있는 상태이다. 임신후기에 전치태반이 발견된 산모는 제왕절개수술을 해야 할 확률이 높다. 태반이 먼저 배출되어서 태아의 산소공급이 차단되면 안 되기 때문이다. 또한 자연분만을 시도할 경우 예상되는 과도한 출혈을 산모가 견딜 수 없을 것이므로 산모와 태아 모두를 위해서 제왕절개를 선택하는 것이 현명하다.

탯줄에 문제가 있을 때

양수가 터지면 아기가 태어나기 전에 탯줄의 일부가 먼저 자궁을 따라 미끄러져 나가버릴 가능성이 있다. 이러한 현상은 제대탈출이라하는데, 이는 태아의 사망을 초래할 수 있다. 왜냐하면 태아가 내려와 자궁경부를 누를수록 튀어나온 탯줄에 가해지는 압력이 커져서 태아에게 꼭 필요한 산소공급이 중단될 수 있기 때문이다.

만약 자궁경부가 완전히 열린 뒤에 탯줄이 빠져나가거나 태아의 출산이 임박하다면 산모는 자연분만을 할 수 있을 것이다. 이 경우 제왕절개수술은 선택사항이다. 다행스럽게도 제대탈출은 태아의 머리가 아래를 향하고 있다면 거의 발생하지 않는다.

이와 비슷하게 만약 탯줄이 태아의 목을 감고 있거나 태아의 머리와 산모의 골반뼈 사이에 위치한 경우 또는 양수의 양이 감소할 경우에 자궁의 수축이 탯줄을 압박하게 된다. 그러면 태아에게 공급되는 혈액의 흐름 속도와 산소의 양이 줄어들 것이다.

특히 탯줄이 압박받는 시간이 길어지거나 그 정도가 심해질수록 제왕절개가 최선의 방법이 된다. 이것은 태아의 비정상적인 심장박동을 일으키는 주요 원인이 되기도 하는데, 출산 전에는 탯줄이 어디에 위치하는지 거의 알 수가 없다.

태아의 크기가 너무 클 때

안전하게 자연분만을 하기에는 태아가 너무 클 때가 있다. 특별히 산모가 작은 골반을 가지고 있어서 아기의 머리가 지나기에 문제가 있어 보인다면 태아의 크기는 특히 걱정스러울 것이다. 하지만 골반에 골절이 있거나 기형이 있지 않은 한 이러한 일은 드물다.

임신 중 산모에게 임신성당뇨병이 발병한 경우, 태아는 출산 전에 지나치게 체중이 증가했을 수 있다. 이러한 태아를 거대아라고 부르는데, 보통 4kg 이상 체중이 나가면서 크기가 너무 크다면 제왕절개수술을 선택하는 것이 좋다.

대부분의 경우 예상되는 태아의 크기가 정확한 것은 아니기 때문에 혹시 모를 위험을 대비해 제왕절개를 선택하는 경우가 많다. 초음파 검사나 임상검사(단지 임신부의 복부 외형을 보고 예상)를 통해서는 태아의 체중이 약 3.8kg 이상임을 알 수 있을 뿐이다.

보통 태아의 체중이 4kg이상일 경우에 제왕절개수술을 권유하는데, 태아의 체중을 예측함에 있어서 오차가 너무 크기 때문에 자연분만이 가능한 수많은 약 3.6kg의 아기들이 제왕절개를 통해 태어나기도 한다.

아기에게 건강상 문제가 있을 때

자궁 안에 있는 태아에게 발달장애가 있음을 진단받았다면 산모는 제왕절개수술을 권유받을 것이다. 태아의 발달장애에는 척추갈림증(척추의 일부분인 추골궁이 완전히 닫히지 못한 선천적 기형), 뇌수종(두개내강에 다량의 수맥이 차는 병) 등이 있다.

특히 심각한 척추갈림증인 척수수막류 증세를 보이는 아기들의 경우 자연분만을 하는 것보다는 제왕절개수술을 하는 것이 신경학적 결과를 고려했을 때 훨씬 바람직하다는 연구 결과가 있다.

그러나 그밖의 선천적 장애나 다른 여러 건강상 문제가 태아에게 있을 때 자연분만과 제왕절개수술 중 어느 것을 택하는 것이 좋은지 확실하게 결정할 수 있는 근거를 제공해 줄 명확한 연구 결과는 아직 부족한 실정이다.

그러므로 본인의 상황에 가장 비슷한 사례들을 찾아보고 자신과 태아에게 가장 적합한 분만 방법을 의사와 상의하여 결정해야 한다.

여러 상황에서 제왕절개가 태아에게 발생할 위험을 줄이기 위한 필수적인 사항은 아니지만 의사가 수술을 통해 분만 상황을 조절함으로써 태아에게 도움이 될 수도 있다. 즉, 어쩔 수 없는 상황에서 분만을 가장 안전하게 조절할 수 있는 방법이 제왕절개수술 인 것이다.

제왕절개수술 경험이 있다면

만약 제왕절개수술 경험이 있다면 이번 출산을 위해서 또 제왕절개수술을 받아야 할 가능성이 크다. 하지만 항상 그런 것은 아니다. 476쪽, '제왕절개수술 뒤 자연분만 시도하기' 를 참고하라.

제왕절개 수술을 막을 수 있을까?

산모가 자신의 결정만으로 제왕절개수술을 하지 않을 수 있을까? 아마도 그럴 수는 없을 것이다.

만약 아기가 머리를 위로 향하고 있는 둔위 자세를 취하고 있다면 먼저 의사에게 외회전술을 이용해 아기의 자세를 바꾸고 자연분만을 할 수 있는지 물어볼 수는 있다.

하지만 제왕절개 실시여부는 산모와 태아의 건강 모두를 고려한 담당 의사의 판단에 달려있다. 자연분만이 둘 중 한 사람에게라도 위험할 수 있다면 의사는 제왕절개수술을 택할 것이다.

산모의 진정한 목적은 어떠한 과정을 거쳐서라도 건강한 아기의 건강한 엄마가 되는 것임을 잊지 말아야 한다.

그리고 자신의 담당 의사와 여러 의료진들을 신뢰해야 할 것이다. 분만 중 문제가 생긴다면 옆에서 자신을 도와주는 사람들을 믿는 것이 가장 좋은 방법이다.

제왕절개수술의 위험

제왕절개는 큰 수술로 비록 그 과정이 매우 안전하다고는 하지만 사망을 포함해 수술에 따르는 여러 위험이 존재한다. 예컨대 제왕절개수술로 인한 산모의 사망률은 10,000명 중 2명꼴로 매우 낮지만, 자연분만을 할 때보다는 약 두 배 이상 위험하다. 그러나 기억해야 할 한 가지 중요한 점은 산모와 태아의 생명을 위협할 수도 있는 문제 해결을 위해 제왕절개수술이 불가피할 수 있다는 것이다. 즉 자연분만이 힘든 산모에게는 제왕절개수술이 필요하다.

제왕절개 수술 시 발생할 수 있는 위험

자연분만이 아닌 제왕절개 수술을 선택할 경우 다음과 같은 위험이 따른다.

• 출혈 증가 : 제왕절개는 자연분만보다 평균적으로 출혈량이 두 배 이상 된다. 하지만 수혈이 필요한 경우는 전체의 3퍼센트 정도로 매우 드물다.

• 마취로 인한 위험 : 마취제를 포함해 수술 중 사용되는 여러 약물들은 산모에게 호흡 곤란과 같은 예상치 못한 문제를 일으킬 수 있다. 드물기는 하지만 전신마취를 할 경우 위 내용물의 흡인에 의해 폐렴에 걸릴 수 있다.
보고에 따르면 산과 마취와 관련하여 사망한 129명의 산모 중 23%가 전신 마취 중에 위 내용물을 흡인하였다고 한다. 하지만 대개 전신 마취는 총 제왕수술 중 20퍼센트 이하의 경우에만 이루어진다.

• 방광과 장에 의도하지 않은 상처가 생김 : 드문 경우이기는 하지만 이러한 외상은 제왕절개수술 중 언제든지 발생할 가능성이 있다.

• 자궁내막염 : 자궁내막에 염증이 생기는 증상이다. 자궁내막염은 제왕절개 수술을 받은 경우 빈번하게 발생하는데, 이는 질을 통해 침입한 박테리아가 자궁까지 퍼져서 염증이 생기는 것이다. 제왕절개 수술을 할 경우 여성이 자궁내막염에 걸릴 확률은 자연분만을 했을 때보다 최고 20배까지 높아진다.

• 요로관감염 : 방광감염이나 신장감염과 같은 요로관감염은 제왕절개수술을 받은 산모에게 두 번째로 높게 발생하는 질병이다.

• 장 기능 감소 : 많은 여성들이 제왕절개수술 후에 각종 소화 문제들을 겪게 된다. 이는 마취나 통증 완화를 위해 사용된 약물들 때문인데, 수술 후 며칠 간은 장 기능이 비정상적일 수 있다. 그리고 일시적으로 복부가 팽창하고 부어올라 불편함을 느낄 것이다.

• 다리, 폐, 골반 기관에 혈병이 생김 : 제왕절개수술 후 산모의 정맥에 혈병이 생길 확률은 자연분만을 했을 때보다 훨씬 크다. 혈병은 빠른 조치를 취하지 않으면 혈관을 따라 다리에서 심장이나 폐로 이동할 수 있는데, 이것은 원활한 혈액 순환을 방해해서 기슴 통증, 호흡이 가빠지는 현상 등을 발생시키며 심지어 사망을 초래하기도 한다. 응고현상은 산모의 골반 정맥에서도 발생할 수 있는데 이것 또한 제왕절개 수술 시 발생 확률이 높아진다.

• 상처를 통한 감염 : 제왕절개 수술로 인해 생긴 상처를 통해 감염이 이루어질 확률은 다양하다. 선택적 제왕절개 수술의 경우 상처를 통한 세균 감염 확률은 약 2퍼센트며, 양수가 터진 후 실시하는 필수적 제왕절개 수술의 세균감염 확률은 약 5~10 퍼센트에 달한다. 또한 산모가 알코올 중독자, 제

2형 당뇨병(생활습관병 또는 인슐린 비의존성 당뇨병)환자 또는 비만(BMI지수 30이상)이라면 제왕절개수술 후 세균 감염 위험은 더욱 커진다.

• 상처 파열 : 수술로 인한 상처에 세균감염이 발생한 후 치료가 잘 되지 않으면 수술 후 봉합된 선을 따라 상처가 덧나기가 쉽다. 하지만 이것은 상처로 인한 감염이 발생한 산모 중 약 5퍼센트에서만 나타난다.

• 태반유착증과 자궁적출 : 태반유착증은 태반이 자궁벽에 너무 깊이 그리고 너무 단단히 달라붙어 있는 상태를 말한다. 예전에 제왕절개 수술을 받은 경험이 있다면 다음번 임신 때 태반유착증이 발생하기 쉬운데 이는 자궁 내에서 태반의 위치가 비정상적인 경우인 전치태반과 밀접한 관련이 있다. 전치태반 때문에 제왕절개수술을 받아야 하는 여성 중 전에 제왕절개 수술을 받은 경험이 있는 여성의 약 25퍼센트는 제왕자궁적출 수술이 필요할 수 있다. 실제로 태반유착증은 제왕자궁적출 수술이 실시되는 꽤 흔한 이유이다.

• 재입원 : 최근 한 연구 결과에 따르면 자연분만 한 여성과 비교했을 때 제왕절개수술을 택한 여성은 출산 후 두 달 이내에 다시 병원 치료를 받을 확률이 두 배 가까이 증가했다고 한다.

아기에게 일어날 수 있는 위험

• 조산 : 선택에 의해 제왕절개수술을 할 때는 출산일과 양수 검사를 통해 태아의 폐 발달 상황을 살피는 것이 중요하다. 만약 조급하게 분만을 진행할 경우 호흡곤란, 체중미달과 같은 문제가 태아에게 발생할 수 있기 때문이다.

• 호흡 곤란 : 제왕절개를 통해 태어난 아기에게는 '신생아 일과성 빈호흡'
이라는 중세가 잘 나타나는데, 이것은 출생 후 며칠 동안 아기의 호흡이 정
상치보다 빨라지는 것을 말한다.

• 태아 손상 : 드물기는 하지만 수술 중 아기에게 칼자국이 생길 수 있다.

제왕절개 수술에 대한 걱정 덜기

제왕절개 수술을 해야 한다는 사실은 산모와 남편에게 큰 스트레스를 줄 것
이다. 자연분만을 해서 아기를 출산하고 돌보려 했던 계획이 갑자기 바뀌어
버리기 때문이다. 특히 진통으로 인해 지치고 힘이 빠져있을 때 의사로부터
제왕절개 수술에 대한 이야기를 들으면 산모는 더욱 기운이 빠질 것이다.
게다가 수술과정을 차근히 설명하고 산모의 질문에 답해줄 시간이 부족한
경우도 있다. 예를 들어 응급상황이 벌어져 제왕절개수술이 불가피하게 즉
각적으로 이뤄져야 할 때가 그렇다.

제왕절기 수술 중에 산모와 태아에게 아무런 문제가 없을지를 걱정하는 것은
당연한 일이다. 하지만 너무 걱정할 필요는 없다. 거의 모든 산모와 아기들이
제왕절개 후에 거의 문제없이 완전히 회복된다. 제왕절개를 해야 한다는 사
실이 실망스럽더라도 그러한 감정을 떨쳐내고 상황을 받아들여야 한다. 자
연분만을 원했다고 하더라도 자신과 아기의 건강이 분만방법보다 훨씬 소
중한 것임을 잊지 않는 것이 중요하다.반복적 제왕절개수술을 앞두고 있는
산모 역시 불안한 마음을 감추지 못할 것이다. 지난번 제왕절개수술 상황을
떠올리며 매우 혼란스러울 수도 있다.

산모는 수술 후 자신이 회복하는 동안 새로 태어난 아기와 집에서 자신을 기다리고 있을 자녀들을 어떻게 돌볼지 걱정되는 한편 고통스러운 분만과정을 거치지 않아도 되는 것에 안도할 것이다. 반복적 제왕절개 수술 날짜를 정하는 것이 어렵고 걱정스럽다면 담당 의사나 다른 여러 전문가들의 조언을 구하는 것이 좋다. 다른 사람들과 걱정을 나눈다면 산모의 마음은 훨씬 편안해질 것이다. 전에도 수술을 잘 마쳤고 이번에도 잘 할 수 있다고 스스로에게 용기를 준다. 제왕절개 수술 후에 산모의 회복은 전보다 쉽고 빠를 것이다. 수술 경험이 있기 때문에 전보다 잘 준비하고 견딜 수 있으며, 여러 상황에 대처하는 요령도 가지고 있기 때문이다.

제왕절개 수술을 위해 무엇을 준비할 수 있을까

제왕절개 수술을 위한 준비

제왕절개 수술을 미리 계획돼 있었든지 아니든지 간에 일단 수술을 받기로 했다면 산모는 한 단계씩 수술과정을 밟게 될 것이다. 수술에 앞선 기본적인 준비 단계는 아래에 소개되어 있다. 응급상황에서는 준비과정 중 몇 가지가 줄거나 아예 생략될 수도 있다.

마취방법 선택을 위한 논의

마취과 의사는 산모가 있는 병실로 와서 산모의 상태나 여러 상황들을 고려해본 후 척추마취, 경막외마취, 전신마취 중 어떤 마취 방법을 사용하는 것이 좋은지 산모에게 알려줄 것이다. 이 때 고려하는 사항들은 다음과 같다. 어떤 마취 방법이 태아에게 가장 안전할까? 산모에게는 어떤 방법이 가장 좋을까? 지금 바로 실시해도 괜찮은 마취 방법은 무엇인가? 척추마취, 경막외마취 그리고 전신마취는 제왕절개 수술이 실시될 때 많이 사용되는 마취 방법이다. 이 중 척추마취와 경막외마취는 산모의 가슴 아래를 부분 마취시키는 방법으로 수술 중에 산모는 깨어 있게 된다. 또한 아주 약간의 통증만 느끼거나 아니면 아무런 통증도 느끼지 못하며, 태아에게도 약물의 영향이 거의 미치지 않는다.

척추마취와 경막외마취는 차이가 거의 없다. 다만 척추마취는 산모의 척수 신경을 둘러싸고 있는 유체에 마취제를 투여하는 반면 경막외마취는 같은 마취제를 산모의 척수를 둘러싸고 있는 유체가 채워진 곳의 바깥쪽에 투여한다. 한편 경막외마취는 효과가 나타날 때까지 20분 정도 걸리고, 마취 시간은 거의 무기한으로 지속된다. 반면에 척추마취를 실시할 경우에는 효과가 빠르게 나타나지만 지속 시간은 보통 약 두 시간정도이다. 따라서 응급 상황일 경우 경막외마취 방법은 시간이 촉박할 수 있다. 척추마취와 경막외마취는 총 제왕절개수술 중 약 40퍼센트에서 실시된다.

의식을 완전히 잃게 되는 전신마취는 일반적으로 가능한 한 빨리 출산이 진행돼야 하는 응급 상황일 경우에 많이 사용된다. 때로는 마취제의 일부가 아기에게 영향을 미치기도 하지만 소아과 의사의 도움이 필요할 만큼 큰 문제를 일으키지는 않는다. 왜냐하면 산모의 뇌가 마취제를 빨리 그리고 상당량을 흡수하기 때문이다. 만약 필요하다면 아기가 마취제의 영향을 받지 않도록 출산 후 아기에게 약물이 투여될 수도 있다.

다른 준비사항

산모의 담당 의사와 마취과 의사가 함께 마취방법을 결정했다면 수술을 위한 본격적인 준비가 신중하게 시작될 것이다.

• 정맥주사 : 간호사는 산모의 손이나 팔에 정맥주사를 놓을 것이다. 수술 중이나 후에 정맥주사를 통해서 필요한 약물이 산모에게 투여될 것이다.

• 혈액 검사 : 간호사는 산모의 혈액을 채취하여 성분 분석을 위한 임상 실험실로 보낼 것이다. 혈액 검사를 통해 의사는 산모의 임신상태가 어떠한지 보다 잘 알 수가 있다.

• 제산제 복용 : 산모는 위산을 중화하는 제산제를 복용하게 된다. 마취상태 중에 위산이 폐에 줄 수 있는 안 좋은 영향을 줄이기 위한 예방책 중 하나다.

• 의료장비 배치 : 마취과 의사나 간호사는 산모의 팔에 혈압 측정용 커프를 두르고 수술 중에 산모의 혈압 상황이 의료기기 모니터에 항상 나타나도록 한다. 산모의 흉곽 부분에 부착한 전극을 의료기기에 연결하여 수술 중에 심장박동 상태를 항상 체크할 수 있게 한다. 또한 손가락 끝에 집게를 꽂고 산소포화도 측정기에 연결하여 산모의 혈중 산소농도를 계속 체크할 것이다.

• 요로에 카테터 주입 : 카테터라고 불리는 얇은 관이 산모의 방광에 연결되어서 수술 중에도 계속 소변이 흘러나와 방광을 비워줄 것이다.

수술실에서

수술 준비

제왕절개 수술을 위한 장비들을 갖춘 특별한 수술실에서 대부분의 제왕절개 수술이 실시된다. 수술실의 분위기는 분만실 분위기와는 많이 다를 것이다.

수술은 여러 의료진이 함께 하는 것이기 때문에 분만실보다 많은 사람들이 있을 것이다. 실제로 산모나 아기에게 문제가 생긴다면 거의 12명에 가까운 사람들이 수술실에 함께 있게 된다.

만약 정맥주사를 아직 꽂지 않았다면 수술실에서 간호사들이 정맥주사를 놓아줄 것이다. 또한 얼굴에 마스크를 쓰고 추가적으로 산소를 공급받는다. 경막외마취나 척추마취를 실시하기로 했는데, 아직 마취과 의사의 승인이 떨어지지 않았다면 산모는 등을 구부리고 앉아있거나 몸을 둥글게 하고 옆으로 누워 있을 것이다. 그러면 마취과 의사가 곧 산모의 등을 소독약으로 문지르고 부분마취를 위한 마취제를 투여할 것이다. 두 척추뼈 사이와 척추 다음에 있는 강한 조직 사이로 주사 바늘을 꽂아 마취제 투여를 조절하거나 막을 수 있다.

산모는 회복이 가능할 수 있는 1회 사용량에 해당하는 소량의 마취제만 투여 받는다. 아니면 마취과 의사가 폭이 좁은 관을 주사바늘에 잇고, 그것에 약이 흐르게 한 뒤 반창고로 산모의 등에 고정시킬 것이다. 그러면 산모에게 필요한 만큼의 마취제를 반복해 투여할 수 있다. 만약 전신마취를 해야 한다면 마취제를 투여받기 전에 산모의 복부를 깨끗이 소독하는 등 수술을 위해 필요한 모든 준비들이 끝마쳐질 것이나. 전신마취제는 정맥주사를 통해서 투여되는데, 이것은 혈류를 따라 뇌를 포함한 온몸을 순환하면서 수술 중 산모의 의식을 잃게 한다.

산모가 마취 상태에 이르면 의사는 산모를 눕히고, 팔과 다리는 움직이지 않도록 고정한다. 산모의 오른쪽 등 아래에는 쐐기 같은 것이 있어서 산모를 왼쪽 옆으로 돌릴 수 있다. 이것은 산모의 소변 무게를 왼쪽으로 몰리게 해서 소변이 잘 흘러나오도록 하기 위함이다.

산모의 팔은 뻗어진 채 쿠션 위에 단단하게 고정될 것이다. 간호사는 수술을 하고 붕대를 감는 데 방해가 되지 않게 산모의 체모와 음모의 윗부분을 미는데, 일반적으로 음모가 부분적으로 제거된다. 간호사는 산모의 복부를 소독약으로 깨끗이 문지르고 살균된 천을 덮을 것이다. 보통 수술할 부분을 깨끗하게 유지하기 위해서 산모의 아래 턱까지 살균된 천을 덮는다.

복부 절개

복부가 깨끗이 소독되고 산모도 마취로 인해 감각을 잃었거나 잠들었다면, 수술 준비가 끝났음을 확인한 후 의사가 첫 번째 절개를 실시할 것이다. 의사는 복벽(腹壁), 즉 피부, 지방, 근육을 가른 후 복막을 약 15cm 길이로 쨌다. 절개될 복부의 위치는 제왕절개 수술이 응급 상황에서 실시되는 것인지 또는 산모의 복부에 이전 수술의 흉터가 있는지 등 여러 상황들을 고려하여 결정된다. 또한 태아의 크기나 태반의 위치도 고려해야할 문제일 것이다.

일반적으로 비키니 라인을 따라 복부를 절개하는 비키니 절개가 가장 선호되는 절개방법이다. 이는 수술 후에 가장 통증이 덜 하고 회복도 빠르기 때문이며, 흉터를 고려한 외관상의 문제를 고려했을 때도 가장 좋다.

하지만 때로는 복부 수직 절개, 즉 산모의 아랫배 바로 밑에서 치골 윗부분 사이를 절개하는 것이 가장 좋은 방법일 수도 있다. 이렇게 절개를 하면 자궁의 아래쪽에 훨씬 빨리 닿을 수 있고 의사가 보다 빨리 아기를 꺼낼 수 있다. 일분 일 초라도 아까운 위급한 때에는 이 방법이 좋을 것이다. 또한 복부 수직 절개는 출혈이 적으며, 필요한 경우 배꼽 근처까지 절개가 이루어지게 된다.

자궁 절개

복부 절개가 끝나면 의사는 산모의 방광을 자궁 밑으로 조심히 옮기고 자궁벽에 두 번째 절개를 실시할 것이다. 자궁 절개는 복부 절개와 같은 방법일 수도 있고 다른 방법일 수도 있다. 자궁 절개는 보통 복부 절개보다는 절개 부분이 작다. 복부 절개와 마찬가지로 자궁 절개 위치 또한 제왕절개수술이 응급 상황인지, 아기가 얼마나 큰지, 아기와 태반이 자궁 내에 어떻게 위치 하고 있는지 등 여러 요건들을 고려하여 결정된다.

자궁의 아래쪽 부분을 따라 가로로 절개하는 것이 제왕절개수술의 90퍼센트 가까이 실시되는 가장 흔한 방법이다. 이러한 절개 방법은 아기를 꺼내기가 쉽고 자궁 위쪽을 절개하는 것보다 출혈이 적으며 방광에 상처를 낼 확률도 낮아진다. 또한 자궁 파열의 확률이 기존의 고전적 수직절개에 비해 낮으며, 다음에 임신 했을 때 자연분만 할 수 있는 가능성이 높아진다.

하지만 어떤 경우에는 자궁을 세로로 절개하는 것이 보다 나은 방법일 수 있다. 조직이 얇은 자궁의 아래쪽을 세로로 절개하는 경우는 아기의 발이나 둔부가 아래를 향하고 있거나 아기가 자궁 안에서 가로로 누워있는 때이다. 또한 자궁 아래쪽을 세로로 절개했다가도 수술 중 의사가 절개 부분을 확대 해야 한다고 결정하면 자궁 위쪽 정중선을 수직 절개 할 수 있다.

과거에는 제왕절개 수술을 하면 보통 자궁의 윗부분을 세로로 절개하는 고

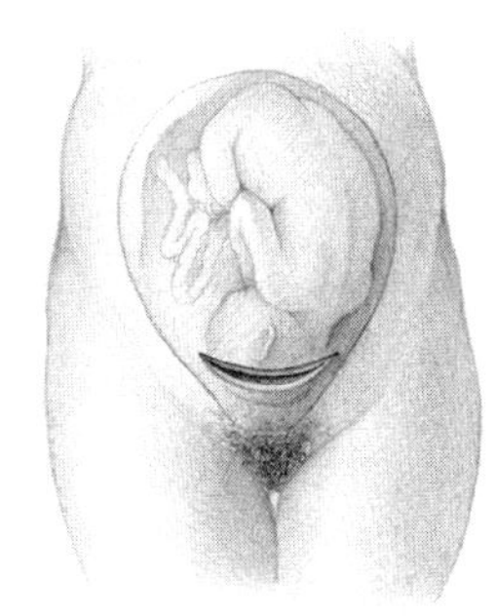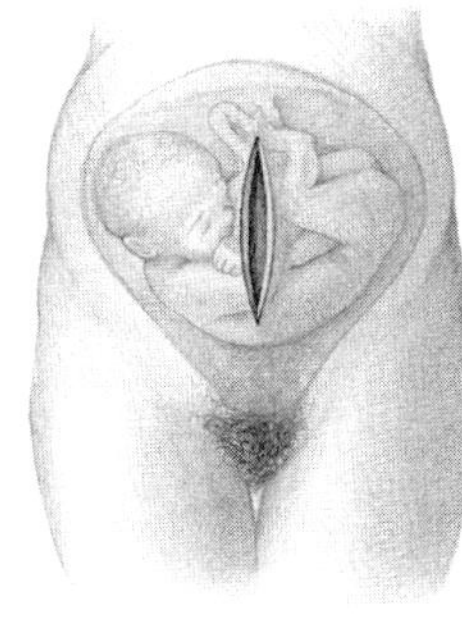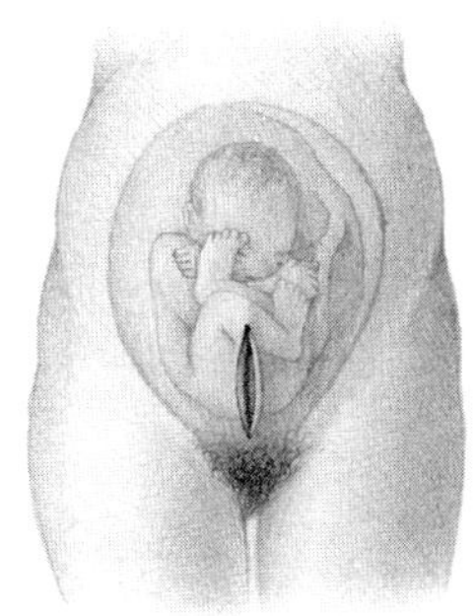

▲하복부 수평절개법　　▲복부 수직절개법(고전적 절개법)　　▲하복부 수직절개법

전적 절개법이 사용되었다. 요즘에는 전체 제왕절개수술 중 약 10퍼센트도 안 되는 경우에만 고전적 절개법이 실시된다. 왜냐하면 이 방법은 과도한 출혈로 인한 위험이 너무 크고 다음 임신을 시도할 때 자궁이 파열될 확률이 높기 때문이다. 실제로 어떤 경우 고전적 절개 방법으로 제왕절개수술을 한 여성은 다음 출산 때 분만에 이르기도 전에 자궁이 파열될 수 있다고 한다. 하지만 고전적 절개는 의사가 빨리 자궁에 접근하여 아기를 꺼낼 수 있다는 장점이 있으며, 실제로 태아가 어떠한 병을 가지고 있다면 이 방법을 이용해 최대한 빨리 자궁에서 꺼내는 것이 매우 중요할 것이다. 한편 산모가 이번이 마지막 출산임을 확신한다면 방광에 생기는 상처를 피하기 위해서 때로는 고전적 절개 방법이 사용되기도 한다.

출산

절개 후 자궁이 열리면 의사는 아기를 둘러싸고 있는 양막을 제거하고 아기의 모습을 확인할 수 있다. 산모는 의사가 아기를 꺼낼 때 무엇인가 당기는 느낌이나 압박이 가해지는 느낌이 들 것이다. 이것은 의사가 자궁 절개 부위를 최대한 작게 했기 때문에 발생하는 것으로 통증은 느껴지지 않을 것이다. 아기가 태어나면 의사는 탯줄을 자르고 아기의 건강상태를 체크하도록 다른 의료진에게 아기를 보내서 아기의 코, 입 등을 확인하고 호흡을 정상적으로 하고 있는지도 살펴볼 것이다. 그리고 산모는 자궁을 통한 세균감염을 막기 위해 정맥주사를 통해서 항생제를 투여받게 된다.

태반 제거와 절개 부분 봉합

아기를 꺼낸 뒤 의사는 산모의 자궁에서 태반을 제거할 것이다. 그리고 절개 부분을 층마다 봉합할 것이다. 아마 이 때 산모는 졸음을 느끼기 때문에 시간이 빨리 지나갈 것이다. 내장기관과 신체를 봉합할 때 사용하는 봉합사는 저절로 녹는 것으로 나중에 제거할 필요가 없다. 이외에 스테이플 같은 것을 사용하기도 하는데, 스테이플이란 절개된 부분의 끝을 구부리며 당겨서 가운데로 모아 고정시키는 작은 금속 클립을 말한다. 상처가 봉합되는 동안 산모는 감각은 있겠지만 고통은 없을 것이다. 한편 스테이플을 사용해서 상처가 봉합되었다면 퇴원하기 전에 의사나 간호사가 작은 집게를 이용해서 스테이플을 제거해 줄 것이다.

태어난 아기와의 만남

제왕절개 수술을 하는 데 걸리는 시간은 총 45분~1시간 정도이지만 아기는 수술 시작 후 5~10분 이내에 태어난다. 만약 산모가 감각이 있고 깨어있다면 자궁과 복부의 절개 부분이 완전히 봉합된 후에 아기를 안아보거나 최소한 남편이 안고 있는 아기의 모습이라도 볼 수가 있을 것이다. 산모와 남편에게 아기를 건네주기 전에 의사는 아기의 코와 입에 있던 이물질을 제거하고 아기의 외형, 맥박, 반사 작용, 움직임, 활동 등을 간단히 체크하는 아프가 점수를 1분 이내에 측정할 것이다.

회복실에서

수술이 끝난 직후 산모는 회복실로 옮겨진다. 그리고 마취에서 완전히 깨고 의식이 정상적으로 회복될 때까지 약 15분마다 산모의 활력징후가 체크 될 것이다. 마취가 완전히 깨는 데는 보통 1~2시간 걸리는데, 전신마취의 경우는 시간이 더 길어질 수 있다. 회복실에 있는 동안 산모와 남편은 몇 분간 아기와 함께 있으면서 행복한 시간을 갖게 된다.

아기에게 모유를 먹이기로 결정했고, 산모의 상태도 괜찮다면 회복실에서

아기에게 젖을 먹일 수도 있다. 모유수유는 빨리 시작할수록 좋다. 등 뒤에
베개를 받쳐두면 보다 편안한 자세에서 젖을 먹일 수 있을 것이다. 산모가
경막외마취를 했다면 수술 후 몇 시간 이내에는 마취가 완전히 풀리지 않으
므로 통증 없이 편안하게 젖을 먹이는 것이 가능할 것이다. 하지만 산모가
전신마취를 했다면 수술 후 몇 시간 동안 불안정하고 불편한 상태여서, 모유
수유를 시작하기 전에 진통제를 먹어 먼저 통증을 줄이고 싶을 것이다.

제왕절개수술 후 회복

회복실에서 몇 시간을 보낸 뒤 산모는 산부인과 병동으로 이동하게 된다. 앞
으로 약 24시간 동안 의사와 간호사는 산모의 호흡, 심장박동, 체온, 혈압 등
을 주기적으로 체크할 것이다. 또한 산모의 복부에 감겨있는 붕대의 상태, 배
출된 소변의 양, 산후 출혈 등을 살펴볼 것이다. 간호사는 산모의 자궁이 잘
수축하고 있는지도 정기적으로 체크하게 된다. 산모가 병원에 입원해 있는 동
안 의료진은 계속 산모의 상태를 지켜보게 된다. 즉 산모의 활력징후, 절개부
분의 봉합 상태, 자궁의 상태, 오로(출산 후 자궁과 질에서 나오는 분비물-옮긴
이) 등을 주의 깊게 살펴보는 것이다.
또한 간호사는 산모의 창자와 요로관의 기능이 정상적으로 회복되고 팔과 다
리에도 충분한 혈액이 공급되는지 확인할 것이다. 만약 궁금한 점이 있으면
무엇이든지 의료진에게 문의하면 된다.

통증 완화

만약 산모가 모유수유를 하기로 마음먹었다면 수술 후에 진통제를 복용하는

제왕절개 수술실에 남편이 산모와 함께 있는 경우

(※ 국내에서는 허락되는 일이 드물다 – 옮긴이)

전신마취가 필요한 응급상황이 아니라 선택적 제왕절개 수술이라면 남편이 산모와 함께 수술실에 들어갈 수도 있다. 하지만 남편은 매우 긴장하거나 겁을 먹고 두려워할지도 모른다. 자신과 알고 있거나 사랑하는 사람이 수술 받는 모습을 가까이에서 지켜보는 것이 쉬운 일은 아니기 때문이다. 수술실에 들어가기로 결정되면 남편은 수술 가운을 입고, 머리카락이 보이지 않도록 모자를 쓸 것이다. 또한 신발을 가리고 얼굴에는 마스크도 착용하게 된다.

물론 수술과정을 지켜보기 원하는지는 남편의 선택에 달려 있다. 만약 수술 장면은 보지 않길 원한다면 산모의 머리 주변에 앉아 산모의 손을 잡고 앉아 있으면 된다. 아마 마취 스크린이 수술 장면을 가려줄 것이다.

만약 남편이 가까이에 있다는 사실이 산모의 마음을 보다 편하게 해준다면 좋겠지만 때로는 도움이 되지 않을 수도 있다. 예를 들어 남편이 분만실에서 지쳐 쓰러진다면 산모 다음으로 두 번째 환자가 될 수도 있다.

어떤 병원들은 아기 사진을 찍는 것을 허락하고 있으며, 수술이 완전히 끝나기 전에 외과 의료진이 산모, 남편, 아기가 함께 있는 사진을 찍어줄 수도 있다. 하지만 대부분의 병원에서는 직접 사진을 찍는 것은 허락하지 않을 수도 있으므로 주의해야 한다. 따라서 사진 촬영 전에는 항상 병원 측의 허락을 받아야 한다.

것에 거부감을 가질 수도 있다. 하지만 마취가 끝나고 산모에게 나타날 통증을 줄이기 위해서는 필요한 약을 적절히 복용하는 것이 매우 중요하다. 봉합된 부분이 회복되는 며칠 동안 산모는 최대한 안정을 취해야 한다.

제왕절개 수술이 끝난 직후에 산모는 나르코틱narcotics이라고 하는 진통제를 받을 것이다. 진통제는 보통 정맥주사를 통해 산모에게 투여되는데 정맥주사를 제거한 상태라면 근육을 통해 투여된다. 수술 후 24시간 동안은 아직 제거되지 않은 카테터를 통하거나 정맥주사를 이용하여 진통제가 투여될 것이다.

많은 병원들이 정맥주사와 작은 펌프를 연결해 둔다. 이것을 이용해 산모는 진통제가 필요할 때마다 버튼을 눌러 소량의 나르코틱을 투여받을 수 있다. 진통제가 정맥주사를 통해 바로 산모의 몸으로 투여되므로 효과는 금방 나타난다. 한편 정맥주사와 연결된 작은 펌프에는 잠금 장치가 달려 있어서 산모에게 투여되는 진통제의 양을 조절할 수 있는데, 이는 과도한 진통제 사용을 방지한다.

하루 정도 시간이 지나면 의사는 산모에게 나르코틱이 포함된 진통제와 포함되지 않은 진통제를 번갈아가면서 투여할 것이다. 그리고 점차적으로 나르코틱이 포함되지 않은 이부프로펜*ibuprofen* 같은 비스테로이드성 항염제(NSAIDs)로 대체하여 갈 것이다.

또한 명상을 하거나 조용한 음악 듣기, 어두운 방에서 호흡하기 등 통증을 줄이기 위한 여러 가지 방법을 시도할 수 있다. 이를 통해 산모는 자신과 태아에게 좋지 않은 영향을 줄 수 있는 의약품, 즉 나르코틱이 포함된 진통제를 투여 받지 않는다는 사실만으로도 보다 안심할 수 있다.

산모는 봉합 부분이 회복되면서 생기는 통증 뿐만 아니라 출산 후 자궁수축으로 인한 산후 통증을 겪게 될 것이다. 수술 후 언제든지 이러한 통증은 생길 수 있는데, 이것은 대개 4~5일간 지속된다. 만약 모유수유를 한다면 통증은 더욱 심해지는데, 이는 모유수유 시 산모의 몸에서 옥시토신이 생성돼 자궁수축을 촉진하기 때문이다. 산후 통증을 줄이기 위해서는 명상법이나 진통제 복용, 모유수유 조절 등이 도움이 될 수 있다.

산모의 폐를 깨끗이 하기(전신마취를 한 경우)

수술 후 산모의 폐에 필요 없는 다른 물질이 쌓이지 않도록 산모는 침대에 누워서도 자세를 자주 바꿔주면서 헛기침을 시도하고 천천히 숨을 깊게 쉬어야 한다. 이 때 헛기침을 하고 자세를 계속 바꿔주게 되면 봉합부분이 아플 수 있다. 하지만 베개를 껴안고 배에 보다 힘이 덜 가게 하면 통증이 심하지는 않을 것이다.

음식물 섭취

수술 후 처음 12~24시간 동안에는 얼음 몇 조각 또는 약간의 물만 조금씩
마셔야 한다. 동시에 탈수를 막기 위해 정맥주사를 통해 수분이 공급될 것
이다. 산모는 소화기능이 정상적으로 회복되면 음료와 물을 좀 더 마시고
소화되기 쉬운 음식을 조금씩 먹을 수 있다. 몸에서 가스가 나오면 그것은
음식을 먹어도 괜찮다는 신호로, 가스가 나오는 것은 산모의 소화기능이 되
살아나 다시 제 기능을 하기 시작했다는 증거이다. 수술 다음날부터는 일반
음식도 먹을 수 있다.

걷기

수술 후 약 6~8시간이 지나면서 의사는 산모에게 조금씩 움직이고 걸어볼
것을 권할 것이다. 걷는 것이 산모가 할 수 있는 최고의 운동이기 때문이다.
산모는 움직일 때마다 아직 아물지 않은 상처로 인해 고통스럽겠지만 걷기
는 빠른 회복을 위해서 매우 중요하다. 또한 이것은 산모의 폐가 깨끗해지
도록 하고 혈액 순환을 촉진하며 산모의 비뇨기와 소화기관의 기능이 정상
적으로 회복되는 데에도 도움을 준다. 뱃속에 찬 가스로 인해 산모에게 통
증이 있을 때에도 걷기가 도움이 된다. 또한 수술 후 몇 주 동안 침대에 누워
있어야 하는 산모에게 흔히 발생하는 혈병의 생성을 억제하는 데에도 효과
가 있다. 침대 밖으로 나와 화장실 출입을 할 수 있게 되면 더 이상 요로관에
연결된 카테터는 필요 없게 된다.
침대 밖으로 처음 걸어 나올 때에는 팔을 지지할 수 있는 것을 항상 곁에 두
어야 한다. 처음 걷기를 시도할 때는 두렵고 걱정스럽겠지만 천천히 걷는
것이 생각보다는 힘들지 않을 것이다. 처음으로 걷고 나면 산모는 퇴원할
때까지 가벼운 산책을 즐길 수 있다.

오로에 대처하기

아기를 출산하면 산모의 몸에서 분비되는 호르몬에도 변화가 생긴다. 이러한 변화는 오로라고 불리는 냉증의 원인이 되는데, 오로란 수술 후 몇 주 동안 생식기를 통해서 갈색 빛이 도는 배설물이 배출되는 것을 말한다. 이는 태반이 정상적으로 제거되었다 하더라도 자궁이 회복되면서 발생하는 것이다. 한편 병원에 있는 동안 산모는 오로를 흡수하는 위생 패드를 사용하게 될 것이다.

봉합된 부분 치료

상처가 충분히 아물었다고 여겨지면 봉합된 부분을 보호하던 붕대는 수술 다음날에 제거될 것이다. 입원해 있는 동안 의사와 간호사는 산모의 봉합 부분을 자주 체크할 것이다. 상처가 아물기 시작하면 그 부위에 심한 가려움증이 생기겠지만 절대로 상처 부위를 긁어서는 안 된다. 그보다는 로션을 바르면 가려움을 덜뿐 아니라 훨씬 안전할 것이다.

한편 산모의 복부 절개 부분이 수술용 스테이플로 봉합되었다면 퇴원하기 전에 의사가 제거해줄 것이다. 퇴원 후 집에 가서는 샤워나 목욕을 평상시처럼 해도 된다. 대신 수건이나 너무 뜨겁지 않은 바람으로 상처 부위를 잘 말려줘야 한다.

모유수유

제왕절개 수술 후에 모유수유를 할 때는 약간의 기술이 필요하다. 산모는 미식축구 자세를 선호할 것이다. 이 방법은 아기를 미식 축구공처럼 감싸 안아 옆구리에 끼는 방법인데, 누구에게나 편하고 쉬울 뿐 아니라 특히 아기의 다리가 제왕절개술한 부위에 압박을 주거나 수술부위를 찰 수 없도록 하는 장점이 있다.

미식축구 자세를 취하려면 먼저 의자에 앉거나 침대에 기댄 다음 젖을 먹이는 쪽에 베개를 놓는다. 베개는 산모의 팔꿈치와 아기의 아랫부분을 받쳐야 하며, 아기의 머리를 산모의 가슴으로 올려 주어야 한다. 아기의 몸통은 반드시 산모의 팔 안쪽에 있어야 한다. 그 다음 아기를 바라보고 아기의 머리를 감길 때처럼 아기의 목과 위쪽 등을 손으로 지지한다. 팔을 받칠 수 있게 베개를 몸 아래에 받혀 두는 것이 좋다. 퇴원하고 집으로 돌아간 후 처음 몇 주 동안은 넓고 낮은 팔걸이가 있는 의자에서 아기에게 수유를 하는 것이 가장 쉬울 것이다.

자유로운 다른 한쪽 손으로는 유방을 부드럽게 누르하면서 유두를 가로로 맞춰 적절한 자리에 위치시킨다. 아기의 입이 열릴 때까지 가슴을 아기에게 가져다 댄다. 그리고 아기를 포근하게 감싸 안아 준다. 다른 쪽 가슴으로 젖을 먹일 때도 같은 방법으로 한다.

한편 수술 후 며칠 동안은 누워서 아기를 돌봐야 할 때도 있다. 그럴 때 산모는 옆으로 누운 다음 자신의 옆에 아기를 눕히고 얼굴을 마주볼 수 있도록 한나. 이 때 유두가 아기의 입 가까이에 있게 한다. 그리고 아래쪽 팔을 이용해서 아기의 머리가 유방 가까이 바른 위치에 있도록 한다.

위쪽 팔과 손을 이용해서 몸에 아기를 닿게 하고 유방을 잡은 뒤 아기의 입술에 유두를 가져다 댄다. 정리하자면 아기가 움직이지 않도록 잘 눕힌 다음 자신의 아래팔을 아기의 머리를 받치는 데 사용하고 위쪽 손과 팔은 아기를 돌보는 데 사용하는 것이다.

퇴원

제왕절개 수술 후 산모는 보통 병원에 3일정도 머물지만 일부 산모들은 수술 후 이틀 만에 퇴원하기도 한다. 이 때 산모는 퇴원하기 전에 모든 궁금증을 해결하도록 한다. 회복 중 통증 완화를 위해서 의사가 가르쳐 준 방법들을 기억하고, 병원 밖에서 활동할 때 주의해야 할 점들을 다시 한 번 확인한다.
또한 출산 후 해야 할 검사들을 실시하기 위한 병원 진료 예약을 미리 해둔다. 자연분만을 한 산모들의 경우 대부분 4~6주 후에 다시 병원을 찾는다. 한편 제왕절개 수술을 한 산모는 자연분만한 산모보다 회복 속도가 조금 더 디기 때문에 산모 자신이 정상으로 되돌아갔다고 느끼는 데 아마 4~6주 정도 걸릴 것이다. 회복 속도가 너무 느리다고 생각되면 의사에게 문의한다.

제왕절개 수술 후 주의할 점

제왕절개 수술 후 퇴원을 하고 일주일 동안은 활동을 하거나 아기를 돌볼 때 주의해야 할 점들이 매우 많다. 산모는 회복중인 상처에 무리가 갈 수 있는 어떠한 활동도 해서는 안 된다. 계단 오르내리기 또는 아기보다 무거운 물건 들어올리기 등의 일상 활동 등도 주의한다. 제왕절개 수술 후 처음 활동을 할 때 산모는 매우 피곤함을 느낀다. 하지만 몸이 회복되기 위해서는 충분한 시간이 필요하며, 곧 정상적으로 생활할 수 있을 것이므로 걱정하지 않아도 된다.
산모는 통증 없이 몸을 움직일 수 있게 돼도 아직 운전을 해서는 안 된다. 함께 수술을 받은 다른 산모들보다 회복이 빠르다고 해도 보통 2주간은 운전을 해서는 안 된다. 또한 담당 의사의 허락이 떨어지면 산모는 운동을 시작할 수 있지만 절대 무리해서는 안 된다. 보통 수영이나 걷기를 택하는 것이 좋다. 퇴원 후 3~4주가 지나면 산모는 집에서 일상생활을 재개할 수 있을 것이다.

제왕절개수술 후에 나타날 수 있는 부작용

퇴원 후 다음과 같은 증상이 나타나면 담당 의사에게 바로 알려야 한다.

– 38도 이상의 열, 통증이 수반되는 배뇨, 평소보다 심한 분비물(오로), 봉합
  부분이 당기는 느낌, 상처에서 나오는 혈액 또는 분비물, 심한 복부 통증

수술 후 나타날 수 있는 다른 증상들에 대한 설명은 830쪽 4부 '산후의 병증'
에서 살펴볼 수 있다.

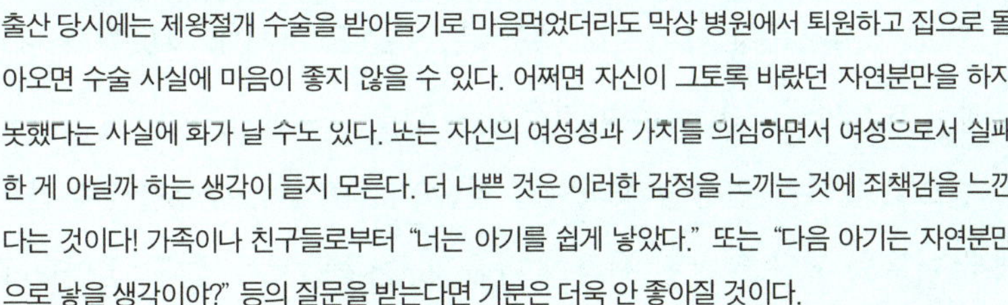

제왕절개 수술이 산모의 심리상태에 미치는 영향

출산 당시에는 제왕절개 수술을 받아들이기로 마음먹었더라도 막상 병원에서 퇴원하고 집으로 돌아오면 수술 사실에 마음이 좋지 않을 수 있다. 어쩌면 자신이 그토록 바랐던 자연분만을 하지 못했다는 사실에 화가 날 수도 있다. 또는 자신의 여성성과 가치를 의심하면서 여성으로서 실패한 게 아닐까 하는 생각이 들지 모른다. 더 나쁜 것은 이러한 감정을 느끼는 것에 죄책감을 느낀다는 것이다! 가족이나 친구들로부터 "너는 아기를 쉽게 낳았다." 또는 "다음 아기는 자연분만으로 낳을 생각이야?" 등의 질문을 받는다면 기분은 더욱 안 좋아질 것이다.

하지만 좋지 않은 감정들은 빨리 떨쳐버려야 한다. 오늘날에는 총 산모 중 거의 1/4이 제왕절개 수술을 통해 출산을 하고 있다. 임신의 가장 큰 목적은 건강한 아기를 낳는 것이지 분만방법에 있는 것이 아니다. 만약 계속해서 부정적인 생각이 든다면 의사와 상담하는 것이 좋다. 또한 친구, 가족 또는 분만을 도와주었던 의료진들과 이야기를 나눈다. 자신의 분만과정에서 어떠한 일이 일어났고 왜 제왕절개 수술을 선택했어야 했는지를 이해하는 데 도움이 될 것이다. 또한 산후 우울증을 다스리는 방법은 많이 있으니, 자신의 우울함을 감추려 하지 않는 것이 좋다.

chapter.13

갓 태어난 아기

간호사가 나의 사랑스러운 아기를 처음 안겨주었을 때 분만의 고통은 모두 사라져버렸다. 어떻게 이렇게 작은 생명이 태어날 수 있는지 놀라울 뿐이었다. 아기의 손, 발, 눈. 그리고 부드럽게 말린 검은 머리카락까지 나는 눈을 뗄 수가 없었다. 분만 후에 귀여운 나의 아기를 볼 수 있었던 순간은 나에게 최고의 회복제가 됐다. – 한 엄마의 경험담

모든 기다림은 끝났다. 지난 9개월 동안 아기를 만날 날만을 기다리고 준비하면서 마치 끝나지 않을 것 같았던 시간을 잘 참고 버텼다. 이제 드디어 기다리고 기다리던 그 날이다. 마라톤과 같이 길게 느껴졌든 단거리 달리기와 같이 짧게 느껴졌든지 간에 이제 분만은 끝났다. 마침내 그토록 기다리던 세상에서 가장 소중하고 예쁜 아기를 품에 안을 수 있는 것이다.

빨리 집으로 돌아가 일상을 시작하고 싶은 마음이 굴뚝같겠지만 우선은 병원에서 머무는 동안 허락된 시간을 마음껏 즐기는 것이 좋다. 얼마나 많은 여성들이 출산 뒤에 자신만의 시간을 원하는지 모른다. 물론 가족들과 친구들은 분만과정을 듣고 싶고 아기에 대해서도 이야기 나누고 싶을 것이다. 하지만 사람들의 방문을 조금은 제한할 필요가 있다. 전화기를 꺼두어도 좋고 간호사가 산모의 개인 시간을 위해 방문자를 제한할 수도 있다. 좋은 친구들이라면, 특히 산모의 부모님이라면 산모가 자신과 아기에게만 관심을

쏟으며 시간을 보내고 싶어하는 것을 이해해 줄 것이다.

산모는 임신부터 출산까지 오랜 시간 힘들게 지내왔기 때문에 혼자 아기를 돌보는 것이 체력에 벅찰 수 있다. 그러므로 간호사들에게 자신과 아기를 돌봐주도록 부탁할 수 있다. 꽤 오랫동안 자신과 아기를 돌봐주도록 부탁하게 되더라도 부끄럽거나 미안해 할 필요는 없다.

산모에게는 많은 궁금증들이 있을 것이다. 다행스럽게도 그에 대한 답을 말해줄 사람들이 가까이에 있다. 밤이든 낮이든 언제든지 병원에 전화하여 편안하게 질문하도록 하라. 여하튼 경험자들의 조언을 잘 듣고 활용하는 것이 중요하다. 많은 병원이 새로 태어난 아기를 돌볼 때 어려움이 없도록 관련 문헌이나 비디오 자료를 제공한다. 때로 간호사가 산모에게 가장 도움이 될 만한 자료를 추천해주기도 하는데, 시간이 있다면 이러한 자료들을 미리 훑어보는 것이 좋다. 집에 도착하면 시간적 여유가 줄어들 것이기 때문이다.

많은 병원에서 산모와 아기가 같은 병실에 있도록 해준다. 이를 통해 당신은 아기와 함께 지내며 아기에 대해 알아가는 정말 멋진 시간을 보낼 수 있을 것이다. 하지만 원한다면 아기와 떨어져서 혼자만의 조용한 시간을 가질 수도 있다. 대개 집으로 돌아가면 휴식을 취할 시간이 없기 때문이다. 어느 산모의 말을 빌자면 심지어 이를 닦을 시간도 없다고 한다. 그러므로 피곤하고 조금 쉬고 싶다면 아기를 잠시 간호사에게 맡겨두면 좋을 것이다. 간호사는 아기를 충분히 잘 돌볼 수 있도록 교육받은 경험 많은 전문가이므로 안심해도 된다.

한편 입원실 밖으로 아기를 내보낼 때는 아기를 데려가는 사람의 신원을 정확히 확인하고 병원 직원인지도 꼭 확인해야 한다. 신생아 유괴는 극히 드물지만 그래도 병원 측에서는 아기의 신원과 건강을 철저히 보호할 것이다. 이것은 산모나 가족 등 그 누구도 간호사에게 알리지 않고는 아기를 데리고 돌아다닐 수 없다는 뜻이다. 만약 병원에서 아기가 사라진다면 간호사가 소식을 알려줄 때까지 병원을 떠나지 않는 것이 좋다.

제 13장에서는 아기가 어떻게 생겼고 어떤 검사나 예방접종을 실시해야 하는지 등 새로 태어난 아기의 일상에 대해서 배우게 될 것이다. 또한 신생아에게 흔히 발생하는 문제들에 대해서도 설명하고 있다.

아기의 모습

분만을 통해 어떻게 아기가 태어났는지를 생각해본다면 태어난 아기의 모습이 텔레비전에서 보던 천사 같은 모습이 아니라는 것이 놀랍지 않을 것이다. 갓 태어난 아기는 매우 정돈되지 않은 모습이다. 아기의 머리는 보통 예상했던 것보다 크기가 크고 모양도 둥글지 않다. 눈꺼풀은 부풀어 있으며, 팔과 다리는 자궁 안에 있을 때처럼 모아져 있을 것이다. 또한 아기의 몸은 빨갛고 양수 때문에 축축하며 미끌미끌하다.

아기는 태어날 때 태지라고 불리는 로션 같은 물질을 몸에 바른 채 태어난다. 이 물질은 아기의 팔, 귀 뒤쪽 그리고 서혜부 부분에서 특히 잘 눈에 띤다. 특히 미숙아라면 온몸이 이 태지로 온통 둘러싸여 있을 것이다. 한편 아기가 처음 목욕을 할 때 대부분의 태지는 씻겨 내려간다.

움푹 파인 머리

우선 아기의 머리는 납작하고 길거나 구부러져 보일 것이다. 머리가 이렇게 특이하게 길어 보이는 것은 신생아들의 일반적인 특징이다. 아기의 두개골은 유연하게 조립된 여러 개의 뼈들로 구성되어 있어서 산도를 통해 산모의

골반을 빠져 나올 때 그에 맞춰 머리 모양이
변하게 된다. 분만 시간이 길수록 갓 출생한
아기의 머리는 더욱 길게 늘어난다. 따라서
제왕절개 수술을 통해 태어난 아기의 머리는
보다 짧고 넓은 모양일 것이다. 한편 분만과
정 중에 진공 흡입기가 사용되었다면 아기의
머리는 더욱 길게 늘어나 보일 것이다.

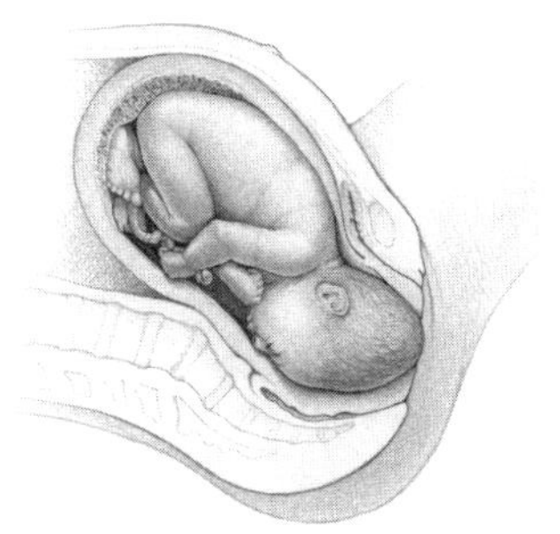

숫구멍

아기의 머리 꼭대기를 만지다 보면 머리가 두
개의 부드러운 부분으로 나뉘는 것을 느낄 것
이다. 이것은 숫구멍이라고 불리는데, 아기의
두개골이 아직 완전히 자라지 않아 생긴 공간
이다. 두피의 앞쪽에 있는 숫구멍은 다이아
몬드 모양으로 그 크기가 대략 100원 짜리
동전 크기 정도 된다. 이것은 일반적으로 평

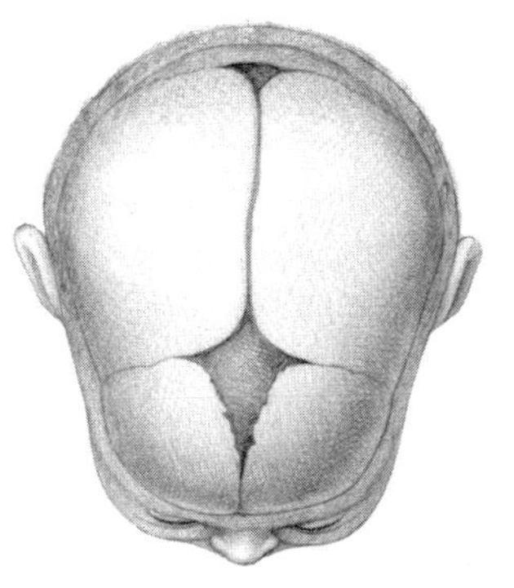

평하지만, 아기가 울거나 긴장하면 불룩 튀어나오는데, 9~18개월 동안 숫
구멍은 딱딱한 뼈로 채워진다.

머리 뒤쪽에는 보다 작고 눈에 잘 띄지 않는 숫구멍이 하나 더 있는데 크기
가 대략 1원 짜리 동전 크기 정도이고 출생 후 약 6주가 지나면 닫힌다.

피부 손상과 상처

태어난 아기들은 대부분 피부에 얼룩이나 상처 등을 가지고 있다. 두개골의 모
양이 둥글게 부풀어 올라와 있는 것은 보통 머리가 먼저 세상에 나온 아기의

일반적인 모습이다. 산도를 통과하면서 생긴 이와 같은 부종을 산류라 부르는데, 이것은 단순히 피부가 부풀어 오른 것으로 2~3일이 지나면 사라진다.

한편 분만 중 산모의 골반이 아기에게 압박을 가하면 아기의 골막 아래 혈관이 터질 수 있다. 두혈종이라 불리는 이것은 몇 주 동안 눈에 띄게 되는데, 몇 달이 지난 뒤에도 그 흔적을 발견할지 모른다. 또한 분만 중에 겸자가 사용되었다면 산모는 아기의 얼굴이나 머리에서 스쳐서 생긴 것 같은 상처를 볼 수 있을 것이다. 대부분의 경우 이러한 상처들은 생후 2주 이내에 사라진다. 한편 다음과 같은 피부 문제들도 신생아에게서 발견될 수 있다.

• 미립종(milia) : 대부분의 신생아에게 미립종이 발생한다. 미립종은 아기의 코와 아래턱에 생기는 작고 하얀 여드름과 같은 것을 말한다. 크기가 점점 커지는 것처럼 보이지만, 손으로 만져보면 평평하고 부드럽다. 시간이 지나면 저절로 사라지고 특별한 치료가 필요한 것은 아니다.

• 연어반 : 연어의 속살과 비슷한 색깔의 반점이 신생아에게 발생하는 것을 연어반이라고 부른다. 아기의 목덜미, 눈썹이나 눈꺼풀 사이 등에 나타난다. 대부분 몇 달이 지나면 저절로 사라진다. 의학적 용어로는 화염상모반(nevus flammeus) 이라고 한다.

• 독성 홍반 : 이름만 들었을 때는 꽤 겁이 나지만 독성 홍반은 아기가 갓 태어났을 때 또는 생후 며칠간 피부에 나타나는 증상을 의미하는 의학 용어이다. 분홍빛 또는 붉은빛을 띠는 피부 주면에 하얀색 또는 노란색인 작은 혹 같은 것이 나타나는 것이 특징이다. 아기에게 해가 되는 것도 전염이 되는 것도 아니며 며칠이 지나면 사라질 것이다.

• 신생아 여드름 : 땀띠라고도 불리는 신생아 여드름은 엄마의 여드름과는 전혀 관련이 없다. 그리고 신생아 여드름은 어른이 되어서도 계속 나는 그런 것이 아니다. 여드름과 유사한 이 빨간 뾰루지나 반점은 얼굴, 목, 가슴 상부 그리고 등에 나타난다. 이러한 피부 증상은 생후 1~2개월까지 두드러지게 나타나며, 그 후 1~2개월이 지나면 특별한 치료 없이 자연적으로 사라진다.

• 몽고반점 : 몽고반점은 아래쪽 등이나 둔부에 나타나는 회색이나 푸른색의 크고 평평한 점을 말한다. 이것은 특히 흑인, 미국의 원주민, 아시아인의 아기와 피부색이 어두운 편인 아기에게서 잘 발생한다. 때로는 타박상으로 오인받기도 하는데, 몽고반점은 타박상과 달리 색깔이 바뀌거나 점점 흐려지지 않는다. 그리고 아기가 성장하면서 보통 사라진다.

• 농포성 흑색소 침착증(pustular melanosis) : 농포성 흑색소 침착증으로 인해 생기는 점들은 건조하고 가벼워서 날아가기 쉬운 하얀색 작은 참깨 씨앗과 비슷하게 생겼다. 이것은 때로 피부 감염증인 사마귀처럼 보이기도 하지만 감염성 질환은 아니다. 또한 특별한 치료가 없어도 자연적으로 사라진다. 목이 접히는 부분, 어깨 위 그리고 가슴 위쪽에서 잘 발견되며, 흑인계 아기들에게 보다 잘 나타나는 피부 증상이다.

• 딸기 혈관종 : 이것은 신생아의 피부 바로 아래에 혈관이 너무 많이 발달해 나타나는 피부 증상이다. 딸기(모세혈관) 혈관종은 딸기와 비슷한 붉은 점이 나타나서 붙여진 이름이다. 출생 직후에는 눈에 띄지 않다가 작고 색이 옅은 점이 점점 붉은 빛을 띠게 된다. 딸기 혈관종은 생후 몇 개월 동안은 크기가 커졌다가 시간이 지나면 치료하지 않아도 점차적으로 사라진다.

체모와 취모 (솜털)

태어난 아기는 머리카락이 없거나 굵은 머리카락으로 채워져 있을 수도 있다.
아기의 머리카락 색깔은 너무 빨리 속단해서는 안 된다. 6개월이 지나면서 색
깔이 변할 수 있기 때문이다. 놀랍게도 태아는 머리에만 털이 있지 않다.
태어나기 전에 아기의 몸에 나 있던 부드럽고 가는 솜털이 태어난 후에도 아
기의 등, 어깨, 이마, 관자놀이 등에서 발견될 것이다. 물론 솜털의 대부분은
출생 전 자궁에서 빠진다. 따라서 태아솜털은 특히 미숙아의 몸에서 흔하게
잘 발견될 것이다. 한편 생후 몇 주 지나지 않아 솜털은 사라지게 된다.

신생아의 눈의 특징

신생아의 눈이 부어보이는 것은 지극히 자연스러운 현상이다. 실제로 어떤
아기는 눈이 너무 부풀어서 눈을 크게 뜰 수가 없다. 하지만 하루나 이틀이
지나면 곧 엄마의 눈을 똑바로 바라볼 수 있을 것이므로 걱정할 필요는 없다.
또한 엄마는 아기의 시선처리가 불분명하며, 눈에 초점이 맞지 않음을 발견
할 수 있다. 하지만 이 역시 정상적인 상황이며, 아기가 성장하면서 몇 달 이
내에 사라질 것이다. 때로 아기의 흰 눈동자에 빨간 점이 있을 때도 있다. 이
것은 분만 중에 아기의 작은 혈관들이 터져서 생간 흔적들로 아기에게 해롭
지 않고 시력에 영향을 주지도 않는다. 아마도 약 열흘정도 지나면 모두 사
라질 것이다.
머리카락과 마찬가지로 태어난 아기의 눈동자 색깔이 영원할 것이라는 보
장은 없다. 보통 대부분의 신생아들이 진한 갈색, 푸른빛이 도는 검은색, 회
색 눈동자를 가지고 있는데 평생 지니게 될 진짜 눈동자 색깔은 생후 6개월
또는 그 이상 시간이 지나야 확실히 결정된다.

창자의 첫 운동

처음으로 아기의 첫 기저귀를 갈면서 아기 엄마는 아마 깜짝 놀랄지도 모른다. 처음 며칠 동안 아기는 매우 굵고 끈적거리는 대변을 눈다. 신생아의 대변은 태변이라고 불리는데, 마치 타르와 같은 초록빛이 도는 검은색 물질이다. 더 이상 태변이 나오지 않으면 이제는 아기가 무엇을 먹는가에 따라 대변 색깔, 주기, 성분 등이 모두 달라질 것이다. 모유를 먹는 아기라면 보다 자주 대변을 볼 텐데, 대변이 부드럽고 수분이 많으며 황금빛을 띨 것이다. 반면에 분유를 먹는 아기의 경우에는 대변을 보는 횟수가 보다 적고 대변이 더 단단하며 황갈색에 냄새도 더 독하다.

신생아를 위한 초기 건강관리

아기는 태어난 순간부터 모든 활동의 중심이 된다. 아기가 태어나면 의사 또는 간호사가 아기의 얼굴을 빠르게 씻기는데, 이는 아기의 호흡이 제대로 이루어지도록 분만 중 아기의 머리가 보이자마자 그리고 출생 직후에 아기의 코와 입을 채우고 있는 물질들을 제거하는 것이다. 아기의 숨쉬는 통로가 깨끗이 비워지는 동안 의사 또는 간호사는 청진기를 이용해 아기의 심장 박동과 혈액 순환을 체크하거나 탯줄을 통해 맥박을 잴 것이다. 아기의 피부색은 혈액 순환이 잘 되고 있는지를 보여준다.

마지막으로 아기의 탯줄이 플라스틱 집게에 들려 나오면 산모나 남편은 탯줄을 자를 기회를 갖게 된다(한국에서는 선택적으로 시행된다-옮긴이). 바로 그토록 기다리던 순간이 온 것이다. 생후 며칠 동안 의료진은 신생아에게 선별 검사와 예방접종을 실시할 것이다. 무엇을 검사하는지는 다음과 같다.

각종 검사

• 아프가 점수 : 아프가 점수는 최대한 빨리 갓 태어난 아기의 건강 상태를 체크하는 것으로 출생 직후 실시되며 약 1~5분 정도 소요된다. 1952년에 마취과 의사 버지니아 아프가*Virginia Apgar*에 의해 만들어졌고 신생아의 피부색, 심장박동, 반사 반응, 근육, 호흡 이렇게 5가지 항목을 검사한다.

각 항목마다 0~2점까지 부여되고 만점일 경우 모든 항목을 더한 총 점수는 10점이 된다. 점수가 높을수록 건강한 아기이고 출생 시 5점미만의 점수를 받은 아기에게는 의료적 도움이 필요한 상황이라는 판단이 내려진다. 그러나 오늘날에는 많은 의사들이 아프가 점수를 신뢰하지 않는 추세이다. 왜냐하면 낮은 점수를 받았던 아기의 건강상태가 나중에는 매우 좋은 것으로 판명되곤 했기 때문이다.

• 다른 검사법 : 출생 직후 아기의 체중, 신장, 머리둘레 그리고 체온을 비롯하여 호흡, 심장박동이 측정된다. 그리고 생후 12시간이 지나기 전에 건강상 다른 문제나 이상 징후는 없는지 전반적인 신체 검사가 실시될 것이다.

면역성을 위한 백신 투여

• 안과질환 예방 : 엄마로부터 아기에게 임질이 전염돼 아기의 눈이 잘못되는 것을 막기 위한 면역주사를 놓는다. 임균성 안구감염은 20세기 초에 들어서면서 아기의 시력을 잃게 하는 주요 원인이 되었고, 이 때문에 출생 직후 아기의 눈을 보호하기 위한 조치를 취하는 것은 의무사항이다.

태어나자마자 아기의 눈에는 에리트로마이신*erythromycin* 또는 테트라시클린*tetracycline*이라고 불리는 항생제가 투여된다. 이러한 조치는 눈에도 안전하고 아무런 통증도 유발하지 않는다.

• 비타민 K 투여 : 미국에서는 태어난 후 얼마 안 있어 아기에게 정기적으로 비타민 K를 투여한다. 비타민 K는 몸에 출혈이 생겼을 때 혈액을 응고시키는 과정 중 꼭 필요한 성분이다. 신생아는 생후 몇 주 동안 몸속에 적은 양의 비타민 K를 가지고 있지만 4000명 중 한명 꼴로 비타민 K가 부족한 아기가 태어날 수 있다. 그런데 비타민 K가 너무 부족하면 작은 상처에도 심각한 출혈이 발생할 수 있기 때문에 이들이 치명적 위험에 빠지지 않도록 비타민 K의 투여를 통해 예방하는 것이다. 이러한 문제는 생후 몇 주 동안 아기에게 발생할 수 있는 것이며 혈우병과는 상관이 없다.

• B형 간염 예방접종 : B형 간염은 간에 영향을 줄 수 있는 바이러스성 감염 질환으로 간경화와 간 손상 등을 유발하며 심지어 간암으로까지 발달할 수 있다. 성인의 경우에는 성관계, 주사 바늘, 보균자와의 접촉 등을 통해서 감염되지만 아기의 경우는 임신과 출산과정에서 엄마로부터 B형 간염을 물려받게 된다. B형 간염 백신은 아기가 바이러스에 감염되지 않도록 하기 때문에 아기는 태어나자마자 B형 간염 예방접종을 받게 된다. 만일 태어난 직후 접종하지 못했다면 보통 다른 예방접종과 함께 생후 2개월 이내에 실시한다.

선별 검사 (screening tests)

병원에서는 아기를 퇴원시키기 전에 소량의 혈액을 채취해 검사한다. 아기의 팔에 있는 정맥이나 발뒤꿈치에서 채취된 혈액 샘플은 아기에게 드물지만 심각할 수 있는 질환이 있는지를 조사하기 위해 분석된다.

때때로 재검사가 필요할 수도 있지만 그런 일이 일어난다고 해도 놀랄 것은 없다. 아기가 그러한 질환을 가지고 있는 게 확실한지 확인하기 위해 다시 체크하는 것뿐이다. 특히 재검사는 미숙아들에게 흔히 일어난다. 일반적으로 다음과 같은 질병을 검사하기 위해 신생아 선별 검사가 이루어진다.

• 페닐케톤뇨증(PKU) : 이 병을 가진 신생아에게서는 거의 모든 단백질 음식에서 발견되는 아미노산인 페닐알라닌_phenylalanine_이 과다 검출된다. 적절한 치료가 없으면 이 병은 정신지체나 운동장애, 경련 등을 일으키지만 초기에 발견하고 치료하면 정상발달이 가능하다.

• 선천성 갑상선 기능 저하증 : 신생아 약 3000천 명 중 한 명은 갑상선 호르몬의 부족으로 성장과 두뇌 발달 속도가 늦어진다. 따라서 치료하지 않고 방치해두면 정신지체와 발육부진을 야기할 수 있다. 하지만 초기에 발견하고 치료하면 정상발달이 가능하다.

• 선천성 부신과형성(CAH) : 선천성 부신과형성은 특정 호르몬의 결핍으로 인해 발생하는 병이다. 증상으로는 혼수상태, 구토, 근육의 약화 그리고 탈수증 등이 있다. 아직 기관 형성이 덜된 신생아의 경우 생식 기능에 문제가 생기거나 성장 속도가 느려질 수 있다. 심각한 경우에는 신장 기능 장애 발생 또는 사망에까지 이를 수 있다. 평생 동안 호르몬 치료를 통해서 병의 발달을 억제해야 한다.

• 갈락토오스혈증 : 이 병은 신생아가 우유에 포함되어 있는 당 성분인 갈락토오스를 정상적으로 신진대사하지 못해서 생기는 것으로, 겉으로 보기에는

정상적이라도 첫 우유를 먹고 며칠 이내에 구토, 설사, 황달, 간 손상 등의 증상이 나타난다. 만약 적절한 시기에 치료받지 못하면 정신지체, 시각장애, 발육 부진 등의 원인이 되며, 심지어는 사망을 초래하기도 한다. 치료를 위해서는 아기에게 우유를 먹이는 것을 제한하고 유제품을 식단에서 빼야 한다.

• 선천적 대사이상 : 선천적 대사이상은 비오티니다아제*biotinidase* 라고 불리는 효소의 부족으로 인해 아기에게 나타나는 질병이다. 이 병을 앓고 있는 아기에게는 발작, 발육 지연, 습진, 청각 상실 등이 발생한다. 하지만 초기에 병을 진단받고 치료를 시작하면 병으로 인해 나타나는 문제들을 예방할 수 있다.

• 단풍당뇨증(MSUD) : 이 질병은 아미노산의 물질대사에 영향을 준다. 단풍당뇨증을 앓고 있는 신생아는 보기에는 정상이지만 우유 먹는 것을 힘들어하고 혼수상태에 빠지거나 출산 후 일주일 이내에 사망하게 된다. 치료하지 않으면 단풍당뇨증은 혼수상태나 죽음을 초래할 것이다.

• 호모시스틴요증 : 효소 결핍으로 인해 발생되는 병으로 신생아의 안구질환, 정신지체, 골격 기형, 비정상적 혈액응고 등을 유발한다. 초기에 발견하고 특별 식단과 식이요법을 포함한 치료를 시작한다면 아기의 성장발달에는 문제가 없을 것이다.

• 겸상적혈구질환 : 이 유전적 질환은 혈구가 체내에서 원활하게 순환되는 것을 방해한다. 겸상적혈구질환을 가지고 있는 아기는 질병에 감염되기 쉽고, 성장속도도 더디다. 또한 이 병은 아기에게 갑작스런 통증이 발생시키면

서 폐, 신장, 뇌와 같은 주요 내장기관을 손상시킨다. 하지만 초기에 치료를 시작한다면 겸상적혈구질환으로 인한 합병증의 발병은 최소화될 것이다.

• MCAD 결핍증 : 희귀 유전질환인 MCAD 결핍증은 지방을 에너지로 전환하는 데 필요한 효소의 부족으로 인해 발생한다. 이 질병에 걸리면 생명을 위협할 정도로 심각한 증상들이 나타나고 급기야는 사망에 이를 수도 있다. 그러나 MCAD 결핍증을 앓고 있더라도 빨리 발견하고 치료하면 정상적인 생활을 할 수 있다.

• 낭포성섬유증(CF) : 이것은 폐와 소화기계에 지나치게 걸쭉한 점액이 분비되는 질환이다. 낭포성섬유증에 걸리면 다음과 같은 증상이 나타난다. 우선 염분이 높은 땀을 흘리기 때문에 피부에서는 짠 맛이 느껴진다. 또한 기침이 지속되며, 호흡이 가빠지고 체중증가 속도가 느려진다.
이 병을 앓고 있는 신생아는 심각한 폐 감염이나 소화 장애 등이 발생할 수 있다. 하지만 초기에 발견하고 치료를 시작한다면 아기가 생명을 보다 오래 유지할 수 있고 과거에 비해 비교적 건강한 상태가 될 수 있다.

• 신생아 조기청력 선별 검사 : 병원에 있는 동안에 신생아는 청력 검사를 받게 된다. 이 검사는 모든 병원에서 실시되는 것은 아니지만 비교적 보편화되어 있다. 청력 상실은 신생아 1000명 중 약 5명에게 나타난다.
대개 청력 선별 검사는 신생아의 생후 며칠 이내에 실시되어서 청력 상실 여부를 확인하게 된다. 만약 청력 상실로 보이는 검사 결과가 나왔다면 재검사를 통해 다시 한 번 결과를 확인할 것이다.
다음은 신생아 조기청력 선별 검사를 위해 사용되는 두 가지 방법이다. 두

가지 모두 10분 정도 소요되며, 고통이 없기 때문에 아기가 잠자는 동안에도 검사가 가능하다.

- 자동화 청성뇌간반응 검사 : 이 검사는 소리에 뇌가 어떻게 반응하는지를 살펴보는 것이다. 이어폰을 통해 아기의 귀로 소리가 전달되는 동안 청신경계의 전기적 반응을 컴퓨터에 기록해 정상청력과 비교한다.
- 이음향 방사 : 귀로 전해지는 음파에 대한 아기의 반응을 검사하는 것으로, 아기의 귀에 음을 준 후 방사돼 나오는 미세한 음향 신호를 분석, 청력 손상 정도를 진단한다.

포경 수술

태어난 아기가 남자아기라면 아기에게 포경 수술을 실시할 것인가를 결정해야 한다. 포경수술은 남성의 생식기 끝을 덮고 있는 외피를 외과적으로 벗겨내는 것으로 모든 과정은 생식기 끝에서 이루어진다. 원한다면 퇴원하기 전에 아기에게 포경수술을 받게 할 수 있을 것이다. 포경수술을 하는 것은 장점과 단점을 모두 갖고 있다. 490쪽 '포경수술 실시 여부 고려하기' 부분을 살펴보면 보다 자세히 알 수 있을 것이다.

신생아에게 발생하는 일반적인 문제

일부 아기들은 새로운 세계에 적응하는 데 어려움을 겪기도 한다. 다행히도 이러한 대부분의 문제들은 그리 심각하지 않거나 아니면 곧 쉽게 해결된다. 다음은 신생아들이 겪을 수 있는 몇 가지 일반적인 문제들이다.

황달

절반 이상의 신생아가 황달을 겪게 된다. 황달은 피부와 눈동자가 노랗게 색이 변하는 병으로 생후 며칠 뒤부터 아기의 겉모습이 달라지는 것을 볼 수 있다. 황달 증세는 보통 몇 주간 지속된다.

아기에게 황달은 간에 의해 파괴되는 빌리루빈보다 생성되는 빌리루빈의 양이 많을 때 나타나는 것으로 빌리루빈은 아기의 몸속에서 적혈구 세포를 파괴한다. 황달은 보통 자연히 사라지며 아기에게 통증을 비롯한 다른 불편을 주지는 않는다. 한편 다음은 황달이 일어나는 몇 가지 원인이다.

- 빌리루빈의 생성속도가 간에 의한 파괴속도보다 빠를 때
- 발달 진행 중인 아기의 간이 혈액에서 빌리루빈을 제거하지 못할 때
- 장운동을 통해 빌리루빈을 몸 밖으로 배출하기 전에 아기의 소장이 너무 많은 양의 빌리루빈을 재흡수 할 때

증상이 그리 심하지 않은 황달이라면 치료가 필요 없을 수 있지만 만약 심각한 증세를 보인다면 병원에 입원시켜 상태를 두고 봐야 한다. 현재 황달은 여러 가지 방법으로 치료되고 있다.

- 아기에게 보다 자주 우유를 먹여서 장운동을 활발하게 해 빌리루빈이 몸 밖으로 배출되도록 한다.
- 의사는 아기에게 빌리루빈 불빛을 쏘인다. 이러한 치료방법은 광선요법 이라고 불리는데 지나친 양의 빌리루빈을 아기의 체내에서 제거하기 위해 특별한 전구를 사용하는 것이다.
- 만약 비리루빈의 농도가 매우 크다면 의사는 아기에게 정맥주사를 통해

면역 글로불린*globulin*을 투여할 것이다.

- 드물지만 빌리루빈 수치를 낮추기 위해서 수혈이 필요할 수도 하다.

감염

신생아의 면역체계는 감염에 대처할 정도로 완전하게 발달돼 있지 않다. 그래서 어떠한 예방접종이든지 아동이나 성인들보다는 신생아에게 더욱 중요할 수 있다. 약 1000명 중 2~3명의 신생아에게 발생하는 심각한 박테리아 감염은 신생아의 내장기관, 혈액, 소변 심지어 척수액까지 박테리아가 침입하게 한다. 적절한 항생제 치료가 필요하지만 너무 이른 진단과 치료의 시작 또한 아기의 생명에 위험을 초래할 수 있다.

따라서 의사는 신생아가 언제 감염이 되었는지, 언제 치료가 가능한지 판단하는 데 매우 신중해야 한다. 호흡 곤란을 보이는 신생아가 잠을 잘 못자고 제대로 먹지도 못하며, 지속적으로 높거나 낮은 체온을 유지하고 있다면 이것은 신생아의 몸이 병균에 감염되었음을 알리는 것으로 패혈증을 의심해볼 수 있다. 초기에 항생제가 투여되고 더 이상 감염 증세가 나타나지 않으면 항생제 투여는 중지된다. 비록 나중에 감염되지 않았다는 결과가 나온다 해도 재빨리 치료를 시도하는 것이 아기를 혹시 모를 위험에 빠뜨리는 것보다 나을 것이다.

박테리아를 통한 감염보다는 덜 하지만 신생아는 바이러스에 의해서도 감염될 수 있다. 일부 바이러스는 엄마의 몸에 먼저 침입해 뱃속에서 태아가 성장발달 하는 것을 방해하기도 하지만 헤르페스, 수두, 에이즈, 거대세포바이러스*cytomegalovirus* 와 같은 특정 바이러스성 질환들은 항바이러스성 약물을 통해 치료가 가능하다.

우유 먹이는 방법

모유수유를 선택했든 분유수유를 선택했든지 상관없이 출산 후 며칠 동안
은 아기가 배가 고픈지 안 고픈지 알아채기가 힘들 것이다. 이것은 당연한
일로 일부 아기들은 원래 천천히 그리고 졸면서 우유를 먹는 습관을 가지고
있기도 한다. 아기의 영양상태가 부족하지 않고 적절한지 걱정이 된다면 소
아과 의사나 간호사에게 물어본다. 하지만 곧 그들은 모유나 분유 어떤 것
이든 잘 적응하여 왕성한 식욕을 드러낼 것이다.

생후 일주일이 지나면 아기는 출생 당시 체중보다 약 10퍼센트 정도 감소하는
데, 보통 아기의 체중변화를 보면 섭취하는 우유의 양을 알 수 있다. 생후 1년
간은 아기의 건강상태와 성장을 지켜보며 의사와 함께 상담하는 것이 좋다.

새로운 세상에 태어난 아기

산모가 출산 후 부모의 역할에 적응해 가듯이 태어난 아기 또한 새로운 세상
에 적응한다. 아기는 안전하고 상대적으로 조용했던 엄마의 뱃속을 벗어나
밝은 빛과 시끄러운 소리로 가득 찬 새로운 세상으로 나왔다. 엄마의 목소
리와 따뜻한 손길은 이 낯선 환경에 처한 아기에게 평안을 준다.

미숙아를 출산했다면

모든 부모들은 건강한 아기를 만나기를 원한다. 하지만 불행하게도 그러한
소망이 모두 이뤄지지는 않는다. 대부분의 아기들이 건강에 아무 이상 없이

태어나지만 일부 아기들은 너무 빨리 태어나기도 한다. 또한 이러한 미숙아들은 때로 의학적 문제를 동반하기도 한다. 그러나 의학의 발전 때문에 이러한 미숙아들의 미래는 예전보다 많이 밝아졌다. 하지만 많은 아기들이 건강상의 문제로 인해 특별한 치료를 받아야 할 것이다. 다음은 조산으로 인해 발생할 수 있는 문제들과 그에 대한 치료에 대한 것이다.

언제 태어나나

보통 미숙아는 임신 37주 이전에 태어난 아기를 의미하는데, 미국에서는 미숙아의 수가 매년 태어나는 신생아의 약 11퍼센트에 달한다고 한다. 한편 아기가 미숙아로 태어난다면 두려움, 실망, 걱정 등을 느끼게 될 수 있다. 하지만 이것은 충분히 이해가 되는 자연스러운 감정이다.

좋은 소식은 오늘날 신생아 집중 치료가 현저하게 발전했다는 것이다. 실제로 24~25주째에 태어난 아기의 2/3가 적절한 치료를 통해 살아남을 수 있다. 이렇게 대부분의 미숙아들이 살 수 있기 때문에 산모와 미숙아에 대한 의학적 치료의 상당수는 조산에서 발생할 수 있는 합병증들을 줄이는 데 초점을 맞추고 있다.

생김새

조산을 한 산모는 신생아 집중 치료실(NICU)에 있는 아기의 얼굴을 들여다보는 것이 아마도 첫 만남이 될 것이다. 처음 아기의 모습을 보고서 아마 산모는 놀라고 당황스러워 하면서 충격을 받을지 모른다.

산모는 작은 아기에게 연결된 수많은 튜브, 카테터, 전기가 흐르도록 납으로 만들어진 의료기기 등을 보게 될 것이다. 이러한 장비들은 압도적이고 위협적이겠지만 한 가지 기억해야 할 것이 있다. 바로 이 의료장비들이 아기가 건강해질 수 있도록 도와주고 있으며, 이를 통해 의료진들이 아기의 건강상태에 대한 정보를 계속 해서 받을 수 있다는 것을 말이다.

산모는 또한 아기가 매우 작다는 사실을 알게 된다. 아기는 아마 정상적인 신생아보다는 꽤 작을 것이다. 너무 빨리 태어난 미숙아들 중 일부는 크기가 너무 작아서 남자의 결혼반지를 아기의 팔찌로 사용해도 헐렁하다고 한다. 또한 미숙아들은 정상치보다 적은 양의 체지방을 가지고 있으므로 항상 따뜻하게 체온을 유지해주어야 한다. 그래서 때로 미숙아들은 체온 유지를 위해서 공기의 출입이 차단된 따뜻한 플라스틱 상자(인큐베이터) 안에 머물게 되기도 한다.

미숙아의 피부에는 일반 신생아들에게서는 찾아볼 수 없는 눈에 띄는 특징들이 많이 있다. 미숙아는 일반 신생아들보다 둥글지 않고 뾰족한 모습을 보일 것이다. 또한 태아의 외이를 구성하는 피부와 연골은 특히 부드럽고

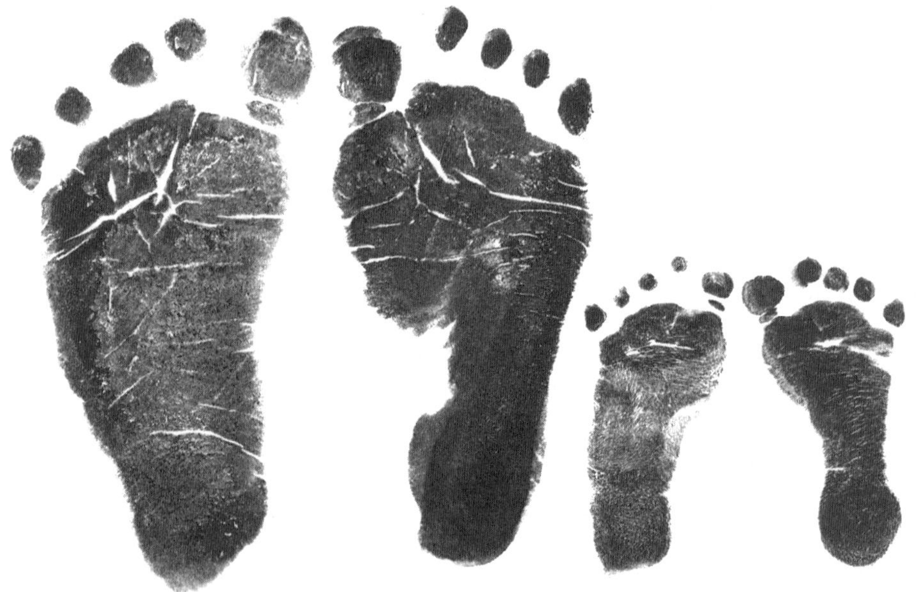

달을 채우고 나온 아기(약 3.7kg)의 발자국   미숙아(약 0.67kg)의 발자국

유연하다. 한편 미숙아의 몸에는 부드러운 태아솜털이 일반 신생아보다 더 많이 남아있을 것이며 피부는 얇고 매우 약해 피부 아래로 혈관이 보일만큼 투명할 것이다.

보통 미숙아들은 옷을 입히거나 담요를 덮어주지 않기 때문에, 이 같은 특징들이 쉽게 관찰된다. 이것은 간호사들이 미숙아의 호흡과 겉모습을 더욱 잘 살필 수 있도록 한다.

신생아집중치료실(NICU)에서

출생 직후 미숙아는 다른 신생아들과 마찬가지로 여러 가지 검사를 밟게 된다. 하지만 미숙아에게는 특별한 주의가 요구되는데, 예를 들어 아기의 호흡, 심장박동, 혈압 등이 계속 체크될 것이다. 임신 35주가 되기 전에 태어난 미숙아들은 출생 후 얼마 지나지 않아 신생아집중치료실이나 3단계 또는 2단계 보육실이라 불리는 특수치료시설로 옮겨진다. 하지만 이러한 의료장비가 갖춰지지 않은 병원에서 아기가 태어났다면 신생아집중치료실이 있는 인근 병원으로 이송될 것이다.

신생아집중치료실에서 미숙아는 개인별로 제공되는 영양분을 공급받는 등 보다 주의 깊은 치료를 받을 것이다. 생후 며칠 또는 몇 주 동안 이기는 정맥주사를 통해 영양분을 공급받게 된다.

왜냐하면 아기의 소화기관과 호흡기관이 유동식을 섭취하고 소화시키기에는 아직 덜 발달했기 때문이다. 아기가 충분히 성장하여 준비가 되면 정맥주사를 통한 영양분 주입은 중단하고 튜브로 새로운 유동식을 제공할 것이다. 튜브식을 시작하면 모유나 분유가 튜브를 통해 아기의 위나 장으로 곧바로 옮겨가게 된다.

신생아집중치료실

아기는 신생아집중치료실(NICU)에서 전문자격을 갖춘 의료진들의 보호를 받는다.
아기를 위한 신생아집중치료실 근무자들은 다음과 같다.

- 신생아 간호사 : 미숙아와 고위험도 신생아를 돌보기 위해 특수훈련을 받은 간호사
- 신생아 호흡기 전문치료사 : 신생아에게 발생하는 호흡기 문제를 돌봐주고 환기 장치를 비롯한 여러 호흡기 장비들을 다룬다.
- 신생아학자 : 신생아에게 발생하는 병을 진단하고 치료하는 법을 전공한 소아과의사
- 소아 외과의사 : 수술이 필요한 신생아의 수술 여부를 결정, 실시하는 전문 외과의사
- 소아과 전문의 : 소아를 치료하는 전문의
- 소아 내과의사 : 소아를 치료하도록 특별히 훈련받은 의사

사랑으로 돌보기

가능한 한 많이 아기와 신체적으로 접촉할 수 있도록 한다. 사랑으로 아기를 돌보는 것이 아기의 신체적 발달뿐만 아니라 정서적 안정을 위해서도 매우 중요하다. 임신을 했을 때 산모는 아기를 안고 목욕시킨다거나 우유를 먹이는 일상을 꿈꿔왔을 것이다. 그러나 미숙아의 부모가 되었다면 출산 후 약 일주일은 그동안 기대했던 행복한 생활을 할 수 없을 것이다. 하지만 여전히 산모와 아기는 엄마와 자식의 관계로 끈끈하게 맺어져 있다.

상황만 허락된다면 아기가 머물고 있는 인큐베이터의 문을 열고 손을 뻗어 아기를 만지거나 살짝 끌어안을 수도 있다. 이러한 엄마와의 부드러운 신체 접촉은 미숙아의 생존에도 큰 영향을 미친다. 자장가를 불러주거나 조용히 속삭이며 이야기를 하면 아기가 엄마를 알아보기가 쉬울 것이다.

상태가 호전되면 아기를 품에 안고 앞뒤로 살살 흔들어줄 수도 있다. 캥거루 치료법이라고 불리기도 하는 이러한 피부 접촉은 아기와 엄마의 관계를 더욱 친밀하게 해주는 데 매우 효과적이다. 캥거루 치료법에 따라 간호사는

엄마의 피부에 닿도록 아기를 엄마 맨가슴에 올려둔 채 부드럽게 담요로 덮어줄 것이다. 일부 연구결과에 따르면 엄마와의 피부 접촉에 미숙아가 긍정적으로 반응하여 회복속도가 빨라졌다고 한다.

엄마의 사랑을 통해 아기에게 건강을 되찾아 줄 수 있는 또 다른 방법으로 모유수유가 있다. 모유에는 면역력을 강화하고 성장을 촉진하는 단백질이 들어 있기 때문이다. 신생아집중치료실에서 미숙아는 매일 1~3시간 동안 모유를 공급받는데, 이것은 튜브를 통해 아기의 코나 입에서 위로 전달될 것이다. 간호사는 아기엄마에게 어떻게 모유를 짜내야 하는지 가르쳐 줄 것이다. 그리고 모아진 모유는 차갑게 보관해 필요할 때마다 아기에게 먹일 수 있도록 저장될 수 있다.

조산으로 인한 합병증

정상보다 일찍 태어난 아기들은 뱃속에서 충분히 성장발달할 시간이 부족했기 때문에 여러 의학적 문제들을 가지고 있을 수밖에 없다. 오늘날에는 미숙아 출산이 예상될 때 임신부에게 투여하는 약과 신생아집중치료시설이 점점 더 발전하고 있어서 일부 너무 빨리 태어난 아기외 매우 아픈 아기들을 빼고는 미숙아의 생존률과 회복률이 매우 높아졌다.

어떤 아기들의 문제는 태어나자마자 명확히 드러나지만 어떤 아기들은 생후 몇 주 또는 몇 개월이 흐른 뒤 문제가 발생하기도 한다. 특히 미숙아일수록 신체 발달에 문제가 있을 확률이 더욱 크다. 다음은 이러한 증상들 중 일부이다.

호흡곤란증후군(RDS)

호흡곤란증후군(RDS)은 신생아, 특히 미숙아에서 흔히 나타나는 호흡기 문제이다. 이 병에 걸리게 되면 아직 덜 발달한 신생아의 폐에 계면활성제가 부족하게 된다. 계면활성제는 원활한 호흡을 위해 폐에 유연성을 더해주는 중요한 물질이다.

임신 34주가 지나기 전에 조산을 할 것이 염려되는 임신부에게는 부신피질 호르몬제라고도 불리는 코르티코스테로이드*corticosteroid*라는 약을 투여하여 출산 전에 아기의 폐가 빨리 성장할 수 있도록 한다. RDS는 아기의 호흡 곤란 정도와 X-ray로 촬영한 흉곽의 이상 결과를 통해 진단되는데, 보통 아기가 태어난 지 몇 분 혹은 몇 시간 이내에 확인할 수 있다.

• 치료법 : RDS를 가지고 있는 신생아의 호흡을 도와주기 위해서는 여러 조치들이 필요하다. 우선 아기의 폐가 완전히 발달할 때까지 추가적으로 산소를 공급해줘야 한다. 일반 공기에는 산소가 21퍼센트 포함되어 있는데, RDS를 겪고 있는 미숙아에게는 100퍼센트의 산소 공급이 필요할 수 있다.
또한 이러한 아기들에게는 인공호흡장치라 불리는 보조호흡장치가 필요하다. 이것은 일분마다 일정한 양의 산소를 추가적으로 공급해주어서 아기가 호흡하는 데 문제가 없도록 한다. 일부 아기들은 지속적양압호흡기(CPAP)라고 불리는 장치에 의존하여 호흡을 원활하게 할 수 있을 것이다. 이것은 아기의 콧구멍에 플라스틱 튜브를 연결시켜 추가적으로 산소를 공급해주는 것으로 폐포가 적절히 부풀어 오를 수 있도록 한다.
신생아가 심각한 RDS를 겪고 있을 경우에는 계면활성제와 같은 역할을 하는 대체물질을 폐에 바로 주입한다. 이 밖에 소변의 배출을 증가시키고 필요 없는 체내 수분들을 몸 밖으로 배출시키는 약과 폐에 염증을 줄이는 약, 호흡을 원활하게 하고, 무호흡으로 인한 질식의 발생을 최소화하는 약들이 투여된다. 호흡을 보조해주는 장치를 단 아기들은 항상 주의 깊게 지켜봐야 한다. 산소 농도계(oximeter) 라고 불리는 장치가 신생아의 혈중 산소 농도를 끊임없이 보여줄 것이다. 또한 아기에게서 채취한 혈액 샘플에서 혈중 산소와 이산화탄소의 농도, 혈액의 PH를 알 수 있는데, 이를 통해 아기가 얼마나 잘 호흡하고 있으며, 어떠한 치료가 필요한지, 지금 받고 있는 치료를 바꿔야 하는지 등을 판단할 수 있는 지침이 된다.

기관지폐형성장애(BPD)

미숙아의 폐 관련 문제는 일반적으로 생후 며칠에서 몇 주 이내에 증상이 개선된다. 하지만 한 달이 지나도 인공호흡기나 추가적인 산소 공급이 필요한 아기는 BPD 또는 만성 폐질환을 앓고 있다고 볼 수 있다.

• 치료법 : BPD를 겪고 있는 신생아는 보다 오랫동안 산소를 추가적으로 공급해야 한다. 또한 아기가 독감이나 폐렴에 걸렸다면 인공호흡기와 같이 호흡을 도와주는 장치에 의존하게 된다. 심지어 어떤 아기들은 퇴원하고 집으로 돌아가서도 호흡 보조장치를 사용해야 할 수도 있다. 물론 시간이 지나 아기가 자라면 호흡이 한결 쉬워질 것이다. 하지만 다른 일반 아이들보다는 다소 호흡이 거칠거나 천식에 걸릴 확률이 높다.

무호흡과 서맥

일반적으로 미숙아들은 불안정하고, 불규칙적인 호흡 리듬을 갖고 있기 때문에 숨을 한 번에 몰아쉬는 것과 경향이 있다. 예를 들어 5~10초 동안 호흡을 멈추다 10~15초 정도 깊이 숨을 쉬는데 이를 간헐적 호흡이라고 한다. 만약 호흡 사이의 간격이 10~15초 이상으로 길어진다면 이 때 아기는 무호흡 상태 또는 A와 B 상태라고 할 수 있다. A는 무호흡(apnea) 을, B는 서맥(bradycardia)을 의미하는데, 서맥은 의학적으로 심장박동이 매우 느린 것을 말한다. 때때로 혈중 산소 농도가 급격히 떨어지기도 하는데, 이러한 경우는 산소불포화 상태라고 한다.

엄마의 뱃속에서 30주 이상 머물지 못한 대부분의 아기들은 A와 B를 경험한다. 아기의 상태를 체크하는 의료장비가 호흡, 심장박동, 산소 포화도가 감소하면 바로 알람을 울려서 의료진들이 확인할 수 있도록 한다.

• 치료법 : 보통 미숙아의 호흡, 심장박동 그리고 산소 포화도가 감소하는 증상은 즉시 정상으로 돌아온다. 만약 저절로 상태가 좋아지지 않으면 간호사는 아기의 몸을 비비거나 앞뒤로 흔들면서 부드럽게 자극을 줄 것이다. 그러나 좀 더 심한 상태라면 아기가 호흡을 잘 할 수 있도록 보조해주어야 한다. 아기에게 무호흡과 서맥 현상이 자주 나타난다면 의사는 아기가 호흡을 고르게 해주는 약을 처방해 줄 것이다.

동맥관개존증

출생 전 아기는 폐를 사용하지 않기 때문에 적은 양의 혈액 순환으로 충분하다. 따라서 태아동맥관이라고 불리는 짧은 혈관들이 폐에서 태반으로 혈액을 보내는데, 태어나기 전 아기의 혈액에 들어 있는 프로스타글란딘*prost-aglandin*-E라고 불리는 화학물질이 태아동맥관이 계속 열려 있도록 한다. 그러다 출생 후에는 아기의 체내 프로스타글란딘-E 농도가 급격히 줄어들어 태아동맥관이 닫히게 되고, 혈액순환이 제대로 이루어지게 된다.

때때로, 특히 미숙아의 경우 프로스타글란딘-E의 혈중 농도가 태내에 있을 때와 같은 경우가 있다. 그러면 태아 체내의 태아동맥관이 여전히 열려 있어 태아의 호흡 및 순환에 문제가 발생할 수 있다.

• 치료법 : 이 질병은 프로스타글란딘-E의 분비를 막거나 분비 속도를 늦춰주는 약을 복용함으로써 치료할 수 있다. 만약 약을 복용해도 효과가 없다면 수술을 받아야 한다.

두개내출혈

임신 34주 이전에 태어난 미숙아는 뇌에서 출혈이 발생할 확률이 높다. 이러한 증상을 두개내출혈(ICH) 또는 뇌실내출혈(IVH)라고 부른다. 아기가 출산 예정일에 비해 빨리 태어날수록 뇌출혈 가능성은 커지기 때문에, 조산을 피할 수 없는 상황이라면 산모는 이를 방지하는 약을 먹어야 한다.

임신 23~26주 사이에 태어난 미숙아 세 명 중 한 명에게서 뇌출혈이 다양한 정도로 발생한다. 미숙아들 중에서도 특히 너무 빨리 태어난 아기들은 섬세하고 덜 성숙된 혈관을 가지고 있기 때문에 출생 후에 발생하는 혈액순환의 변화에 적응할 수가 없다. 보통 출혈은 생후 3일 이내에 발생하며, 초음파를 이용해 아기의 머리를 검사하면 출혈이 발생했는지 알 수 있다.

• 치료법 : 정도가 매우 약한 두개내출혈은 주의 깊은 관찰을 통해서 알 수 있다. 만약 심각한 출혈이 발생했을 경우에는 다양한 방법의 치료가 필요할지도 모른다. 한편 두개내출혈이 심각할 경우 아기에게 뇌성마비, 경련, 정신지체와 같은 장애들이 나타날 수 있다.

신생아괴사성장염

발생 원인이 분명하지는 않지만 보통 임신 28주 이전에 태어난 일부 미숙아들에게 신생아괴사성장염이라고 불리는 심각한 문제가 발생하곤 한다. 이 병에 걸리면 아기의 장 일부에 혈액이 충분히 흐르지 않게 돼 창자내벽에 감염을 초래하게 된다. 만약 아기가 배가 부풀거나 우유를 먹기를 힘들어한다든지 호흡이 곤란해지고 혈변을 눈다면 신생아괴사성장염을 의심해봐야 한다.

• 치료법 : 아기는 정맥주사를 통해서 영양분과 항생제를 투여 받게 될 것이다. 병이 심각한 경우 창자내벽에 감염된 부분을 제거하는 수술이 실시되기도 한다.

미숙아망막증

미숙아 망막증(ROP)은 신생아의 눈에 있는 혈관들이 정상적으로 성장하지 못한 경우 발생한다. 미숙아 중에서도 보다 빨리 세상에 태어나온 신생아에게 잘 발생되는 증상이다.

보통 임신 23~26주 이전에 태어난 대부분의 미숙아들은 미숙아망막증을 겪지만 임신 30주 이후에 태어난 경우에는 거의 겪지 않는다. 미숙아망막증은 망막발달이 제대로 이루어지지 않아서 생긴다. 태아의 망막은 눈의 뒤쪽에서 앞쪽으로 발달하고, 완전히 발달하기 위해서는 달을 거의 채워야 한다. 따라서 출산 예정일보다 일찍 태어난 아기의 경우 망막 발달이 끝나지 않은 상태여서 많은 문제들이 발생할 수 있다.

• 치료법 : 미숙아망막증 발병 여부를 알기 위해 안과 의사는 생후 6주쯤 아기의 눈을 검사한다. 대부분의 미숙아망막증은 정도가 심하지 않으면 저절로 치유된다. 그러나 보다 심각한 수준의 미숙아망막증이라면 레이저 치료나 냉동치료와 같은 방법들을 사용해야 할 것이다.

오늘날에는 망막박리나 시력 상실과 같은 일들은 잘 일어나지 않으며, 단지 건강상태가 양호하지 않고, 너무 일찍 태어난 미숙아들에게만 영향을 미칠 뿐이다. 이 시기에는 다음과 같은 것들이 궁금할 것이다.

- 2부 : 포경수술 실시 여부 결정하기, 490쪽

- 2부 : 모유를 먹일까? 분유를 먹일까?, 501쪽

아기가 병원에 입원했을 때

- 아기를 만져주고 아기에게 말을 거는 시간을 많이 가진다.

- 아기의 건강상태에 대해서 최대한 정확하고 자세하게 알고 있어야 한다. 특히 부모가 무엇을
  주의해야 하는지, 아기의 상태에 맞춰 어떻게 돌봐주어야 하는지 잘 알아두어야 한다.

- 의사나 간호사에게 질문하는 것을 두려워할 필요가 없다. 의학용어는 매우 생소하고 이해하기
  어려울 수 있으니, 의사나 간호사에게 아기 상태에 대해서 내린 주요 진단 내용을 적어달라고
  요청한다. 또는 환자의 정보를 기록한 용지를 달라고 요청하거나 더 많은 정보를 얻을 수 있는
  인터넷 사이트를 추천해달라고 할 수도 있다.

- 아기가 퇴원할 때가 가까워질수록 아기를 돌보는 것에 더욱 신경을 써야 한다.

- 퇴원 증명서를 직접 또는 우편으로 받을 수 있는지 물어본다.

- 퇴원을 하고 나서도 아기가 치료 및 보호를 받을 수 있도록 공중위생 간호사나 가정 방문 간호
  사에 대해 문의한다.

- 신생아 육아 교실이나 신생아 발달 프로그램과 같은 수업에 참가할 수 있는지 알아본다.

- 혼자 모든 것을 떠맡지 마라. 아기의 상황을 남편이나 다른 가족들과 이야기한다. 아니면 병원
  으로 가족이나 친구들을 초대한다.

chapter.14

집으로
아기 데려오기

마침내 그토록 기다리던 시간이 되었다. 새 가족이 된 아기와 함께 집으로 돌아가는 것이다. 이미 집에는 아기 방과 유아용 침대가 마련돼 있고, 새로 샀거나 지인에게 물려받은 아기 옷과 기저귀, 손수건, 바구니 등 여러 물건들이 준비돼 있을 것이다. 당신은 아기와 함께 삶에 새로운 변화들이 생기는 것에 매우 들뜨고 행복할 것이다.

그러면 이제 자신과 배우자가 아기를 맞을 준비가 다 된 것인지 궁금할 것이다. 그러나 아마도 그렇지 않을 것이다. 사실 완벽히 준비되지 않은 것이 정상이다. 얼마나 많은 임신, 육아용 책을 읽었는지 혹은 얼마나 꼼꼼하게 모든 물건을 준비했든지 간에 어떤 것도 출산 후 처음 맞는 몇 주를 완벽하게 대비하기란 어려울 것이다. 또한 이 기간은 당신에게 매우 흥미로우면서도 당황스러운 시간들이 될 것이다.

출산 후 몇 주 동안 아기의 엄마는 다시 많은 신체적 변화를 겪을 것이다. 그리고 실생활이나 감정적인 부분 모두 예전과는 달라질 것이다. 당신은 아기를 돌보는 데 익숙해지고 아기의 필요나 습관을 이해하기 위해 노력해야 하는 동시에 임신과 출산으로 인해 지친 몸 상태도 회복해야 한다.

이러한 많은 변화 때문에 아기와 함께 집으로 돌아간 몇 주 동안은 삶에서 가장 힘든 시간 중 하나가 될 것이다. 정상적인 생활을 하는 데 한 달이 걸릴 수도 있고 심지어는 일 년이 걸릴 수도 있다. 자기 자신과 아기에게 인내심을 가져라. 하지만 결국에는 자신만의 방법으로 자신만의 시간을 만들게 될 것이다.

제 14장에서는 신생아의 세계에 대해 간단히 언급하고, 아기를 돌볼 때 아기의 안전을 위해서 엄마가 알아두어야 할 점들을 소개하려 한다. 새로운 아기가 생겼다는 것은 매우 특별하고 인생을 바꿀만한 놀라운 경험으로, 당신은 아마도 아기와 자기 자신을 잘 돌보면서 이를 즐길 수 있을 것이다.

아기의 세계

생후 몇 주 동안 아기는 그저 먹고, 자고, 울고, 기저귀를 바꿔야 할 일만 들 뿐이다. 하지만 아기는 자신만의 방법으로 새로운 세계를 보고, 듣고, 냄새 맡고 있다. 그리고 자신의 근육을 사용하는 것과 본능적인 반사 작용을 드러내는 법도 익힌다.

태어나자마자 아기는 엄마와 의사소통하기 시작한다. 아기는 자신의 요구, 기분, 선호도 등을 언어로 표현할 수 없기 때문에 자기만의 방식, 특히 울음으로써 모든 것을 드러낸다.

엄마가 항상 아기의 기분을 알아챌 수는 없을 뿐 아니라 때로는 아기와 외국어로 대화하는 것처럼 느껴지기도 할 것이다. 하지만 곧 아기가 세상을 어떻게 경험하며, 다른 사람과는 어떻게 관계를 맺는지 알 수 있게 된다. 반대로 아기는 엄마가 만져주고 안아주고 소리를 내며 얼굴 표정을 짓는 것을 보면서 엄마의 언어를 배우게 된다.

울음

우는 것은 새로 태어난 아기가 제일 먼저 사용하는 중요한 의사소통 방식이다. 아기들은 정말 많이 우는데, 어린 아기들은 하루 평균 1~4시간 가까이 운다고 한다. 이것은 엄마 뱃속에서 나온 아기가 새로운 세상에 적응하는 자연스러운 과정이다. 한편 아기가 우는 일반적인 이유는 다음과 같다.

• 배고플 때 : 대부분의 아기들은 24시간 동안 6~10번 우유를 먹는다. 그리고 최소한 생후 3개월 동안 밤에도 배고파서 잠을 깬다.

• 불편할 때 : 젖은 기저귀, 소화 불량, 적절치 않은 온도, 불편한 자세 때문에 아기가 울 수 있다. 아기는 무엇인가 불편하면 입으로 빨 수 있는 것을 찾는다. 하지만 이 때 우유를 줘봐야 불편함을 해결하는 것이 아니기 때문에 그저 잠시 아기의 울음을 멈출 뿐이다. 따라서 불편한 점을 해결해줘서 아기의 울음을 멈추도록 한다.

• 지루하거나 무섭거나 심심할 때 : 때로 아기는 지루하거나 무섭고 심심해서 누군가가 자신을 안아주고 놀아주기를 바라며 울음을 터뜨린다. 이 때 아기는 엄마를 보고, 엄마의 목소리를 듣고, 엄마 손의 감촉을 느끼면 울음을 멈출 것이다. 또는 엄마가 안아주거나 입으로 빨 수 있는 무언가가 주어져도 안정을 되찾는다.

• 너무 피곤할 때 : 아기는 너무 피곤하거나 심한 자극을 받으면 울음을 통해 시각과 청각 등의 감각 요소들을 차단한다. 울음은 또한 아기가 긴장을 풀 수 있도록 도와준다. 엄마는 아기가 때때로 초저녁과 자정 사이 일정한

시간에 유난히 신경질적으로 군다는 것을 알게 될 것이다. 이 때에는 무엇도 아기를 달랠 수 없는 것처럼 보인다. 하지만 이후 아기는 더욱 크게 울다가 보다 깊게 잠들 것이다. 이러한 아기의 신경질적인 울음은 아기의 넘치는 에너지를 써버리도록 도와준다. 아기가 자랄수록 엄마는 곧 아기의 울음에 담긴 각각 다른 메시지를 구분할 수 있게 된다.

우는 아이를 어떻게 달랠 것인가

일반적으로 아기가 태어나고 몇 달 동안은 우는 아기에게 즉시 반응하도록 한다. 여러 연구 결과에 따르면 울 때 부모에게 빨리 따뜻한 반응을 받은 아기들이 전반적으로 덜 울고 밤에 잠을 잘 자는 것을 배운다고 한다. 하지만 아기의 울음이 그치지 않고 끊임없이 계속된다면 다음과 같은 문제들이 아기에게 있는 것은 아닌지 살펴본다.

- 배가 고픈가?
- 기저귀를 바꿔줘야 하나?
- 트림을 해야 하나?
- 너무 덥거나 추운가?
- 더 편한 자세를 원하나? 또는 아기에게 뾰족한 것이 닿았거나 너무 꽉 조여져 있지는 않나?
- 고무 젖꼭지나 손가락과 같이 아기가 입으로 빨 물건이 필요한가?
- 걷기, 안아서 흔들어주기, 꼭 안아주기, 쓰다듬어 주기, 부드럽게 이야기해주기, 노래 불러주기 등 아기가 자신과 다정하게 놀아주기를 바라나?
- 아기에게 과도한 자극이 있었나? 혹은 그저 한바탕 울고 싶은 것뿐인가?

아기에게 가장 필요로 하는 것을 채워주려 노력하라. 아기가 배고픈 것 같으면 우유를 먹이면 된다. 그리고 울음소리가 날카롭거나 겁에 질린 것 같으면 아기에게 날카로운 물체가 닿아 있지는 않은지 확인한다.

아기가 따뜻하게 있고, 기저귀 축축하지도 않으며, 배부르고, 잠도 충분히 잤음에도 울음을 그치지 않는다면 다음과 같이 해보면 도움이 될 것이다.

- 아기를 좀 더 포근하게 강보로 싼다(옆쪽 참고).
- 아기의 얼굴을 바라보며 부드럽게 이야기하거나 노래를 불러준다.
- 아기를 팔에 안고 흔들어 주거나 유모차를 태워 산책을 한다.
- 아기의 머리를 부드럽게 쓰다듬어 주거나 가슴이나 등을 긁어주거나 간지럼을 태운다.
- 아기를 무릎 위에 앉힌다.
- 아기를 엄마의 가슴이나 어깨에 기대게 해 안는다.
- 아기를 차에 태우고 드라이브를 한다.
- 따뜻한 물로 목욕 또는 반신욕을 시켜준다.
- 부드럽고 잔잔한 음악을 들려준다.
- 야외로 나가서 아기를 안고 산책하거나 유모차를 이용한다.
- 아기를 안고 걸을 때 엄마의 손가락이나 고무 젖꼭지를 아기가 빨게 한다.
- 아기가 있는 곳의 소음, 진동, 조명 등을 차단한다. 아니면 진공청소기 소리나 파도소리처럼 반복되고 단조로운 소리(백색소음)를 들려준다. 이러한 소리는 아기를 다른 소음으로부터 차단하고 안정을 취하게 할 것이다.

만약 아기의 기저귀도 젖지 않았고, 배부르고, 편안하게 잘 담요에 싸여 있음에도 불구하고 여전히 울음을 멈추지 않는다면 아기를 10~ 15분 정도 혼자

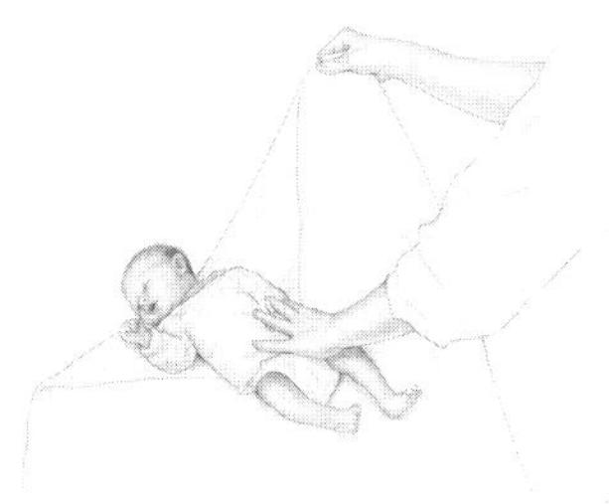

1단계 : 담요의 한쪽 끝을 위로 올리고 팽팽하게 잡아당긴다. 아기를 눕히고, 잡고 있던 담요 끝을 아기의 반대쪽 팔 안으로 낀다. 그 다음 아기가 누워있는 바닥으로 담요의 끝을 집어 넣는다.

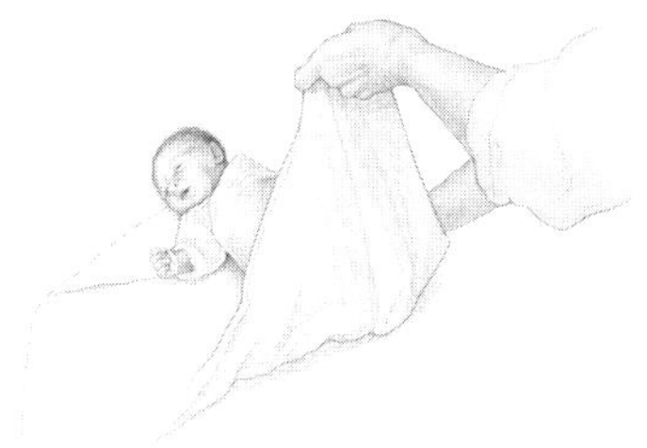

2단계 : 아기가 다리를 자유롭게 움직일 수 있는 공간을 남겨 놓고 아기 발 아래에 있던 담요를 아기의 몸 쪽으로 올려 덮는다.

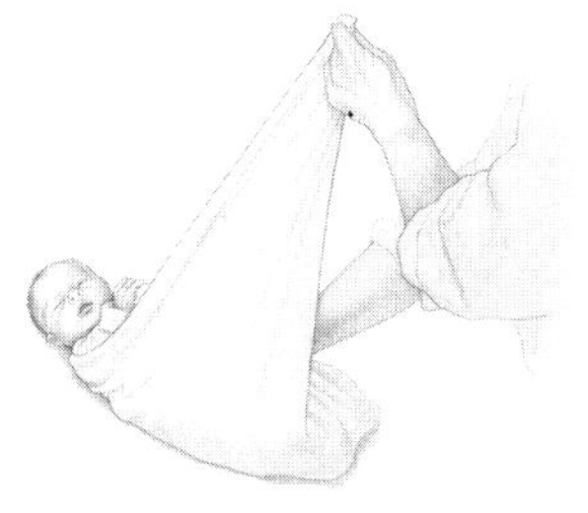

3단계 : 남아있는 한쪽 담요 모서리를 팽팽하게 당겨서 아기의 밑으로 돌려 만다. 이 때 아기의 한쪽 팔은 자유롭게 움직일 수 있어야 한나.

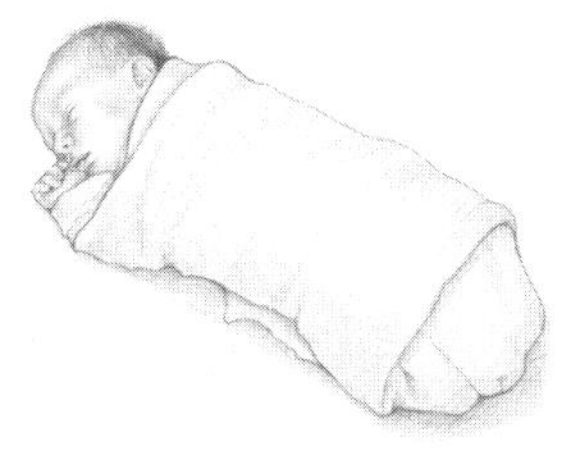

4단계 : 아, 편안해.

내버려둘 수도 있다. 대신 아기의 소리가 들리는 곳에서 매 분 아기의 울음소리를 듣고 상태를 체크한다. 부모들이 아기가 울도록 내버려두는 것은 하기 힘든 일이지만 아기의 흥분을 가라앉힐 수 있는 한가지 방법이 될 수 있다. 그러나 아기의 울음을 항상 멈추게 할 수는 없다. 특히 아기의 울음이 단순히 자신의 긴장을 풀기 위한 것이라면 엄마가 어떻게 하더라도 아기는 자신이 원할 때까지 울음을 멈추지 않을 것이다. 아기들은 운다. 이것은 아기들이 보여주는 지극히 자연스러운 행동이다. 하지만 아기의 울음이 영원한 것은 아니다. 보통 생후 6주까지 아기의 울음은 최고조에 달하고 그 이후에는 점점 줄어든다.

엄마가 아기의 지나친 울음 때문에 지치는 것 역시 정상적인 일이다. 그러므로 필요하다면 가족, 친구 또는 보육사를 부르는 것이 좋다. 한 시간의 휴식조차 에너지 충전을 위해서는 황금같이 소중할 것이다. 만약 아기의 울음 때문에 자제심을 잃을 것 같다면 아기를 유아용 침대와 같이 안전한 것에 두고 즉시 의사, 응급실, 지역의료서비스 센터 등에 연락해 도움을 청한다.

일반적인 울음인가 아니면 영아산통(colic)인가?

모든 아기들은 자지러지게 울 때가 있지만 그 중에는 정도가 심한 아기들이 있다. 특히 건강한 아기인데 저녁때 유난히도 자주 자지러지게 울거나 세 시간 이상 아무리 달래도 소용이 없을 정도로 운다면 영아산통을 의심해봐야 한다. 영아산통은 아기가 갖고 있는 신체적 질병은 아니고 단지 아기가 쉽게 진정되지 않고 계속해서 우는 것을 말한다.

영아산통은 단순히 배고프고, 기저귀가 젖었거나 하는 등의 명백한 원인이 있는 것이 아니다. 이것을 겪는 아기들을 달래기란 쉽지 않다. 전문가들도 영아산통의 원인을 아직 확실하게 규명하지 못하고 있는데, 생후 약 6주 정도 되었을 때 정점에 이르고 보통 3개월이 지나면 증세는 점점 사라진다.

기억해야할 점은 아기가 신경질적으로 구는 것이 또 다른 질병의 징후일지도 모른다는 것이다. 그러나 다른 질병이 아닌 영아산통을 겪는 아기들은 여전히 식욕이 왕성할 것이고, 엄마가 자신을 꼭 껴안고 놀아주는 것을 좋아하며 대변도 잘 볼 것이다.

영아산통에 대처하기

아기가 영아산통 증세를 보인다면 부모들은 아기가 더 이상 이 단계를 빨리 뛰어넘지 못하는 것처럼 느껴질 것이다. 두렵고, 화가 나고, 걱정되면서도 아기를 대하면서 피곤함을 느끼게 되는데, 이는 모두 자연스러운 일이다. 영아산통 증상을 완화하는 방법은 한 가지만 있지 않다. 앞에서 언급한 다양한 방법들을 시도해보라. 아기를 달래는 노력이 아무 성과가 없어도 실망하지 않도록 한다. 아기의 영아산통 증상은 결국에 나아질 것이기 때문이다. 엄마가 최대한 마음을 편안하게 가져야 우는 아기를 달래기 쉽다. 아기의 울음소리를 계속 듣는 것이 괴롭겠지만 엄마가 짜증을 낸다면 아기가 더욱 힘들 수 있다. 휴식 시간을 자주 갖거나 종종 아기를 돌봐줄 사람에게 부탁한 뒤 충분히 쉬도록 한다. 때로 새로운 사람의 얼굴이 아기를 진정시킬 수 있기 때문이다. 한편 아기가 다음과 같이 울면 의사에게 연락해야 한다.

- 평소와 다르게 오랜 시간 동안 계속해서 아기가 울 때
- 울음소리가 평소와는 다르게 들릴 때
- 아기의 울음이 아기의 활동 감소, 식욕 감소 또는 호흡 곤란이나 움직임의 이상과 함께 나타날 때
- 구토, 열, 설사 등과 같은 증상을 보이며 아기가 울 때
- 우는 아기를 달래는 데 어려움이 있을 때

우는 아기로 인해 너무 참기가 힘들고 화가 나더라도 절대로 아기를 세게 흔들어서는 안 된다. 뿐만 아니라 누구도 아기를 세게 흔들도록 그냥 내버려두어서는 안 된다. 아기를 세게 흔들면 시력 상실, 뇌 손상 심지어는 아기의 사망까지도 초래할 수 있기 때문이다.

먹고 자기

아기에게 있어서 가장 중요한 생활 규칙 두 가지는 바로 잘 먹고 잘 자는 것이다. 아기의 에너지 대부분은 신체적 성장과 발달에 사용되기 때문에 아기는 잠잘 때 빼고는 대부분 먹는 일에 시간을 보낼 것이다. 처음 몇 주 동안은 많은 아기들이 24시간 동안 6~10번 정도 배고픔을 느낀다. 아기는 자신이 먹은 우유와 음식물을 오랫동안 윗속에 저장하지 못하기 때문이다. 따라서 엄마는 아기에게 한밤중을 포함해서 2~3시간에 한 번씩 우유를 먹여야 한다. 하지만 얼마나 자주 많이 먹는가는 아기마다 다 다르다.

처음에 아기는 주기적으로 배고픔을 느끼지 않는다. 엄마가 아기에게 우유 주는 시간을 대략적으로라도 체크할 수는 있겠지만 아기의 식욕 스케줄은 매우 유동적이다. 또한 성장이 빨리 이루어질수록 아기에게 보다 자주 보다 많이 우유를 먹여야 할 것이다.

엄마는 울고, 입을 벌리고, 무언가를 빨고, 주먹을 입에 가져가고, 안절부절 못하거나 자신의 가슴으로 얼굴을 돌리는 아기의 모습들을 보면서 아기가 배가 고픈지를 금방 알아챌 수 있게 된다. 한편 아기는 입에 물고 있던 엄마의 유두나 우유병을 밀어내거나 그것에 머리를 돌려버림으로써 배가 부르다는 것을 표현한다.

아기의 또 다른 스케줄은 잠자기이다. 생후 1개월은 24시간 꼬박 자고 일어나는 것을 반복하는데, 먹는 시간과 잠자는 시간이 거의 같다. 아기는 낮과 밤의 차이를 구별하지 못하고 아기가 24시간 주기를 익히는 데 시간이 걸린다. 그러나 곧 신경계가 점차 발달하면서 잠자고 일어나는 단계를 거칠 것이다.

잠자는 유형과 주기

신생아가 하루에 12시간 이상 잔다고 하지만 한번에 4시간 반 이상 자지는 않는다. 아기는 우유를 먹을 시간 동안과 다시 잠들기 전 두 시간까지는 보통 깨어 있다. 생후 2주가 지나면 엄마는 아기의 잠자는 시간과 깨어있는 시간이 길어진 것을 느낄 수 있을 것이다.

한편 생후 3개월이 되면 많은 아기들이 수면 시간을 밤으로 옮긴다. 물론 모든 아기들은 각자 나름의 특징을 가지고 있기 때문에 어떤 아기들은 생후 1년이 지나도록 밤에 잠을 자지 않을 수 있다. 아기의 생체 리듬을 24시간 주기에 맞추고 싶을 경우 다음과 같이 하면 도움이 될 것이다.

아기의 좋은 수면습관 기르기

아기의 눈꺼풀이 축 처지고 눈을 비비며 보챈다면 이것은 보통 피곤하다는 뜻이다. 막상 아기를 재우려고 바닥에 눕히면 울음을 터뜨리지만 대개 몇 분만 혼자 내버려두면 아기들은 어느 새 잠이 든다. 기저귀가 젖지 않았고 배고프거나 아픈 것도 아니라면 아기가 울더라도 인내심을 가지고 아기 스스로 진정할 수 있도록 지켜본다. 잠시 아기 방을 떠나 있으면 얼마 지나지 않아 아기는 울음을 멈출 것이다. 그렇지 않다면 아기가 진정하도록 해서 다시 재운다.

처음 몇 달 동안은 부모의 품에서 우유를 먹고 잠드는 게 일상일 것이다. 대부분의 부모들이 아기를 가까이 하고 안아줄 수 있는 이때가 좋겠지만 결국 이것이 아기가 잠드는 유일한 방법이 될 수도 있다는 점을 기억해야 한다. 예를 들어 한밤중에 잠을 깬 아기는 부모가 우유를 주거나 안아서 재워주기 전에는 다시 잠들려 하지 않을 것이다.

이러한 상황을 피하려면 졸고 있지만 완전히 잠들지는 않았을 때 아기를 침대에 눕히도록 한다. 침대에 눕힌 다음 별 도움 없이 아기가 혼자 잠이 든다면 밤중에 깨더라도 다시 잠들기가 훨씬 쉬울 것이다. 밤중에 아기가 안자고 보채게 되면 부모에게는 큰 스트레스가 될 것이다. 보통 아기는 평소와 다른 수면 주기에 들어서게 되면 잠에서 깨고 울거나 뒤척이게 된다. 부모들은 이러한 상황을 그저 아기가 잠에서 깼다고 잘못 생각하고 아기가 원하지 않는데도 우유를 먹이려 할 때가 있다. 이 경우 몇 분만 기다리면 아기가 다시 바로 잠드는 것을 볼 수 있을 것이다.

– 한밤중에 우유를 주거나 기저귀를 갈아 아기에게 자극을 주지 않도록 한다. 조명을 어둡게 하고, 놀거나 이야기하자는 목소리 톤이 아닌 조용하고 부드러운 목소리로 말을 해서 밤이 돼 잘 시간이 되었음을 아기가 느끼게 한다.

- 규칙적으로 잠자는 시간을 정한다. 침대에 눕기 한 시간 전부터 책을 읽
  어주거나 노래를 불러준다. 아니면 조용하게 이야기를 해주며 잠잘 분위
  기를 만든다.

졸린 아이에게 우유 먹이기

많은 소아과 의사들은 아기를 키우는 부모들에게 우유를 먹이지 않고 너무
오랫동안 아기를 재우면 안 된다고 충고한다. 하지만 엄마는 언제 아기가
일어나 우유를 먹어야 하는지를 잘 모르고 아기가 밤에 일어나 울면 우유를
먹이면서 꾸벅꾸벅 졸기를 반복하게 될 것이다.

• 졸린 아기에게 우유 먹이는 요령

- 아기가 잠에서 잘 깨는 시간을 기억하고 그 시간을 활용해 우유를 먹인다.
- 잠자던 아기는 배가 고프면 잠을 깨 꿈틀거리고 무엇인가 먹을 것을 찾거
  나 안절부절 못한다. 낮잠을 3시간 이상 잤다면 아기가 배고픈 행동을 보
  이지 않는지 잘 살펴야 한다. 잠이 좀 깬 것 같으면 아기를 앉히고 천천히
  우유를 먹이도록 한다.
- 옷을 다 입히지 않는다. 아기의 피부는 매우 예민해서 조금만 시원하게
  해줘도 잠을 깨서 우유를 먹을 수 있을 것이다.
- 살살 아기를 앉힌다. 아기를 똑바로 세우면 눈을 뜨기도 할 것이다.
- 아기의 등을 손가락으로 마사지 해준다.
- 손가락 끝으로 잠시 아기의 입술 주위를 둥글게 만져준다.

• 잠자거나 먹는 것에 있어서 아기가 다음과 같은 모습을 보이면 의사에게
  연락해야 한다.

  – 아기가 잠에서 잘 깨지 않거나 우유를 먹다가 잠이 들거나 먹는 것에 통
   관심이 없을 때

아기의 소변과 장운동

새롭게 부모가 된 사람들은 아기의 소변과 대변에 대해서 어느 것이 정상인
지 제대로 알지 못하는 경우가 많다. 생후 3~4일이 지나면 아기는 하루에
최소 6개의 기저귀를 사용할 것이다. 시간이 지날수록 아기는 엄마 젖을 먹
는 것과 같은 횟수 만큼의 기저귀를 사용하게 된다. 하지만 만약 아기가 아
프고 열이 있거나 또는 날씨가 매우 더울 경우 아기의 소변양은 평소보다 절
반 이상 줄어들 수 있다.

아기가 아파서, 특히 아기가 구토를 하거나 우유를 제대로 먹지 못해서 배출
되는 소변양이 줄어든다면 탈수증세의 조짐일 수 있다. 조금 큰 아이들 같
은 경우에는 눈물을 통해 몸에 수분이 적절하게 공급되고 있음을 의미하지
만 아주 어린 신생아의 경우는 이를 통해 탈수 여부를 가릴 수가 없다. 그리
므로 만약 아기에게 탈수증세가 나타날 것이 염려된다면 의사의 검사를 받
도록 해야 한다.

건강한 신생아라면 소변의 색이 가볍고 진한 노란색이다. 때로는 농도 짙은
소변이 기저귀에 묻어 마르면 핑크색이 돼 혈액으로 오인될 수도 있다. 그
러나 실제로 소변에 혈액이 흘러나와 기저귀에 묻은 것이라면 우려할 만한
증상이므로 주의 깊게 살펴야 한다.

대변의 경우에는 정상이라고 말할 수 있는 상황이 아기마다 매우 다양하다.
우유를 먹은 후 장운동이 활발한 아기도 있지만 어떤 아기에게는 종종 일주
일에 한 번 정도 일 수도 있고 아니면 일정한 주기가 없는 아기도 있다. 생후
3~6주가 될 때까지 모유를 먹는 일부 아기들은 단지 일주일에 한 번 대변

을 본다. 왜냐하면 모유에는 몸 밖으로 배출되어야 하는 불필요한 성분이 거의 없기 때문이다. 반면에 분유를 먹는 아기라면 적어도 하루에 한번 대변을 몸 밖으로 배출할 것이다.

모유를 먹는 아기의 대변은 씨 같은 입자가 종종 보이는 밝은 머스터드소스처럼 보일 것이다. 그것들은 부드러워 심지어 약간 흐르는 듯할 것이다. 분유를 먹는 아기의 대변은 황갈색이나 노란색이고 모유를 먹는 아기의 것보다 좀 더 굳어 있다. 하지만 굳은 정도가 땅콩버터보다는 심하지 않을 것이다. 종종 대변의 색깔이나 점성이 다른 것은 정상으로, 각각의 대변 색깔은 대변이 얼마나 빨리 소화관을 지났는지, 혹은 무엇을 먹었는지를 예측하게 해줄 것이다. 한편 대변의 색깔은 초록색, 노란색, 주황색 또는 갈색 등일 것이다. 신생아에게 약한 설사는 자주 나타나므로 아기의 대변에 종종 물기나 점액이 섞여 있을지 모른다. 일반적으로 신생아에게 변비는 잘 나타나지 않는다. 때때로 대변을 보는 아기가 긴장을 하거나 끙끙거리며 얼굴이 빨갛게 변할 수도 있지만 그것은 변비 때문은 아닐 것이다. 만약 장운동이 활발하지 않아 아기가 변비에 걸리면 딱딱하거나 동그란 모양의 대변을 본다.

• 아기의 대소변에 대하여 다음의 사항들을 점검하고 이상이 있으면 의사에게 문의한다.

- 아기가 소변을 보면서 힘들어 할 경우

- 하루에 4개보다 적은 기저귀를 사용할 경우

- 아기의 소변 색깔이 일반적으로 어둡거나 냄새가 심할 경우

- 아기의 소변에 혈액이 함께 배출되거나 기저귀에 혈액의 흔적이 남아 있는 경우

- 아기가 대변을 보는 데 어려움을 겪고 있는 것 같은 경우

- 아기의 대변이 딱딱하거나 동그란 모양일 경우

- 아기가 분유를 마시고 있는데, 대변을 하루에 한번 보지 않는 경우

- 아기의 대변 색깔이나 성분 등이 갑자기 변한 경우

- 아기의 대변에 혈액 점액 또는 물기가 있는 경우

- 아기의 설사 증상이 심각하거나 장기간 지속되는 경우 그리고 기저귀에
  닿는 피부가 빨갛고 짓무른 경우

아기의 반사반응

지금 아기는 비좁았던 자궁에서 벗어나 세상에서 자유롭게 움직이는 법을
배우고 있다. 생후 며칠 동안 아기는 담요에 싸여 있거나 포근하게 안겨 있
는 것이 더 편하게 느껴지고, 자신의 몸을 자유롭게 움직이는 데 익숙하지
않을 것이다. 하지만 곧 시간이 지나면서 아기는 몸을 움직이는 것에 재미
를 붙이고 점점 빠져들기 시작할 것이다.

아기는 여러 가지 반사반응(자동적이고 본능적인 움직임)을 가지고 태어난다.
호흡을 곤란하게 하는 것에서 머리를 돌리는 것과 같은 이러한 아기들의 반
사반응은 자신을 보호하기 위한 행동으로 여겨진다. 또한 이러한 반사 반응
은 앞으로 아기들이 수의운동(마음먹은 대로 하는 움직임)을 하게끔 준비시키
는 역할을 하기도 한다. 대부분의 반사반응은 점점 줄어들다가 생후 몇 주
또는 몇 개월이 지나면 완전히 사라지고 대신 새로 습득한 행동들이 그 자리
를 채우게 된다. 그러면 아기의 반사반응을 살펴보자.

• 먹을 것을 찾는 반응 : 엄마의 젖이건 우유병이건 아기는 먹을 것이 있는
방향으로 자신의 몸이나 머리를 돌린다. 엄마가 부드럽게 아기의 볼을 만지
면 아기는 고개를 돌리고 입을 열며 우유를 먹을 때처럼 빨 준비를 한다.

• 입으로 빠는 반응 : 엄마의 가슴, 우유병 꼭지, 고무 젖꼭지 등이 아기의 입에 물려지면 아기는 자동적으로 빨기 시작한다. 이러한 반응은 우유를 먹게 할 뿐만 아니라 아기를 진정시키기도 한다.

• 손을 입으로 가져가는 반응 : 아기는 손으로 자신의 입을 찾으려고 한다. 이것은 아기들이 손으로 엄마의 가슴이나 우유병을 찾는 것과 같은 것이다.

• 걷는 것 같은 반응 : 엄마가 아기를 팔로 안고 아기의 발바닥을 바닥에 닿도록 하면 아기는 걷는 것처럼 다리를 움직일 것이다. 이렇게 걷는 듯이 다리를 움직이는 행동은 생후 약 4일까지 가장 잘 나타나고 생후 2개월이 지나면 사라진다. 실제로 대부분의 아기들은 거의 1년이 지나기 전에는 걷는 것을 배울 수가 없다.

• 놀라는 반응(Moro reflex) : 소리나 갑작스런 움직임에 놀라면 아기는 두 팔을 움직이며 울기 시작한다. 유모차나 유아용 침대에 너무 빨리 아기를 내려놓으면 이와 같은 아기의 반응을 볼 수 있을 것이다.

• 긴장성 목 반사(tonic neck reflex) : 아기를 바닥에 등을 대고 눕힌 다음 아기의 머리 방향을 한쪽으로 돌린다면 가장 흔한 아기의 자세를 볼 수 있을 것이다. 한쪽 팔은 구부려서 머리 위로 올리고 다른 한 쪽 팔은 머리가 향하고 있는 방향으로 쭉 뻗을 것이다. 때때로 아기는 자신의 머리카락을 손으로 꼭 쥐고 놓지 않는다.

• 미소 짓는 반응 : 생후 몇 주 동안 아기가 짓는 미소의 대부분은 무의식적으

로 나타나는 것이다. 하지만 다른 사람이나 상황에 반응하여 아기가 웃기까지는 그리 오래 걸리지 않는다.

엄마가 아기를 잘 관찰한다면 이와 같은 아기의 반사반응들을 알아챌 수 있다. 하지만 알아채지 못해도 걱정할 필요는 없다. 아기의 담당 의사는 신체 검사를 통해 아기의 이러한 모든 반응들을 확인할 것이다. 원한다면 아기를 눕힌 다음 아기의 팔과 다리를 둥글게 원을 그리듯 움직여 주어서 움직임을 촉진할 수 있다. 아니면 아기가 엄마의 손이나 소리가 나는 장난감을 발로 차게 할 수도 있다.

아기의 감각

이제 아기에게 새로운 세상이 시작됐고 아기의 모든 감각은 세상을 탐험하고 느끼기 위해 살아 움직이게 된다. 따라서 엄마는 아기가 물체, 빛, 소리, 냄새 또는 피부 접촉에 반응하여 새로운 것이 나타나면 조용하고 차분해지는 것을 볼 수 있을 것이다.

시각

아기의 시력은 근시로 최고 약 30~45cm정도 떨어진 것까지 잘 볼 수 있다. 이것은 아기에게는 꼭 알아봐야 하는 중요는 거리, 즉 부모에게 안기거나 우유를 먹을 때 부모의 얼굴까지의 거리 정도 된다. 아기는 엄마의 얼굴에 시선을 고정시키는 것을 좋아하고 한동안은 그것이 아기의 가장 큰 즐거움이 될 것이다. 그러므로 엄마를 알아볼 수 있도록 얼굴을 맞대고 눈을 마주치는 시간을 많이 갖는 것이 좋다.

아기는 사람의 얼굴을 보는 것에 흥미를 느끼는 동시에 빛이나 움직임이 있는 시선을 끄는 물체에 관심을 갖기 시작한다. 그런 이유로 많은 장난감 가게에 흰색과 검은색이 섞여 있거나 화려한 색깔의 장난감, 모빌, 육아 장식품들이 가득 차 있는 것이다.

아기는 아직 자기 마음대로 눈의 움직임을 조정할 수 없기 때문에 눈에 초점이 안 맞을 수도 있고 잠시 동안 시선이 분산될 수도 있는데, 그로 인해 사시 같은 모습을 보이기도 한다. 하지만 이 모든 것은 자연스러운 현상으로 아기의 안구 근육은 앞으로 4개월 동안 점점 강해지고 성숙할 것이다.

아기가 조용하고 경계하는 것 같은 모습을 보이면 물체 하나를 아기에게 줘 본다. 그리고 아기의 앞에서 그 물체를 왼쪽 또는 오른쪽 방향으로 서서히 움직인다. 거의 모든 아기들이 움직이는 물체를 따라 때로는 머리의 방향도 바꾸며 시선을 움직일 것이다.

하지만 아기에게 너무 과한 것을 요구하면 안 된다. 한 번에 한 물체만 사용해야 한다. 아기가 피곤하거나 과도한 자극을 받으면 더 이상 엄마와 이 게임을 하고 싶지 않을 것이기 때문이다.

• 아기의 시력과 관련하여 다음과 같은 사항들을 살펴보고 문제가 있으면 의사와 상의한다.

- 아기의 시선이 교차하거나 분산되는 경우가 점점 많아질 때
- 아기의 눈이 흐릿해 보일 때
- 아기가 계속 두리번거리거나 초점이 거의 없을 때
- 아기의 시력에 관련하여 궁금한 점이 생겼을 때

청각

아기는 새로운 많은 소리들에 관심을 가질 것이다. 소리에 대한 반응으로

아기는 무언가 빨던 것을 멈추고 눈을 크게 뜨거나 울며 보채는 것을 멈춘다. 아마 개가 짖는 것 같은 큰 소리에는 매우 놀라고, 진공청소기나 건조기가 윙윙 돌아가는 소리에는 진정될 것이다. 하지만 아기는 새로운 소리에 금방 적응하고 또 구별할 수 있게 되어서 특정 소리에 단지 한두 번만 놀라며 반응하게 된다.

아기는 사람의 목소리와 다른 소리를 구별할 수 있다. 특히 엄마와 아빠의 소리에 가장 관심이 많다. 아기는 우유를 주려는지, 따뜻하게 안아주려는지 혹은 자신을 쓰다듬어 주려는지 엄마의 목소리를 듣고 판단하는 법을 배우는데, 엄마와 아빠가 자신에게 말하는 것을 주의 깊게 들을 뿐 아니라 노래 부르거나 책을 읽어주는 소리도 잘 듣는다. 가능하면 언제든지 아기와 이야기를 하라. 무슨 말을 하는지 아기가 그 의미를 이해할 수는 없다고 해도 엄마의 목소리를 듣는 것만으로 아기는 안심이 되고 편안해할 것이다.

한편 아기의 청각 발달은 검사를 통해서도 확인할 수 있다. 여러 병원들이 모든 신생아의 청각을 주기적으로 검사하고 있으므로 아기를 출산한 병원이 아니더라도 아기의 청력 검사를 받을 수 있을 것이다. 만약 가족 중 청각에 문제가 있는 사람이 있다면 아기의 청력 검사는 더욱 중요하다.

촉각

아기의 촉각은 매우 발달해서 물건의 결, 압력, 습도 등의 차이를 감지할 수 있다. 또한 온도의 변화에도 빨리 반응하는데, 만약 아기를 담요로 따뜻하게 둘러 쌀 때 들어오는 찬바람에도 아기는 깜짝 놀라 순간 조용해질 것이다. 그리고 엄마의 감촉은 아기에게 안정과 편안함을 주며 우유를 먹이기 위해 아기를 깨우는 데 사용할 수 있다.

후각과 미각

유아는 매우 발달된 후각을 가지고 있어서 아주 어릴 때도 엄마의 체취를 알
수 있다. 또한 움직임이나 여러 활동을 통해 나타나는 새로운 냄새에 아기
는 매우 흥미를 느낀다. 하지만 아기는 곧 새로운 냄새에 금방 적응하고 더
이상 반응하지는 않게 된다.

미각은 후각과 매우 긴밀하게 관련되어 있다. 아기는 모유나 분유를 제외한
다양한 맛을 느껴보지는 못하지만 연구 결과에 따르면 아기들은 쓰거나 짠
맛보다는 단맛을 더 좋아한다고 한다.

육아의 기초

임신부는 임신기간 중 출산을 위한 준비에 초점을 맞추며 많은 시간을 보낸
다. 아마 아기를 만날 날을 기다리며 즐겁고 행복한 날들을 꿈꾸고 기대했
을 것이다. 그러나 출산을 하고 병원에서 집으로 돌아오면 엄마의 손길만을
기다리고 있는 아기를 실제로 돌보는 생활이 시작된다. 그러면서 당신은 어
떻게 아기를 돌봐야 하는지 궁금하고, 때로는 육아로 인한 부담으로 인해 신
경이 날카로워지고 걱정될 것이다.

하지만 순식간에 아기의 기저귀를 바꾸거나 자동차 시트를 설치하고 아기
를 목욕시키는 일 등에 금방 익숙해질 것이다. 이어지는 내용은 엄마가 아
기를 집에서 잘 키우는 데 도움이 될 만한 몇 가지 기본적인 사항들이다.

카시트 *car seat* 사용법

아기용 장비 중에 가장 중요한 것 중 하나가 유아용 차량시트이다. 아기를

데리고 병원을 떠나 집으로 돌아가는 순간부터 바로 사용하게 되기 때문이다. 유아용 차량시트를 사용하는 것은 법적의무이자 아기를 보호하기 위해 부모가 할 수 있는 최선의 방법 중 하나이다. 이동하는 차 안에서 아기를 안고 있거나 무릎에 앉히는 것은 안전하지 않다. 또한 아기를 자동차 앞좌석에 앉히거나 에어백이 장착된 좌석에 앉혀서는 절대로 안 된다. 모든 아이들에게 가장 안전한 장소는 자동차의 뒷좌석임을 명심해야 한다.

한편 유아용 차량시트에는 두 가지 종류가 있다. 하나는 아기만을 위한 유아용 안전시트(infant-only seat)이고, 다른 하나는 갓난아기와 아장아장 걸을 수 있는 유아 모두 사용할 수 있는 변환 안전시트(convertible seat)이다. 그러나 어떤 유형의 차량시트를 사용하든 아기는 반드시 뒷좌석에 앉혀야한다. 생후 1년이 지나고 아기의 체중이 최소 9kg 이상으로 증가하면 차량시트의 모델에 따라 더 큰 차량시트로 바꾸거나 아기가 앞쪽을 보게 앉힐 수 있다. 하지만 그 때까지는 아기의 목 근육은 약하므로 앞을 보고 앉히게 될 경우 충돌 시 아기의 머리와 목에 치명적인 손상이 가해질 수 있다. 왜냐하면 충돌 때 아기의 머리가 갑자기 앞으로 쏠리게 되기 때문이다.

• **유아용 안전 시트** : 시트에 따라 다르겠지만 보통 유아용 안전시트는 9kg 정도까지의 아기들을 앉힐 수 있으며 신생아 또는 미숙아를 앉히기에 가장 적합하다. 대개의 안전시트는 바닥과 분리가 가능해서 아기를 데리고 자동차와 집을 오갈 때 시트를 다시 설치할 필요가 없다. 즉 시트를 고정시키는 바닥 부분만 자동차에 고정돼 있기 때문에 이동할 때는 시트만 분리하면 되는 것이다. 또한 시트를 분리하는 법 역시 매우 간단해서 불편함이 없게 되어 있다. 유아만을 위한 차량시트에는 3포인트 또는 5포인트 안전벨트가 달려 있다. 이것은 시트에 앉아있는 아기의 안전을 위하여 주로 가죽 끈으로

만들어져 있다. 3포인트 장치는 아기의 다리 사이를 부드럽게 고정시키고, 5포인트 장치는 엉덩이에서 다리사이를 연결하여 고정시킨다. 5포인트 장치의 장점은 3포인트 장치보다 아기를 보다 안전하게 고정시킬 수 있다는 것인데, 심지어는 아주 작은 아기도 시트에 딱 맞게 고정시킬 수 있을 뿐만 아니라 아기가 편안해 할 수 있도록 해준다.

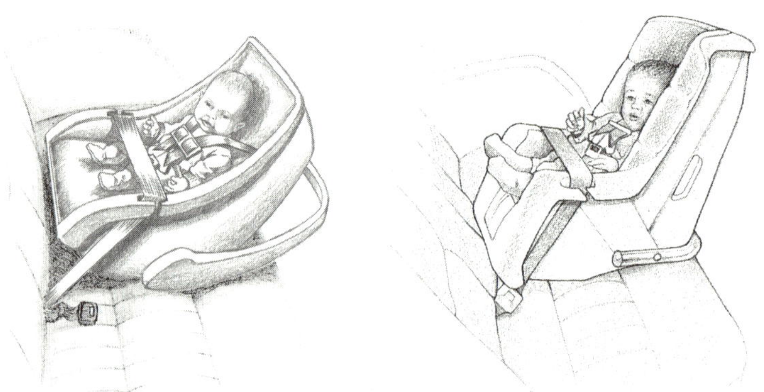

유아용 안전시트(왼쪽)는 신생아를 앉히기에 가장 적합하다. 하지만 변환 차량시트(오른쪽)는 사용할 수 있는 기간이 더 길다.

 **유아용 안전시트의 품질과 리콜 가능 여부를 확인할 것**

유아용 안전시트를 새로 샀다면 달려 있는 고객카드를 작성하여 업체에 등록한다. 그래야 시트가 고장 났을 때 제조업체가 카드를 확인하고서 수리 여부를 알려줄 수 있다.

• **변환 안전시트** : 이것은 유아용 안전시트보다 더 크고 무거우며, 약 18kg까지의 아이들을 앉힐 수 있기 때문에 더 오랫동안 사용이 가능하다. 따라서 변환 안전시트를 구입할 경우 더 경제적이지만 신생아들에게는 유아용 시트가 더 편하고 잘 맞는다. 변환 안전시트는 다음과 같이 구성돼 있다.

– 5포인트 안전벨트 : 어깨에 2개, 엉덩이에 2개, 다리 사이에 1개 총 5개의

끈으로 이루어짐

- 아래로 내릴 수 있는 머리 덮개
- 어깨 끈에 붙어 있는 삼각형 또는 T자 형의 보호판

신생아를 위해 변환 안전시트를 사용한다면 5포인트 안전벨트가 달려 있는 것을 사용하는 것이 가장 좋다. 충돌 시 아기의 얼굴이 보호판에 다칠 수도 있기 때문이다.

차량시트 선택하기

어떤 차량시트를 사야할까? 이 세상에 완전히 안전하거나 최고의 차량시트란 없다. 가장 최상의 것은 아기의 크기와 무게에 맞는 것으로 차에 올바르게 설치된 것뿐이다. 우선 몇 가지 다른 모델을 살펴본다. 그리고 마음에 드는 것이 보이면 직접 확인한다. 즉 안전벨트와 잠금 고리를 맞춰보고, 어떻게 사용하는지 확실히 이해한다. 할 수 있으면 시트를 사기 전에 차에 직접 설치해보는 것이 좋다.

특히 차량 뒷좌석에 단단히 고정될 수 있는 것을 고른다. 그리고 천으로 덮여 있는 시트가 아기에게 좀 더 편하다는 것을 참고하도록 한다. 한편 새것 또는 중고품을 구입하기로 결정했다면 제품에 이상이 없는지 확인해야 한다. 그리고 다음과 같은 것들은 사지 않는다.

- 차량 사고 때 설치돼 있었던 것, 6년 이상 된 것, 라벨이 없는 것
- 설명서가 없는 것, 금이 가거나 부식된 것, 부속이 없어진 것
- 전에 리콜 됐던 것

유아용 안전 시트 바르고 안전하게 사용하기

유아용 안전시트를 바르게 설치하고 사용하는 몇 가지 요령이 있다.

- 일반 유아용 시트를 안전시트로 사용하지 않는다. 일반 유아용 시트는 단지 아기를 앉히기 위해 사용하는 것으로 충돌이 발생할 경우 아기를 보호할 수 없다.
- 유아용 안전시트는 항상 차량의 뒷좌석에 설치돼야 한다.
- 아기가 태어난 지 최소 1년이 지나고 체중이 9kg가 되기 전에는 안전시트에 앉은 아기가 자동차 뒷부분을 바라보고 앉게 해야 한다.
- 절대로 유아용 안전시트를 에어백이 장착된 좌석에 설치해서는 안 된다.
- 관련 매뉴얼을 꼼꼼하게 읽고, 안전시트를 올바르게 설치한다.
- 자동차의 뒷좌석 벨트나 고정 장치 사용에 익숙해지도록 한다. 최신 자동차나 자동차시트일수록 LATCH(Lower Anchors and Tethers for Children)이라는 고정 장치 시스템을 사용하고 있다. 이 시스템을 사용하면 안전시트를 고정하기 위해 차량의 안전벨트를 따로 사용할 필요가 없어서 안전시트의 설치가 보다 쉬워진다. 하지만 자동차와 안전시트 모두에 이와 같은 고정 장치가 없다면 안전시트를 고정하기 위해 차량의 안전벨트를 꼭 사용해야 한다.
- 안전시트가 옆이나 앞뒤로 1인치(2.5㎝) 이상 움직일 수 없어야 잘 설치된 것이다.
- 자동차 뒷부분을 향하고 있는 아기용 차량 안전시트를 뒤로 약간 기울이도록 한다. 매뉴얼의 설명에 따르면 45도가 가장 적절하다고 한다.
- 아기를 고정시키는 장치가 팽팽하게 연결되어 있는지 확인한다. 몸통 부분의 끈과 아기 사이에 손가락 하나 이상이 들어가는 공간을 남겨둬서는 안 된다.
- 아기를 안전시트에 고정시키는 끈이 꼬여있지 않는지 살핀다. 또한 반드시 아기의 어깨 근처에 끈이 있어야 한다. 플라스틱 클립이 고정 장치에 포함되어 있다면 그 클립을 아기의 겨드랑이에 두고 어깨를 고정할 수 있도록 한다.
- 차량시트를 자동차에 설치한 다음에는 시트의 손잡이 부분을 아래로 내려서 아기를 보호할 수 있도록 한다.
- 아기의 머리와 몸이 자꾸 앞으로 숙여지지 않도록 담요와 천 기저귀를 아기의 몸과 머리 부분에 놓아준다. 그래도 아기의 몸이 자꾸 앞으로 숙여지면 기저귀를 다리 사이에 둔다. 담요와 기저귀로 아기의 뒤나 아래 부분을 채우지 않는다.
- 다리를 자유롭게 움직일 수 있도록 아기에게 옷을 입힌다. 아기에게 무언가 덮어주고 싶다면 반드시 아기를 확실히 고정한 다음 그 위에 담요를 덮는다.
- 자동차를 탈 때마다 바르게 고정돼 있는지 항상 확인한다.

아기 데리고 다니기

처음에는 아기를 데리고 다니는 것이 조금 어색하겠지만 시간이 지나면 점차 익숙해질 뿐 아니라 아기가 어떤 자세를 좋아하는지도 알 수 있게 된다. 일반적으로 신생아는 엄마의 따뜻한 품을 좋아한다. 팔꿈치를 구부려 요람처럼 만든 다음 아기를 안아주면 아기는 편안함과 안정감을 느낄 것이다.

태어난 지 처음 몇 개월간은 아기들마다 목과 머리를 조절할 수 있는 능력이 다르다. 그러므로 아기가 자신의 머리를 똑바로 세울 수 있을 때까지 머리가 뒤로 떨어지지 않게 아기의 몸을 천천히 부드럽게 들어야 한다. 아기를 내려놓을 때도 머리와 목을 부드럽게 지지한 다음 나머지 부분을 바닥에 눕혀야 한다.

경험이 쌓이면서 엄마는 까다로운 아기 달랠 때 어떤 자세를 취하면 되는지 알게 될 것이다. 예를 들어 팔꿈치를 굽힌 부분에 아기의 머리를 대고, 손으로 아기의 가랑이를 잡은 채로 아기를 팔에 길게 눕힐 수 있다. 또는 아기의 배를 허벅지에 대고 아기를 무릎에 엎드리게 할 수도 있을 것이다. 또 다른 방법으로는 엄마가 등을 대고 누운 자세에서 아기를 가슴팍에 올려놓고 엎느리게 한 다음 아기의 등을 이루만질 수도 있다.

아기는 아마도 자신이 가장 좋아하는 이동방법을 스스로 발견힐 것이다. 이떤 아기들은 세상 구경을 위해 밖을 보는 것을 좋아하고, 어떤 아기들은 엄마 품에 바싹 안겨 안정감을 느끼는 것을 좋아한다. 또는 팔과 다리를 모은 채로 옮겨지는 것을 좋아할 수도 있고, 머리와 몸만 지지된 채 자유로운 자세로 옮겨지는 것을 더 좋아할 수도 있다.

유아용 캐리어

유아용 캐리어를 사용하게 되면 아기를 몸 가까이 안전하게 두면서 손을 마음대로 움직일 수 있다. 캐리어에는 전방 캐리어, 멜빵식 캐리어, 후방 캐리어 등 다양한 종류가 있는데, 아기가 태어나고 몇 달간은 정말 유용하게 쓰일 것이다. 물론 아기의 체중이 7~9kg에 다다르면 너무 무거워서 캐리어를 사용하기가 힘들다. 한편 생후 약 6개월이 지나면 아기는 앉을 수 있게 되므로 그 때 엄마는 유아용 백팩을 사용할 수 있게 된다.

전방 캐리어의 경우 천으로 된 아기의 좌석을 고정하는 두 개의 어깨 끈으로 구성된다. 반면 멜빵식 캐리어는 엄마의 몸을 가로지르는 넓은 천과 하나의 어깨 끈으로 구성된다. 보통 전방 캐리어 대신에 멜빵식 캐리어를 사용하면 모유수유를 하기는 훨씬 편할 것이다. 하지만 일부 엄마들은 멜빵식 캐리어의 부피가 너무 커서 움직임에 방해가 된다고 말하기도 한다. 한편 유아용 캐리어를 이용해 아기를 안고 자전거를 타거나 운전 또는 자동차에 탑승하는 것은 절대 안전하지 않다.

• 유아용 캐리어를 고를 때는 다음과 같은 점을 충분히 고려해야 한다.

– 아기를 안전하게 붙들고 받쳐주는 캐리어를 고른다. 특히 머리를 지지해 줄 패드가 있는지 확인한다.

– 캐리어를 사용했을 때 엄마와 아기 모두가 편안해야 한다. 어깨 끈이 넓은 것을 고르고, 허리와 엉덩이를 받쳐주는 부분이 안전한지 살핀다. 또한 끈의 길이를 조절할 수 있는지, 아기의 다리가 밖으로 빠져나가도록 뚫려 있는 부분이 너무 꽉 끼지는 않는지, 캐리어가 전체적으로 탄력이 있어 충격을 흡수할 수 있는지, 아기가 앉아 있게 되는 곳이 편안한지 등도 잘 확인한다. 캐리어를 구입하기 전에 엄마와 아기 모두 먼저 사용해 보면 더욱 좋을 것이다.

– 사용법이 쉬운 캐리어를 고른다. 특히 캐리어를 착용하고 벗는 것이 쉬운

것으로 구입해야 한다.

- 견고하고 청결한 천으로 캐리어가 만들어져 있는지 확인한다. 면으로 된 캐리어를 사용하게 되면 아기는 보다 따뜻하고, 부드러우며, 통기성이 좋고, 세탁하기 쉽다.
- 잡다한 물건을 넣을 수 있는 주머니나 칸막이가 있는지 살펴본다.
- 아기의 얼굴이 안과 밖을 모두 향할 수 있는 캐리어를 고른다.

아기의 안전한 수면을 도와줄 물품들

태어난 아기는 주어진 시간의 반 이상을 잠을 자는 데 사용하기 때문에 아기가 어디에서 어떻게 잠을 자는가는 가볍게 여길 문제가 아니다. 처음 몇 주 동안 많은 부모들은 자신들의 침실에 아기 침대 또는 요람을 둘 것이다. 일부 가정에서는 '가족의 침대'로 모여 아기와 함께 잠을 자거나 아기를 위한 침대와 방을 따로 둘 것이다. 이러한 것들은 개인적인 필요나 선호도에 따라 달라질 수 있다.

모유수유를 하는 일부 엄마들은 자신의 침대에 누워서 아기를 돌보는 것을 더 좋아한다. 아기가 우유를 다 먹으면 가까이 있는 아기 요람, 침대 등에 눕히거나 아니면 그대로 자신의 침대에 두고 밤새 이기를 돌볼 것이다. 성인용 침대에 아기를 둘 경우, 아기가 바닥으로 떨어지거나 매트리스와 침대 틀 사이에 낄 수 있는 위험이 있으므로 주의해야 한다. 물침대 또한 아기에게 안전하지 않다.

유아용 침대와 요람을 사용할 때 주의할 점

유아용 침대에서 아기가 추락하는 것은 가장 흔한 사고이다. 하지만 엄마가 몇 가지 안전규칙을 따른다면 아기의 추락을 충분히 예방할 수 있다. 모든 아기 침대와 요람에 안전장치를 설치한다. 요람을 몇 주 동안 사용할 거라면 아기는 매우 빠르게 성장한다는 사실을 기억해야 할 것이다. 요람은 너무 큰 아기를 견디지 못하기 때문에 생후 1개월이 지났거나 체중이 4.5kg을 넘어섰다면 아기용 침대를 사용해야 한다. 아기용 침대의 경우 아기가 거의 3살이 될 때까지 사용할 수 있을 것이다.

엄마는 여행 중에 휴대할 수 있거나 놀이용으로 사용할 수 있는 아기용 침대를 원할 수도 있다. 하지만 휴대용 아기 침대를 고정용 아기 침대 대신 사용해서는 안 된다. 휴대용 아기 침대는 고정용 아기 침대처럼 정부가 정해 놓은 규격을 따르지 않기 때문이다.

하지만 모든 새로운 유아용 침대는 엄격한 안전 규제를 따르도록 되어 있다. 새로운 물건을 사든지 중고품을 사든지 간에 유아용 침대가 다음과 같은 규격을 따르고 있는지 확인하라.

- 침대의 옆면을 지지하는 널빤지 사이가 6cm 이상 떨어져 있어서는 안 된다.

- 끝 부분이 끊기거나 불필요한 장식이 없어야 한다.

- 침대 난간 부분은 잘 잠겨야 하며, 손으로 조작하는 고정장치가 있어 우연이라도 풀리지 않아야 한다.

- 침대 모서리 기둥은 끝부분과 수평이 잘 맞아야 한다.

- 매트리스는 아기에게 아늑한 느낌을 줄 수 있어야 한다. 이 때 매트리스와 침대 사이에 손가락 두 개 이상 들어갈 공간이 있어서는 안 된다.

- 침대 측면의 가장 높은 부분이 매트리스 바닥에서 최소 50cm 이상 되어야 하며, 가장 낮은 부분은 매트리스 위로 10cm 정도가 되어야 한다.

- 유아용 침대에 거칠거나 날카로운 부분이 없는지 정기적으로 확인하고, 원목 침대일 경우 부서지거나 깨진 부분은 없는지 살핀다. 난간의 곁에서

아기가 이로 깨문 자국이 발견되었다면 플라스틱 줄(plastic strip)로 나무를 덮는다. 이러한 플라스틱 줄은 유아용 가구를 파는 가게에 가면 쉽게 구입할 수 있다.

- 침대 주변에 충격을 흡수해주는 패드를 두르고, 아기가 설 수 있을 정도로 충분히 자랄 때까지 설치해둔다. 이러한 장치는 아기의 머리가 다치지 않게 해줄 것이다. 안전장치를 연결하는 끈은 길이가 15㎝를 넘지 않도록 해서 혹시라도 생길 수 있는 질식사를 예방한다.

- 합성수지로 만들어진 얇은 매트리스 커버를 사용하지 않는다. 그리고 두꺼운 합성수지 커버를 사용할 겨우에도 침대에 꽉 맞는지 확인한다. 한편 지퍼로 된 매트리스 커버를 사용하는 것이 가장 좋다.

- 1974년 이전에 제작된 구형 아기침대는 납 성분이 포함된 페인트가 사용되었을 수 있다. 이러한 페인트는 아기에게 납중독을 일으킬 수 있으므로, 1974년 이후에 제작된 아기침대를 사용하는 것이 좋다.

- 침대를 이루는 틀이 적절히 조립되어 단단히 고정되어 있는지 확인한다.

- 창문에 걸려있는 블라인드나 커튼 끈 근처에 침대를 두지 않는다. 침대는 언제나 창문에서 멀리 떨어진 곳에 위치해야 한나.

- 침대에서 아기를 재울 때 베개, 큰 자수용품, 고무젖꼭지 등을 사용하지 않는다. 대신 침대 시트와 유아용 담요를 사용한다. 또한 봉제 동물 인형을 아기침대에 두지도 않는다. 과도한 잠자리 도구들과 봉제 인형은 아기에게 질식을 유발하거나 너무 더운 환경을 만들어 줄 수 있기 때문이다.

- 침대 위에 모빌을 걸어 놓는다면 벽에 안전하게 고정되어 있는지를 꼭 확인한다. 모빌의 높이를 적절히 조절해서 아기가 잘 볼 수 있도록 하되 아기가 당길 수 없는 높이에 설치를 하고 나중에 아기가 손이나 무릎을 이용해서 일어날 수 있게 되면 모빌을 제거한다.

− 놀이용 침대나 휴대용 침대를 사용할 경우에는 항상 보호망을 사용하도록
한다. 보호망의 그물이 빽빽한지 그리고 잘 설치되어 있는지 확인한다.

똑바로 누워서 재우기

낮잠을 재울 때도 아기는 항상 바로 눕혀야 한다. 이것은 영아돌연사증후군
(SIDS) 과 같은 위험상황이 아기에게 발생하지 않는 가장 안전한 수면자세
가 될 것이다. 유아 돌연사(crib death) 라고 불리기도 하는 영아돌연사증후
군은 1세 이하의 아기에게 갑작스럽게, 전혀 예상치 못한 상황에서 발생한
다. 대부분의 경우에 정확한 사망 원인은 밝혀지지 않는다.

연구 결과에 따르면 등을 바닥에 대고 똑바로 누워서 자는 아기보다 배를 바
닥에 깔고 엎드려서 잠을 자는 아기가 영아돌연사증후군으로 사망할 위험
이 더 크다고 한다. 아기가 옆으로 누워서 잘 경우에도 위험 가능성은 높은
데, 아마도 잠결에 아기가 움직이면서 엎드린 자세가 되기 쉽기 때문일 것이
다. 1992년 미국 소아과 학회에서 등이 바닥에 닿도록 아기를 똑바로 눕혀
서 재우도록 권고하기 시작한 이후로 미국에서 영아돌연사증후군의 발생은
거의 50퍼센트 가까이 감소했다고 한다.

그러나 건강상의 이유로 아기를 엎드려 재워야할 때도 있다. 만약 선천적
장애를 가지고 태어난 아기가 우유를 먹은 뒤 토한다든지 또는 폐나 심장에
문제가 있을 경우 의사와 상담하여 아기에게 가장 안전한 수면자세가 무엇
인지 알아두어야 한다. 또한 아기를 돌봐주는 할머니, 할아버지, 보육사, 친
구들에게 아기를 꼭 눕혀서 재울 것을 당부해야 한다.

일부 아기들은 처음에 똑바로 누워서 자는 것을 힘들어할 수 있지만 대부분
빠른 속도로 적응해 나아간다. 누워서 자는 동안 구토를 해서 아기가 질식
할 것을 염려하는 부모들이 많이 있지만 의사들의 말에 의하면 그렇지 않은

경우보다 질식사와 그 밖의 다른 문제들을 더 많이 발생시키지는 않는다고 한다. 영아돌연사증후군의 위험을 줄일 수 있는 방법은 다음과 같다.

- 아기에게 모유를 먹인다. 그 원인이 분명하게 밝혀지지는 않았지만 모유수 유가 영아돌연사증후군이 발생하지 않도록 아기를 보호해준다고 한다.
- 아기에게 기모노나 헐렁한 잠옷을 입힐 경우 담요까지 사용할 필요는 없다. 가벼운 담요를 사용할 때는 아기가 침대 아래쪽을 향하도록 해야 한다. 담요를 매트리스 주변으로 접어 올려야 하고 오직 아기의 가슴까지만 당겨 올라오도록 한다.
- 아기 엄마는 담배를 피워서는 안 되고, 아기를 담배연기에 노출시켜서도 안 된다. 임신 중과 출산 후 담배를 피운 엄마의 아기는 비흡연자의 아기보 다 영아돌연사증후군으로 인해 사망할 확률이 세 배 정도 높다고 한다.
- 아기 방의 온도는 너무 따뜻하지 않도록 적절하게 유지한다.

항상 똑바로 누워서 잠을 재울 경우 아기의 뒤통수가 납작해질 수 있다. 하지만 대부분의 아기는 앉는 법을 배우면서 납작해졌던 뒤통수가 원래대로 다시 돌아간다. 또한 엄마가 아기의 머리 방향을 자주 바꿔주면 본래 머리 모양이 변하는 것을 막을 수도 있다. 며칠은 침대의 끝 부분을 바라보게 하다가 또 다른 며칠은 다른 곳을 바라보고 잠들게 한다. 또한 모빌과 같이 아기의 관심을 끄는 물체의 위치를 옮겨서 아기가 지속적으로 한 방향만 바라보지 않도록 할 수도 있다.

또한 아기가 깨어있고 누군가가 아기를 돌봐주고 있다면, 아기가 엎어져서 놀 수 있도록 하는 것이 좋다. 그렇게 하면 아기의 목과 어깨 근육이 강화되고 뒤통수가 납작해지는 것을 조금 줄일 수가 있을 것이다.

아기에게 옷을 입힐 때 주의할 점

아기 옷을 살 때는 생후 3개월 된 아기들이 입을 수 있을 정도로 여유 있는 것을 구입해서 성장이 빠른 아기가 좀 더 오랜 기간 옷을 입을 수 있도록 한다. 보통 부드럽고 편안해 보이면서 빨래하기 쉬운 옷을 고른다. 아기의 잠옷을 고를 때는 불연성 물질이 코팅된 섬유로 만들어져 있는지 라벨을 꼼꼼히 확인한다. 아기가 삼키기 쉬운 단추나 아기의 목을 조를 수 있는 리본, 끈이 달린 옷은 위험하므로 피해야 한다. 또한 다른 물건에 걸려 아기를 질식시킬 수 있는 끈이 달린 유아용 겉옷도 입히지 않는것이 좋다.

하루에도 여러 번 옷과 기저귀를 바꿔주어야 하므로 아기의 옷은 요란하지 않고 벗기기 쉬운 것이 좋다. 아기의 몸에서 다리까지 모두 지퍼 등을 이용해서 잠글 수 있게 돼 있거나 소매가 헐렁하고 신축성이 좋은 섬유로 만들어진 옷을 고르도록 한다.

처음 몇 주 동안은 아기를 담요로 싸놓는 것이 좋다. 이것은 아기를 따뜻하게 할 뿐 아니라 담요가 주는 약간의 압박에 아기가 안전함을 느낄 수 있기 때문이다.

날씨에 따른 아기의 옷

이제 막 부모가 된 이들은 때로 아기에게 너무 많은 옷을 입히곤 한다. 하지만 자신이 여러 겹 입었을 때 편안하다고 느끼는 만큼만 아기에게 옷을 입히는 것이 가장 적절하다. 날씨가 덥지 않다면 아기에게 기저귀를 채운 채 파자마나 가운을 입힌 다음 담요로 싼다. 24도 이상의 더운 날씨에서는 한 겹의 옷만 아기에게 입히는 것이 적절하지만 아기가 에어컨이나 환풍기 근처에 있다면 파자마나 담요로 덮어주는 것이 좋다.

아기의 피부는 약해서 햇볕에도 쉽게 타므로 야외에 얼마나 있었는가에 상관없이 옷과 모자로 보호하도록 한다. 또한 되도록 아기를 그늘에 두어서 태양에 과도하게 노출되지 않도록 한다. 아기가 생후 6개월이 지나면 자외선 차단제를 발라줄 수도 있지만 태양으로부터 아기를 보호하는 데 차단제에만 전적으로 의존해서는 안 된다. 또한 아기들은 땀을 잘 흘리지 않기 때문에 체온이 급격히 상승할 수 있다는 것을 기억해야 한다.

기저귀 바꾸기

아기를 키우는 부모에게 삶이란 끊임없이 기저귀를 갈아주는 일처럼 여겨질 것이다. 더군다나 아기가 화장실에 가는 것을 배우기 전에 평균 5,000개의 기저귀를 사용한다고 하니 그 수치는 정말 어마어마하다.

그러나 기저귀를 갈아주는 일이 아기와 보다 가까워지고 이야기를 나눌 수 있는 기회를 제공해주는 정말 필요한 일이라고 생각하면 마음이 훨씬 가벼워질 것이다.

엄마의 따뜻한 말 한마디, 부드러운 손길 그리고 미소에 아기는 자신이 사랑과 보호를 받고 있다는 것을 느낄 수 있다. 이에 아기는 목을 꼴깍거리고 소리를 내며 반응을 보일 것이다.

신생아는 보통 하루에 20회까지 소변을 배출하기 때문에 처음 몇 딜 동안은 2~3시간마다 아기의 기저귀를 갈아주거나 아기가 깨어날 때까지 기다렸다가 젖은 기저귀를 갈아준다. 소변이 아기의 피부에 문제를 일으키는 것은 아니지만 장운동이 일어나는 동안 발생하는 산성 물질 때문에 아기가 깨면 바로 더러운 기저귀를 바꿔주는 것이 좋다.

기저귀를 바꾸는 데 필요한 물품 준비

기본적인 물품들을 준비하면 기저귀를 가는 것이 보다 쉬워질 것이다.

• 기저귀 : 적절한 양의 기저귀를 사다 놓는다. 아마도 한 주에 80~100개의 천 기저귀나 일회용 기저귀를 사용하게 될 것이다. 만약 일회용 기저귀를 사용할 계획이라면 아기의 체중과 신체 사이즈에 맞는 기저귀를 구입해야 한다. 천 기저귀를 사용할 경우 구입해야 할 기저귀의 개수는 얼마나 자주 기저귀를 빨 수 있는가에 의해 정해진다. 예를 들어, 36개의 천 기저귀를 가지고 있다면 아마 이틀에 한 번씩 기저귀를 세탁해야 할 것이다. 일회용 기저귀를 사용할 것이라 해도 여분의 기저귀가 남아 있지 않을 때를 대비해서 36개 정도의 천 기저귀를 구입해두는 것이 좋다. 또한 아기가 트림을 하는 동안 천기저귀를 엄마의 어깨에 걸치거나 무릎에 올려놓을 수 있다.

• 천 기저귀를 사용한다면 아기에게 합성수지 팬티도 필요하다.

• 천 기저귀를 사용한다면 흡수력이 좋은 기저귀 안감이 필요하다.

• 아기용 물티슈 : 천에 물을 적셔서 사용할 수도 있지만 아기용 물티슈를 사용한다면 훨씬 더 편리할 것이다.

• 기저귀 보관 용기 : 다양한 종류의 기저귀 보관 용기가 있다. 편리하고, 위생적이고, 향기도 나는 보관 용기를 찾아본다.

• 아기 로션 : 기저귀를 바꿀 때마다 로션을 발라줄 필요는 없다. 하지만 아기에게 기저귀로 인한 피부 발진(암모니아 피부염)이 발생했을 경우에는 아기 로션을 사용하는 것이 여러모로 편리하다.

• 아기에게 사용할 수건 데우는 기계(A baby wipes warmer) : 아기가 편안해 하는 온도로 수건을 데운다.

• 기저귀를 가는 탁자 : 아기를 눕히고 기저귀를 바꿀 탁자를 준비한다. 탁자는 넓고, 튼튼한 재질로 되어 있어서 기저귀를 바꾸는 데 문제가 없어야 한다. 또한 탁자를 벽 가까이 두어 아기가 떨어질 위험을 줄인다.

기저귀 채우기

탁자나 바닥, 아기 침대와 같이 평평한 곳에서 기저귀를 간다. 만약 기저귀를 가는 탁자를 사용하게 되면 아기에게 안전벨트를 채우거나 한 손으로 항상 아기를 잡고 있어야 한다. 한편 기저귀를 바꿔주는 동안에 아기가 소변을 볼 수도 있다. 만약 남자아이라면 엄마는 기저귀나 천으로 아기의 성기를 가려 소변을 피할 수 있을 것이다.

• 깨끗이 닦아주기 : 젖은 기저귀를 교체해준 뒤, 아기의 엉덩이 밑 성기 부분까지 전체적으로 깨끗이 닦아준다.

– 아기를 닦아주는 동안 다른 한 손으로는 아기의 발목과 다리를 잡는다.
– 기저귀가 채워져 있던 자리는 따뜻한 물을 적신 무명천이나 아기용 물티슈를 이용하여 깨끗이 닦아준다. 아기의 피부가 건조해지거나 따끔거리지 않도록 알코올과 방향제 성분이 들어있지 않은 천 또는 아기용 물티슈를 사용한다.
– 아기가 대변을 볼 경우 깨끗한 기저귀의 앞면을 이용해 대변을 치우면 편리할 것이다.

- 아기의 성기 부분을 깨끗이 닦고 기저귀 안의 대소변은 기저귀를 접어서 깔끔하게 치운다.
- 기저귀가 채워져 있던 부분을 천이나 물티슈로 부드럽게 닦아주고 필요하다면 순한 비누를 사용한다. 아기의 피부에 발진이 나타나지 않았다면 굳이 로션을 발라줄 필요는 없다.
- 발목을 잡고 아기의 몸 아래쪽을 위로 올린 다음 새 기저귀를 아래에 깐다.

• 일회용 기저귀 : 일회용 기저귀를 갈아줄 때는 아기의 다리를 들고 기저귀의 뒷부분이 아기의 등 아래에 놓이게 한다. 그리고 다리 사이로 기저귀의 앞부분을 아기의 몸 중앙까지 올린다. 그 다음 아기의 허리에 맞춰 기저귀가 편안하게 잘 맞도록 양 옆의 끈끈이를 이용하여 기저귀의 앞부분과 뒷부분을 연결하여 고정한다. 신생아의 경우에는 기저귀의 윗부분을 접어서 아기의 배꼽에 남아있는 탯줄과 마찰을 일으키지 않도록 한다.

• 천 기저귀 : 천 기저귀를 사용하게 되면 엄마는 천을 여러 번 접을 수 있다. 가장 흡수력이 좋고 아기에게도 딱 맞는 방법을 여러 번 시도하여 요령을 터득해야 한다. 아기의 크기가 클 때는 조금, 아기의 크기가 클 때는 많이 양쪽 끝을 접는다. 남자 아기의 경우 앞쪽에 여유 공간을 만들어주는 것이 좋다. 아기 몸의 뒷부분보다 앞부분의 폭을 좁게 해 천을 접으면 기저귀를 고정시키는 핀을 아기의 배 부분에 보다 평평하고 단단하게 꽂을 수 있고 다리 주변이 기저귀로 인해 보다 단단하게 고정된다. 기저귀 핀을 사용할 때는 핀이 제대로 꽂히기 전까지 실수로 아기를 찌르지 않도록 조심해야 한다. 천 기저귀는 아기에게 편안하면서도 꼭 맞아야 하는데, 그 이유는 아기가 움직이는 사이에 고정되었던 천 기저귀가 헐렁거릴 수 있기 때문이다.

기저귀로 인한 피부 발진(암모니아 피부염)

아무리 기저귀를 자주 갈아주고 신경 써서 아기의 피부를 깨끗이 닦아주어도 때때로 기저귀에 닿는 아기들의 피부가 빨갛게 염증이 생길 수 있다. 피부 발진을 일으키는 원인은 매우 다양하다. 대변과의 접촉으로 인한 염증, 일회용 물티슈, 기저귀, 기저귀에 남아 있는 세제나 박테리아 또는 이스트 감염, 꽉 조이는 기저귀나 옷으로 인한 마찰 등에 의해서 발생한다.

기저귀로 인해 생긴 피부 발진은 쉽게 치료되고, 치료 시작 후 보통 며칠 이내에 증상이 좋아진다. 피부 발진 치료 중 가장 중요한 것은 아기의 피부를 가능한 한 항상 깨끗하게 해주고 잘 말려주는 것이다. 기저귀를 갈 때마다 아기의 엉덩이 부분을 물로 깨끗이 씻겨준다. 아기에게 피부 발진이 생겼다면 비누나 향기가 나는 일회용 물티슈로 피부를 닦지 않도록 한다. 왜냐하면 아기용품에 포함되어 있는 알코올이나 향수 성분은 아기의 피부에 염증을 일으키고 피부 발진이 피부에 더 오랫동안 남아있게 하기 때문이다. 또한 새 기저귀를 입히기 전에 아기의 엉덩이 부분을 공기 중에 충분히 말리도록 하고, 기저귀 사이로 통풍이 잘 되도록 한다.

- 잠시 동안 아기에게 기저귀를 채우지 않는다.
- 합성수지 팬티나 꽉 조이는 기저귀를 입히지 않는다.
- 피부 발진이 나을 때까지 크기가 큰 기저귀를 채운다.

데스틴*Desitin*, 발멕스*Balmex* 또는 A and D와 같은 부드러운 연고를 아기의 기저귀가 닿는 부분에 발라준다. 아기의 피부 발진을 위한 크림이나 연고에는 산화아연이라는 유효성분이 포함되어 있는데, 이러한 크림이나 연고를 아기의 피부에 발라주면 산화아연의 작용으로 피부가 부드러워지고 발진 상태도 나아진다. 아기의 피부에 활석가루나 옥수수녹말 성분이 포함된 베이비파우더 제품을 사용하지 않는다. 활석가루를 들이마시게 되면 유아의 폐에 문제가 발생할 수 있으며, 옥수수녹말은 아기에게 박테리아 감염을 일으킬 수 있기 때문이다.

또한 피부 발진이 생기는 것을 방지하려면 고흡수 일회용 기저귀의 사용을 줄여야 한다. 왜냐하면 고흡수 기저귀일수록 기저귀 교체 횟수가 줄어드는 경향이 있기 때문이다. 그리고 천 기저귀를 사용할 경우 기저귀를 깨끗이 빨고 충분히 잘 헹궈야 하며 기저귀 사이의 원활한 공기 소통을 위해서 고정 부분이 고무줄 밴드가 아닌 붙이는 식의 합성수지 팬티를 사용한다. 또한 천 기저귀 안에 흡수력이 좋은 안감을 사용하는 것도 도움이 될 것이다.

• 의사와 함께 상의할 것

기저귀로 인한 아기 피부 발진이 며칠이 지나도 나아지지 않을때

신생아 돌보기

아기를 목욕시키고 아기의 머리카락, 손톱, 피부를 돌봐주는 것은 아기를 돌보는 데 있어 매우 즐거운 일이다. 아기를 만질 때는 부드럽게 대하고 아기를 돌보는 동안 이야기를 하거나 노래를 불러주도록 한다.

목욕시키기

신생아는 너무 자주 목욕시킬 필요가 없다. 생후 1~2주 동안 탯줄의 남은 부분이 떨어져 나갈 때까지 젖은 스펀지로 몸을 닦아주는 가벼운 목욕을 시킨다. 그 후에는 약 1년간 일주일에 1~3회 정도만 목욕을 시키면 되는데, 이보다 자주 씻기면 아기의 피부가 건조해질 수 있기 때문이다. 탯줄이 있

던 부분이 깨끗해지면 직접 물로 씻길 수 있다. 아기의 첫 목욕은 부드럽게 그리고 가능한 간단해야 한다.

아기가 목욕하는 것을 거부한다면 젖은 스펀지로 몸을 닦아주고 손, 목, 머리, 얼굴, 귀의 뒷부분 같이 꼭 청결해야 하는 부분을 신경써서 닦아준다. 스펀지로 몸을 닦아주는 것은 생후 6주가 지날 때까지 목욕을 대신할 수 있는 적절한 방법이다.

• 어떻게 아기를 목욕시킬까 :우선 아기와 엄마 모두 편한 시간을 찾는다. 대부분의 엄마들은 잠자기 전에 아기 몸을 씻겨 아기가 잘 잠들도록 한다. 하지만 때로는 아기가 완전히 깨어 있을 때 목욕을 시킬 수도 있을 것이다. 어쨌든 엄마가 바쁘지 않고 다른 사람에게 방해받지 않는 시간을 선택하는 것이 좋다.

대부분의 부모들은 옆에 깨끗한 타월을 준비해 놓고 휴대용 욕조를 이용해 아기를 씻기는 것이 가장 쉽다는 것을 알게 된다. 욕조와 목욕용품이 준비가 되면 아기의 모든 목욕제품을 준비하고, 아기의 옷을 벗기기 전에 방을 약 24도 정도로 따뜻하게 한다. 그리고 목욕물 이외에도 수건, 면봉, 타월, 기저귀를 비꾸기 위해 필요한 물품 등이 필요할 것이다. 맹물로 목욕시기는 것이 가장 좋지만 필요하다면 방향제나 방취제 성분이 포함되지 않은 순한 유아용 비누나 샴푸를 사용할 수도 있다.

아기의 욕조나 대야에 물을 채우기 전에 엄마의 팔꿈치나 손목으로 물의 온도를 체크한다. 목욕물은 너무 뜨겁지 않고 따뜻한 정도로 욕조에 가득 채우지 말고 적당히 채운다. 아기의 옷을 벗기고 마지막으로 기저귀를 치운다. 기저귀에 대소변이 묻어있다면 아기를 욕조에 넣기 전에 엉덩이 부분을 깨끗이 닦아준다. 한 손으로는 아기의 머리를 받치고 다른 한 손으로는 아기의 발부터 천천히 욕조 물에 담근다. 이 때 아기의 머리와 몸통을 받쳐주는 것은 아기의 안전과 안정감을 위하여 매우 중요하다.

목욕할 때마다 아기의 머리를 샴푸로 감겨줄 필요는 없다. 머리 감겨주는 것은 일주일에 한 두 번이면 충분하며, 머리를 감길 때는 아기의 두피를 전체적으로 부드럽게 마사지해준다. 샴푸나 린스로 아기의 머리를 감겨줄 때는 손으로 아기 이마를 가려서 비누 거품이 귀나 눈으로 들어가지 않도록 한다. 아니면 아기의 머리를 뒤로 약간 젖히는 것도 도움이 될 것이다.

깨끗한 물로 아기의 얼굴과 머리를 씻긴 다음 부드러운 천으로 닦아준다. 그리고 젖은 면봉을 사용하여 아기의 눈을 안에서 밖으로 닦는다. 얼굴은 물기가 잘 마르도록 가볍게 두드려주고, 몸통은 피부가 접히는 안쪽 부분이나 성기가 있는 부분까지 위에서 아래로 잘 닦아준다.

여자 아기라면 성기의 음순 부분을 부드럽게 씻어주고 남자 아기라면 음낭

두피의 지루성 피부염

아기의 두피가 갈라지며 벗겨지고 빨갛게 될 수 있다. 이러한 증상은 아기의 피지샘에서 과다한 피지를 분비될 때 발생하는 것으로 지루성 피부염이라고 불리는데, 아기에게 흔히 일어나며 생후 첫 주에 나타나다 몇 주 혹은 몇 달이 지나면 사라진다. 심하지 않은 경우에는 건조한 피부에 비듬과 같은 것들이 나타날 수 있으며, 심각한 경우 두껍고 번들거리는 노르스름한 각질 덩어리가 떨어져 나올 수도 있다.

순한 성분으로 된 샴푸로 정기적으로 아기의 머리를 감겨주는 것이 지루성 피부염의 치료에 도움이 될 것이다. 그리고 머리를 감겨주면서 머리를 부드럽게 만져주면 각질 제거에 도움이 될 것이다. 베이비오일이나 미네랄오일을 아기에게 발라주는 것은 두피에 각질층이 더 쌓이게 하기 때문에 별로 바람직하지 않다. 꼭 오일을 발라주고 싶다면 순한 식물성 오일이나 올리브오일을 조금 문질러준 뒤 머리를 감긴다. 두피의 지루성 피부염이 심해지거나 아기의 얼굴이나 목 또는 다른부위, 특히 팔꿈치가 접히는 부분이나 귀의 뒤쪽으로 퍼진다면 의사를 찾아야 한다. 의사는 치료용 샴푸나 로션 사용을 권할 것이다.

을 들어서 그 아래 부분도 깨끗이 닦아준다. 만약 포경수술을 받지 않았다면 음경의 포피가 말려들어가지 않게 주의한다. 팔로 아기를 받친 다음 아기의 등, 몸의 아랫부분, 엉덩이와 항문이 나뉘는 부분 등을 닦아준다.

아기의 몸이 미끄럽거나 젖었을 때는 아기를 더욱 조심히 다뤄야 한다. 목욕을 마치자마자 타월이나 모자가 부착된 타월로 아기를 감싸고 살살 두드리며 몸을 말려준다.

손톱 관리

아기의 손톱은 부드러우면서도 매우 날카로워서 자신이나 엄마의 얼굴을 쉽게 할퀸다. 아기가 자기도 모르는 사이에 얼굴을 할퀴지 않도록 출산 후에는 손톱을 짧게 잘라주고 그 후에도 일주일에 몇 번씩 관리해줘야 한다. 때로는 아기의 손톱이 너무 부드러워서 엄마가 손으로 아기 손톱 끝을 조심히 잘라 떼어낼 수도 있을 것이다. 손톱 전체를 떼어낼 일은 없을 테니 너무 걱정하지 않아도 된다. 아니면 아기용 손톱깎이나 작은 가위를 사용할 수도 있을 것이다. 다음은 손쉬운 손톱 관리 요령이다.

- 목욕 후에 아기의 손톱을 손질한다. 손톱이 부드러워져 있을 것이므로 잘라내기가 훨씬 쉬울 것이다.
- 아기가 잠들 때까지 기다린다.
- 아기의 손톱을 다듬는 동안 다른 누군가가 아기를 붙잡고 있도록 한다.
- 아기 손톱을 일자로 짧게 다듬는다.

피부 관리

많은 부모들이 아기의 피부에 아무 문제가 없기를 바란다. 하지만 대부분의 경우 엄마는 출산 후 아기의 몸에서 반점이나 타박상을 발견할 수 있고, 아기 여드름(미립종)과 같이 신생아에게만 특별히 나타는 피부 결점 등도 볼 수 있을 것이다. 대부분의 유아의 경우 생후 몇 주간은 매우 건조하고 벗겨지기 쉬운 피부를 가지고 있다. 일부 아기들은 손과 발이 푸른빛을 띨 수도 있는데 이것은 정상적인 것으로 몇 주 후면 사라질 것이다.

또한 피부 발진 역시 흔하게 발생하는데, 대부분의 피부 발진과 피부 질환들은 쉽게 치료되거나 저절로 치유된다. 아기에게 뾰루지가 났다면 아기의 머리 아래에 부드럽고 깨끗한 담요를 받치고 순한 아기 비누로 하루에 한 번씩 아기의 얼굴을 닦아준다. 아기가 건조하고 벗겨지기 쉬운 피부를 가지고 있다면 무향의 치료용 로션을 발라주도록 한다.

탯줄 관리

출생 후 아기의 탯줄이 잘려나가고 남은 부분이 아직 아기의 몸에 붙어있을 것이다. 대부분의 경우 생후 12~15일이 지나면 말라서 자연히 떨어져 나간다. 그 때까지는 탯줄의 나머지 부분이 붙어있는 부위를 깨끗하게 하고 최대한 잘 말려주어야 한다. 이 기간 동안은 일반 목욕보다는 스펀지를 이용한 가벼운 목욕을 아기에게 시켜주는 것이 좋다.

전통적으로 부모들은 아기의 탯줄이 남아 있는 부분을 알코올로 닦아주었다. 하지만 일부 연구자들의 주장에 의하면 손대지 않고 가만히 내버려둬야 나머지 탯줄이 더 빨리 몸에서 떨어진다고 한다. 그래서 요즘 병원에서는 알코올로 아기의 남은 탯줄 부분을 닦는 것을 권하지 않는다. 무엇을 어떻게 해야 할지 모르겠다면 의사와 상담한다.

몸에 남은 탯줄을 공기 중에 노출시키고 건조하게 한다면 보다 빨리 몸에서 떨어지게 될 것이다. 염증을 방지하고 탯줄이 남아있는 부분을 건조하게 유지하려면 아기의 기저귀를 아래로 접어 내려 그 부분에 닿지 않도록 한다. 날씨가 따뜻할 때 아기에게 기저귀와 티셔츠만 입히면 통기성이 좋아져 건조과정을 도울 것이다.

남은 탯줄이 떨어져 나가면서 피부 각질이나 마른 혈액이 벗겨지는 것이 일반적인 현상이다. 하지만 아기의 탯줄이 있던 자리가 빨갛거나 이상한 냄새가 나는 물질이 묻어있다면 의사에게 연락해야 한다. 탯줄이 떨어질 때 약간의 출혈이 있을 수 있지만 출혈이 계속된다면 의사에게 연락해야 한다.

- 의사와 함께 상의할 것

아기에게 피부 발진이 나타났거나 피부에 자줏빛이 돌고 각질이 생기며 진
물이 새어나오는 물집이 나타났다면 또는 발진이 사라지지 않을 경우

쌍둥이, 집으로 데려오기

매년 약 12만 명의 산모들이 두 명, 세 명 또는 그 이상의 쌍둥이들을 출산하고 함께 집으로 돌아
간다. 새로 부모가 된 사람들이라면 일상이 바뀌기 마련이지만 쌍둥이의 부모가 되면 그 변화는
더욱 커진다. 물론 한 번에 두 명 이상의 아기가 생긴다는 것은 매우 기쁜 일이다. 그러나 한편
매우 힘든 일이기도 하다. 어쩌면 단 하루를 보내는 것조차 힘겨울 수 있다. 또한 쌍둥이들이 미
숙아로 태어난다면 한 명의 미숙아를 낳은 것보다 더 신경을 써야 하고 의사와도 자주 만나 상담
을 해야 한다.

쌍둥이를 낳으면 어떠한 변화들이 생길까? 우선 잠을 충분히 자지 못해서 매우 피곤할 것이고
아마 아기가 자라는 몇 년 동안은 집안일을 만족스럽게 해내지 못할 것이다. 경제적인 문제 또한
심각하다. 먼저 태어난 자녀가 있다면, 쌍둥이의 탄생은 일반적인 형제자매 사이보다 훨씬 아이
들끼리의 경쟁을 심화시킬 수 있다. 또한 엄마는 엄청나게 많은 시간과 에너지를 들여서 아기들
을 돌봐야 한다. 그리고 친구, 친척 또는 길에서 처음 만난 사람들까지도 쌍둥이들에게 보다 관
심을 보일 것이다.

때때로 쌍둥이를 키우면서 힘든 생활을 하다보면 부정적인 감정이 생길 수 있다. 자신의 시간과
관심을 모든 아기들에게 똑같이 쏟지 못하면 죄책감이나 슬픔을 느낄 수 있기 때문이다. 만약 먼
저 태어난 자녀가 있다면 그러한 감정은 더욱 잘 나타날 것이다. 실제로 두 명 이상의 쌍둥이를
둔 대부분의 부모들이 자신이 아기들을 충분히 잘 보살피지 못한다고 느낀다.

아기들을 키우면서 스트레스를 받거나 당황하는 일은 지극히 자연스러운 일이지만 쌍둥이를 둔
엄마들의 경우 아기들의 청색증 때문에 고생하거나 산후 우울증을 겪는 경우가 보통 엄마들보
다 훨씬 많다(840쪽, 4부 산후우울증 부분을 참고하시오).

다음은 쌍둥이를 돌보는 데 도움이 될만한 몇 가지 요령들이다.

- 육아 도우미를 고용하거나 주변에서 주는 모든 도움을 받는다.

도우미를 고용하거나 남들의 도움을 받는 것이 쉬운 일은 아니지만 엄마에게는 큰 도움이 될 것
이다. 어떤 부부는 육아 도우미를 고용하거나 가족들에게 의지한다. 또는 친구, 이웃, 종교단체
나 쌍둥이 부모 모임으로부터 도움을 받기도 한다.

• 우선순위를 정한다.

우유 먹이기, 목욕시키기, 재우기, 안아주기 등 아기에게 무엇을 먼저 해줘야 하는지를 정한다.
물론 엄마가 쉴 수 있는 시간도 우선순위 리스트에 포함되어야 할 것이다.

• 처음부터 아기들을 각각 하나의 인격체로 대한다.

각각의 아이들을 알아볼 수 있도록 다양한 색깔의 아기 옷을 준비한다. 쌍둥이나 세쌍둥이로 묶
어서 부르지 말고, 아기들의 이름을 각각 불러준다. 또 사진을 찍을 때도 따로따로 찍어준다.

• 차트나 체크리스트를 사용한다.

우유를 먹인 시간, 누구를 돌봐주었는지 언제 돌봐주었는지 등을 기록한다면 아기들을 돌볼 때
도움이 될 것이다.

• 먼저 태어난 자녀가 있다면 엄마와 함께 활동적으로 아기들을 돌볼 수 있도록 한다.

새로 태어난 동생들을 돌봐줄 수 있는지 물어본다. 먼저 태어난 자녀들과 함께 시간을 가질 수
있도록 특별히 신경 써야 한다.

• 추가적으로 집안일을 만들고 싶지 않다면 일회용 기저귀를 사용한다.

일회용 기저귀를 사용한다면 만약의 상황을 대비해 최소 12개 정도의 천 기저귀는 준비해둔다.

chapter.15

산후조리

분만은 매우 기진맥진한 일로, 산모는 온몸이 쑤시고 아픈 경험을 했다. 어쩌면 자신의 몸이 다시 전처럼 돌아갈지 걱정될 수도 있다. 물론 지난 9개월 동안 몸에 나타났던 변화들이 원래대로 돌아가는 데는 많은 시간이 걸린다. 하지만 시간이 지날수록 신체적으로 회복이 되고 체형도 전과 같이 되돌아갈 것이다. 제 15장에서는 산모가 출산 후 몇 주 동안 겪게 될 신체적 변화들에 대해 설명하고 있다.

유방 관리

출산 후에도 유방은 얼마 동안 크기가 커진 상태를 유지한다. 유방을 보호하기 위해서 편안하고 품질이 좋고 몸에 잘 맞는 속옷을 착용하는 것이 좋다. 또한 매일매일 유방과 유두를 솜으로 깨끗이 닦아주고 베이비 로션이나 스킨을 발라준다. 하지만 비누의 사용은 피해야 한다. 비누를 사용하게 되면 피부를 보호해주는 피지가 없어져서 유방의 피부가 건조하거나 갈라질 수 있고 유두의 쓰라림, 갈라짐을 악화할 수 있다.

울혈 (젖몸살)

출산 후 며칠 동안 유방에는 초유가 생성되고, 곧 모유가 가득 채워져 밖으로 분비되기 시작될 것이다. 이것은 산모의 모유수유 계획여부와 상관없이 일어나는 일로 유방은 보다 커지면서 무거워지고, 붓고 당기게 된다. 만약 이 때 모유를 아기에게 먹이지 않으면 유방은 모유의 생성이 멎을 때까지 울혈(충혈)되고 딱딱해질 것이다. 한편 모유수유를 하는 경우에도 때때로 이런 현상이 일어나며, 울혈은 보통 3일 이상 지속되지 않지만 그 동안은 매우 불편함을 느낄 수 있다.

•울혈을 완화하기 위한 방법

- 유방에 가득 찬 모유를 아기에게 먹이거나 손으로 짜낸다.
- 부드럽게 유방을 만져주되 유두 부분으로 갈수록 강하게 만져준다.
- 따뜻하거나 차가운 수건 또는 얼음 팩으로 유방을 감싸주거나 따뜻한 물로 샤워나 목욕을 한다.
- 모유수유를 하지 않는다면 모유의 생성을 촉진할 수 있는 마사지는 피한다.

유방에서 모유가 흐름

모유 수유를 하는 동안 모유가 흘러나오는 현상을 겪을 것이다. 하지만 이 시기에 모유는 아무런 예고 없이 언제 어디서든 흘러나올 수 있다. 많은 산모들의 경험에 따르면 아기 생각을 하거나 아기와 이야기를 할 때, 아기의 울음소리를 듣거나 오랫동안 기지개를 펼 때 등과 같은 상황에서 모유가 나왔다고 한다. 한편 아기에게 모유를 먹이는 동안 다른 쪽 유방에서 모유가 나오기도 할 것이다. 하지만 이것은 정상적인 현상으로 특히 출산 후 초기 몇 주 동안은 보다 빈번하게 나타난다.

•유방에서 모유가 흘러나오는 것에 대비하기

- 수유용 패드를 착용한다. 안감이 합성섬유인 것은 유두가 쓰라릴 수 있으므로 사용을 피해야 한다. 그리고 수유 시마다 또는 모유로 젖었을 때는 패드를 갈아준다.
- 밤에 큰 수건을 깔고 잠을 잔다.
- 모유 생성을 촉진할 수 있으므로 유방을 자극하지 않는다.

쓰리고 갈라지는 유두

처음 모유수유를 시작하면 유두가 쓰라리거나 당기는 느낌이 들 수 있다. 이것은 출산 후 초기 몇 주 동안 흔히 일어나는 문제이며, 아기의 바른 위치나 주의해야 하는 모든 사항을 지켰더라도 발생한다. 어떤 여성들은 아기의 우유 빠는 힘이 얼마나 세며, 또 그것이 자신을 얼마나 아프게 하는지 알고 놀랄 것이다. 쓰리고 갈라지는 유두는 산모에게 큰 고통을 줄 뿐 아니라 유방에 세균감염을 초래할 수 있다. 다음은 이러한 현상을 막거나 치료하는 방법이다.

- 아기를 바르게 안아야 하며, 젖을 뗄 때 주의해야 한다. 아기가 젖꼭지 전체를 잘 물게 하기 위해 유방과 갈비뼈 사이를 손으로 받치면서 부드럽게 위로 밀어준다.
- 유두를 공기나 햇빛에 노출시킨다. 수유를 하지 않을 때는 유두를 공기 중에 두어 저절로 마르게 한다. 특히 가슴을 드러내고 휴식을 취하는 것이 좋다.
- 합성섬유로 만든 패드 사용을 피한다. 보호 패드에 베이비로션을 몇 방을 떨어뜨려둘 수도 있다.

- 가슴 보호대를 착용한다. 이 보호대는 유두 위로 딱 맞을 것이고 아기는
  보호대를 통해 우유를 먹을 수 있다.
- 만약 유두가 갈라졌다면 며칠 동안은 아기에게 젖을 물리지 말아야 한다.
  그리고 울혈을 막기 위해 우유를 짜준다.

자가 유방 검진

임신 중과 모유수유를 하는 동안 매달 자가 유방진단을 하는 것은 매우 어려운 일이다. 하지만
이것은 매우 중요한 일이다. 그러므로 편한 시간을 찾아서 계획을 짠다. 그리고 아기에게 모유를
먹인 직후 자가 진단을 하는 것이 가장 좋다. 유방 속이 비어있을수록 비정상적인 요소들이 분명
하게 나타나기 때문이다.

유관(ducts)이 막힘

모유수유를 하는 초기 몇 주 동안은 유두의 입구가 막히거나 울혈, 너무 꽉
조이는 브라로 인해 유관이 막힐 수 있다. 유관이 막히게 되면 유방이 보다
당기고 뭉치며, 피부색이 빨갛게 된다. 이를 해결하기 위해서는 이러한 현
상이 발생한 쪽의 유방으로 모유를 먹이고 부드럽게 마사지 해준다. 하지만
다음의 경우에는 의사에게 연락해야 한다.

- 통증이 있거나 매우 아프고 열이 난다면 유선염(유방염)일 수 있다.

분만 중 찢어지거나 파열된 부분의 회복

회음절개술이나 파열(tear)로 인해 분만 중에 봉합을 한 경우, 봉합실은 분만
2주 정도가 지나면 저절로 녹아 사라진다. 또한 회음절개술을 실시한 조직

이나 파열이 일어났던 부분 역시 수술로 인해 생긴 일반적인 상처와 마찬가지로 약 6주 정도 지나면 원래의 상태로 회복될 것이다. 하지만 파열 상태가 심하면 상처 부위가 당기는 증상이 한 달 이상 지속될 수도 있다. 회복하는 동안은 걸을 때나 앉을 때 상처 부위에 통증을 느낄 수 있다.

• 불편함을 줄이는 방법

- 화장실을 이용할 때는 그냥 앉는 것보다 쪼그리고 앉는 것이 편할 것이다. 그리고 볼일을 보고 나서는 물로 한 번 헹궈주는 것이 나중을 위하여 좋다. 또한 따가운 느낌을 줄이기 위해서 소변이 배출되는 동안 상처 부위에 따뜻한 물을 부어주는 것도 도움이 될 것이다.

- 상처 부위를 차가운 얼음으로 마사지 한다면 붓는 현상을 다소 줄일 수 있다. 수건이나 고무장갑에 얼음을 넣거나 얼음 팩을 이용하여 마사지할 수 있을 것이다.

- 생리대와 상처 사이에 특별 회음부 패드를 넣어 사용하면 고통이 다소 완화될 것이다. 냉각된 위치헤이즐witch hazel 약초 성분이 포함된 패드 또한 도움이 된다.

- 상처 부위를 항상 청결하게 한다. 따뜻한 물로 샤워를 하거나 목욕을 하는 것도 상처에 효과가 있을 것이다.

- 푹신한 곳에 앉게 되면 상처부위가 당길 수 있으므로 딱딱한 곳에 앉는 것이 훨씬 견디기 쉬울 것이다. 푹신한 곳에 앉으려 자세를 낮출 때는 엉덩이를 모아 힘을 주도록 한다.

- 케겔 운동을 자주 한다. 출산 바로 다음날부터 시작할 수 있을 것이다.

- 대변을 배출하기 시작하면 그 압박이 산모의 조직을 당겨 상처 부위에 통증을 야기할 수 있다. 이것을 막기 위해서는 상처가 봉합된 부분에 깨끗한 패

드를 착용하고 대변을 보기 위해 힘을 줄 때는 위쪽으로 힘을 주도록 한다.
- 통증을 줄이기 위해 뿌릴 수 있는 약이나 자리에 앉을 때 통증을 줄일 수
  있는 보조도구 등에 대해 의사에게 문의한다.
- 상처 부위에서 열이 나고 부어오르며, 통증이 발생하거나 고름이 나온다
  면 상처 부위가 감염된 것이다. 이 때는 의사에게 바로 연락해야 한다.

피로

많은 엄마들이 출산 후 일주일정도 에너지의 부족으로 인해 매우 피곤해
한다. 게다가 출산 뒤 산모는 지친 가운데서도 하루 종일 아기를 돌봐야 한
다. 며칠 연속으로 잠을 못자고 아기에게 모유를 먹이느라고 에너지를 소
비하며, 아기를 안거나 업고 돌아다니게 되면 피로는 가중될 것이다. 먼저
태어난 자녀가 있는 경우나 신생아가 미숙아 또는 건강에 문제가 있는 경
우 그리고 쌍생아를 출산한 경우라면 더욱 지치게 될 것이다.
그러나 육아에 점점 익숙해지면 밤에 아기를 재우는 요령도 늘 것이고 피
로감 또한 줄어들 것이다. 피로감을 완전히 없앨 수는 없겠지만 다음과 같
이 한다면 조금 줄일 수는 있을 것이다.

- 필요하다면 언제든지 휴식을 취하려 노력한다. 아기가 낮잠을 즐기는 시
  간을 이용하면 산모도 잠깐 눈을 붙일 수 있을 것이다.
- 무거운 것을 들지 않는다.
- 육아와 가사 일에 남편이 적극적으로 참여할 것을 요청한다. 다른 사람들
  의 도움도 적극적으로 받아라.

- 너무 많은 일들을 하려고 하지 않는다. 집안일 같이 덜 중요한 일은 뒤로 미뤄라. 집에 찾아오는 손님의 수를 제한할 수도 있다.
- 신체 에너지를 증가시키고 피로를 물리치기 위해서는 꾸준히 정기적으로 운동을 해야 한다. 잘 먹는 것도 중요하지만 밤늦게 과식하지 않도록 한다. 음식이 소화되면서 산모의 잠을 방해할 수 있기 때문이다.
- 잠자리에 일찍 들고, 음악을 듣거나 책을 읽으면서 마음을 편안히 한다.
- 밤중에 아기에게 우유먹이는 일을 남편과 분담한다. 만약 모유수유를 한다면 미리 우유를 짜서 병에 보관해둔다.
- 시간이 지나도 피로감이 사라지지 않는다면 의사를 만나 상의한다.

대소변 문제

치질

임신 중 또는 출산 후에 치질이 생길 수 있다. 대변을 보는 동안 통증을 느끼고 항문근처에 부푼 덩어리가 느껴진다면 아미 치질에 걸린 것일 것이다. 치질을 악화할 수 있는 변비와 항분 수위의 긴상을 줄이려먼 과일, 야채, 통곡물 등 섬유질이 많이 포함된 식품을 먹고, 물을 많이 마신다. 또한 따뜻한 물이 담긴 욕조에 몸을 담그거나 냉각된 위치하젤 약초를 치질이 발생한 주변에 발라주면 한결 편안함을 느끼게 될 것이다. 대변이 많이 딱딱하다면 대변을 부드럽게 해주는 약(Colace, Surfak 등)이나 섬유질이 많이 포함된 변비약(Citrucel, FiberCon 등)을 복용한다.

치질로 인한 불편함을 완화하기 위한 다른 여러 방법을 알고 싶다면 636쪽, 3부 '치질'을 확인하라. 그리고 문제가 계속된다면 의사를 찾아가 상담한다.

요실금

자연분만을 한 산모 중 약 20퍼센트에 달하는 수가 요실금 증상을 가지고 있다. 출산하지 않은 여성 중 약 10퍼센트 정도만 요실금 증상을 가지고 있는 것에 비하면 꽤 높은 수준이다. 제왕절개수술을 한 산모는 자연분만을 한 산모보다는 요실금 증상이 있는 경우가 적지만 출산을 하지 않은 여성에 비해서는 많다.

산모에게 요실금이 발생하는 이유는 임신기간 중 뱃속의 아기가 방광에 압력을 가하면서 방광이나 요도의 신경 또는 근육에 손상을 입히기 때문이다. 대개 기침을 하거나 기지개를 켤 때 또는 크게 웃을 때 소변이 새게 된다. 다행히도 이러한 문제들은 3개월 이내에 상태가 나아진다. 하지만 그 동안은 위생 패드를 착용하고 케겔 운동을 해야 할 것이다.

배변

출산 후 며칠 동안은 배변이 일어나지 않는데, 그 이유는 분만 중에 먹은 음식이 거의 없고 창자의 근육 운동 정도가 일시적으로 감소했기 때문이다. 또한 출산 후 산모의 복부 근육이 이완되기 때문에 소화된 음식물이 장을 지나는 속도가 느려지게 된다. 또한 치질이 악화되거나 회음절개를 실시한 상처부분이 상태가 악화될까봐 본인 스스로 배변을 미루려할 수도 있다.

출산한 지 얼마 안 되는 산모에게 나타날 수 있는 또 다른 문제는 대변실금이다. 대변실금이란 산모가 배변을 조절하는 능력을 상실한 상태를 말한다. 이것은 골반저부 근육이 이완되면서 약해지고, 회음부 부분이 파열되었거나 항문 주변의 근육 신경이 손상되었을 경우 발생한다. 분만 시간이 보통의 경우보다 유난히 길었다면 대변실금이 발생할 확률은 커진다.

하지만 케겔 운동을 하면 항문 근육은 전과 같은 상태로 돌아갈 것이다. 배변

을 조절하는 능력에 계속해서 문제가 생긴다면 의사와 상담하도록 한다. 다음
은 변비를 막고 대변을 정기적으로 배출하게 하는 데 도움이 되는 방법이다.

- 많은 양의 물을 섭취한다.
- 생선, 과일, 야채, 통 곡물과 같이 섬유질이 풍부한 음식을 많이 먹는다.
  자두, 배, 살구 주스와 함께 건자두, 말린 무화과도 배변에 도움이 된다.
- 가능한한 신체활동을 많이 한다.
- 대변을 부드럽게 해주는 약이나 섬유질이 많이 포함된 변비약을 먹는다.

소변 배출의 어려움

출산 후에 산모는 소변이 시원하게 배출되지 않거나 소변을 배출하고 싶은
욕구가 잘 생기지 않는 등 소변을 보는 것에 문제를 느낄지 모른다. 이러한
증상은 방광과 요도를 둘러싸고 있는 조직과 회음부가 부었거나 상처가 생
겼기 때문에 나타날 수 있다. 또는 소변을 보면 회음부가 당겨 아프기 때문
에 이를 두려워하는 것이 신체적으로 영향을 미친 것일 수도 있다.

•원활한 배뇨를 위한 방법
- 골반근육의 수축과 이완을 반복한다.
- 물이나 음료를 많이 마신다.
- 회음부에 핫팩이나 아이스 팩으로 마사지를 한다.
- 소변을 누는 동안 회음부에 물을 부어준다.

시간이 지날수록 배뇨 증상은 나아진다. 하지만 소변을 배출한 후에 타는
듯한 통증을 느끼거나 비정상적으로 자주 화장실에 가고 싶다면 요로 감염

에 걸렸을 확률이 높다. 이러한 여러 증상들이 나타나고 시원하게 소변을 배출하지 못한다면 의사에게 연락해야 한다.

산후통

아기가 태어나자마자 산모의 자궁은 즉시 줄어들기 시작하여 약 6주가 지나면 원래 크기로 되돌아간다. 자궁이 줄어들면서 산모는 며칠 동안 산후통이라고 하는 당기는 것 같은 통증을 느낄 것이다. 첫 아기를 출산한 산모에 비해 이전에 출산 경험이 있다면 산후통이 아프게 느껴질 수 있다.

모유수유를 하는 동안 산후통은 보다 강하게 나타난다. 왜냐하면 아기가 엄마의 유두를 빨면 옥시토신이라는 호르몬 분비를 촉진하게 되는데, 이 호르몬이 자궁 수축을 유도하는 역할을 하기 때문이다. 출혈을 막는 약 역시 자궁의 통증을 일으킨다.

호흡을 천천히 하고 마음을 편하게 먹음으로써 산후통이 조금 진정될 수 있다. 만약 통증이 견딜 수 없을 정도라면 의사는 진통제를 처방해 줄 것이다. 대부분의 약들은 모유수유를 하는 데 문제가 되지는 않는다. 만약 일주일 이상 열이나 통증이 지속된다면 요로감염 증상일 수 있으므로 의사를 찾아간다.

그 밖에 다른 증상들

냉증

출산 후 자궁이 내용물들을 모두 쏟아내고 원래의 크기로 돌아가기 시작하면서 오로라고 불리는 냉증이 나타난다. 오로의 양, 생김새, 지속기간 등은 산모마다 매우 다양하지만 일반적으로 밝은 빛을 띠는 붉은 색의 혈액이 상당량 배출되면서 시작된다. 약 나흘이 지나면 오로의 양은 점차 줄어들고 정도도 약해져서 분홍색이나 갈색을 띠다가 열흘 정도 지나면 노란색 또는 하얀색으로 바뀔 것이다. 이러한 냉증은 약 2~8주 정도 지속된다.

감염의 위험을 줄이려면 삽입형 생리대(탐폰) 보다는 일반 생리대를 사용하는 것이 좋다. 가끔 혈액 응고덩어리가 나오는데, 그 크기가 골프공만하더라도 당황할 필요는 없다.

- 다음과 같은 증상이 나타나면 의사에게 연락한다.
  - 생리대를 흠뻑 적시는 상태가 몇 시간 째 지속되거나 현기증이 날 때
  - 배출된 냉에서 불결한 냄새가 날 때
  - 복부가 당기거나 출혈이 증가하면서 많은 혈액 덩어리들이 배출될 때
  - 골프공보다 큰 크기의 혈액 응고덩어리가 배출될 때
  - 오로의 색이 옅어졌다가 갑자기 다시 붉은 빛을 띠는 경우
  - 체온이 38도 이상일 때

모발과 피부

출산 후 산모의 머리카락과 피부에는 몇 가지 변화가 나타난다.

- 탈모 : 출산 후 일부 산모들에게 나타나는 대표적인 변화 중 하나가 탈모이다. 임신 중에는 과다 분비된 호르몬의 영향으로 보통 하루에 백 개 정도 빠지는 머리카락이 그대로 남아 있게 된다. 그래서 산모의 머리숱이 보다 풍성해졌을 것이다. 그런데 아기를 낳으면 이제 필요 없는 머리카락들이 모

두 떨어져 나간다. 하지만 이러한 현상은 일시적인 것이므로 걱정할 필요가 없다. 아기가 생후 6개월이 될 때쯤에는 모발이 원래대로 돌아갈 것이다. 건강한 모발을 원한다면 무엇이든지 잘 먹고 비타민 보충제를 꾸준히 복용하는 것이 좋다. 미용사에게 관리하기 쉽도록 머리카락을 잘라달라고 해라. 필요할 때만 컨디셔너를 이용하고, 헤어드라이어의 사용은 최소한으로 자제한다. 모발 상태가 좋아질 때까지 염색이나 파마는 미루는 것이 좋다.

• 붉은 점 : 분만 시 힘을 줄 때 작은 혈관들이 터져서 얼굴에 작은 빨간 점들이 생길 수 있다. 이러한 빨간 점은 보통 약 일주일이면 사라진다.

• 임신선 : 임신선은 출산 후에도 사라지지 않는다. 하지만 시간이 지날수록 붉은 보랏빛이던 색깔은 은색 또는 하얀색으로 옅어질 것이다.

• 피부 색소 침착 : 산모의 복부에 생기는 선(흑선)이나 얼굴 피부의 색소 침착은 몇 개월에 걸쳐 색이 흐려질 것이다. 하지만 완전히 사라지지는 않는다.

체중감소

출산 후 산모는 몸이 물렁해지고 많이 망가진 것처럼 느껴질 것이다. 실제로 거울을 보면 아직도 임신 6개월일 때의 모습 같을 것이다. 그렇다고 자책할 필요는 없다. 어떤 여성이라도 출산 후 일주일 뒤 몸에 딱 붙는 청바지를 입을 수 있을 만큼 날씬해지지 않는다. 보통 임신기간에 불어난 체중을 되돌리기 위해서는 3~6개월은 걸린다.

태아, 태반, 양수가 빠져나가기 때문에 출산 후 산모는 약 5kg 정도 체중이 줄어든다. 또한 출산 후 일주일 동안 몸속에 남아있던 양수가 추가적으로 배출되면서 체중이 조금 더 줄 것이다. 그 후에는 식습관과 운동량에 따라 체중감소 정도가 달라진다. 건강한 식습관을 유지하고 운동을 규칙적으로 한다면 일주일에 약 0.2kg씩 체중이 줄어들 것이다.

좋은 식습관

몸의 빠른 회복을 위해 가장 중요한 것은 풍부한 영양섭취이다. 만약 모유수유를 한다면 이것은 아기를 위해서도 중요할 것이다. 먹는 음식의 양을 급격히 줄이거나 식사를 거르거나 단식을 하는 대신에 야채, 과일, 통곡물 그리고 지방함량이 적은 고단백질 식품 등을 충분히 섭취해야 한다.

운동

매일매일 규칙적으로 운동을 하면 몸이 빠르게 회복될 뿐 아니라 체력을 기를 수 있으며 체형도 임신 전 같이 되돌릴 수 있다. 또한 운동을 하면 몸에 에너지가 충전돼 피로를 견디기 쉬워지며 혈액순환이 촉신되고 요통을 예방하는 데 도움이 된다. 또한 신체 활동은 심리상태에도 많은 도움이 된다. 예를 들어 마음에 여유가 생겨 부모의 역할이 시작되며 생기는 스트레스를 잘 해소할 수 있게 된다.

임신 전부터 운동을 꾸준히 해왔고, 순조롭게 자연분만을 했다면 분만 후 24시간이 지났거나 기분이 내킬 때 운동을 다시 시작해도 대개 안전하다. 아기를 낳고 약 하루가 지나면 케겔 운동을 시작할 수 있는데, 점차 운동량을 늘려서 하루에 25회 이상 반복하면 좋다. 만약 제왕절개 수술을 받았거나 분만과정이 순조롭지 않았다면 언제, 어떻게 운동을 시작할지 결정하는

데 의사의 도움을 구해야 한다.

분만이 쉽게 이루어졌다고 해도 운동은 조심하며 천천히 시작해야 한다. 운동량을 갑자기 늘리거나 운동을 시작하는 시기를 서둘러서는 안 된다. 산모의 체형을 되돌리기 위해서는 걷는 것과 수영이 가장 좋은 운동이다. 천천히 시작해서 점차 강도를 높인다. 일부 아기 엄마들은 산후 운동 프로그램에 참가하기도 한다.

•출산 후 운동을 잘 하기 위한 방법

- 복부와 골반 하부 근육의 힘을 키우는 운동은 출산 후 산모에게 특히 중요하다. 운동은 복부에 힘과 긴장을 줘서 배가 들어가게 하며, 몸매를 가꾸는 데도 도움이 된다. 또한 회음부에 난 상처를 치유하는 데 도움이 되고, 요실금을 예방하며 항문근육을 다시 조절할 수 있게 한다.
- 임신 중에 운동을 많이 하지 않았다면 운동을 시작할 때는 천천히 차츰차츰 운동량을 늘려가야 한다.
- 성취할 수 있는 수준의 가벼운 운동을 꾸준히 한다. 강도가 높은 운동보다는 적당한 수준이 좋다. 또한 한 번에 오래 하는 것보다는 짧은 시간 여러 번 하는 것이 효과적이다.
- 유모차에 아기를 태우고 다니거나 아기와 함께 춤추기 또는 조깅용 유모차에 아기를 태우고 함께 조깅을 하는 등 아기가 함께 할 수 있는 신체활동을 한다. 일부 산후조리 운동 프로그램에서는 아기와 운동하는 방법을 소개해준다.
- 가슴을 받혀주는 속옷과 편안한 옷을 입는다.
- 모유수유를 하는 경우에는 운동 전에 아기에게 모유를 먹이는 것이 보다 편안할 것이다.

- 산후 6주 동안은 점프 또는 갑자기 움직이거나 충돌이 예상되는 운동을 피해야 한다. 움직임의 방향을 갑자기 바꾸거나 유연성 또는 관절의 확장 등이 필요한 운동, 무릎 가슴 닿기 운동, 윗몸 일으키기 운동, 다리로 드는 운동도 하지 않는 것이 좋다.
- 운동을 지나치게 하지 않는다. 피곤을 느끼지 않을 만큼 운동하고, 몸에 유난히 기운이 없을 때는 쉬도록 한다. 통증, 현기증, 근육 경련, 시야의 흐릿해짐, 호흡이 가빠짐, 가슴의 두근거림, 요통, 골반 통증, 구토, 걷기 어려움, 갑작스런 질 출혈 등이 나타나면 즉시 운동을 중단해야 한다.
- 운동 전후 그리고 운동 중에 물이나 음료를 마신다.
- 체중이 다시 임신 전 상태로 돌아갔다 하더라도 운동을 꾸준히 한다. 신체 활동은 신체적, 정신적으로 모두 도움이 되기 때문이다.

산후 검사

담당 의사는 산모에게 출산 후 4~6주 이내에 병원에서 검신이나 진찰을 받도록 할 것이다. 질과 자궁경부를 검사하기 위한 골반 검사뿐만 아니라 자궁의 크기와 모양을 측정하는 검사도 실시한다. 이외에 회음절개술이 실시된 부분이나 기타 절개가 이루어진 부분의 상태도 확인할 것이다. 그리고 의사는 유방 검사와 체중 및 혈압 체크를 통해 산모의 건강상태를 확인한다.

의사는 산모에게 기분이 어떤지, 그동안 어떻게 지냈는지를 물을 것이다. 또한 분만 시 산모가 결정했던 여러 사항들에 대해 이야기하고 그에 따른 약을 처방해주거나 그 밖에 산모에게 필요한 여러 도움을 줄 것이다. 그러므로 그동안 궁금했던 점이 있으면 주저하지 말고 물어보도록 한다.

산후 검사는 그동안 산모가 가지고 있었던 궁금증이나 문제점들에 대해 의사와 이야기 할 수 있는 기회를 제공한다. 질문이나 염려되는 것들을 미리 적어두면 좋다. 산후에 건강이 잘 회복되고 있는지 알아보기 위해 다음 진찰은 6~12개월 후에 이루어질 것이다. 그 때 피임의 시작과 보다 효과적인 피임 방법 등에 대해서 물어볼 수 있다.

제왕절개수술 후 회복
만약 제왕절개수술을 받은 산모라면 산후조리 기간 동안 몇 가지 더 불편한 점들이나 주의해야 할 점들이 생길 것이다. 258쪽 제 12장, '제왕절개' 부분을 살펴보면 제왕절개수술 후 회복에 대한 설명이 자세히 나와 있다.

감정과 생활습관의 변화

신체적 변화와 불편들은 출산 후 일어나는 삶의 일부분으로, 경험자들의 말에 의하면 감당하기 쉬운 편이라 할 수 있다. 하지만 아기가 태어나 새로운 가족 되면서 이제 막 엄마가 된 산모의 감정은 생각보다 훨씬 긴장되고 혼란스러울 뿐 아니라 스트레스 또한 많이 받게 될 것이다. 태어난 아기를 돌본다는 것은 삶을 좌지우지 할 만큼 매우 힘들고 어려운 일이다.

산후조리를 하는 동안 대부분의 여성들은 자신에게 부여된 새로운 역할을 잘 해낼 수 있을지 매우 신경 쓰게 된다. 아기가 생기기 전 자신이 누리던 자유와 자신의 정체성, 자신만을 위한 시간, 아기와의 친밀함, 자신에게 주어진 모든 책임들, 남편과의 좋은 부부관계 형성 등에 대하여 매우 걱정될 것이다. 감정 변화가 잦아지고 의기소침해지며 우울해하다가 산후우울증(baby blues)이 발생할 수 있다. 긴장, 수면 부족, 호르몬 분비의 변화 역시 감정 변화에 영향을 끼칠 수 있다.

삶의 변화했다는 현실을 받아들이는 것이 이러한 감정변화에 도움이 될 것이다. 한동안 밤에 숙면을 취하지 못하겠지만 샤워를 하고, 식사를 하거나 혼자서 시간을 보낸다면 초기에는 좋은 방법이 될 수 있다. 처음 아기의 엄마가 돼서 일 년을 보내는 것은 힘든 일이기도 하지만 한편으로는 상상했던 것 이상으로 즐겁고 활기가 넘치는 일일 수 있다. 자신의 시간, 에너지, 감정을 아기를 돌보는 데 쏟아 붓는 것은 어려운 일이지만 시간이 지나면서 이런 과정들이 쉬어질 것이다.

스트레스

24시간 동안 아기를 돌보는 일 이외에도 다른 여러 이유 때문에 산후조리 기간 중 산모는 스트레스를 받고 어찌할 줄 모르다 우울해질 것이다. 새로 부모가 된 사람들은 다음과 같은 상황에 놓이거나 감정을 경험할 수 있다.

- 그 동안 모든 것이 잘 정돈돼 있는 삶에 익숙해있던 여성이라면 출산을 하고 이전 생활방식을 다시 이어갈 수 없나는 것을 깨닫게 되면서 매우 낙심하게 된다. 고요하고 평안한 가족의 삶을 꿈꿔왔겠지만 현실은 매우 무질서하고 혼란스러울 것이다.
- 원하지 않았던 제왕절개수술을 받거나 거대아가 태어나는 등 자신이 예측하지 못했던 출산과정을 겪었다면 이로 인해 산모는 매우 낙심하고, 억울한 감정이 들면서 마치 인생에서 실패한 것 같은 생각이 들 수 있다.
- 미숙아나 다태아가 태어났다면 자신에게 부여된 더 많은 책임들을 감당해야 할 것이다.
- 직장에서 일을 했던 부모라면 완벽했던 직장인에서 육아 경험이 없는

초보자로 바뀐 것을 견디기 어려워할 수 있다.

- 아기를 돌보면서 무능함을 느끼고 자신이 엄마로서 자격이 있는지를 의심하게 된다. 그리고 좋은 엄마는 저절로 될 수 없다는 것을 깨닫게 된다.
- 주변 사람들을 만날 시간이 부족해진다. 결국 친구들을 그리워하게 된다.
- 경제적인 부담 또한 대부분의 새로운 부모들을 압박한다. 수입이 얼마든 태어난 아기로 인해 경제적인 부담이 생기는 것은 피할 수 없다.
- 부모라는 새로운 역할을 기꺼이 받아들이는 일은 쉽지 않다. 육아와 전혀 관련이 없었고, 오직 일에만 매달렸던 자신의 지난 모습들이 사라지면서 자신의 정체성에 대해 회의가 들 수 있을 것이다. '엄마' 라는 자신의 새로운 역할을 편안하게 받아들이지 못하고 아기가 생활의 중심을 차지하면서 더욱 힘들어진다.
- 처음에는 아기에게 친근감을 느끼지 못하고 어색할 수도 있다. 어쩌면 아기를 볼 때 사랑스럽지 않을 수도 있다. 이러한 자신을 보며 죄책감을 느끼거나 걱정을 하게 된다.
- 아기가 태어나면 남편과의 관계가 급격하게 변할 수 있다. 따라서 가사일과 육아일을 남편과 나누는 것과 아기와 보내는 시간, 남편과 보내는 시간 그리고 자신만의 시간을 어떻게 적절하게 나눌 것인지 고민해야 한다.
- 출산 후 부부사이의 성관계에 큰 변화가 생긴다. 피곤함, 신체적 불편함, 호르몬의 변화, 성욕의 감소, 출산 후 서로에게 느끼는 불만 등으로 인해 대부분의 여성들은 한동안 성관계를 원하지 않게 된다.

감당하기 어려운 감정이 생겨날 때

아기와 함께 집으로 돌아오고 나면 산모에게는 지치고 스트레스 받는 정말 당황스럽고 힘든 일들이 시작될 것이다. 스트레스를 최소화하기 위해서는 임신 중에 그랬던 것처럼 잘 먹고 잘 마시며, 신체적으로 활발한 활동을 하고 가능한 한 많이 휴식을 취하는 것이 좋다. 다음은 산후조리 기간 중 산모에게 도움이 될 수 있는 방법이다.

• 도움을 요청한다.

친구나 가족들이 주는 도움을 받아들이고, 그들에게 도움을 청하는 것을 미안해하거나 두려워하지 말아라. 처리할 일에 우선순위를 정하고 그에 따라 도움을 청하면 된다. 대부분의 사람들은 산모를 위해서 요리와 집안일을 하고 아기를 돌보는 일을 기쁘게 여길 것이다. 지역 사회에서도 새롭게 엄마가 된 여성들을 위해 많은 도움을 주는데, 병원, 지역의 보건소, 지역 안내 책자 등을 살펴본다.

• 집 밖으로 나간다.

매일 우는 아기를 달래며 집안일을 하다보면 누구라도 견딜 수 없을 것이다. 아기를 데리고 산책을 나가거나 잠시 아기를 맡기고 밖으로 나가 바람을 쐬며 자신만의 시간을 가지도록 한다. 다른 엄마와 아기를 바꿔서 돌보거나 함께 만나서 아기를 돌보는 것도 좋은 방법이다.

• 단순하게 생각한다.

지금 집을 깨끗하게 하는 것이 산모가 가장 먼저 해결해야할 문제는 아니다. 충분히 휴식을 취하고 아기를 돌보는 것이 집안일보다 더 중요하다. 조금 어질러지는 일상을 받아들여라. 식사 시간에는 일회용 식기를 사용하고 냉동식품이나 배달시킨 음식을 먹을 수도 있다. 자신의 다른 여러 책임을 미루거나 다른 이에게 전달하는 것에 죄의식을 느낄 필요가 없다.

• 죄책감을 갖지 않는다.

새로 엄마가 된 이들 대부분이 죄책감에 사로잡힌다. 그러나 자신이 최선을 다하고 있음을 기억해라. 완벽한 부모와 완벽한 아기는 세상 어디에도 없다. 실수를 통해 배우고 다음에는 나아지려 노력하면 되는 것이다.

• 일정한 생활패턴을 정한다.

생후 일 년 동안은 아기의 먹고 자는 시간이 계속 바뀌겠지만 그렇더라도 엄마의 생활을 아기의 하루에 맞출 수 있는 방법을 찾아야 한다. 아기가 매일 같은 시간에 먹고, 같은 시간에 잘 수 있도록 하는 것이 좋다.

• 자신을 돌보는 시간을 갖는다.

아기를 돌보는 일은 끝없는 일이겠지만 매주 최소 몇 시간은 자신만을 위해 사용해야 한다. 남편, 친구, 가족들에게 아기를 맡기고 여가활동을 즐기면서 친구들과 밖에서 점심을 먹거나 바람을 쐬러 갈 수 있을 것이다. 매일 즐길 수 있는 것을 찾도록 하라.

예를 들면 산책을 하거나 책을 읽든지아니면 그림을 그리거나 음악을 듣는 것이 될 수 있을 것이다. 또한 마사지를 하거나 목욕을 하면서 자신을 가꾸고 기분전환을 위해 주위 사람들과 대화를 나누며 시간을 보내는 것도 한 가지 방법이 될 수 있다.

• 결혼생활이나 부부관계를 위하여 시간을 쓴다.

남편과 아기 모두 함께 시간을 보내거나 남편과 둘만의 오붓한 시간을 보낼 수도 있을 것이다. 382쪽 '부부관계 발전시키기' 를 참고하라.

• 자신의 심리상태에 대해 다른 누군가에게 이야기한다.

화남, 좌절, 슬픔 등 자신에게 일어나는 모든 감정을 신뢰하는 누군가에게 솔직히 털어놓는다. 또한 남편과 대화를 많이 해야 한다.

• 다른 부모들과 이야기한다.

자신과 같은 입장인 다른 부모들을 많이 사귀어라. 출산육아교실에서 만났던 사람들과 꾸준히 연락을 하면 좋을 것이다. 또는 사립학교, 보육원, 지역의 복지원, 건강 센터, 병원, 종교단체 등에서 제공하는 육아교실 프로그램에 참여할 수도 있다. 같은 개월 수의 아기를 가진 엄마들끼리 만든 모임에 들어가 온라인 게시판에 참여하거나 이메일을 보낼 수도 있다.

산후우울증

출산 후 대부분의 산모들은 정도의 차이는 있지만 우울함을 느끼게 된다. 이것은 에스트로겐과 프로게스테론 호르몬 수치가 갑자기 떨어져 생기는 것으로 알려져 있다. 하지만 오직 호르몬 분비의 변화만이 산후우울증을 일으키는 것은 아니다. 예를 들어 잠을 잘 못자도 우울한 기분이 들 수 있다. 이처럼 출산 후에 나타나는 여러 신체적인 변화, 엄청난 사건(출산) 후 겪게 되는 허무감, 가정의 경제적 부담, 출산과 육아에 대한 비현실적인 기대감, 감정적 충족의 부족, 인간관계와 정체성에 대한 적응 등도 산후우울증을 불러올 수 있는 이유가 된다.

새로 아빠가 된 사람들 중 일부도 아기가 태어나면서 우울증을 겪곤 한다. 아내가 산후우울증으로 고생을 하고 있다면 함께 우울함을 겪을 수 있는 확률이 더욱 커진다. 새로 엄마가 된 여성 중 거의 80퍼센트 정도가 베이비 블루스라고도 불리는 가벼운 우울증을 겪게 된다. 절망, 슬픔, 울음, 두통,

피로 등이 산모에게 나타나게 되는데, 자신의 가치를 평가 절하하고 민감해 져서 화를 잘 내며 우유부단해질 것이다. 또한 처음 아기를 만나고 느꼈던 흥분이 사라지면서 실제로 좋은 엄마가 되기란 어렵다는 것을 알게 된다. 이러한 우울증은 출산 후 3~5일이 지나면서 나타나고 약 일주일에서 열흘 정도 지속된다.

여가 활동을 즐기고 건강에 좋은 음식을 많이 먹으며 정기적으로 운동을 하 면 보다 빨리 우울증에서 회복될 수 있다. 또한 남편을 비롯한 주변의 친한 사람들에게 자신의 감정을 솔직하게 털어놓아야 한다. 만약 이러한 방법들 이 도움이 되지 않는다면 다소 심각한 우울증을 겪고 있는 것일 수 있다. 산 후우울증과 산후 심리상태에 대한 보다 많은 정보를 원한다면 840쪽을 읽어 보라. 우울증이 심각하거나 몇 주 이상 지속된다면 의사와 상담해야 한다.

태어난 아기와의 친밀감

아기는 태어난 순간부터 부모가 자신을 안아주고 쓰다듬어주고 흔들어주고 만져주고 키스하고 이야기하거나 노래 불러주기를 원한다. 따라서 아기에 게 매일같이 이렇게 사랑과 관심을 표현하면 관계가 더욱 친밀해지면서 서 로의 존재를 강하게 인식하게 될 것이다. 이것은 또한 아기의 두뇌발달에도 도움이 된다. 아기의 몸이 자라기 위해서 풍부한 영양분 섭취가 필요한 것 과 마찬가지로 두뇌 발달을 위해서는 심리적, 신체적, 지적으로 긍정적인 경 험이 필요하다. 따라서 어렸을 때 다른 사람들과 맺은 관계는 아기의 성장 발달에 매우 중요한 영향을 끼친다.

어떤 부모들은 금방 아기와 가까워지지만 어떤 부모들은 아기와 관계가 가 까워지는 데 보다 시간이 많이 걸리기도 한다. 처음부터 아기에 대해 진심으 로 사랑과 친근함을 표현할 수 없더라도 걱정하거나 죄책감을 느낄 필요가 없다. 모든 부모들이 아기와 만나자마자 친근감을 느끼는 것은 아니다. 차츰 시간이 지나면서 아기에 대한 애정이 점점 강해지는 것을 느낄 수 있다.

아기의 울음이나 행동들이 무엇을 말하는지 이해하는 데도 많은 시간이 필요할 것이다. 비록 신생아이지만 모든 아기들은 자신만의 독특한 성격을 가지고 있다. 만약 먼저 태어난 자녀가 있다면 그 아이들 또한 새로 생긴 동생과 어떻게 지내야 하는지를 배우게 된다.

처음에 아기는 하루의 대부분을 먹고 자고 잠자는 것으로 보낸다. 아기는 엄마의 따뜻한 사랑과 반응을 받게 되면 더욱 안정감을 느끼게 된다. 일상의 모든 일들이 아기와의 관계를 돈독하게 하는 데 도움을 준다. 예를 들어 아기에게 젖을 주거나 기저귀를 바꿔 주는 것, 아기의 눈을 사랑스럽게 바라보는 것, 부드럽게 이야기하는 것 등이다.

아기들도 조용히 깨서 무언가 배우고, 놀고 싶어 할 때가 있다. 이러한 시간은 몇 분 정도 지속되는데, 엄마는 곧 이런 때를 눈치 챌 수 있게 될 것이다. 아기가 무언가 활동하고 놀고 싶어 하는 때를 잘 이용해야 한다.

• 아기를 잘 돌보고 보다 가까워지기 위한 방법

- 응석받이로 만들까 걱정하지 말고, 아기가 보내는 신호나 반응들에 대답하도록 하라. 아기가 보내는 신호에는 소리(생후 1~2주간은 주로 울음), 행동, 얼굴 표정 그리고 눈을 마주치거나 피하는 것 등이 있다. 휴식이나 놀이에 대한 아기의 필요에 관심을 기울인다. 381 쪽의 '아기는 피곤함을 어떻게 표현할까' 를 참고하라.

- 아기와 대화를 나누고 책을 읽어주고 노래를 불러준다. 신생아들도 음악을 듣는 것이나 책을 읽는 것을 즐긴다. 단어의 정확한 의미는 이해하지 못하지만 엄마와의 '대화' 는 아기의 언어능력 발달과 엄마와의 친밀감

형성에 도움이 된다. 아기에게 이야기할 때는 높은 목소리로 말하는 것이 아기의 관심을 끌 수 있음을 기억하도록 한다. 아기와 대화를 나누는 것은 바보 같은 짓이 아니다. 아기들은 실제로 부드럽고 리듬감 있는 소리를 좋아하는데, 엄마는 아기가 어떤 소리에 흥미를 느끼는지 알기 위해 다양한 소리를 시도하는 것이 좋다. 비록 아기가 소리 나는 곳으로 고개를 돌리지는 않더라도 엄마의 소리에 반응하고 안정감을 찾거나 조용해지는 것을 알 수 있을 것이다.

- 아기를 안아주고 만져준다. 신생아는 압력과 온도의 변화에 매우 민감하다. 아기들은 자신이 안기고 흔들리고 보호받고 엄마가 뽀뽀해주고 온 몸을 주물러주면서 움직여주는 것을 좋아한다.

- 아기가 엄마의 얼굴을 바라보도록 한다. 출생 후 얼마 지나지 않아서 아기는 엄마의 얼굴을 보는 것에 익숙해지면서 초점을 맞추기 시작할 것이다. 아기들은 다른 모양이나 색보다 사람의 얼굴에 흥미를 느낀다. 아기가 엄마의 생김새를 충분히 관찰할 수 있도록 하고 미소를 많이 보여준다.

- 아기가 엄마를 따라할 수 있도록 한다. 입을 벌리거나 혀를 내미는 등의 작은 얼굴의 움직임을 선택해서 아기에게 천천히 반복해서 보여준다. 아기는 따라할 수도, 안 할 수도 있다.

- 아기의 시각, 청각, 촉각을 자극할 수 있는 작고 단순한 장난감을 아기에게 준다. 깨지지 않을 손거울, 딸랑이, 봉제 인형, 소리 나는 장난감 등이 적당하다. 검정색과 흰색, 검정색과 빨강색이 함께 포함되는, 색깔이 강하고 대조적인 장난감이나 모빌을 선택한다.

- 음악을 틀고 춤을 춘다. 박자가 경쾌한 가벼운 음악을 틀고 아기의 얼굴을 가까이에 두고 가볍게 몸을 움직이며 음악에 맞춰 춤을 춘다.

- 아기를 너무 자극하지 않는다. 한 번에 한 개의 장난감 또는 한 번의 자극만

준다. 한 번에 너무 많은 활동을 하게 되면 아기가 혼란스러워할 수 있다.

- 일정한 일들을 꾸준히 반복한다. 긍정적인 경험을 되풀이하는 것은 아기에게 안정감을 주기 때문이다.

아기는 피곤함을 어떻게 표현할까

아기는 더 이상 놀고 싶지 않게 되면 매우 직접적인 방법으로 엄마에게 표현할 것이다. 예를 들어 눈을 감을 때 신호를 보낸다면 이것은 피곤하여 휴식이 필요하다는 뜻이다. 이외에 아기는 다음과 같은 방법으로 피곤함을 표현한다.

- 눈을 감을 때
- 고개를 돌리거나 팔을 축 늘어뜨릴 때 그리고 어깨를 엄마에게서 멀리할 때
- 주먹을 꼭 쥐고 움직이지 않을 때
- 예민해질 때
- 깊고 리듬감 있게 숨을 쉬기 시작할 때
- 긴장하여 등을 구부릴 때
- 엄마의 눈길을 피할 때

자신만의 시간을 가질 것

생후 몇 주 동안은 아기와 지낼 때 항상 인내심을 가져야 한다. 자신과 가족들 모두 엄청난 변화를 겪었음을 기억해라. 이 시기에 산모의 몸은 빠르게 회복되고 기운을 차리게 될 것이다. 또한 태어난 아기와 함께 지내면서 부모로서의 육아기술도 날이 갈수록 늘게 된다. 이 시기에는 다음과 같은 것들이 궁금할 것이다.

- 4부 : 산후의 병증, 830쪽

부부관계 발전시키기

새로 태어난 아기와 가족이 되고 유대감을 형성하듯이 부부 역시 같이 시간을 갖는 것이 매우 중요해진다. 산후 조리 기간은 부부에게 있어 부모로서 주어진 의무 분담하기와 부모라는 새로운 역할에서 서로 관계 맺기 등을 해야 하는 중요한 적응 기간이다. 다음은 서로간의 달라진 관계를 어떻게 정립해야하는지와 상대방과의 관계를 발전시키는 방법에 대한 요령이다.

• 항상 대화할 수 있도록 마음 열어둬라.

새롭게 부모가 된다는 것은 아내와 남편 모두에게 두려운 일이 아닐 수 없다. 부부간에 느낌을 솔직하게 말하는 것이 서로에게 큰 힘이 될 것이다. 성관계에 있어서도 어떤 느낌이 드는지 상대방에게 이야기하도록 한다.

• 아기 돌보는 일을 서로 분담한다.

부부가 서로 일을 나눈다면 아내와 남편 모두 부모의 역할을 하는 것이 보다 쉬워질 것이다. 부부는 모두 아기의 울음에 반응하고 목욕을 시키고 기저귀를 갈아줄 준비를 항상 하고 있어야 한다. 아빠도 아기에게 우유먹이는 것을 할 수 있다.

만약 아기에게 모유수유를 한다면 산모는 한밤중에 남편이 아기에게 우유를 먹일 수 있도록 미리 모유를 짜둘 수도 있다. 또한 가족이 모두 함께 즐거운 시간을 보내도록 한다. 어린 아기를 데리고 다니며 같이 사회생활을 하면 생활스타일을 대체적으로 유지할 수 있을 것이다. 또한 아기에 대한 사랑이 부부간의 관계도 돈독히 할 수 있다.

• 함께 결정하라.

아기를 돌보는 데 마음에 들지 않는 것이 있다면 의견을 말해야 한다. 이러한 과정에 익숙해지면 나중에 다소 힘든 결정을 내릴 때도 도움이 될 것이다.

• 단둘만의 시간을 보내라.

비록 아기를 돌보고 그 외에 다른 여러 일들을 하느라고 매우 바쁘더라도 일상에서 남편과 둘만의 시간을 갖는 것은 부부관계를 유지하는 매우 중요한 방법이다. 집에서는 함께 퍼즐을 맞추거나 대화를 나누는 등의 일을 지속적으로 해라. 또한 정기적으로 데이트를 할 수도 있을 것이다. 믿을 수 있는 사람에게 아기를 맡기고 남편과 함께 단 둘이서 시간을 보내도록 한다.

• 서로에게 쉴 수 있는 시간을 주어라.

아기를 떠나 자신만의 시간을 보내는 것이 필요하다.

• 인내심을 가져야 이전의 성관계로 쉽게 돌아간다.

많은 부부들이 여러 이유로 인해 출산 후 1년 동안은 성관계 횟수가 준다. 산모는 출산으로 인해
매우 지쳤을 것이고 산후 일주일에서 한 달 동안은 성관계를 생각만 해도 쓰라린 것 같은 느낌이
들 것이다. 많은 여성들이 산후조리 기간에 리비도(libido, 성욕의 근원)가 부족하거나 오르가즘을
느끼지 못하게 된다. 또한 호르몬 분비의 변화와 모유수유 때문에 성교가 통증을 유발할 수도 있다.
산모의 몸은 완전히 회복되기까지 몇 주 이상의 시간이 필요하다. 대부분 성관계를 다시 고려해
보기까지 3~6주 정도가 걸린다. 제왕절개수술을 받은 경우라면 의사는 산모에게 6주 정도 기
다려야 한다고 조언할 것이다. 회음부절개술이 실시된 후 통증이 완전히 사라지게 되면 산모는
성관계에 대해 다시 생각해보고 자신감을 얻을 수 있다.

성관계를 갖지 않더라도 남편과 심리적, 성적 친밀감을 나눌 수 있도록 노려해야 한다. 성교 없는
애무 등은 출산 후에도 언제든지 할 수 있다. 이것은 부부간의 관계를 더욱 친밀하게 해 줄 것이다.
다시 성관계를 시도할 경우, 호르몬 분비의 감소로 질 부분이 매우 건조할 것이므로 마찰을 줄여
주는 크림이나 젤을 사용하는 것이 좋다. 통증을 줄이고, 삽입을 조절할 수 있는 다양한 체위를
시도한다. 성교를 나누는 동안 통증이나 불편한 점이 있다면 남편에게 솔직하게 말한다. 마지막
으로 임신을 원하지 않는다면 피임을 해야 한다.

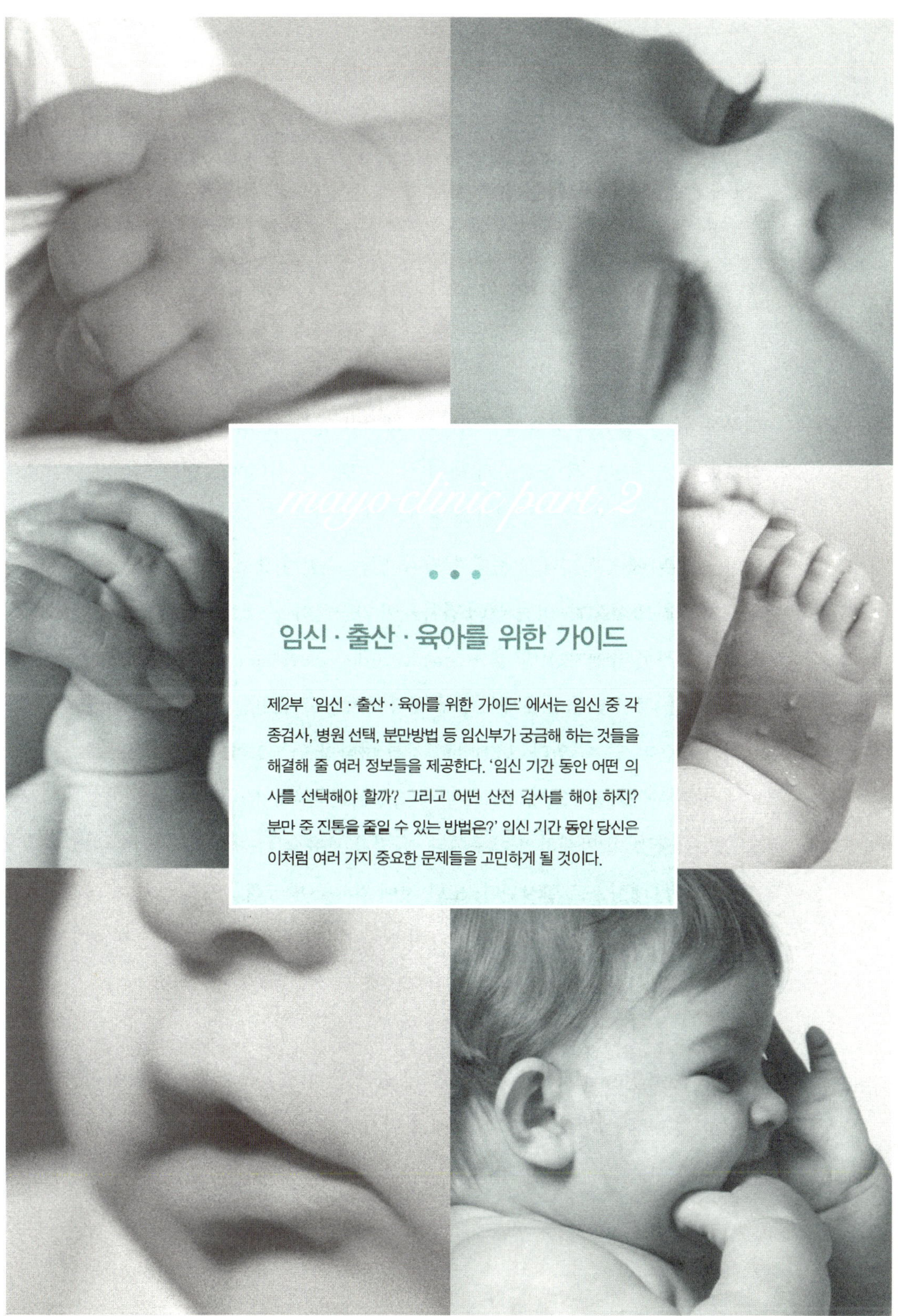

임신 · 출산 · 육아를 위한 가이드

제2부 '임신 · 출산 · 육아를 위한 가이드' 에서는 임신 중 각
종검사, 병원 선택, 분만방법 등 임신부가 궁금해 하는 것들을
해결해 줄 여러 정보들을 제공한다. '임신 기간 동안 어떤 의
사를 선택해야 할까'? 그리고 어떤 산전 검사를 해야 하지?
분만 중 진통을 줄일 수 있는 방법은?' 임신 기간 동안 당신은
이처럼 여러 가지 중요한 문제들을 고민하게 될 것이다.

유전자 선별 검사 이해하기

대부분의 아기들은 건강하게 태어난다. 하지만 임신에는 위험이 따른다. 말하자면 아기가 반드시 건강하게 태어난다는 보장은 어디에도 없는 것이다. 일부 예비 부모들은 아기의 건강에 영향을 줄 수 있는 유전적 요소를 가지고 있다. 오늘날에는 아기에게 문제가 될 수 있는 유전적 요소가 예비부모에게 있는지 미리 알아볼 수 있는 여러 검사들이 가능하다.

이러한 검사를 유전자 선별 검사(genetic carrier screening tests)라고 하는데, 예비부모는 검사를 통해서 태아에게 특정한 질환을 유발할 수 있는 변형 유전자가 있는지 알 수 있다. 변형 유전자를 하나만 가지고 있을 때는 보유자에게 아무 문제가 없다. 왜냐하면 변형 유전자는 두 개가 만나 한 쌍을 이루고 있어야 질병이 발생하기 때문이다. 유전자 보유 검사는 임신 전 일부 예비 부모들을 대상으로 실시된다. 또한 전에 검사를 받았더라도 임신 중에 태아의 건강이 의심된다면 언제든지 다시 받을 수 있다. 검사 결과를 통해 예비 부모들은 임신으로 발생할 수 있는 위험을 줄이고 자신과 아기의 건강을 위한 중요한 결정을 내릴 수 있다.

2부에서는 유전자 코드(genetic code) 에 있는 잠재적인 건강 문제를 알아내는 검사 종류를 살펴볼 것이다. 그리고 각각의 검사 결과가 무엇을 나타내는지 알아본다.

검사 전 생각해야 할 점들

유전자 검사를 해야 할지 말지는 본인의 판단에 달려 있다. 결정을 내릴 때
는 다음과 같은 것들을 생각해본다.

- 특정 질병에 대한 가족력이 있는가?
- 특정 질병을 일으키는 유전적 요소를 보유할 확률이 높은 인종이거나 민
  족에 해당되는가?
- 만약 그렇다면 그러한 문제가 발생할 확률은 얼마인가?
- 그 질병의 증상은 얼마나 심각한가?
- 만약 당신과 남편 모두 특정 질병의 유전적 요소를 가지고 있다면 그 결
  과를 받아들일 것인가? 받아들인다면 어떻게 할 것인가?
- 검사 결과를 어떤 감정을 가지고 받아들일 것인가?
- 검사는 보험처리가 되는가? 보험처리가 안 된다면 검사를 하는 것이 부
  담되지는 않는가? 질병 검사가 아니라면 보험처리가 되지 않을 수 있으
  므로 주의해아 한다.
  임신을 계획하거나 현재 임신 상태를 유지하는 것을 결정하는 데 검사시
  기가 너무 늦거나 빠르지 않고 적절할 것인가?
- 유전자 검사를 실시하기에 앞서 유전자 전문 상담사나 의사 등 조언을 줄
  수 있는 사람들과 이야기해 보았는가?

이와 같은 질문들을 미리 해봄으로써 임신부는 검사실시 여부와 검사결과
를 어떻게 받아들일지 결정하는 데 도움을 받을 수 있을 것이다.

선천성 기형과 유전질환은 어떻게 다를까?

선천성 기형이란 아기가 태어날 때부터 가지고 있는 질병이다. 유전질환은 부모에게 물려받는 것으로 집안의 유전자 구성을 따라 한 세대에서 다음 세대로 전달된다.

어떤 아기는 유전질환이나 선천성 기형으로 인해 병을 갖고 태어날 수 있다. 그러나 모든 선천성 기형이 유전적인 것은 아니다. 예를 들어 뇌성 소아마비는 아기의 행동을 조절하는 신경계에 문제가 생겨 발생하는 선천성 기형의 하나이지만 유전 문제가 아니기 때문에 유전자 검사를 통해서는 발병 여부를 알 수 없다.

그러나 테이삭*Tay-Sachs* 병, 낭포성 섬유증 그리고 이번 장에서 다루고 있는 그 밖의 유전자 질환은 유전자 선별 검사를 통해서 발생여부를 알 수 있다. 물론 유전자 선별 검사로 발생 가능한 유전질환을 모두 알아낼 수는 없다. 그러나 어느 정도 예측할 수 있다는 점은 중요하다.

특별히 이 검사를 받아야 하는 사람은 누구일까?

장애를 가지고 있는 모든 사람에게 유전자 선별 검사 실시하는 것은 불가능할 뿐 아니라 효율적이지도 않다. 따라서 미국에서 광범위한 선별 검사를 실시하기 위해서는 다음과 같은 기준이 충족돼야만 한다.

- 단순하고 정확한 검사가 가능한가?
- 유전자질환이 발생할 확률이 높은 특별한 인종이나 민족인가?
- 질환 유발 유전자를 보유할 경우 치료를 받거나 2세를 낳을 수 있는가?

만약 당신이 다음과 같은 상황이라면 검사를 고려해봐야 한다.

- 유전자 질환이 흔하게 발견되는 인종이나 민족에 내가 포함되는가?
- 나 또는 남편의 가족 중에 유전적 문제를 가진 사람이 있는가?

민족이나 인종에 기초하는 유전자 검사

특정 민족이나 인종은 다른 이들에 비해 특정 질병의 발생 확률이 높다. 그 중 일부를 아래에 정리했다. 만약 당신이 이에 속한다면 유전자 질환의 발생 확률과 검사에 대해 의사나 유전자 전문 상담가와 이야기하는 것이 좋다. 민족이나 인종에 기초하여 실시되는 유전자 선별 검사는 검사 대상자가 유전자질환 발생률이 높다고 알려진 그룹에 속한 경우에 실시된다. 현재 한국인의 경우에는 아직까지는 타당성이 입증된 일반인 대상의 유전질환 선별 검사가 거의 없다.

민족 또는 인종 유전질환

아시케나지 (Ashkenazi, 독일 핀란드 러시아계 유대인)	테이삭병, 낭포성 섬유증, 카나반 *Canavan* 병, 니만피크 *Niemann-Pick* 병(영아형), 판코니 *Fanconi* 빈혈(C그룹), 블룸 *Bloom* 증후군, 고셔 *Gaucher* 병, 선천성 자율신경 이상(familial dysautonomia)
프랑스계 캐나다인, 케이준 (Cajun, 프랑스계 미국인)	테이삭병
흑인	검상적혈구 질환
지중해 연안 거주자	베타-탈라세미아 *Beta-thalassemia*
중국인과 동남아시아인 (캄보디아, 필리핀, 라오스인, 베트남인)	알파-탈라세미아 *Apa-thalassemia*
백인(유럽)	낭포성 섬유증

※ 병에 대해 자세히 알고 싶다면 396쪽을 참조하시오

• 상염색체 열성 질환 : DNA는 아버지와 어머니로부터 각각 하나의 유전자를 물려받아 쌍을 이루고 있다. 그런데 상염색체 열성질환의 경우 변형된 염

색체를 하나만 보유하고 있을 때는 겉으로 드러나는 증상이 없고 한 쌍을 이루어야만 병이 발현된다.

따라서 같은 열성 유전자를 가지고 있는 사람들이 만나 아이를 낳는다면 태어날 아기에게 병이 유전될 확률은 25퍼센트이며, 유전자를 보유하지 않거나 영향을 받지 않을 가능성 역시 25퍼센트이다.

그리고 나머지 50퍼센트는 부모와 마찬가지로 유전질환에는 걸리지 않지만 문제가 되는 유전자를 보유하게 된다(그림 참고). 한편 카나반병, 낭포성 섬유증, 겸상적혈구 질환, 탈라세미아를 비롯한 수천 가지 유전질환이 상염색체 열성질환에 포함된다.

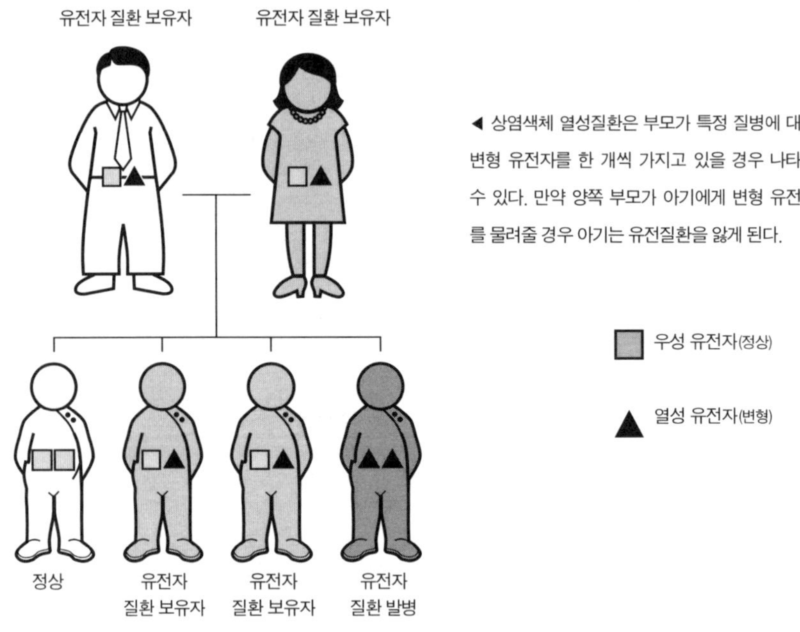

◀ 상염색체 열성질환은 부모가 특정 질병에 대한 변형 유전자를 한 개씩 가지고 있을 경우 나타날 수 있다. 만약 양쪽 부모가 아기에게 변형 유전자를 물려줄 경우 아기는 유전질환을 앓게 된다.

가족력에 기초하는 유전자 검사

만약 당신이나 남편의 가족 중에 특정 병이 계속 유전되고 있다면 아기에게 유전이 될 수 있는지 검사받고 싶을 것이다. 예를 들어 만약 형제나 자매 중에 상염색체 열성질환을 가지고 있는 사람이 있다면 본인의 이상 염색체 보유 확률은 50퍼센트다. 만약 이상 염색체를 가지고 있지 않다면 아기에게 유전질환이 발생하지 않는다.

가족력을 기초로 유전자 검사를 할 때는 특정 병을 앓고 있는 사람을 비롯하여 가족 일부가 검사를 받을 경우도 있기 때문에 검사과정이 매우 복잡해질 수도 있다. 그러므로 검사는 의사나 염색체 전문 상담자와 상의하는 것이 가장 좋다.

• X염색체 관련 반성 유전자 장애 : 이 병은 X염색체에 자리한 변형 유전자에 의해 유발된다. 하지만 여성은 두 개의 X염색체를 가지고 있기 때문에 X염색체 관련 유전자를 하나 가지고 있는 여성은 질병의 보인자일 뿐, 질병이 발현되지는 않는다. 그리고 이 여성이 아기에게 변형 염색체를 물려줄 확률은 50퍼센트이다.

한편 남자는 하나의 X염색체만 가지고 있으므로 변형 X염색체를 물려받은 아기가 남자라면 X염색체 관련 유전자 장애를 가지게 되지만 여자라면 엄마와 마찬가지로 보인자가 된다. X염색체 관련 단일 유전자 장애에는 뒤센근이영양증(Duchenne's muscular dystrophy), 취약X증후군(Fragile X syndrome) , 색맹(color blindness), 요붕증(diabetes inspidus), 혈우병(hemophilia) 등이 있다.

• 염색체 재배열 : 부모에게 염색체 재배열이 발생했을 경우에 염색체가 너무 많거나 너무 적은 아기가 태어나기도 한다. 이러한 염색체 재배열은 예상보다 더 많은 자연유산을 초래하므로 가족 중에 염색체 이상이나 선천적 장애 또는 빈번한 자연유산을 겪은 사람이 있다면 자신의 염색체에 문제가 있는지 의사와 상담해야 한다.

• 미토콘드리아 장애 : 일부 유전 질환은 각 세포마다 들어있는 특정 유전자에 문제가 생겨 발생하는데 이러한 유전자는 에너지를 발생시키는 세포기관인 미토콘드리아 속에 있다.

미토콘드리아 장애를 가지게 되면 낮은 혈당, 근육 이상, 발작 등 기타 여러 증상들이 나타난다. 미토콘드리아 장애를 가진 사람이 가족 중에 있다면 의

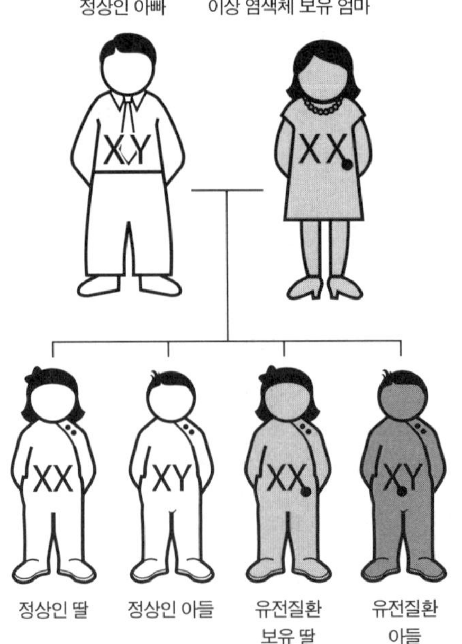

◀ X염색체 관련 단일 유전자 장애는 엄마의 이상 X염색체가 아기에 전달되면서 발생한다.

유전자 전문 상담자

유전자 전문 상담자의 역할은 유전적 질환의 발생 위험을 걱정하는 예비 엄마들의 결정에 도움을 주는 것이다. 상담자는 다음과 같은 경우에 도움을 줄 것이다.

- 태어날 아기에게 선천적 장애나 유전적 장애를 가질 위험이 있는지를 알아볼 때
- 유전자 검사 실시 여부를 결정할 때
- 여러 검사 결과를 해석할 때
- 아기에게 특정 유전적 질환의 발생 가능성을 알아볼 때
- 가치와 신념에 따라 검사 결과에 대한 결정을 내릴 때

유전자 전문 상담자로서 공인된 자격을 갖춘 사람들은 인간의 유전자와 그에 대한 상담에 대해서 특별한 훈련을 받는다. 유전학 관련 전문 의사들도 마찬가지이다. 또한 다른 여러 의사나 간호사들도 유전자에 대해 깊이 공부한 사람들이다. 거주하는 지역에서 유전자 전문 상담자를 만나기 원한다면 담당 의사에게 도움을 구할 수 있을 것이다.

사나 유전자 전문 상담자와 유전자 검사를 받을 것인지 의논해야 한다. 미토콘드리아는 자체의 유전자와 복제체계를 가지고 자발적으로 활동하며 모계를 통해서 유전된다. 사립체 질환으로는 적색섬유소를 지닌 간대성근경련산실(myoclonic epilepsy with ragged red fibers; MERRF), 리*Leigh*증후군, 색소망막병증(pigmentary retinopathy) 등이 있다.

언제 검사를 해야 하나

임신 전 유전자 선별 검사를 한다면 가족계획을 세울 때 여러 가지 선택사항을 고려하기 좋을 것이다. 또한 임신 중 위험 확률을 알기 위해 검사할 수도 있다.

어떻게 이뤄지나

DNA검사나 백혈구의 단백질 성분 분석을 할 때는 백혈구가 다량 포함된 혈액을 채취한다. 예비 부부가 함께 검사를 받으면 임신으로 인해 나타날 수 있는 위험 정도를 알 수 있을 것이다.

검사 결과 해석하기

유전자 선별 검사 결과를 어떻게 해석할 것인지 결정하는 일은 매우 어려운 문제이므로, 검사 전이나 후에 유전자질환 전문가 또는 의사와 상의하는 것이 중요하다. 검사 결과 유전적 문제 또는 다른 이상이 없다면 임신 중에 특별히 조심할 필요는 없다.

하지만 검사 결과만 가지고 아기가 건강하다고 확신해서는 안 된다. 유전자 검사는 비교적 정확한 편이지만 이상 염색체 보유자를 모두 감별하지는 못하기 때문이다. 예를 들어 낭포성 섬유증과 같은 일부 유전질환은 여러 가지 변종이 있지만 검사는 가장 흔하게 발생하는 염색체질환을 발견하는 것에 초점을 맞추고 있기 때문이다.

따라서 유전자 검사 결과 이상 염색체 보유자가 아니라고 판명된다 해도 실제로는 거의 알려지지 않은 유전자 변형이나 돌연변이 질환을 가지고 있을 가능성도 있는 것이다.

검사 결과에 대해 의논할 때 유전자 전문 상담자나 의사는 당신이 유전자 이상일 가능성에 대해 다시 한 번 검토할 것이다. 하지만 검사 결과를 통해 어떤 유전자에 문제가 있는지는 알 수 있지만 태어날 아기에게 얼마나 심각한 영향을 미칠지는 알 수가 없다. 만약 특정 유전질환 발생 확률이 높게 나왔다면 이 질환에 대해서 관련 전문가와 상의해야 할 수도 있다.

검사 결과, 문제가 될 수 있는 이상 유전자가 있다고 판명되면 유전자 전문 상담자는 다음과 같은 선택사항들을 제시할 것이다.

- 임신을 포기한다.
- 아기를 입양한다.
- 기증된 정자나 난자를 사용한다.
- 착상 전 유전 진단법을 사용한다(407쪽을 보시오).
- 임신 중에 아기의 건강 상태를 알아보기 위해서 양수 검사(413쪽을 보시오), 융모막 생검(p419를 보시오) 등을 한다.

만약 임신 중이라면 유전자 상담자는 임신기간 동안 어떻게 해야 할지 알려 줄 것이다. 유전자 전문 상담자의 목표는 임신부가 결정을 잘 할 수 있도록 도와주는 것이므로 무엇이든 질문하고, 필요한 정보를 구하도록 한다.

임신 계획을 가지고 있지만 유전적으로 엄려되는 예비 부모라면 인진한 임신과 출산을 위해 꼭 거쳐야 할 검사나 치료가 있는지 전문가와 상담 받기 원할 것이다.

이 때 기억해야 할 것은 유전자 선별 검사가 부부 한 쌍을 기준으로 적용된다는 것이다. 만약 나중에 다른 배우자와 함께 임신을 계획하게 된다면 새로운 배우자와 함께 검사를 한 번 더 받아야 한다.

걱정스럽게 여겨질 수 있는 것

다른 문제들에 대해서도 염려가 될 것이다. 예를 들어 자신이 특정 유전질환을 일으킬 수 있는 유전자를 보유하고 있다면 가족 중의 다른 사람도 그럴 가능성이 있다. 이런 결과를 가족에게 말하는 것은 쉬운 일이 아닐 것이다.

유전질환의 종류

- **알파-탈라세미아**는 적혈구 결핍(빈혈)을 일으킨다. 심각한 경우 태아나 신생아 사망을 초래하지만 대부분은 그 정도로 심각하지 않다.
- **베타-탈라세미아** 또한 빈혈을 초래한다. 심각한 경우 아이에게 정기적인 수혈이 필요할 수도 있다. 적절한 치료를 받으면 대부분은 성인이 돼서도 살 수 있다. 덜 심한 경우에는 적혈구 부족 때문에 다양한 합병증이 나타난다.
- **카나반 병**은 보통 태어나자마자 진단되는 신경계 이상으로 대개 유아기에 사망한다.
- **낭포성 섬유증**은 호흡계와 소화계에 영향을 미친다. 만성 소화기 질환, 설사, 영양결핍, 운동지체 등이 나타난다. 요즘은 치료를 받을 경우 대부분의 아기들이 살아서 성인이 된다.
- **뒤센근육실조증**은 골반 근육과 팔 다리 위쪽 근육에 영향을 끼친다. 남자아기에게 나타나는 것으로 아롱 근육실조증의 가장 흔한 형태이다. 이는 근육을 약하게 하며, 심한 경우 사망에 이르게까지 한다.
- **취약 X 증후군**은 X염색체 변형에 의해 일어나며, 정신지체를 일으키는 가장 흔한 유전 질환이다.
- **겸상적혈구 질환**은 적혈구가 몸을 제대로 순환하지 못하는 병이다. 이 병에 걸린 아이들은 감염에 약하고, 성장이 늦다. 또한 이것은 극심한 고통을 주고, 주요 장기에 손상을 입히기도 한다. 초기에 지속적으로 치료를 하면 합병증을 최소화할 수 있다.
- **테이삭 병**은 지방질을 분해할 때 필요한 효소가 부족할 때 생긴다. 분해되지 않은 지방질이 쌓이면서 뇌와 신경 세포를 파괴해 결국에는 중추 신경계가 기능을 멈추게 된다. 대개 유아기에 사망을 초래한다.

산전 검사 이해하기

임신기간은 기대감으로 충만한 시기이다. 아마 당신은 아기에 대하여 궁금한 점이 매우 많을 것이다. 아들일까 딸일까? 아빠를 닮아서 재미있을까 엄마를 닮아서 똑똑할까? 아기를 안으면 어떤 느낌일까?

한편 이러한 흥분과 기쁨과 함께 걱정과 불안도 생길 것이다. 임신 중에 무슨 문제라도 생기면 어떻게 해야 할까? 아기는 건강할까?

이렇게 여러 감정이 함께 나타나는 것은 임신부에게 일어나는 자연스러운 현상이다. 그리고 대부분의 임신부는 정상적인 분만을 통해 아무 문제없이 건강한 아기를 출산한다.

하지만 어떤 경우 출산 전 태아의 건강에 관련해서 특정 사항을 미리 알고 싶을 것이다. 당신은 체중증가 정도나 자궁의 크기를 통해 쌍둥이를 임신한 사실을 알게 되었을 수도 있고 아니면 당신의 나이와 가족력으로 인해 염색체 문제나 유전질환을 가진 아기를 임신했을 수도 있다.

이유가 무엇이든 간에 특정 검사들은 임신 중에 태아의 건강상태를 알려준다. 그리고 이러한 모든 검사를 '산전 검사'라고 부른다. 기본적으로 '선별 검사'와 '진단 검사', 이 두 가지 산전 검사가 실시된다.

다음은 이 두가지 검사에 대한 설명으로 참고하면 많은 도움이 될 것이다.

• 선별 검사 : 이 검사는 대중적으로 널리 실시되며, 안전하고 비용이 적게 드는 검사이다. 선별 검사의 목적은 치명적 문제를 가지고 있는 태아를 감별하는 것며 검사 결과를 통해 진단검사의 범위를 더 좁힐 수 있다. 선별 검사가 필수적인 것은 아니므로 아마도 의사는 임신부에게 검사를 받을 것인지 물을 것이다.

• 진단 검사 : 이 검사는 선별 검사에서 이상 증상이 발견되었거나 태아 혹은 임신부 에게 치명적인 문제가 발생했다고 여겨질 때 실시된다. 의사는 이 검사를 통해 자궁 속 태아의 의학적 상태를 진단할 때 필요한 정보를 얻는다. 이것은 선별 검사보다 침습적이고, 비용도 많이 들며 약간 더 위험한 검사이다. 다시 한 번 더 말하지만, 의사가 여러 가지 검사를 권한다 하더라도 실시 여부를 결정하는 것은 임신부의 몫이다.

고려해야 할 점

태아 검사를 실시하기 전에 어떤 검사가 자신에게 필요한지에 대해 생각해 보아야 한다. 많은 임신부들이 기본적으로 초음파 검사와 혈액 검사를 선택한다. 하지만 모두가 그런 것은 아니다. 대부분의 여성들은 임신으로 인한 문제가 발생할 확률이 낮기 때문에 정밀 검사는 받지 않는다. 임신부와 남편은 태아 검사 예약 전 다음과 같은 질문들에 대해 생각해보는 것이 좋다.

• 검사를 통해 어떤 정보를 얻기 원하며 임신에는 어떠한 영향을 미칠 것인가?
태아 검사 결과의 대부분은 정상으로, 임신부는 이를 통해 걱정을 덜 것이다.

그러나 만약 태아에게 선천적 장애나 다른 건강 문제가 있다는 결과가 나오면 임신을 지속할지, 또는 중단할지 등과 같은 전혀 예상치 못했던 결정들을 내려야만 할 것이다.

하지만 조기에 문제를 발견하게 되면 앞으로 태아에게 취해져야 할 치료나 조치들을 미리 준비할 수 있다.

• 검사 결과가 앞으로 받게 될 보호 또는 치료에 도움을 줄 것인가?

태아 검사는 앞으로 받게 될 치료의 방향을 정해준다. 예를 들어 검사 결과를 통해서 의사는 태아의 문제가 임신 중에 완벽히 치료될 수 있는 문제인지 태어난 후 즉시 전문가의 도움을 받아야 하는 문제인지를 알 수 있다.

• 태아 검사는 얼마나 정확한가?

태아 검사는 완벽하지 않다. 선별 검사 결과가 음성이라도 그것은 태아가 특정 질병일 확률이 낮다는 것이지 그럴 가능성이 전혀 없다는 것은 아니다. 선별 검사 결과가 음성반응인데도 실제로는 어떤 질병을 가지고 있는 경우 위 음성반응(false-negative) 이라고 한다.

반면에 선별 검사 결과가 양성반응이어서 고위험군으로 분류된 경우라도 실제 질병이 없다면 위 양성반응(false-positive)이라고 부른다. 모든 검사마다 이러한 오차의 범위는 매우 다양하다.

• 검사 결과를 믿고 걱정할 만한 가치가 있는가?

선별 검사는 특정 질병에 걸릴 위험이 있는 임신부를 구별할 수 있다. 그러나 검사 결과 고위험군으로 나왔어도 실제 태아에게 특정 질병이 있을 확률은 높지 않다. 따라서 선별 검사가 때로는 불필요한 걱정을 일으키기도 한다.

검사를 통해 소중한 정보를 얻을 수 있는 것이 장점이라면 통증, 걱정 또는
유산과 같이 검사과정에서 발생할 수 있는 위험 역시 존재한다.

의학적으로 필요한 검사가 아니라면 대부분은 보험 처리가 되지 않는다. 필
요하다면 사회 복지사나 유전자 전문 상담사가 경제적인 도움을 받을 수 있
는 여러 방법을 알려줄 것이다. 하지만 재정적인 도움을 받을 수 없더라도
검사를 위한 비용을 치를 수 있는지 미리 고민해야 할 것이다.

태아 검사

다음의 설명을 통해 태아 검사에 대한 보다 자세한 정보를 얻을 수 있을 것
이다. 또한 각각의 검사를 실시함으로써 얻을 수 있는 장점과 단점에 대해
담당 의사와 이야기해 보는 것이 좋다.

트리플*triple* 검사

트리플 검사는 세 가지 종류의 선별 검사를 통해 임신부가 특정 결함을 가진
태아를 임신했는지 알아보는 검사이다. 임신부의 혈액에 포함된 세 가지 성
분의 농도를 통해서 태아의 상태를 알아보는 트리플 검사는 다음의 호르몬
을 측정한다.

- 모체혈청알파태아단백질(MSAFP) : 이것은 임신부의 혈액내의 알파-페토
  프로테인(alpha-fetoprotein, AFP) 의 농도로 측정된다. AFP란 아기의 간에
  서 생성되는 단백질로, 태반과 양수를 지나 임신부의 혈액에서 발견된다.
- 인간융모생식샘자극호르몬(HCG) : 태반에서 생성되는 호르몬
- 에스트리올*estriol* : 태아와 태반에서 생성되는 에스트로겐 호르몬의 일종

트리플 검사는 멀티플 마커 스크린*multiple marker screen* 이라고도 불리는
데, 주로 다음과 질병을 가려낸다.

- 다운증후군(삼염색체성 21)
- 척추갈림증과 같은 척추 이상(개방신경관 결손)

언제 받는가

트리플 검사는 임신 16~18주(15~20주도 가능)사이에 실시된다. 임신이 되
면 태아의 성장에 따라 이러한 호르몬의 농도도 혈액 내에서 지속적으로 바
뀌기 때문에 태아의 나이도 정확히 가늠할 수 있다. 특히 MSAFP 검사는 임
신 16~18주 사이에 이루어질 때 결과가 가장 정확하다(현재는 트리플 검사
에 인히빈 A이합체 검사를 추가한 쿼드*Quad*검사를 많이 한다. 다운증후군 발견율
이 80%로 트리플 검사에서의 발견율보다 높다 – 옮긴이).

어떻게 실시되는가

검사 시 임신부의 혈액 샘플을 채취하여 위에 언급한 물질들의 농도를 측정
한다. 이때 간호사나 의사가 임신부의 팔꿈치 안쪽이나 손등의 정맥에서 채
혈을 할 것이다.

무엇을 알 수 있는가

검사 결과 HCG 호르몬의 농도는 매우 높고 모체혈청알파태아단백질과 에스트리올의 농도가 낮다면 태아가 다운증후군이 있을 가능성이 매우 높다. 트리플 검사를 통해 다운증후군을 진단할 수 있는 확률은 약 60~70퍼센트이다. 어떤 실험실에서는 에스트리올 대신에 임신부와 태아 모두에게서 생성되는 인히빈*inhibin A* 라는 단백질 성분을 검사하기도 한다. 어느 연구 결과에 따르면 이 검사로 다운증후군 85퍼센트까지 감지했다고 한다. 다운증후군을 가지고 태어나는 전반적인 확률은 1,000명 중 한 명꼴이며, 산모의 연령이 높을수록 위험도도 높아진다.

트리플 검사를 통하여 18 삼염색체과 같은 질환의 발견도 가능하다. 이것은 18번 염색체가 3개(정상은 2개)인 경우를 말하는 것으로 에드워드 증후군이라고 불린다. 일반적으로 특징적인 안면 기형이나 심장기형 등 여러 종류의 기형이 동반하는데, 대부분은 보통 임신 10주부터 임신후기 사이에 유산이 일어나거나 태아가 사망한다. 태아가 이 병을 가지고 태어날 확률은 6,000명 중 한 명 정도로 매우 낮은 편이며, 대부분 생후 1달 또는 수개월 내에 사망하거나 생존할 경우에도 심한 정신지체를 보인다.

척추갈림증과 같은 척추 이상 또는 무뇌증 등의 신경관 결손 역시 모체혈청태아단백검사를 통해서 발견할 수 있다. 임신부의 혈액에서 모체혈청태아단백검사의 수치가 높게 나오면 척추갈림증이나 무뇌증과 같은 중추 신경계 장애를 의심할 수 있다. 척추갈림증은 임신초기 태아발달 과정 중에 태아의 척수 조직이 완전히 닫히지 못하고 열린 채로 그대로 남아있게 되는 것으로 발생할 확률은 낮은 편이다.

한편 무뇌증은 머리뼈바닥과 안와(눈구멍) 위쪽의 뇌와 두개골이 없는 것을 특징으로 한다. 천 명 중에 약 1~2명 정도의 빈도로 발생하며, 이 중 대략 절반은 척추갈림증이고 나머지는 무뇌증에 해당된다.

MSAFP 검사를 받은 임신부의 약 93퍼센트는 정상이다. 비정상적인 MSAFP 수치를 보여준 여성 중 약 2~3퍼센트만이 선천적 결손을 가진 아기를 출산한다. 비정상적인 MSAFP 수치는 다음과 같은 이유들로 인해 나타날 수 있다.

• 임신기간을 잘못 계산했을 때 : 태아가 수정된 날짜를 정확히 계산하지 않았을 경우 MSAFP 결과에도 영향을 줄 수 있다. MSAFP 수치는 일반적으로 임신 20주가 지나면서 급격히 증가하기 때문에 임신기간이 오래되었다면 수치가 생각했던 것 보다 훨씬 높을 것이다. 반대로 임신 기간이 임신부의 예상보다 짧다면 검사 수치는 예상보다 낮게 나올 것이다.

• 쌍둥이를 임신했을 때 : 두 명 이상의 아기는 한 명의 아기보다 MSAFP를 더 많이 생성한다.

• 태반에 문제가 있을 때 : 태반벽에 문제기 있는 경우 아기의 피가 임신부의 혈액으로 늘어가 임신부의 혈중 MSAFP의 수치를 더 높일 수 있다. 임신부가 고혈압이나 태반에 영향을 줄 수 있는 다른 질병을 가지고 있는 경우 종종 이러한 일이 발생한다.

• 다른 요인들을 제대로 고려하지 않았을 때 : 임신부의 나이, 체중, 인종, 1형 당뇨병(공식적으로는 인슐린 의존성 당뇨병이라고 불림)을 앓고 있는가에 따라서 MSAFP 수치가 달라질 수 있다.

• 다른 문제가 있을 때 : 복벽결손 또는 신체의 어느 부분이 완전히 닫히지 않았을 때 양수와 임신부의 혈액에서 MSAFP 수치가 증가할 수 있다. 특정 피부질환, 신장의 문제, 태아소실 등도 수치를 상승시키는 요인이 된다.

발생할 수 있는 위험

검사 결과를 기다리는 며칠 동안 대부분의 임신부들은 여러 가지 걱정을 할 수도 있다. 대부분의 경우, 태아에게 아무런 문제가 없음을 뜻하는 음성 반응이 나온다. 하지만 그렇다고 해서 태아에게 문제가 있을 확률이 0퍼센트인 것은 아니다. 여전히 문제가 있는 아기가 태어날 일반적인 확률(3퍼센트)은 존재한다. 약 7퍼센트에 달하는 임신부들은 양성 결과를 받고 추가적으로 정밀 검사를 더 받게 된다. 그럼에도 불구하고 양성 결과를 받았던 대부분의 임신부들이 건강한 아기를 출산한다.

검사를 해야 하는 이유

태아의 건강을 염려하고 있었다면 음성 결과를 통해 보다 안심하게 될 것이다. 양성 결과가 나온 경우에는 의사나 유전자 전문 상담자와 함께 앞으로 자신이 해야 하는 일을 의논할 수 있다. 출산 전에 발생 가능한 문제들을 미리 알아둔다면 필요한 조치를 미리 취할 수 있는 시간을 벌게 된다. 임신부는 아마도 태어난 아기를 충분히 돌봐줄 수 있는 병원에서 출산을 계획할 것이다. 일부 여성들의 경우 태아에게 심각한 문제가 있다는 검사 결과를 받고 아기를 포기할 수도 있다.

검사 이후의 조치

검사 결과가 음성이었다면 더 이상의 추가적인 검사를 받을 필요는 없다.

하지만 결과가 양성이었다면 임신부는 보다 정확한 결과를 위하여 정밀 검사를 다시 받게 된다. 때때로 똑같은 검사를 한 번 더 받을 수도 있지만 대부분의 경우에는 좀더 정밀한 다른 검사를 받게 된다.

대개 의사는 초음파 검사를 권유하는데, 이 검사를 통해 임신주수를 정확히 판단할 수 있고 아기의 발달상태 역시 확인할 수 있다. 때로는 쌍둥이를 임신했는지 여부도 알 수 있게 해준다. 의사는 초음파 검사를 통해서 눈으로 식별 가능한 결손이나 태아의 구조적 문제들을 확인하기도 한다.

트리플 검사 결과 아기에게 다운증후군이나 에드워드증후군의 위험이 증가되어 있는 것으로 나올 경우, 확진을 위해 태아의 세포를 채취할 수 있는 양수천자 검사를 하게 된다. 만약 태아가 척추갈림증인 경우 임신 18주 때의 초음파 검사를 통해 증상의 95~97퍼센트를 식별할 수 있다. 임신부의 MSAFP 수치가 매우 높은데도 초음파 검사 결과가 정상이라면 양수의 MSAFP 수치를 측정하기 위하여 양수천자검사가 실시된다. 만약 양수에 있는 MSAFP 수치가 높으면 태아에게 중추신경계 결손이 있을 확률이 매우 높다. 아세틸콜린에스테라제*acetylcholinesterase* 라고 불리는 물질의 농도를 체크함으로써 태아의 신경계 결손을 확인할 수도 있다. 의사는 산모에게 다른 조음파 검사를 권할 수도 있다. 추가석인 초음파 검사를 통해 태아에 발생한 선천적 결손의 위치와 정도를 알 수 있게 되면 태아에게 발생한 문제를 보다 정확하게 다룰 수 있다.

검사의 정확성과 한계

트리플 검사를 통한 다운증후군의 진단율은 약 60~70%이며, 잘못된 양성 반응(위 양성률)을 나타낼 확률은 약 5퍼센트 정도이다. MSAFP 검사의 척추갈림증 진단율은 약 80퍼센트이고, 무뇌증의 경우는 90퍼센트까지 진단율이 올라간다. 그러나 트리플 검사는 단지 선별 검사일 뿐임을 잊지 말아야 한다. 태아에게 위험이 발생할 확률을 나타낼 뿐이지 태아에게 발생한 실제 문제나 결손 등을 발견하는 것은 아니다. 또한 다른 여러 질병의 발생 여부까지 확인할 수 있는 것도 아니다. 검사 결과가 정상이더라도 태아에게 다른 건강 문제가 발생할 가능성은 여전히 남아있다. 마찬가지로 선별 검사 결과가 비정상이라고 해도 대부분의 아기는 확진 검사에서 이상이 없는 것으로 나오는 경우가 많다. 이러한 검사 결과의 오차 가능성 때문에 임신부가 선별 검사를 받을지 말지 고민하게 될 수도 있다.

새로운 태아 검사에는 무엇이 있는가?

태아 검사 기술의 발달은 이전보다 더 빠른 조기 진단을 가능하게 했다. 임신 3개월 이내 단백질 검사와 목덜미투명대 검사를 통해 얻은 수치는 임신초기 선별 검사에 도움이 될 수 있다. 세 번째로 언급할 착상 전 유전 진단은 체외수정을 하는 임신부에게 실시되는 검사이다. 이 검사는 특정 집단에게 실시되지만 검사의 실시 횟수가 점점 늘고 있는 추세이다.

모든 선별 검사와 마찬가지로 이러한 검사들도 융모막 융모생검과 초기 양수천자 검사 등이 병행되어야 보다 정확한 결과를 얻을 수 있다.

임신초기의 단백질 검사

두 가지 단백질 프리 베타*free beta*-HCG와 임신관련 혈장 단백질-A(Pregnancy associated plasma protein A, PAPP-A 또는 PA)는 임신초기 3개월에 발견된다. 임신부의 혈액 검사를 통해서 이와 같은 단백질을 발견하는데, 비정상적인 수치가 나올 경우 태아가 다운증후군일 확률이 매우 높아진다. 두 단백질이 서로 관련이 되어 있는 것은 아니기 때문에 각각의 단백질 수치를 검사해서 정보를 모아야 한다. 따라서 하나의 단백질 수치로 상황이 판단될 수도 있고, 미심쩍은 부분이 있다면 다른 단백질 수치까지 검사해서 상황을 판단하기도 한다.

트리플 검사와 마찬가지로 이러한 단백질의 수치들은 태아가 다운증후군일 확률을 보여준다. 임신 4 ~ 6개월에 이루어지는 트리플 검사보다는 단백질 검사로 보다 빨리 다운증후군의 발생 여부를 알 수 있다.

단백질 검사에도 몇 가지 한계가 있다. 프리 베타-HCG를 검사하기에 가장 좋은 시기는 임신 후 12주인데, PAPP-A는 임신 13주가 지나면 정확한 검사 결과를 얻기가 힘들기 때문이다. 따라서 정확한 검사 결과를 얻을 수 있는 시간은 매우 짧다. 또한 잘못 계산된 임신 기간도 잘못된 검사 결과의 원인이 된다.

목덜미투명대 검사

목덜미투명대 검사란 초음파를 이용해서 임신 3개월이 지나기 전에 태아의 뒷목 피부 아래 특정 부위의 크기를 검사하는 것으로 검사 부분의 크기가 커지면 다운증후군, 선천적 심장 결손, 여러 기형 등을 뜻하는 신호가 된다. 전문가들도 목덜미 수치와 기형의 관계를 정확히 설명하지는 못하지만 아마도 발달하지 못한 림프관 때문에 림프액이 채워진 것이라고 추측하고 있다.

착상 전 유전 진단

세 번째 태아 검사로는 착상 전 유전 진단이라는 검사가 있다. 이것은 체외수정을 시도하는 경우, 의사가 수정란을 자궁에 착상시키기 전에 태아세포의 유전자를 검사하는 것을 말한다. 그 검사과정은 매우 복잡하다. 먼저 실험실에서 난자와 정자를 수정시켜서 몇 개의 태아세포를 만든다. 각각의 태아세포에서 하나의 세포를 채취해서 유전자 검사를 실시한다. 유전적으로 문제가 없다고 판명된 태아세포만이 착상을 위해 선택된다.

이러한 검사를 실시할 경우 아기를 시험대에 오르게 하는 위험을 감수해야만 할 것이다. 의사가 보다 정확한 검사를 할 수 있도록 부부가 먼저 유전적 문제가 있는지 검사 받아야 한다(386쪽, '유전자 선별 검사 이해하기'를 참고할 것). 착상 전 유전 진단 검사를 통해 태아의 유전자 돌연변이나 염색체 배열 이상 등과 같은 유전적 문제들을 발견할 수 있다. 그뿐만 아니라 겸상 적혈구질환이나 낭포성 섬유증과 같은 문제를 발견하는 데도 도움이 된다.

초음파 검사

어떤 검사인가

초음파 검사는 아마도 가장 흔하게 들었던 태아 검사 방법일 것이다. 의사는 초음파 영상을 통해서 태아의 모습을 화면에 담고 어떻게 임신이 진행되고 있는지를 확인할 것이다. 보통 검사가 이루어질 때 임신부도 화면을 통해 태아의 모습을 볼 수 있다. 척추 기형이나 심장 이상과 같은 몇 가지 선천성 결손을 진단하기 위해서도 초음파 검사가 사용될 수 있다.

높은 주파수의 초음파를 복부 조직에 보내면 그 파동을 통해 태아의 모습을 알 수 있는 것이 초음파 검사의 원리이다. 사람이 들을 수 없는 이러한 음파들은 임신부의 몸과 자궁에 있는 아기의 모습에 따라 반사되거나 꺾이게 된다.

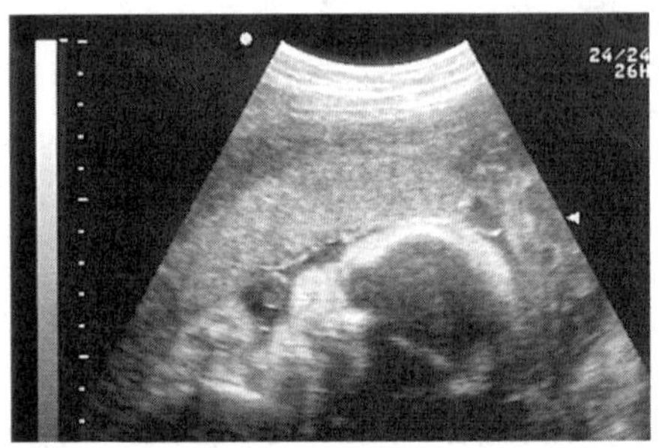

▲ 초음파 검사는 임신에 대한 정보를 알 수 있도록 태아의 모습을 화면에 나타낸다.

음파는 밝고 어두운 부분으로 표현돼 모니터에 아기의 모습을 그려낸다. 이것은 그랜드 캐년*Grand Canyon*에서 소리를 지르면 소리가 꼭대기와 계곡을 튕겨서 메아리로 돌아오는 것과 같은 원리이다.

초음파 검사의 종류는 아래와 같다.

• 일반 초음파 검사(Standard ultrasound) : 이 초음파는 태아를 2차원적 영상으로 보여주며, 이를 통해 의사는 태아의 나이, 태아의 발달 상태, 임신부의 몸과 아기의 관계 등을 알 수 있다. 검사 시간은 20분 정도 소요된다.

• 정밀 초음파 검사(Advarced ultrasound) : 집중(targeted) 초음파 검사라고도 불린다. 표준 초음파 검사나 트리플 검사를 통해서 이상이 발견되었을 경우, 보다 자세하게 초음파로 검사하기 위해서 실시한다. 검사는 보다 복잡한 장비들을 이용해서 철저하게 이루어지기 때문에 검사 시간도 30분에서 최고 몇 시간까지 걸리기도 한다. 이 검사는 체내에 삽입되어 이루어지는 검사는 아니지만, 아기의 머리와 척추를 자세히 보여주며 중추신경계 결손의 경우 95퍼센트의 진단율을 보인다.

• 질 초음파 검사(Ttansvaginal ultrasound) : 임신초기에 산모의 자궁과 나팔관은 복부 표면보다는 질과 가까운 곳에 위치한다. 따라서 임신 3개월 이내에 초음파 검사를 받는다면 의사는 질 초음파 검사를 실시할 수 있다. 질 초음파는 질 안으로 가는 관을 넣는 검사로 태아의 모습과 발달 상태를 보다 정확하게 영상으로 보여준다.

• 3차원 영상 초음파 검사(Three-dimensional ultrasound) : 3차원 영상의 초음파 검사는 보다 자세한 영상을 의사와 임신부에게 제공해 줄 것이다. 이는 정밀 초음파 이상의 의료 기술과 장비를 보유하고 있는 일부 병원에서 사용되는 검사방법이다.

• 도플러 초음파 검사(Doppler ultrasound) : 도플러 초음파 검사는 혈구 등과 같이 움직이는 물체의 변화를 분마다 측정하며 이를 통해 혈액 순환의 속도와 방향을 측정할 수 있다. 의사는 도플러 초음파 검사를 통해서 여러 조직 사이로 혈액이 순환하는 데 별 다른 문제는 없는지 알 수 있다.
만약 임신부에게 고혈압 증세가 있다면 그로 인해 태아와 태반에게 공급되는 혈액이 부족하지는 않은지 이 검사를 통해 판단할 수 있다. 또한 검사를 통해서 의사는 고혈압이나 스트레스가 태아에게 나쁜 영향을 미치지 않는지 알수 있다.

• 태아 심장 초음파 검사(Fetal echocardiography) : 이 검사는 태아의 심장 부분을 보다 정확히 영상으로 나타내준다. 주로 태아 심장의 해부학적 모습과 기능을 살펴보기 위한 검사이다. 이를 통해 태아의 선천적인 심장질환을 확인할 수 있다.

언제 받아야 하나

초음파 검사는 임신 중 언제라도 가능하다. 대부분의 의사들은 임신 18~20
주 이내에 초음파 검사를 실시한다. 그 때쯤이면 나이를 확실히 알 수 있을 만
큼 태아가 충분히 자란다. 또한 신체에 문제가 있는지 감지할 수 있을 정도로
심장의 심방과 심실이 충분히 발달한 상태이다.

임신에 큰 위험이 발생한 경우와 같은 특수한 상황에는 초음파 검사가 반복
하여 실시된다. 이를 통해 임신부와 태아의 건강상태와 태아의 성장을 관찰
할 수 있다.

어떻게 실시되는가

초음파 검사를 하기 전, 특히 검사가 임신초기에 이루질 경우에는 의사가 방
광을 채우라는 요구를 받을 수 있다. 왜냐하면 자궁과 방광 사이에 공기가
찬 부분이 있게 되면 초음파의 이동을 방해해 선명한 이미지를 얻지 못하게
되기 때문이다. 만약 질 초음파 검사를 하거나 임신말기에 초음파 검사를
받는 것이라면 반드시 방광을 채울 필요는 없다.

검사 시에는 우선 복부에 젤을 바른다(이때 배가 잘 노출될 수 있도록 상의와 하
의가 나뉜 옷을 입는 것이 좋다). 젤은 초음파가 지날 수 있도록 전도체의 역할
을 하면서 초음파 변환기와 피부 사이의 공기 방울을 줄여준다. 검사에 쓰이
는 초음파 변환기란 초음파를 보내고 돌아오는 정보를 받을 수 있도록 만들
어진 작은 플라스틱 기구다. 검사 동안 초음파 검사장치는 임신부의 복부에
서 초음파는 몸속 뼈와 조직에 반사되는데, 초음파 변환기가 임신부에 대한
정보를 담은 초음파를 흑백 이미지로 화면에 나타낸다. 익숙하지 않은 사람
이 보았을 때는 다소 알아보기 어렵다. 그렇다고 해서 혹시 아기를 몰라 볼
까봐 걱정할 필요는 없다. 화면을 알아보기 어려울 때는 의사나 검사원에게

화면에 나타나는 이미지를 설명해달라고 부탁할 수 있다. 위치에 따라서 임신부는 태아의 얼굴, 작은 손, 손가락, 팔이나 다리 등을 확인할 수 있다. 검사가 이루어지는 동안 의사는 태아의 머리, 복부, 허벅지 뼈 그리고 다른 여러 신체 부분들을 살펴보고 상태를 기록할 것이다. 의사는 태아의 중요한 신체 부위를 사진으로 남겨둘 수 있는데, 원한다면 몇 장 받을 수 있다. 일부 병원에서는 초음파 영상이 담긴 비디오테이프를 임신부에게 제공하기도 한다.

검사 결과로 무엇을 알 수 있는가

초음파 검사 영상을 근거로 의사는 임신상태와 태아에 관련된 아래의 사항을 확인하고 판단할 것이다.

- 실제 임신한 상태인가
- 수정 후 몇 주가 지났는가(태아의 나이)
- 몇 명의 아기를 임신했는가
- 태아의 성장 속도와 발달 정도
- 태아의 움직임, 호흡, 심장박동
- 태아의 성별. 자궁내의 태아 위치와 탯줄 위치에 따라 태아의 성별은 알 수도 있고 알 수 없을 수도 있다. 성별을 알고 싶다면 미리 의사에게 말해 두는 것이 좋다.
- 태아의 신체변형이나 척추갈림증 같은 기형의 유무
- 태반의 위치와 발달 정도. 때때로 자궁외(주로 나팔관)임신인 경우도 있다.
- 이전에 유산 경험이 있었는지 여부
- 자궁경부의 상태와 조산의 가능성 확인
- 배뇨, 근육 긴장, 활동 등을 통해 태아가 건강한 상태인지 점검

발생할 수 있는 위험

초음파 검사는 방사선과 관계가 없다. 40여 년간 이루어져 왔으며 임신부와 태아 모두에게 안전하다.

검사를 해야 하는 이유

초음파 검사는 임신 중에 정기적으로 이루어진다. 하지만 여러 전문가들은 정상적인 대부분의 임신부에게 너무 자주 하는 초음파 검사는 큰 의미가 없다고 한다. 그렇지만 아기의 발달이 걱정된다거나 언제 임신이 되었는지 확실히 알지 못할 경우에 초음파 검사가 도움이 된다.

그리고 혈액 검사를 통해서 태아에게 이상이 있다는 결과가 나온 경우, 임신부에게 출혈이 있는 경우에도 초기 검사로 초음파가 사용될 수 있다. 또한 검사를 통해 얻어진 영상은 양수 검사나 융모막 검사 시 무엇을 체크해야 하는지 의사에게 알려준다.

대부분의 예비부부들은 아기의 얼굴을 볼 수 있다는 이유로 초음파 검사를 원하지만 어떤 부모들은 태아의 성별을 알고 싶어서 요청하기도 한다. 모든 것이 가능하기는 하지만 한 가지 목적만을 위해서 초음파 검사를 실시하는 것은 바람직하지 않다. 왜 초음파 검사를 해야 하는지 의사와 이야기하도록 한다.

검사 이후의 조치

검사 결과 임신부와 태아 모두에게 아무 이상이 없다면 추가적인 초음파 검사는 실시되지는 않는다. 하지만 만약 이상한 점이 있다면 정밀 초음파 검사(advanced ultrasound), 양수 검사 또는 기타 다른 검사 보다 정밀한 검사가 다시 실시된다. 만약 고위험 임신군에 속할 경우 초음파 검사는 임신 중간마다 자주 실시될 것이다.

검사의 정확성과 한계

초음파 검사가 매우 유용한 검사방법이기는 하지만 태아의 모든 문제를 이로써 발견할 수 있는 것은 아니다. 초음파 검사를 통해 문제의 정확한 원인을 알 수 없을 경우 의사는 양수 검사나 융모막 검사 같은 다른 검사를 권할 것이다.

양수 검사

어떤 검사인가

양수 검사 시 의사는 임신부의 복부에 가느다란 바늘을 꽂아 넣어 태아를 둘러싸고 있는 양막으로부터 약간의 양수를 뽑아낸다. 양수 검사에는 유전자 양수 검사와 성장발달 양수 검사가 있다.

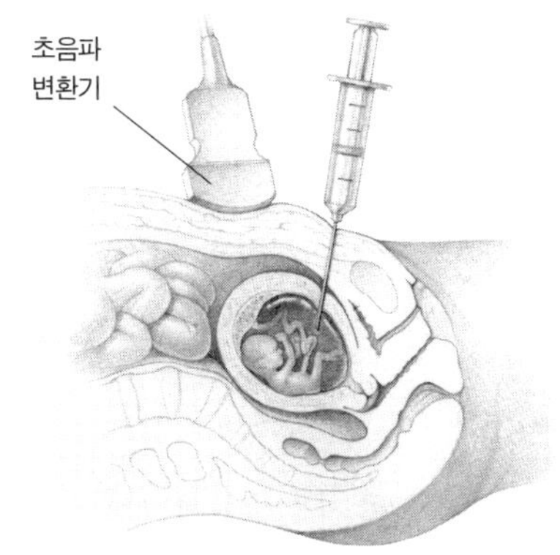

▲ 양수 검사가 실시되는 동안에 초음파 변환기는 위와 같이 바늘의 위치를 화면에 보여주어서 의사가 안전하게 양수 샘플을 채취할 수 있도록 한다.

- 유전자 양수 검사 : 태아의 유전적 정보를 알려준다.
- 성장발달 양수 검사 : 이 검사를 하면 태아의 폐가 출생 후 정상적으로 기능을 할 만큼 자랐는지 알 수 있다.

양수는 자궁 속 태아를 감싸고 있는 깨끗한 액체로, 외부로부터의 충격을 흡수한다. 양수의 대부분은 태아의 소변으로 일부는 태아에서 떨어져 나온 세포로 이루어져 있다. 유전자 양수 검사를 하게 되면 이러한 세포들은 수집돼 실험실에서 배양된다. 이렇게 얻어진 샘플로부터 다운증후군과 같은 태아의 염색체와 유전자 이상 여부를 알 수 있다. 또한 양수 샘플을 이용해서 척추갈림증과 같은 중추 신경계 결손 여부도 판단할 수 있다.

언제 받는가

유전자 양수 검사는 보통 임신 15~19주 사이에 실시된다. 이 시기에는 자궁에 충분한 양수가 채워져 있을 뿐 아니라 태아 크기가 작다. 더 일찍 검사를 받는 경우 유산의 위험이 높아질 일 수 있다. 한편 성장발달 양수 검사는 출산 예정일 전에 분만을 유도해야 하는 경우 실시된다. 이 검사를 통해 태아의 폐가 출생 후에도 제대로 그 기능을 할 수 있는지를 알 수 있으며, 보통 임신 32~37주 사이에 실시된다.

어떻게 실시되는가

양수 검사는 진료실에서 실시되며, 굳이 병원에 입원할 필요는 없다. 검사가 시작되기 전에 의사와 유전자 전문 상담자는 임신부와 함께 검사방법에 대해서 이야기하고 검사 결과가 무엇을 의미하는지 알려 줄 것이다.

그리고 나서 초음파를 통해서 태아가 정확히 자궁 어디에 위치해 있는지 확인한다. 이렇게 의사의 설명을 듣고 초음파 검사를 하는 데는 약 45분에서 한 시간 정도 걸린다. 초음파 검사로 태아의 위치가 확인되면 양수 검사가 시작된다. 먼저 임신부의 복부를 소독약으로 깨끗이 닦는다.

그리고 초음파 영상을 따라 의사는 가늘고 속이 텅 빈 바늘을 복부에 찔러 자궁까지 꽂아 넣는다. 주사기에 20~30cc의 양수를 모은 후 바늘을 제거하면 모든 검사과정이 끝난다. 양수 검사는 많은 임신부들이 생각하는 것보다는 아프지 않다.

처음 바늘이 들어갈 때 찌르는 느낌이 들고, 양수를 채취하는 동안에는 생리통과 같은 통증을 느끼게 된다. 이러한 느낌은 피를 뽑을 때와 비슷하다.

채취된 양수 샘플은 실험실로 보내지며, 일부 결과는 검사 후 몇 시간이나 며칠 뒤에 나온다. 검사를 위해 태아세포들이 충분히 배양되어야 하므로 염색체 분석을 위해서는 7~14일 정도 걸릴 것이다. 예비 검사 결과를 24~36시간 이내에 받아보고 싶다면 p420 'FISH : 빠른 유전자 분석'을 참고한다.

검사 결과로 무엇을 알 수 있는가

유전자 양수 검사를 통해 다음과 같은 유전적 문제를 발견할 수 있다.

• 염색체 이상 : 양수 검사를 통해서 태아의 23쌍의 염색체 수와 구조를 확인한다. 이를 통해 다운 증후군, 에드워드 증후군, 파타우 증후군과 같은 염색체 장애 발생여부를 알 수 있다.

• 중추신경계 결손 : 양수 검사 결과 알파태아단백질(AFP)의 수치가 매우 높면 척추갈림증과 같은 중추신경계 장애가 태아에게 있을 수 있다. 태아의 중추신경계 결손은 정밀 초음파 검사를 통해서도 발견이 가능하지만 양수 검사를 통해 보다 정확하게 검사할 수 있다.

• 유전질환 : 양수 검사를 통해 얻은 세포들의 유전자 물질 분석으로 알아낼 수 있는 유전질환은 매우 다양하다. 검사를 통해 낭포성섬유증, 테이 삭스병 그리고 겸상 적혈구질환과 같은 신진대사 장애와 같은 결손을 감지할 수 있다. 또한 엄마의 X염색체를 통해 남자 아기에게 유전되는 근위축증이나 혈우병, 엄마나 아빠를 통해 아기에게 전해지는 헌팅턴*Huntington* 병 등도 양수검사를 통해 확인된다. 유전적 질병에는 너무 많은 종류가 있어서 모든 질환을 다 검사하는 것은 비현실적이다. 따라서 가족 병력이나 특정 유전자

문제로 인해 태아에게 발생할 수 있다고 여겨지는 유전자 장애만 중점적으로 검사하게 된다. 성장발달 양수 검사는 태아의 폐가 완전히 발달하였는지를 알아보기 위해 실시된다.

• 폐의 발달정도 : 검사를 통해 태아가 자궁 밖으로 나왔을 때 폐가 충분히 기능하여 호흡을 원만히 할 수 있는지 알 수 있다. 특히 예정일보다 빨리 분만을 할 경우에 반드시 필요한 검사이다.

그 밖에도 다음과 같은 이유로 양수 검사를 할 수 있다.

• RH인자 부적합성 : 임신부는 RH-혈액을 가지고 있는데 태아가 Rh+혈액을 가지고 있다면 임신부에게 Rh인자 부적합성이라는 진단이 내려진다. 첫 임신에는 이것이 그리 큰 문제를 일으키지 않을 수 있다. 하지만 첫 아기를 낳은 후 임신부의 몸속 면역 체계는 Rh인자에 맞서는 항체를 생성하게 되고, 두 번째 임신 시 태아에게 경미하거나 심각한 손상을 입히거나 태아를 사망에 이르게 할 수도 있다. 그러므로 면역 체계가 태아에게 어떤 영향이 미쳤는지 알기 위해서 양수 검사를 실시할 수 있다.

• 자궁내의 감염 : 바이러스나 톡소플라즈마와 같은 기생충에 임신부가 감염되었는지 확인하기 위해서 양수 검사를 하기도 한다.

발생할 수 있는 위험
양수 검사는 비교적 안전한 편이지만 몇가지 위험이 발생할 수 있다.
• 유산 : 임신 15~24주에 실시되는 양수 검사의 유산확률은 0.5퍼센트이

다. 한편 임신 14주 이전, 즉 임신초기에 실시되는 양수 검사로 유산이 될 확률은 2~5퍼센트 정도이다. 태아의 폐 발달 정도를 알아보기 위해 임신후기에 양수 검사를 하는 경우에는 아기가 충분히 자랐기 때문에 양막 파열로 인해 문제가 발생할 확률은 낮아진다.

• 검사 후 합병증 : 검사 실시 후에 통증, 출혈, 양수 누출 등의 현상이 나타날 수 있다. 양수 검사 실시 후 출혈이 발생할 확률은 2~3퍼센트이고, 양수가 샐 확률은 약 1퍼센트 정도 된다. 이러한 증상들은 특별한 치료가 없어도 대부분 자연적으로 사라지지만 출혈이나 양수 누출이 계속된다면 의사에게 알려야 한다. 감염이 자주 발생하지는 않지만 만약 양수 검사 후에 열이 난다면 바로 의사에게 알려야 한다.

• Rh인자 감작 : 드물지만 양수 검사로 인해 임신부의 혈류 속으로 태아의 혈액이 유입될 수 있다. 이 때 만약 임신부가 Rh- 혈액형이고, 태아는 Rh+ 혈액형이라면 Rh인자 Rh+ 항체가 생길 수 있다.
항체가 생기면 다음 임신 시 태아가 Rh 일 경우 태아에게 Rh관련 질병이 발생할 수 있다. Rh인자 관련 질병은 태아에게 치명적일 수 있다. 일반적으로 임신부의 혈액이 Rh-라면 문제를 미리 예방하기 위해서 Rh면역글로불린(RhIg) 을 투약한다.

• 주사바늘으로 인한 상처 : 이러한 일을 방지하기 위해서 초음파 영상을 이용하기는 하지만 주사바늘이 태아에게 상처를 입힐 가능성도 약간 있다.

검사를 해야 하는 이유

양수 검사를 하는 가장 흔한 이유는 임신부의 연령 때문이다. 만약 임신부의 나이가 35살 이상이라면 태아에게 유전자 이상이 있을 위험이 증가한다. 대부분의 태아 검사가 그러하듯이 양수 검사의 실시 또한 필수가 아니라 선택 사항이다. 유전자 양수 검사를 받는 것은 매우 신중하게 결정해야 할 문제로 검사를 받고자 한다면 나이와 상관없이 의사나 유전자 전문가와 함께 상의해야 할 것이다. 유전자 양수 검사를 실시하는 데는 다른 이유도 있다.

- 양쪽 부모 혹은 가까운 친척에게 다운 증후군이 있을 경우
- 이전에 임신시 태아에게 염색체 이상이나 중추신경 이상이 발생한 경우
- 트리플 검사와 같은 선별 검사 결과 이상이 발견된 경우
- 발현되지는 않았지만 부부가 염색체 이상을 보유하고 있어서 태아에게 염색체 이상 질병이 나타날 수 있는 경우
- 척추갈림증과 같은 신경계 문제를 부부 중 한 쪽이라도 가지고 있는 경우
- 낭포성섬유증, 테이삭스 병 또는 단일 염색체 이상으로 인해 발생하는 질병의 원인이 되는 유전적 돌연변이를 부부가 보유하고 있을 경우
- 근위축증, 혈우병 또는 X유전자 관련 질병을 가지고 있는 임신부가 남자 아기를 임신했을 경우

검사 이후의 조치

검사 결과의 대부분은 정상으로 나타난다. 그러나 만약 문제가 발견되었다면 의사와 어떻게 해야 할지 신중하게 논의해야 할 것이다.

염색체 문제는 치료가 불가능하다. 유전적 문제 역시 출산 전 치료할 수 있는 방법이 거의 없다. 이 시기는 매우 힘든 시간이 될 것이므로 의료진, 가족

등 자신을 돌봐주는 모든 이들에게 도움과 지지를 구하는 것이 중요하다. 임신을 포기하는 것은 결코 쉬운 결정이 아니다. 설사 심각한 유전적 문제가 아기에게 있다 하더라도 말이다. 많은 여성들은 임신을 포기하지 않는다. 그리고 의료진들은 태아의 미래를 위해 정성껏 돌봐주고 의학적 치료를 다하려 노력한다. 입양을 보내는 것 역시 고려할 수 있다. 이 때는 특별한 치료가 필요한 아기를 입양하는 기관을 알아볼 수 있을 것이다.

검사의 정확성과 한계

다운 증후군과 같은 특정 유전자 문제를 정확하게 발견하는 데 양수 검사가 매우 정확하다고는 하지만 선천적 결손을 찾아내는 검사는 아니다. 예를 들어 태아의 심장 장애, 내반족, 언청이, 구개파열 등은 발견되지 않는다. 양수 검사의 결과를 통해 정상이라는 결과가 나오면 당분간은 특정한 선천적 질병에 대한 두려움은 사라지겠지만 그렇다고 해서 태아가 아무런 문제를 가지고 있지 않다고 확신할 수는 없다.

융모막 생검 (CVS)

어떤 검사인가

양수 검사와 같이 융모막 검사를 통해 태아의 염색체 이상과 다른 여러 유전적 문제들을 발견할 수 있다. 융모막 검사는 양수 샘플을 채취하는 대신에 태반의 조직 성분을 검사한다. 양수를 채취하지 않기 때문에 융모막 검사를 통해서는 척추갈림증과 같은 중추신경계 장애를 확인할 수 없다.

태반의 일부는 융모막이라고 불리는 막층이다. 마치 머리카락 같은 융모라는 작은 돌기가 융모막에서 나와 엄마에게서 태아로 영양분, 산소, 항체 등을 보낸다. 이러한 융모막에는 태아세포가 포함된 DNA가 들어 있다.

융모막 검사 중에 의사는 태반으로부터 융모막 세포 일부를 떼어낼 것이다. 의사는 초음파 영상으로 자궁 안을 살펴보면서 자궁경부에 얇은 관을 삽입하거나 복부에 주사기를 꽂아서 세포 샘플을 채취한 후 분석을 위해 이를 검사실로 보낸다.

FISH : 빠른 유전자 분석

이제 전통적인 분석방법보다 더 빠른 유전자 분석이 가능하다. 이전에는 며칠에서 2주까지 기다려야 결과를 알 수 있었지만 FISH(fluorescence in situ hybridization의 약자로 '형광 제자리 부합법' 이라고도 함─옮긴이)라고 불리는 최근의 분석방법은 24시간 이내에 분석 결과를 받아볼 수 있다.

양수 검사를 하면 염색체 분석이 가능할 만한 충분한 세포를 즉시 얻을 수가 없다. 실험실의 연구가들은 세포 분열로 그 수가 충분히 증가할 때까지 기다려야 한다. 그리고 세포분열이 중반에 접어들면서 염색체 분석이 가능해지는 순간을 포착한다. 그리고 세포의 염색체를 염색한 다음 형광 현미경을 통해 염색체의 독특한 패턴을 관찰하고 분석한다.

반면 FISH는 탐침자를 이용하여 DNA를 관찰하는 방법이다. 탐침자에는 형광물질이 들어 있는데, 이것이 세포 샘플에서 나타나는 특정 유전자 배열에 붙어서 관찰을 용이하게 한다.

일반적으로 태아는 두 개의 염색체가 짝을 지은 총 23쌍의 염색체를 가지고 있는데, 때때로 이 중에서 염색체 이상이 발견된다. 예를 들어 21번 염색체가 세 개 있을 경우에는 다운증후군이 된다. 이와 같이 염색체의 수가 비정상인 경우를 이수성이라고 부른다. 다운증후군을 포함하여 FISH 분석을 통해 발견되는 이수성 문제에는 다음과 같은 것들이 있다.

- 에드워드 증후군(18번 염색체 이상)
- 파타우 증후군(13번 염색체 이상)
- 모자라거나 추가된 X 또는 Y 성염색체

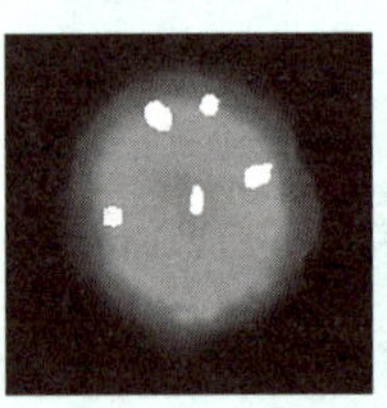
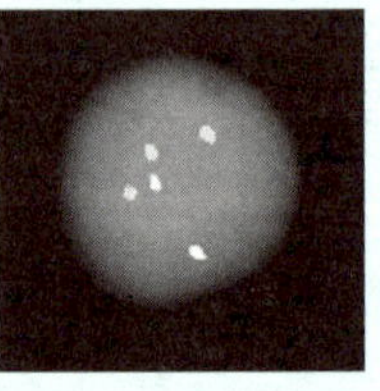

FISH 검사 방법에 대해 예를 들어 설명하면 이렇다. 빨간 라벨이 부착된 21번 염색체 탐침자는 세포 샘플에서 모든 21번 염색체를 찾아 그것들을 빨간색으로 표시되게 한다. 그러면 형광 현미경으로 세포 샘플에서

▲ FISH 검사는 태아의 성별을 알 수 있게 해주며 X, Y 성염색체와 13,18,21번 염색체를 포함하여 어떤 염색체가 수적으로 문제가 있는지를 알려준다. 여기에 재연된 사진과 달리 실제 FISH 검사에서는 그 결과를 색깔로 알 수 있다.

빨간 표시를 찾아 그 개수를 센다. 이처럼 FISH분석은 세포 분열과정과 상관이 없으므로 굳이 세포가 분열하기를 기다리지 않아도 되기 때문에 전통적인 방법보다 검사 결과를 빨리 알 수 있다. 결과적으로 임신과 관련해 임신부가 결정해야 할 사항을 보다 신중히 고민할 수 있는 시간적 여유를 주는 것이다.

일반적인 염색체 이수성은 FISH 검사에서 매우 정확하게 드러나는데, 오차일 확률은 1퍼센트 이하이다. 하지만 FISH 분석 기술에도 몇 가지 한계가 있다. 비교적 정확하다고는 하지만 FISH 검사로 발견할 수 있는 유전적 문제는 정해져 있다. 그리고 검사 결과 13,18,21번 염색체와 X, Y 성염색체의 수가 정상이었다고 하더라도 실제 염색체의 구조는 뚜렷이 알 수 없다. 이처럼 태아에게 문제가 될 수 있는 염색체의 구조적인 문제는 발견되지 않기 때문에 양수 검사와 같은 일반적인 유전자 검사가 함께 실시된다.

또한 FISH 검사를 통해서는 임신부의 세포와 태아의 세포가 구별되지 않는다. 그러므로 엄마의 세포가 샘플에 잘못 들어갔을 경우에는 결과가 태아의 상태를 반영하지 못한다. 이러한 이유들 때문에 대부분의 의사들은 FISH 검사를 전적으로 신뢰하지 않고 보조적으로 사용한다.

언제 받는가

융모막 검사는 보통 양수 검사보다 더 이른 임신 9~14주 사이에 실시된다. 임신초기에 진단을 받고자 한다면 임신초기 양수 검사로 인한 유산의 확률을 줄이기 위해 의사가 융모막 검사를 권할 것이다.

어떻게 실시되는가

융모막 샘플은 자궁경부나 복부를 통해 채취되며 안정성 여부는 두 방법 모두 비슷하다고 알려져 있다. 태반의 위치와 의사의 경험에 따라서 어떤 방법을 선택할 것인가가 달라진다. 일반적으로 자궁의 뒤쪽에 태반이 위치해 있다면 자궁경부를 통해서 융모막 샘플을 얻는 것이 더 쉽다. 반면에 자궁 앞쪽에 태반이 있다면 어떤 방법을 선택해도 상관이 없다.

융모막 검사가 실시되기 전에는 초음파를 이용하여 태반의 위치를 먼저 확인한다. 어느 곳을 통해 샘플을 얻든지 간에 초음파 검사는 반드시 필요하다.

• 자궁경부를 통한 융모막 검사 : 이러한 융모막 검사는 통증이 약간 심한 팹 테스트를 하는 느낌일 것이다. 일단 임신부는 등을 바닥에 대고 누운 다음 다리를 벌린다. 질과 자궁경부를 소독약으로 깨끗이 닦은 후에 의사는 얇고 속이 빈 관을 질과 자궁경부를 통해 융모막으로 삽입할 것이다. 그리고 약 간의 태반 세포 샘플을 부드럽게 빨아들여 채취한다. 사람에 따라서 이에 불편함을 느낄 수도 있고 아닐 수도 있다.

• 복부를 통한 융모막 검사 : 샘플을 채취하기 위해서 길고 가는 바늘을 사용 한다는 점에서 양수 검사와 비슷하다. 의사는 초음파를 이용하여 어느 곳에 바늘을 꽂을지 확인한 다음 복부를 소독약으로 깨끗이 닦는다. 그 다음 주 사바늘이 복부에서 융모막이 있는 곳까지 들어가 융모막 샘플을 채취한다. 검사에는 대략 45분 정도가 소요되며, 실제 바늘은 잠시 꽂혀 있는다. 융모 막 검사는 양수 검사보다 많은 양의 세포 샘플을 채취한다. 그 때문에 융모 막 검사 결과는 양수 검사보다 빠른 2~7일 이내에 확인이 가능하다.

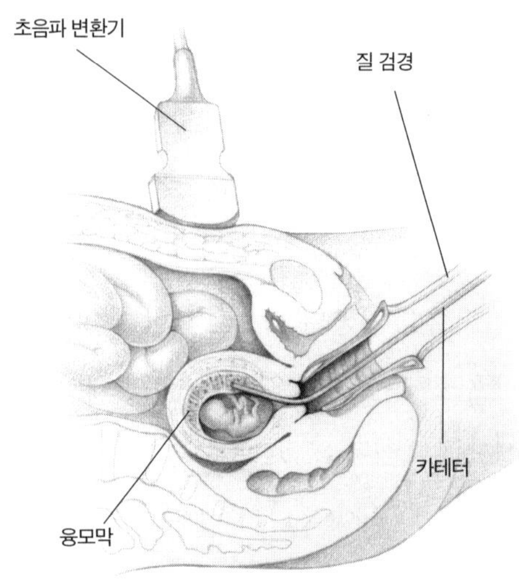

◀ 융모막 검사가 실시되는 동안 질경이 질 입 구를 열면 자궁경부를 따라 융모막까지 카테터 가 삽입된다. 융모막 샘플은 부드럽게 빨아들여 진 다음 분석을 위해 실험실로 보내진다. 양수 검사와 마찬가지로 의사는 초음파를 이용하여 태아의 위치를 확인하고 카테터를 꽂을 위치를 판단할 것이다.

검사 결과로 무엇을 알 수 있는가

양수 검사와 마찬가지로 융모막 검사를 통해 다운증후군, 테이삭스 병 등과 같은 염색체 이상이 태아에게 발생했는지를 알 수 있다.

발생할 수 있는 위험

클라미디아나 헤르페스와 같은 자궁 감염성질환을 가지고 있다면 있을지 모르는 감염을 막기 위해 자궁경부를 통한 융모막 검사를 하지 않을 것이다. 융모막 검사는 양수 검사보다 전문적 기술이 요구되므로 숙련된 의사가 실시하는 것이 바람직하다. 일반적으로 한편 융모막 검사를 실시했을 때 따르는 위험은 양수 검사를 실시했을 때와 비슷하다.

• 유산 : 발생 확률은 약 1퍼센트로 양수 검사보다 유산의 위험이 약간 더 높다.

• 검사 후 합병증 : 자궁경부를 통해 융모막 검사를 실시했을 경우의 질 출혈이 발생할 확률은 약 7~10퍼센트이지만 복부를 통해 했을 경우에는 출혈이 거의 발생하지 않는다. 복통 또한 나타날 수 있는데, 이와 같은 문제들이 발생하면 의사에게 연락해야 한다. 감염이 되는 경우는 드물지만 만약 열이 난다면 의사에게 바로 연락하도록 한다.

• Rh인자 감작 : 양수 검사와 마찬가지로 융모막 검사를 통해서도 임신부와 태아의 혈액이 섞일 수 있다. 만약 임신부가 Rh- 혈액을 가지고 있다면 의사는 임신부의 몸 속에 태아의 혈구에 대한 항체가 생성되지 않도록 검사가 끝난 후 Rh면역글로불린을 투여할 것이다.

몇 년 전에 융모막 검사가 태아의 사지기형 발생 위험을 높일 수 있다는 논란이 있었다. 그 당시 연구 결과에 따르면 융모막 검사를 실시한 태아는 3천 명 중 한 명 정도로 사지기형 발생 위험이 높아졌다. 그러나 그 이후의다른 연구들은 융모막 검사가 사지기형 발생률을 높이지 않음을 보여주고 있다. 여러 가지 증거에 근거하여 전문가들은 일반적으로 임신 10주가 지난 뒤 실시하는 융모막 검사와 태아의 사지기형 사이에 연관성이 없다는 결론을 내리고 있다.

검사를 해야 하는 이유

융모막 검사와 양수 검사 모두 태아의 유전적 정보를 제공한다는 공통점이 있다. 융모막 검사가 갖는 장점은 임신초기에도 검사가 가능하다는 것이다. 또한 양수 검사를 통해서는 알 수 없는 매우 희귀한 유전질환의 발생 여부를 이 검사를 통해 알 수 있다.

검사 이후의 조치

검사 결과가 정상이라면 더 이상 다른 검사를 받을 필요가 없다. 그러나 만약 태아에게 염색체 이상이나 유전질환이 있다는 결과가 나오면 의사나 유전자 전문가와 어떻게 해야 할지 의논하게 될 것이다. 약 1퍼센트 정도의 확률이지만 융모막 검사 결과가 불확실하면 추가적인 진단을 위하여 양수 검사가 실시되기도 한다.

만약 임신을 포기해야 하는 상황이라면 임신초기에 실시 가능한 융모막 검사가 도움이 될 것이다. 이런 경우 임신을 빨리 포기하는 것이 더 안전하다. 그리고 합병증도 덜 겪게 된다. 융모막 검사를 통한 신속한 진단은 특정 문제에 대한 빠른 치료에도 도움이 된다. 예를 들어 여아인 태아가 과도한 남성 호르몬을 생성하는 선천성 부신과형성 증세를 보인다면 태아가 남성화되는 것을 막기 위해 호르몬 치료를 시작할 수 있다.

검사의 정확성과 한계

융모막 검사 결과에서 잘못된 양성 반응이 나올 확률은 1퍼센트 미만이다. 잘못된 양성 반응이란 태아에게 아무 문제가 없는데 검사 결과에는 문제가 있다고 나오는 경우를 의미한다. 만약 음성 반응이 나왔다면 태아에게 염색체 이상과 같은 문제가 없을 거라는 것을 꽤 확신할 수 있다.

하지만 융모막 검사를 통해 태아의 모든 건강 상태를 확인할 수 있는 것은 아니다. 예를 들어 척추갈림증과 같은 중추신경계 장애는 융모막 검사로는 발생 여부를 알 수 없다.

경피하 제대혈 채취

어떤 검사인가

경피하 제대혈 채취(PUBS)는 탯줄의 정맥에서 태아의 혈액을 채취하여 그 성분을 분석하는 방법이다. 이 검사를 통해서 염색체 이상, 일부 유전적 문제, 감염성 질병 등이 태아에게 발생했는지 알 수 있다. 경피하 제대혈 채취 검사는 탯줄 정맥 검사 또는 제대천자로도 알려져 있다.

양수 검사, 초음파 검사, 융모막 검사 등의 태아 검사방법을 통해서 충분한 정보를 얻지 못했을 경우 의사는 경피하 제대혈을 채취하여 검사할 수 있다. 과거에는 경피하 제대혈 채취가 염색체 분석을 위한 가장 빠른 방법이었다. 그러나 최근에는 FISH(p420 참고)라는 새로운 기술로 인해서 하루에서 이틀이면 염색체 검사가 끝나 양수 검사나 융모막 검사를 통해 얻은 샘플을 빠르게 분석할 수 있게 되었다.

그러나 혈액 검사가 성인의 건강상태를 진단하는 데 중요한 역할을 하게 되었듯이, 태아의 혈액을 채취하는 것 역시 혁신적인 진단방법을 위한 잠재성을 가지고 있다. 또한 경피하 제대혈 채취 검사는 혈액과 관련한 질병 및 감염을 확인하거나 태아에게 수혈이 필요할 때 실시될 수 있다.

언제 받는가

경피하 제대혈 검사는 보통 임신 18주가 지난 임신후기에 실시된다. 이 시기 전에는 탯줄 정맥이 약하기 때문에 검사를 할 수가 없다.

어떻게 실시되는가

양수 검사와 마찬가지로 임신부는 복부를 노출시킨 채 등을 바닥에 대고 눕는다. 그리고 복부에 젤을 바른 후 초음파 검사를 통해서 탯줄의 위치가 확인한다. 의사는 복부를 소독약으로 깨끗이 닦은 다음 초음파 영상의 도움을 받아서 가는 주사바늘을 복부에 찌른다.

그리고 바늘이 자궁을 지나 탯줄 정맥에 닿으면 채혈을 한다. 혈액 샘플은 성분 분석을 위해 실험실로 보내진다. 검사를 실시하는 데는 약 45분에서 1시간 정도 소요되지만 주사바늘이 복부에 꽂혀 있는 시간은 매우 짧다. 검사에 따라 약 2시간 이내에 결과 확인이 가능하다.

검사 결과로 무엇을 알 수 있는가

경피하 제대혈 검사는 다음과 같은 정보를 제공한다.

• 염색체 이상 또는 다른 유전적 장애 : 양수 검사, 융모막 검사와 마찬가지로 다운 증후군 같은 염색체 이상이나 유전질환을 확인할 수 있을 뿐 아니라 보다 직접적으로 겸상 적혈구 질병이나 혈우병의 발생 유무도 알 수 있다.

태아 검사 결과 태아에게 문제가 있다고 판단될 때

생각할 수도 없는 일이 내게 일어났다면? 태아 검사 결과 아기에게 문제가 있다고 확인되었을 때 임신부는 놀랍고 걱정스럽고 두려운 마음에 단 한 가지 생각만 들 것이다. 그럼 이제 어떻게 해야지? 우선 의사를 만나 상담할 날짜를 먼저 정해야 할 것이다. 그리고 검사 결과에 대해 이야기하고 그것이 자신과 태아에게 무엇을 의미하는지 의사에게 물어라. 의사를 만나기 전에 다음과 같은 질문 목록을 작성하면 도움이 될 것이다.

- 검사 결과의 정확도는? 검사 결과가 틀릴 수도 있지 않을까?
- 뱃속의 아기가 이러한 상황에서도 살아남을 수 있을까? 살아남는다면 출산 후에는 얼마나 살 수 있을까?
- 유전자 문제로 태아에게 어떤 문제가 발생할까? 신체적으로, 정신적으로 아기는 어떤 영향을 받을까?
- 지금 상태를 나아지게 하기 위해서 태아가 받을 수 있는 수술이나 치료가 있을까? 만약 그렇다면 그것은 고통스러울까? 태아가 고통스러워하는 것을 어떻게 감지하고 치료할 수 있을까?
- 더 많은 정보를 제공해 줄 수 있는 전문가가 있을까?
- 이러한 상황에서 태아를 위해 할 수 있는 것은?
- 태아의 정신적, 신체적 발달을 도와줄 특별한 프로그램이 있나?
- 유전적 장애를 가진 아기를 가진 가족을 도와주는 사회 기관은 있나? 같은 상황에 놓인 다른 부모들과 접촉할 수 있는 방법은 무엇일까?
- 이 일이 다음 임신에도 영향을 미칠 가능성은 얼마나 될까?
- 만약 더 이상 임신을 지속하지 않는다면 어떤 방법이 있을까? 상담 서비스나 후원 단체의 도움을 받을 수는 있을까?

여러 정보를 모은 다음에는 개인적인 상황에 맞춰 결정을 해야 한다. 개인적, 경제적 문제들과 함께 심리적, 신체적으로는 어떤 상황이 발생할지 고려한다. 다음은 선택 가능한 상황이다.

• **임신 지속** : 남은 임신 기간, 출산 그리고 출산 후 아기의 치료까지 최선의 방법을 생각하며 계획을 세운다. 아기가 가족과 자신의 생활에 어떻게 영향을 미칠지를 가능한 한 충분히 생각해야 한다. 상담 센터나 후원 단체에 도움을 청하고 태아를 위해 준비해야 하는 것들을 미리 알아본다.

• **임신 포기** : 태아가 태어나서 제대로 지낼 수 없을 만큼 심각한 유전적 문제를 가진 경우라도 임신을 포기하는 일은 결코 쉽지 않을 것이다. 결정을 내리기 전에 상담센터나 후원 단체를 찾아

• 혈액 장애 : 태아의 혈액 샘플은 빈혈이나 Rh관련 질병의 유무를 알기 위
해 분석되며, 질병의 심각성까지도 판단할 수 있다. 만약 태아의 상황이 심
각하다면 수혈이 이루어질 수도 있다. 최근에는 조금 더 안전한 대체 방법
으로 혈류의 속도를 측정하는 도플러 초음파 검사가 실시되기도 한다.

• 감염 : 만약 임신부가 톡소플라즈마나 풍진과 같은 감염성질환에 걸린 경
우 검사를 통해 태아도 감염됐는지 알 수 있다. 하지만 최근에는 의학기술
의 발달로 보다 안전한 방법으로 알려진 양수 검사를 통해서 바이러스나 박
테리아 감염을 직접 확인할 수 있다.

• 발달장애 : 태아에게 심각한 발달 장애가 나타날 경우 경피하 제대혈 검사
를 통해 그 이유를 알아낼 수도 있다.

발생할 수 있는 위험
경피하 제대혈 검사로 인해 태아가 사망에 이를 확률은 약 2퍼센트로 융모
막 검사나 양수 검사에 비해 위험이 두 배나 크다. 그 밖의 발생할 수 있는 문
제로는 주사 바늘이 들어간 자리에서의 일시적인 출혈과 태아의 심장박동이
순간적으로 느려지는 문제, 감염, 통증, 양수누출 등이 있다. 검사 후에 열이
나거나 출혈, 양수누출 등이 발생하면 의사에게 연락한다.

검사를 해야 하는 이유

경피하 제대혈 검사가 다른 태아 검사에 비해 다소 위험하기 때문에 의사는
이 검사 보다는 다른 태아 검사를 권할 것이다. 만약 RH- 혈액을 가진 임신
부의 몸 속에 Rh+혈액을 가진 태아에 대한 항체가 많이 생긴 상태라면 태아
에게 빈혈이 발생하는지 알아보기 위해 양수 검사가 실시될 것이다.

이 때 문제가 심각할 경우를 대비해 태아에게 수혈을 할 수 있도록 경피하
제대혈 채취가 이루어질 수 있다.

그 밖에 다른 여러 상황들, 예를 들어 태아에게 수혈이 필요하거나 약물을
주입해야 하는 경우에도 이 방법을 선택할 수 있다.

검사 다음에 이루어지는 일

검사 결과 태아가 정상이라면 추가적인 검사는 더 이상 실시되지 않는다.
그러나 만약 태아에게 염색체 이상이 있다면 의사와 앞으로 필요한 의학적
도움에 대해 논의할 수 있다.

만약 자궁 밖에 나와서도 잘 지낼 수 있을 만큼 충분히 성장한 태아에게 심
각한 빈혈이 있다면, 의사는 조기 분만을 유도할 수 있다. 그리고 아기는 탯
줄을 통해 수혈을 받을 것이다. 만약 아기에게 감염증상이 있다면 의사가
사용 가능한 치료 방법에 대해 알려줄 것이다.

검사의 정확성과 한계

경험이 풍부한 의사는 성공적인 경피하 제대혈 검사의 진행과 결과를 위해
매우 중요한 요소다. FISH 기술의 발달과 더욱 세밀해진 유전자 분석법으로
경피하 제대혈 검사 실시 횟수는 갈수록 줄어드는 추세다. 하지만 경피하
제대혈 검사는 태아의 혈액 문제 진단과 수혈 그리고 자궁 안의 태아에게

약물을 투여하기 위한 방법으로 여전히 중요한 부분을 차지하고 있으며, 미래에는 또 다른 용도로도 사용될 수 있을 것이다.

태아의 상태를 측정하기 위해 임신후기에 실시되는 검사들

때때로 의사는 태아가 얼마나 잘 자라고 있는지 확인할 필요가 있다고 판단할 수 있다. 의사는 태아 전자 비수축 검사 및 수축 검사와 태아의 생체물리학적 계수를 통해서 태아가 잘 자라고 있는지 엿볼 수 있다.

태아 전자 비수축 검사와 수축 검사

어떤 검사인가

태아 비수축(nonstress) 검사는 태아의 심장박동을 관찰하여 태아가 잘 지내는지 확인하는 것이다. 이 검사는 보통 출산 예정일을 3개월 정도 남겨두고 실시된다. 태동이 있은 후에 태아의 심장박동이 증가했거나 상태에 따라 일정하게 적응하는 상태를 보인다면 태아는 건강하다고 말할 수 있다. 이것이 비수축(nonstress) 검사이다.

자궁수축 검사는 약물을 통해 의도적으로 자궁을 수축시킨 다음 태아의 심장 박동이 어떻게 반응하는지 살펴봄으로써 태아의 건강을 체크하는 검사이다. 일반적으로 건강한 태아는 큰 심장 박동 변화 없이 수축을 잘 견딜 것이다.

이러한 검사들은 의사가 태아의 전체적인 건강상태를 확인하는 데 도움이 되는 동시에 임신을 지속해도 태아에게 큰 문제가 일어나지 않을 것임을 증명한다. 만약 고위험 임신이거나 출산예정일이 지났다면 위에 언급한 검사들 중 하나 이상이 실시될 수 있다.

언제 실시되는가

임신 28주 후에 실시하는 것이 가장 좋다.

어떻게 실시되는가

비수축 검사와 자궁수축검사는 다음과 같은 방법으로 실시된다.

• **비수축 검사(nonstress test)** : 검사를 하는 동안 변환기가 장착된 벨트가 임신부의 복부에 채워진다. 변환기란 도플러 초음파 검사 장치의 일부분을 이야기하는 것으로 태아의 심장 박동을 초음파로 체크할 것이다. 의사는 임신부에게 태동이 느껴질 때마다 버튼을 누르도록 하거나 직접

태아의 움직임을 기록하도록 한다. 측정된 태아의 심장박동은 그래프로 나타나며, 버튼을 누를 때마다 태아의 움직임에 따라 작은 화살표가 그래프를 그리며 결과를 보여준다.

태아가 자고 있을 경우에는 움직이지 않을 수 있다. 그러면 태아가 깰 때까지 의사가 몇 분 정도 기다려주거나 버저를 눌러서 태아를 깨울 것이다. 검사는 약 20~40분 정도 걸린다.

• **자궁수축 검사**(contraction stress test) : 자궁수축 검사는 비수축 검사와 거의 비슷한 방법으로 실시된다. 검사 동안 약한 수축이 일어날 때마다 도플러 초음파 검사 장비가 태아의 심장박동을 체크한다. 그러나 이 때 일어나는 수축은 분만 시에 일어나는 진통과 같은 수준은 아니다.

수축이 잘 발생하지 않을 경우 의사는 옥시토신을 투여할 수도 있다. 보통 10분 이내에 세 번 정도 수축하는 것이 검사를 위한 적절한 상태다. 검사를 하는 데는 약 1~2시간이 걸린다.

무엇을 알 수 있는가

비수축 검사 결과 중 약 85퍼센트는 정상으로 나오는데, 이것은 예상했던 대로 태아의 심장 박동이 증가했다는 의미이다. 결과가 비정상적인 경우에는 무반응이라는 표현을 사용하는데, 그것은 기대한 만큼 태아의 심장 박동이 증가하지 않았음을 뜻한다. 하지만 무반응이라는 검사 결과에 너무 걱정할 필요는 없다. 태아의 심장박동이 무반응인 경우의 대부분은 검사 중에 태아가 잠을 자고 있는 상태이기 때문이다.

그러나 때로 태아에게 산소 공급이 부족할 때도 이러한 결과가 나온다. 자궁수축 검사의 경우에는 태아의 심장 박동이 수축 발생 후에 느려지지 않으면 결과가 정상(음성)으로 나온다. 만일 수축 발생 후에 태아의 심장 박동이 일정하게 느려졌다면 검사 결과는 비정상(양성)일 것이다.

양성 결과가 나왔다면 태아에게 충분한 산소 공급이 이루어지지 않아 자궁에서 태아가 사망할 수도 있음을 의미한다. 자궁수축 검사에서 양성이 나오는 경우는 약 3~5퍼센트 정도이다. 이 말이 무섭게 느껴질 수도 있겠지만 정상일 때도 양성반응은 나올 수 있으니 지나치게 걱정할 필요는 없다.

발생할 수 있는 위험

비수축 검사는 실제로 아무런 위험이 없으며, 임신부와 태아 모두에게 안전하다. 하지만 쌍둥이를 임신한 경우처럼 조산의 위험이 있다면 의사가 자궁수축 검사는 권하지 않을 것이다.

실시해야 하는 이유

임신부가 태동의 감소를 느낀 경우, 또는 태아의 성장 속도가 비정상적으로 느리다고 판단되는 경우에 의사는 비수축 검사를 권할 수 있다. 또한 임신부가 다음의 상황에 해당할 경우 의사가 임신 28주가 지난 후부터 1~2주 간격으로 비수축 검사를 실시하여 태아의 건강을 계속 살펴보자고 할 수 있다.

- 당뇨병
- 신장질환이나 심장질환과 같이 태아에게 해를 끼칠 수 있는 질병
- 임신 중 고혈압(자간전증)
- 사산 경험
- 출산예정일이 지났을 경우
- 쌍둥이를 임신했을 경우
- 초음파 검사를 통해 발견된 비정상적인 양의 양수

자궁수축 검사는 일반적으로 비수축 검사 결과가 비정상일 때 실시된다.

검사 이후의 조치

만약 비수축 검사 결과 태아의 상태가 무반응이라면 검사가 연기되거나 재검사 또는 자궁수축 검사가 실시될 것이다. 한 연구에 따르면 무반응이었던 비수축 검사 결과의 약 80퍼센트는 그날 저녁에 검사를 다시 실시했을 때 결과가 반대로 바뀌었다.

한편 자궁수축 검사 결과가 양성이라고 해서 태아에게 반드시 문제가 있다고 받아들일 필요는 없다. 의사는 태아가 위험한지를 보다 정확히 판단하기 위해 24시간 이내에 검사를 반복하거나 생체물리학적 계수 검사(다음쪽을 참고하시오)와 같은 다른 검사를 병행할 것이다.

만약 태아에게 문제가 있고, 태어나도 될 만큼 충분히 성장했다면 의사는 조기분만을 시도할 수 있다. 그리고 이 때에는 경우에 따라 제왕절개수술이 실시될 수 있다.

검사의 정확성과 한계

비수축 검사와 자궁수축 검사 모두 잘못된 양성 결과가 나올 확률이 높다. 잘못된 양성 결과는 실제로는 없는데 검사 결과 문제가 있는 것으로 나타나는 것이다. 검사를 반복해 실시하면 대부분의 경우 검사 결과가 정상으로 바뀐다.

재검사는 아무런 나쁜 영향을 끼치지 않도록 안전하게 반복될 수 있다. 그러므로 비수축 검사와 자궁수축 검사는 출산을 몇 주 앞두고 태아의 건강을 살필 때 실시하기 좋은 검사 방법으로 종종 사용된다.

생체물리학적 계수 검사

어떤 검사인가

생체물리학적 계수 검사는 임신후기에 태아의 건강상태를 체크할 수 있는 또 다른 검사 방법으로 비수축 검사와 초음파 검사를 조합한 것이다. 이 검사는 보통 태아의 건강을 다섯 가지 사항으로 나누어 살펴본다. 그 다섯 가지 사항은 다음과 같다.

- 심장박동
- 호흡(태아는 자궁 안에서 산소 호흡이 아닌 적은 양의 양수를 통한 호흡 운동을 한다)
- 태동
- 근육의 긴장 정도
- 양수의 양

각각의 사항들은 0에서 2점까지 점수가 부여되므로 총점은 0~10점이 된다.

언제 실시되는가

임신 26주가 지나면 검사를 할 수 있다.

어떻게 실시되는가

비수축 검사를 통하여 태아의 심장 박동이 측정되고, 나머지 네 가지 사항인 호흡, 태동, 근육 긴장, 양수는 초음파를 이용해 확인된다. 모든 사항들이 정상이라면 각각 만점(2점)을 받게 된다. 반면 상태가 좋지 않거나 기대에 못 미친다면 0점을 받을 것이다

무엇을 알 수 있는가

총 합계가 6점 이하일 경우 태아가 산소 부족에 시달리고 있는 것으로 볼 수 있다. 점수가 낮을수록 태아에게 문제가 생길 확률은 커진다. 고위험 임신부 2만6천 명을 대상으로 이루어진 연구에 따르면 그 중 거의 97퍼센트가 생체물리학적 계수 검사에서 8점 정도를 받았다.

발생할 수 있는 위험

비수축 검사와 초음파 모두 임신부와 태아에게 매우 안전하다. 참고로 일부 약물의 경우 생체물리학적 계수 검사의 점수를 낮출 수 있다.

검사를 실시해야 하는 이유

생체물리학적 계수 검사를 하는 이유는 비수축 검사나 자궁수축 검사를 하는 이유와 거의 비슷하다. 임신에 위험이 따르는 경우 분만 전 검사를 통해 태아의 건강상태를 미리 확인할 수 있기 때문이다.

검사 이후의 조치

검사 결과에 따라 의사는 취해야 할 조치를 알려줄 것이다. 임신부가 당뇨병을 앓고 있거나 출산 예정일이 지났으면서, 생체물리학적 계수 검사 결과가 8점 이상이라면 일주일에 한 번에서 두 번 정도 재검사를 실시할 것이다. 만약 점수가 6점 이하라면 결과를 보다 확실히 하기 위해 검사를 한 번 더 실시한다. 그리고 필요하다면 조기분만을 유도할 수도 있다.

검사의 정확성과 한계

생체물리학적 계수 검사의 각 사항에서 잘못된 양성 결과가 나올 확률은 높다. 하지만 모든 점수를 합쳤을 경우에는 잘못된 양성 결과가 나올 확률이 줄어든다. 낮은 점수의 검사 결과가 태아에게 반드시 문제가 있음을 의미하지는 않는다. 단지 남은 임신기간 동안 특별한 주의가 필요함을 말해줄 뿐이다.

유산 후에 재임신 시도하기

유산은 정말 너무나도 견디기 힘든 일이다. 아마 자신의 미래에 대한 희망이 모두 사라진 것 같은 느낌이 들 것이다. 그리고 이러한 느낌은 임신한 지 몇 주밖에 되지 않았더라도 마찬가지이다. 그러나 유산 후 임신부가 느껴야 될 감정이 정해져 있지는 않다. 어쩌면 충격으로 인해 모든 것이 무감각하게 느껴질 수도 있다. 어떤 감정을 가지든지 죄책감을 느낄 필요 없이 그것을 극복할 수 있도록 노력해야 한다.

유산의 슬픔에서 빠져 나오는 데는 시간이 걸린다. 어떤 부부들은 문제를 바로잡거나 마음의 상처를 치유하기 위해서 바로 재임신을 시도해야 한다고 생각하지만 불행히도 두 번째 임신이 편안함이나 기쁨을 주지는 않을 것이다. 유산 후 임신은 문제가 생길지 모른다는 걱정과 두려움으로 부부에게 큰 스트레스를 줄 수 있다.

유산이 힘든 일이긴 하지만 다시 아기를 낳을 수 없다는 의미는 아니다. 한 번이나 두 번 이상 유산했다 하더라도 대부분은 정상적으로 건강한 임신을 할 기회가 찾아온다. 그리고 임신을 다시 시도할지, 그리고 시도한다면 언제, 어떻게 할지 결정하는 것은 신체적, 심리적 회복과 마찬가지로 모두 당신에게 달려 있다.

고려해야 할 점

재임신을 시도하기에 가장 좋은 시기가 따로 정해져 있는 것은 아니다. 대부분의 의사들은 재임신을 시도하기 전에 신체적, 심리적으로 회복될 시간을 충분히 가져야 한다고 충고한다. 때로는 전문가와의 상담이 필요할 수도 있다.

심리적 회복

아이가 태어난 후든 그 전이든 아이를 잃는 것은 인생에 있어서 가장 견디기 힘든 일이다. 유산 후 마음껏 슬퍼할 수 있도록 충분한 시간을 갖도록 한다. 보통 심리적인 회복은 신체적인 회복보다 시간이 더 오래 걸린다.

어떤 사람들은 얼굴도 보지 못한 아기의 죽음을 왜 슬퍼하는지 이해 못하기도 한다. 하지만 임신부는 이미 여러 모로 자신의 몸속에 자라고 있던 아기와 심리적으로 친밀감을 키워왔을 것이다. 또한 남편과 함께 태어난 아기를 두 팔로 안는 상상을 하며 일상을 보내 왔을 것이다.

아기를 볼 수 없게 되었다는 사실은 부부에게 매우 큰 슬픔이다. 태아세포로 불리기도 전에 유산한 경우라 할지라도 이미 그 동안 아기를 꿈꾸고 기대했던 여성은 무척 슬플 것이다. 이러한 슬픈 감정은 뱃속의 아기와 정을 떼는 과정 중 하나이다.

슬픔의 단계

모든 사람이 동일한 방법으로 슬픔을 느끼는 것은 아니지만 유산을 경험한 여성들에게는 공통적으로 나타나는 심리적 단계가 있다.

유산의 원인

유산은 자연유산, 자궁경관무력증, 자궁외임신, 기태임신 등으로 인해 발생할 수 있다. 자연유산은 태아세포나 태아가 사망하는 것으로 보통 세포 상태에서 유전적 이상에 의해 발생하게 된다. 한편 자궁경관무력증은 임신 전에 자궁경부가 열려서 유산이 되는 것을 말하며, 자궁외임신은 수정란이 자궁이 아닌 나팔관과 같은 곳에 착상이 되는 것을 의미하는데, 이 역시 유산의 원인이 된다. 마지막으로 기태임신은 수정 후 자궁에 세포가 비정상으로 증가해 태아의 정상적인 성장을 방해하는 것을 의미한다.

• **놀라움과 부정** : 정신적으로 큰 충격을 주는 사건을 겪으면 대부분의 사람들은 무기력해지거나 무감각한 상태가 된다. 이는 정상적인 현상이며 절대 감정이 메말라서가 아니다. 현실로 돌아오게 되면 이러한 상태는 자주 변한다.

• **죄책감과 분노** : 유산 후 모든 일들을 자신의 탓으로 돌리는 경우도 있다. 하지만 유산은 예방하기가 매우 어려운 일이며 임신부의 잘못일 가능성은 거의 없다. 그럼에도 불구하고 자신, 가족, 친구 또는 단순히 주변상황들에 대해 화가 날 것이다. 이것은 충분히 정상적인 감정으로 한동안은 분노를 느끼는 자신을 그저 내버려 두는 것이 나을 수 있다.

• **우울함과 절망** : 우울함은 스스로 알아채기가 쉽지 않다. 우울함에 빠지면 심각하게 피곤하고, 좋아하던 것에 흥미를 잃기도 한다. 또한 식욕이나 수면 패턴이 바뀌거나 모든 것들이 다 부질 없이 느껴져 갑자기 울음이 터질 수도 있다.

• **수용** : 지금은 그렇지 않더라도 결국에는 모든 사실들을 받아들이게 된다. 심리적 상처로부터 완전히 자유로워지지는 않지만 곧 안정을 찾게 되는 것이다.

이러한 감정 변화들이 일정한 시간의 흐름에 따라 나타나는 것은 아니다. 이 중 어떤 감정은 다른 감정보다 더 오래 나타날 수도 있다. 심지어 유산사실을 받아들인 후에도 유산이 일어난 날, 출산 예정일, 임신임을 처음 알게 된 날 등과 같이 중요한 날이 되면 슬픔과 고통이 다시 찾아올 것이다. 이러한 때에는 유산에 대한 기억과 슬픔이 다시 생생히 떠오를 것이다.

만약 이러한 감정에 압도돼 감정을 제어하지 못하고, 폭력적으로 변하거나 주변의 사랑하는 사람들과의 관계에도 문제가 생긴다면 담당 의사와 상담하거나 정신과 전문의를 찾아가 도움을 요청해야 한다. 전문가들은 이러한 심리적 문제들을 해결할 수 있도록 도와줄 수 있다. 문제가 그렇게 심각하지 않더라도 자신의 심리상태를 상담가나 치료사에게 말하는 일은 자신의 감정이 자연스러운 것임을 아는 데 도움이 될 것이다.

남편

종종 부부가 유산의 슬픔을 서로 다른 방법으로 해결하려고 하는 경우도 있다. 상대방이 얼마나 상처받았는지 항상 알아챈다는 것은 쉽지 않다. 아내는 대화를 원하는데 남편이 침묵하며 조용히 힘든 상황을 견디기를 원할 수도 있다. 또는 상대방은 아직 준비가 덜 되었는데 혼자 다음 임신을 계획하는 경우도 있다.

유산을 겪은 후에는 그 어느 때보다 부부가 서로 의지하고 도와야 한다. 이때는 상대방의 감정을 이해하면서 서로의 이야기에 귀를 기울이고 반응하는 것이 좋다. 보다 중립적인 입장에서 자신의 감정과 앞날에 대해 생각하고 표현할 수 있도록 부부가 함께 전문가를 찾아가는 것도 좋다. 어쨌든 남편과 함께 모든 일을 하다 보면 혼자보다 슬픔을 극복하기 더 쉬울 것이다.

자녀

다른 자녀들 역시 새로운 아기가 태어난다는 기쁨을 함께 나눈 만큼 엄마의 유산으로 심리적 영향을 받을 수 있다. 어쩌면 엄마에게 일어난 일이 자신의 잘못 때문이라고 생각할 수도 있다. 따라서 이 일이 그 누구의 잘못이 아님을 충분히 설명하고 이야기해주는 일은 중요하다. 아이들은 부모의 기분을 금세 알아차리기 때문에 슬프고 혼란스러운 감정에 민감하다. 그러므로 그들에 대한 사랑이 변함없음을 확인시켜줄 필요가 있다.

신체적 회복

자연유산

일반적으로 자연유산이 발생했을 경우, 신체적으로 충분히 회복하기 위해서는 생리주기 정도의 시간이 필요하다. 이는 다음 생리가 일어나기 전 4~6주 정도에 해당한다. 유산 후 첫 생리가 시작되기 전에도 임신은 가능하므로 이 기간에는 콘돔과 같은 피임 도구를 사용할 필요가 있다.

다시 임신을 시도할 만한 심리적 준비가 되었다 하더라도 몇 가지 더 고려해야 할 사항들이 있다. 우선 임신 전에 이러한 재임신 계획에 대해서 의사와 상담해야 한다. 의사는 건강한 임신과 효과적인 분만을 위한 이룰 수 있는 계획수립에 도움을 줄 수 있다.

자연유산 경험이 처음이라면 다음에 건강한 임신을 할 확률은 자연유산을 한 번도 경험하지 않은 사람과 같다. 만약 습관성 유산이거나 자궁외임신 또는 기태임신으로 인한 유산이었다면 의사가 시간을 두고 기다리라고 조언하거나 추가적으로 건강상태를 검사 받도록 권할 것이다.

습관성 유산

세 번 이상 유산을 한 경우라면 이 분야에 전문인 의사를 찾아가 진찰을 받아보는 것이 좋다. 대부분의 산부인과 전문의들이 이러한 문제의 해결에 도움을 줄 수 있지만, 때로는 산과학 전문의, 내분비 전문의(reproductive endocrinologist) 등을 추천할 수도 있다. 아니면 담당 의사가 전문가를 소개해줄 수도 있다.

유산의 재발에는 여러 가지 원인이 있을 수 있기 때문에 원인을 찾기 위해서는 여러 검사를 받아야 한다. 또한 담당 의사는 잠재된 염색체 문제가 없는지 확인하기 위해 유전자 전문가를 찾아가도록 권할 수도 있다. 하지만 때로는 이러한 추가적인 검사들을 통해서도 유산이 일어난 이유를 밝히지 못할지도 모른다. 또한 이유를 찾아도 그에 대한 치료 방법이 없을 수도 있다. 예를 들어 임신부가 자궁경관무력증이라면 아기가 태어나기 전에 약한 자궁경부가 미리 열리지 않도록 임신초기나 중반에 임시적으로 묶어두는 조치를 취할 수 있다. 하지만 염색체 이상이 원인이라면 치료할 수 있는 방법이 없다.

한 가지 다행인 점은 세 번 유산을 경험한 경우라도 다음 번 임신에 성공할 확률은 75퍼센트에 이른다는 것이다.

자궁외임신이었다면

자궁외임신이 유산의 원인이었다면 다음의 임신 성공 확률이 약간 낮아지는 것은 사실이다. 하지만 그렇다 하더라도 양쪽 나팔관을 모두 가지고 있다면 임신 성공 확률은 60~80퍼센트로 여전히 좋은 편이다. 또한 한쪽 나팔관이 제거된 경우에도 임신에 성공할 확률은 여전히 40퍼센트에 달한다. 그러나 다음번에 또 자궁외임신이 될 확률 역시 15퍼센트 정도 증가하므로 재임신시 담당 의사는 당신의 상태를 주의 깊게 살펴볼 것이다.

기태임신이었다면

기태임신으로 유산한 경우에는 자궁 안에 비정상적인 조직이 남아서 자랄 위험이 있다. 대부분의 조직은 암으로 발전하지 않지만 드물게 암이 되는 경우도 있다. 그런 경우에는 HCG 호르몬 수치가 높아지기 때문에 그 수치가 정상으로 떨어질 때까지 담당 의사가 정기적으로 HCG 호르몬 수치를 체크할 것이다. 그리고 또한 일 년 정도는 임신을 하지 않는 것이 중요하다. 왜냐하면 임신으로도 HCG 호르몬 수치가 상승하기 때문에 병이 재발한 것으로 혼동될 수 있기 때문이다. 한 번 기태임신을 하면 다음 임신 때 기태임신을 할 위험이 약 1~2퍼센트 정도 증가한다. 따라서 담당 의사는 다음 임신 때 상태가 정상인지 확인하기 위해 반드시 초음파 검사를 받도록 권할 것이다.

앞으로의 임신을 위한 준비

유산을 막는다는 것은 매우 어려운 일이다. 그러나 건강한 임신을 위해 미리 자신의 몸을 최고 상태로 유지할 수는 있다.

- 건강한 식습관을 유지하고 규칙적으로 운동한다.
- 필요한 엽산을 매일 충분히 섭취하고 보충제나 종합 비타민제를 복용한다.
- 임신 전에 미리 건강검진과 산부인과 치료를 받는다.
- 임신을 시도 중이거나 현재 임신 중이라면 술, 담배를 하시 않는나.
- 성병에 걸렸는지 미리 검사하고, 필요하다면 치료를 받는다.
- 카페인 섭취를 제한한다.
- 의사의 도움을 받는다. 의사와 함께 자신과 태아의 건강을 위해 최대한 노력한다.

임신 중 여행하기

임신부의 건강상태가 좋고 기본적으로 조심해야 하는 것에 신경을 쓴다면 임신 중이라도 여행이 위험하지는 않다. 일반적으로 여행은 임신 4~6개월 사이에 하는 것이 가장 좋다. 이 때는 입덧도 줄어들고 불어난 배를 움직이는 데도 적응이 된 상태이기 때문에 유산이나 조산할 가능성이 낮기 때문이다. 그리고 임신 6개월이 지나면 몸을 움직이기가 힘들어질 것이다.

그러나 만약 임신부에게 심장이나 혈관질환, 임신과 관련한 문제들이 있다면 의사는 여행보다는 되도록 집에서 안정을 취하고 응급 상황이 발생하지 않도록 조심하라고 권할 것이다.

이동 방법이나 여행 거리 등은 임신에 영향을 끼칠 수 있다. 그러므로 장거리 여행을 계획할 때는 반드시 담당 의사와 상의하도록 한다. 필요에 따라서 여행을 떠나기 전에 의사가 임신부의 병력을 검토하고 신체검사를 실시할 수도 있다. 만약 임신부가 출장과 같은 여행을 자주 간다면 담당 의사에게 스케줄을 말하는 것이 좋다. 그러면 의사와 함께 보다 안전하고 편안한 여행방법을 찾을 수 있을 것이다.

이번 장에서는 이동수단에 따른 여행과 해외여행에서 임신부가 겪을 수 있는 어려움과 해결책을 살펴볼 것이다.

고려해야 할 점

임신 중 다음과 같은 사항들을 조심한다면 보다 안전하고 편안한 여행을 할
수 있을 것이다.

자동차 여행

자동차로 여행을 할 때는 다음 사항을 기억해야 한다.

• 가던 길을 자주 멈추고 스트레칭을 한다.

한 번에 두 시간 이상 앉아 있는 것을 피해라. 가능하다면 하루에 총 6시간
이상 자동차를 타지 않는 것이 좋다. 다리의 혈액 순환을 위해서 한 시간에
몇 분씩은 꼭 걸어라. 이러한 움직임은 혈병이 형성될 위험을 줄여준다.

• 안전벨트를 꼭 착용한다.

그 어느 때보다 안전벨트를 착용하는 일이
중요하다. 임신부에게 발생하는 외상은 태
아의 사망을 초래할 수 있는데, 자동차 사
고가 발생할 경우 임신부가 심각한 외상을
입을 수 있기 때문이다. 이를 방지하기 위
해서는 복부 아래와 허벅지 위를 가로지르
는 벨트와 어깨에서 가슴 사이를 지나는 안
전벨트를 착용하는 것이 좋다.

비행기 여행

임신부가 비행기를 타는 것이 임신하지 않은 경우보다 더 위험하지는 않다.

하지만 혈병, 중증 빈혈, 겸상 적혈구질환 또는 태반과 관련된 문제가 발생한 적이 있다면 위험도가 증가할 수 있다. 중요한 일로 비행기를 타야 한다면 출발하기 전에 반드시 의사와 상담해야 한다.

비행기 안전장치는 임신부와 태아에게 해롭지 않다. 하지만 대부분의 미국 항공사는 임신 36주가 지난 것으로 보일 경우 임신부의 탑승을 거부한다는 것을 기억해야 할 것이다. 그리고 대부분의 외국 항공사는 임신 35주인 경우에도 탑승을 거부하기도 한다. 따라서 여행 전에 출산 예정일을 공식적으로 입증해줄 수 있는 문서를 담당 의사에게 미리 받아서 준비해두는 것이 좋다. 아래의 사항들을 지키면 비행기 탑승 시 불편함과 위험을 최소화할 수 있다.

• 안전벨트를 착용한다.

좌석에 앉으면 항상 안전벨트를 착용해서 예상치 못한 거친 기류에 대비할 수 있도록 한다. 태아에게 피해가 가지 않도록 벨트를 엉덩이 부분에 낮게 착용한다.

• 수시로 몸을 움직인다.

특히 비행시간이 길다면, 임신부는 주기적으로 일어나서 걸으며 몸을 움직이도록 한다. 이는 몸이 붓거나 혈병이 생기는 것을 막아줄 것이다. 보조 스타킹을 신는 것도 좋다. 또한 좌석에 앉아있는 동안에는 종아리를 최대한 펴고 자주 움직여주도록 한다.

• 넓은 좌석을 선택한다.

가능하면 복도 쪽 좌석이나 칸막이 벽이 있는 넓은 좌석을 선택한다. 비행기 날개 쪽 좌석에 앉으면 비행시 흔들림이 덜하다.

• 수분을 많이 섭취한다.

비행기에 탑승하기 전, 그리고 비행 도중에는 알코올이 포함되지 않은 음료수를 많이 마시도록 한다. 수분 공급이 부족하면 탈수 현상이 나타날 수 있다. 수분을 충분히 섭취하면 시차 적응에도 도움이 된다. 하지만 만일의 사태에 대비해서 좌석에 앉아 안전벨트를 착용하기 전에 미리 화장실에 가도록 한다.

여객선 여행

배나 크루즈를 이용하는 여행 역시 다른 여행과 마찬가지로 안전하다. 보통 배에는 여러 의료장비들이 준비되어 있다. 대부분의 크루즈 여객선은 임신 7개월인 임신부까지만 탑승을 허용한다. 하지만 배의 움직임으로 인해 입덧이 더욱 심해질 수 있음을 잊지 말아야 한다. 그리고 갑판 위를 걸을 때는 균형을 잃고 넘어지거나 떨어지지 않도록 항상 조심해야 한다.

해외 여행

해외 여행을 갈 때는 행선국, 예방접종, 행선국의 의료 서비스와 그 수준에 대해 생각해봐야 한다. 개발도상국이나 특정 질병 감염율이 높은 지역으로 여행을 간다면 담당 의사가 예방접종이나 여행의 연기를 권할 수도 있다. 일반적으로 임신초기에는 예방접종을 권하지 않는다. 그리고 임신 중에 생백신 접종은 피해야 한다. 생백신은 힘이 약하긴 하지만 살아 있는 미생물로 이루어진다. 실제로 보고된 적은 없지만 이론적으로는 생백신이 태아를 위협할 수도 있다.

여행 중에 설사를 하지 않기 위해서는 위생상태가 불안한 곳의 수돗물은 마시지 않는다. 정수가 잘 되지 않은 물이라면 마시지도 말고 양치 시에도 사용하지 말아야 한다. 그리고 그 물로 만든 얼음 역시 먹어서는 안 된다. 가장 안전한 방법은 병으로 파는 생수를 마시는 것이다. 또한 길거리에서 파는 음식 또는 껍질째 먹는 과일이나 야채는 피하는 것이 좋다. 설사 증상이 나타난다면 탈수증세를 피하기 위해 수분을 많이 섭취하도록 한다. 임신 중 해외 여행을 할 때는 다음과 같은 물품들을 꼭 지녀야 한다.

• 진료기록 복사본 : 해외에서 의학적 치료가 필요할 때, 진료기록이 있으면 의사들이 적절한 치료방향과 방법을 선택할 수 있다.

• 추가적인 건강보험 가입 : 어디로 가는지에 따라 건강보험 적용이 안 될 수도 있다. 해외에서는 대부분 건강보험이 적용되지 않으므로 추가적으로 보험에 가입하는 것이 좋다.

• 설사와 구토 치료약 : 임신부가 복용해도 괜찮은 설사약이 있는지 의사에게 문의한다. 위생상태가 좋지 않은 곳으로 여행을 간다면 의사가 필요한 항생제를 처방할 수도 있다.

• 해열 진통제(타이레놀 등) : 통증 완화를 위한 해열 진통제를 준비한다. 이부프로펜과 같은 비스테로이드성 항염증제(NSAIDs)는 피해야 한다.

• 탈수증세 막기 : 설사로 탈수증세가 있을 경우 소금물을 마시면 탈수증세를 줄이는 데 도움이 된다.

분만과 진통 완화

분만 시 진통을 줄이려면 어떤 방법이 가장 좋을까? 이에 대한 답은 산모가 선호도와 분만의 진행상황에 달려 있다. 진통을 견디는 방법은 산모마다 모두 다르다. 어떤 여성들은 진통제가 필요 없다. 하지만 대부분의 여성들은 분만과 출산 시 진통제로 고통을 줄이고 싶어 한다. 가장 중요한 것은 자신에게 가장 적절한 방법을 는 것이다.

분만 중에 진통제 사용여부를 결정하는 것은 산모에게 달려 있다. 하지만 때로는 의사의 권유, 산모가 분만하는 병원이나 출산 센터의 상황, 분만과정 등에 따라 진통제 사용 여부가 달라지기도 한다.

때로 분만이 시작될 때까지 임신부 자신이 어떠한 종류의 진통제를 원하는지도 모르는 경우기 있다. 분만과정이 개인마다 다르듯이 분만 시 느끼는 진통 역시 개인마다 다르다. 또한 분만 시간, 태아의 크기와 위치, 분만이 시작될 때 얼마나 안정된 상태인지 등 분만과정 중 발생하는 여러 요인들에 따라 산모가 진통을 견딜 수 있는 정도가 달라진다. 산모가 첫 분만 시 진통을 얼마나, 어떻게 견딜 수 있을지는 아무도 예측할 수 없다. 또한 두 번째 출산이라도 전과 똑같이 진행되는 것은 아니다.

결정을 내릴 때는 출산이 결코 인내심 테스트가 아니라는 사실을 기억해야 한다. 진통제를 사용한다고 출산에 실패하는 것은 아니다. 그리고 진통과 분만의 궁극적인 목적을 잊지 말아야 한다. 진통은 자궁경부가 열려서 아기가 산도를 내려오고 있음을 알려주는 신호일 뿐이다.

진통이 시작되기 전에 진통제에 대해서 미리 생각하고 의사와 의논하는 것이 좋다. 분만 계획을 어떻든지 간에 진통제 문제에 대해서는 융통성 있게 대처해야 한다. 분만이 항상 계획대로 진행되는 것은 아니기 때문이다.

진통 조절방법 선택하기

오늘날에는 출산 중 진통을 줄이기 위해 산모가 선택할 수 있는 방법들이 매우 많다. 이러한 선택사항들은 크게 두 가지로 분류된다.

진통제 사용

진통을 줄이기 위한 약물은 의학용어로 진통제(analgesics) 라고 불린다. 가장 흔하게 사용되는 진통제는 날부핀*Nalbuphine* 또는 누바인*Nubaim*이라고 불리는 약물이다. 이는 정맥주사를 통해 산모에게 공급되거나 직접 주사를 통해 투여된다. 한편 마취제(anesthetics)는 산모의 감각을 마비하는 약물로 주로 경막외마취와 척수마취 때 사용된다.

자연적인 방법

진통을 줄이기 위한 자연적인 방법이란 약물에 의지하지 않고 진통을 줄이는 방법을 의미한다. 자연적인 방법은 그 종류가 매우 다양한데, 그 중에는 수세기 동안 전해져 오는 것들도 있다. 대표적인 자연적인 방법으로는 명상과 마사지가 있다.

이렇게 진통 완화를 위해 산모가 선택할 수 있는 방법은 많다. 진통 완화 방법에 대해 미리 알아두면 분만이 시작된 후 어떤 방법을 사용할지 결정하는 데 큰 도움이 될 것이다. 때로는 분만과정을 잘 알아두는 것 자체가 진통 줄이는 방법이 되기도 한다. 분만이 진행될 때 다가올 일들을 두려워하고 불안해한다면 진통을 견디기가 더 힘들 것이다. 분만이 어떻게 진행될지를 미리 알고, 선택한 진통 완화 방법들을 다시 생각해본다면 긴장하거나 두려움에 떠는 대신, 편안하게 분만을 할 수 있다.

고려해야 할 점

진통 완화 방법을 선택한 다음에 선택한 방법이 적합한지 알아보기 위해서 아래의 질문들에 스스로 답해보도록 한다.

- 선택한 진통 완화 방법은 무엇인가?
- 나에게 어떻게 작용하는가?
  아기에게는 어떻게 작용하는가?
- 약효는 얼마나 빨리 나타나나?
- 진통 완화 효과는 얼마나 지속되는가?
- 내가 미리 생각하고 연습해야 하는 방법인가 아니면 의사에게 모든 것을 맡겨둬도 되는 것인가?
- 다른 방법과 함께 사용할 수 있나?
- 분만 시작 전에 사용할 수 있는가?
- 분만 중 언제 사용하는 방법인가?

진통제

자연적인 진통 완화 방법과 더불어 진통제 역시 분만의 원활한 진행에 큰 도움이 된다. 대부분의 진통제는 빨리 진통을 줄여주며, 수축이 잠시 멈춘 사이에 산모가 쉴 수 있게 해준다. 때로는 이러한 휴식을 통해 자궁경부가 더 빨리 열리기도 한다.

분만을 하는 동안 진통제를 요청하거나 거부하는 것은 산모의 자유이다. 하지만 기억해야 하는 것은 언제 진통제를 사용하느냐에 따라 약의 장점과 단점이 달라질 수 있다는 것이다. 분만 중에 사용할 진통제 항상 자신의 분만 단계와 분만 진행상태를 충분히 고려하여 결정해야 한다.

분만이 시작되기 전에 사용할 수 있는 진통제나 마취제에 대해 미리 의사와 논의하는 것이 좋다. 일단 분만이 시작되면 의사가 산모의 상태에 맞춰 알맞은 약물을 권해줄 것이다. 하지만 그것은 단지 권유일 뿐이므로 의사가 권유한 것 중에서 자신이 원하는 방법에 최대한 가까운 것을 선택해야 한다.

진통제와 같은 약물이 분만에 영향을 미치는지에 관해서는 논쟁이 끊이지 않는다. 어떤 약물은 분만 진행을 더디게 만든다고 알려져 있다. 하지만 분만 진행 속도가 조금 느려진다고 해도 진통제를 사용해야 하는 경우도 있다. 가장 중요한 것은 산모의 긴장, 두려움 그리고 육체적 고통스러움이 원활한 분만에 전혀 도움이 되지 않는다는 것이다. 결국 의료기술을 빌려야 할 상황이 되었을 때 진통제를 선택하는 것이 최선의 방법인 것이다.

'언제 진통제를 사용하는가' 하는 것은 '어떤 진통제를 사용할 것인가' 만큼 중요하다. 엄마에게 투여된 약물은 태아에게도 영향을 미치게 되는데, 그 영향력은 약물의 종류, 투여량, 투여 시간에 따라 달라진다. 진통제가 투여된 시점과 아기가 태어난 시점 사이에 충분한 시간이 지나면 산모의 몸 속

에서 진통제가 분해되기 때문에 출생 시 아기가 약물로 받는 영향이 최소화
된다. 그렇지 않다면 아기는 졸려서 젖을 빨지도 못할 것이다. 때때로 아기
가 호흡 곤란을 겪는 경우도 있다. 그러나 위와 같은 신생아의 증상은 대개
일시적으로 나타나며 치료가 가능하다.

의사는 분만이 이루어지는 동안 계속 산모 곁에서 태아의 안전과 건강상태
에 대해서 확인시켜줄 것이다. 또한 의사는 각각의 진통제에 대해 잘 알고
있기 때문에 산모에게 적절한 정보를 알려줄 수 있다. 분만 중 언제 진통제
를 사용하는 것이 안전한지에 대해 의사가 한 말을 신뢰하라. 그리고 산모
가 원할 때마다 항상 진통제를 사용할 수는 없음을 기억해야 한다. 분만 시
사용할 수 있는 진통제나 마취제의 종류는 다음과 같다.

신경안정제와 진정제

아래의 약물들은 통증을 줄이는 진통제가 아니다. 단지 불안한 임신부가 안
정을 취할 수 있도록 도와주는 약이다.

- 진정제 : 아모바르비탈*amobarbital*, 펜토바르비탈*pentobarbital*, 세코바르
비탈*secobarbital*

- 신경안정제 : 다이아제팜*diazepam*, 프로메타진*romethazine*, 프로피오마진
propiomazine

언제 사용할까

신경안정제와 마취제는 일반적으로 분만 초기에 사용된다.

어떻게 사용할까

산모가 직접 복용할 수도 있고 허벅다리나 엉덩이 근육 주사를 통해 투여될 수도 있다. 또는 정맥주사 카테터를 통해 투여되기도 있다.

어떤 효과가 나타날까

신경안정제와 진정제는 산모를 안정시키기는 하지만 진통을 줄여주지는 않는다. 종류에 따라 다르긴 하지만 약물의 효능은 약 4~8시간 지속된다.

고려해야 할 점

신경안정제와 진정제가 투여되면 잠이 오고 정신이 둔해지기 때문에 분만 과정의 중 세부적인 사항들에 대해서 기억하기 어려울 수 있다. 진정제의 경우 분만 시 태아의 활동을 방해할 수 있다.

또한 다이아제팜 diazepam과 같은 신경안정제는 분만 시 태아의 근긴장을 줄일 수 있다. 이러한 약물들은 거의 사용되지 않는다.

진통제

부토파놀 Butorphanol, 펜타닐, 메페리딘 meperidine, 날부핀 nalbuphine 등이 진통제에 포함된다.

언제 사용할까

분만 중 어느 때라도 사용이 가능하지만 일반적으로 보통 자궁이 7cm 이상 열리지 않는 분만 초기에 사용한다. 첫 출산인 산모의 경우에는 자궁이 5cm 이하로 열렸을 때 진통제가 투여될 것이다.

어떻게 사용할까

산모의 허벅다리나 엉덩이의 근육 주사를 통해 투여된다. 정맥주사 카테터를 통해 투여될 수도 있다. 어떤 경우에는 정맥주사에 달려 있는 버튼을 눌러 산모가 직접 투여량을 조절할 수도 있다.

어떤 효과가 나타날까

투여량에 따라 다르지만 진통제는 산모의 진통을 줄여주고 진통 중간마다 쉴 수 있도록 도와준다. 하지만 진통제는 산모가 분만 시 아기를 밀어내는 힘에는 영향을 미치지 않는다. 사용되는 약의 종류에 따라 그 효과는 2~6시간 지속된다.

고려해야 할 점

이러한 약이 졸음을 유발할 수도 있다. 그리고 많은 양이 투여되면 산모의 몸과 태아의 호흡에 부정적인 영향을 줄 수 있다. 물론 이러한 증상은 모두 회복이 가능하다. 또한 분만과정에 대한 기억력이 감소할 수 있다.

국소 마취제

클로로프로카인chloroprocaine, 리도카인lidoaine 그리고 기타 카인caine 종류의 약물들이 국소 마취제에 해당된다.

언제 사용할까

국소 마취제는 분만 전이나 후에 짧게 사용된다.

어떻게 사용할까

이러한 국소 마취제는 질 입구를 절개하거나(회음부절개술) 봉합할 때 질 입구 조직에 직접 투여된다.

어떤 효과가 나타날까

국소 마취제는 질 입구의 감각을 부분적으로 마비해 분만과정을 단축한다. 이것은 신체 일부분의 통증을 일시적으로 감소할 뿐, 진통을 줄여주는 것은 아니기 때문에 분만 중에는 사용되지 않는다.

고려해야 할 점

적절하게 사용된 국소 마취제는 산모와 태아에게 악영향을 끼치지 않는다. 아주 드문 경우이지만 마취제가 정맥을 통해 투여될 경우 혈압저하로 산모가 기절할 수도 있다. 어떤 사람들은 이러한 약물의 특정 성분에 알레르기 반응을 보이기도 한다.

부신경차단제

클로로프로카인, 리도카인 그리고 기타 카인 종류의 약물들이 쓰인다.

언제 사용할까

이러한 약물들은 분만 전에 잠깐 사용된다.

어떻게 사용할까

골반에 드러난 골표적(bony landmark)을 통해서 질벽으로 약물이 투여된다.

어떤 효과가 나타날까

치과 의사가 이를 치료할 때 특정 부위를 마취시켜 환자가 통증을 느끼지 못하게 하는 것처럼, 의사는 신경차단제를 투여하여 산모가 회음부(질과 항문 사이 부분)에 통증을 느끼지 못하게 할 것이다. 효과는 몇 분에서 1시간 정도 지속된다. 겸자나 진공 흡입기를 이용해 분만을 진행할 필요가 있을 때 이러한 약물이 유용하게 쓰인다. 또한 회음부절개술을 실시할 때나 분만 중에 질 입구가 파열되는 경우에도 통증을 줄여주는 역할을 한다. 그러나 자궁 수축으로 인한 진통을 줄여주지는 않는다.

고려해야 할 점

이러한 약물이 투여되면 산모가 아기를 밀어내기가 약간 힘들어진다. 때로는 약물에 대한 알레르기 때문에 혈관으로 약이 투여된 경우 문제가 생기기도 한다. 그러나 일반적으로는 산모와 태아에게 부정적인 영향을 미치지는 않는다.

경막외 마취제(에피듀럴)

경막외 마취제는 마취제와 진통제가 혼합된 약물이다. 경막외 마취에 들어가는 마취제에는 클로로프로카인, 리도카인 그리고 기타 카인 종류의 약물들이 포함된다. 그리고 진정제에는 펜타닐*sublimaze*, 메페리딘, 몰핀*morphine*, 날부핀 등이 포함된다.

언제 사용할까

경막외 마취제는 분만 활성기에 사용된다. 또한 제왕절개수술에도 쓰인다.

어떻게 사용할까

경막외 마취제는 척수신경을 둘러싸고 있는 공간에 투여된다. 투여되는 데 약 20분이 소요되며, 통증 완화 효과가 나타날 때까지 약 20분이 소요된다. 주로 분만 중에 지속적 또는 불규칙적으로 투여된다.

어떤 효과가 나타날까

마취제와 진통제의 비율에 따라서 경막외 마취제는 산모의 하체 통증을 일시적으로 못 느끼게 하거나 통증의 정도를 줄일 수 있다. 가장 효과적으로 통증을 완화하려면 경막외 마취제가 몇 시간 동안 지속적으로 투여돼야 한다. 이 약은 통증을 완화하지만 분만 중 산모가 걸을 수 있을 정도의 근육 힘은 남겨둔다.경막외 마취를 할 경우에 산모는 분만 중에 깨어 있을 수 있다. 자궁이 10cm 정도 열리고 나면 산모가 힘을 줘 아기를 밀어낼 수 있도록 마취제와 진통제의 비율을 바꿀 수 있다.

고려해야 할 점

사람마다 해부학적으로 다양한 특징을 가지고 있기 때문에 경막외 마취가 모든 산모에게 다른 방법보다 낫다고 말할 순 없다. 경막외 마취로 인해 가장 흔하게 발생하는 부작용의 하나는 혈압이 떨어지는 것이다. 매우 드문 경우이기는 하지만 산모는 현기증을 느끼거나 구토를 할 수도 있다. 이렇게 낮아진 혈압은 태반으로 흘러가는 혈류량을 감소시켜 일시적으로 태아의 심장 박동을 감소시킬 수도 있다. 경막외 마취가 분만을 지연한다는 이야기도 있는데, 이는 과학적으로 뒷받침된 바 없다.

약물이 너무 많이 사용되면 가슴 근육에 영향을 주어 호흡이 어려워질 수 있다. 이는 조금 두려운 약물 부작용이지만 곧바로 치료와 회복이 가능하며 드물게 일어난다. 그 외에도 약물에 대한 알레르기 반응이 나타날 수도 있다.
드물지만 주사 바늘이 척수액을 감싸고 있는 척추관 주변의 척수막을 뚫고
들어갈 수도 있다. 이러한 주사바늘의 관통으로 척수액이 잠깐 새어 나오게
되면 산모는 앉거나 설 때 극심한 두통(척추마취두통)을 느끼게 될 수 있다.

경막외 마취술 받기

1. 몸을 구부리고 옆으로 눕거나 등을 둥글게 구부리고 침대에 앉는다.
2. 의사가 국소 마취제를 통해 등 부분을 마취시킨다.
3. 척수액과 척수신경을 싸고 있는 척수막 바로 바깥 공간에 경막외마취를 위한 주사바늘을 꽂
   아 넣는다.
4. 가늘고 유연한 튜브(카테터)가 주사바늘을 따라 들어가면 주사바늘은 제거된다. 카테터는 움
   직이지 않도록 고정된다.
5. 카테터를 따라 투여된 약물은 신경에 퍼지면서 산모가 느끼는 통증을 줄여줄 것이다.

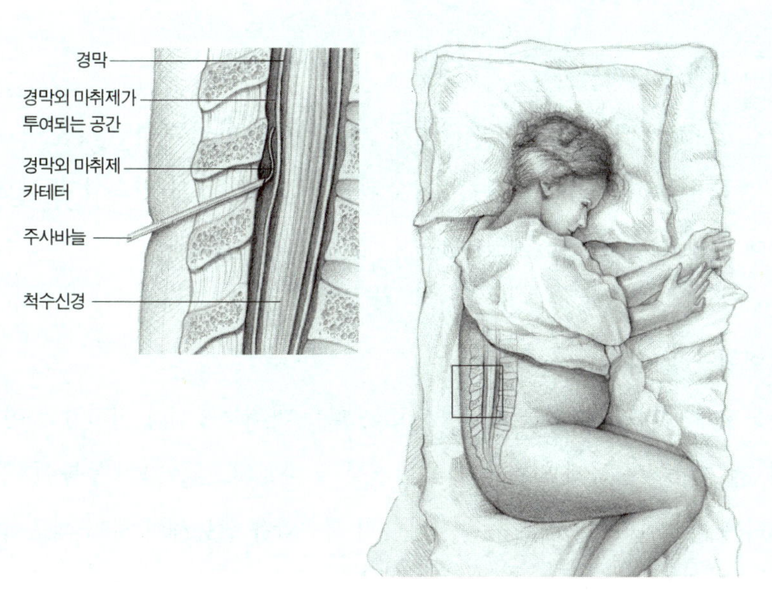

척수 마취

척수 마취는 마취와 진통효과를 함께 제공한다. 마취제에는 클로로프로카인, 리도카인 그리고 기타 카인 종류의 약물들이 포함된다. 그리고 진정제에는 펜타닐, 메페리딘, 몰핀, 날부핀 등이 포함된다.

언제 사용할까

척수 마취는 분만 활성기에 사용되거나 필요에 따라서 제왕절개수술 전에 잠깐 사용된다.

어떻게 사용할까

척수신경 주변의 척수액이 가득 찬 공간에 약물이 투여된다. 투여 후 몇 분 이내에 효과가 나타난다.

어떤 효과가 나타날까

분만 중이나 자연분만 또는 제왕절개수술 때 척수 마취를 하면 가슴 아래로는 통증을 느끼지 않게 된다. 마취 효과는 약 2시간 정도 지속되며, 산모는 마취 중에도 깨어 있을 수 있다.

고려해야 할 점

산모에게 나타날 수 있는 부작용으로는 척추 마취두통이나 저혈압 등이 있다. 척수 마취를 하게 되면 경막외 마취를 할 때보다 척추 마취 두통이 더 빈번하게 발생한다. 그 이유는 주사바늘이 척수막을 관통해야 하기 때문이다. 그러나 척추 마취 주사바늘은 경막외 마취보다 더 작기 때문에 일시적인 척수액 누출이 흔한 것은 아니다. 마취를 하게 되면 방광 기능을 조절하기 어려워지므로 필요에 따라서 방광 카테터를 꽂을 수도 있다. 경막외 마취와 마찬가지로 척수 마취 역시 산모의 혈압을 낮출 수 있으며, 이것이 태아에게 영향을 줄 수도 있다.

진통을 줄이는 자연적인 방법

자연출산(natural birth) 이란 마취제 같은 약물의 도움을 빌리지 않고 자연적이고 보조적인 방법으로 출산하는 것을 말한다. 분만 중에 받는 스트레스는 산모를 긴장시키고 통증을 이겨낼 능력을 감소시키므로 스트레스를 줄이는 것은 매우 중요하다. 진통을 줄이는 자연적인 방법(약이나 의료 기술의 도움을 빌리지 않는)에는 여러 가지가 있다. 이러한 방법은 몸을 자극해 엔도르핀과 같이 통증을 줄여주는 물질을 많이 분비하도록 산모의 마음을 편안하고 부드럽게 만들어 진통을 보다 잘 견딜 수 있게 한다.

이렇듯 자연출산은 진통을 잘 견딜 수 있도록 도와주는 것이지 진통을 완전히 사라지게 하거나 느끼지 못하게 하는 것은 아니다. 따라서 진통제 사용은 산모의 선택에 달려 있다. 그러나 많은 여성들은 진통을 줄일 때 약물을 사용하지 않는 방법을 먼저 시도할 것이다.

자연적인 진통 완화 방법은 분만 초기와 활성기 모두에 유용하다. 자연적인 방법으로 출산하기로 한 산모에게는 이행기, 즉 자궁입구가 10cm까지 완전히 열렸을 때와 태아를 밀어내기 위해 힘을 줄 때 고통이 가장 심할 것이다.

자연적인 통증 완화 방법에는 이완요법, 마사지, 상상요법, 명상, 긍정적인 생각하기, 호흡법 등이 있다.

이완요법

이완은 의식적으로 몸과 마음의 긴장을 푸는 것을 의미한다. 분만 중 근육의 긴장을 이완시킴으로써 산모는 공포-긴장-고통의 고리를 끊을 수 있다. 또한 이완요법은 몸을 보다 자연스러운 상태로 만들어 앞으로의 분만에 대비해 산모가 에너지를 보존하도록 도와준다. 근육을 이완하고 일정하게 호흡을 반복해주는 것은 분만 중 자기 안정을 위해서 산모들이 할 수 있는 가장 쉬운 방법이다. 이는 보통 출산육아 교실에서 배울 수 있다.

통증과 싸우는 것은 실제로 산모에게 더 큰 긴장을 일으킬 뿐이다. 그에 반해 이완은 산모가 고통을 줄이거나 분산할 수 있는 활동에 집중하는 것이며 집중하는 사이에 고통이 지나가게 하는 것이다.

사실 이완요법은 미리 익혀두어야 하는 것으로 분만 전에 연습을 해놓는다면 가장 효과적일 것이다. 산모가 이에 능숙할수록 분만하는 동안 자신감이 점점 생길 것이다. 다음은 이완요법을 위한 몇 가지 요령이다.

- 연습하기 쉽도록 조용한 환경을 선택한다.
- 필요하다면 조용한 음악을 튼다.
- 베개를 이용해 몸을 기댈 수 있는 편안한 자세를 찾는다.
- 천천히 깊게 복식호흡을 한다. 숨을 들이쉴 때 시원한 공기를 느껴본다. 그리고 숨을 내쉴 때는 긴장도 함께 내보낸다고 생각한다.
- 몸에서 가장 신경이 쓰이고 긴장되는 부분을 찾고 그 부분을 이완하는 데 집중한다.

점진적 이완요법을 통해 산모는 진통 중간마다, 또는 자신이 긴장했다고 느낄 때마다 근육의 긴장을 이완할 수 있을 것이다. 우선 머리나 발에서 시작하여 몸의 다른 쪽 끝을 향해 움직이면서 한 번에 한 근육씩 이완한다. 만약 근육을 이완하는 데 어려움을 겪는다면 우선 몇 분씩 각각의 근육에 집중하여 긴장이 사라지는 것을 느낀다. 특히 손과 턱의 긴장을 푸는 데 집중한다. 많은 여성들이 진통이 시작되면 무의식적으로 얼굴에 힘을 주고, 주먹을 꼭 쥐게 되기 때문이다.

손으로 만져주면서 긴장을 푸는 것도 점진적 이완요법과 비슷한 방법이다. 하지만 손으로 각각의 근육을 푸는 것은 산모가 아니라 분만을 도와주는 사람이다. 이 방법은 누군가가 옆에서 계속 5~10분씩 산모의 특정 부위를 누르거나 부분적으로 둥글게 문질러 주어야 한다. 예를 들어 옆에 있던 남편이 산모의 관자놀이에서 시작해 두개골, 등, 어깨, 팔, 손, 다리, 발까지 문질러 줄 수 있다.

이완요법은 분만에 방해가 되는 긴장을 해소할 수 있도록 한다. 하지만 모든 산모가 분만 중에 자신을 만지는 것을 좋아하지는 않는다. 만져주는 것이 싫다면 옆에서 도와주는 사람에게 자신을 직접적으로 자극하지 말고 말로만 응원해달라고 요청할 수 있다. 예를 들면 그는 조용하고 부드러운 목소리로 이렇게 말할 수 있다. "자, 이제 턱 근육을 이완하세요." 임신 중에 남편은 아내의 몸을 직접 만져주거나 말로도 긴장을 풀어주는 기술을 연습해야 할 것이다.

마사지

어깨, 목, 등, 복부, 다리를 리듬감 있게 주물러 주거나, 세게 안마해주기, 집중적으로 다리와 손을 지압해주기, 두개골을 손가락 끝으로 마사지 해주기 등 분만 중인 산모에게 도움이 될 수 있는 마사지는 다양하다.

그 중 진통을 느끼는 동안 복부를 원을 그리듯이 문지르는 일은 직접 할 수 있을 것이다. 하지만 대부분은 남편, 듀라*doula*, 조산사, 간호사가 마사지 해주는 편이 더 낫다.

마사지는 피부와 그 아래에 있는 조직들을 자극할 뿐 아니라 아프고 긴장된 근육을 부드럽게 할 수 있다. 마사지는 분만 중 언제라도 실시될 수 있는데, 기술이 능숙할수록 산모는 보다 편안하게 그 효과를 볼 수 있을 것이다. 또한 적절한 마사지는 상당 시간 그 효과가 지속된다.

마사지는 근육을 이완할 뿐 아니라 통증에 대한 감각을 막아주기도 한다. 어떤 여성들은 분만의 고통을 등에서 느끼는데 그럴 때 옆에 있는 누군가가 산모의 등을 마사지 해주면 도움이 될 수 있다. 또는 산모 스스로가 자신의 아래쪽 등을 세게 눌러달라고 이야기할 수도 있다. 통증이 심하게 느껴질 때는 다른 쪽을 강하게 압박하면 원래 느껴지던 통증이 덜 느껴질 수 있기 때문이다. 다음은 옆에서 산모에게 해줄 수 있는 몇 가지 등 마사지 기술이다.

1. 아래쪽 등에서부터 등뼈를 손으로 눌러주면서 천천히 어깨 쪽으로 올라간다. 어깨에 손을 대고 미끄러지듯 다시 등을 따라 내려온다. 산모의 반응에 따라 점점 강도를 높인다.

2. 손가락을 바깥을 향하게 하고 손목끼리는 사이를 2.5센티미티 정도 떨어뜨린 채 숨을 들이쉬며 등의 위쪽에서부터 아래쪽으로 손을 이동한다. 숨을 내쉴 때는 부드럽게 손에 힘을 준다. 다시 숨을 들이쉬면서 손을 등 아래로 움직인다. 그리고 숨을 내쉴 때는 힘을 준다. 이것을 반복하며, 계속해서 산모의 등 아래로 손을 움직인다.

3. 산모의 척추에서 약 1센티미터 떨어진 곳에 양 엄지를 댄다. 꾹 누르면서 천천히 작게 원을 그리는 듯이 엄지를 움직인다. 그러면서 천천히 등에서 목까지 움직이며 올라간다. 그리고 검지를 등뼈에 두고 등에서 엉덩이까

듀라란 무엇인가?

듀라는 분만을 옆에서 도울 수 있도록 특별히 훈련 받은 여성을 말한다. 많은 여성들이 수세기에 걸쳐 서로의 분만을 도왔지만 현대에는 그 역할이 좀더 공식화 되었다. 그리고 공식화된 방법으로 분만을 보조하는 사람을 듀라라고 부른다. 따라서 진통을 줄이기 위한 방법을 선택하기 위해 고민할 때 듀라를 고용하는 것 역시 고려해 볼 수 있다.

그렇다면 듀라가 하는 일은 무엇일까? 듀라의 주요 임무는 임신한 여성의 출산을 돕는 것이다. 듀라는 임신부의 보호자도, 분만 중 산모의 건강을 살피는 전문가도 아니다. 그 대신 부수적으로 조언과 경험을 나누는 존재이다. 대부분의 듀라는 출산 경험이 있으며, 출산에 대해 많은 교육을 받는다.

어떤 듀라는 임신초기부터 분만과 출산에 대한 계획을 세우는 데 도움을 주기도 한다. 진통 시 옆에서 도움을 얻기 위해 듀라를 집으로 초대할 수도 있다. 하지만 듀라의 진정한 역할은 병원이나 분만 센터에서 드러난다. 듀라는 일단 분만이 시작되면 계속해서 도움을 줄 것이다. 예를 들어 산모에게 얼음을 가져다 주거나 등을 마사지해 줄 수 있다. 또한 산모의 옆에서 호흡 조절이나 명상을 돕고, 분만 자세에 대해서도 조언을 해줄 수 있다. 가장 중요한 것은 듀라가 끊임없이 따뜻한 말로 산모와 남편에게 용기와 확신을 불어넣어 준다는 것이다.

또한 듀라는 분만 중에 산모가 전문적인 결정을 해야 할 때 중개자의 역할도 해줄 수도 있다. 즉 의학 용어와 의학적 상황들을 설명하거나 산모가 바라는 것을 의사에게 정확히 전달해주는 것이다. 하지만 듀라가 실제 분만 상황에서 의학적인 검사 및 조치를 취해주는 것은 아니다.

듀라는 아기를 낳은 후 어떻게 양육을 해야 하는지에 대해서도 이야기해 준다. 이러한 일들은 분만하는 산모에게 매우 중요한 감정적 도움이 된다. 실제로 여러 연구 결과에 따르면 듀라의 도움을 받아 출산을 한 산모에게는 합병증이나 의학적인 문제가 더 적었다고 한다.

그러면 어떻게 듀라를 만날 수 있을까? 미국의 경우, 아기를 낳기로 결정한 병원, 분만 센터의 의사가 임신부에게 듀라 리스트를 제공한다. 어떤 병원이나 분만 센터에서는 직접 듀라 서비스를 제공하기도 한다(드물긴 하지만 한국에도 이런 서비스를 제공하는 병원이 있다—옮긴이) 대부분의 듀라는 한 번 서비스를 제공할 때마다 임금을 받으며, 서비스 이용 금액은 천차만별이다.

듀라를 고용할 때는 만나보고 자신과 잘 맞는지 제대로 자격은 갖추었는지 알아보는 것이 좋다. 그리고 듀라가 어떤 훈련을 받았는지 물어보거나 출산에 관한 생각을 들어본다.

듀라가 분만 중 통증을 줄이는 방법을 결정해서는 안 된다. 듀라의 역할은 어디까지나 산모가 원하는 방법대로 분만을 도와주는 것이다. 듀라 중 일부는 산모의 산후 조리를 도와주는 경우도 있으므로 원한다면 도움을 구할 수 있다(한국에서는 산후 도우미를 부를 수 있을 것이다—옮긴이).

첫 출산을 앞둔 부부나 미혼모에게는 듀라의 역할이 매우 중요하다. 이런 듀라의 역할은 산모와 함께 분만실에 머무는 신뢰할 만한 친구나 가족이 대신할 수도 있다.

지 선을 긋듯이 강하게 마사지한다. 이것을 계속 반복한다.

4. 목과 어깨를 마사지하기 위해서 손을 어깨 위에 둔다. 압박을 하거나 꽉 쥐는 것이 아니라 동그랗게 원을 그리듯이 엄지로 위쪽 등과 목 아래쪽 부분 사이를 마사지한다. 그리고 팔부터 목까지 손으로 쓸어 올리듯이 마사지한다.

마사지를 해주는 사람에게 다음과 같은 것을 요청할 수 있다.

- 피부 마찰을 줄이기 위해서 오일이나 로션을 사용할 것
- 핫팩 등을 이용해 마사지 하는 부분을 따뜻하게 해줄 것
- 마사지 방법을 바꾸거나 오일이나 로션을 손에 더 바를 때에도 한 손은 계속 마사지할 것. 만약 두 손이 모두 산모에게서 떨어져 있으면 등과 몸이 다시 긴장할 수 있다.

산모는 분만 전 미리 분만을 돕는 사람과 자신이 좋아하는 마사지에 대해 의논하고 싶을 것이다. 그러나 기억해야 할 것은 분만 시 일어나는 상황에 대해서 융통성 있게 대처하는 것이 계획을 고집하는 것보다 더 낫다는 점이다. 어쩌면 산모는 분만 중 정말 고통스러울 경우에만 마사지를 받고 싶을 수도 있다.

상상요법

상상요법이란 분만 중에 편안함을 느끼게 하는 상상으로 약물의 도움 없이 진통을 줄이는 것을 말한다. 이 방법은 분만 중에 쉬고 싶은 마음이 들면 언제든지 사용할 수 있다. 상상요법은 기본적으로 편안하고 평화로운 장소에

있는 자신을 상상하는 것이다. 예를 들어 따뜻하고 부드러운 해변에 앉아있는 자신의 모습을 상상하거나 푸른 숲이 우거진 산속을 걷는 상상을 할 수 있다. 이 때 상상하는 장소는 실제 장소일 수도 있고 가상일 수도 있다. 마음이 편안해지면 그 장소에 대해 더욱 자세히 상상해본다. 소리, 향기, 얼굴에 느껴지는 바람의 느낌 등을 말이다. 이 때 몸이 그 기분을 더욱 충분히 느낄 수 있도록 한다. 때로는 파도 소리, 비 오는 소리, 폭포 소리, 숲 속의 새 소리나 부드러운 음악 등이 녹음된 테이프를 틀고 상상에 빠질 수도 있다.

명상

마음을 차분하게 하는 물건이나 상상 또는 단어에 초점을 맞춰 명상을 하면 분만 중에 산모는 편안함을 느끼게 되고 더불어 진통 또한 많이 줄어들 것이다. 명상을 할 때는 집에서 가져온 사진을 바라보거나 일정한 장면이나 단어를 머릿속으로 되풀이하면서 할 수 있다. 만약 정신을 분산시키는 생각들이 의식 속으로 밀려온다면 신경 쓰지 말고 그냥 흘려 보내도록 한다. 그리고 자신이 정해놓은 것에 다시 집중한다.

긍정직인 생각

분만 중에 긍정적인 생각을 가는 것은 매우 중요하다. 산모는 긍정적이고 용기를 주는 말을 크든 작든 자신에게 말하면 진통을 잘 이겨낼 수 있다. 또한 남편, 듀라 또는 옆에서 분만을 도와주는 사람에게 다음과 같이 말해달라고 요구할 수 있을 것이다.

- 내 몸은 지금 어떻게 해야 할지 잘 알고 있다.
- 나는 편안한 상태이며 분만에 집중하고 있다.

- 나는 몸의 리듬을 타고 있다.

- 나는 차분하며 자신감이 넘친다.

- 나는 아기를 밀어내는 데 필요한 에너지가 충분하다.

호흡법

자연적으로 통증을 완화하는 다른 여러 방법들과 같이 호흡법 역시 어떠한 약물이나 의학적 조치를 필요로 하지 않다. 꾸준히 연습하여 익숙해진 호흡법을 통해 산모는 자신을 잘 통제 할 수 있고, 진통 역시 잘 견뎌낼 수 있으며, 스스로를 편안하게 할 수 있을 것이다.

분만 중 자신의 호흡에 집중하다 보면 산모는 진통과 진통을 더 심하게 하는 근육의 긴장으로부터 정신을 분산시킬 수 있다. 또한 깊고 천천히 일정한 방법대로 호흡을 하면 출산 중에 나타날 수 있는 구토나 현기증도 줄일 수 있다. 호흡에 집중하면서 얻을 수 있는 가장 좋은 점은 산모와 태아에게 충분한 산소가 전달된다는 것이다.

분만 전 호흡법에 대해 미리 배우고 익숙해지는 것이 좋다. 라마즈*Lamaze* 같은 호흡법은 출산육아교실에서 배울 수 있다. 남편이나 분만을 도와줄 사람과 함께 수업을 들어서 분만 중에 자신을 도울 수 있도록 한다. 호흡법을 열심히 연습해둘수록 진통이 시작되고었을 때 더욱 자연스럽게 실시할 수 있다.

호흡법은 분만 중 어느 때라도 할 수 있으며, 실제로 많은 여성들이 그렇게 하고 있다. 하지만 호흡법이 언제나 성공적인 것은 아니다. 왜냐하면 진통에 대한 산모의 반응에 모든 것이 달려있는데 진통이 어느 정도일지는 예측이 불가능하기 때문이다. 또한 진통 때문에 산모가 호흡법에 집중하지 못하는 상황이 벌어질 수도 있다. 한편 호흡법은 다른 진통 완화 방법과 함께 사용될 수 있다.

라마즈 호흡법

라마즈 호흡법은 '출산에 대한 철학' 과 분만 중 사용되는 '호흡법' 이 결합된 것이다. 라마즈 철학은 출산을 자연적이고 정상적인 건강한 과정으로 보는 동시에 교육과 도움을 통해 여성이 출산에 보다 자신감을 키워야 한다는 것에 초점을 맞추고 있다.

라마즈 수업은 명상 기술을 중심으로 훈련과 연습을 통해서 몸이 진통에 잘 대응할 수 있도록 한다. 예를 들어 라마즈 호흡법에서 배우는 호흡 조절은 그저 숨을 참거나 바짝 긴장을 하는 것이 아닌, 보다 구체적이고 실질적인 방법이다.

라마즈 강사는 산모에게 수축이 한번 시작하고 끝날 때마다 긴장을 풀리게 숨을 깊게 내쉬도록 가르칠 것이다. 우선 코로 숨을 들이쉬면서 시원하고 상쾌한 공기가 들어오는 것을 상상한다. 그리고 모든 긴장이 빠져나가는 것을 상상하며 입으로 숨을 천천히 내쉰다. 이처럼 깊게 숨을 내쉬는 것은 분만실에 있는 사람들에게 자궁 수축의 시작과 끝을 알릴 수 있을 뿐 아니라 몸이 긴장을 푼다는 신호를 보여줄 수도 있다.

분만 중에는 다양한 수준의 라마즈 호흡법이 실시될 수 있다. 라마즈 호흡법을 시도힐 때는 1단세부터 시작해라. 그리고 효과가 있을 때까지 그것을 지속한 후 다음 단계로 넘어가도록 한다. 다시 말하지만 라마즈 호흡법은 출산 교실에서 배울 수 있다.

• 라마즈 1 단계 : 천천히 호흡하기

이 호흡은 휴식이나 수면을 취할 때 하는 호흡이다. 코를 통해 천천히 숨을 깊게 들이쉬고 평소보다 절반 정도 느린 속도로 입을 통해 숨을 내쉰다. 원한다면 호흡을 하면서 혼잣말을 반복할 수 있다. ' 나는 (들이쉬고) 편안하다

(내쉬고)’ 또는 ‘ 하나 둘 셋(들이쉬고), 하나 둘 셋(내쉬고)’ 또는 천천히 걷거나 앞뒤로 몸을 흔들면서 리듬에 맞춰 호흡을 할 수도 있다.

• 라마즈 2 단계 : 변형해서 호흡하기

평소보다 빠른 속도로 호흡을 하되, 과다한 호흡을 막기 위해 호흡량은 줄이도록 한다. "하나 둘(들이쉬고), 하나 둘(내쉬고), 하나 둘(들이쉬고), 하나 둘(내쉬고)." 이때는 되도록 턱을 편안하게 한다. 진통이 세지면 빨리, 사라지면 천천히 리듬에 맞춰 호흡한다.

• 라마즈 3 단계 : 일정한 패턴으로 호흡하기

분만이 막바지에 이르거나 진통의 세기가 최고조에 달하면 이 호흡법을 사용한다. 호흡 속도는 2단계 라마즈 호흡법처럼 평소보다 약간 빠르게, 하지만 "하-하-하-후", "헤-헤-헤-후"와 같이 헐떡거리는 리듬에 맞게 호흡을 하도록 한다. 그러면 아마 진통보다는 호흡에 집중할 수 있을 것이다. 같은 호흡 패턴을 반복한다.

시작은 되도록 천천히 한다. 그리고 진통이 최고조에 이를 때 속도를 빠르게 하고 진통이 사라지면 속도를 늦춘다. 호흡이 빨라지기 시작했는지를 기억하고 과도하게 호흡하지 않도록 호흡량을 줄인다. 이 때 만약 손이나 발이 저릿하다면 호흡 속도를 줄인다. 과도한 호흡은 태아에게 공급되는 산소의 양을 줄일 수도 있기 때문이다. 신음하거나 다른 소리를 내는 것이 도움이 된다면 다른 사람은 의식하지 말고 그렇게 해라. 눈은 항상 뜨고 초점을 잃지 말며, 근육의 긴장은 풀도록 한다.

힘주는 것을 참기 위한 호흡

힘을 주어 아기를 밀어내고 싶은 충동을 느끼는데도 의사가 아직 자궁경부
가 완전히 열리지 않았기 때문에 참아야 한다고 말할 수 있다. 이때는 힘주
고 싶은 충동이 사라질 때까지 생일 케이크의 촛불을 끄듯 볼을 이용해 작게
숨을 쉬도록 한다.

힘주기 위한 호흡

자궁경부가 완전히 열리고 의사가 힘을 주라고 하면 몇 번 깊은 숨을 쉰 다
음 힘을 주도록 한다. 힘은 약 10초 정도 준다. 그리고 숨을 내쉰다. 숨을 다
시 들이쉬고 10초 정도 힘을 주는 것을 반복한다. 이 단계의 자궁수축은 1분
이상 지속되므로 숨을 참지 말고 규칙적으로 들이쉬는 것이 중요하다.
개인적 취향과 진통의 정도에 따라 산모는 분만 중 언제 호흡법을 시도할 것
인지 결정하게 된다. 이 때 산모는 자신에게 맞는 호흡법을 선택할 수 있고
자신만의 호흡법을 개발할 수도 있다. 분만 중에 진통제를 사용할 계획을
세웠다 하더라도 호흡법과 명상법을 배워두는 것은 여전히 중요하다.

자세 바꾸기

분만 중 자유롭게 몸을 움직이다 보면 자신에게 가장 편안한 자세를 찾을 수
있다. 따라서 가능하다면 자세를 자주 바꿔주면서 어떤 자세가 자신에게 가
장 편안한지 알아보는 것이 좋다.
사실 분만 중에 자세를 자주 바꾸는 것은 진통을 줄이는 자연적 방법 중 하
나이다. 몸을 움직이면 혈액 순환에 도움이 되고 신경을 진통으로부터 다른
곳으로 분산시킬 수 있다. 나아가 진행 속도가 느린 분만의 촉진에 도움이
되기도 한다.

가능하다면 분만 중 원할 때마다 새로운 자세를 취해보도록 한다. 예를 들어 산모는 서서 옆에 있는 사람에게 기대거나 남편이 자신의 등을 마사지하는 중에 팔다리를 움직이고 싶을 수 있다. 또는 의자, 침대, 베개 등에 기대고 있는 것이 좋다고 느껴질 수도 있다. 보다 편안한 자세를 찾고 싶다면 시도해볼 수 있는 자세들에 대해 의사에게 조언을 구하도록 한다.

일부 여성들은 흔들의자에 앉아 몸을 흔들거나 손과 무릎을 이용해 앞뒤로 흔드는 것처럼 좀 더 리듬감 있게 움직이는 것이 도움될 수도 있다. 이러한 움직임은 진통을 견디기 쉽게 할 뿐 아니라 진통에서 정신을 분산시키는 효과도 있다.

몸을 덥히거나 식히기

몸을 덥히거나 식혀서 진통을 줄이는 방법도 있다. 이 방법 역시 산모를 편안하게 함으로써 안정을 돕는다.

뜨거운 것은 근육의 긴장을 풀어줄 수 있다. 뜨거운 패드나 따뜻한 타월, 뜨거운 압박붕대 또는 뜨거운 물이 들어있는 병 등을 어깨, 아래쪽 복부, 등에 대 통증을 줄인다. 힘을 주어야 할 때 긴장되고 떨린다면 따뜻한 물주머니를 몸에 대면 한결 편안해질 것이다. 또는 회음부에 뜨거운 패드를 대고 있는 것 역시 도움이 된다.

반대로 냉팩, 얼린 소다캔, 얼음주머니를 이용해서 몸을 식힐 수도 있다. 어떤 여성들은 진통을 줄이기 위해서 등 아래쪽에 냉찜질을 하기도 한다. 또한 차가운 물수건을 얼굴 위에 올려두면 분만 중 시원함이 느껴져긴장이 풀릴 것이다. 얼음 조각을 먹는 것 역시 기분을 좋아지게 하는데, 입안의 감각이 정신을 분산시켜 진통을 덜 느끼게 될 수 있다.

한편 뜨거운 것과 차가운 것을 번갈아 사용할 수도 있다. 예를 들어 찬물에 적신 천을 등에 대고 있다가 뜨거운 물이 들어 있는 병으로 바꿔주면 통증을 줄이는 데 효과가 있을 것이다. 이 때 너무 뜨거운 것이나 차가운 것을 피부에 대지 않도록 조심한다.

가벼운 샤워나 목욕

미국의 많은 병원과 분만 센터에서는 분만실에 샤워시설을 갖춰놓고 있다. 분만 중에 특히 분만 활성기에 들어서 수축이 최고조에 이르렀을 때 산모가 고통을 덜 수 있도록 목욕통이나 월풀 샤워시설을 준비해둔 곳도 있다. 따뜻한 물로 샤워를 하면 뇌로 전해지는 자극이 차단돼 자연적으로 진통이 줄어 든다. 또한 따뜻한 물은 긴장을 풀어주기도 한다. 이것은 병원이나 분만 센터로 가기 전에 집에서 진통을 줄이기 위해 할 수 있는 방법이기도 하다. 샤워를 할 때는 의자 같은 것에 앉은 다음 손에 샤워기를 들고 등과 복부에 직접 따뜻한 물을 뿌린다. 이때 샤워 가운을 준비해줄 것을 옆에 있는 사람에게 부탁한다.

아로마테라피(방향) 요법

분만 중에 자연스러운 방법으로 최대한 안정된 상태를 유지하면서 진통을 줄이고자 한다면 아로마테라피를 사용할 수 있다. 만약 집이라면 향초를 켜거나 향을 피울 수 있고, 병원이나 분만 센터에 있다면 좋아하는 향기가 나는 베개를 가져갈 수 있을 것이다. 또는 옆에서 분만을 도와주는 사람이 마사지해줄 때 향기가 나는 오일이나 로션을 사용하게 할 수도 있다. 아로마테라피 요법은 산모에게 안정감을 느끼게 하며, 스트레스와 긴장을 풀어준다. 하지만 때로 산모는 약한 냄새에도 민감해질 수 있으므로 과도한 아로마테라피 요법은 피한다. 라벤더 향과 같이 순수한 향이 아마도 가장 적절할 것이다.

음악

음악 또한 자연적으로 진통을 줄일 수 있는 방법 중 하나이다. 분만 중에 산모가 진통 대신 다른 것에 주의를 기울인다면 분만이 더욱 편안해질 것이다. 만약 집에서 음악에 맞춰 명상을 하거나 호흡하는 것을 연습해왔다면 그때 사용한 카세트테이프나 CD를 병원에 가져가서 분만 중에 트는 것도 좋다. 많은 산모들이 휴대용 음악 기기를 준비해 분만 중에 좋아하는 음악을 들으면서 진통을 잊곤 한다.

분만공

분만공이란 자연분만을 할 때 사용되는 큰 고무공을 말한다. 분만공에 기대거나 앉으면 자궁수축으로 인한 불편함도 줄어들고 분만 시 고통 역시 완화되어서 결과적으로 아기가 산도를 따라 잘 나올 수 있다. 이것은 병원이나 분만 센터에서 제공하기도 하고, 본인이 직접 구입한 것을 가져가 사용할 수도 있다. 만약 사용법을 알고 싶다면 의료진에게 알려달라고 부탁하면 된다. 분만공을 사용하면 마사지와 접촉을 통한 안정 효과를 복합적으로 기대할 수 있다.

진통을 줄여주는 다른 방법들

약물을 사용하지 않고도 진통을 줄이는 여러 방법들을 찾는 연구들이 계속 진행되고 있다. 최면, 침술, 반사법, 경피신경자극치료(TENS) 등이 이에 해당하는데, 이중 경피신경자극치료란 통증을 줄이기 위해 전기 자극을 가하는 방법이다.

만약 진통을 줄이기 위해서 일반적인 방법이 아닌 보다 특별한 방법을 사용하고자 한다면 분만 중에 별다른 이상이 나타나지는 않는지 전문가의 지속적인 점검을 받아야 한다. 이것들은 모두 산모의 마음을 편안하게 해 진통을 줄이거나 진통으로부터 주의를 분산시키기 위한 것이지만 그 효과는 매우 다양하다. 새로운 방법들의 공통된 특징은 그 효과가 아직 과학적으로 충분히 증명되지 않았다는 것으로 시도할 때는 전문가의 도움이 필요하다.

최면

최면은 일종의 자기암시로 스스로 고통을 조절할 수 있다는 생각이 실제로 고통을 덜 느끼는 효과로 이어진다. 어떤 여성들은 자기최면을 통해서 분만 중에 깊은 안정을 취하기도 한다. 자기최면은 개인적으로 또는 출산육아교실에서 배울 수 있다. 필요하다면 분만 중 최면을 위해 오디오 테이프를 사용할 수도 있다. 이 방법으로 효과를 보려면 분만 초기부터 시작해서 실제로 효과를 볼 때까지 계속해서 시도해야 한다.

침술

침술을 이용한 진통 이완방법이란 몸의 특정 부위에 침을 꽂아서 진통을 줄여주는 것을 말한다. 분만 중에 진통을 줄이기 위해 침술을 사용할 계획이라면 산모에게 침을 놓아본 경험이 풍부한 침술가에게 맡기는 것이 좋다.

반사요법

반사요법이란 진통을 줄이고 산모의 신체 근육 이완을 위해 발바닥의 특정 부위에 압력을 가하는 방법이다. 이 방법 역시 시도하려면 경험이 풍부한 반사요법 전문가를 찾는 것이 중요하다. 만약 반사요법에 관심이 있다면 산모 스스로 몸에 시도해 볼 수 있을 것이다. 또는 남편이 미리 반사요법을 배워 분만 중에 산모의 발바닥을 가볍게 마사지 할 수두 있다.

경피신경자극치료(TNS)

배터리로 작동하는 경피신경자극치료 장치에는 산모의 몸에 붙일 접착패드와 선이 달려 있다. 보통 작은 패드를 산모의 등 아래쪽에 붙이고 진통의 시작이 느껴지면 기계의 버튼을 누르는 방식이다. 그러면 기계에서 흘러나오는 약한 전기 충격이 전선과 패드를 따라 아래쪽 신경을 자극한다. 이와 같은 전기 자극은 진통이 뇌로 전달되는 것을 막는 효과가 있다. 전기 자극은 살짝 따끔한 정도이며 자극 후에는 편안함을 느낄 것이다.

대부분의 병원과 분만 센터에는 경피신경자극치료 장비를 갖추고 있지 않다. 만약 장비를 사용하고 싶다면 병원물품 공급업체로부터 직접 장비를 빌려서 분만을 위해 병원에 가져가야 한다. 경피신경자극치료는 만성통증을 치료하는 데 자주 사용되기 때문에 병원의 물리치료 부서에서 장비를 빌릴 수도 있을 것이다.

나는 어떤 선택을 할까?

분만 중에 진통을 덜기 위해서 어떤 방법을 선택할지는 모두 산모에게 달려 있다. 분만을 시작하기 전부터 의사와 함께 여러 방법들에 대해 의논하는 것이 좋다. 그리고 자연적인 진통 완화 방법에 익숙해져라. 가능하다면 먼저 자연적으로 진통을 줄이는 방법들을 시도해보고 진통제를 쓸 때 같이 사용하는 것을 고려해 본다.

분만 중에 진통제를 사용해야겠다는 생각이 들더라도 바로 진통제를 요구하지 않도록 한다. 약 15분 이상을 명상이나 호흡법 등 다른 여러 방법을 시도하며 좀 더 참아보도록 한다. 진통을 견디기 위해서 다른 사람의 도움이 약간 필요한 것은 사실이지만 곧 스스로도 잘 견딜 수 있음을 깨닫게 될 것이다. 만약 견딜 수 없을 정도로 고통이 심하다면 진통제를 사용할 수도 있다. 어쨌든 한 가지 기억해야 할 점은 아기를 품에 안는 순간이 이 모든 과정을 견뎌낼 만큼 가치 있는 일이라는 것이다.

제왕절개수술 뒤 자연분만 시도하기

지난번에 제왕절개수술을 통해 출산했는데 이번에는 자연분만을 할 수 있을까? 그럴 수도 있다. 예전에는 한 번 제왕절개수술을 받으면 그 이후로는 계속 제왕절개수술을 통해 아기를 낳는 것이 일반적이었다. 하지만 제왕절개수술 후 자연분만(vaginal birth after Caesarean birth, VBAC)을 하는 것이 불가능한 것은 아니다. 따라서 VBAC를 시도하거나 다시 제왕절개수술을 하기로 결정하기 전에는 담당 의사와 함께 몇 가지 사실들을 고려해야만 한다. 만약 당신이 VBAC를 하기로 했다면 이번에는 자연분만과정을 경험하게 된다. 산모는 첫 진통의 신호가 오면 병원으로 향할 것이다. 참고로 집에서 VBAC를 시도하는 것은 매우 위험하다. 병원에서 의료진들은 분만진행 상황을 주의깊게 살피며 언제든지 제왕절개수술을 실시한 모든 준비를 하고 있다. VBAC 분만을 시작한 여성의 60~80퍼센트만이 자연분만에 성공하며, 분만에 성공하지 못한 이들은 다시 제왕절개수술을 받게 된다.

VBAC의 장점

자연분만의 장점 중 하나는 외과적 수술이 필요 없기 때문에 일반적으로 제왕절개수술보다 수술에 의한 합병증의 빈도가 낮다는 것이다. 자연분만의 그 밖의 장점들은 다음과 같다.

- 수혈을 할 가능성이 낮다.
- 감염 위험성이 낮다.
- 입원 기간이 짧다. 대개 1~2일만 병원에 입원해 있으면 된다.
- 제왕절개에 비해 출산 후 기운이 더 남아 있다.
- 일상생활로 빨리 복귀할 수 있다.

또한 자연분만은 아기를 밀어내기 위해 더 수고를 더 한 만큼 분만과정에 보다 애착을 느낄 수 있다. 옆에서 분만을 도와주는 사람들의 역할도 자연분만 시에 더 커진다.

VBAC의 단점

VBAC를 시도했을 때 발생 가능한 위험은 다음과 같다.

- 자연분만에 실패할 수 있다. 만약 그렇게 되면 산모와 태아가 감염될 확률이 증가한다. 또한 진통 중에 신체적, 정신적으로 모든 에너지를 소모해 자연분만으로 아기를 낳을 수 없을 수도 있는데, 어쩔 수 없는 이러한 상황을 일부 여성들은 실패로 받아들이기도 한다.
- 자궁파열, 즉 이전 제왕절개 수술 시 자궁절개를 한 부위가 찢어질 수 있다. 물론 VBAC에서 이런 일이 발생할 확률은 낮으며 주로 첫 제왕절개수술을 받을 때 어떤 유형의 자궁 절개를 했는가에 따라 달라진다. 자궁파열은 과다출혈을 발생시켜 산모와 태아의 생명을 위협할 수도 있다. 또한 태아의 뇌신경계가 손상될 수 있으며, 자궁적출 수술을 받아야 할지도 모른다. 그러므로 만약 자궁파열이 발생할 위험이 크다면 의사는 산모에게 다시 제왕절개수술을 받을 것을 권할 것이다.

과연 내가 VBAC를 시도할 수 있을까? 이것은 이전 제왕절개수술 시에 어떤 방법으로 자궁을 절개했는지 그리고 왜 수술을 받았는지에 따라 달라진다.

절개 유형

제왕절개수술을 할 때 의사는 복부 절개와 자궁 절개, 총 두 번의 절개를 한다. 복부 절개를 위해서는 피부, 지방, 근육을 차례로 절개해야 한다. 의사는 복부 절개 후 자궁을 절개하는데, 자궁 절개는 복부 절개와는 그 방법이 다르다. 따라서 배의 상처를 보고 어떤 유형의 자궁 절개를 했는지 알 수 없으므로 어떤 절개 유형인지 확인하려면 의사에게 물어보거나 의료 기록을 통해 확인해야 할 것이다. 자궁 절개는 다음과 같이 세 가지 유형으로 나뉜다.

• **하복부 수평 절개** : 가장 일반적인 절개법으로 자궁 아래쪽을 수평하게 절개 하는 것이다. 자궁 위쪽을 절개했을 때보다 출혈량이 적다. 또한 상처가 잘 아물어서 다음 분만때 자궁파열이 발생할 위험은 0.2~1.5퍼센트 정도이다. 만약 이 방법으로 절개를 했다면 이전에 제왕절개수술을 받았더라도 나중에 자연분만을 다시 시도할 수 있다.

• **하복부 수직 절개** : 자궁 아래쪽의 얇은 벽을 세로로 절개하는 방법이다. 태아의 자세가 정상적이지 않거나 의사가 판단하기에 절개를 크게 해야 한다고 생각될 때 이 방법이 사용된다. 이 경우 자궁파열이 발생할 위험은 1~7퍼센트로 하복부 수평 절개법보다 그 확률이 높다. 하지만 여전히 산모는 다음에 자연분만을 할 수 있다.

• 고전적 절개 : 자궁상부 세로 절개라고도 불린다. 절개는 자궁의 위쪽 둥근 부분에서 이루어지는데, 이는 예전에 많이 사용되던 절개방법으로요즘에는 거의 사용되지 않는다. 왜냐하면 자궁파열이 발생할 위험이 4~9 퍼센트에 이르는데다 과다출혈이 발생할 수 있기 때문이다. 따라서 이 방법은 응급상황에만 사용된다. 또한 이 절개법으로 수술을 받았다면 다음 번에 자연분만을 시도하기는 어렵다.

전에 제왕절개수술을 받은 이유

이전에 왜 제왕절개수술을 받은 이유는 다음 번 분만에 영향을 끼친다.

- 재발할 가능성이 거의 없는 문제로 제왕절개수술을 받은 경우라면 다음 번에 건강한 자연분만을 할 가능성은 제왕절개수술 경험이 없는 산모의 경우와 같다. 감염, 임신으로 인한 고혈압(자간전증), 태반 문제 그리고 태아곤란증 등으로 제왕절개 수술을 한 경우가 이에 포함된다.
- 만약 제왕절개수술 전이나 후에 한번이라도 자연분만을 한 경험이 있다면 그렇지 않은 사람에 비해 VBAC가 성공할 가능성이 높다.
- 태아가 너무 크거나 산모의 골반 크기가 너무 작아서 분만진행이 잘 되지 않아(난산) 제왕절개수술을 했다 해도 다음에 성공적인 자연분만을 할 가능성은 여전히 있다. 그러나 재발할 가능성이 없는 문제로 제왕절개를 한 사람보다는 그 확률이 다소 낮다.
- 분만 중 문제가 될 수 있는 만성질환을 앓고 있는 경우라면 제왕절개수술을 다시 받아야 할 것이다.

VBAC를 할 수 없는 사람은 누구일까?

어떤 경우에는 제왕절개수술 후에 자연분만을 시도하는 것보다 다시 제왕절개수술을 받는 편이 나을 수도 있다. 미국 산부인과 학회의 연구에 따르면 다음과 같은 경우에는 자연분만을 시도해서는 안 된다.

- 이전에 고전적 절개법을 실시했거나 T자 모양의 절개 또는 그와 유사한 자궁 절개를 했을 때
- 골반 입구가 너무 좁아서 아기의 머리가 통과하기가 어려울 때
- 자연분만을 할 수 없는 의학적, 산과적 문제가 산모에게 있을 때
- 제왕절개가 실시될 수 없는 곳에서 분만을 할 때

이외에도 대부분의 전문가들은 다음과 같은 상황일 때 자연분만을 시도하는 것을 반대한다.

- 이전에 두 번 이상 제왕절개수술을 받은 경험이 있을 때
- 자궁에 제왕절개 이외의 상처가 있을 때 (자궁근종 절제술 등에 의한)
- 쌍둥이를 임신했을 때
- 출산예정일이 2주 이상 지났을 때
- 태아의 크기가 정상보다 크다고 여겨질 때

이러한 상황에서 산모가 할 수 있는 최선의 방법은 의사와 함께 자신에게 발생할 수 있는 위험과 각 방법의 이점을 상의하는 것이다. 그럼으로써 자신과 아기에게 발생할 수 있는 위험을 줄일 수 있다.

VBAC 계획할 때 도움이 되는 정보

제왕절개수술 경험이 있는 여성의 대부분은 자연분만이 가능하다. 하지만 2000년에는 그 중 겨우 20퍼센트의 산모만이 자연분만을 시도했다. 자연분만 성공확률이 60~80퍼센트나 된다는데, 왜 더 많은 산모들이 제왕절개수술 후에 자연분만을 시도하지 않을까?

아마도 결국은 제왕절개수술로 끝날 길고 고통스러운 분만일 것이라는 생각 때문일 것이다. 다른 이유는 많은 여성들이 VBAC를 시도할 만한 의료장비가 충분히 갖춰져 있지 않은 장소에서 분만을 하기 때문이다.

만약 자신과 의사가 모두 VBAC를 시도하는 것이 좋겠다고 판단했다면 두려워하지 않도록 한다. 확실히 성공할 것이라는 보장은 없지만 좋은 경험을 할 기회이기 때문이다. VBAC를 시도할 때는 다음과 같은 것들을 미리 생각해본다.

- VBAC를 시도하면서 느끼는 두려움과 기대감 모두 의사와 나누도록 한다. 의사는 산모에게 분만이 어떤 과정을 따라 이루어질지, 이떤 영향을 받게 될지 알려줄 것이다. 만약 담당 의사가 미덥지 않다면 보다 믿음이 가고 기댈 수 있는 다른 사람을 찾을 수도 있다. 하지만 그런 경우 예전에 제왕절개수술 당시의 수술 기록을 포함한 의학 기록 모두를 새 의사에게 알려줘야 할 것이다.

- 가능하다면 분만을 도와줄 사람과 함께 VBAC 수업에 참여하도록 한다. 당신이 염려하는 점들에 대해 도움이 될 것이다.

- 의료 장비가 잘 갖추어진 곳에서 자연분만을 시도하도록 한다. 태아의 상태를 지속적으로 점검할 수 있고 의료진이 항상 대기하고 있으며, 언제든

지 마취제 사용과 수혈이 가능한 병원을 알아본다.

- 특히 자궁경부가 굳게 닫혀 있어서 분만 준비가 되지 않을 때 자궁경부를 숙화시키는 약물을 사용해서는 안된다. 이러한 약물은 자궁수축을 보다 자주, 강하게 일어나게 해서 자궁파열의 위험을 높일 우려가 있다.

- 분만 내내 의사가 자신을 살펴주고 있는지 확인한다. 의사가 지속적으로 산모를 봐줘야 다른 합병증의 발생 위험을 줄일 수 있다.

- 자신을 경기에 출전하는 운동선수라고 생각한다. 긍정적으로 생각하고, 규칙적인 식사와 운동을 하며 충분한 휴식을 취한다면 자연분만을 위한 최상의 컨디션을 만들 수 있을 것이다.

- 분만의 궁극적인 목적이 무엇인지를 생각한다. 건강한 상태로 건강한 아기를 만나는 데에 어떤 방법을 사용하는지는 크게 중요치 않다.

선택적 제왕절개에 대해 알아보기

안전성과 편리함 그리고 기타 여러 가지 이유 때문에 어떤 여성들은 자연분만 대신에 제왕절개수술을 선택한다. 이것을 선택적 제왕절개수술이라고 부르는데, 선택적 제왕절개수술은 일반적으로 진통이 시작되기 전 태아를 복부에서 외과적인 시술을 통해 꺼내는 것을 의미한다. 이는 의학적인 문제가 있어서가 아니라 단지 산모의 선택으로 인해 시행되는 것이다.

고려해야 할 점

선택적 제왕절개수술은 논생거리가 되는 주제다. 이에 찬성하는 입장은 아기를 어떻게 낳을지를 결정하는 것이 여성의 권리라고 말한다. 반면 반대하는 입장은 제왕절개수술을 통해 얻을 수 있는 잠재적인 이익보다 발생할 수 있는 위험성에 더 주목한다. 그러나 아직 연구가 충분히 이루어지지 않았기 때문에 이와 같은 논쟁거리를 매듭지을 의학적인 증거들은 많지 않다.

이처럼 제왕절개수술에 대한 의견이 아직 분분하기 때문에 이에 대한 의사들의 견해도 다양하다. 일부 의사들은 기꺼이 제왕절개를 고려할 것이다. 하지만 어떤 의사들은 제왕절개수술이 산모와 태아에게 이익이 되는 편이 없다고 여겨 꺼리기도 한다.

산모가 자연분만에 어려움을 겪은 적이 있다면 이번에는 선택적 제왕절개수술을 하고 싶을 수 있다. 우선은 담당 의사와 함께 제왕절개의 모든 장단점에 대해 이야기를 나누도록 한다. 의사는 산모의 지난 병력, 현재의 임신 상태, 최근 임신부의 건강상태 등을 종합하여 의사는 조언을 해줄 것이다.

많은 논란이 있는 주제에 대해 결정을 내리는 가장 좋은 방법은 가능한 찬반 입장 모두의 의견을 들어보는 것이다. 선택적 제왕절개수술을 고려한다면 그에 대한 장단점을 모두 들어본다. 가능하다면 제왕절개수술 경험이 있는 다른 여성들과 이야기를 나누는 것이 도움이 될 것이다. 제왕절개수술을 선택한 경우와 응급상황에서 실시된 경우는 다르므로 다른 경험자들에게 도움을 구할 때는 자신의 결정에 도움이 될 사람을 찾아야 한다. 또한 자연분만 경험이 있는 다른 여성과도 이야기를 나눠본다. 이러한 모든 일들은 담당 의사와 함께 자신과 아기를 위한 최고의 결정을 내리는 데 도움이 될 것이다.

선택적 제왕절개수술의 위험성

일부 전문가들은 외과적 수술 기술의 발달로 선택적 제왕절개수술이 자연분만만큼 안전하다고 주장한다. 하지만 다른 전문가들은 여전히 자연분만보다 제왕절개수술에서 합병증이 발생할 위험이 더 크다고 이야기한다. 선택적 제왕절개수술에는 다음과 같은 위험이 있을 수 있다.

• 산모의 사망 : 분만 중에 산모가 사망하는 것은 자연분만이든 제왕절개수술이든 매우 드물게 발생하는 일이다. 하지만 최근 몇십 년 동안 제왕절개수술로 인한 산모의 사망률이 감소하고 있는 추세라 하더라도 자연분만을 할 때 보다는 여전히 그 확률이 두 배 이상 높다. 그러나 일부 연구에서는 이

러한 위험률에 의문을 제기하면서 자연분만과 제왕절개수술의 위험성이 거의 같거나 오히려 제왕절개수술이 더 안전할 수 있다는 주장을 하고 있다.

• **장기적인 위험** : 이전에 제왕절개수술을 받은 산모는 다음 임신 때 태반에 문제가 생길 확률이 높기 때문에 이후 임신에 어려움을 겪을 수 있다. 태반 문제는 자궁적출, 심지어는 죽음까지 초래할 수 있다. 또한 전에 제왕절개수술을 했다면 자궁파열이 발생할 위험도 높아지는데, 특히 산모가 제왕절개 수술 후에 자연분만을 시도할 때 더욱 그러하다. 임신을 되풀이 할수록 태반 합병증의 위험성은 더욱 커지며, 제왕절개수술을 반복할 경우에도 그 위험성이 커진다.

• **수술로 인해 발생하는 위험** : 제왕절개수술은 언제나 감염, 출혈, 상처의 위험을 많이 가지고 있는 중요한 외과수술이다. 제왕절개수술을 할 때 발생하는 출혈량은 자연분만의 두 배 정도로, 전체 수술의 약 3퍼센트 정도는 수술 후 수혈이 필요하다. 또한 마취제를 비롯하여 수술 중에 사용되는 약품들은 때때로 호흡곤란과 같이 예상치 못한 반응을 일으키기도 한다. 대부분의 경우에는 경막외마취나 척수마취로 산모의 가슴 아래 감각을 마비시키지만 때로는 의식을 잠재우는 전신마취를 할 수도 있다. 전신마취의 경우 종종 폐렴을 일으킬 수 있으며, 구토 증상을 일으켜 호흡중에 구토물이 폐로 들어갈 위험이 조금 있다. 하지만 보통 전신마취는 아기가 가능한 한 빨리 엄마의 뱃속에서 나와야 하는 응급상황에만 이루어진다.
제왕절개수술을 받은 산모들은 분만 후에 자궁내막염이나 혈병이 발생하기 쉽다. 일부 연구 결과에 따르면 제왕절개를 받은 산모는 출산 후 병원을 퇴원할 때까지 보다 시간이 걸린다고 한다.

• 모유수유를 할 시간의 감소 : 출산 후 몇 시간 이내에는 모유수유를 시작하기 어려울 뿐 아니라 아기와 함께 시간을 보내기도 힘들 것이다. 하지만 이것은 일시적이다. 수술 후 회복이 되면 모유수유를 시작할 수 있으며 이를 통해 아기와 오랜 시간 함께하며 친근감을 형성하게 될 것이다.

이와 같은 위험들 외에도 제왕절개수술을 하게 되면 자연분만을 했을 때보다 일반적으로 비용이 더 들게 된다. 그러므로 선택적 제왕절개를 할 경우에는 보험적용이 되는지 확인하는 것이 좋다.

제왕절개로 인해 태아에게 발생할 몇몇 위험은 다음과 같다.

• 조산 : 임신기간이 정확히 측정되지 않은 경우 아기가 한 주에서 두 주 정도 빨리 태어날 수 있다. 이 경우 호흡 곤란, 저체중 등의 문제가 있을 수 있다.

• 일과성 빈호흡 : 제왕절개 수술로 태어난 신생아에게 흔하게 나타나는 문제 중 하나가 바로 일과성 빈호흡이라 불리는 가벼운 호흡 곤란 증세이다. 일과성 빈호흡은 신생아의 폐가 아직 젖어 있을 때 발생한다. 자궁에 머무는 동안 태아의 폐는 보통 양수로 채워지는데, 자연분만을 하게 되면 아기가 산도를 따라 나오면서 가슴이 압박을 받게 되고 폐에 있던 액체들이 빠져나오게 된다. 그러나 제왕절개수술을 하게 되면 아기의 가슴에 적절한 압력이 가해지지 않기 때문에 출생 후에도 폐에 여전히 양수가 남아 있을 수 있다. 이렇게 폐에 양수가 남아있게 되면 신생아의 호흡이 빨라지고 남아 있는 양수를 밖으로 배출하는 데 추가적으로 산소가 필요하게 된다. 하지만 이러한 증상은 아기가 태어나고 몇 시간에서 며칠이 지나면 곧 사라진다.

• 마취제의 영향 : 마취제를 사용하게 되면 종종 산모에게 저혈압 증상이 나타날 수 있다. 이 경우 태아에게 전달되는 산소의 양도 줄어들어 태아의 혈액 산성도가 높아질 수 있다. 하지만 이러한 현상은 대부분 일시적이다. 전신마취의 경우 몇몇 약물들이 태아에게 전해져서 호흡 곤란 등의 문제를 일으킬 수 있다. 그럴 경우 마취제를 중화하는 약물이 태아에게 투여될 것이다.

• 상처 : 드물기는 하지만 제왕절개수술 중에 태아에게 상처가 생길 수 있다.

선택적 제왕절개수술의 장점

선택적 제왕절개수술의 장점은 다음과 같다.

• 골반 근육 보호할 수 있다.

자연분만 과정에서는 산모가 아기를 밀어내기 위해서 힘을 주어야 하기 때문에 골반근육이 약해지거나 손상을 입을 수 있으며, 골반신경이 손상될 수도 있다. 그렇게 되면 소변과 대변이 조금씩 샐 수 있으며, 흔한 일은 아니지만 방광과 같은 골반장기들이 산도로 튀어나오는 등 골반장기 탈출증이 나타날 수도 있다.

일반적으로 요실금 현상은 임신과 분만으로 인해 발생했다가 3개월 이내에 그 증상이 사라진다. 하지만 일부 여성의 경우에는 이 증상이 평생 지속되기도 한다. 때때로 출산 후 몇 년 후에야 분만 때 약해진 골반근육에 의한 증상이 나타나기도 한다. 이러한 골반근육 손상의 위험을 높이는 요소로는 아기가 잘 나올 수 있도록 질 입구를 넓히는 회음부절개술이나 진통과 분만 또는 겸자분만이나 흡입분만 중 발생한 큰 산도열상 등이 있다.

그러나 제왕절개수술을 받았다고 해서 요실금 현상이 전혀 나타나지 않는 것은 아니다. 임신 중 태아의 체중이 골반근육을 약화시키기도 하기 때문이다. 심지어 요실금 문제는 아기를 낳은 경험이 없는 여성에게도 발생하기도 한다. 2003년에 이루어진 한 연구 결과에 따르면 출산 경험이 없는 여성의 10퍼센트에 달하는 1만5천 명 정도의 여성이 요실금을 겪는다고 한다. 제왕절개수술을 받은 여성들의 16퍼센트, 자연분만을 한 여성들의 21퍼센트는 요실금을 겪었다. 선택적이었든, 응급상황이었든 제왕절개수술을 받은 여성에게 나타나는 결과는 거의 비슷했다. 여성의 나이가 50~64세 사이의 여성인 경우에는 자연분만을 한 여성과 제왕절개수술을 받은 여성의 요실금 발생확률이 엇비슷했다.

따라서 여성들은 임신 중과 임신 후에 케겔 운동을 통해 골반근육을 강화함으로써 요실금을 예방하는 것이 좋다.

선택적 제왕절개는 산모에게 다음과 같은 이점이 있다.

• 응급상황에서의 제왕절개수술을 피할 수 있다.

자연분만을 진행할 수 없는 응급상황이 되면 어쩔 수 없이 제왕절개수술을 실시하게 된다. 이 때 발생할 위험은 선택적 제왕절개나 자연분만 모두의 경우보다 훨씬 크다.

• 힘든 분만을 피할 수 있다.

분만진행이 힘들어지면 분만용 겸자나 진공 분만 보조도구를 사용하게 되는데, 이러한 방법들은 대개 문제가 되지 않는다. 하지만 도구를 사용하여 분만이 실패할 경우 태아가 손상을 입을 위험이 더 커지는 것은 사실이다.

• 출산 계획을 세우기가 수월해진다.

제왕절개수술을 원하는 날짜와 시간에 맞춤으로써 출산 준비를 보다 잘 할 수 있다. 미리 날짜를 정하게 되면 의료진들 역시 피로를 줄이고 적절한 직원을 배치할 수 있다.

태아에게는 다음과 같은 이점이 있을 수 있다.

• 출산 시 발생하는 문제가 감소한다.

계획을 세워 제왕절개수술을 하게 되면 출산 중에 발생할 수 있는 문제를 줄일 수 있다. 분만진통과 관련된 신생아 사망, 견갑 난산, 거대아 출생 시 가장 염려되는 분만손상, 태변흡인(출산 중에 태아가 숨을 들이쉬면서 태변배설물이 폐에 들어가는 현상) 등이 그 예다. 또한 진통의 과정은 뇌성마비의 위험을 약간 증가시킬 수 있다.

• 감염성 질병의 전염 위험이 감소한다.

제왕절개수술을 선택한 경우 에이즈 바이러스, B형 긴염, C형 간염, 헤르페스, 유두종 바이러스 능과 같은 감염성 질환들이 태아에게 전염될 확률을 줄일 수 있다.

남자아기가 태어났다면 출산 후에 포경수술을 해야 할지 결정해야 한다. 포경수술이란 남성의 음경 끝 부분을 덮고 있는 피부를 제거하는 외과수술을 말한다. 포경수술을 실시했을 때 발생하는 이점이나 위험을 알아둔다면 결정을 내리는 데 도움이 될 것이다.

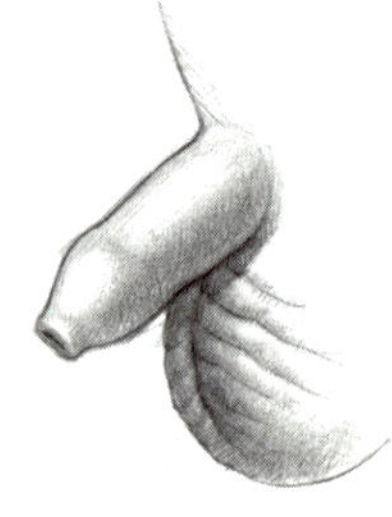
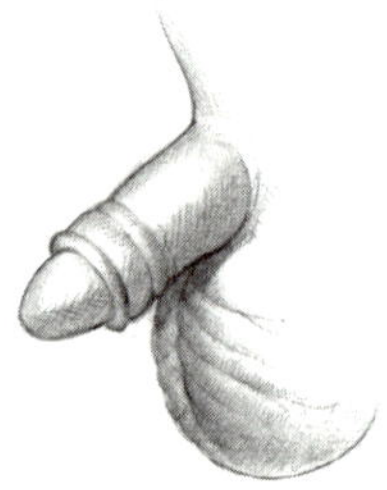

▶ 포경수술 전(왼쪽), 음경의 포피가 음경 끝(귀두)까지 덮고 있다. 수술 후에는 귀두가 노출된다(오른쪽).

고려해야 할 점

미국에서 포경수술은 꽤 일반적으로 실시되지만 여전히 논쟁의 여지가 있다. 포경수술이 의학적으로 이점이 있다는 증거는 몇 가지가 있다. 그러나 한편으론 위험 요소들을 가지고 있는 것도 사실이다. 최근 미국 소아과학회는 의학적으로 도움이 된다는 확실한 증거가 부족하다는 이유로 남자 신생아들에게 일반적으로 이루어지는 포경수술을 권하지 않는다.

포경수술 실시 여부를 결정할 때는 자신의 문화, 종교, 사회적 가치 등을 고려해야 한다. 유대인이나 이슬람을 믿는 일부 사람들에게 포경수술은 종교적 의식이다. 또 어떤 사람들에게는 개인적인 위생이나 질병예방 차원의 문제로 여겨지기도 한다. 일부 부모들은 자신의 아들이 단지 가족이나 친구들과 달라 보이는 것을 원치 않아서 포경수술을 시키기도 한다.

어떤 사람들은 포경수술이 아기 정상적인 성기 모양을 망가뜨리는 것이라고 생각한다. 또 어떤 사람들은 아기가 너무 어려서 본인의 의사를 표현하지 못할 때 부모가 임의적으로 포경수술을 하는 것은 잘못이라고 주장한다. 또한 포경수술을 불필요한 과정으로 여기는 사람들 역시 여전히 존재한다. 어쨌든 아들을 위한 최상의 결정을 내리기 위해서 다음과 같은 포경수술의 건강상의 이점과 위험들을 고려하는 것이 좋을 것이다.

건강상의 이점

여러 연구에 통해 알려진 포경수술의 이점은 다음과 같다.

- 요로감염 발생 위험. 감소 : 아기가 태어난 첫해 요로감염에 걸릴 확률은 낮다. 하지만 여러 연구 결과에 따르면 포경수술을 받지 않은 남자 아이의 경우 포경수술을 받은 아이보다 요로감염 확률이 10배나 크다고 한다. 또한 포경수술을 받지 않은 남자 아이는 생후 첫 3개월간 심각한 요로감염에 걸려 병원에 갈 확률이 더 높은데, 생후 초기에 심각한 요로감염에 걸리면 나중에 신장에 문제가 발생할 수 있다.

- 음경암 발생 위험 감소 : 음경암이 발생할 확률은 매우 드물다. 그러나 포경수술을 받은 남성보다 받지 않은 남성의 음경암 발생률이 더 높다고 한다.

• **성병 발생 위험 약간 감소** : 일부 연구 결과에 따르면 에이즈 바이러스 (HIV)와 인유두종 바이러스(HPV)가 발생할 위험성이 포경수술을 받은 남자의 경우에 더 낮다고 한다. 하지만 성병을 방지하려면 포경수술 보다는 안전한 성관계가 훨씬 중요하다.

• **음경에 발생할 수 있는 문제 예방** : 때로 포경수술을 받지 않은 남성의 경우 음경의 포피가 귀두를 덮어 음경 발기가 어렵거나 아에 되지 않는 포경 (phimosis) 현상이 발생할 수 있다. 이 경우 포경수술은 문제 해결을 위한 치료의 목적으로 실시되기도 한다. 또한 좁아져 있는 포피가 음경의 귀두염을 초래할 수도 있다.

• **간편한 위생** : 포경수술을 하면 음경을 깨끗이 씻기가 더욱 쉬워진다. 하지만 포피가 그대로 남아있다고 해서 깨끗이 씻을 수 없는 것은 아니다. 보통 신생아의 음경 끝에 붙어있는 포피는 유년시절을 맞으면서 음경 뒤쪽으로 점점 젖혀지게 된다. 아기의 성기 부분을 비누와 물을 이용해서 부드럽게 닦아주도록 한다. 나중에 음경을 덮고 있는 포피가 완전히 오그라들면 아이는 음경 포피를 부드럽게 뒤로 젖히고 비누와 물을 사용해서 깨끗하게 씻는 법을 익히게 될 것이다.

> **TIP**
>
> ### 포경수술은 어떻게 이루어지는가?
>
> 만약 아들에게 포경수술을 시키기로 마음먹었다면 포경수술을 하는 것이 가능한지 또는 권해줄 만한지 의사에게 조언을 구하도록 한다. 그러면 담당 의사는 포경수술이 진행되는 과정에 대한 궁금증을 해소해주고 수술 예약을 할 수 있도록 도와줄 것이다. 일반적으로 포경수술은 산모와 아기가 퇴원하기 전에 이루어지지만 외래에서 시행될 수도 있다. 수술 하는 데는 약 15분 정도가 소요된다. 일반적으로 아침에 우유를 먹이기 전에 수술이 완료된다.

일반적으로 수술을 받을 때 아기를 수술대에 똑바로 눕힌 뒤 팔과 다리를 고정한다. 의사는 아기의 음경과 주변 부위를 깨끗이 닦은 다음에 음경뿌리에 마취제를 투여한다. 그리고 음경에 겸자나 플라스틱 링을 부착하고 포피를 절개하여 제거한다. 마지막으로 페트롤레움*petroleum* 젤리와 같은 연고를 음경에 바른 다음 거즈로 느슨하게 음경을 두른다.

포경수술 후 아물고 있는 중에 음경을 씻어도 괜찮다. 수술 후 첫 주에는 피부에 노란색 점액물질이 생성되는데, 이것은 정상적인 현상이다. 음경의 끝에 페트롤레움 젤리 연고를 바를 때는 기저귀에 달라붙지 않도록 한다. 포경수술 후 완전히 회복되기까지는 약 일주일에서 열흘 정도 걸린다.

포경수술 후에 문제가 발생하는 경우는 매우 드물다. 하지만 아기가 소변을 보는 것이 정상적이지 않거나 지속적인 출혈이 있다면 또는 감염이 의심되는 증상이 나타나면 즉시 의사에게 연락하도록 한다.

발생할 수 있는 위험

일반적으로 포경수술은 수술과정이 안전하고 수술 후 발생할 수 있는 위험 역시 낮은 것으로 여겨진다. 몇몇 연구 결과에 따르면 포경수술 시 합병증이 발생할 수 있는 확률은 대략 0.2퍼센트 정도라고 한다.

다음은 포경수술 시 발생할 수 있는 몇 가지 위험과 단점이다.

• 외과적 수술로 인한 위험성 : 포경수술을 포함한 모든 외과적 수술에는 출혈이나 감염과 같은 약간의 위험이 따르기 마련이다. 또한 포경수술로 잘라진 포피의 길이가 적당하지 않거나 절개상처가 적절히 회복되지 않을 수도 있다. 만약 남아 있던 포피가 음경의 끝에 다시 붙을 경우 추가 수술이 필요할 수 있다. 그러나 이러한 일이 흔하지는 않다.

• 수술로 인한 통증 : 포경수술을 하게 되면 통증이 발생한다. 일반적으로

이에 대비해서 신경 감각을 차단하는 국소마취가 실시된다. 어떠한 마취제를 사용할 것인지는 의사와 미리 상의하도록 한다.

• 외형을 원래대로 되돌리기 어려움 : 일단 수술이 실시되면 대개의 경우 포경수술 전 형태로 되돌리기 어렵다.

• 비용 : 일부 보험회사의 경우 포경수술을 보험에서 제외한다. 아기에게 포경수술을 할 것을 고려중이라면 보험 적용이 되는지 먼저 문의해야 할 것이다.

• 그 밖의 문제들 : 아기가 예정보다 일찍 태어나는 등의 문제가 생기면 포경수술이 연기되기도 한다. 일부 경우에는 포경수술을 해서는 안 될 때도 있는데, 아기의 요도 입구가 음경뿌리나 옆 같은 비정상적인 위치에 있을 경우 (요도하열) 그렇다.

이러한 문제는 외과적 시술로 치료되는데, 때로는 음경의 교정에 포피가 필요할 수도 있다. 고열증상, 모호 성기(ambiguous genitalia) 또는 집안에 혈우병 환자가 있다면 포경수술은 실시되지 않는다.

포경수술이 생식 능력에 영향을 끼치거나 자위를 막지는 않는다. 남성 본인이나 상대방의 성욕을 증가시키거나 감소시킨다는 증거도 없다. 포경수술에 대한 일부 주장들을 증명하기 위해서는 더 많은 연구가 필요하다. 좋은 소식은 산모가 어떤 선택을 하든지 아기에게 부정적인 결과가 발생할 확률은 매우 적다는 것이다.

포경수술 후 아기 돌보기

신생아가 포경수술을 받았을 경우 수술 후 첫 주는 아기의 음경 끝 살이 거의 그대로 노출된다. 혹은 노란 빛의 점액이나 딱지가 수술 부위 주변에 발생할 수 있다. 하지만 이것은 회복되는 과정에 나타나는 정상적인 증상이다. 또한 수술 후 하루나 이틀 정도는 적은 양의 출혈이 발생하기도 한다.

기저귀를 차는 부분을 부드럽게 닦아주고 기저귀를 갈 때마다 아기 음경 끝에 페트롤레움 젤리 연고를 가볍게 두드려 발라주도록 한다. 그렇게 하면 음경이 기저귀에 달라붙지 않을 것이다. 붕대를 감아두었다면 기저귀를 갈 때마다 붕대도 함께 바꿔주도록 한다. 때로는 붕대 대신에 플라스틱 링이 사용되기도 한다. 플라스틱 링은 포경수술이 실시된 부분이 회복되는 동안 음경의 끝에 약 일주일 정도 끼워져 있게 된다. 그리고 플라스틱 링은 저절로 빠질 것이다. 회복 중에 음경을 물로 닦아도 괜찮다.

포경수술 후에 문제가 발생할 일은 드물다. 하지만 다음과 같은 상황이 나타날 때는 의사에게 연락해야 한다.

- 아기가 포경수술 후 6~8시간 이내에 정상적으로 소변을 배출하지 않을 때
- 출혈이나 음경 끝 부분의 붉은 빛이 지속될 때
- 음경 끝이 부어오를 때
- 음경 끝에서 악취가 나는 점액이 흘러나오거나 진물이 나는 딱지가 생겼을 때

아기의 담당 의사 선택하기

아기의 출산을 기다리며 유아용 침대, 아기 바구니, 담요 등 여러 가지를 준비 구했겠지만 꼭 준비해야 할 중요한 것이 하나 더 있다. 바로 아기의 건강을 돌봐줄 담당 의사를 선택하는 일이다. 아기가 태어나기 전에 미리 아기를 담당할 의사를 선택하는 것이 좋다. 미국의 경우에는 미리 선택한 아기의 담당 의사가 신생아의 상태를 살펴보기 위해 산모와 아기가 있는 병원으로 오기도 한다.

아기의 담당 의사를 통해 산모는 아기의 건강상태 체크 시에 언제 어디로 아기를 데려가야 하는지 미리 알 수 있다. 그뿐만 아니라 신생아를 돌보면서 발생하는 모든 궁금한 것들을 질문할 수 있을 것이다. 첫아기를 낳은 대부분의 부모들은 알고 싶은 것이 매우 많다. 이렇게 미리 담당 의사를 정해두면 아기가 태어난 후에 하게 될 여러 고민 중 하나를 더는 셈이다.

어디서부터 시작할까?

마음에 둔 의사가 없다면 자녀가 있는 친구나 친지들에게 추천을 받을 수도 있다. 왜 그 의사를 추천했는지 그리고 그 의사가 자신의 상황에 잘 맞는지 확인하도록 한다. 또는 산모의 담당 의사가 좋은 의사를 소개할 수도 있다. 이제 막 아기의 담당 의사를 찾기 시작했거나 좀 더 많은 정보를 얻기 원한다면 다음과 같은 곳들에서 도움을 받을 수 있을 것이다.

- 근처의 일반 병원이나 소아과 병원
- 지역 보건소
- 지역 도서관의 병원 정보
- 지역 안내 책자
- 인터넷 사이트

아기를 돌봐줄 의사의 유형

기본적으로 아기의 건강을 돌봐줄 자격을 갖춘 전문의들은 미국의 경우 가족 주치의, 소아과 전문의, 소아전문 간호사(Nurse Practitioner) 이렇게 세 가지 유형으로 나뉜다.

가족 주치의

가족 주치의는 아기를 비롯한 모든 연령대의 사람들을 돌볼 수 있는 의사로 소아과를 포함해 다양한 의학 분야를 공부한 사람들이다. 가족 주치의가 되려면 의과 대학을 졸업하고 3년간의 레지던트 과정을 밟아야 한다. 그리고 병원에서 외래환자들을 돌보며 의학 경험을 쌓아야 한다. 가족 주치의는 대부분의 의학 문제들을 다루며, 필요하다면 아기가 특별한 치료를 받을 수 있도록 도와줄 수 있다.

가족 주치의는 아기가 성인이 될 때까지 평생 지켜보며 건강을 살펴줄 수 있다는 장점이 있다. 만약 다른 가족들의 건강도 같은 의사가 돌봐주게 된다면 의사는 그 집안 전체에 어떤 건강상의 문제가 나타나는지 발견할 수 있다. 이는 다른 일반 의사들이 놓치기 쉬운 점이다.

만약 믿을만한 가족 주치의를 이미 만났다면 신생아의 건강도 돌봐줄 수 있는지 물어봐야 한다. 일부 가족 주치의는 유아를 돌보지 않는다. 또 특정 연령 이상의 아이들만 돌보는 가족 주치의도 있다. 그러나 직접 아기를 돌보지 않더라도 가족 주치의가 다른 의사를 소개시켜줄 수는 있을 것이다.

소아과 전문의

신생아부터 사춘기 시작까지 아이들의 건강 관리 및, 치료를 세부전공 한 의사를 소아과 전문의라 한다. 소아과 전문의가 되기 위해서는 의과 대학을 졸업하고 3년간 레지던트 과정(한국에서는 4년간)을 거쳐야 한다. 그들은 특히 어린 아이들의 건강문제를 예방하고 치료하는 것에 초점을 맞춘다. 일부 소아과 의사들은 알레르기, 감염성 질환, 심장학, 정신의학 등의 분야를 부전공으로 택하고 심도 있게 공부하기도 한다.

대부분의 부모들은 아이들의 건강에 대해 집중적으로 훈련받은 소아과 전문의를 찾아가게 된다. 아기의 건강에 이상이 있거나 의학적으로 특별한 주의가 요구될 때는 소아과 전문의가 특히 도움 될 것이다.

소아전문 간호사

소아전문 간호사란 소아학이나 가정의학 등과 같은 특정의학 분야에 대해 심도 있게 훈련 받은 간호사를 말한다. 간호학과를 졸업한 후 전문 간호사는 전문 분야에서 공식적인 교육 프로그램을 수료하게 된다. 대부분은 최소한 석사 이상의 학위를 가지고 있다. 이들은 의사나 전문 간호사의 엄격한 감독 아래에서 강도 높은 임상 경험들과 함께 간호이론을 습득하는 것이 일반적이며 유아, 어린이, 청소년 들을 돌보는 데 초점을 맞춘다.

소아전문 간호사의 주요 목적은 질병을 예방해 아기의 건강을 지키고, 산모와 아기가 스스로 건강을 유지할 수 있도록 가르치는 데 있다. 미국에서는 대부분의 소아전문 간호사들이 약을 처방할 수 있으며, 의학검사까지 실시할 수 있다. 그들은 내과의사와 병원에서 일하는 의학 전문가들 또는 가족 주치의와 긴밀히 협력면서 아기에게 복잡한 건강상의 문제가 생기면 그들에게 협조를 요청하기도 한다.

아기의 건강을 돌보기에는 전문성이 부족하다고 생각하고 소아전문 간호사에게 아기 맡기기를 꺼리는 부모들도 있다. 하지만 1차 진료를 위해서는 소아전문 간호사를 택하는 것이 더 좋을 수 있다. 실제로 2000년 미국의사협회 저널에 실린 한 논문에 의하면 간호사에게 아기를 맡긴 부모들이나 소아과 전문의에게 아기를 맡긴 부모들은 만족도나 아기의 건강 상태에 큰 차이를 발견하지 못했다고 한다.

또한 부모들은 전문 간호사에게 궁금한 것들을 질문하고 답변을 듣거나 염려되는 것들을 상담하기에 더 편하다고 느꼈다. 진료비 역시 일반 의사보다 저렴한 편이다.

고려해야 할 점

위의 세 가지 유형 중 어떤 전문가를 선택했든지 간에 가장 중요한 점은 그에게 편안함을 느끼는지다. 아기의 담당 의사는 가족들에게도 중요하다. 아마 당신은 모유수유, 예방접종, 일반적인 건강 상식 등 육아에 대한 생각과 비슷한 육아 철학을 공유할 수 있는 의사를 만나고 싶을 것이다.

위와 같은 이유로 이유로 아기를 낳기 전에 여러 소아과 의사들을 만나보고 싶을 수 있다. 대부분의 경우 돈을 따로 받진 않지만 어떤 경우에는 상담료를 지불해야 할 수 있다. 다음은 상담을 하면서 생각해봐야 할 점들이다.

- 어떤 분야의 전문의인가?
- 의사가 환자를 대하는 태도는 어떠한가?
- 전화 통화나 예약 등 어떠한 방법으로 의사를 만날 수 있는가? 그리고 진료를 받으려면 얼마나 일찍 예약을 해야 하는가?
- 근무시간이나 근무시간 후에 병원에 연락하면 누가 응답하는가?
- 응급 상황이 발생했을 경우 어떻게 하면 의사를 만날 수 있는가? 의사가 자리를 비웠을 경우에 대비책이 있는가?
- 만약 아기가 병원에 입원해야 한다면 의사는 어떤 병원을 선택할 것인가? 그 의사가 직접 병원에 와서 아기를 돌봐줄 것인가 아니면 응급 소아진료가 가능한 다른 의사를 소개해줄 것인가?
- 병원 직원들은 예의 바르고 친절한가? 여러 가지로 도움을 주는가?
- 아기가 드나들어도 될 만큼 병원이 깨끗하고 안전한가?
- 진료비는 어느 정도 들고 보험 적용은 어디까지 되는가? 병원에서는 보험 처리 신청을 해줄 것인가? 만약 보험 혜택을 받을 수 있는 특정 건강관리 상품에 가입되어 있다면 보험사에 문의하여 알아보도록 한다.

모유를 먹일까?
분유를 먹일까?

수유에 대한 계획을 세우고 있는가? 여러 과학적 증거들을 보면 모유를 먹이는 것이 아기에게는 가장 좋다. 그리고 엄마가 되는 많은 여성들이 주변에서 이와 같은 이야기를 듣는다. 미국 보건복지부의 조사에 따르면 엄마가 되는 여성의 65퍼센트가 모유수유를 시작한다. 그리고 그 중 1/3 정도가 6개월 후에도 계속 모유수유를 한다.

반면 여러 가지 이유로 아기에게 분유를 먹이는 여성들도 있다. 요즘 출시되는 분유는 모유를 먹이지 않더라도 아기에게 충분한 영양분을 공급할 수 있도록 제조되고 있다. 모유를 선택했든 분유를 선택했든 간에 태어난 아기와 처음으로 함께 하는 몇 주 동안은 매우 힘들고 지칠 것이다. 산모와 아기 모두 새로운 현실에 적응하는 데는 시간이 걸린다.

이 기간 동안 잊지 말아야 할 것은 수유가 영양을 공급하는 것 이상의 의미를 지닌다는 점이다. 수유를 하면서 아기를 품에 안고 가까이 하는 동안 산모와 아기는 깊은 정이 든다. 아기의 눈을 계속 바라보면서 보듬어 줘라. 그리고 아무에게도 방해 받지 않고 수유할 수 있는 조용한 장소를 찾는다. 아기가 자라서 더 이상 수유할 필요가 없을 때까지 수유 시간을 소중히 여겨라. 그 때는 생각보다 금방 올 것이다.

고려해야 할 점

모유를 먹일 것인지 분유를 먹일 것인지 아직 결정하지 못했다면 다음과 같은 질문들을 스스로에게 던져본다.

- 담당 의사가 권해준 것은 무엇인가? 만약 산모나 아기에게 건강상 문제가 있다면 수유 방법이 건강에 어떤 영향을 끼칠지 의사와 상의하도록 한다.
- 모유를 먹이는 것과 분유를 먹이는 것 모두에 대해서 제대로 이해하고 있는가? 수유하는 법에 대해 최대한 많이 배우도록 한다. 산후조리원, 수유 관련 전문가 또는 다른 의학 전문가들에게 도움을 받는다.
- 곧 직장으로 복귀할 계획인가? 만약 그렇다면 어떤 수유 방법을 결정하는 것이 좋을까? 모유수유를 계획 중이라면 직장에 모유를 짜낼 때 필요한 편의시설이 갖춰져 있는가?
- 남편은 수유 방법에 대해 어떻게 생각하나?
- 당신이 믿고 존경하는 다른 엄마들의 경우 어떤 선택을 했는가? 만약 다시 아기를 키운다면 그들은 똑같은 선택을 할까?

모유수유에 관한 모든 것

모유에는 알려진 것처럼 좋은 점이 많다. 대부분의 경우 모유를 오래 먹일수록 산모와 아기에게 더욱 좋다고 한다. 모유가 아기에게 좋은 이유는 다음과 같다.

• 이상적인 영양분 섭취 : 모유에는 아기에게 필요한 좋은 성분이 적절한 양으로 알맞게 들어 있다. 모유에는 아기의 성장, 소화 그리고 뇌 발달에 필요한 지방, 단백질, 탄수화물, 비타민, 무기물 등이 들어 있다. 모유는 아기에게 맞도록 특화돼 있어서 아기가 자라면 모유의 성분도 변한다.

• 질병에 대한 면역력 증가 : 여러 연구에 따르면 모유가 아기의 면역력을 높여준다고 한다. 모유는 항체가 많이 포함되어 있는 유아기에 흔히 발생할 수 있는 질병에 대항할 수 있도록 면역체계를 돕는다. 모유를 먹고 자란 아기는 모유를 먹지 않은 아기보다 감기, 귀의 염증, 요로감염 등 질병에 덜 걸리는 경향이 있다.

또한 습진과 같은 피부 알레르기, 천식, 음식 알레르기 발생률 또한 낮다. 그리고 적혈구의 수가 감소할 때 나타나는 빈혈증상이 감소하며 소아 백혈병의 발병률도 약간 떨어트린다고 알려져 있다.

장기적으로 보면 모유는 질병을 예방한다. 아기였을 때 모유를 먹으면 성인이 되었을 때 콜레스테롤 수치가 낮기 때문에 심장 발작이나 심장 마비의 위험이 줄어든다. 또한 비만이 되거나 당뇨병에 걸릴 확률도 적다. 연구에 따르면 모유수유는 아기가 유아돌연사 증후군(SIDS)으로 사망할 확률도 떨어트린다고 한다.

• 소화하기 쉬움 : 모유는 건강에 좋을 뿐만 아니라 분유나 우유에 비해 아기가 소화하기 훨씬 쉽다. 그뿐만 아니라 분유보다 위에 머무는 시간이 짧기 때문에 아기가 먹은 우유를 토해낼 확률도 낮다. 또한 방귀와 변비도 줄어든다. 모유에는 설사를 일으키는 병균을 죽이는 물질이 들어 있기 때문에 모유를 먹은 아기는 설사도 덜하고, 소화 기능 역시 발달한다.

• 그 밖의 다른 이점 : 모유수유를 하게 되면 아기의 턱과 얼굴근육이 정상적으로 발달하게 된다. 그리고 나중에 충치가 생길 확률을 줄여주기도 한다.

모유수유가 산모에게 좋은 점은 다음과 같다.

• 자궁수축 : 아기가 젖을 빨면 산모의 몸에서는 자궁수축을 돕는 호르몬인 옥시토신이 분비된다. 이는 분유를 먹였을 때보다 모유수유 시에 자궁이 더 빨리 원래 크기로 되돌아감을 의미한다.

• 배란억제 : 모유수유는 배란이 다시 시작되는 것을 지연시켜 다음 번 임신까지 간격을 늘리는 데 도움이 된다.

• 장기적인 건강 유지 : 모유수유는 폐경기 전 유방암에 걸릴 확률을 떨어트리기도 한다. 또한 자궁암과 난소암 발생을 막아주는 것으로도 알려져 있다.

모유수유를 경험한 부모들이 말하는 것

자녀를 모유수유 했던 엄마들은 다음과 같은 장점들을 이야기한다.

• 편리함 : 많은 엄마들은 젖병을 통해서 분유를 먹이는 것보다 모유를 먹이는 것이 더 편리하다고 말한다. 모유는 어디에서든지 아기가 배고파 보일 때마다 특별한 도구 없이 수유를 할 수 있다. 또한 모유는 언제나 적정 온도를 유지하고 있어 아기가 언제든지 먹을 수 있다. 젖병을 준비할 필요가 없

고, 누워서도 수유를 할 수 있기 때문에 밤중에 일어나 아기에게 수유하는 일이 쉬워진다.

• 비용 절감 : 모유수유를 하면 젖병이나 분유를 살 필요가 없어지므로 비용을 줄일 수 있다.

• 유대감 형성 : 모유를 먹이게 되면 엄마와 아기 사이에 친밀감과 유대감이 형성된다. 이것은 두 사람 모두에게 가치 있고, 만족스러운 경험이 될 것이다.

• 엄마를 위한 휴식 시간 : 아기에게 모유를 먹이는 시간에는 엄마도 쉴 수 있다.

모유수유를 하기 위해서는 다음과 같은 것들을 감수해야 한다.

• 처음에는 엄마가 직접 먹여야 한다.

모유수유를 시작할 때는 항상 아기와 함께 있어야 한다. 처음 몇 주간은 밤낮 상관없이 2~3시간마다 아기에게 수유를 해아 하기 때문에 신체직으로 매우 힘들고 피곤할 것이다. 물론 나중에는 유착기를 이용해 모유를 짜두고 남편이나 주위 사람들이 아기에게 먹이게 할 수도 있다. 하지만 미리 짜두는 모유의 양이 아기에게 충분한 만큼 되려면 한 달 이상이 걸릴 것이다.

• 엄마가 자제해야 할 일이 있다.

아기에게 모유를 먹이는 동안 술을 마셔서는 안 된다. 왜냐하면 모유를 통해서 아기에게 알코올 성분이 전해질 수 있기 때문이다. 또한 수유하는 동안에는 특정 약물을 복용해서도 안 된다.

• 유두가 아프다.

어떤 여성들은 아기에게 수유를 할 때 유두의 통증이나 감염을 겪기도 한다.
이러한 증상은 수유 관련 전문가나 담당 의사의 도움을 받아 치료할 수 있다.

• 그 밖에 여러 가지 신체적 부작용들이 나타난다.

모유수유를 하는 동안 몸에서는 질을 건조하게 만드는 호르몬이 분비된다.
이러한 증상은 수용성 윤활유로 다소 완화할 수는 있지만 원활한 성관계
에는 방해가 될 것이다.

모유수유를 할 수 없는 경우는?

대부분의 여성은 신체적으로 모유수유에 문제가 없다. 특히 산모의 가슴 크기는 모유수유 능력
과 아무런 관련이 없다. 작은 가슴이라고 해서 큰 가슴보다 적은 양의 모유를 만들어내는 것은
아니다. 가슴축소 또는 가슴확대 수술을 받았다고 하더라도 모유수유는 여전히 가능하다.
하지만 일부 여성들은 모유보다는 분유를 아기에게 먹일 것을 권유 받기도 한다. 만약 다음과 같
은 상황이라면 모유수유에 대해 의사와 의논해야 한다.

- 결핵, 에이즈 바이러스(HIV), 인체T림프영양성 바이러스(T세포 백혈병을 일으키는 바이러스 일종)
  또는 B형간염 바이러스 등에 감염된 경우에는 모유를 통해 아기에게 전염될 수 있다.
- 단순 포진에 감염된 경우, 특히 가슴에 대상포진이 발생한 경우
- 웨스트나일West Nile 바이러스(뇌염의 일종－옮긴이)나 수두가 발생한 경우. 모유를 먹이는 엄
  마에게 이러한 감염 증상이 나타나면 아기에게 치명적일 수 있다. 위 경우에는 개개인의 상황
  에 따라 의사의 치료 및 권유사항들이 달라진다.
- 과도하게 음주를 했거나 약물을 복용했을 경우. 모유를 통해서 알코올이나 다른 약물 성분이
  아기에게 전해질 수 있다.
- 특정 암 치료를 받고 있는 경우
- 갑상선 치료제, 혈압 치료제, 진정제와 같이 모유를 통해 그 성분이 전해지면 아기에게 해로
  울 수 있는 약물을 복용하고 있을 때. 모유수유를 시작하기 전에 약의 복용을 중단해야 하는
  지, 다른 처방약이나 일반의약품으로 바꿔야 하는지를 담당 의사 등에게 미리 물어봐야 한다.

- 심각한 병을 앓고 있어서 모유수유를 할 수 없을 경우
- 언청이나 구개파열과 같이 아기의 입 모양이 정상적으로 형성되지 않았을 때. 만약 이러한 상황이 벌어졌다면 아기가 모유를 먹기 힘들 것이므로 엄마는 반드시 젖병으로 우유를 먹이게 된다. 하지만 미리 모유를 짜두고 젖병에 담아서 아기에게 먹이는 방법도 있다.
- 신생아에게 특정한 건강상 문제가 있는 경우. 페닐케톤뇨증(PKU), 칼락토오스혈증과 같은 희귀한 물질대사 관련 문제가 발생했을 경우에는 특별히 준비된 분유를 먹여야 한다. 희귀 신생아 질병 중 하나인 림프관확장증이 발생한 경우에도 특수 분유를 먹이게 된다.
- 태어난 아기가 잘 자라지 않을 때. 제대로 성장이 이루어지지 않는 일부 아기들은 정해진 양의 우유와 영양 보조제를 꼭 먹어야 한다. 모유를 먹일 수도 있지만 성장 속도가 빨라질 때까지 산모는 젖병, 튜브, 컵 등으로 아기에게 수유를 해야 할 것이다.

분유 먹이기의 모든 것

모유수유를 할 수 없거나 또는 그 방법을 선택하지 않았다면 엄마는 다른 방법으로 아기에게 영양을 공급해야 할 것이다.

아기를 위한 수많은 종류의 분유들이 시중에 판매되고 있다. 그 중 대부분은 우유를 기본으로 만들어진 것이 사실이지만 분유 대신 우유를 먹일 수는 없다. 우유가 분유의 기본 성분인 것은 사실이지만 아기의 안전을 위해 서는 적절히 처리되어야 하기 때문이다.

우선 열처리 과정을 통해 우유 속 단백질 성분이 소화되기 쉽게 만들어진다. 또한 모유와 비슷하게 만들기 위해서 유당(락토오스lactose)이 추가되고, 아기가 쉽게 소화할 수 있도록 유지방은 제거한 후 이를 식물성 기름과 동물성 지방으로 교체한다.

유아용 분유에는 적정량의 탄수화물, 지방, 단백질 성분이 포함되어 있다. 미국의 경우, 식품의약청이 시중에 유통되고 있는 유아용 분유의 안정성을

항상 감시하기 때문에 각각의 제조업체들은 분유에 적절한 영양분이 포함되었는지, 나쁜 성분은 포함되어 있지 않는지 수시로 체크한다.

유아용 분유는 에너지가 고농도로 농축된 식품으로 칼로리 중 절반 이상이 지방에서 나온다. 지방은 많은 종류의 지방산들로 이루어져 있는데, 이것들은 모유에 들어 있는 지방과 비슷하기 때문에 특별히 선택된 것이다. 지방산들은 아기에게 에너지를 공급하며, 아기의 뇌와 신경계 발달에 도움을 준다.

분유를 먹인 부모들이 말하는 것

아기에게 분유를 먹여 키우는 것은 다음과 같은 장점이 있다.

• 융통성 : 젖병을 사용해서 분유를 먹이게 되면 엄마 외의 다른 사람도 아기에게 우유를 먹일 수 있다. 이러한 이유로 어떤 엄마들은 모유수유보다 젖병으로 분유를 먹이는 것이 더 자유롭다고 느낀다. 수유의 책임을 분담할 수 있기 때문에 분유를 먹이는 것을 좋아하는 아빠에게 아기를 맡길 수 있다.

분유를 먹임으로써 발생하는 단점도 있다.

• 준비하는 시간이 길다.

아기에게 먹일 때마다 병에 분유를 타야 하는 번거로움이 있다. 또한 언제나 손으로 직접 분유를 준비해야 한다. 젖병과 젖꼭지 역시 항상 깨끗하게 세척된 상태로 준비해야 외부로 나갈 때는 항상 여분의 분유를 준비해야 한다.

- 비용이 많이 든다.

분유는 가격이 꽤 비싸기 때문에 일부 부모에게는 걱정거리가 되기도 한다.

- 아기가 분유에 익숙해지는 데 시간이 걸린다.

- 유방이 아프다.

출산 후 아기에게 모유를 먹이지 않을 경우 유방이 부풀고 한동안 아플 것이다. 물론 결국에는 모유생성이 멈추게 된다.

모유와 분유를 함께 먹이기

모유와 분유 중 한가지만을 선택할 필요는 없다. 많은 부모들은 먼저 모유수유를 시도한 뒤에 어느 정도 안정을 찾으면 모유와 분유를 함께 아기에게 먹인다. 각각의 방법들이 가지고 있는 장점을 취할 수 있다면 두 방법을 함께 써 먹이는 것도 좋다.

모유수유에 대한 기본지식

모유수유는 참으로 놀라운 일이다. 일반적으로 엄마의 몸에서는 아기에게 필요한 모든 영양분들이 생성된다. 어떻게 이러한 일들이 일어날까?

여성의 유방은 임신초기 수유를 위한 준비를 시작하고 약 임신 6개월이 지나면 모유를 생성할 상태가 된다. 이 때 일부 여성의 경우에는 노란빛을 띠는 작은 젖방울이 유두 주변에 맺히는데, 이를 초유라고 부른다. 아기는 태어난 지 며칠 이내에 초유를 먹게 된다. 초유에는 단백질이 풍부하게 들어 있을 뿐 아니라 엄마의 몸에 있던 항체들이 함유되어 있기 때문에 아기의 건강에 매우 좋다. 하지만 이 시기에는 아직 유당(락토오스)이 포함되어 있지 않다.

태반이 배출되면 산모의 몸은 젖샘을 자극하는 프롤락틴*prolactine*이라는 호르몬이 분비돼 모유를 생성하기 시작한다. 생성하는 모유의 양은 분만 후 3~5일 사이에 점점 증가하며 이 시기에 산모는 유방이 부풀면서면서 당기는 것 같은 느낌을 받는다. 모유는 젖샘이라는 작은 주머니에서 생성돼 유관을 따라 이동한다. 유관은 유륜 바로 뒤에 위치해 있는데, 아기가 유륜을 눌러 빨게 되면 모유가 유두의 작은 입구를 통해서 나오게 된다.

아기가 모유를 먹기 위해 유두를 빨면 유륜과 유두의 신경섬유의 끝부분을 자극시켜 엄마의 몸에 옥시토신이라는 호르몬을 분비하게 한다. 그러면 옥시토신은 젖샘에서 아기에게 먹일 모유를 계속 생성하도록 한다. 이러한 호르몬 분비를 유출반사(letdown reflex)라고 불리는데, 이는 따끔따끔한 느낌을 동반할 수 있다. 하지만 1시간이 지나면 이러한 느낌이 아기에게 편안히 우유를 먹이는 시간이 왔음을 뜻하는 사인임을 알게 될 것이다.

모유수유를 통한 빈번한 자극은 엄마의 모유 생성을 촉진한다. 그리고 이와 같은 유출반사를 통해 아기는 모유를 잘 먹을 수 있다. 유출반사의 주요 자극은 아기가 유두를 빠는 것이지만 다른 자극을 통해서도 같은 효과를 얻을 수 있다. 예를 들면 아기의 울음소리, 아기에 대해 생각하는 것, 출렁이는 물소리를 듣는 것으로도 그와 같은 자극을 얻는다고 한다.

어떤 방법을 선택하든지 출산 후 산모의 몸에서는 모유가 생성된다. 모유수유를 하지 않으면 결국 모유는 마르게 된다. 반대로 모유수유를 한다면 아기에게 자주 모유를 먹일수록 더 많은 모유가 생성된다.

모유수유 시작하기

처음 모유수유를 시작할 때는 인내와 연습이 필요하다. 자연스러운 과정이라고 해서 모유수유가 쉬운 일은 아니기 때문이다. 이것은 엄마와 아기 모두가 배워야 하는 새로운 기술과도 같다. 익숙해질 때까지는 몇 번의 시도, 심지어 몇 주 정도의 시간과 노력이 필요할 것이다. 게다가 이전에 원활하게 모유를 먹였다고 해서 다음 아기에게도 그럴 수 있으리라는 보장은 없다.

모유수유 수업에 참여하는 것은 이런 이유에서 매우 좋은 생각이다. 종종 출산육아교실 수업에서 모유수유에 관한 정보를 알려주기도 하고 추가적으로 수업을 신청해야 하는 경우도 있다. 대부분의 병원과 분만 센터에서는 모유수유 강좌를 제공하고 있으며, 엄마와 아빠 모두 참여가 가능하다.

아기가 태어난 직후부터 모유수유는 시작된다. 가능하다면 분만실에 있을 때부터 아기에게 모유를 먹이는 게 좋다. 그 후 병원이나 분만 센터에서 아기를 돌보기 쉽도록 입원실을 변경할 수도 있다. 아기가 모유 먹는 법을 배우고 받아들이게 하려면 우유나 분유가 담긴 젖병은 보조수단로도 사용하지 않는 것이 좋다. 또한 아기가 모유를 먹는 것이 익숙해지기 전에는 아기에게 고무젖꼭지를 물리지 않도록 한다.

모유수유를 시작할 때 도움과 조언을 줄 수 있는 전문가를 찾아보는 깃도 좋다. 산파, 간호사, 수유 전문가에게 도움을 요청하면 유용한 지식과 도움이 되는 요령들을 알려줄 것이다. 병원이나 분만 센터를 퇴원한 후에 모유수유에 대한 지식을 가지고 있는 지역 건강센터 간호사를 집으로 불러서 추가적으로 일대일 교육을 받을 수도 있다. 그리고 조언을 구하기 싶을 때마다 수유 상담자, 산부인과 의사, 소아과 의사에게 연락해도 된다.

책, 문헌, 인터넷 사이트 등을 참고하는 것 역시 도움이 된다. 물론 자신의 엄마, 여자 형제 또는 모든 것을 잘 계획하고 실천한 주변의 친구 등으로부터도 많은 도움을 받을 수 있을 것이다. 만약 엄마와 아기가 모유수유에 쉽게 적응하지 못한다면 전문가에게 직접 자신의 모유수유 방법을 보여주고, 문제점을 고치는 것이 좋다.

모유수유에 대한 최고의 조언은 포기하지 말고 끝까지 시도해보라는 것이다. 처음 모유를 먹이는 순간부터 모든 것이 쉽게 진행되었다면 그보다 더 좋을 순 없을 것이다. 하지만 만약 그렇지 않다면 인내심을 가져야 한다. 시간을 갖고 수유 전문가, 간호사, 의사의 도움을 받으며 노력하다보면 곧 아기에게 모유를 먹이는 것에 익숙해질 것이다.

모유수유를 하는 방법

아기에게 젖을 물리기 전에 수유에 적당한 장소를 찾는다. 일반적으로 아기가 모유를 먹는 동안 엄마가 갈증을 느끼기 마련이므로 한 잔의 물, 우유, 주스 등을 미리 준비한다. 전화기를 곁에 두거나 꺼놓는다. 원한다면 손이 닿는 곳에 책, 잡지, 텔레비전 리모컨을 둘 수도 있다.

그 다음 엄마와 아기 모두에게 편안한 모유수유 자세를 취하도록 한다. 병원 침대나 의자에서 하는 것이라면 똑바로 앉는다. 그리고 기댈 수 있도록 작은 베개로 등을 받친다. 의자에 앉아서 모유를 먹인다면 팔걸이가 있는 의자를 선택하거나 팔 아래에 베개를 받혀둔다. 가능하다면 다리를 올려 아기를 받치면 좋다.

편하게 앉았다면 이제 아기의 입이 유두 주변에 위치하도록 아기를 가슴 쪽으로 안는다. 아기의 귀, 어깨, 엉덩이가 일직선으로 엄마의 배와 맞닿도록 해야 한다. 아기의 고개가 옆으로 돌아가지 않도록 하려면 아기의 몸을 쭉 뻗게 한 후 안아야 한다. 이 때 아기의 팔은 모유수유를 하지 않는 다른 쪽 유방에 있도록 한다.

아기를 받치지 않은 나머지 손은 모유수유를 하는 동안 고정할 수 있게 유방 아래를 받치도록 한다. 엄지손가락을 유방 위, 유륜 바깥쪽에 두고 유방을 손바닥으로 감싸 안듯이 받치도록 한다. 유두가 향하는 쪽으로 모유를 가볍게 짜내면서 손으로 유방의 무게를 지탱한다.

가슴에 닿은 아기의 입이 바로 열리지 않는다면 유두로 아기의 입이나 볼을 건드리도록 한다. 배가 고프고 모유를 원한다면 아기의 입은 분명히 움직일 것이다. 하품을 하는 정도로 아기의 입이 열리면 바로 유방을 입 쪽으로 댄다. 그리고 가능한 유두와 함께 유륜까지 아기에게 물리도록 한다.

아기가 먼저 유두를 물도록 한다. 아기가 입을 열지 않는데 억지로 유두를 밀어 넣어서는 안 된다. 아기가 적절하게 입을 열기까지는 몇 번의 시도가 필요하다. 엄마는 또한 약간의 모유를 짜내어서 아기가 입을 열도록 유도할 수도 있다.

아기가 유두를 입에 물고 빨기 시작할 때 약간 흔들리는 느낌이 들 수도 있다. 하지만 일반적으로는 아기가 유두를 빨고 몇 분이 지나면 그런 느낌이

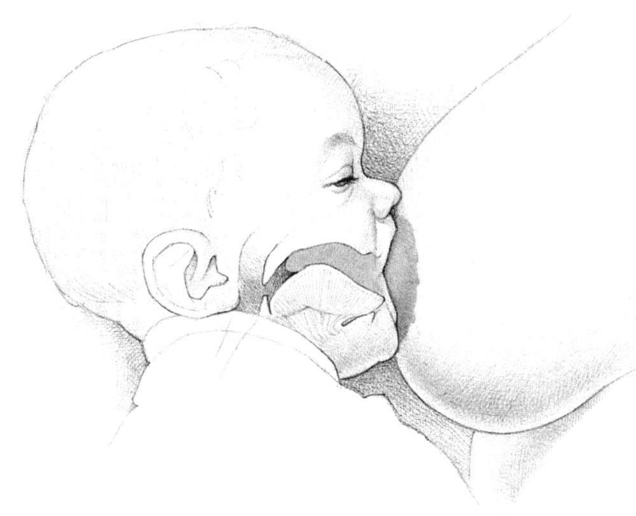

줄어든다. 만약 그렇지 않다면 아기를 더욱 바짝 안고 아기의 머리가 유방에 더욱 가깝게 위치하도록 한다. 그래도 편안한 느낌이 들지 않는다면 아기가 우유 먹는 것을 멈추게 하고, 아기를 유방에서 부드럽게 떼어낸다.

이때 아기가 젖 빠는 것을 멈추게 하려면 손가락 끝을 부드럽게 아기의 입가에 넣는다. 완전히 떼어졌다는 생각이 들 때까지 아기의 잇몸 사이로 부드럽게 손가락을 넣는다. 아기가 엄마를 완전히 놓아줄 때까지 이러한 과정을 반복한다.

엄마는 아기가 적당히 입을 벌려 모유를 잘 빨아 먹기를 바랄 것이다. 아기의 볼이 강하게 지속적으로 일정한 리듬에 따라 움직이는 것을 보면 모유가 제대로 나와 아기가 배부르게 먹고 있음을 알 수 있다.

유방이 아기의 코를 막고 있다면 엄지손가락으로 가볍게 유방을 눌러준다. 또한 아기의 몸을 약간 높이 올려주거나 머리를 뒤로 젖혀주면 아기가 쉽게 호흡할 수 있도록 여유 공간이 생길 것이다. 일단 수유가 시작되면 아기를 지지하고 있던 팔로 아기의 몸 아래쪽을 자신의 몸 쪽으로 끌어당긴다. 아기가 편안하게 자신의 몸에 기대고 있다고 느껴지면 유방을 받치고 있던 손을 떼도 된다.

모유를 먹일 때는 양쪽 가슴을 모두 사용한다. 아기가 처음 수유를 시작했던 가슴에서 모유 먹는 것을 멈추고 트림을 하면 다른 쪽 유방을 아기에게 물린다. 각각의 유방이 받는 자극을 동일하게 하기 위해서 시작하는 쪽을 교대해야 한다.

어떤 아기들은 모유를 어떻게 먹어야 할지 잘 안다. 이런 경우에는 아기의 얼굴을 유방에 대고 엄마의 몸에 아기 바짝 닿게만 해도 아기 스스로 잘 먹는다. 특히 아기가 몇 번 연습을 해봤다면 더욱 그렇다.

처음에는 조금 어색하게 느껴질지 몰라도 아기가 엄마의 품에 안겨 모유를 잘 빨아먹는다면 산모와 아기의 자세는 올바른 것이다. 아기의 입이 유두 근처에 편안히 위치되어야 좋다. 아기에게 젖을 물리기 위해 몸을 구부리지 말고, 아기를 유방 쪽으로 당기도록 한다.

일반적으로 아기가 먹고 싶은 만큼 수유를 하는 것이 좋다. 수유 시간은 상황에 따라 매우 다양하다. 평균적으로 대부분의 아기들은 보통 한 쪽 가슴에서 30분 동안 모유를 먹는다. 가장 이상적인 것은 다른 쪽 가슴으로 아기를 옮기기 전에 한 쪽 가슴에서 아기가 수유를 끝마치는 것이다. 그 이유는 가슴에서 처음 나오는 전유(foremilk)에는 아기의 성장에 도움이 되는 단백질이 풍부하게 함유되어 있고 모유를 오래 먹을때 나오는 후유(hindmilk)에는 아기의 체중이 늘고 성장하는 데 도움을 주는 칼로리와 지방이 풍부하기 때문이다. 그러므로 다른 쪽 유방으로 모유를 먹이기 전에 아기가 모유 먹는 것을 그치기를 기다린다.

모유는 소화가 잘 되기 때문에 처음 모유를 먹는 아기는 보통 몇 시간이 지나지 않아 배고픔을 느끼게 된다. 따라서 수유를 시작한 지 얼마 되지 않았다면 엄마는 모유를 먹이는 일이 자신이 하는 일의 전부라는 생각이 들 정도일 것이다. 그러나 아기가 자주 모유를 찾는 것은 모유의 양이 부족해서가 아니다. 단지 모유가 쉽게 소화되기 때문이다. 아기가 모유를 먹고 잘 자라면 엄마는 아기의 모습을 보면서 육아에 대한 자신감을 얻을 수 있을 것이다.

수유 시 유방과 아기의 위치

엄마들마다 자신이 편안하다고 느끼는 수유 자세는 다 다르다. 다음은 시도해볼 수 있는 몇 가지 수유 자세의 예이다.

교차 요람 안기

아기의 배가 엄마의 배에 닿도록 아기를 가
로질러 안는다. 아기에게 모유를 먹이는
반대방향에서 팔로 아기를 받친
다. 남은 한 손으로는 아기의 머
리 뒤쪽을 받쳐준다. 이 자세는
아기를 놓치지 않도록 산모의
자세를 조절하기에 특히 좋다.

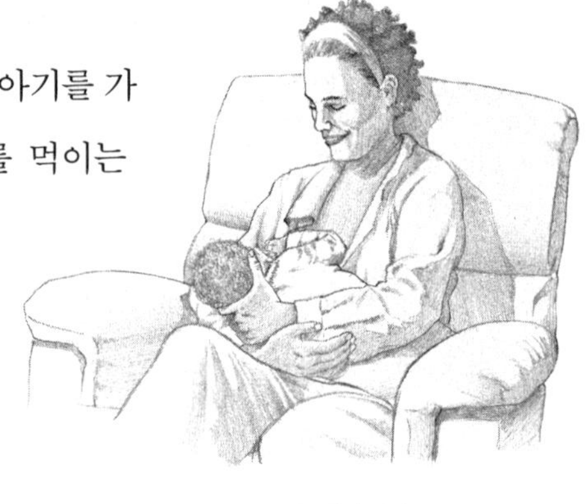

▲ 가로질러 안기

요람 안기

아기에게 모유를 먹이는 유방과 같은 쪽의 팔꿈치를 구부려 아기의 머리를
편안하게 받쳐 팔로 요람을 만든다. 팔뚝으로 아기의 등을 받치고, 자유로
운 다른 손으로는 아기의 아랫부분을 받친다.

미식축구 자세

이 수유 자세는 미식축구 선수가 공을 옆에 끼고 달리는
것과 비슷하다. 한 쪽 팔에 아기를 끼고 팔꿈치를
굽힌다. 그리고 다른 한 손으로는 아기의 머리가
엄마의 가슴이 있는 곳에 잘 위치하도록
잘 받쳐준다. 이 때 아기의 몸은
엄마의 팔뚝에 기대게 된다. 옆
에 베개를 두어서 팔을 받치게
한다. 넓고 낮은 팔걸이가 있는
의자라면 더욱 좋을 것이다.

▲ 미식축구 자세

아기를 붙들지 않은 자유로운 한 손으로 유방을 부드럽게 쥐어 유두가 수평이 되도록 한다. 아기의 입술이 유두에 닿도록 아기를 가슴이 있는 곳까지 끌어당긴다. 아기의 입이 열리면 아기를 편안히 안고 유두를 물린다.

이 자세는 아기가 엄마의 배에 위치하지 않기 때문에 제왕절개수술 후 회복 중인 산모들이 많이 선호한다. 엄마의 가슴이 너무 크거나 미숙아 또는 작은 아기에게 우유를 먹일 때에도 자주 사용되는 방법이다.

옆으로 눕기

대부분의 엄마들이 앉아서 아기에게 모유수유 하는 것을 먼저 배우지만 옆으로 누워서 수유하길 원할 때도 있을 것이다. 예를 들어 아기가 졸면서 모유를 조금만 먹고 있을 때는 누워서 먹이는 것이 가장 좋다. 옆으로 누워 수유를 하면 수유 초기 아기를 바른 위치에 놓는 데 도움이 될 뿐 아니라 단순히 엄마와 아기가 피곤할 때에도 좋다. 아래 팔의 손을 이용해서 아기의 머리가 유방에 잘 닿도록 한다.

엄마의 위쪽 팔과 손으로 가슴을 쥐어서 유두가 아기의 입술에 닿도록 한다. 눕힌 아기가 위치를 잡게 되면 아래쪽 팔로 자신의 머리를 받치고 위쪽 팔과 손으로는 아기를 돌볼 수 있다.

모유수유 시 엄마에게 필요한 것

대부분의 아기 엄마가 그렇듯이 산모의 모든 관심은 아기가 필요한 것들에 쏠린다. 엄마가 아기에 대해 갖는 이러한 의무감은 전적으로 옳은 것이지만 자신의 필요를 채우는 것 역시 잊어서는 안 된다. 아기가 잘 자라기 위해서는 건강한 엄마가 꼭 필요하다. 다음과 같은 것들을 생각해 본다.

영양

모유수유를 위해 필요한 음식량과 칼로리가 정해져 있는 것은 아니지만 아마 생각했던 것보다 적은 칼로리로도 충분할 것이다. 모유수유를 하는 동안이라 해서 보통 때 영양분을 섭취하는 것과 다른 특별할 것이 필요하지는 않다. 다양한 음식군, 즉 균형 잡힌 식단을 규칙적으로 먹는 것이 좋다. 덧붙여 매일 6~8 잔 정도의 수분을 섭취하는데, 물, 우유, 주스 등을 마시면 된다. 커피, 차, 탄산음료 등도 적은 양이라면 괜찮다.

모유수유를 하는 동안 특별히 피해야 할 음식은 없다. 하지만 어떤 음식이 자신에게 맞지 않거나 아기가 모유를 먹었을 때 소화가 잘 되지 않아 가스를 잘 배출한다면 먹지 않는 것이 좋다. 드물기는 하지만 모유를 먹는 아기는 엄마가 섭취한 음식 성분(우유와 같은)에 알레르기 반응을 보이기도 한다. 아기가 모유에 민감한 반응을 보이는지 알아보려면 약 2주 동안 모든 유제품의 섭취를 중단하도록 한다. 그리고 한 번에 한 가지씩 유제품을 먹으면서 아기가 부정적인 반응을 보이지는 않는지 확인한다.

엄마가 되면 해야 할 일들이 많이 생기기 때문에 하루에 세 끼 식사를 모두 챙겨 먹는 것이 힘들 수 있다. 그럴 때는 간단한 간식이나 건강식품을 먹는 것이 보다 편할 수 있다.

휴식

엄마가 되고 나서 주어진 많은 일들로 인해 쉬는 것이 쉽지는 않겠지만 충분한 휴식을 취하도록 노력해야 한다. 휴식을 취하면서 산모는 에너지가 넘침을 느끼고, 더 잘 먹고, 아기와 보다 즐거운 시간을 보낼 수가 있다. 또한 모유 생성 호르몬 역시 잘 분비돼 모유가 더 잘 만들어진다.

모유수유를 하는 동안 마음이 안정되면 졸음이 올 수 있다. 많은 엄마들이 누워서 아기에게 수유를 하거나 심지어 아기를 데리고 침대에서 자기도 한다. 모유수유를 할 때 졸리면 누워서 수유하는 것도 좋다. 하지만 물침대와 이동식 침대 등 일부 성인용 침대는 유아에게 매우 위험할 수 있음을 기억해야 한다. 가족들에게 집안일을 도와줄 것을 부탁하고 충분히 휴식을 취할 수 있도록 한다. 어린 자녀들은 자신들이 엄마를 도와주고 아기를 돌볼 수 있다는 사실에 매우 좋아할 것이다.

수유 브라와 수유 패드

모유를 먹일 예정이라면 몇 개의 수유 브라를 준비해두는 것이 좋다. 수유 브라는 모유로 가득 찬 유방을 시시하기 위해 꼭 필요하다. 또한 이것은 등의 통증을 감소시킬 뿐 아니라 모유가 새어 나오는 것을 줄이는 데도 도움이 된다. 수유 브라가 일반 브라와 다른 점은 가슴을 감싸는 패드를 열 수 있어서 아기를 안고 모유를 줄 때 편리하다는 것이다.

수유 패드는 가슴에서 새어나오는 모유를 흡수하는 휴대용품이다. 얇고 버리기 쉬우며 보통 유방과 브라 사이에 끼워 넣게 돼 있다. 그것은 새어나온 모유를 흡수하여 피부에 공기가 순환할 수 있도록 하는데, 계속 또는 가끔 착용할 수 있다. 수유패드는 대부분의 아기용품점이나 일반 소매점에서 구입할 수 있으며, 종종 일회용 기저귀와 함께 진열되어 있기도 한다.

유방 관리하기

모유수유를 시작하면 다음과 같은 문제들이 유방에 나타날 수 있다.

울혈

출산 후 며칠이 지나면 유방이 커지면서 단단해지고 아기가 유두를 무는 것이 힘들 정도로 아프게 된다. 이러한 팽창은 유방 속에 울혈을 만들 수 있는데, 이것은 모유의 흐름을 느리게 만든다. 그렇게 되면 아기가 젖을 물고 있더라도 만족할 만큼 먹지 못할 수 있다.

울혈 증상을 줄이기 위해서는 아기에게 수유하기 전에 손으로 모유를 약간 짜내는 것이 좋다. 모유를 짜는 동안 한 손으로 가슴을 받친다. 다른 손으로는 유륜 방향으로 유방을 부드럽게 만져준다. 그리고 유륜을 중심으로 유방의 위, 아래에 엄지손가락과 집게손가락을 올려놓는다. 손가락을 사이의 유방을 부드럽게 압박하면 유두를 통해 모유가 나올 것이다. 아니면 모유를 짜기 위해 유축기를 사용할 수도 있다.

모유를 짜내면 유륜과 유두가 부드러워지는 느낌이 들 것이다. 일단 충분한 모유가 나오면 아기는 편안하게 누워서 모유를 먹을 수 있다. 아기에게 수유를 할 때는 단단해진 유방을 풀어줘 모유가 잘 나올 수 있도록 부드럽게 마사지한다.

모유수유를 자주 그리고 오래 하면 울혈을 방지할 수 있다. 주기적으로 아기에게 모유를 먹이고 거르지 않도록 한다. 또한 밤낮으로 계속 수유 브라를 착용하면 울혈이 발생한 유방이 지지돼서 한결 편안함을 느낄 수 있다.

수유 후에 유방에 통증이 있다면 얼음찜질을 해서 붓는 현상을 줄이도록 한다. 일부 여성들은 따뜻한 물로 샤워를 하면서 유방의 통증을 완화하기도 한다. 다행히도 울혈 발생 기간은 보통 길지 않고, 출산 후 며칠 지나면 자연적으로 사라진다.

유두의 쓰라림

쓰리고 당기며 때로는 갈라지기도 하는 유두가 모유수유를 고통스럽게 할 수 있다. 이러한 상황에서 솔직히 엄마는 아기에게 수유를 하는 것이 매우 두려울 것이다. 다행스럽게도 대부분의 여성들은 이런 상황을 겪지 않을 뿐 아니라 설사 겪는다 해도 오랫동안 지속되지 않는다.

유두가 쓰라리게 되는 이유는 보통 잘못된 수유자세 때문이다. 수유를 할 때는 아기의 입이 유두만이 아닌 유륜 전체를 물게 해야 한다. 또한 아기가 모유를 먹는 동안 머리 방향이 바깥을 향하지 않게 해야 한다. 왜냐하면 이런 자세가 유두를 당길 수 있기 때문이다.

유두를 관리하려면 수유가 끝난 뒤 유두를 공기에 잘 말려주어야 한다. 일부 여성들은 유두를 잘 말리기 위해서 헤어드라이어나 선풍기 등을 사용하기도 한다. 그리고 수유 뒤에 유두를 비누로 씻어서는 안 된다. 왜냐하면 유륜 주변에서는 자연 연고 역할을 하는 윤활유가 분비되는데, 만약 비누로 이러한 윤활유를 씻어버리면 유륜과 유두 주변이 보다 건조해져 유두가 쓰리는 증상을 더욱 악화시킬 수 있기 때문이다. 목욕을 할 때는 유방에 간단히 물만 끼얹도록 한다. 그 후에 유두를 다시 한 번 공기 중에 말린다. 이 때 타월을 사용하지 않도록 한다.

어떤 여성들은 찬물에 담근 티백을 주기적으로 유두에 올려놓아 유두를 부드럽게 한다. 또 어떤 이들은 수유 뒤에 유두를 부드럽게 하기 위해 약간의 모유를 짜내기도 한다. 모직물에 알레르기가 없다면 100퍼센트 순수 라놀린lanolin을 구입하여 수유가 끝나고 유두에 발라줄 수도 있다.

수유를 할 때는 최대한 편안하게 있도록 한다. 그러면 모유가 잘 나오게 될 것이고, 결국 아기가 모유가 나오기를 기다리며 유두를 마구 빠는 것도 막을 수 있을 것이다.

유관이 막힌 경우

때때로 유관이 막혀서 모유가 밖으로 나오지 못하고 다시 들어가는 일이 벌어지기도 한다. 유관이 막히게 되면 작고 단단한 덩어리가 만져지거나 유방의 많은 부분이 단단해지는 것을 느낄 수 있다. 막힌 유관은 감염을 일으킬 수 있으므로 이러한 현상이 생기면 즉시 치료 받아야 한다. 막힌 유관을 뚫는 가장 좋은 방법은 먼저 막힌 유관을 아기에게 물리는 것이다. 아기가 힘 있게 빨면 막힌 유관이 뚫릴 수 있기 때문이다. 만약 아기가 막힌 유관을 뚫지 못하면 손으로 직접 모유를 짜내거나 유축기를 이용한다. 또한 수유하기 전에 온찜질하거나 마사지를 하는 것도 도움이 된다. 이러한 방법들을 써도 문제가 해결되지 않는다면 수유 관련 전문가나 담당 의사에게 연락하여 조언을 구하도록 한다.

유선염

유선염은 모유수유로 인한 좀 더 심각한 합병증이다. 모유수유 시 유방 속 모유를 다 비우지 못하면 감염이 일어날 수 있다. 또한 세균이 상처 난 유두나 아기의 입에서 유선으로 옮겨가기도 한다. 이러한 세균은 누구나 가지고 있는 것으로 아기에게 해롭지 않다. 당신의 유선조직에만 특별히 있는 것은 아니라는 이야기다. 유선염에 걸리면 한쪽 또는 양쪽 가슴이 붓고, 쓰리고, 붉어지는 증상이 나타나게 된다. 또한 마치 독감에 걸린 것처럼 열이 나면서 오한이 발생할 수도 있다. 만약 이와 같은 증상이 나타난다면 담당 의사에게 바로 연락하도록 한다. 휴식과 보다 많은 수분 외에 항생제가 필요할 수도 있다. 유선염이 아기에게 영향을 주지는 않는다. 수유를 하면서 가득 차 있던 모유를 모두 배출하면 유관이 막히는 것도 예방하고 유선염에 걸릴 위험도 줄일 수 있다. 만약 유방에 심한 통증이 느껴지면 따뜻한 물에 가슴을 담근 후 손으로 모유를 짜내도록 한다(P833 '유선염'을 참고하시오).

유두 함몰

흔하지는 않지만 일부 여성들은 유두 함몰 증상을 가지고 있다. 이것은 유두가 유방 속에 파묻혀 있는 상태를 말하며 유두가 밖으로 돌출되어 있지 않으므로 아기가 유두를 찾아 물기가 어려울 수 있다.

유방에 모유가 채워져 크기가 커지면 유두 함몰은 저절로 해결될 수 있다. 만약 그렇지 않다면 유두가 튀어나올 수 있도록 도와주는 유두 펌프를 착용하거나 유두를 끄집어내 모유를 나오게 하는 유축기를 사용할 수도 있다. 유두가 만약 심각하게 함몰되었거나 거의 납작하다면 담당 의사와 상담하는 것이 좋다.

모유 짜기

아기에게 직접 모유를 먹일 수 없을 때를 대비하여 미리 모유를 짜서 젖병에 담아둘 수도 있다. 모유를 짤 때는 유축기나 손을 이용한다. 일단 모유가 잘 나오도록 모유를 짜낼만한 조용한 장소를 찾는다. 그리고 짜내기 전 몇 분간 마음을 편안히 갖도록 한다.

유축기 이용하기

모유수유를 하는 대부분의 여성들은 쉽게 모유를 짜내기 위해서 손보다는 유축기를 사용한다. 유축기에는 손으로 사용하는 것, 배터리로 작동하는 것, 전기로 작동되는 것 등 여러 가지 종류가 있다. 어떤 종류의 유축기를 사용할지 결정하는 것은 개인의 필요에 따라 달라진다. 보통은 자동으로 작동하는 유축기가 많이 사용된다. 전기 유축기는 손으로 작동하는 유축기보다 유방을 효과적으로 자극하지만 가격이 더 비싼 편이다.

동시에 양쪽 유방의 모유를 짜는 유축기를 사용할 수도 있다. 동시에 모유를 짜게 되면 시간도 반으로 줄어들고, 짜낸 모유의 전체적인 양을 조절하는 데도 도움이 된다. 유축기에 대한 사용설명서를 자세히 읽도록 한다.

유축기는 의료기기 판매 업체나 약국 또는 아기용품점에서 구입할 수 있다. 또는 수유 펌프를 대여하는 방법도 있다. 어디에서 유축기를 빌릴 수 있는지 수유 관련 전문가나 의사에게 문의하도록 한다. 일부 고용주들은 직원들이 사용할 수 있도록 회사에 유축기를 준비해두기도 한다.

어떤 종류를 사용하든지 간에 모유가 담겨 있던 곳과 피부가 닿았던 것은 물과 비누를 이용해 깨끗이 씻도록 한다. 일부 유축기는 식기 세척기를 사용해 세척해도 무방하다. 청결을 유지하지 않으면 박테리아가 자랄 수 있으므로 주의한다.

손으로 직접 모유 짜내기

손으로 모유를 짤 때는 다음과 같은 순서를 따르도록 한다.

- 한 손으로 유방을 받친다.
- 다른 손의 엄지와 검지를 유두에서 약 4cm 정도 떨어진 곳(유륜 바깥쪽)에 위치시킨다.
- 엄지와 다른 손가락으로 가슴팍을 향해 유방을 밀면서 젖샘으로부터 모유

가 나오도록 압력을 가한다. 앞쪽으로 미끄러지거나 유두를 꼬집지 않도록 주의한다.
- 모유를 효과적으로 짜내기 위해서 시계바늘 방향으로 손의 위치를 바꿔주면서 짜내도록 한다.

모유 저장하기

짜낸 모유를 병이나 플라스틱 우유 보관 용기에 저장하도록 한다. 각각의 용기에 모유를 짜낸 날짜와 시간을 기록한 라벨을 붙인다. 저장된 모유는 다음의 유통기한을 지켜야 한다.

- 상온에 보관된 모유는 10시간을 넘기지 않는다.
- 냉장 보관한 경우에는 8일간 보관이 가능하다.
- 냉동 보관한 경우에는 2주까지 보관이 가능하다.
- 분리 냉장고에서 냉동 보관한 분유는 3~4개월까지 먹일 수 있다.
- 초저온으로 냉동 보관될 경우 유통기한은 6개월 이상이다.

냉동된 모유는 냉장고에서 녹이거나 따뜻한 물을 담은 용기에 담가둔다. 절대로 상온에 두어서는 안 된다. 아기가 싫어하지 않는다면 냉장 보관 중이던 모유를 바로 아기에게 줄 수도 있다. 하지만 만약 아기가 따뜻한 모유를 더 좋아한다면 몇 분 동안 따뜻한 물이 담긴 그릇에 젖병을 담가 모유를 데우도록 한다. 그리고 젖병을 몇 번 흔든 다음 손등에 모유를 몇 방을 떨어뜨려 온도를 체크한다. 한편 전자레인지로 모유를 데울 경우 모유 속에 들어 있는 항체를 죽일 뿐 아니라 아기가 입을 델 정도로 뜨겁게 될 수 있으므로 피하도록 한다. 아마 당신은 짜놓은 모유를 바라보며 궁금해 할지도 모른다.

“이렇게 묽어 보이는데, 정말로 여기에 아기의 성장을 도울 만큼 충분한 영양소가 들어 있을까?” 모유가 묽어 보이는 것은 정상이다. 또한 푸른빛이 돌아 저지방 우유같이 보이기도 한다. 하지만 보이는 것이 다가 아니다. 모유에는 성장하는 아기에게 필요한 영양분들이 정말 풍부하게 들어 있다.

젖병에 담은 모유, 아기에게 먹이기

출산 후 처음 몇 주는 엄마와 아기 모두 모유수유하는 법을 배우는 데 가장 좋은 시기이다. 일단 모유가 안정적으로 나오고 엄마와 아기가 모유수유에 익숙해지면 때때로 젖병에 모유를 담아서 아기에게 줄 수 있을 것이다. 그렇게 되면 남편이나 할머니, 할아버지와 같은 다른 사람들이 아기에게 모유를 먹일 수 있다. 만약 아기가 젖병에 담긴 모유를 잘 먹는다면 편의와 모유 확보를 위해 유축기를 사용할 수도 있을 것이다.

아기에게 젖병의 젖꼭지와 엄마의 유두가 다르게 느껴지듯이 아기가 젖병을 빠는 방법 역시 유두를 빨 때와 다르다. 따라서 아기가 젖병의 젖꼭지에 익숙해지는 데는 시간이 필요하다. 어떤 아기는 젖병을 통해 모유를 먹는 것을 달가워하지 않을 수 있는데, 그 이유는 그동안 모유를 먹으면서 느꼈던 엄마의 목소리와 향기에 익숙해져 있기 때문이다.

보조적인 수단인 젖병을 통해 수유를 할 때는 아기가 원하는 양이 어느 정도 인지 가늠해야 할 것이다. 물론 적절하다고 정해진 양은 없다. 어쩌면 아기는 몇 십 그램 정도에 만족할 수도 있다.

직장에서 일하면서 모유 먹이기

약간의 계획과 준비만으로도 엄마는 직장생활과 모유수유를 병행할 수 있다. 어떤 엄마들은 재택근무를 하거나 직장에 아기를 데려간다. 그런 엄마

쌍둥이나 세 쌍둥이에게 모유 먹이기

여러 명의 아기에게 모유를 먹이는 것은 충분히 가능한 일이다. 만약 당신이 쌍둥이의 엄마라면 한 번에 한 명의 아기에게 모유를 먹이거나 동시에 먹일 수 있을 것이다. 동시에 먹일 때는 두 아기를 양쪽 팔에 끼고 미식축구 자세로 먹이거나 서로 교차되게 해서 요람 안기 자세로 수유를 할 수도 있다. 아기들의 머리와 엄마의 팔을 지지할 수 있도록 베개를 사용하도록 한다.

세 쌍둥이 경우에도 모유수유가 가능하다. 첫 번째 선택사항은 미리 보관해둔 모유나 분유를 병에 담아 보조적으로 아기에게 먹이는 방법이다. 두 명의 아기에게는 동시에 모유를 주고 한 명의 아기에게는 젖병에 들어있는 모유나 분유를 준다. 다음에 모유를 줄 때는 그 차례를 바꿔서 주도록 한다. 이 때 중요한 것은 세 명의 아기 모두에게 모유를 먹을 수 있는 기회를 주는 것이다. 쌍둥이나 세 쌍둥이에게 모유를 먹인 경험이 있는 여성들을 찾아가 조언을 구한다. 가장 든든하고 도움이 되는 충고를 들을 수 있을 것이다.

들은 아기를 자리에 데려오거나 아니면 아기가 있는 곳으로 가서 수유를 한다. 때로는 젖병에 모유를 담아 수유를 할 수도 있다.

직장에서의 수유가 여의치 않으면 아기를 돌봐주는 사람에게 부탁해 병에 담은 모유나 분유를 아기에게 먹이도록 할 수도 있다. 직장으로 복귀하기 몇 주 전에 일주일에 한두 번씩 아기에게 젖병으로 모유를 주어서 이에 미리 익숙해지도록 한다.

아니면 출산휴가 동안에 모유를 미리 짜 병에 담아 얼리거나 직장에 있는 동안 다음날 먹일 모유를 짜서 담아 둘 수 있다. 이 때 유축기를 이용해 양쪽 유방을 동시에 짜는 것이 가장 효율적이며, 이 경우 약 3~4시간마다 약 15분 정도가 소요될 것이다. 만약 모유가 더 필요하다면 수유와 모유 짜는 것을 좀 더 자주한다. 쉬는 날에는 평소와 같이 아기에게 모유를 먹이면 된다.

만약 일하는 중에 모유를 짜는 것이 힘들면 다음날 아기에게 먹일 모유를 위해 따로 시간을 내어야 한다. 예를 들면 출근 전이나 후에 아기에게 모유수유를 하면서 모유를 더 짜서 저장해둔다. 보관 시간이 24시간이 지난 모유는 아기에게 주어서도 안 되고 유축기에 묻어 있어서도 안 된다. 그래야 아기에게 좋은 모유만을 제공할 수 있다.

직장에서 일하는 동안 집에서 아기를 돌보는 사람이 분유를 타게 할 수도 있다. 이렇게 되면 모유의 양이 전체적으로 줄어들겠지만 그래도 집에서 수유하기에는 충분할 것이다. 근무 중에 모유가 지나치게 생성되지 않도록 쉬는 날에도 직접 모유수유를 하는 대신 얼려 놓은 모유나 분유를 아기에게 먹일 수도 있다. 때로는 아기가 젖병으로 모유를 먹는 것에 익숙해져서 엄마의 모유수유를 거부할 수도 있다. 만약 아기가 이러한 모습을 보이면 수유 전에 좀 더 아기를 안고 흔들며 애정을 보이도록 한다.

분유 먹이기의 기본지식

유아용 분유

처음 아기용 분유를 사려고 마트에 가면 엄청난 종류의 제품들을 보고 깜짝 놀랄 것이다. 어떤 분유를 선택해야 하는 것이 좋을지 의사에게 조언을 구하도록 한다. 보통 대부분의 아기에게는 철분강화 분유, 우유 성분이 함유된 분유 등이 가장 적절하다. 대두단백질이나 단백가수분해물 등이 포함된 몇 가지 특별한 분유들도 있다. 이러한 분유들은 소화능력이 떨어지는 아기들을 위해 만들어진 것으로 의사의 지시가 있을 때만 먹여야 한다. 아기에게 빈혈 증상이 있거나 철 부족으로 성장이 늦어지는 경우를 막으려면 철분강화 분유를 선택하는 것이 좋다. 일반적으로 태어나서 초기 몇 달 이내에는 철 결핍이 드물지만 그 이후에는 발생할 수 있다. 따라서 철 성분이 정기적으로 공급되기 전인 생후 6~10개월 된 아기에게 철 부족 현상은 흔히 나타난다. 유아용 분유에는 가루분유, 액체농축분유, 바로 먹일 수 있는 액체분유(ready-to-feed liquid)등 세 가지 형태가 있다. 가루분유와 농축분유를 아기에게 먹이기 위해서는 일정한 양의 물을 섞어야 한다. 일반적으로 가루분유는 가격이 싸고, 아기에게 바로 먹일 수 있는 상태로 판매되는 분유는 편리하다는 장점이 있다. 만약 모유 대신에 유아용 분유를 아기에게 먹이기로 결정했다면 우선 적당량의 분유를 구입하고, 병원에서 집으로 아기를 데려갈 때 분유, 젖병, 고무젖꼭지를 같이 챙겨놓도록 한다.

병원에 있을 때 분만을 도운 의료진들에게 분유수유 계획을 알리도록 한다. 그러면 병원 직원은 산모가 출산 후 회복되는 동안 아기에게 분유를 먹일 수 있는 도구들과 분유를 제공해주고 어떻게 아기에게 분유를 먹이는지도 보여줄 것이다. 하지만 결국에는 산모는 혼자서 아기에게 분유를 먹일 줄 알아야 한다. 분유를 먹이기 위해서는 다음과 같은 용품들이 필요하다.

- 100ml 용량의 젖병 4개(꼭 정해진 것은 아니지만 처음에는 보통 4개정도 있으면 유용하다)
- 200ml 용량의 젖병 8개
- 8~10개 정도의 젖병용 고무젖꼭지, 젖꼭지 고정용 링, 젖꼭지 덮개
- 계량 컵
- 젖병 세척 솔
- 유아용 분유. 아기에게 어떤 종류의 분유를 먹여야 할지 담당 의사에게 물어보도록 한다.

분유수유에 필요한 용품들을 제대로 구입하는 것 외에도 출산 전에 신생아 육아교실에 참가하는 것을 고려한다. 왜냐하면 육아교실에서 신생아에게

우유를 먹이는 것에 대한 수업도 하기 때문이다. 만약 젖병으로 아기에게 분유를 먹여본 적이 없다면 아기가 태어나기 전에 신생아육아교실에서 배우거나 책에서 찾아본 수유방법을 미리 연습해두는 것도 좋다.

모유를 먹일까, 분유를 먹일까?

엄마가 되고 나면 처음에는 자신이 하는 일이 아기를 먹이는 것 밖에 없다고 느껴질 정도로 자주 수유를 하게 될 것이다. 수유 횟수는 아기가 얼마나 자주 배고픔을 느끼는가에 달려 있는데, 수유하기가 무섭게 다음 번 수유를 준비해야 할 것이다.

모유를 먹일 경우에는 하루에 약 8~12회 정도, 즉 2~3시간마다 수유를 해야 하고, 분유를 먹일 경우에는 생후 몇 달 동안은 하루에 6~9회, 즉 약 3~4시간마다 수유를 해야 한다. 그렇지만 계속해서 아기에게 이렇게 자주 분유를 먹여야 하는 것은 아니다. 아기가 성장할수록 하루 수유 횟수가 점점 줄어들면서 한 번에 보다 많은 분유를 먹게 된다.

또한 생후 1~2개월이 지나면서 수유 패턴과 주기가 생기기 시작할 것이다. 신생아는 밤중에 일정한 시간에 1~2번 정도 잠에서 깨어 분유를 찾을 것이고, 급격히 성장하면서 좀 더 많은 분유를 먹을 것이다. 다음은 아기에게 필요한 수유량과 수유 속도 조절에 대한 내용이다.

적절한 수유량

아기에게 필요한 분유의 양은 아기의 성장발달과 관련이 있다. 아기는 하루에 깨어 있는 시간이 매우 짧고 신경계가 아직 완전히 발달되지 않았기 때문에 여러 감각들을 구별할 수가 없다. 또한 아기의 위는 자신의 주먹 정도로 크기가 매우 작기 때문에 위가 비워지는 데 드는 시간은 약 1~3시간 정도로 다양하다.

수유량은 정해져 있는 것이 아니므로 아기의 신호를 파악할 줄 알아야 한다. 아기는 배고플 때 입이나 혀로 무언가를 빨거나 주먹을 입에 넣고 빨기도 한다. 또는 작은 소리를 내거나 울음을 터뜨릴 수도 있다.

특히 아기는 울음을 통해 배고픔을 표현하기도 하는데, 엄마는 곧 아기가 배고파서 우는지 아니면 아프거나 피곤해서 우는지를 금방 구별할 수 있게 된다. 아기가 배고픔을 표현할 때는 즉시 분유를 주는 것이 중요하다. 이를 통해 아기 스스로 자신이 느끼는 것이 배고픔이라는 사실을 깨닫게 되면서 주어지는 음식, 즉 분유를 빨아 먹으면 배고픔이 사라진다는 것을 알게 되기 때문이다. 만약 엄마가 아기에게 즉각적으로 반응하지 않으면 아기는 매우 화가 나서 수유 자체가 만족보다는 짜증으로 다가올 수 있다.

수유 속도 조절하기

아기에게 분유를 급하게 먹이지 않도록 한다. 아기는 곧 어느 정도의 속도로 먹어야 하는지 스스로 결정하게 될 것이다. 성인과 마찬가지로 대부분의 아기들은 편안한 상태에서 분유를 먹고 싶어 한다. 실제로 아기는 분유를 빨다가 멈추고 다시 분유를 먹는데, 이는 매우 정상적인 행동이다. 어떤 아기들은 매우 빨리 효율적으로 분유를 먹어서 단 몇 분 만에 모든 것을 해치우는 반면 어떤 아기들은 매우 적은 양의 우유를 자주 먹기도 한다. 그러나 대부분의 아기들, 특히 신생아의 경우에는 졸면서 먹는다. 이러한 아기들은 힘차게 분유를 먹다가 깜박 졸고, 다시 잠에서 깨어 분유를 먹는 것을 반복한다.

또한 아기는 배고플 때뿐만 아니라 배부를 때도 엄마에게 신호를 보낸다. 아기는 배가 부르면 빨던 행위를 멈추고 입을 다물거나 고개를 젖꼭지에서 돌려버린다. 또한 혀를 이용해서 자신의 입 안에 물려있던 젖꼭지를 밀어내거나 엄마가 아기에게 계속해서 먹이려고 하면 뒤로 물러나기도 한다. 만약에 아기가 트림을 해야 하거나 배변 중이라면 아기는 분유를 먹는 데에 관심이 없을 것이다. 이럴 때는 잠시 기다렸다가 모유나 분유를 주도록 한다.

때로 아기는 빈 젖꼭지 빠는 것으로 만족을 하기도 한다. 아기에게서 젖꼭지를 떼려면 손가락을 부드럽게 아기의 잇몸 사이로 집어넣는다.

아기가 매일 같은 양의 분유를 먹을 거라고 생각하지 마라. 아기들이 먹는 분유의 양은 매일 달라지는데, 특히 아기가 급격히 성장하고 있을 때는 더욱 그러하다. 성장하고 있는 아기들은 보다 많은 양의 분유를 자주 먹어야 한다. 그러므로 자주 아기에게 모유를 주거나 젖병을 물리도록 한다. 대부분의 아기들은 하루에 일정한 간격을 두고 먹지 않는다. 아기들은 보통 밤낮을 가리지 않고 다양한 시간대에 분유를 먹고 싶어 한다. 따라서 아기가 몇 시간 이내에 여러 번 분유를 먹은 다음 몇 시간 동안 잠자는 것은 흔한 일이다.

아기가 만약 미숙아로 태어났거나 매우 졸리면 배고픔을 잘 표현하지 못할 수도 있다. 이럴 때는 아기를 자극하거나 깨워서 분유를 먹여야 한다. 그러기 위해서는 아기의 머리끝을 간질이거나 발바닥을 부드럽게 문지른다. 아기를 여러 겹으로 둘러싸고 있는 담요나 옷을 조금 치우는 것도 한 가지 방법이 될 것이다. 조는 아기에게 부드럽게 말을 거는 것도 아기의 주의를 끌기에 충분하다. 아기가 배불러할 때 보내는 신호도 알아 둔다.

대부분의 아기들은 자신들의 빠른 성장에 필요한 분유를 자주, 충분히 먹지만 엄마는 아기가 잘 먹고 있는지 궁금할 수 있다. 만약 모유를 먹인다면 아기가 먹는 양을 정확히 알 수는 없겠지만 아기가 충분히 먹었는지 알 수 있는 신호는 몇 가지 있다. 예를 들어 수유 전에 단단하고 풍만했던 유방이 모유수유 후 부드러워지고 빈 것 같은 느낌이 들 수 있다. 또한 엄마는 아기가 모유를 삼키는 것을 직접 보고 들을 수 있을 뿐 아니라 배부른 아기가 유방에서 고개를 돌리는 것 또한 알게 될 것이다.

모유를 먹이든 분유를 먹이든 간에 아기의 체중증가야말로 아기가 충분히 잘 먹고 잘 자라고 있음을 드러내는 믿을 만한 신호이다. 대부분의 아기들은 태어난 직후 몇백 그램 정도 체중이 줄지만 2주 이내에 다시 체중은 증가한다. 아기의 체중이 증가했는지 줄었는지 확실히 알 수가 없다면 병원에서 아기의 체중을 정확히 측정해보도록 한다. 이미 의사가 엄마에게 출산 며칠 이내에 아기와 함께 병원에 올 것을 권했을 수도 있지만 그렇지 않다면 먼저 병원에 찾아가면 된다. 만약 아기가 우유를 잘 먹지 못한다고 느껴진다면 자신의 느낌을 믿고 빨리 병원을 찾는 것이 좋다.

아기가 잘 성장하고 있는지 알 수 있는 또 다른 방법은 아기의 기저귀를 살펴보는 것이다. 아기들은 보통 생후 몇 주 동안은 하루에 6~8개의 젖은 기저귀를 만들어내고 1~3번 혹은 그 이상 배변을 한다. 또한 일반적으로 모유를 먹는 아기들은 분유를 먹는 아기보다 자주 대변을 배출한다. 그리고 대변의 성질 또한 다른데, 모유를 먹는 아기의 대변은 황금빛 색깔을 띠고 수분이 보다 많이 포함되어 있다. 반면 분유를 먹는 아기의 대변은 어두운 갈색이면서 부드럽거나 혹은 딱딱할 수 있다. 정상이라고 여겨지는 것 보다 아기가 소변이나 대변을 보는 횟수가 적다면 소아과 의사와 상담하도록 한다.

시작하기

젖병은 유리나 플라스틱 등으로 만들어진다. 아기가 젖병을 스스로 잡을 수 있을 만큼 충분히 자랐다면 안전을 이유로 플라스틱 젖병을 사용하는 것이 좋은데, 어떤 젖병은 아기가 손으로 잡을 수 있게 만들어진 것도 있다.

젖병의 용량은 일반적으로 100ml와 200ml 두 가지이다. 그러나 젖병의 용량이 수유 시 아기에게 필요한 양을 나타내지는 않는다. 아기는 주어진 양보다 덜 혹은 더 많이 먹을 수 있다.

시중에 파는 고무젖꼭지의 종류는 다양하지만 대부분의 아기들에게는 어떤 고무젖꼭지를 사용하든지 큰 차이가 없다. 그러나 보통 아기에게 미숙아용으로 제작된 지나치게 부드러운 고무젖꼭지는 사용하지 말아야 한다. 또한 젖꼭지는 한두 종류만 사용하도록 한다. 왜냐하면 너무 많은 종류의 고무젖꼭지를 사용하게 되면 아기가 혼란스러워 할 수 있기 때문이다.

고무젖꼭지를 고를 때는 젖꼭지를 통해서 흐르는 분유의 속도를 생각해야 한다. 흐르는 분유의 속도가 너무 느리거나 빠르면 아기가 너무 많은 양의 공기를 함께 삼키게 되어서 위가 불편해지거나 트림을 자주 하게 된다. 젖병을 위아래로 뒤집어 보아서 젖꼭지에서 흐르는 분유의 속도를 체크하고 우유 방울이 떨어지는 것을 확인한다. 대략 일초에 한 방울이 떨어지는 것이 가장 적절하다. 고무젖꼭지는 신생아, 생후 3개월, 생후 6개월 등 성장하는 아기에 맞추어 그 크기가 다양하므로 아기의 연령에 맞게 분유가 적절한 속도로 흐르는 고무젖꼭지를 선택한다.

분유 먹일 준비하기

어떠한 종류의 분유를 선택했든지 간에 아기에게 충분한 영양분을 공급하고 아기의 건강을 지키기 위해서는 적절한 준비와 냉장 보관은 필수이다. 신생아들은 병균에 대한 저항성이 거의 없기 때문에 면역체계를 가지려면 약간의 시간이 걸린다. 특히 항체가 들어 있는 모유를 먹지 않는 아기라면 더욱 그렇다. 분유에는 아기의 면역성을 길러줄 항체가 포함되어 있지 않기 때문에 제대로 보관하지 않으면 박테리아 감염의 위험성이 있다.

그러므로 분유를 다루기 진에 손과 젖병과 같은 용품들을 깨끗이 씻도록 한다. 분유의 양을 재고, 섞고, 저장하는 데 사용되는 모든 용품들은 사용할 때마다 항상 세제가 섞인 뜨거운 물로 깨끗이 씻어야 하고 헹군 뒤 잘 말려야 한다. 한편 젖병과 고무젖꼭지는 잘 씻은 후 살균한다. 사용한 젖병과 고무젖꼭지 등 수유 용품들을 씻을 때는 세제를 탄 뜨거운 물로 씻는다. 특히 젖병은 세척 솔을 이용해서 구석구석 잘 닦고, 고무젖꼭지도 분유 찌꺼기가 남아있지 않도록 꼼꼼하게 닦는다. 마지막으로 잘 헹구는 것 역시 중요하다. 젖병과 고무젖꼭지를 닦을 때는 식기세척기를 이용할 수도 있다.

분유 용기를 열기 전에 깨끗한 수건으로 용기의 윗부분을 닦아주도록 한다. 개봉 후 사용하지 않은 분유 농축액을 보관할 때는 뚜껑을 꼭 닫아 냉장 보관 한다. 일반적으로 액체 농축형 분유는 최고 48시간까지 냉장 보관이 가능하므로 그 이후에는 냉장 보관된 모든 분유들을 폐기해야 한다.

가루분유나 액체농축분유는 정해진 양의 물을 정확하게 더해야 한다. 젖병으로 물의 양을 가늠하는 것은 정확하지 않으므로 분유에 더하기 전에 미리 계량컵을 이용해서 물의 양을 계량하도록 한다. 너무 적거나 많은 물을 사용하게 되면 아기에게 해로울 수 있다. 분유가 너무 묽으면 아기는 성장에 필요한 충분한 영양분을 공급받을 수 없고 허기를 채우기도 힘들다. 반면 물이 너무 적게 들어간 분유는 아기의 소화 기능과 신장 기능에 문제를 일으키고 아기에게 탈수 현상을 일으킬 수 있다.

영양소를 생각하면 굳이 분유를 데울 필요는 없다. 하지만 아기는 따뜻한 우유를 더 좋아할 것이다. 분유를 데우기 위해서 따뜻한 물이 담긴 용기에 젖병을 몇 분간 담가 둔다. 젖병을 흔들고 손등에 방울 떨어뜨려서 온도를 측정하도록 한다. 전자레인지를 사용해 데우게 되면 너무 뜨겁게 데워져 아기의 입을 다치게 할 수도 있으니, 이 방법은 사용하지 않는 것이 좋다. 일단 한번 데운 분유는 다시 냉장고에 보관하지 않는다. 그리고 먹다 남은 분유는 버리도록 한다. 일반적으로는 미리 분유를 만들어 놓지 말고 필요할 때 바로 만드는 것이 좋다. 하지만 1~2개의 젖병에 분유를 미리 만들어 냉장고에 보관해두면 밤중에 아기에게 먹이기 편리할 것이다.

어떤 물을 써야 하나

만약 국가가 운영하는 안전한 상수시설에서 물을 공급받는다면 분유를 타는 데 사용해도 괜찮을 것이다. 하지만 약수 같은 것을 이용한다면 수질 검사를 통해 물에 질산성분이나 납과 같은 중금속 오염물질이 들어 있지는 않은지 확인한 후 사용해야 한다. 현재 집에서 쓰고 있는 물의 안정성이 염려된다면 생수를 이용할 수도 있다.

분유를 탈 때는 찬물이나 상온의 물을 사용하도록 한다. 특히 물속에 포함된 미네랄을 파괴되지 않도록 끓인 물은 사용하지 않는 편이 좋다.

어떤 자세로 먹여야 하나

젖병으로 분유를 먹이기 위해서는 우선 엄마와 아기 모두 편안한 자세를 취해야 한다. 아기와 엄마 모두 주의를 집중할 수 있는 조용한 수유 장소를 찾는다. 그리고 한쪽 팔로 아기를 안고 다른 손에는 젖병을 든 채 넓고 낮은 팔걸이가 있는 편안한 의자에 앉는다. 아기를 받치기 위해서 무릎에 베개를 올려둘 수도

있다. 그 다음 아기를 부드럽고, 포근하게 끌이안는데 이때 아기의 머리를 지탱하고 있는 팔꿈치를 약간 들어올린다. 이렇게 아기를 약간 세우면 수유가 한결 쉬어진다.

이제 자세를 잡았다면 아기가 분유를 먹을 수 있도록 도와주어야 한다. 고무젖꼭지를 이용하거나 손가락을 사용해서 아기의 입 주변의 볼을 부드럽게 만져준다. 이렇게 만져주면 아기는 보통 입을 벌린 채 엄마를 바라보게 된다. 이 때 아기의 입술이나 입가에 젖꼭지를 갖다 대면 입을 열어 젖꼭지를 빨기 시작할 것이다. 아기에게 수유를 할 때는 젖병을 약 45도 정도 기울여야 고무젖꼭지에 분유가 가득 찰 수 있다. 아기가 우유를 먹는 동안은

계속해서 젖병을 잡고 있는다. 만약 분유를 먹다가 아기가 잠이 들면 그것은 배부르게 먹어서이거나 분유에서 만들어진 가스로 배가 찼기 때문일 수 있다. 그러면 젖병을 치우고 트림을 시킨 다음 다시 분유를 먹이도록 한다. 수유를 하는 동안에는 항상 아기를 잡고 있어야 한다. 그리고 아기가 구토를 하거나 탈이 날 수 있으므로 절대 젖병을 아기에게 기대지 않는다. 또한 아기가 바닥에 누워있을 때는 절대 수유를 해서는 안 된다. 만약 이러한 자세로 수유를 하게 되면 아기의 귀에 염증이 생길 수 있기 때문이다.

아직 아기에게 이가 나지는 않았지만 이미 잇몸 아래에는 치아가 형성되고 있다. 그러므로 젖병을 문채로 잠드는 습관을 들이지 않도록 한다. 왜냐하면 분유를 먹다 잠이 들면 아기의 입 속에 분유가 남게 되는데, 이 때 완전히 자라지 않은 치아가 분유 속 유당을 계속 접하게 되면 썩을 수 있기 때문이다.

왜 그냥 생우유(cow's milk)는 안 될까?

출산 후 첫 해에는 아기에게 모유나 분유를 먹이는 것이 가장 좋다. 일반 시중에서 판매하는 생우유는 어린이에게는 좋은 식품이지만 생후 1년이 지나지 않은 아기에게는 좋지 않다. 그 이유는 다음과 같다.

- 일반 생우유는 유아의 장과 신장에 적절하지 않다. 왜냐하면 우유에는 나트륨과 단백질이 아기에게 필요한 양보다 3배 이상 많이 포함되어 있기 때문이다. 실제로 아기들은 일반 생우유를 마시게 되면 아플 수 있다.
- 생우유는 아기에게 알레르기를 일으킬 수 있으며, 아기가 쉽게 소화하기 어렵다.
- 일반 생우유에는 유아에게 필요한 적절한 지방들이 포함되어 있지 않다.

실제로 생후 약 6개월까지의 아기에게는 모유나 분유만을 먹여야 한다. 아기가 먹는 분유에 시리얼(곡물류)를 넣지 않는다. 또한 생후 6개월이 지나기 전까지는 의사의 허락 없이 아기에게 주스 등을 주지 않는다. 분유를 먹이는 동안 의문이 생기면 주저하지 말고 의사에게 묻도록 한다.

한밤중에 일어나 아기에게 수유를 하고 기저귀를 갈아주다 보면 피임은 생각도 못할 수가 있다. 하지만 피임을 하지 않으면 출산 후 첫 생리가 시작되기도 전에 다시 임신할 가능성이 있다. 만약 출산 후 6개월 이내에 다시 임신을 하게 되면 산모와 아기의 건강에 큰 무리가 갈 뿐 아니라 임신 중에 신생아를 돌봐야 하는 스트레스에 시달리게 된다. 바로 이러한 이유들 때문에 출산 후에 피임을 하는 것은 매우 중요하다. 출산 후에 여성이 선택할 수 있는 피임방법에는 여러 가지가 있지만 남들과는 달리 자신에게 보다 적절한 것이 있을 것이다. 피임법을 선택할 때에는 다음과 같은 것들을 고려한다.

- 선택한 방법을 지속할 수 있는 능력
- 몸에 맞는 정도
- 원하는 자녀 수
- 전반적인 건강상태
- 흡연 여부

다음에 소개될 피임법들은 여성들이 일반적으로 많이 사용하며, 출산 후 시도하기에 적절하다고 여겨지는 것들이다. 어떤 방법을 선택하느냐도 중요하지만 얼마나 정확하게 사용하느냐가 피임 효과를 더욱 높인다는 것을 기억하도록 한다. 덧붙여 100퍼센트 완전한 피임과 함께 에이즈와 같은 성병을 완전히 차단하는 방법은 성관계를 갖지 않는 것뿐이다. 자신에게 가장 맞는 피임방법을 선택할 수 있도록 담당 의사에게 조언을 구한다.

피임을 위한 임시 방법

경구 피임약

배란을 막고 수정을 방해하는 호르몬 성분이 포함되어 있는 경구 피임약은 크게 두 종류로 나뉜다. 하나는 에트로겐과 프로게스틴 *progestin* 호르몬 성분을 조합한 것이고 다른 하나는 프로게스틴 호르몬 성분만으로 이루어진 것이다.

구하는 방법

병원에서 처방을 받거나 약국에서 구입한다.

어떻게 사용하는가

경구 피임약은 매일 복용해야 한다. 보통 효과가 나타나는 데는 약 1주일이 걸리기 때문에 만약 그 사이에 성관계를 갖는다면 다른 형태의 피임방법이 필요하다.

효과

두 호르몬을 조합한 피임약의 피임 성공 확률은 약 97퍼센트로, 말하자면 1

년 동안 경구 피임약을 복용한 100명의 여성 중 3명의 여성이 임신이 된다
는 뜻이다. 한편 프로게스틴 호르몬 성분만으로 이루어진 피임약은 약 95퍼
센트의 효과를 나타낸다.

고려해야 할 점

일부 의사들은 출산 후 3주 이상 기다렸다가 피임약을 복용할 것을 권한다.
특히 모유수유를 한다면 의사는 모유에 큰 영향을 끼치지 않는 프로게스틴
성분만으로 이루어진 피임약을 권할 것이다.

두 가지 호르몬 성분이 혼합된 피임약은 모유의 생성량을 약간 줄일 수 있
다. 일부 여성들은 약의 부작용으로 메스꺼움과 현기증 또는 생리주기, 감
정, 체중 등의 변화를 겪기도 한다.

만약 35세 이상의 흡연 여성이라면 혈병이 생길 위험이 커지므로 에스트로
겐과 프로게스틴 호르몬 성분이 혼합된 피임약은 복용하지 말아야 한다. 그
리고 발작, 혈병, 간 질환 등을 앓은 경험이 있는 여성들에게도 추천되지 않
는다. 한편 피임약 복용이 유방암 발생 위험을 높이거나 에이즈와 같은 성
병 감염을 막아주지는 않는다.

피임용 패치

피임용 패치는 여성의 복부 아래쪽, 허벅지, 상체의 피부에 부착하는 네모난
모양의 피임 도구이다. 단, 유방에는 붙이지 않는다. 이 패치는 혈류로 에스
트로겐과 프로게스틴 호르몬을 일정량 계속 배출해서 임신을 막아준다.

구하는 방법

병원에서 처방을 받는다.

어떻게 사용하는가

일주일마다 사용했던 패치를 버리고 새 패치를 붙이면서 약 3주 동안 계속 패치를 몸에 붙이고 있어야 한다. 4주째에는 생리가 시작될 수 있도록 몸에서 패치를 뗀다.

효과

피임용 패치는 피임 확률이 99퍼센트에 달한다. 이것은 1년 동안 피임용 패치를 사용한 여성 100명 중 1명이 임신한다는 뜻이다. 만약 체중이 약 90kg 이상이라면 피임 효과는 떨어진다.

고려해야 할 점

피임용 패치는 사용이 편리하고 매일 복용해야 하는 피임약보다 유지하기가 쉽다. 피임용 패치를 사용함으로써 발생하는 부작용이나 위험은 피임약을 복용할 때와 거의 같아서 혈병, 심장마비, 발작 등과 같은 위험 발생을 증가시킨다. 호르몬 성분을 이용하는 다른 피임방법과 마찬가지로 피임용 패치 역시 35세 이상의 흡연 여성이나 간질환, 당뇨병 또는 혈병, 심장마비, 발작의 경험이 있는 여성에게는 사용이 권유되지 않는다. 피임용 패치를 사용하려 한다면 그 전에 미리 의사와 이야기를 나누는 것이 좋다.

피임 주사

피임 주사는 호르몬을 이용해 배란과 수정을 막는다는 점에서 경구용 피임제와 비슷하다. 주사는 팔이나 허벅지에 놓는데, 이 때 투여되는 약은 프로게스틴 호르몬 성분으로만 이루어진 것이다.

구하는 방법

병원에서 처방 받는다.

어떻게 사용하는가

디포-프로베라*Depo-Provera*라고 불리는 약물을 3개월마다 주사를 통해 투여 받게 된다.

효과

피임 주사의 효과는 약 99퍼센트에 달한다. 이것은 1년 동안 피임 주사를 맞는 100명의 여성 중 한 명의 여성이 임신한다는 의미이다.

고려해야 할 점

피임 주사는 임신 직후와 모유수유를 하는 동안에 맞아도 안전하다. 하지만 생리주기가 불규칙해지거나 생리가 멈출 수도 있다. 그리고 원래의 생식 능력을 회복하려면 피임 주사를 중단하고 나서 최대 1년까지 걸릴 수 있다. 만약 체중이 약 72kg이상이라면 임신이 될 확률이 다소 높다. 하지만 담당 의사가 그에 맞춰 약의 사용량을 조절할 것이다.

연구에 따르면 디포-프로베라가 골밀도를 낮춘다고 한다. 물론 약물 투여를 멈추면 대개 골밀도의 상태는 회복된다. 그러므로 골다공증의 위험에 대해서 담당 의사와 이야기를 나누는 것이 좋다. 골다공증 발생 확률이 크다면 의사는 피임 주사 대신 다른 피임방법을 권유하거나 디포-프로베라의 사용을 줄일 것이다. 한편 피임 주사가 에이즈와 같은 성병의 발생을 막지는 못한다.

살정제가 들어 있는 피임용 격막

피임용 격막이란 둘레가 유연하여 자궁 경부에 딱 맞는 둥근 모양의 고무 막을 말한다. 그것은 정자가 난자로 이동하지 못하게 하는 것으로 거품, 크림 또는 젤리 형태의 살정제와 함께 사용된다. 격막은 그 크기가 다양하므로 의사의 도움을 받아서 자신에게 딱 맞는 크기의 것을 찾아야 한다.

자궁경 캡(cervical cap) 역시 이와 유사한 피임 도구이지만 삽입 방법이 더 어렵고 출산 경험이 있는 여성에게는 권유되지 않는다.

구하는 방법

자궁경 캡과 마찬가지로 처방을 통해서 구입할 수 있다. 살정제는 일반의약품이므로 어디에서든 구입이 가능하다.

어떻게 사용하는가

성관계를 갖기 1~2시간 전에 여성의 질 안으로 격막을 삽입한다. 삽입하기 전에 여성은 반드시 격막의 둘레와 중앙 부분에 살정제를 발라야 한다. 그리고 성관계 후에도 적어도 6시간은 그대로 두되, 24시간을 넘기지는 않는다. 24시간 이내에 성관계를 또 갖는다면 격막을 제거하지 말고 질에 살정제를 더 발라주도록 한다.

효과

살정제가 발라져 있는 격막의 피임 효과는 약 84퍼센트 정도이다. 이것은 이 방법을 사용하는 100명의 여성 중 16명이 임신한다는 것을 의미한다.

아직 출산 경험이 없는 여성이라면 자궁경 캡을 사용했을 때 약 82~94퍼센트 정도 피임에 성공한다. 반면 출산 경험이 있는 여성이라면 그 효과는 감소하여 60~80퍼센트 정도가 된다.

고려해야 할 점

임신 전에 피임용 격막을 사용했다면 출산 후에는 질 크기가 달라질 수 있기 때문에 격막의 크기를 다시 조절해야 한다. 한편 살정제를 이용한 격막 피임법이 성병까지 예방해주지는 않는다. 이전에는 논옥시놀*nonoxynol-9*성분이 포함된 살정제가 임질이나 클라미디아*chlamydia*와 같은 성병을 약간 예방해줄 것으로 생각되었다.

하지만 최근 연구 결과들을 살펴보면 그러한 믿음은 잘못된 것일 뿐 아니라 오히려 HIV바이러스에 감염될 확률이 증가할 수도 있다고 한다. 또한 일부 여성에게는 살정제가 질 자극을 유발할 수 있다.

여성용 콘돔

여성용 콘돔(*vaginal pouch*)은 폴리우레탄으로 만들어진 튜브 모양으로 질에 삽입하여 사용한다.

구하는 방법

일반의약품

어떻게 사용하는가

여성용 콘돔은 양쪽 끝이 각각 유연한 링으로 되어 있다. 끝이 막혀진 부분을 자궁경부 근처까지 삽입해 콘돔이 질 벽에 늘어서게 만든다. 성행위 시 남성의 성기가 질밖에 나와 있는 여성용 콘돔의 입구를 통해 삽입된다. 사용된 콘돔은 바로 폐기한다.

효과

여성용 콘돔의 피임 성공률은 79~95퍼센트 사이이다. 이것은 1년 동안 여성
용 콘돔을 사용하는 여성 100명 중 최고 21명이 임신할 수 있음을 의미한다.

고려해야 할 점

여성용 콘돔은 여성이 좀더 피임에 주도권을 잡을 수 있도록 할 뿐 아니라
남성용 콘돔과 마찬가지로 그 가격이 저렴하다. 하지만 사용하기에는 조금
까다롭다. 콘돔이 밀려들어가거나 빠지지 않도록 충분한 양의 윤활유를 사
용하도록 한다. 또한 물을 사용하는 등 추가적인 윤활제가 필요할 수 있다.
그리고 마찰로 인해 콘돔이 찢어질 수 있으므로 남성용 콘돔과 동시에 사용
하지 않도록 한다. 여성용 콘돔은 에이즈를 비롯한 성병을 약간 예방해주지
만 남성용 콘돔만큼의 효과를 기대하기는 어렵다.

호르몬 성분이 포함된 질 삽입용 링

호르몬 성분이 포함된 질 삽입용 링은 누바링*NuvaRing* 이라는 브랜드를 가
지고 시장에 유통되고 있다. 이것은 여성의 자궁경부에 유연성이 있는 링을
끼우는 것이다. 이 링에서는 적은 양이지만 에스트로겐과 프로게스틴 호르
몬이 계속 배출돼 임신이 되지 않도록 한다.

구하는 방법

병원에서 처방을 받는다.

어떻게 사용하는가

매달 질 안으로 새로운 링을 삽입한 후 3주 동안 착용하고 있어야 한다. 이

시기에 만약 세 시간 이상 링을 빼놓게 되면 링을 다시 질에 삽입하고 7일이 지날 때까지는 남성용 콘돔과 같은 다른 피임방법을 추가적으로 사용해야 한다. 3주 후에 삽입했던 링을 제거하고 새로운 것을 사용하도록 한다. 그리고 성관계를 가질 때 절대로 삽입된 링을 제거해서는 안 된다.

효과

호르몬 성분이 포함된 질 삽입용 링은 98~99퍼센트의 피임 효과를 나타낸다. 이것은 1년에 이 방법을 사용하는 100명의 여성 중 1명이 임신한다는 의미이다.

고려해야 할 점

누바링은 경구용 피임약과 같이 피임 효과는 매우 크면서도 매일 약을 복용하지 않아도 된다는 장점이 있다. 또한 피임을 그만두는 방법 역시 쉽다. 출산 후 언제부터 질 삽입용 링을 사용할 것인지 의사와 상의하도록 한다.

하지만 피임약과 같이 구토, 현기증, 체중감소, 심리적 변화 등의 약간의 부작용을 초래할 수도 있다. 35세 이상의 흡연 여성이나 혈병, 심장마비, 발작 등을 경험했거나 간질환, 당뇨병을 앓고 있을 경우에는 권해지지 않는다. 또한 누바링은 냉증이나 가려움, 감염 등을 증가시킬 수 있으며, 에이즈와 같은 성병을 예방할 수는 없다.

자궁내 장치

자궁내 장치(IUD)는 작은 T자 모양의 물건으로 자궁 속에 삽입된다. 이것은 정자가 난자와 만나는 것을 방해하고, 착상을 막는다. 최근에 사용되는 것으로는 코퍼(Copper T IUD)와 미레나*Mirena*라는 두 가지 종류의 기구가 있다.

Copper T IUD는 자궁 속에서 최고 10년, 미레나는 최고 5년까지 있을 수 있다.

구하는 방법

의사의 시술이 필요하다.

어떻게 사용하는가

의사는 자궁경부를 통해 자궁 속에 피임기구를 삽입할 것이다. 대부분의 의사들은 생리 중에 시술을 받을 것을 권유한다. 여성은 작은 끈을 통해 피임기구가 제자리에 위치하고 있는지 확인할 수 있는데 약 한 달에 한 번 그 끈을 확인하면 된다.

효과

자궁내 장치의 피임 성공률은 98~99.9퍼센트이다. 이것은 1년에 이 장치를 이용한 여성 100명 중 최고 2명만이 임신이 되었다는 뜻이다.

고려해야 할 점

이 방법은 매우 효과적인 장기 피임방법이며, 피임을 중단하기에도 매우 편리하다. 또한 출산하자마자 바로 사용할 수 있으며, 모유수유 기간에도 안전하다. 만약 피임을 하지 못한 상태에서 성관계를 가진 경우라도 관계 후 일주일 이내에 삽입되기만 하여 응급 피임법으로 사용될 수 있다.

하지만 모든 여성이 이 장치를 착용할 수 있는 것은 아니다. 대부분의 의사들은 출산 경험이 있고, 한 배우자와 관계를 가지며, 골반염증을 앓은 적이 없는 여성들에게 이를 권한다. 성병에 걸렸거나 성병에 걸린 적이 있는 여성에게는 자궁내 장치는 권유되지 않는다. 자궁내 장치를 한 여성 중 일부는 생리 기간 동안에 복통이 증가하거나 때때로 자연스럽게 장치가 밖으로 나올 수도 있다. 한편 이 장치는 에이즈와 같은 성병을 예방하지는 않는다.

남성용 콘돔

남성용 콘돔은 얇은 고무 덮개로 남성의 성기가 발기했을 때 겉에 씌워서 사용하는 것으로 사정액이 질로 들어가는 것을 막는 피임법이다. 라텍스로 만들어진 콘돔이 가장 흔하지만 라텍스에 알레르기가 있는 사람들을 위해 양가죽이나 폴리우레탄 물질로 만들어진 콘돔도 있다.

구하는 방법

일반의약품

어떻게 사용하는가

성관계가 이루어지기 전에 말려있는 콘돔을 음경 끝에서 밑으로 펼친다. 이때 음경 끝에 약 1.3cm 정도의 공간을 남겨두는데, 이는 정액을 모이는 공간이 된다. 그리고 한번 쓰인 콘돔은 바로 버린다.

효과

남성용 콘돔은 그 피임 효과가 86~98퍼센트에 달한다. 이는 1년 동안 배우자가 남성용 콘돔을 사용하는 여성 100명 중 최고 14명까지 임신할 수 있다는 의미이다.

고려해야 할 점

모든 피임 도구 중에서 남성용 라텍스 콘돔이나 폴리우레탄 콘돔은 에이즈를 비롯한 성병 전염을 막는 데 가장 효과적이다. 단, 양가죽 콘돔에는 미세한 구멍들이 있어서 바이러스가 통과할 수도 있다. 그리고 남성용 콘돔은 가격이 저렴하고 사용 방법도 편리하다. 한편 라텍스 콘돔을 사용할 때는 바셀린이나 핸드 로션과 같은 기름성분이 포함된 윤활제를 발라서는 안 되는데, 그 이유는 이것들이 콘돔을 약하게 만들거나 손상을 입힐 수도 있기 때문이다.

자연 피임법

자연 피임법은 주기 피임법으로 불리는데, 이는 여성이 자신의 생리주기를 계산해서 배란일 예정일에 성관계를 피하는 방법이다. 이 방법은 다른 피임 장치나 피임약은 사용되지 않는다.

구하는 방법

처방이 필요 없다.

어떻게 사용하는가

다음과 같은 방법으로 배란일을 계산한다.

• 달력 계산법 : 특정한 계산법을 사용해서 성관계를 가졌을 때 임신이 가능한 첫 날과 마지막 날을 예상한다.

• 자궁경부의 위치와 확장 : 배란이 시작되면 자궁경부가 열리고 위치가 변하므로 이 방법을 사용하려면 손가락을 이용해 자궁경부의 위치를 확인해야 한다. 배란 중에 자궁 경부는 평소보다 약간 높은 곳에 위치하고 부드러

워지며, 입구가 열려 있다. 따라서 자궁경부를 관찰하고 기록함으로써 배란이 되는 날을 알 수 있다.

• 점액 검사를 통한 방법 : 자궁경부에서 나오는 점액의 변화를 조사하여 언제 배란이 이루어지는지 알아낸다.

• 온도를 통한 방법 : 대부분의 여성들은 배란이 시작되면 체온이 약간 변화한다. 즉 배란 전에는 체온이 떨어지고 배란 후에는 다시 체온이 약간 상승한다.

• 점액 온도 검사를 통한 방법 : 이것은 체온 변화와 점액 검사 두 가지를 혼합한 방법이다.

• 증상 체온법 : 이것은 달력 계산법, 자궁경부의 위치와 확장, 점액 검사, 체온 검사 모두가 혼합된 것으로 보다 정확하게 여성의 배란일을 계산할 수 있다.

만약 주기 피임법을 사용할 계획이라면 관련된 수업에 참여하고 자격을 갖춘 강사에게 훈련받는 것이 가장 좋다.

효과

자연 피임의 효과는 여성이 얼마나 주의하는가에 따라 달라진다. 완벽하게 조심할 경우 그 피임 효과는 90퍼센트에 달한다. 이것은 1년 동안 주기 피임법을 사용한 여성 100명 중 10명이 임신할 수 있다는 의미이다. 하지만 이 방법을 완벽하게 수행하는 부부는 별로 없어서 다른 피임법에 비해 상대적으로 피임 성공률이 낮다.

고려해야 할 점

이러한 주기 피임법은 종교적인 관습에서 발전된 것으로 금욕에 대한 동기 부여와 절제를 요구한다. 보통 주기 피임법이 성공하려면 생리주기가 매우 규칙적이어야 한다. 또한 여성이 자신의 생리주기와 배란에 대한 신체적 변화를 신중하게 관찰해야 한다. 그리고 연구 결과에 따르면 주기가 규칙적이라도 배란 시기를 예측하는 것은 매우 어려운 일이어서 계산 결과 배란일이 아니라고 생각하더라도 임신할 수 있는 잠재적인 위험이 존재한다.

한편 남성이 오르가즘을 느끼기 전에 삽입되었던 자신의 성기를 빼는 것은 피임방법으로 적절하지 않다. 왜냐하면 사정이 이루어지기 전에 일부 정자가 새어나올 수 있기 때문이다. 그리고 주기 피임법은 에이즈를 비롯한 성병의 감염을 막을 수 없다.

살정자제

피임용 살정자제에는 난자와 만나 수정이 이루어지기 전에 정자 세포를 파괴하는 화학물질이 포함돼 있으며 젤, 거품, 크림, 필름, 좌약, 정제 등 여러 가지 형태로 존재한다. 살정자제는 격막 피임이나 남성용 콘돔과 함께 사용되기도 한다.

구하는 방법

일반의약품

어떻게 사용하는가

질 속 자궁경부 근처에 살정제를 바른다.

효과

살정자제의 피임 효과는 69~85퍼센트이다. 이것은 1년 동안 살정자제를 사용하는 100명의 여성 중 최대 31명은 피임에 실패한다는 의미이다.

고려해야 할 점

살정자제는 질 감염, 요로감염 등을 발생시킬 수 있다. 일부 살정자제에는 논옥시놀-99이라는 물질이 포함되어 있는데, 전에는 이것이 임질이나 클라미디아와 같은 특정 성병 발생을 예방해준다고 알려지기도 했다. 하지만 최근의 연구 결과에 따르면 이것이 성병을 예방할 수 없을 뿐 아니라 오히려 HIV바이러스에 감염될 확률을 높일 수도 있다고 한다. 전문가들은 바이러스나 박테리아와 같은 미생물들을 죽일 수 있는 보다 효과적인 질내 살균제를 연구하는 중이다.

영구적 피임방법

비수술적 피임

2002년 11월 FDA(미국의 식품의약국)는 여성에게 사용될 수 있는 비외과수술적 피임법(Essure System)을 처음으로 승인했다. 이것은 작은 금속 기구를 각각의 나팔관 속에 삽입하는 것으로, 여기서 만들어진 반흔조직(scar tissue)이 나팔관을 막아 난자가 수정되지 않게 한다.

구하는 방법

의사의 시술이 필요하다.

어떻게 사용되는가

의사는 가늘고 얇은 관(카테터)을 사용해 각각의 나팔관에 장치를 집어넣는다. 이 때 카테터는 질을 통해 자궁으로 들어가 각각의 나팔관 속으로 들어간다. 장치가 들어간 이후 3개월 동안은 다른 피임방법을 사용해야 하며, 3개월이 지나면 X-ray 검사를 통해 제자리에 반흔조직이 잘 자랐는지 확인한다. 만약 X-ray검사를 통해 나팔관이 완전히 막혔다는 것이 확인되면 더 이상 다른 피임법은 사용하지 않아도 된다.

효과

최근까지 수행된 연구에 따르면 시술이 성공했을 경우 피임 효과는 100퍼센트였다.

고려해야 할 점

비외과수술적 피임방법의 장점은 시술을 위한 절개나 전신마취가 필요 없다는 것이다. 하지만 한번 시술하면 다시 되돌릴 수 없기 때문에 더이상 아이를 낳을 계획이 없는 경우에만 사용해야 하는 피임방법이다. 불임화 후에도 임신이 될 가능성은 약간 있으며 때로는 불임화가 자궁외임신 확률을 증가시키기도 한다.

수술적 피임

여성이나 배우자 중 한 명이 영구적인 피임을 위해 외과수술을 받고 싶어 할 수 있다. 이 때 여성은 나팔관을 묶는 시술인 난관결찰술(tubal ligation)을 받을 수 있고, 남성은 정자가 사정되지 못하도록 하는 정관절제술을 받을 수 있다.

구하는 방법

외과수술적 시술

어떻게 사용되는가

난관결찰술을 받게 되면 여성의 나팔관은 절단되거나 묶이게 된다. 수술이 진행되는 동안 여성은 보통 전신마취 상태에 놓이게 되는데, 병원 입원이 필수적이지는 않다. 난관결찰술은 출산 직후에 이루어질 수도 있고 분만 후 6주 이내에 실시될 수도 있다. 물론 아무 때나 출산한 여성이 원할 때 시술이 이루어질 수도 있다. 정관절제술은 국소마취를 한 상태에서 진료실에서 이루어진다. 시술이 이루어지면 남성의 정관, 즉 정자가 이동하는 통로가 절단되고 묶여지게 된다.

난관결찰술의 효과

난관결찰술이 실시된 첫해에 여성이 임신할 확률은 1퍼센트도 되지 않는다. 그러나 시간이 흐르면 시술 시 묶였던 관이 서로 연결돼 임신이 될 수도 있다. 연구 결과에 따르면 수술 후 10년이 지난 다음에는 임신 확률이 젊었을 때 수술을 받은 경우에는 5퍼센트, 좀 더 늦게 수술을 받은 경우에는 상대적으로 피임 실패율이 더 낮았다.

정관절제술의 효과

정관절제술 이후 피임에 실패할 확률은 1퍼센트도 되지 않는다. 이것은 1년 동안 정관절제 수술을 받은 배우자를 둔 100명의 여성 중 임신이 된 여성이 1명도 채 되지 않는다는 것을 의미한다. 하지만 정관절제술 후 즉시 피임 효과가 나타나는 것은 아니다. 대부분의 남성들은 8·10회 정도 사정을 해야 남아 있던 정자를 모두 배출하게 된다. 따라서 사정에 더 이상 정자가 남아있지 않다는 사실을 의사에게 확인 받기 전에는 다른 피임법을 함께 사용해야 한다.

고려해야 할 점

외과수술적 불임화는 쉽게 되돌릴 수가 없다. 예를 들어, 난관절제를 되돌리게 된다면 자궁외임신이 될 위험성을 증가시킬 수 있다. 따라서 불임수술을 받기 전에 더 이상 아기를 낳을 의사가 없는지 확실히 정해야 한다. 만약 수술 당사자가 여성이고, 시술을 받았을 때 위험하게 될 수 있는 질환을 가지고 있다면 다른 피임방법에 대해서 의사와 상의해야 한다. 또한 모든 외과 시술이 그렇듯이 출혈이나 감염과 같은 위험이 따를 수 있다.

응급 피임방법

미처 피임을 하지 못한 상태로 성관계를 가졌거나 피임방법이 실패했을 경우, 임신을 막기 위해 응급 피임방법을 사용할 수 있다. 응급 피임을 위해 사용되는 약으로는 프리벤preven과 플랜비plan B라는 두 가지가 있다. 이 중 프리벤은 에스트로겐과 프로게스틴 성분이 혼합되어 있으며, 플랜비는 프로게스틴 성분만 들어 있다. 한편 자궁내 장치(IUD)도 응급 피임방법으로 사용될 수 있다. 이러한 응급 피임방법은 배란과 수정 그리고 수정란이 착상되지 못하게 함로써 임신을 막는다.

구하는 방법

병원에서 처방을 받는다.

어떻게 사용되는가

응급 피임법은 사용하는 시기가 중요하다. 사후 피임약은 성관계 후 72시간 이내에 복용하는 것이 가장 효과적이며, 12시간마다 두 알씩 복용하게 된다. 일부 경우에는 의사의 처방 아래 특별한 경구용 피임약이 사용되기도 한다. 한편 자궁내 장치 삽입은 성관계 후 7일 이내에 이루어져야 한다.

효과

에스트로겐과 프로게스틴이 혼합된 사후 피임약의 피임 효과는 75퍼센트 정도로, 이것은 사후 피임약을 복용한 100명의 여성 중 75명이 피임에 성공했음을 의미한다. 그리고 프로게스틴 성분만 포함된 사후 피임약의 피임 효과는 85퍼센트 정도이다.

한편 자궁내 장치는 99퍼센트 이상의 피임 효과를 나타낸다. 이것은 이 방법을 사용한 100명의 여성 중 99명 이상은 임신하지 않는다는 것을 뜻한다.

고려해야 할 점

응급 피인방법은 일반적으로 매우 안전하며 부작용도 서의 없지민 자주 그리고 정기적으로 사용하지 않는 것이 좋다. 일반적인 부작용은 메스꺼움과 구토이며, 에스트로겐과 프로게스틴 성분이 혼합된 알약을 복용한 경우 부작용이 자주 발생할 수 있다. 만약 모유수유를 하는 여성이라면 의사는 프로게스틴 성분만 포함된 피임약을 권할 것이다. 또한 응급 피임약을 복용한 뒤 첫 생리주기가 불규칙해질 수도 있다.

한편 자궁내 장치를 이용한 응급 피임법의 한계와 부작용은 일반적인 자궁내 장치 사용 시와 똑같다.

직장으로 돌아가하기

"직장생활을 계속 해야 할까?"

아기가 태어난 후 대부분의 엄마들이 이와 같은 고민을 한다. 그리고 많은 여성들이 육아와 일을 동시에 하고 있다. 2001년 미국에서는 6살 이하의 어린 자녀를 둔 여성 중 64퍼센트가 직장생활을 하고 있는 것으로 알려져 있다. 물론 갈수록 더 많은 남성들이 육아를 돕고 있긴 하지만 아직은 여성이 육아의 대부분을 담당하고 있다.

엄마가 사회생활을 하는 가정에서 아빠가 취학 전 자녀 양육을 맡고 있는 경우는 다섯 가정 중 하나 정도였다. 또한 미국 인구통계국에서 2002년에 실시한 조사 결과에 따르면 부부가 함께 지내는 가정에서 아내가 밖에 나가 일을 하는 동안 집에서 가족들을 돌보고 집안일을 하는 남성들은 약 20만 명 정도였다. 이것은 110만 명의 아이들이 전업주부인 엄마의 보살핌을 받고 있는 것과 비교되는 사실이다.

현재 육아에 대한 사람들의 생각들은 다양하다. 60~70년대에는 육아와 집안일을 전담해야할 주체가 여성이어야 한다고 생각했지만 여성의 사회 진출이 늘어나면서 집안의 모든 일을 엄마가 담당하는 것이 적절한지에 대한 문제들이 제기되기 시작한 것이다. 오늘날에는 일하는 여성에 대한 대립된 시각들이 있다. 그리고 중간자적인 입장을 취하고 있는 사람들 역시 많다.

어떤 이들은 좋은 부모가 되기 위해 집에 머무르면서 자녀를 돌봐야한다고 생각하지만 어떤 이들은 전업주부로 일하는 것은 힘들게 이룬 사회적 지위를 포기하는 일이라고 생각한다. 하지만 또 다른 이들은 육아와 일을 병행하기 위해 시간제 일을 구하거나 재택근무를 신청하기도 한다. 아니면 직장에서 업무 분담을 한다든지 근무시간을 이동하는 등 다양한 방법들을 모색하기도 할 것이다.

고려해야 할 점

직장생활과 집안일 중 어느 것에 비중을 둬야 할 것인지 고민될 때 다음과 같은 점을 고려하면 도움이 될 것이다.

직장생활을 할 때 아이들에게 끼칠 영향

그 동안 직장에 다니는 엄마가 자녀들에게 어떠한 영향을 미치는지에 대한 연구들이 진행돼 왔다. 하지만 아이에게 영향을 끼치는 요소들은 시로 복합적으로 연결돼 있기 때문에 명확한 결론을 내리는 것은 쉬운 일이 아니다. 따라서 이에 대한 연구 결과는 매우 다양하다.

어떤 연구에 따르면 아이가 어릴 때 엄마가 직장에서 일을 하게 되면 아이와 유대감을 쌓기 어려울 뿐 아니라 아이의 행동에도 약간 부정적인 영향을 미칠 수 있다고 한다. 하지만 또 다른 연구에 따르면 좋은 시설에 아이를 맡길 경우 아이가 엄마가 아닌 또래 아이들이나 어른들과 교류할 수 있는 사회적 환경을 경험할 수 있다고 한다.

일반적인 이야기이시만 모든 연구에서 공동적으로 강조하고 있는 것은 부모와 자녀 사이에 발생하는 애정과 돈독한 관계의 긍정적 영향이다. 그러나 무조건 자녀와 많은 시간을 함께 한다고 해서 가장 좋은 부모가 되는 것은 아니며, 엄마가 집에만 있다고 해서 모든 시간을 아이와 함께 보내게 되는 것도 아니다. 아마도 대부분의 엄마들은 빨래를 하고, 설거지를 하며, 옷을 개는 등 여러 집안일을 하느라 바쁠 것이다.

〈결혼과 가족 (Journal of Marriage and Family) 〉에 실린 한 논문에 따르면 전업주부가 아이를 돌보고 함께 지내는 데 보내는 시간은 일주일에 평균 38시간 정도이고, 직장에서 일을 하는 엄마의 경우에는 평균 26시간이라고 한다. 그뿐만 아니라 연구 결과에 의하면 직장 생활을 하든 안 하든 엄마가 아이들과 함께 나누는 교류활동의 질에는 큰 차이가 없었다. 결국 자녀들과 함께 보내는 시간의 양이 아니라 자녀와 시간을 보낼 때 신체적, 정신적, 감정적인 모든 것을 전적으로 나누는 것이 중요한 것이다.

어떤 선택을 하든지 엄마 스스로가 행복하고 만족스럽다면 그러한 기분이 아이들에게도 영향을 미칠 것이다. '다른 사람을 사랑하기에 앞서 자신부터 사랑하라' 는 옛말은 여전히 유효하다.

경제적 상황

때로는 어쩔 수 없는 경제적 상황 때문에 직장을 다녀야 할 수도 있다. 말하자면 전업주부의 삶이 선택이 아닐 수 있는 것이다. 만약 그렇다면 집에서 돈 문제 때문에 걱정을 하는 것보다는 직장생활을 하면서 아이들과 보내는 시간을 줄이는 것이 더 나을 수 있다.

남편이나 아내 둘 중 한 사람이 버는 돈만으로도 살림을 꾸릴 수 있다면 굳이 직장일과 집안일을 병행할 필요를 못 느끼겠지만 만약 수입이 적다면 생각했던 것 이상으로 스트레스를 받게 될 수 있다. 그럴 경우 시간제 직장을 구하거나 집에서 할 수 있는 일을 구할 수도 있을 것이다.

그러나 경제적 상황이 넉넉한 것도 어려운 것도 아니라면 어떻게 할 것인지 결정하기 전에 집안의 재정상황을 주의 깊게 살펴본다. 이때는 월급 외에 두 사람이 일을 하게 될 때 생기는 기회비용까지 검토해야 하며, 그 밖에 교통비, 주차비, 의류비, 육아비 등 역시 고려할 필요가 있다.

직장에 대한 욕구

직장에서 열심히 일해 특정 직위에 올랐다거나 직업에 애착을 가지고 있는 여성이라면 직장을 그만두는 것이 남성과 마찬가지로 쉬운 일은 아니다. 어쩌면 당신은 지적인 일에 도전하거나 집 밖에서 다른 사람들과 교류하는 것을 즐길 수도 있다. 그리고 직장에서 성취감을 얻어야 집안일도 잘 할 수 있을 것처럼 느낄 수도 있을 것이다.

전업주부에 대한 욕구

어쩌면 직장을 다니는 것이 당신에게는 단지 일에 불과할 수도 있다. 또는 일이 어느 정도 중요하긴 하지만 직장을 계속 다니는 것보다 아기를 돌보는 일이 더 중요하다고 여길 수도 있을 것이다.

스트레스를 조절할 수 있는 능력

양육과 직장생활을 병행하려면 많은 에너지가 든다. 어떤 사람들은 스트레스를 잘 조절해 두 가지 일을 다 잘하지만 어떤 사람들은 스트레스를 해소하는 데 어려움을 겪는다.

그러므로 자신이 엄마와 직장 여성이라는 두 가지 역할과 책임을 잘 조절할 수 있을지 생각해 본다. 직장에 다니면서도 아이들에게 충분한 사랑과 관심을 쏟을 수 있을까? 만약 직장생활과 양육 둘 다 제대로 해내지 못한다면 힘들거나 곤란한 시기에 친구나 가족의 도움을 받을 수 있을까?

당신이 어떤 결정을 하든지 객관적인 정답은 없다. 자신에게 가장 잘 맞는 최선의 선택이 있을 뿐이다. 자신이 선택할 수 있는 일들에 대해 깊이 생각한다. 그리고 남편과 상의하거나 다른 선택을 한 친구나 가족들에게 조언을 구한다. 그렇게만 한다면 자신과 가족을 위한 최선의 선택을 할 수 있게 될 것이고, 그것이 가장 올바른 선택이 될 것이다.

육아 정보

출산휴가를 마치고 직장에 복귀하기로 결정했다면 가장 중요한 것은 누가 아기를 돌볼 것인가이다. 도우미나 가정 탁아 서비스, 탁아소 등 엄마가 선택할 수 있는 방법은 다양하다.

가정방문 도우미

이 방법을 택한다면 누군가가 직접 집으로 와서 아기를 돌보게 된다. 원한다면 한집에 살면서 아기를 돌봐줄 수도 있을 것이다. 이에는 가정방문 도우미, 친척, 유모 등이 있다. 이 방법을 선택했을 때의 장점은 아이가 계속 집에 있을 수 있다는 것과 자신이 규칙을 정할 수 있다는 것이다. 또한 시설에 아이를 맡기는 것에 비해 보다 시간을 융통성 있게 활용할 수 있다는 장점도 있다. 하지만 동시에 고용주로써 법적, 경제적 의무를 지켜야 하는 것은 물론이다.

가정 탁아 서비스

어떤 사람들은 자신의 집에 여러 아이들을 모아서 돌봐주는 일을 하기도 한다. 그들은 국가가 정한 안전사항들을 지키고 위생기준에도 적합한 가정환경을 갖추고 있다. 가정 탁아 서비스를 이용할 경우 아이는 집과 같이 편안한 환경에서 다른 아이들과 어울릴 수 있다. 또한 가정방문 도우미를 고용하거나 탁아소에 아이를 맡기는 것 보다 비용이 적게 들기도 한다. 제공되는 탁아 서비스의 질은 매우 다양하기 때문에 아기를 맡기기 전에는 반드시 환경을 미리 살펴보고 현재 아이를 맡기고 있는 사람이나 예전에 아이를 맡겼던 이들의 조언을 들어보도록 한다.

탁아소

탁아소는 정식으로 육아에 대한 훈련을 받고 자격을 갖춘 보육사들이 모여서 설립한 정식 기관으로 일반적으로 정부와 지역의 규제를 엄격히 따른다. 탁아소에 아이를 맡겼을 때 기대할 수 있는 장점은 다른 아이들과 어울리면서 사회성을 기를 수 있다는 것과 아이가 가지고 놀 수 있는 장난감이 많고 여러 활동 프로그램들이 제공된다는 것이다. 그리고 아이를 놀봐줄 보육사들이 많이 있기 때문에 탁아소에 아이를 못 맡기게 될 상황은 거의 없다. 하지만 탁아소는 아이가 약간 아프더라도 아이를 맡기지 못하게 할 수 있으며, 대개 아이를 데려오고 가는 시간을 정확히 지켜줄 것을 요구한다.

탁아소에 아이를 맡기려 한다면 먼저 보육사 한 명당 몇 명의 아이를 돌보는지 알아본다. 만약 보육사 한 명이 돌보는 아이들이 너무 많으면 아이를 주의 깊게 돌보지 못할 수도 있기 때문이다. 미국 소아과학회는 한 명의 보육사가 12개월 미만의 아이 세 명 정도를 돌보는 것이 가장 적절하다고 말한다.

일단 마음이 놓이는 곳에 이이를 맡기게 되면 직장에 돌아가서도 편안한 마음으로 업무에 집중할 수 있을 것이다. 하지만 종종 아기를 두고 처음 출근한 엄마들의 경우 아이를 두고 나온 것에 죄책감을 느끼기도 하며, 아기가 자신보다 보육사를 더 따를까봐 불안해하기도 한다. 하지만 걱정할 필요는 없다. 앞으로도 아이와 함께 지낼 수 있는 시간은 많이 있다. 그리고 부모와 아이의 애정은 유일한 것으로 결코 어느 것으로도 대체될 수 없다.

직장으로 돌아가기

임신기간 동안에도 직장으로 복귀할 중요한 준비를 미리 할 수 있다. 회사가 제공해주는 출산 휴가를 찾아보고, 자신의 출산 휴가를 연장할 수 있는 일반 휴가나 병가와 같은 것을 찾아본다.

출산을 위한 휴가를 가기 전에 자신의 상황을 고용주에게 잘 이야기하도록 한다. 그리고 필요하다면 휴가동안의 공백기를 줄이기 위해 근무시간을 옮기거나 시간제 근무 또는 재택근무를 할 수 있는지 물어볼 수도 있다. 상사와 의논을 할 때는 특별한 배려를 기대하지 말고, 앞으로의 일에 대한 대책을 세울 수 있도록 준비한다. 그리고 최후통첩을 내리듯 하지 말고, 가능한 해결책을 제시하는 것이 좋다.

그렇다면 언제 직장으로 복귀하는 것이 가장 좋을까? 가장 적절하다고 여겨지는 시간은 없지만 전문가들은 가능하다면 출산 후 3~4개월은 아기와 함께 집에서 지낼 것을 권유한다. 이 기간 동안 당신은 앞으로의 계획을 차근히 세울 수 있을 뿐 아니라 아기와의 관계도 친밀해지며 육아방법에 대해서도 배울 수 있다. 또한 출산 후 몇 달은 육아로 인해 매우 피곤하게 되므로, 휴식을 취하고 회복할 수 있는 충분한 시간을 갖는 것이 유익하다. 그리고 할 수만 있다면 직장 복귀 날을 수요일이나 목요일 또는 금요일로 정해 주중에 조금만 일하고 주말을 보내면서 에너지를 충전하는 것이 좋다.

전업주부 아빠들의 증가

일부 연구에 따르면 전업주부 역할을 하는 아빠들이 전통적으로 바깥에서 일을 하던 아빠들보다 훨씬 더 아이들과 친밀한 관계를 유지한다고 한다. 1990년대 중반에 실시된 두 연구 결과에 따르면 전업주부인 아빠가 돌보는 아이들은 상처가 나거나 한밤중에 잠에서 깼을 때 찾아가는 상대가 엄마든 아빠든 똑같이 편안함을 느낀다고 한다.

그러나 엄마가 있던 자리를 아빠가 대신한다고 해서 반드시 그 역할이 뒤바뀌는 것은 아니다. 집안일을 하는 아빠들도 여전히 지붕의 홈통을 닦고 고장난 식기세척기를 수리하는 일을 하며, 동시에 아이들에게 옷을 입히고 식사를 준비하며, 아이들과 놀아준다. 또한 엄마들 역시 직장에서 집에 돌아온 후 전통적인 아내들이 그러는 것처럼 저녁 식사 준비를 하고, 아이들을 목욕시키거나 재우는 일들을 한다. 결과적으로 전업주부 아빠란 육아에 좀 더 적극적으로 참여하는 아빠를 의미하여, 덕분에 아이들은 아빠와 엄마 모두에게 관심과 사랑을 받게 되는 것이다.

이 연구에서 아빠들이 집안일을 전담하게 된 주된 이유는 자신의 아이를 다른 사람들의 손에 맡기고 싶지 않다는 것과 아내 쪽이 자신보다 돈을 잘 벌기 때문이었다. 여성이 전업주부의 길을 선택하는 것과 마찬가지로 남성이 그러는 것 역시 모두 특별한 일이다. 바람직하게도 이러한 형태의 가족이 점점 사회적으로도 쉽게 받아들여지고 있는 추세이며, 더 많은 아빠들이 아이들을 돌봄으로써 느끼는 즐거움과 만족을 발견하고 있다.

다음 번 임신 계획 세우기

자녀를 더 낳고 싶다면 언제가 가장 적절한 시기일까?

이 질문에 대한 답은 당신과 남편에게 달려 있다. 모든 상황들이 완벽히 갖춰질 때까지 기다리고자 한다면 아마도 아기를 갖는 일이 어려워질 것이다. 어느 시기에 아기를 낳느냐는 중요치 않다. 아기에 대한 부모의 충분한 사랑과 관심이 가장 중요할 뿐이다. 다음에 소개되는 내용들은 다음 번 임신 계획을 세우는 데 도움을 줄 것이다.

고려해야 할 점

아이를 한 명 더 갖기 전에 고려해야 할 몇 가지 것들이 있다.

- 다른 자녀를 기를 준비가 되어 있나? 가족이 늘어나면 좋은 점도 많지만 신체적, 정신적, 감정적으로 큰 부담이 될 수도 있다.
- 아이를 더 갖는 것이 직장생활에 어떠한 영향을 미칠 것인가? 새로운 아이를 낳아 기르기 전에 직장에서의 위치를 확고히 하는 것이 더 중요하지는 않을까?

- 경제적 상황은 어떠한가? 아이를 위해 부부 중 한 명은 집에 있어야 하지는 않을까? 육아 비용을 마련하기 위해서 어떤 것을 기꺼이 희생할 준비가 돼있나? 아이들의 대학 등록금을 감당할 수 있을까?

시간 간격

자녀들 사이에 이상적인 나이 차이가 존재할까? 어떻게 생각하면 그렇다고 대답할 수 있지만, 실제로 꼭 그러한 것만은 아니다. 출산 간격에 따라 발생할 수 있는 장단점은 다음과 같다.

1~2년

1~2년 간격으로 출산하게 되면 부모는 자신들의 인내심을 마지막까지 시험해야 할 것이다. 또한 몇 가지 건강상 위험도 발생할 수 있다. 하지만 동시에 몇 가지 장점도 존재한다.

• 장점

- 나이가 비슷하므로 자라면서 아이들끼리 보다 가깝게 지낼 수 있다. 같은 것에 흥미를 느끼고 비슷한 활동을 즐기기 때문에 온 가족이 함께 시간을 보내기 위한 스케줄을 짜기가 쉬워진다. 부모들은 나이가 비슷한 형제, 자매들끼리 가까운 친구처럼 지내기를 바랄 것이다.
- 아이들 데리고 다니기, 수유, 기저귀 교환, 아이에게 화장실 사용법 가르치기 등 육아에 관련된 모든 단계를 한 번에 해결할 수 있다. 또한 아기 보호용 장치들을 집안에 여러 번 설치할 필요가 없어진다.
- 첫 아이는 나중에 태어난 동생들과 쉽게 어울릴 수 있을 뿐 아니라 많은 시간을 동생들과 보내게 될 것이다.

• 단점

- 두 아이를 위한 기저귀를 동시에 준비한다는 것은 엄마에게 엄청난 부담으로 다가올 것이다. 그뿐 아니라 몇 년 동안은 개인적인 시간을 즐길 여유도 거의 없을 것이다.

- 쌓이는 스트레스와 피로는 부부간의 결혼 생활에도 영향을 끼칠 것이다. 원만한 결혼 생활을 위해 부부는 힘든 육아 업무를 적절히 분담해야 하고, 때로는 둘만의 시간을 보낼 필요가 있다.

- 두 명의 아기에게 필요한 용품을 사려면 경제적인 부담이 클 것이다.

- 자녀들 사이에 생긴 라이벌 의식이 나중에 문제가 될 수 있다.

- 여러 연구결과에 따르면 출산 후 18개월이 지나기 전에 다시 임신이 되면 저체중아를 낳거나 조산을 하게 될 위험이 증가할 수 있다고 한다. 이것은 출산 후 산모의 몸이 완전히 회복되지 않았기 때문일 수 있다. 또한 출산 후 바로 임신을 하게 되면 필수 영양소가 한층 더 감소할 수 있다.

- 두 임신 사이의 간격이 짧으면 엄마의 건강에 무리가 갈 수 있다. 일부 연구에 의하면 출산 후 6개월 이내에 다시 임신을 하면 빈혈이나 임신후기에 발생하는 출혈과 같은 합병증이 발생할 위험이 증가한다고 한다. 다시 한 번 말하지만 이것은 산모의 몸이 아직 첫 번째 임신에서 완전히 회복되지 않았기 때문이다.

- 제왕절개 수술을 받은 뒤 18개월이 지나지 않은 상태에서 자연분만을 시도할 경우 자궁파열이 발생할 확률이 증가한다.

- 임신할 가능성이 적긴 하지만 모유수유 중에 가끔 임신이 되기도 한다. 만약 임신중 모유수유까지 하려 한다면 식단에 좀 더 신경을 써야 한다. 영양사를 만나 상담 받으며 필요한 영양분을 섭취하기 위해 어떠한 식단을 구성해야 하는지 도움 받도록 한다.

2~5년

전문가들은 두 자녀 사이에 2~5년의 간격을 두는 것이 가장 적절하다고 조언한다. 왜냐하면 첫 아이가 부모의 손길을 어느 정도 덜 타게 되면 부부는 둘째 아이가 태어날 때까지 필요한 힘과 에너지를 재충전할 시간을 가질 수 있기 때문이다.

• 장점

- 두 번째 아이를 낳을 때까지 부모는 첫째 아이와 가까워질 수 있는 시간을 충분히 가질 수 있고, 아이에게 온전히 관심을 쏟을 수 있다.
- 첫째 아이가 둘째에 대한 경쟁심도 느끼지 않게 되고, 가족들 사이에서 유일한 아기로서 사랑과 관심을 듬뿍 받으며 자라게 된다.
- 새로운 아기가 태어날 때 이미 첫째 아이는 혼자서도 잘 놀 수 있는 나이이기 때문에 엄마가 새로 태어난 아기에게 좀 더 관심을 쏟을 수 있다.
- 2~5년 차이라면 새로 태어난 동생과 여전히 쉽게 친해질 수 있을 것이다.

- 새로 태어난 아기를 위한 기저귀만 준비하면 된다. 게다가 유아용 침대나 유모차와 같은 아기 용품은 첫 아이 때 구입한 것을 다시 사용할 수 있다.
- 모유를 먹이는 데 서두를 필요가 없다. 그리고 다음 임신을 위한 영양분을 섭취할 시간을 가질 수 있다.
- 일부 연구에 따르면 출산 후 다음 임신이 되기까지 18 ~ 23개월의 간격을 두는 것이 가장 좋다고 하는데, 그 이유는 산모와 아기에게 합병증이 발생할 위험이 이 경우에 가장 작기 때문이다.
- 제왕절개수술을 받은 다음 2~5년 후에 자연분만을 시도하면 자궁파열의 위험을 줄일 수 있다.

• 단점

- 첫째 아이가 새로 태어난 아기에게 질투심을 느낄 수 있다. 흔히 3~4살 정도 된 아기들은 새로 태어난 아기에게 부모의 관심을 뺏겼다고 생각하고 아기처럼 군다. 하지만 이것은 대개 시간이 지나면 해결된다.
- 태어난 아기가 점점 자라고 주변을 돌아다니며 놀기 시작하면 아이들끼리 장난감이나 놀이를 가지고 다투는 일들이 발생할 수 있다.
- 아이들 사이의 나이차가 커질수록 각각의 아이들에게 필요한 활동들이 달라진다. 아이들의 나이에 맞춰 스케줄을 짜려면 고민이 될 수 있다.

5년 이상

5년 이상의 간격을 두고 다음 아기를 갖는 것 역시 장단점이 있다. 또한 산모와 아기에게 건강상의 문제가 발생할 가능성이 있다.

• 장점

- 첫째 아이를 낳고 나서 둘째 아이를 가질 때까지 휴식할 수 있는 시간이 생긴다. 아기가 태어나기 전에 즐겼던 외식이나 영화 감상, 여행 등을 즐길 수 있을 것이다. 또한 자신의 일과 결혼 생활에 다시 한 번 초점을 맞출 수 있는 기회를 갖게 된다.
- 각각의 아이들이 부모와 사람들에게 충분한 관심과 사랑을 받을 수 있다.
- 나이차로 인해서 아이들 간에 경쟁이 발생하는 일은 줄어들게 된다. 오히려 동생은 자신보다 나이가 많은 위의 형제를 영웅 이상의 존재로 생각할 것이고, 반대로 나이 많은 형제는 동생을 보호하고자 애쓸 것이다.
- 5년 이상의 시간 동안 다음 아이를 위한 돈을 모을 수 있다.
- 첫 아이의 나이에 따라서 입주하여 아이를 돌봐줄 유모를 고용할 수도 있다.

• 단점

- 아기가 자라고 몇 년이 지나면 다시 아기를 낳아 기르는 것이 어렵게 느껴질 수 있다. 아기를 돌보면서 자신이 어떻게 했었는지, 얼마나 힘들었는지를 잊었을 가능성이 크다.
- 시간이 많이 지났기 때문에 몸이 전처럼 움직여지지 않을 것이다. 십대의 아이들을 돌보면서 갓난 아기를 키우는 일이 어렵게 느껴질 수 있다.
- 해야 할 집안일의 범위가 늘어나면서 엄마는 스케줄을 조절하는 것에 스트레스를 받을 수 있다.
- 자녀들끼리 나이 차이가 크면 같은 것에 흥미를 느끼고 공유하기가 힘들 것이다. 때로는 형제보다는 같은 나이 또래의 주변 친구들과 보다 가깝게 지내게 된다.
- 오랜 시간을 두고 임신을 하게 되면 산모와 아기 모두에게 특정한 합병증이 발생할 위험이 증가한다. 연구에 따르면 출산 후 5년 이상 지나서 다시 임신을 하게 되면 임신 중에 고혈압(자간전증)이 발생할 위험이 커지고, 발작으로 인해 산모의 생명을 위협할 수 있는 상황도 초래될 수 있다고 한다. 또한 조산이 되거나 아기가 저체중일 위험 역시 커질 수 있다. 출산 후 5년 이상 지난 후에 다시 임신을 한 여성에게는 첫 임신과 같이 건강상 위험을 막아줄 요소들이 줄어든다고 전문가들은 추측하고 있다.

새로운 아기가 태어날 것을 자녀에게 알리기

먼저 태어난 아이는 가족들에게 "우리 집에도 새로운 아기를 데려와 주세요!"라고 간청할지 모른다. 하지만 아이들은 실제로 동생이 생기면 사뭇 다른 반응을 보이곤 한다.

이와 같은 아이들의 반응은 부모가 기대한 것과 다를 수 있다. 하지만 아이들이 새로 태어난 형제, 자매에게 질투를 느끼는 것은 정상적인 일이다. 이러한 아이들의 감정은 자신들이 더 이상 부모에게서 충분한 관심과 사랑을 받을 수 없다는 두려움에서 비롯된다. 아이들은 자신의 두려움을 말로 표현하는 대신 종종 고무젖꼭지를 물거나 아기처럼 말하면서 엄마에게 칭얼대고 매달리는 등 아기와 같은 모습을 보이며 자신의 감정을 드러내곤 한다.

새로운 아기가 가족이 되는 것은 모두에게 스트레스를 안겨줄 수 있다. 하지만 조금만 미리 고민하고 계획을 세운다면 긴장되는 상황들을 줄이고, 아이들에게 안정감을 줄 수 있을 것이다. 다음과 같은 방법들을 이용해서 아이들이 새로운 아기를 가족으로 잘 맞이할 수 있도록 한다.

출산 전

임신 사실을 서둘러서 자녀에게 말할 필요는 없다. 임신후기에 배가 많이 부르고 여러 변화들이 눈에 띄기 시작할 때까지 기다릴 수도 있을 것이다. 그 밖에 임신 중에 아이들에게 해줄 수 있는 것들은 다음과 같다.

- 자녀와 함께 육아 일지를 만들면서 아기를 만날 때까지 무슨 일들이 일어나며, 아기는 어떻게 생겼는지 그리고 얼마나 오래 기다려야 만날 수 있는지 등을 이해시키도록 한다.
- 자궁에 있는 태아의 초음파 사진을 자녀와 함께 보면서 뱃속의 아기가 어떻게 자라고 있는지를 보여준다. 가능하다면 정확한 용어를 사용하도록 한다.
- 아기가 있는 가정과 함께 시간을 보내도록 한다. 조용히 노래를 불러주고, 미소를 보이고, 아기와 함께 웃는 등 새로운 아기가 생기면 어떻게 해야 하는지를 자녀에게 설명해준다.
- 자녀들의 친구들을 모두 초대해서 동생이 생기는 것을 축하하는 파티를 열어준다.
- 방의 변화 등 아기가 태어나기 전에 앞으로 어떤 변화가 일어날 것인지를 자녀에게 미리 설명한다. 아이들이 자라면서 특별한 일이 생길 때마다 축하해주도록 한다.
- 변화되는 생활에 아이들이 적응할 수 있도록 한다. 임신기간 동안에는 자녀를 데려다 주고 데리러 가거나 하는 함께 이동하는 시간이 없어지거나 줄어들 것이기 때문이다.
- 출산을 위해 병원에 가기 전에 남은 자녀를 누가 돌봐줄 것인지를 미리 결정하도록 한다. 아이와 함께 있는 것을 좋아하는 사람에게 부탁한다.
- 지역 보건소에 가서 자녀와 함께 육아 교실에 참가하거나 직접 아기의 탄생에 대한 이야기를 들려준다.

병원에서

새로 태어난 아기뿐만 아니라 자녀에게도 관심을 쏟는 것을 잊지 않도록 한다.

- 많은 병원에서는 산모와 남편이 다른 자녀들과 함께 지낼 수 있도록 허락하고 있다. 이를 통해서 아이는 자신도 엄마의 출산과정 한 부분에 참여하고 있다는 느낌을 받게 될 것이다.
- 새로운 아기를 자녀들에게 소개하기 전에 먼저 이야기를 나누면서 변하지 않는 관심과 애정을 보여준다.
- 자녀와 새로 태어난 아기가 서로에게 선물임을 알도록 한다.
- 컵케이크나 작은 양초를 이용해서 아기가 태어났음을 축하하는 조촐한 가족 생일파티를 열도록 한다.

가정에서

출산 후 집에 돌아오면 먼저 직계 가족들에게 연락하느라 시간을 보낼 것이다. 이외에도 다음과 같은 것들을 할 수 있다.

- 아이들이 직접 친척들에게 새로운 소식을 전하도록 한다. 이를 통해 새로운 가족 구성원에 대한 책임의식을 심어줄 수 있다.
- 자녀들이 원한다면 나이에 맞게 적절한 일들을 맡기도록 한다. 그러나 억지로 시키지는 않는다. 기저귀를 갈아줄 때 새 기저귀를 가져오라고 하거나 아기에게 말 걸기 노래 불러주기 등의 일을 맡길 수 있다.
- 아이들에게 침실, 놀이방 등 독립적인 공간을 마련해주고, 그 공간을 존중해준다.
- 정기적으로 다른 자녀들과 일대일로 시간을 갖도록 한다. 매일 그렇게 해야 하는 것은 아니지만 시간 여유가 있을 때마다 시도하는 것이 좋다. 함께 책을 읽고, 가볍게 산책을 하고, 그림책에 함께 색을 칠하는 등 자녀들과 시간을 보내도록 한다.
- 만약 아이들이 어리광을 부리더라도 혼내거나 비판하지 않도록 한다. 대신에 무엇이든 잘한 것이 있으면 칭찬해주고 잘못된 것은 바로잡아주도록 한다. 가능하다면 아이들을 학교에 보내는 일과 이것저것 챙겨주는 일 등을 소홀히 하지 않아야 한다. 가족 활동에 아이들이 참여할 수 있도록 하고 아이들과 많은 시간을 보낸다. 이러한 노력을 통해서 아이들은 자신에 대한 엄마의 사랑이 변하지 않았고 자신이 여전히 엄마에게 중요한 존재라는 것을 느끼며 어리광부리는 것을 멈추게 될 것이다.

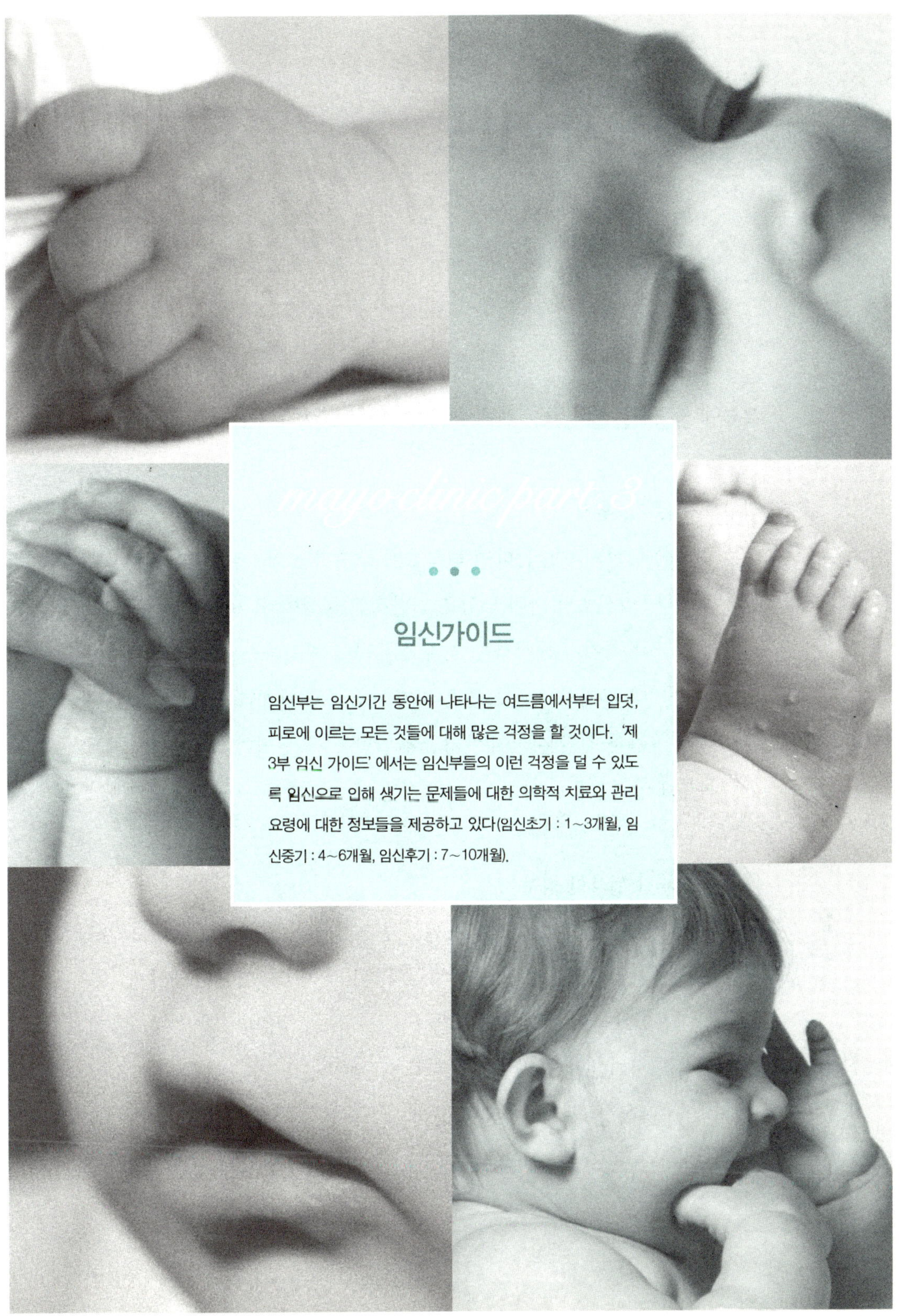

임신가이드

임신부는 임신기간 동안에 나타나는 여드름에서부터 입덧, 피로에 이르는 모든 것들에 대해 많은 걱정을 할 것이다. '제 3부 임신 가이드' 에서는 임신부들의 이런 걱정을 덜 수 있도록 임신으로 인해 생기는 문제들에 대한 의학적 치료와 관리 요령에 대한 정보들을 제공하고 있다(임신초기 : 1~3개월, 임 신중기 : 4~6개월, 임신후기 : 7~10개월).

임신 가이드

복부에 느껴지는 압박감

임신초기, 중기, 후기

다른 증상이 동반되지 않는다면 하복부에 느껴지는 압박감을 그리 걱정할 필요는 없다. 임신초기 이런 느낌은 일반적인 증상이다. 또한 임신부는 이 시기에 자궁이 커지기 시작하는 것과 혈류량이 증가하는 것도 느낄 수 있다. 임신중기나 후기의 이런 느낌은 커진 자궁과도 관계가 있다. 한편 임신 기간 내내 방광과 직장은 커지는 자궁에 압박을 받게 되며, 그로 인해 임신부는 복부에 압박감을 느끼게 된다.

의학적 치료가 필요한 경우

만약 압박감이 임신초기에 통증, 출혈을 동반하며 복부에 경련을 일으킨다면 유산이나 자궁외임신의 신호일 수 있다. 이 때 자궁외임신은 태아세포가 자궁 밖, 즉 일반적으로 나팔관에 착상하는 경우를 말한다. 만약 임신후기에 통증이 느껴진다면 조산(임신 37주 이전에 출산)을 알리는 신호일 수도 있다. 4~6시간 이상 다음과 같은 증상이 동반되면서 계속 복부에 압박이 가해진다면 담당 의사에게 연락해야 한다.

- 통증

- 질 출혈

- 아래쪽 등의 분명치 않은 통증이 4시간 이상 지속될 때

- 복부 경련

- 주기적인 수축이나 자궁이 조이는 것 같은 느낌

- 수분이 많이 포함된 냉증

- 양막 파열(양수 파열)

복부의 불편함 또는 경련

임신초기, 중기

임신 초, 중기 동안 하복부에 나타나는 통증은 임신으로 인한 정상적인 신체 변화에 의한 것이다. 이 시기에는 자궁이 확장되면서 자궁을 받치고 있던 인대와 근육도 함께 늘어나는데, 이로 인해 하복부 한 쪽 또는 양 쪽 모두에 쑤심, 경련 또는 당기는 느낌이 들 수 있다. 아마도 이 때 임신부는 기침, 재채기를 히거나 자세를 바꿀 때 통증이 심해짐을 알 수 있을 것이다.

복부나 서혜부(사타구니)에 불편함을 느끼게 되는 또 다른 주요 원인은 임신 중기에 둥근 인대가 늘어나는 데에 있다. 이러한 불편함은 몇 분 동안 지속되다가 저절로 사라진다(p685 '자궁 원 인대 통증' 을 참고하시오).

만약 복부에 외과 수술을 받은 적이 있다면 몸을 펴거나 상처부분이 늘어날 때 통증을 느낄 수 있는데, 이것은 상처가 난 조직이 복부의 다른 조직과 유착되었기 때문이다. 임신을 하고 배가 점점 부르면 이러한 조직들이 늘어나고 심지어는 분리되기도 하므로 고통스러울 수 있다.

상대적으로 약하고 불규칙적으로 니타나는 복부의 불편함은 특별히 걱정

할 필요가 없지만 만약 통증이 주기적으로 발생하여 예측이 가능하다면 출산예정일까지 시간이 남았더라도 분만의 신호가 아닌지 의심해봐야 한다.

예방 및 관리

복부에 통증이 발생하여 고통스러운 경우에는 앉거나 누워있는 것이 도움이 된다. 또한 따뜻한 물에 몸을 담그거나 명상을 하는 것도 통증을 줄이는 좋은 방법이다.

의학적 치료가 필요한 경우

심각한 통증이 지속된다면 자궁외임신이나 조산과 같은 문제가 발생했음을 알리는 신호일 수 있다. 특히 자궁외임신의 첫 번째 신호는 보통 복부나 골반에서 느껴지는 통증이다. 이러한 통증은 매우 날카롭고 찌르는 느낌으로 묘사되며 복부가 당기는 느낌도 들 수 있다. 또한 출혈, 구토, 아래쪽 척추 통증 등도 동반될 수 있다.

임신중기 이후 아래쪽 척추에 느껴지는 지속적인 통증이나 수축이 동반된 하복부 통증은 조산의 신호일 수 있다. 다음과 같은 상황이 발생하면 즉시 의사에게 알리도록 한다.

- 통증이 심하고 계속 지속되며 열이 날 때
- 질 출혈, 냉증, 위장 통증, 현기증 또는 머리가 어찔한 증상이 나타날 때
- 어깨와 목에 통증이 있을 때
- 복부가 당기고 생리통과 비슷한 통증이 느껴지면서 수축이 일어날 때

근육 분리로 인한 복부 당김

임신중기, 후기

임신기간 동안 자궁이 커지면서 복부 주변의 근육들을 잡아당긴다. 그렇게 되면 복부 중앙에서 만나는 두 개의 큰 평행근이 분리되게 된다. 이러한 현상을 해리(diastasis) 라 부르는데, 임신부의 배는 바로 이 해리된 곳에서 돌출되게 된다.

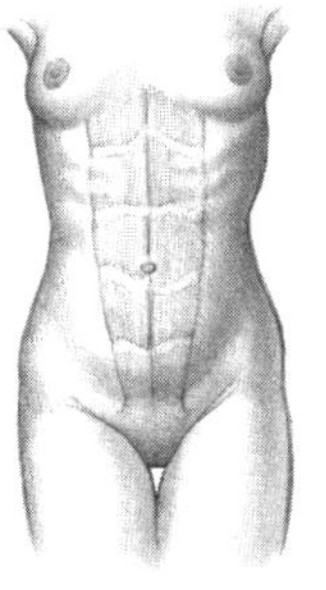
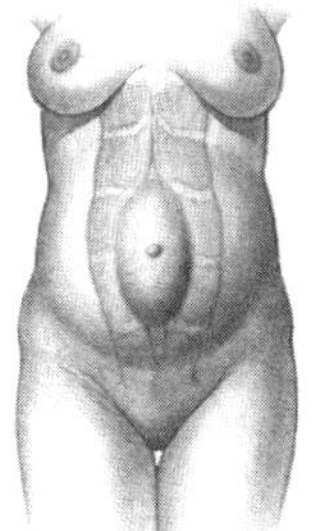

대부분의 여성은 이 현상 때문에 통증을 겪지는 않지만 어떤 여성들은 배꼽 주변이 약간 당기거나 근육 분리로 인한 척추 통증을 겪을 수도 있다.

임신중기 때 시작된 이와 같은 현상은 후기가 되면 더욱 현저해진다. 시간이 지나 상황은 더 심각해질 수 있다. 하지만 이러한 문제는 대개 출산 후에 자연적으로 사라진다.

예방 및 관리

복부 근육이 분리되면서 생긴 척추 통증이나 요통은 간단한 방법으로 좀 더 완화될 수 있다(p586 '등과 척추 통증' 을 참고하시오).

의학적 치료가 필요한 경우

일반적으로는 복부 근육 분리 현상을 치료할 필요는 없다. 만약 일반적인 경우에 비해 근육 분리 정도가 심각하다면 담당 의사가 판단해 출산 후 치료를 권할 것이다.

여드름

임신초기, 중기, 후기

임신을 하면 피부샘에서 나오는 기름분비를 촉진하는 호르몬이 증가한다. 따라서 임신초기 임신부에게 여드름이 심하게 날 수 있다. 하지만 이러한 피부의 변화는 일시적인 것으로 출산 후에는 사라질 것이다.

예방 및 관리

대부분의 여드름은 기초적인 피부 관리로도 예방, 관리가 가능하다. 다음은 도움이 되는 피부 관리법이다.

- 평소대로 세수를 한다. 피부를 자극하여 여드름을 악화할 수 있는 스크럽 제품이나 수렴 화장수, 마스크 팩 등은 피한다. 지나치게 잦은 세안과 문지름 역시 피부를 자극할 수 있다.
- 유분이 포함된 화장품이나 헤어 스타일링 제품 또는 여드름 컨실러 등 피부를 자극하는 제품은 사용하지 않도록 한다. 대신 라벨에 수분 포함이나 비면포생성(여드름이 나지 않는)이라 쓰여진 화장품을 사용하면 여드름이 덜 날 수 있다. 또한 피부가 햇빛에 노출되면 여드름이 악화될 수 있으므로 직사광선은 피하도록 한다.
- 얼굴에 닿는 모든 것에 주의한다. 모발 상태를 청결히 하고 머리카락이 얼굴에 흘러내리지 않게 한다. 또한 손이나 여러 물체가 얼굴에 닿는 것도 피해야 한다. 특히 땀을 많이 흘린다면 꽉 끼는 옷이나 모자도 문제가 될 수 있다. 땀이나 먼지, 유분이 여드름을 악화할 수 있기 때문이다.

의학적 치료가 필요한 경우

의사의 처방 없이 아무 여드름 치료제나 사용해선 안 된다. 왜냐하면 여드름을 치료하는 약 중에 어떤 것은 태아에게 해로울 수 있기 때문이다. 이러한 약에는 다음과 같은 것들이 있다.

• 이소트레티노인(isotretinoin, Accutane) : 이것은 먹는 여드름 약으로 임신부가 복용했을 경우 뇌수종, 심장 기형, 귀의 선천적 기형 등 태아에게 선천적 장애를 유발할 수 있다고 알려져 있다. 아큐탄을 복용한 여성은 복용을 중단하고 최소한 3개월 후에 임신을 시도해야 한다.

• 호르몬 제제 : 에스트로겐과 항안드로겐성(anti-androgens) 물질인 스피로노락톤*spironolactone*과 플루타미드*flutamide* 성분이 포함된 호르몬제가 여드름 치료용으로 사용되기도 한다. 이러한 제제는 임신 중에 복용해서는 안 된다.

• 테트라시클린*tetracyclines* : 테트라시클린처럼 항생물질이 들어 있는 약들은 여드름 치료를 위해 종종 사용된다. 이것은 태아의 뼈 성장 속도를 늦추고 치아를 변색시킬 뿐 아니라 임신부에게 심각한 간질환을 유발할 수 있다. 따라서 이러한 약물 역시 임신 중에 복용해서는 안 된다. 만약 임신 중에 여드름과 피부 트러블이 심하게 발생한다면 의사와 상담하는 것이 좋다.

음주

임신초기, 중기, 후기

임신 중에 절대 음주하지 않는다. 약간의 술도 태아에게는 치명적일 수 있기 때문에 임신 중에는 절대 술을 먹지 않는 것이 안전하다. 임신 중의 음주는 태아알코올증후군을 유발해 태아에게 신체적, 정신적인 선천적 장애를 일으킬 수 있다.

임신 사실을 알기 전에 한두 번 술을 마셨더라도 너무 당황할 필요는 없다. 임신초기의 가벼운 음주는 태아에게 해를 끼치지 않을 가능성이 높다. 하지만 임신인 것 같은 느낌이 들면 바로 금주해야 한다. 물론 임신 시도 단계부터 금주를 하는 편이 더욱 바람직하다.

의학적 치료가 필요한 경우

임신 중에 금주하는 것이 어렵다면 도움을 청하도록 한다. 상담을 통해 의사는 여러 방법들을 알려줄 것이다.

알레르기

임신초기, 중기, 후기

많은 여성들이 임신 전부터 계절마다 혹은 1년을 주기로 발생하는 알레르기 증상을 가지고 있다. 또한 전에는 발생한 적이 한 번도 없는 여성이라도 임신 중에는 코 막힘 증상이 나타날 수 있다.

임신기간 중 증가된 에스트로겐 호르몬 수치는 점액 분비를 증가시켜서 코 막힘 증상을 일으킨다. 이외에도 재채기가 나고, 눈이 가려우며, 눈물이 나는 증상 등이 나타날 수 있다. 그러나 이러한 증상을 치료하기 위한 대다수의 일반적인 방법은 임신 중에는 사용해서는 안 되는 것들이다.

• 항히스타민제(antihistamines) : 항히스타민제는 감기에 걸렸거나 가려움,

재채기, 콧물 등 알레르기 증상이 나타날 때 흔히 사용되는 약이다. 하지만 항히스타민제 복용을 고려할 때는 항상 신중해야 한다. 항히스타민제가 자신에게 도움이 되는지 그리고 어떤 제품을 사용해야 할지 의사에게 조언을 구하도록 한다.

• 충혈완화제(decongestants) : 충혈완화제는 코나 입을 통해서 복용이 가능하고 코 막힘 현상을 완화하기 위해서 코 혈관을 줄여주는 역할을 한다. 그런데 임신부가 충혈완화제를 사용할 때는 여러 가지를 고려해야 한다. 충혈완화제는 에이프린*Afrin*, 드리스탄*Dristan*, 드릭소럴*Drixoral*, 내프콘*Naphcon* 포르테*Forte*, 네오*Neo*-사이네프린*Synephrine*, 오트리빈*Otrivin*, 슈다페드*Sudafed* 그리고 빅스*Vicks* 시넥스*Sinex* 등 여러 제품명으로 시중에서 판매되고 있다. 충혈완화제를 사용할 때는 반드시 의사의 허락을 받는다.

• 항히스타민제와 충혈완화제의 복합제제 : 수많은 처방약과 일반의약품에는 항히스타민제와 충혈완화제 성분이 함께 포함되어 있다. 알러레스트*Allerest*, 베나드릴*Benadryl*, 알레르기*Allergy* & 시너스*Sinus*, 클라리틴*Claritin-D*, 콘택*Contac*, 네이*Day* & 나이트*Night* 수다페드*Sudafed*, 시비어*Severe*, 콜드*Cold*, 포뮬러*Formula* 그리고 빅스*Vicks*, 데이퀼*DayQuil* 등의 일반의약품이 그에 해당된다. 여러 약물 성분이 혼합된 약은 태아에게 여러 가지 영향을 줄 수 있으므로 임신 중 이러한 종류의 약은 모두 피하도록 한다. 임신 중에 코 막힘 증상이 나타나면 다음과 같은 약을 복용한다.

• 비강 스프레이제(nasal sprays) : 스테로이드성 비강 스프레이제는 염증과 점액 생성을 감소시켜 밤에 숙면을 취하게 하며, 낮에도 생활 중에 불편함을

느끼지 않게 도와준다. 비강 스프레이제에는 베클로메사손(beclome-thasone, Beconase, Vancenase), 부데소니드(budesonide, Rhinocort), 플루니솔리드(flunisolide, Aerobid), 플루티카손(fluticasone, Flonase), 모메타손 푸로에이트(mometasone furoate, Nasonex) 그리고 트리암시놀론(triamcinolo-ne, Nasacort) 등이 있다. 스테로이드 비강 스프레이제는 임신 중에 사용해도 안전하다고 여겨지지만 사용하기 전에는 항상 의사와 신중히 상의하도록 한다.

• 크로몰린*cromolyn* : 크로몰린(NasalCrom) 또한 염증을 줄여주는 비강 스프레이제의 일종인 으로 스테로이드 성분은 들어 있지 않다. 스테로이드성 스프레이제만큼 효과가 크지는 않지만 심하지 않은 알레르기 증상은 충분히 다스릴 수 있다. 약한 알레르기 증상을 보이는 임신부에게 종종 좋은 약품이 될 수 있다.

• 알레르기 주사 : 알레르기 주사(면역요법)는 전에 같은 주사를 맞은 적이 있는 임신부에게는 안전하다. 같은 주사를 맞은 적이 없다면 의사와 상의 후 결정하도록 한다.

예방 및 관리

가장 먼저 자신이 무엇에 알레르기가 있는지 안 다음 알레르기를 일으키는 것에 노출되지 않도록 한다. 일반적으로 알레르기를 일으키는 것들에는 꽃가루, 먼지, 동물의 비듬, 털, 곰팡이, 진균류, 바퀴벌레 등이 있다. 흡연을 하거나 담배연기가 가득한 밀폐된 공간에 머물게 되면 알레르기 증상이 심해질 수 있으니 주의한다.

또한 공기 필터와 공기 청정기 등을 사용하면 꽃가루 알레르기를 예방하는데 도움이 된다. 다음은 알레르기 증상을 줄이는 방법이다.

- 막힌 코를 물로 깨끗이 씻는다. 먼저 따뜻한 물 한 컵에 티스푼 1/4 정도의 소금을 녹인다. 그리고 세면대에 기대 머리를 옆으로 숙인다. 소금물을 손바닥에 담아 콧구멍을 통해 흡입하도록 한다. 이 때 소금물이 흘러들어가지 않는 다른 쪽 콧구멍은 손가락으로 막도록 한다. 소금물은 코의 통로를 따라 이동하여 입으로 흘러갈 것이다. 입안에 남은 소금물을 뱉어내고 부드럽게 코로 숨을 쉰다. 이번에는 머리를 반대 방향으로 기울인 다음 다른 쪽 콧구멍에 같은 방법을 반복한다. 물론 약국에서 커다란 고무로 된 비강 세척기를 구입할 수도 있다. 이와 같은 방법으로 하루에도 몇 번씩 막힌 코를 깨끗이 씻는다. 그리고 코를 씻을 때는 매번 새로운 소금물을 사용하도록 한다.
- 뜨거운 물로 샤워를 할 때, 가스레인지로 주전자에 물을 끓였을 때 나오는 뜨거운 수증기를 코로 흡입하거나 가습기를 사용하여 막힌 코를 뚫을 수 있다. 박테리아나 곰팡이가 사랄 수 있으므로 가습기는 항상 칭결하게 사용하도록 한다.
- 코와 폐를 깨끗이 하기 위해서 얼굴에 따뜻하고 젖은 수건을 올려놓는다.
- 손가락을 이용해서 부비동, 즉 눈과 눈썹, 코의 양쪽 옆부분 아래 튀어나온 뼈의 윗부분을 잘 문질러준다.

의학적 치료가 필요한 경우

위에 언급한 방법을 동원하여도 심각한 알레르기 증상이 지속되고 증상이 좋아지지 않는다면 의사와 상담하도록 한다. 의사는 치료에 적절한 약을 처방해줄 것이다. 한편 의사와 상의하지 않고 알레르기 치료를 위한 약을 마음대로 복용해선 안 된다. 다량의 비타민 복용, 동종요법 치료(환자의 병적 상태와 유사한 증상을 일으키는 자연식품을 먹어 신체의 자가치유능력을 북돋는 치료법-옮긴이) , 한방 치료 등의 대체 요법의 효과는 아직 과학적으로 증명된 바 없으며, 그러한 대체 요법들이 약물 복용보다 더 안전하다고는 말하기 어렵다.

태동의 감소

임신후기

대부분의 임신부들은 태동의 패턴을 알고 있어서 태동의 횟수나 강도가 변하면 금방 알아챌 수 있다. 임신부는 출산 전 마지막 며칠 간 태아의 움직임이 약간 줄어드는 것을 느낄 수도 있다. 임신후기가 되면 임신부가 느낄 수 있는 태동의 횟수가 점점 줄어드는데 이는 태아의 머리가 골반 아래로 내려가게 되면서 태아가 자궁 안에서 움직일 수 있는 공간이 부족해지기 때문이다.
태내에서 그렇게 활발하게 움직이지 않는다 해도 태아는 무척 건강할 수 있다. 그러나 한편으로 이것은 무언가 잘못되었다는 신호일 가능성도 있다. 예를 들어 임신후기에 일어나는 태동의 급격한 감소는 산소 공급 부족으로 태아가 위험에 빠졌음을 나타낼 수도 있다. 이 때 산소 부족 현상은 탯줄이 얽히거나 눌리는 등 여러 가지 이유가 있을 수 있으며 태반에 문제가 생겼을 때도 그럴 수 있다.

관리

만약 태아의 움직임이 걱정스럽다면 다른 활동들을 잠시 멈추고 의자에 앉아서 주스나 물을 한 컵 마신다. 그리고 아기의 움직임에 집중한다. 대부분 생각보다 활발한 아기의 움직임을 느낄 수 있을 것이다. 거의 모든 태아들은 한 시간에 최소한 네 번 정도 움직인다.

의학적 치료가 필요한 경우

태동이 줄어들어 걱정이 된다면 주저하지 말고 담당 의사와 상의한다. 그리고 다음과 같은 경우라면 의사에게 즉시 연락하도록 한다.

- 한 시간 이상 태동을 느끼지 못할 때
- 두 시간에 10번 이하로 태동이 급격히 줄었을 때

이와 같은 경우 담당 의사는 태아의 상태를 체크할 것이다. 만약 태아에게 문제가 생긴 것이라면 태아를 위해 태동의 감소를 적절한 때에 발견해야 한다. 문제가 발견되었을 경우에는 종종 응급 제왕절개 수술을 통해 즉시 분만이 이루어질 수도 있다. 이와 같이 적절한 시기에 취해지는 조치는 심각한 문제 발생을 막을 수도 있다.

태아의 딸꾹질

임신중기, 후기

대략 임신중기부터 임신부는 때때로 자신의 배에서 약간 씰룩이는 것 같은 움직임이나 경련을 느끼기 시작한다. 이것은 태아가 딸꾹질을 하기 때문인데 임신 15주, 즉 호흡활동이 정상적으로 이루어지기 전부터 시작된다. 어떤 태아들은 하루에도 몇 번씩 딸꾹질을 하는 반면 어떤 태아들은 전혀 딸꾹질을 안 하기도 한다. 그러나 대어난 대부분의 아기들은 딸꾹질을 자주 하는데, 일반적으로 우유를 먹은 뒤, 특히 트림을 한 뒤에 딸꾹질을 많이 한다. 아기든 성인이든 왜 딸꾹질을 하는지 또 왜 아기들이 유난히 자주 딸꾹질을 하는지는 아무도 모른다.

다행히도 딸꾹질은 태어나기 전이든 후든 아기에게 위험하지 않다. 그리고 아기의 딸꾹질을 멈출 수 있는 확실한 방법은 없다. 비록 딸꾹질을 하는 신생아가 칭얼대거나 울음을 터뜨리더라도 딸꾹질할 때 성인이 느끼는 것과 같은 불편함을 아기가 느끼는 것은 아니다.

등과 척추 통증

임신초기, 중기, 후기

임신부는 여러 가지 이유들 때문에 요통과 척추 통증을 겪는다. 임신기간 동안 골반 근처에 위치한 관절과 인대들은 아기가 골반을 통과할 수 있도록 부드러워지고 느슨해지기 시작한다. 그러는 동안 자궁이 태아의 성장에 맞춰 점점 커지면서 복부에 있던 내장기관들의 위치가 바뀌고, 체중이 복부에 실리면서 무게 중심 역시 변하게 된다. 그러면서 임신부는 점점 자세와 움직이는 방법이 달라지기 시작한다. 이와 같은 변화들로 인해 임신부에게 요통과 척추 통증이 발생하는 것이다(p577 '근육 분리로 인한 복부 당김' 과 p686 '좌골신경통' 을 참고하시오).

예방 및 관리

통증을 예방 완화하기 위해서 다음과 같은 방법들을 시도해볼 수 있다.

- 올바른 자세 유지하기. 엉덩이를 집어넣고 어깨를 올리지 말고 펴면서 똑

바로 서도록 한다. 항상 바른 자세인지 의식하면서 서고, 앉고 움직인다.

- 종종 자세를 바꿔주고 오래 서 있지 않도록 한다.

- 무거울 물건이나 아이를 들지 않는다.

- 물건을 들 때 자세에 유의한다. 허리 아래로 몸을 구부리는 대신 무릎을 굽혀 쪼그리고 앉는다. 그리고 허리보다는 다리를 이용해 물건을 든다.

- 오랜 시간 서 있을 경우에는 낮은 발걸이에 한 쪽 발을 올려둔다.

- 충격을 흡수해주는 낮은 굽의 신발을 신는다.

- 일주일에 최소 세 번은 운동(수영, 산책, 스트레칭)을 한다. 임신부 운동 프로그램이나 요가 수업에 참여한다.

- 갑작스런 움직임이나 팔을 머리 위로 뻗는 스트레칭은 피하도록 한다.

- 앉아있을 때는 발을 약간 높은 곳에 올려둔다.

- 한 쪽 또는 양 쪽 무릎 모두를 구부리고 옆으로 누워서 잔다. 무릎과 무릎 사이에 베개를 둔다. 복부 아래에 특별히 제작된 임부용 베개(body pillow)를 두면 좀 더 편안함을 느낄 수 있을 것이다.

- 등을 따뜻하게 한다. 따뜻한 물에 몸을 담그거나 따뜻한 물에 적신 수건이나 뜨거운 물이 담긴 병, 핫팩 등을 등에 대고 있도록 한다. 어떤 사람들은 핫팩과 아이스 팩과 번갈아 사용할 때 편안함을 느끼기도 한다.

- 등 마사지를 받거나 이완운동을 한다.

- 허리를 지지해주는 밴드가 부착된 임부용 바지를 입는다. 또는 임부용 허리 지지 벨트를 사용할 수도 있다.

- 골반(pelvic tilt) 운동을 한다. 등과 머리를 일직선으로 두고, 손과 무릎을 편하게 바닥에 둔다. 배를 당기고 등을 위쪽으로 활처럼 굽힌다. 몇 초 동안 같은 자세를 유지한 뒤 원래의 편안한 자세로 돌아간다. 같은 동작을 3~5번 반복하고 최대 10초까지 한 자세를 유지하도록 한다.

의학적 치료가 필요한 경우

아스피린, 이부프로펜(ibuprofen, Advil, Motrin) 등 그리고 '수퍼아스피린 (셀러브렉스Celebrex와 같은 COX-2 저해제)' 같은 아세트아미노펜(acetami- nophen, Tylenol) 계열의 약품보다 진통제가 태아에게 더 해로울 수 있다. 따라서 척추 통증이 심각하다면 먼저 의사에게 조언을 구한 다음 적절한 치료 방법을 선택해야 한다. 의사는 특별한 스트레칭과 같이 태아에게 위험을 발생 시키지 않으면서 통증 완화할 수 있는 다양한 방법들을 소개해줄 것이다.

척추 통증이 지속적이고 매우 심각하며 다른 여러 증상들을 동반한다면 이 는 좀 더 심각한 문제가 발생했음을 알려주는 신호일 수 있다. 예를 들어 등 아래쪽의 둔탁한 통증은 분만이나 조산의 신호일 수 있다.

만약 산모의 척추 통증이 4~6시간 이상 지속되거나 다음과 같은 증상들이 함께 나타난다면 의사에게 연락하도록 한다.

- 불규칙적인 질 출혈

- 경련 또는 복부 통증

- 질을 통한 조직 배출

- 열

- 복부가 당기는 느낌의 규칙적인 자궁수축(10분마다 또는 더 자주)

- 골반이나 복부 아래쪽이 무거워지고 압력이 가해지는 것 같은 느낌

- 질에서 묽은 냉이 나올 때(분홍색 또는 갈색의 맑은 냉)

- 불규칙적인 생리통과 비슷한 통증. 설사와 함께 동반될 수도 있다.

- 양막 파열 : 양수가 터지는 현상으로 정상적인 분만이 진행되는 과정이다.

피임약을 복용하다 임신한 경우의 안전성

임신초기

드물긴 하지만 경구피임약을 복용했는데도 피임에 실패하는 경우가 있다. 피임약을 복용하던 중에 임신한 사실을 알았다면 즉시 약의 복용을 중단해야 한다. 약에 포함된 호르몬 성분은 낮긴 하지만 잠재적인 위험을 부를 수 있기 때문이다. 임신을 계획 중이라면 대부분의 의사들은 임신을 시도하기 2~3개월 전에 경구용 피임약의 복용을 중단하도록 권할 것이다. 따라서 이 시기에 피임을 시도하려면 콘돔이나 격막 피임도구를 사용해야 할 것이다. 그러나 피임약 복용을 중단하고 한 달 이내에 수정이 이루어지더라도 태아의 발달에 심각한 문제를 초래하지는 않을 것이다.

잇몸 출혈

임신초기, 중기, 후기

다른 신체 부위와 마찬가지로 잇몸 역시 임신 중에는 보다 많은 혈액이 흐르게 된다. 그래서 잇몸이 붓게 되고 부드러워지는데, 이 때문에 칫솔로 이를 닦을 때 출혈이 약간 발생할 수 있다.

예방 및 관리

임신 중 치과 진료를 소홀히 하지 않도록 한다. 칫솔이나 치실로 치아를 깨끗이 하고 정기적으로 치과 검사를 받는 것이 중요하다. 비타민 C는 조직세포를 강화시켜주므로 비타민 C가 풍부하게 함유된 음식을 먹거나 비타민C 보조제를 복용하도록 한다.

의학적 치료가 필요한 경우

출혈이 심하거나 통증, 붉어짐, 염증 등이 함께 나타난다면 치과 진료 예약을
해서 감염 여부를 확인하고 담당 의사에게도 자신의 상태를 알린다.

혈성이슬

임신후기

혈성이슬이라고 불리는 현상은 임신 중 자궁경부를 막고 있는 걸쭉한 점액
질이 질을 통해 배출되는 것을 말한다. 이 점액질은 자궁 입구를 막아 박테
리아나 다른 병균들이 자궁으로 들어가는 것을 막는 역할을 한다. 그러다
아기가 세상에 태어날 때가 되면 자궁경부가 얇아지면서 이완되기 시작하
는데, 이 때 입구를 막고 있던 점액질도 배출되는 것이다.

임신부는 아마 분홍빛 또는 피가 엷게 섞인 맑은 냉을 보게 될 것이다. 그것
은 걸쭉하거나 묽은 상태로 일시적 또는 지속적으로 배출된다. 하지만 어떤
여성들은 이런 현상을 전혀 알아채지 못하고 지나칠 수도 있다.

혈성이슬 현상 또는 점액질 배출 현상은 출산이 임박했음을 알려준다. 하지
만 서둘러 병원에 갈 준비를 할 필요는 없다. 이와 같은 현상은 분만 직전에
나타나기도 하지만 때로 분만 1~2주 전에 나타나는 경우도 있기 때문이다.

의학적 치료가 필요한 경우

만약 질에서 분비되는 냉이 묽고 악취가 나거나, 갑자기 밝은 색깔의 붉은
빛이 돈다면, 특히 그 양이 테이블스푼 2개 정도일 경우라면 의학적 조치를
받는 것이 좋다. 실제로 출혈이 발생한 경우에는 태반분리, 전치태반 등으
로 인한 조산의 신호일 수 있기 때문이다.

피부 밑의 파란색 정맥 혈관

임신중기, 후기

임신을 하면 증가된 혈액을 태아에게 공급하기 위해 몸에 있는 모든 정맥의 크기가 확장된다. 확장된 혈관들은 피부 아래, 특히 다리와 발목 부분에서 푸른빛, 붉은빛, 보랏빛 선으로 나타나며, 유방에도 푸른 빛 또는 분홍빛의 선들이 보다 선명하게 나타난다. 하지만 이와 같은 선들은 대개 출산 후에 사라진다. 임신부 다섯 명 중 한명 꼴로 하지정맥류가 발생한다. 하지정맥류란 특히 다리에 혈관이 튀어나오고 부풀어 오르는 것을 말한다. 하지정맥류가 처음에는 그냥 외형상의 문제로 여겨질 수 있다. 그러나 임신후기로 가면 자궁이 커지면서 다리 혈맥에 압박이 더 가해진다(p712 '하지정맥류' 를 참고하시오).

시력 장애

임신초기, 중기, 후기

임신 중 눈에 생기는 변화는 시야가 약간 흐려진다는 것이다. 임신기간에는 몸에 여분의 체액이 생기는데, 이 때 눈의 각막이 약 3퍼센트 정도 더 두꺼워지게 된다. 이러한 변화는 임신 10주가 지나면서 나타나기 시작해 출산 후 약 6주가 지날 때까지 지속될 수 있다. 또한 임신 중에는 안압이 낮아지게 되는데, 이러한 복합적인 이유로 시야가 흐려지는 것이다. 만약 콘택트렌즈, 특히 하드렌즈를 착용한다면 이러한 변화로 인해 불편함을 느끼게 될 것이다.

예방 및 관리

콘택트렌즈를 착용하는 것이 불편하다면 대신에 안경을 착용할 수 있을 것이다. 하지만 사용하던 콘택트렌즈를 임신 중에 교체할 필요는 없다. 왜냐하면 출산 후에는 시력이 정상으로 돌아갈 것이기 때문이다.

의학적 치료가 필요한 경우

시야가 흐려지는 현상이 갑작스럽게 나타난다면 그 정도를 측정하도록 한다. 만약 당뇨를 앓고 있다면 시야가 흐려진 정도를 파악하는 것이 매우 중요하다. 담당 의사와 당뇨 조절 상태와 혈당 수치의 변화, 시력 문제에 대해 상의한다. 또한 이러한 증상은 임신 중 고혈압을 일으키는 병인 자간전증에 의해 유발될 수 있다. 만약 시력에 갑작스러운 변화가 생기거나 시야가 흐려짐 또는 눈앞에 점이 보인다면 담당 의사에게 이야기하도록 한다. 임신 중 고혈압은 심각한 문제를 초래할 수 있기 때문이다.

유방에서 나오는 분비물

임신후기

임신 마지막 주가 되면 한쪽 또는 양쪽 유두에서 맑거나 노란빛을 띄는 묽은 분비물이 새어나올 것이다. 초유라고 불리는 이 분비물은 모유가 생성될 때까지 유방에서 만들어지는 노란빛의 액체이다. 초유의 색깔이나 농도는 다양한 것이 정상이다. 처음에는 끈적거리고 노란빛을 띠다가 출산예정일이 점점 다가올수록 물기가 많아질 것이다.

임신부의 나이가 많고 임신 경험이 풍부할수록 유방에서 더 많은 초유가 나올 가능성이 높다. 하지만 혹시 초유가 나오지 않는다고 해서 모유가 나오지 않을까 걱정할 필요는 없다. 모유수유를 할 경우 출산 후 며칠 내로 초유가 나오는 것을 확인할 수 있다.

예방 및 관리

초유가 새어나온다면 일회용 또는 세탁 가능한 패드를 사용할 수 있다. 또한 샤워를 하고 하루에 몇 시간 정도 유방을 공기 중에 말리는 것도 도움이 될 것이다.

의학적 치료가 필요한 경우

만약 유두에서 나오는 분비물에 혈액이나 고름이 섞여 있다면 유방농양(breast abscess)이나 다른 문제가 발생했음을 알려주는 신호일 수 있으므로 담당 의사에게 알리도록 한다.

커지는 유방

임신초기, 중기, 후기

임신으로 나타나는 대표적인 신체 변화 중 하나는 유방의 크기가 커지는 것이다. 수정 후 2주 정도가 지나면 유방은 커지기 시작하면서 모유를 생성할 준비를 시작한다. 에스트로겐과 프로게스테론 호르몬의 자극을 받아서 유방의 모유 생성샘이 더욱 커지고 지방 조직도 조금씩 증가하는 것이다.

임신 후 3개월이 지나면 유방과 유두는 눈에 띄게 커지며, 임신기간 내내 그 크기가 커진다. 임신 중 증가한 체중 중 최소 0.5kg는 커진 유방의 무게 때문이다. 그리고 출산 후에도 한동안은 커진 상태를 유지할 것이다.

관리

유방이 커지고 무거워지면 유방과 등 근육의 긴장을 줄일 수 있도록 몸에 딱 맞고 유방을 잘 지탱할 수 있는 임부용 브라를 착용한다. 만약 커진 유방 때문에 잘 때 불편함을 느낀다면 브라를 착용한 채 잠을 자도록 한다. 그리고 임신기간 동안 커지는 유방의 크기에 맞춰 브라 사이즈를 몇 번 바꿔준다. 유방이 커지면서 쳐지는 것을 예방하려면 임신 전 크기로 돌아올 때까지 항상 임부용 브라를 착용하는 것이 좋다.

유방 불편감

임신초기

종종 유방에서 느껴지는 변화가 임신을 알리는 첫 번째 증상이 되기도 한다. 임신 후 몇 주가 지나면 아마 유방이 당기는 느낌이 들고 무거워지면서 쑤시는 것 같기도 할 것이다. 유두 역시 보다 예민해진다.

유방이 커지는 주요 원인은 에스트로겐과 프로게스테론 호르몬의 분비 증가 때문이며, 보통 임신 3개월이 지나면 가슴이 당기는 이러한 현상은 자연적으로 사라진다.

관리

몸에 잘 맞고 유방을 잘 지지하는 브라를 착용하면 아픔을 덜 수 있다. 임부용 브라나 큰 사이즈의 스포츠 브라를 착용하면 보다 호흡이 쉬워지면서 편안해질 것이다. 또한 밤에도 브라를 착용하면 보다 편안하게 잘 수 있다.

가빠지는 호흡

임신초기, 중기

빨라진 호흡을 따라가기가 어려운가? 많은 임신부들이 임신 4개월이 시작되면 약한 호흡곤란을 겪게 되는데, 그 이유는 확장된 자궁이 폐 아래에 자리한 납작하고 넓은 근육인 횡격막을 밀어내기 때문이다. 임신 중에 자궁에 밀린 횡격막은 원래 위치보다 약 4cm 정도 높은 곳에 위치하게 된다. 적은 수치라고 여겨질 수 있지만 이 정도면 폐에 담을 수 있는 공기, 즉 폐활량을 감소시키기에 충분하다.

한편 임신부의 호흡기는 혈액을 통해 많은 양의 산소를 태반에 전달하는 동시에 평소보다 많은 이산화탄소를 제거할 수 있도록 변하게 된다. 또한 프로게스테론 호르몬의 자극을 받은 뇌의 호흡 중추는 숨을 더 깊게, 자주 호흡하도록 명령한다.

그러면 임신부의 폐는 임신 전 보다 30~40퍼센트 정도 많은 양의 공기를 들여마시고 내쉬게 된다. 이러한 변화들 때문에 호흡하기가 어렵거나 숨이 가빠지는 것처럼 느껴지는 것이다.

숨을 쉬려면 횡격막을 아기 쪽으로 밀어야 하기 때문에 자궁이 점점 커질수록 숨을 깊이 쉬는 것이 더욱 어려워진다. 하지만 출산 몇 주 전에는 태아의 머리가 자궁 아래로 내려가면서 횡격막에 가해지는 압력이 줄어들게 된다. 그리고 아기가 태어나면 호흡이 한결 쉬워짐을 느낄 수 있을 것이다. 때로는 분만이 시작될 때까지 호흡이 편해지는 것을 느끼지 못할 수 있다. 특히 이번이 첫 출산이라면 더욱 그럴 것이다.

숨이 가빠져 불편함을 느끼더라도 태아에게 산소가 충분히 공급되지 않을까 봐 걱정할 필요는 없다. 임신 중 확장된 호흡기와 순환기 기능 때문에, 임신부의 혈중 산소 농도가 증가하므로 태아에게 충분한 산소를 공급할 수 있다.

예방 및 관리

만약 호흡이 가빠진다면 다음과 같이 한다.

- 바른 자세를 가진다. 그러면 임신 중 또는 출산 후에도 호흡하기가 훨씬 쉬워질 것이다. 앉거나 설 때 등을 똑바로 펴고, 어깨를 뒤로 당기면서 편안하게 아래로 이완한다.
- 유산소 운동을 한다. 운동을 하면 호흡과 낮은 맥박을 개선할 수 있기 때문이다. 단, 지나치게 하지 않도록 주의한다. 임신후기에 어떤 운동을 하는 것이 안전한지 담당 의사에게 조언을 구한다.
- 옆으로 누워서 잠을 자면 횡격막에 가해지는 압력을 줄이는 데 도움이 된다. 베개로 몸을 받쳐 배와 등을 지지하거나 임부용 베개를 사용한다.

의학적 치료가 필요한 경우

가벼운 호흡곤란은 임신 중에 흔히 일어난다. 그러나 심한 호흡곤란이나 호흡에 문제가 생기면 폐에 혈병이 생기는 것 같은 심각한 문제일 수 있다. 다음과 같은 경우에는 즉시 담당 의사에게 연락하거나 응급실을 찾아간다.

- 흉부 통증과 함께 호흡이 심각하게 가빠지는 경우
- 숨을 깊이 쉴 때 불편함이 느껴지는 경우
- 빠른 맥박 또는 빠른 호흡
- 입술이나 손끝이 파래지는 경우

카페인

임신초기, 중기, 후기

임신 중에는 가능하면 카페인을 피하는 것이 좋다. 그래도 혹시 먹게 된다면 과다 섭취하지는 않도록 한다. 카페인이 임신에 어떠한 영향을 미치는가에 대해서는 그 의견이 분분하다. 하지만 전반적인 연구 결과에 따르면 하루에 200mg, 즉 커피 한 잔에서 두 잔 정도의 카페인 양은 임신부와 태아에게 나쁜 영향을 끼치지 않는다고 한다. 하지만 하루에 500mg, 즉 하루에 5컵 이상의 커피를 마시게 되면 태아에게 나쁜 영향을 줄 수 있다. 커피, 차 그리고 탄산음료 모두 카페인이 함유되어 있으므로 카페인 섭취를 줄이기 위해서는 자신이 좋아하는 음료들을 디카페인 제품으로 바꾸는 것을 고려해봐야 할 것이다.

손목터널증후군(carpal tunnel syndrome)

임신중기, 후기

손목터널증후군은 대개 타이핑*typing* 같이 손과 손목을 반복적으로 많이 움직일 때 발생한다. 그런데 놀랍게도 이러한 증상은 임신한 여성에게도 흔히 나타닌다. 그 이유는 임신 중 호르몬 변화로 몸이 붓고 체중이 증가하면서 손목에 있는 손목터널인대 아래의 신경이 눌리기 때문이다. 손목터널증후군의 증상으로는 마비, 쑤심, 약화, 통증이나 손목이 타는 듯한 느낌 등이 있는데,

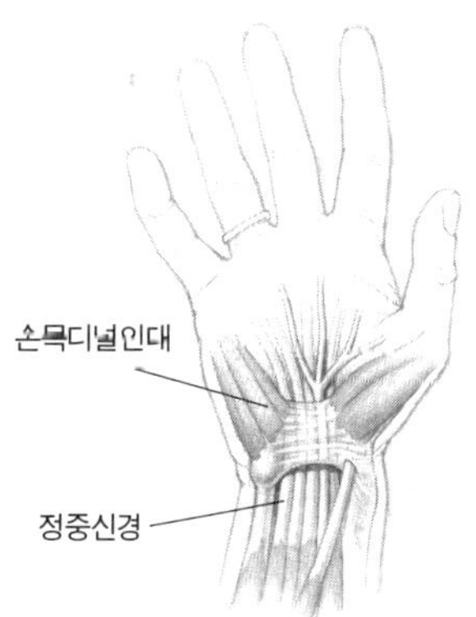

임신부의 경우 종종 양손 모두에 손목터널증후군이 발생하기도 한다. 손목터널은 손목뼈를 붙드는 탄력 있는 막인 손목터널인대와 손목뼈 사이의 공간을 의미하는데, 이 사이로 정중신경이 지나간다. 손목터널은 고정돼 있기 때문에 만약 이 부분이 붓게 되면 엄지손가락(ball of the thumb) 과 둘째,

셋째 손가락 그리고 네 번째 손가락 절반을 담당하는 정중신경을 조이거나 압박할 수 있다.

관리

손을 문지르거나 흔들면 불편함을 덜 수 있다. 첫 번째 치료법은 손목에 부목을 대는 것이다. 부목은 밤에 잘 때 그리고 타이핑, 운전, 책 들고 독서하기 같이 증상을 악화할 수 있는 활동을 할 때 댄다. 또한 냉찜질이나 온찜질을 손목에 하는 것도 도움이 될 수 있다.

의학적 치료가 필요한 경우

임신 중 발생한 손목터널증후군은 출산 후에 대부분 증상이 사라진다. 그렇지만 드문 경우 증상이 사라지지 않고 오히려 심각해질 때도 있는데, 이 때는 전문가의 치료가 필요하다. 때로는 문제 해결을 위해 간단한 수술을 받아야할 수도 있다.

수두와 대상포진

임신초기, 중기, 후기

대부분의 임신부들은 어렸을 때 수두에 걸렸었거나 예방 접종을 했기 때문에 바이러스성 질환인 수두(varicella) 에 면역력을 가지고 있다. 수두는 일단 한번 걸리고 나면 평생 동안 수두에 대한 면역력이 생기므로 전에 수두를 앓은 적이 있거나 예방 접종을 했다면 임신 중 수두에 걸릴 걱정은 하지 않아도 된다.

그러나 만약 수두를 앓은 적이 없는 상태에서 임신 중에 수두에 걸리게 되면 임신부와 태아 모두 위험할 수 있다. 이런 이유 때문에 산전 검사 때 담당 의사가 임신 전에 수두에 걸린 적이 있는지 묻는 것이다. 만약 수두에 걸린 적이 없거나 또는 그에 대해 잘 모른다면 의사는 수두에 대한 면역력이 있는지 알아보는 혈액 검사를 실시할 수 있다. 한편 수두 예방 접종이라는 것이 존재하기는 하지만 이는 생백신이기 때문에 임신한 여성은 절대 예방 접종을 해서는 안 된다.

수두에 대한 면역성이 없고, 예방 접종을 한 적도 없다면 자신과 태아에게 발생할 여러 문제를 피하기 위한 조치를 하나씩 취해야 한다. 드물긴 하지만 임신초기에 수두에 걸리게 되면 태아에게 선천적 장애를 유발할 수 있기 때문이다. 또한 만약 출산 몇 주 전에 수두에 걸린다면 역시 드물긴 하지만 신생아가 심각하고 잠재적인 태아수두에 감염될 위험이 있다.

대상포진(herpes zoster)은 감염 후 몇년 간 잠복해 있던 수두 바이러스의 재발로 발생한다. 대상포진은 통증을 수반하는 물집덩어리를 만든다. 하지만 임신 중에 대상포진이 발생했다 하더라도 크게 걱정할 필요는 없다. 엄마에게 생긴 대상포진이 아기에게 선천적 장애를 유발할 위험은 없기 때문이다.

예방 및 관리

수두는 전염성이 강하다. 만약 수두에 면역력이 없다면 수두에 걸린 사람들과의 접촉을 피해야 한다. 아이들은 발진이 나타나기 2일 전에서 발진이 나타난 후 3일 째 사이에 전염력이 가장 강하다.

그러므로 수두에 감염된 사람, 그리고 최근에 접촉해 감염되었을 위험성이 큰 사람과는 가까이 하지 않도록 한다. 드문 경우이지만 최근에 예방 접종을 한 아이라도 주사를 맞은 주변에 염증이 발생했다면 바이러스를 다른 사람에게 옮길 수 있다. 만약 임신부가 수두에 대한 면역력이 없다면 출산할 때까지 집에 있는 다른 자녀들의 수두 예방 접종도 미뤄야 하는지 담당 의사에게 물어본다.

의학적 치료가 필요한 경우

만약 임신부가 수두에 대한 면역력이 없는 상태에서 바이러스에 노출되었다는 의심이 들면 담당 의사에게 알리도록 한다. 임신부는 수두 바이러스에 대항할 항생제(vericella-zoster immune globulin, VZIG)를 투여 받게 되는데, 이는 임신부와 태아 모두에게 안전하다. 수두 바이러스에 노출된 후 96시간 이내에 VZIG를 맞게 되면 수두를 예방하거나 그 심각성을 최소한으로 줄일 수 있고, 일반인보다 임신부에게 더 쉽게 발생하는 수두폐렴과 같은 합병증도 막을 수 있다. 그러나 VZIG 투여가 태아의 수두 감염 예방에도 효과가 있는지는 아직 정확히 밝혀지지 않았다.

출산 일주일 전에 수두에 걸릴 경우 신생아가 심각한 수두에 감염될 위험이 있다. 그러나 아기가 태어난 즉시 VZIG로 치료받을 경우 대개 심각한 감염은 줄어든다. 만약 VZIG 사용에도 불구하고 심각한 증상이 나타난다면 항바이러스성 약물이 필요하다.

여기저기 부딪히고 넘어지는 일

임신중기, 후기

임신기간 동안은 모든 게 서툴게 느껴질 것이다. 자주 비틀거리고 무언가에 걸려 넘어지며, 물건에 부딪히면서 손으로 줍는 모든 것을 떨어뜨릴 것이다. 그러면서 혹시 자신이 넘어져서 태아가 다칠까봐 걱정하게 될 것이다.

이 시기에 신체 움직임이 임신 전보다 서툰 것은 당연하다. 임신 중에 자궁이 커지면서 균형감각 또한 영향을 받기 때문이다. 따라서 이전에 몸을 움직이거나 서고 걷던 모든 방법들이 변하게 된다.

또한 태반에서 생성되는 릴랙신이라는 호르몬이 세 개의 골반 뼈를 연결하여 고정해주는 인대를 이완시킨다. 이는 골반 입구를 보다 넓게 벌려 아기의 머리가 골반을 통과할 수 있게 하기 위함인데, 임신부가 불편함을 느끼게 될 수 있다.

수분유지, 집중력 부족(p625 '건망증' 을 참고하시오), 손목터널증후군(p597 '손목터널증후군' 참고하시오)으로 인한 민첩성 감소 또한 임신부에게 불편함을 일으키는 원인들이다. 게다가 임신후기에는 커다랗게 부른 배 때문에 계단이나 바닥의 위험한 것들을 보지 못할 수 있다. 그러나 이러한 것들은 일시적인 현상이므로 출산 후에는 원래의 상태로 돌아가게 될 것이다.

혹시 넘어지게 되더라도 아마 태아에게는 큰 문제가 되지 않을 것이다. 태아가 다칠 정도가 되려면 일반적으로 임신부에게 고통스러울 만큼 심각한 상처가 발생해야 하기 때문이다(p618 '낙상 혹은 넘어짐' 을 참고하시오). 그러나 자궁수축, 통증 등이 있다면 산부인과 진료를 받아보는 것이 좋다.

예방 및 관리

넘어질 듯 위태하게 만드는 신체적인 변화에 대해 임신부가 할 수 있는 일은 많지 않다. 하지만 다음의 몇 가지를 주의하면 넘어지는 일을 줄일 수 있다.

- 펌프스(pumps, 지퍼나 끈이 없고 발등이 드러나는 신발-옮긴이)나 높은 굽의 신발을 피한다. 대신 굽이 낮고 바닥이 납작한 신발을 신는다.
- 사다리나 창 문턱 등 높은 곳에서 균형을 잡아야 하는 일은 피한다.
- 자세를 많이 바꿔야 하는 일을 할 때는 시간 여유를 두고 한다.

- 계단을 오르내리거나 미끄러운 길을 걸을 때와 같이 헛디디거나 넘어질
  위험이 있는 상황에서는 보다 조심한다.

의학적 치료가 필요한 경우

만약 넘어지거나 무언가에 부딪히면서 복부에 충격이 가해진 경우 또는 단
지 태아가 잘 자라고 있는지 걱정이 되는 경우에는 담당 의사를 찾아가서 태
아의 상태를 확인 또는 치료를 받도록 한다. 만약 임신후기에 복부 쪽으로
넘어졌다면 담당 의사는 자궁에 붙어 있는 태반이 떨어지지는 않았는지 살
펴볼 것이다.

감기

임신초기, 중기, 후기

대부분의 여성들이 임신 중에 적어도 한 번은 감기에 걸린다. 감기 증상 때
문에 고생스럽긴 하겠지만 독감이라 할지라도 태아에게는 위험을 끼치지
않을 것이다. 임신 중에는 면역체계가 변하기 때문에 감기가 더 오래가는
경향이 있다.

예방 및 관리

감기 발생을 예방하기 위한 가장 좋은 방법은 잘 먹고, 충분한 휴식을 취하
며, 규칙적으로 운동하는 것이다. 또한 코를 훌쩍이거나 목이 따끔거리는
등 감기 증상을 나타내는 사람과의 접촉은 피한다. 만약 가족이나 직장 동
료 중 감기에 걸린 사람이 있다면 손을 자주 씻도록 한다. 감기 병균은 사람
들 사이에서 쉽게 퍼지기 때문이다.

감기에 걸린 경우에는 최소한의 약만 복용하도록 한다. 아스피린, 이부프로펜(아드빌*Advil*, 모트린*Motrin* 등), 소염제, 감기약 시럽, 항히스타민제 코 분무형 감기백신, 에크나시아*echinacea*를 이용한 허브 치료, 비타민C와 아연의 대량 복용 등과 같은 일반적인 감기 치료 방법들은 임신기간 중에 함부로 사용해서는 안 된다. 대신 아세트아미노펜(타이레놀 등) 복용하는 것은 감기로 인한 열, 두통, 몸살 증상들을 치료하는 데 도움을 줄 수 있다. 감기로 인해 너무 고통스럽다면 담당 의사에게 연락하여 위험성이 최소인 것으로 알려져 있는 제품들에 대해 조언을 구하도록 한다. 한편 임신부는 감기를 치료하기 위해 다음과 같은 방법들을 시도해볼 수 있다.

- 충분한 휴식을 취한다. 병에 걸리면 몸이 긴장하기 때문이다.
- 수분을 많이 섭취한다. 열, 재채기, 코 막힘 현상이 있을 때 또한 충분한 수분 섭취가 도움이 될 수 있다. 그리고 감귤류 주스나 물, 국물 등을 선택하는 것이 좋다.
- 코 막힘 현상을 줄이기 위해서 밤에 침실에 가습기를 작동하거나 머리맡에 젓은 수건을 걸어둔다. 또는 끓인 물에서 발생하는 증기를 들이마실 수도 있다. 또한 누워 있거나 잠을 잘 때 베개를 두 개 정도 베서 머리를 높게 두면 호흡이 보다 쉽게 이루어질 수 있을 것이다. 또한 코의 통로를 부드럽게 뚫어주는 비강확정기(nasal strip) 역시 도움이 될 수 있다.
- 대부분의 의사들은 따끔거리는 목을 부드럽게 하기 위해 국소마취제 성분이 있는 목감기 약(lozenge)을 복용하는 것은 괜찮다고 말한다. 또한 얼음 조각을 녹여 먹거나 따뜻한 음료를 마시는 것도 도움이 될 수 있다. 따뜻한 소금물(물 200ml에 1/4 티스푼 정도의 소금을 녹인다)로 목을 헹구는 것도 좋다.
- 음식을 골고루 잘 먹는다. 좀처럼 식욕이 없어서 음식을 많이 먹을 수

없다면 하루에 여러 번 조금씩 나눠서 먹도록 한다. 그리고 이왕이면 식욕을 자극하는 음식을 먹는다. 비타민이 풍부한 과일이나 야채, 수프는 감기에 걸렸을 때 먹으면 매우 좋다.

의학적 치료가 필요한 경우

다음과 같은 증상이 나타나면 의사를 찾아간다.

- 열이 38.8도에 다다랐을 때
- 기침을 했을 때 초록빛이나 노란빛이 도는 가래가 나올 경우
- 기침을 할 때 가슴에 통증이 있거나 쌕쌕거리게 될 때
- 먹고 자는 것이 어려울 정도로 감기 증상이 심각할 때
- 부비동이 두근거리거나 안면 동통 또는 치통이 발생할 때
- 증상이 좋아지지는 않고 며칠 이상 계속 지속될 때

담당 의사는 증상을 완화하기 위해 임신 중에 복용해도 안전한 감기약을 처방할 수 있다. 그러나 기억해야 할 것은 감기약이 증상을 완화할 수는 있지만 감기의 정도나 지속 기간에 영향을 주지는 않는다는 점이다. 만약 기관지염이나 부비동 감염과 같은 2차 감염 증상이 나타날 경우 담당 의사는 임신부에게 항생제를 처방해 줄 것이다.

한편 임신 중에 어떤 약도 먹기 싫다는 이유로 의사를 찾아가지 않고 미루거나 약을 처방받는 것을 거절하지 않도록 한다. 의사가 처방한 대부분의 감기 치료제들은 태아에게 해롭지 않기 때문이다.

모발 염색

임신초기

연구 결과에 따르면 임신부의 모발 염색은 태아의 선천적 장애와는 관련이 없을 뿐 아니라 염색약에 들어 있는 화학성분 역시 피부를 통해 쉽게 흡수되지 않는다고 한다. 하지만 일부 전문가들은 임신부는 주의에 주의를 거듭하는 것이 좋다고 하면서 임신초기 3개월 동안은 무독성 염색약을 사용하거나 아예 모발 염색을 하지 않음으로써 혹시라도 발생할 수 있는 위험을 피해야 한다고 충고한다.

또한 임신 중에 나타나는 호르몬의 변화가 모발에도 영향을 미치기 때문에 염색을 해도 색이 제대로 나타나지 않을 수 있다.

변비

임신초기, 중기, 후기

변비는 임신으로 인해 나타나는 가장 흔한 부작용으로 어떤 면에서는 전체 임신부의 절반 이상에게 영향을 끼친다고 할 수 있다. 만약 임신 전부터 변비 증상이 있었던 여성이라면 대개 임신 중에는 그 정도가 더욱 심해지는데, 그 이유는 다음과 같다.

임신을 하게 되면 프로게스테론 호르몬의 분비가 증가하여 소화 능력이 떨어지게 된다. 그로 인해 섭취한 음식물들이 보다 천천히 소화관을 지나가기 때문에 변비가 심해질 수 있다. 게다가 임신후기로 가면서 확장된 자궁이 아래쪽 소화기에 압박을 가할 뿐 아니라 임신 중에는 결장이 수분을 더 많이 흡수하기 때문에 대변이 더욱 난난해지고 장 활동이 이려워지는 경향이 있다. 이 밖에도 불규칙적인 식사, 스트레스, 환경의 변화, 칼슘과 철 성분 섭취 증가 등도 변비의 원인이 된다. 한편 변비는 치질을 유발할 수 있다 (p636 '치질'을 참고하시오).

예방 및 관리

변비 문제를 해결하기 위한 첫 번째 방법은 식습관을 개선하는 것이다. 매일 섬유질이 풍부하게 함유된 식품을 먹고 수분을 많이 섭취하면 변비 예방하거나 증상 완화에 도움이 된다. 다음과 같은 방법들을 따른다.

- 신선하거나 건조된 과일, 생야채 또는 익힌 야채, 밀기울, 콩과 통밀 빵, 잡곡밥, 오트밀과 같은 통곡물 식품 등 섬유질이 풍부한 음식을 섭취한다. '말린 자두(dried plums)', 즉 프룬을 구해서 먹되, 특히 주스로 만들어 먹으면 변비 해결에 도움이 된다.
- 조금씩 여러 번 식사를 하되 음식을 꼭꼭 씹어서 삼키도록 한다.
- 충분한 수분, 물을 많이 섭취하도록 한다. 하루에 200ml 컵 8잔 정도를 마시는 것이 좋다. 그리고 잠들기 전에 물 한 잔을 마신다.
- 철분 보충제가 변비를 유발할 수 있다. 만약 철분 보충제를 먹어야 하는데, 변비가 있다면 철분약을 프룬 주스와 함께 먹도록 한다.

의학적 치료가 필요한 경우

만약 이와 같은 방법들이 효과가 없다면 담당 의사는 산화마그네슘이 많이 함유된 우유 처방으로 설사를 유도하거나 도큐세이트*docusate*가 포함된 대변 완화제 복용을 권할 것이다.

때로는 더 강력한 방법이 필요할 수 있는데, 이때는 전문가의 지시에 따르도록 한다. 한편 특정 비타민과 영양분의 흡수를 방해할 수 있어 대구 간유 (cod liver oil)는 섭취하지 않도록 한다.

자궁수축

임신후기

임신부는 아마 분만이 시작되려 할 때 자궁근육이 조이고 이완되는 자궁수축 횟수가 증가함을 느낄 수 있을 것이다. 분만 중 자궁은 수축을 반복하여 자궁경부를 얇게 만든 후 경부가 열리게 하는데, 이를 통해 산모는 아기를 밖으로 밀어낼 수 있게 된다. 이와 같은 자궁수축은 자궁경부로 아기가 통과할 정도로 충분히 열릴 때까지 계속된다.

분만 초기 단계에서 일어나는 자궁수축은 산모마다 크게 차이가 난다. 처음 수축은 15~30초 정도 지속되다 시간이 지나면 수축 사이의 간격이 15~30분으로 불규칙해진다. 또는 처음에는 빨리 시작되다가 점점 그 진행 속도가 느려질 수도 있다. 대부분은 자궁경부가 완전히 열릴 때까지 진통이 발생하는 횟수와 지속 시간이 증가한다.

처음에는 자궁수축으로 인한 진통이 상대적으로 덜 하지만 점점 그 강도가 세진다. 아마 자궁이 조이는 것 같은 통증이 느껴질 것이다. 혹은 쑤시고 압박이 가해지는 듯한 통증, 경련 또는 요통과 비슷한 통증이 느껴질 수도 있다. 자궁수축과 분만에 관해 보다 자세히 알고 싶다면 1부 11장 '출산의 고통과 아기의 탄생' 을 참고하도록 한다.

가진통과 실제 진통

출산을 경험한 적이 한 번도 없다면 지궁수축이 분만의 시작을 알리는 확실한 신호라고 생각할 수 있다. 하지만 반드시 그런 것은 아니다. 대부분의 임신부들은 실제 분만이 시작되기 전에 때때로 통증 없는 자궁수축을 느낀다. 임신 마지막 주가 되면 자궁에 경련이 나타나기 시작한다. 이 때 손을 배에 올려놓으면 자궁이 수축과 이완을 반복하는 것을 느낄 수 있다. 이러한 부드러운 자궁수축을 가진통(브락스톤–힉스 수축)이라고 부르는데, 이는 자궁이 실제 분만을 하기 전에 미리 준비를 하는 것이다.

출산예정일이 다가올수록 이러한 자궁수축이 더욱 강해지면서 불편함이나 때로는 통증을 느낄 수 있다. 임신부들은 이것을 실제 진통으로 오해하기가 쉽지만 가진통과 실제 진통의 차이점은 실제 진통 시에만 자궁경부가 열린다는 데 있다. 그러나 임신부가 이 차이를 구별하기란 쉽지 않으며, 단지 분만이 시작된다고 생각하는 것만으로도 가진통이 나타나기도 한다.

가진통과 실제 진통을 구별할 수 있는 한 가지 방법은 진통 시간을 체크하는 것이다. 시계를 이용해서 진통이 시작된 때부터 다음 진통이 시작할 때까지 얼마나 오래 걸리는지 또 각각의 진통은 얼마나 지속되는지 시간을 잰다. 옆의 표에 나타나 있듯이 실제 분만이 시작되었을 때의 진통은 시간에 따라 일정한 패턴을 지닌다.

그러나 이러한 모든 신호들을 관찰했더라도 가진통과 실제 진통을 구별하는 일은 여전히 어려울 수 있다. 때로는 자궁경부가 열리고 있는지 직접 살펴보는 것만이 이를 구별하는 유일한 방법인데, 이는 골반 검사를 통해서 알 수 있다. 산모마다 분만이 시작되는 양상은 다르다. 어떤 여성들은 자궁경부의 변화 없이 며칠 동안 고통스러운 자궁수축을 겪는 반면 어떤 이들은 단지 약간의 압박과 요통만을 느끼기도 한다.

자궁이 10분 간격으로 일관성 있게 나타나기 시작하면 병원을 방문하여 진료를 받아보는 것이 좋다. 아니면 자궁경부를 규칙적으로 체크해서 병원에

가진통일까 아니면 진짜 진통일까?

자궁수축의 특징	가진통 (브락스톤 - 힉스 진통)	진짜 진통
수축 빈도	• 불규칙적이다. • 간격이 가까워지지 않는다.	• 규칙적인 패턴이 있다. • 간격이 점점 가까워진다
수축 강도와 시간	• 다양하다. • 일반적으로 약하다. • 강도가 세지지 않는다	• 한 번에 적어도 30초정도 유지된다. • 점점 길어진다(최대 75초까지). • 점점 강도가 세진다.
활동을 할 때 수축의 변화	• 일반적으로 걷거나 자세를 바꾸면 멈춘다	무슨 일을 해도 멈추지 않는다. 오히려 걷는 등의 활동을 하면 더욱 강도가 세질 수 있다.
수축이 일어나는 위치	• 하복부와 서혜부에 집중된다.	등에서 복부까지 둘러싸며 아프다. 등 아래와 복부 위쪽에서 방사형 으로 퍼지면서 아프다.

가야할 때를 정할 수도 있다.

진통은 분만이 시작되기 전에 몇 시간 동안 계속 될 수도 있지만 실제 분만은 자궁경부가 열면서 시작되는 것이다. 하지만 진통의 강도가 보다 세지고 시간이 길어지면서 간격이 가까워진다면 분만에 임박했다는 뜻이다.

관리

가진통으로 인해 불편함을 느낀다면 따뜻한 물로 목욕을 하거나 많은 양의 수분을 섭취한다. 만약 실제 진통이 시작되었을 때 걷는 것으로 편해진다면 계속해서 걷는다. 필요하다면 수축을 하는 동안 호흡을 멈춘다. 걷는 것은 원활한 분만에 도움이 될 뿐 이니라 가진통과 실제 진통 을 구분할 수 있게도 해준다. 만약 걷는 동안에 진통이 시작되면 누군가 부축해줘야 한다.
어떤 여성들은 진통이 심해지면 수축이 일어나는 중간에 흔들의자에 앉아
몸을 흔들거나 따뜻한 물로 샤워를 함으로써 진통을 완화한다. 한편 아기를
밀어내고 싶은 느낌이 들더라도 자궁경부가 완전히 열릴 때까지는 참아야
한다. 그래야 자궁경부가 파열되거나 붓는 것을 방지할 수 있다.

의학적 치료가 필요한 경우

수축이 다음과 같이 일어난다면 진짜 진통이므로 주의 깊게 살핀다.

- 한 번에 최소 30초 이상 지속된다.
- 수축이 규칙적으로 발생한다.
- 한 시간에 6회 이상 수축이 발생한다.
- 움직여도 수축이 멈추지 않는다.

실제 분만이 시작되는 것인지 의심스럽다면 담당 의사에게 연락하도록 한다.
의사는 산모에게 나타나는 증상과 수축 간격 그리고 산모가 그러한 것들을
정확히 말할 수 있는지를 알고 싶어 할 것이다. 그럼에도 불구하고 실제 분
만이 시작되었는지가 판단하기 어렵다면 담당 의사는 자궁경부가 열린 정
도를 체크하기 위해 질 검사를 실시하고자 할 것이다. 만약 다음과 같은 상
황에서는 병원에 가도록 한다.

- 수축이 일어나지는 않았는데 양수가 터졌을 때. 심지어 양수가 터지고도
  자궁수축이 일어나지 않을 수도 있다.
- 산모의 자궁수축이 5분 간격 또는 그보다 더 자주 발생할 때. 자궁수축이

자주 발생하는 것은 분만이 빠르게 진행되고 있다는 신호이다.

– 지속적으로 심각한 통증이 나타날 때.

출산예정일이 3주 이상 남은 시점에서 자궁수축이 규칙적으로 일어나거나 갑
작스럽게 양수가 터진다면 조산의 위험이 있으므로 의학적 조치가 필요하다.

경련 또는 지속적인 통증

임신초기, 중기, 후기

복부 경련이나 통증 그리고 척추 통증 등은 임신 중에 종종 나타나는 증상들
중 하나이다(p575 '복부의 불편함 또는 경련', p586 '등과 척추 통증', p671 '골반
통증'을 참고하시오). 하지만 임신초기에 출혈을 동반한 경련이나 요통이 나
타난다면 자연유산이나 자궁외임신을 알리는 신호일 수 있다.

또 임신중기 이후 나타나는 경련이나 지속적인 통증은 조산의 위험을 알려
주는 신호일 수 있는데, 이 시기에 심각한 복부 통증이 갑자기 지속적으로
발생한다면 태반박리가 일어난 것일 수 있다. 한편 감염이 일어난 경우 열
과 질 분비물을 동반한 복부 통증이 나타나기도 한다. 만약 복부 경련이나
척추 통증이 심각하고 지속적으로 발생하며, 열, 출혈, 수축 또는 질 분비물
을 동반한다면 즉시 담당 의사에게 연락하도록 한다.

위장염 후 탈수 증상

임신초기, 중기, 후기

위장염을 앓게 되면 아마 설사와 구토 증상 때문에 체내의 수분이 많이 손실

될 것이다. 이러한 현상을 탈수증상이라 하는데, 이것은 위장염 후 발생하는 대표적인 합병증이다. 탈수로 인해 나타나는 증상은 다음과 같다.

- 극심한 갈증
- 마르는 입술
- 짙노란색의 소변, 배뇨 횟수 감소 또는 배뇨 중단
- 몸에 기운이 없거나 현기증이 일어남

위장질환 발병 후에는 설사와 구토 등으로 인해 손실된 수분을 충분히 섭취하는 것이 중요하다.

예방 및 관리

위장염을 막기 위해서는 위생과 청결을 위한 기본적인 사항들을 지키면 된다. 일단 항상 손을 깨끗이 씻고, 아픈 사람과의 접촉을 피하며, 음식을 먹을 때 다른 사람들과 그릇, 컵, 접시 등을 같이 사용하지 않아야 한다. 그리고 위장염을 일으키는 가장 흔한 원인은 음식을 준비할 때 발생하므로 이에 주의한다. 만약 위장염에 걸렸다면 다음과 같은 방법을 통해 부족한 수분을 보충하고 탈수 증상을 막도록 한다.

- 물이나 그 밖의 깨끗한 음료를 조금씩 자주 마신다. 예를 들어 카페인을 줄인 옅은 차, 국물, 스포츠 음료 또는 묽게 만든 오렌지 주스 등을 200ml 컵으로 하루에 적어도 8번에서 16번 마시도록 노력한다.
- 얼음 조각을 녹여 먹는다.
- 콜라, 커피, 차 등 카페인이 포함된 음료는 마시지 않는다. 카페인은 체내

의 수분 손실을 더욱 악화시킨다. 그리고 유제품은 설사를 유발할 수 있다.

의학적 치료가 필요한 경우

탈수증상이 나타나거나 소변양이 많이 줄거나 이틀 이상 구토가 계속된다면 담당 의사에게 바로 연락하도록 한다. 탈수증상이라면 담당 의사는 수분을 보충할 수 있는 음료들을 권해줄 것이다. 만약 심각한 경우라면 혈액 검사와 정맥주사를 통한 수분공급이 이루어질 것이다.

태몽

임신초기, 중기, 후기

당신은 막 고릴라에게 붙잡혔다. 아니면 높은 건물 위를 날아다니거나 태어날 아기와 대화를 주고받기도 한다! 임신 중에는 이와 같은 꿈을 생생하게 꾼다. 꿈은 정신이 무의식적인 정보를 처리하는 과정으로 임신기간 동안에는 심리적, 정신적 변화가 급격히 발생하기 때문에 임신부는 강렬하고 이상한 꿈을 꾸게 된다.

또한 꿈을 자주 꾸게 되고, 깨어나서도 선명하게 꿈을 기억하게 되는데, 이 것은 사실 밤중에 화장실에 가거나 편안한 자세를 취하기 위해 주기적으로 잠이 깨는 일과 관계가 있다. 즉 이러한 활동 때문에 꿈을 꾸는 수면 단계인 급속안구운동 수면(REM수면)이 여러 번 방해받는 데 기인하는 것이다.

그리고 임신부는 무엇인가 걱정하는 꿈이나 악몽을 꾸기도 한다. 하지만 나쁜 꿈 때문에 괜히 불안해할 필요는 없다. 이러한 꿈들은 임신으로 인해 나타나는 급격한 변화들에 대한 자신의 걱정이나 흥분을 반영하는 것뿐이다. 만약 꿈을 꾸고 나서 그 내용을 적는다면 자신의 감정과 생각, 그리고 경험한 것들에 대해 알 수 있다. 그래도 여전히 불안하게 만드는 꿈과 악몽 때문에 스트레스를 받는다면 무엇이 문제인지 알아보기 위해 심리치료사나 상담사를 만나 도움을 요청하는 것이 좋다.

임신 중 눈에 나타나는 변화

임신초기, 중기, 후기

임신기간에 나타나는 신체적 변화들은 임신부의 눈과 시력에도 영향을 미친다. 임신기간 동안 각막(눈의 가장 바깥쪽 표면)은 조금 더 두꺼워지고 안압은 10퍼센트까지 줄어드는데, 이러한 변화들이 때때로 시야를 약간 흐릿하게 만든다(p591 '시력 장애'를 참고하시오). 이 외에도 임신부의 눈에는 다음과 같은 변화가 나타날 수 있다.

- 시력(굴절) 변화 : 호르몬 수치의 변화로 시력에 일시적으로 변화가 생기면서 안경이나 콘택트렌즈 착용의 필요성을 느끼게 될 것이다.
- 안구 건조 : 어떤 임신부들은 눈이 당기고 쓰라리며 무엇인가에 긁히는 느낌이 나는 등 안구 건조에 시달리게 되는데, 그렇게 되면 눈이 쉽게 피로하게 되고 콘택트렌즈를 착용하는 데에도 어려움을 겪게 된다.
- 눈꺼풀이 부음 : 임신 중에는 몸속에 수분함량이 증가하기 때문에 눈 주변이 부어서 주변 사물을 잘 보지 못할 수 있다.

임신 중에는 시력 상태를 주의 깊게 살펴야 한다. 당뇨병성망막증(망막을 손상시키는 질병)과 같은 당뇨병 합병증이 임신기간에는 더 악화될 수도 있기 때문이다. 그러므로 당뇨병을 앓고 있다면 반드시 임신 중에 눈 검사를 받도록 한다. 또한 고혈압이 있는 여성 역시 시력 문제가 발생할 확률이 크므로 임신기간 중 면밀한 주의가 요구된다. 임신후기에 갑자기 시야가 흐려진다면 심각한 고혈압의 신호일 수 있다.

예방 및 관리

임신초기에 흐릿해진 시야나 시력의 변화 때문에 겪는 불편은 대개 크게 걱정하지 않아도 되며, 안경이나 콘택트렌즈를 교체할 필요도 없다. 왜냐하면 출산 후에는 시력이 전과 같은 정상적인 상태로 되돌아갈 것이기 때문이다. 한편 안구 건조증으로 인한 불편함이 생긴다면 안약이나 인공 눈물을 사용한다. 안약은 임신 중에 사용해도 위험하지 않다. 안구 건조증은 대개 일시적인 것으로 출산 후에는 그 증상이 사라질 것이다.

만약 건조한 눈 상태 때문에 콘택트렌즈를 착용하는 것이 불편하다면 효소 성분이 포함된 렌즈 세척액으로 보다 자주 콘택트렌즈를 세척해준다. 그렇게 해도 불편함이 완전히 사라지지는 않겠지만 크게 걱정할 필요는 없다. 대개 출산 후 몇 주 지나지 않아 눈 상태가 정상으로 돌아오기 때문이다.

의학적 치료가 필요한 경우

갑자기 시야가 흐려지거나 앞이 안 보이는 증상이 나타나면 즉시 의사에게 연락한다. 그리고 당뇨병이나 고혈압이 있다면 시력과 안구 상태를 의사와 함께 주의 깊게 살피도록 한다. 당뇨병성망막증이라면 임신 전후 그리고 임신 중이라도 치료를 해야 한다.

그리고 망막증으로 인한 시력 합병증을 최소화하기 위해서 정기적으로 안과 전문의에게 진찰을 받는다. 또한 시력 변화에 대해 걱정이 생긴다면 안과 전문의를 찾아가 상담 받을 수도 있다.

기운 없음과 현기증

임신초기, 중기, 후기

온몸에 기운이 없는가? 임신부들은 흔히 가벼운 두통, 기운 없음, 현기증 등을 느낀다. 임신을 하면 자궁이 커지면서 등과 골반에 있는 혈관에 압박을 가하게 되는데, 이로 인해 상체에 공급되는 혈액의 양이 감소한다. 이 때문에 두통이나 어지러움 등이 나타나는 것이다.

특히 임신 4개월 즘에 이러한 현상을 느끼기 쉽다. 왜냐하면 이 시기에는 임신 호르몬에 대한 반응으로 혈관이 확장되는 데 비해 혈액은 아직 그 혈관을 채울 정도로 충분히 생성되지 않기 때문이다.

날씨가 덥거나 뜨거운 물로 샤워, 목욕을 할 때도 어지러움을 느낄 수도 있는데, 이는 너무 더우면 피부의 혈관이 확장되고 심장으로 되돌아가는 혈액양이 일시적으로 감소해서다.

이 밖에 임신초기에 흔히 발생하는 저혈당증 때문에 어지러움이 일어날 수 있다. 마지막으로 스트레스, 피로, 배고픔 또한 임신부를 어지럽고 기운 없게 만들 수 있다. 그리고 이보단 덜 흔하지만 감기, 당뇨, 고혈압, 갑상선 질환 등도 현기증을 유발하는 원인이 된다.

예방 및 관리

다음과 같이 하면 기운 없음과 현기증을 예방하는 데 도움이 될 것이다.

- 눕거나 앉았다 일어날 때 천천히 일어나도록 한다. 그리고 자세를 천천히 바꾸도록 한다.
- 느린 속도로 움직이거나 걷고, 휴식을 자주 취한다.

- 오래 서 있지 않는다.
- 등을 바닥에 대고 눕지 않는다. 대신 베개를 둔부 아래에 둔 채 옆으로 눕도록 한다.
- 몸을 너무 덥게 하지 않는다. 덥고 붐비는 곳을 피하라. 그리고 옷을 입을 때는 여러 벌을 겹쳐 입어서 체온을 조절한다. 또한 너무 뜨거운 물로 샤워나 목욕을 하지 않는다. 그리고 방안이 너무 덥지 않도록 방문이나 창문을 조금 열어둔다.
- 많은 양의 음식을 하루에 세 번 먹는 대신에 적은 양의 음식 또는 간식을 하루에 여러 번 나눠 먹도록 한다. 말린 과일 또는 신선한 과일, 통호밀 빵, 크래커나 저지방 요구르트 등을 간단히 먹는다.
- 활발한 신체활동을 통해서 하체의 혈액순환을 돕는다. 걷기, 수중 에어로빅, 임신부를 위한 요가 등이 권유된다.
- 특히 하루를 시작할 때 수분을 충분히 섭취하도록 한다. 아마 스포츠 음료가 가장 효과적일 것이다.
- 콩, 붉은 고기, 녹황색 채소, 말린 과일 등 철분이 풍부한 음식을 먹는다.

의학적 치료가 필요한 경우

기운이 없고 현기증을 자주 느낀다면 의사에게 먼저 이야기는 하는 것이 가장 현명하다. 현기증 증상이 심각하거나 복부 통증이나 질 출혈이 함께 발생한다면 자궁외임신(자궁 밖에 임신이 착상하는 것)이나 다른 심각한 합병증이 발생했을 가능성이 있다. 심각한 질 출혈이 나타나면 바로 의사에게 알려야 한다.

낙상 혹은 넘어짐

임신초기, 중기, 후기

넘어지고 나면 임신부는 혹시 아기가 다칠까봐 매우 두려워한다. 원래 임신 중에는 넘어지기만 해도 두려움에 떨기 쉽다. 그러나 임신부의 몸은 자라나는 태아를 보호할 수 있도록 설계돼 있기 때문에 부상이 심하지 않다면 태아는 직접적인 영향을 받지 않을 수 있다.

자궁벽은 두껍고 강한 근육으로 이루어져 있어서 태아의 안전을 지켜주며, 양수 역시 충격을 흡수하는 쿠션 역할을 한다. 그리고 임신초기에는 자궁이 골반 뼈 아래에 숨겨져 있기 때문에 태아가 더욱 보호를 받을 수 있다. 따라서 혹여 넘어졌다하더라도 아기가 쉽게 다치지는 않을 것이므로 마음을 편하게 가지도록 한다. 한편 임신후기 복부에 직접적인 타격을 받으면 태반이 자궁에서 분리되는 태반박리 현상이 나타날 수 있다. 물론 임신부가 그로 인해 심각한 상처를 입은 정도가 아니라면 이렇게 되는 일은 그리 흔하지 않다. 하지만 뼈가 부러진 경우에는 반드시 병원을 방문하여 검사를 받아야 한다.

예방 및 관리

임신기간 동안에는 자궁이 점점 커지면서 균형 감각을 잃게 된다. 따라서 이 사실을 명심하고 넘어지지 않도록 다음과 같이 주의하도록 한다.

- 미끄러지지 않는 바닥을 가진 안정적이고 납작한 신발을 신는다. 임신 중에는 하이힐이나 펌프스를 신는 것은 피한다.
- 사다리를 오르거나 발판에 기대 서 있는 등 균형 감각이 요구되는 상황은 피한다.

- 계단을 오르내릴 때, 몇 가지 자세 변화가 요구되는 일을 할 때, 언 길이나 젖은 길을 걸을 때와 같이 넘어질 위험이 있는 상황에서는 시간을 갖고 천천히 조심스럽게 움직인다.

의학적 치료가 필요한 경우

넘어진 후 아기가 잘 있는지 궁금하다면 담당 의사를 찾아가 상태를 확인한다. 만약 임신 24주 이후 넘어진 것이라면 태반박리가 발생할 수도 있다. 다음과 같은 경우에는 즉시 의사를 찾아가도록 한다.

- 넘어진 후에 통증, 출혈 등이 있거나 복부에 직접적인 충격이 가해졌을 때
- 질 출혈 또는 양수가 샜을 때
- 복부, 자궁 또는 골반에 심각한 통증이나 경련이 느껴질 때
- 자궁수축, 즉 통증을 수반하거나 혹은 수반하지 않는 복부 조임 현상이 느껴질 때
- 태동의 감소를 느낄 때

대부분의 경우 아기의 상태에는 아무 이상이 없을 것이다. 하지만 담당 의사는 태반에 손상이 가해지지 않았음을 확인하기 위해서 태아의 심장박동을 체크하거나 혈액 검사를 실시할 수 있다.

피로감

임신초기, 임신후기

"나 너무 피곤해!" 이것은 임신부들이 흔히 반복하는 말이다. 대부분의

여성들은 임신을 하면 전보다 피로를 많이 느낀다.

임신초기 몸은 너무 많은 일을 하느라 피곤해진다. 예를 들어 호르몬을 분비하고, 태아에게 영양분을 공급하기 위해 추가로 많은 혈액을 생성하며, 증가된 혈액에 맞춰 심장박동이 빨라진다. 그리고 신체내의 수분, 단백질, 탄수화물, 지방을 소모하는 방법도 달라지며, 프로게스테론 호르몬 수치의 증가로 졸음이 온다. 뿐만 아니라 임신기간 중 마지막 두 달은 태아의 체중을 견디는 것 자체가 피곤한 일이 될 것이다.

신체적 변화 이외에도 임신부는 여러 고민과 걱정을 하느라 에너지를 쓰고, 잠을 이루지 못하게 된다. 계획된 임신이든 아니든 임신에 대한 혼란스러운 감정이 발생하는 것은 자연스러운 일이다. 아마 임신을 했다는 사실에 매우 기쁜 한편 감정적인 스트레스 역시 받을 것이다. 예를 들어 뱃속의 아기가 건강할지, 자신이 좋은 엄마가 될 수 있을지 또는 경제적 부담을 감당할 수 있을지가 그것이다. 또한 업무가 힘든 직장에 다니고 있다면 임신 중에도 생산적으로 일할 수 있을지 걱정스러울 수 있다.

그러나 이러한 걱정은 모두 정상적이고 자연스러운 것으로, 감정적인 문제들 역시 임신 중 신체 변화와 함께 나타날 수 있다.

예방 및 관리

임신 중에 피곤함을 느끼는 것은 자연스러운 일이다. 오히려 피로는 몸이 휴식을 취해야 함을 알려주는 신호이다. 너무 무리하지 않도록 한다. 다음은 피로를 예방할 수 있는 몇 가지 방법들이다.

- 휴식을 취한다. 앞으로 남은 9개월의 임신기간 중에는 휴식이 보다 많이 필요하다는 사실을 받아들이고 그에 따라 매일의 계획을 세운다. 할 수

있다면 낮잠을 자는 것이 좋다. 직장에서는 발을 위로 올리고 등을 편히 의자에 기대는 시간을 가져 에너지를 다시 재충전하도록 한다. 낮에는 잠을 잘 수 없다면 퇴근 후나 저녁식사 전 또는 저녁활동 전에 잠깐 눈을 붙일 수도 있을 것이다. 쉬기 위해 저녁 7시부터 자고 싶다면 그렇게 해라. 잠자기 몇 시간 전에는 수분을 섭취하지 않는다. 그래야 밤중에 일어나 화장실에 가야하는 불편함이 사라져 보다 깊이 잠을 잘 수 있을 것이다.

- 당분간은 많은 일들을 맡지 않는다. 몸을 피곤하게 만드는 자원봉사 활동이나 사화사업 참여 등은 줄이도록 한다.

- 주변 사람들에게 도움을 청한다. 남편이나 다른 자녀들에게 가능한 한 많은 도움을 요청하도록 한다.

- 규칙적으로 운동한다. 규칙적인 신체 활동이 에너지를 증가시킬 것이다. 하루에 30분 걷기 등 가벼운 운동으로 보다 활기찬 생활을 할 수 있다.

- 잘 먹는다. 영양분이 골고루 풍부하게 포함된 식사를 하는 것이 그 어느 때보다 중요하다. 칼로리, 철분, 단백질을 충분히 섭취한다. 철이나 단백질 공급이 부족하면 피로가 심해질 수 있기 때문이다.

의학적 치료가 필요한 경우

임신부와 태아에게 안전하면서도 효과적인 피로회복제란 없다. 많이 섭취할 경우 나쁜 영향을 미칠 수 있는 카페인과 자극제들은 피하도록 한다.

커지는 발 사이즈

임신중기, 후기

평상시 신발 사는 것을 좋아했다면 임신했다는 사실이 고마울 것이다. 왜냐하면 발 크기가 커져 여러 컬레의 신발을 사야 하기 때문이다. 출산에 대비하여 골반의 인대와 관절을 늘리는 호르몬의 변화는 발과 같은 다른 신체의 인대와 관절 역시 늘리게 된다. 또한 이와 같은 필수적이고, 자연스러운 변화들로 인해 아기의 체중을 지탱하는 발의 아치 인대(족저근막)가 퍼질 수 있다. 결과적으로 족저근막이 지지력을 잃게 되고 이로 인해 발이 보다 평평하고 넓어지게 되는 것이다. 이 때 발은 평소 신던 신발을 꽉 채우는 것 이상으로 커질 수 있다.

이러한 변화들 이외에도 임신 중에 늘어나는 몸이 수분량 때문에 발이 부을 수 있다. 게다가 체중이 급격히 늘어났다면 발에도 약간 살이 찔 수 있을 것이다. 그러나 발의 부기는 출산 후 곧 사라진다. 하지만 그 밖의 변화도 사라지고, 발이 원래의 크기와 모양으로 되돌아가려면 최고 6개월까지 걸릴 수 있다. 그리고 족저근막이 과도하게 늘어난 경우에는 커진 발이 다시 작아지지 않을 수도 있다.

예방 및 관리

임신 후 발이 커지면 발과 발목을 편안하게 지지해줄 수 있는 신발을 신는 것이 중요하다. 지금 딱 맞는 신발과 앞으로 발이 커져도 편안하게 신을 수 있는 신발 두 컬레를 사도록 한다. 발 끝 부분이 좁거나 굽이 높은 신발은 피한다. 굽이 낮고, 발바닥이 미끄럽지 않으며 발이 커져도 괜찮을 만큼 여유 공간이 많은 신발을 택하도록 한다.

공기가 통과하기 쉬운 캔버스화나 가죽 신발을 신으면 좋다. 질이 좋은 운동화도 현명한 선택이다. 또한 이와 같은 조건을 충족시키면서 상황과 목적에 맞는 신발을 구입하도록 한다. 저녁 무렵 발이 아프거나 피곤하면 신축성 있는 슬리퍼를 신는다.

의학적 치료가 필요한 경우

임신부들을 위해 특별히 제작된 신발들과 지지대도 있다. 이것들은 발을 보다 편안하게 해주고 척추와 다리의 통증을 줄여준다. 담당 의사에게 추천을 받도록 한다.

음식 혐오

임신초기

임신부는 임신초기 튀긴 음식이나 커피와 같은 특정 음식에 거부감을 느낄 수 있다. 심지어는 이러한 음식의 냄새만 맡아도 구역질이 날 것이다. 아마도 이 때 입 안에서는 약하게 금속 맛이 느껴질 것이다. 대부분의 음식 혐오증은 임신 4개월이 지나면 사라지거나 그 증상이 약화된다.

임신 중에 나타나는 다른 합병증과 마찬가지로 음식 혐오증 역시 호르몬 분비의 변화로 인하여 야기된다. 대부분의 임신한 여성들은 임신기간 중, 특히 호르몬이 가장 강한 영향을 미치는 임신초기에 음식 맛이 다소 변하는 것을 느낀다. 때때로 음식 혐오증은 후각의 발달, 과다 타액분비 등 음식에 대한 거부감을 심하게 만드는 증상들을 동반한다.

예방 및 관리

건강식품을 꾸준히 먹고 필요한 영양분도 충분히 섭취하고 있다면 식성의 변화를 걱정할 필요는 없다. 만약 커피, 차, 술, 기호식품들이 싫어졌다면 먹지 않아도 괜찮다. 하지만 과일이나 야채 등 몸에 좋은 식품에 대해서도 거부감이 든다면 같은 영양분을 보충할 수 있는 다른 음식을 찾아봐야 한다.

음식에 대한 갈망

임신초기

아마도 이전에 피클과 아이스크림을 함께 먹었던 적은 절대로 없을 것이다. 하지만 임신 중에는 특정 음식을 먹고 싶다는 강한 욕구가 사라지지 않을 수 있다. 임신부들의 대부분은 이런 음식에 대한 갈망을 느끼는데, 이것은 대개 임신 호르몬 분비로 인한 것이다.

임신부는 아마도 특정 음식에 대한 갈망이 그 음식에 들어 있는 영양분이 필요하다는 몸의 신호일 거라고 생각할 수도 있다. 하지만 이는 그리 믿을 만한 신호가 아니다. 예를 들어 아이스크림이 먹고 싶다고 해서 몸에 포화지방이 필요한 것은 아니다. 또한 감귤류 과일이 먹고 싶지 않다는 것이 몸에 비타민 C가 필요치 않음을 의미하지도 않는다.

임신 4개월 쯤 되면 음식에 대한 갈망은 사라지거나 증상이 약해진다. 그러나 만약 증상이 오래 지속된다면 철분이 부족하거나 그로 인해 생긴 빈혈 때문일 수 있다.

예방 및 관리

몸에 좋은 음식을 먹고 필요한 영양분을 충분히 공급받고 있다면 특정 음식을 선호하는 것에 대해 걱정할 필요는 없다. 때때로 자신이 하고 싶은 대로 하는 것도 괜찮을 것이다. 하지만 특정 음식에 대한 갈망을 폭식에 대한 변명으로 내세우지는 말아야 할 것이다. 자칫 자기 자신과 태아에게 필요한 영양분에 대한 고려 없이 자신의 욕구만을 채울 수 있기 때문이다.

음식에 대한 욕구를 영양가 없는 칼로리로 채우지 않도록 한다. 예를 들어서 초콜릿이 정말 먹고 싶다면 아이스크림이나 얼린 초콜릿 바를 먹는 대신에 초콜릿 요구르트 아이스크림을 먹도록 한다. 만약 단 것이 너무 먹고 싶다면 사탕 대신에 트레일 믹스(trail mix, 영양이 풍부한 저지방 스낵-옮긴이)를 먹는다. 만약 몸에 나쁜 음식이 먹고 싶어지면 산책을 하거나 독서 또는 컴퓨터 게임 등을 하면서 주의를 분산하도록 한다. 대개 특정 음식에 대한 욕구를 잊는 데는 운동이 가장 효과적이다.

의학적 치료가 필요한 경우

드물긴 하지만 어떤 임신부들은 비정상적으로 먹을 수 없거나, 해로울 수 있는 물질에 식욕을 느낄 때가 있다. 그것들은 점토, 세제, 진흙, 베이킹소다, 냉동고에 붙어 있는 얼음조각이나 서리, 재, 제설제 등일 수 있다. 이러한 비정상적인 음식에 대한 갈망은 이식증(pica) 때문으로 철분 결핍에 의해 야기될 수 있으며 몸에 위험할 수 있다. 무엇인가 음식이 아닌 것이 먹고 싶을 때는 담당 의사를 찾아가 상황을 알리도록 한다.

건망증

임신초기, 중기, 후기

임신부는 열쇠를 잘못 두거나 약속을 잊으며, 일에 집중하지 못하기도 한다. 임신 이후 이렇게 차분치 못하게 변하는 것은 임신부 대부분이 겪는 일이다. 어떤 여성들은 임신 중에 건망증이 더욱 심해지거나 정신을 차리지 못하기도 한다.

아마 무언가에 집중하기가 어려워지고 마치 안개 속에 둘러싸여 있는 느낌일 것이다. 이러한 증상들은 호르몬 변화로 인한 일시적 효과로 일부 여성들이 월경 전에 겪는 증상과도 비슷히다.

예방 및 관리

건망증을 줄이고 싶다면 다음과 같이 해본다.

- 임신 중에 약간 멍하게 되는 것은 자연스러운 일임을 받아들이도록 한다.
  이에 대해 지나치게 초조해하는 것은 증세만 더 나빠지게 할 것이다. 모든
  것을 재미있게 받아들인다.
- 가능한 한 생활 중에 받는 스트레스를 줄이도록 한다.
- 가정과 직장에서 해야 할 일들을 잊어버리지 않도록 목록을 작성한다. 일
  부 여성들은 전자수첩을 이용하는 것이 편할 수 있다.

의학적 치료가 필요한 경우

건망증을 고치는 약은 없다. 은행나무가 기억력을 증진시키는 것으로 추천
돼 왔지만 임신 중 복용은 안전하지 않다.

가스와 복부 팽만감

임신초기, 중기, 후기

가스, 복부 팽만감, 헛배부름 등은 임신으로 인해 나타나는 재미있는 증상들
이다! 임신을 하면 임신 호르몬의 영향으로 소화기의 소화속도가 느려지게
되면서 섭취한 음식들이 보다 천천히 소화관을 지나게 된다. 임신 중에 이
와 같이 소화속도가 느려지는 데에는 중요한 목적이 있다. 그것은 영양분들
이 임신부의 혈액 속으로 흡수된 다음 태아에게 전달되는 데 걸리는 시간을
확보하기 위해서이다.

그러나 불행히도 이런 과정에서 복부 팽만감이나 가스 역시 발생하게 된다.

게다가 입덧으로 인해 공기를 많이 마시게 되는 임신초기 3개월에 이러한 증상은 더 심해질 것이다.

예방 및 관리

임신 중 겪게 되는 가스 발생과 복부 팽만감 현상을 최소화하기 위해서 다음과 같이 해본다.

- 장운동을 촉진한다. 변비는 가스와 복부 팽만감 발생의 주요 원인이 된다. 따라서 변비 발생을 막으려면 수분을 충분히 섭취하고, 섬유질이 풍부한 다양한 음식을 먹고, 규칙적으로 신체 활동을 한다(p '변비' 를 참고하시오).
- 조금씩 자주 먹는다. 그리고 과식하지 않는다.
- 천천히 먹는다. 급하게 먹으면 공기를 보다 많이 삼키게 돼서 가스가 잘 발생하게 된다. 식사 전에 몇 번 깊이 호흡하여 마음을 편안히 한다.
- 가스가 잘 발생하는 식품의 섭취는 피한다. 개인마다 차이는 있겠지만 일반적으로 양배추, 브로콜리, 꽃양배추, 양파, 탄산음료, 튀긴 음식, 기름기가 많고 지방이 많이 힘유된 음식, 콩 그리고 과도한 소스 등을 먹으면 가스가 잘 발생한다.
- 먹은 뒤에 곧바로 눕지 않는다.

의학적 치료가 필요한 경우

가스, 복부 팽만감, 소화를 위한 제산제는 담당 의사와 상의하고 복용해야 한다. 많은 제산제에는 몸을 붓게 하고 몸속 수분량을 높이는 나트륨이 포함돼 있을 뿐 아니라 변비를 일으키고 문제를 악화할 수 있는 알루미늄 성분과 설사를 일으키는 마그네슘 성분도 포함되어 있기 때문이다.

잇몸질환

임신초기, 중기, 후기

전해오는 말에 의하면 '여성은 임신을 할 때마다 한 개의 치아를 잃는다' 고 한다. 체계적인 치과 치료가 시작되기 전부터 전해 내려오는 이야기이긴 하지만 임신을 하면 치아에 문제가 생기기 쉬운 것은 사실이다. 임신 중에는 치아를 덮는 무색의 끈적거리는 박테리아 막인 플라크*plaque* 의 양이 증가한다. 또한 이 시기에 나타나는 호르몬의 변화에 의해 플라크가 잇몸에 해로운 영향을 끼치기 쉽다.

플라크는 단단해지면 치석으로 변한다. 이 플라크와 치석이 치아 뿌리 근처 잇몸에 쌓이게 되면 잇몸을 아프게 할 뿐 아니라 잇몸과 치아 사이에 박테리아가 사는 곳을 만들게 된다. 이것은 잇몸질환의 한 종류로서 보통 치은염이라고도 불린다. 치은염에 걸리게 되면 잇몸이 충혈되고 부으며, 당기는 느낌이 드는데, 특히 이를 닦을 때 쉽게 출혈이 일어난다(p589 '잇몸 출혈' 을 참고하시오).

정도의 차이는 있지만 많은 임신부들이 치은염을 경험한다. 보통 치은염은 임신 4개월 이후에 발생한다. 만약 임신 전에 잇몸질환을 앓고 있었다면 임신 중에는 증상이 더 악화될 가능성이 크다. 치은염을 치료하지 않고 내버려두면 치근막염이라고 불리는 보다 심각한 잇몸질환으로 발달하게 있는데, 이로 인해 치아를 잃을 수도 있다. 그리고 심각한 잇몸질환은 임신부에게 보다 치명적일 수 있어서 조산 또는 저체중아 출산의 위험을 증가시킬 수 있다.

예방 및 관리

임신 중에는 치아가 박테리아로 인해 해로운 영향을 받기가 훨씬 쉬워지므로 평소에 치아 위생을 철저히 유지하는 것이 중요하다. 잇몸의 건강을 보호하고 싶다면 다음의 치아관리방법을 따른다.

- 하루에 최소 두 번, 가능하면 식사가 끝날 때마다 불소 성분이 포함된 치약으로 이를 닦는다. 그리고 잠자기 전에 닦고 아침에 다시 닦는다. 입안의 박테리아 수를 보다 많이 감소시키려면, 이를 닦을 때 칫솔로 혀도 함께 닦아주도록 한다.
- 칫솔로 이를 닦을 때 구역질이 난다면 물이나 안티플라그와 불소 성분이 포함된 구강세척액으로 입을 헹구도록 한다.
- 매일 명주로 된 치실을 철저히 사용한다. 치실은 치아 사이의 치석을 제거할 수 있을 뿐 아니라 잇몸을 마사지해줄 수도 있다. 치실은 왁스처리 된 것이든 안 된 것이든 다 괜찮다.
- 임신을 하면 보다 자주 치과 진료를 받는다. 치아와 잇몸에 문제가 없는 것 같아도 임신 중에 최소한 한 번은 치과를 찾아가 치아 상태를 체크한다. 치과 치료용 X-ray 촬영은 태아에게 위험하지 않다.
- 풍부한 영양분 섭취는 치아와 잇몸의 건강을 위해서도 매우 중요하나. 특히 구강 건강을 위해서는 비타민 C와 비타민 B-12가 매우 중요하다.

의학적 치료가 필요한 경우

심각한 잇몸질환이 있다면 임신 중 발생할 수 있는 문제를 피하기 위해 즉시 치료받도록 한다. 다음과 같은 치주염 증상이나 신호가 발생하면 치과 의사와 담당 의사에게 알린다.

- 잇몸이 붓거나 움푹 파였을 때

- 입속에서 불쾌한 맛이 느껴질 때

- 입 냄새가 심할 때

- 특히 뜨겁거나 차가운 것 또는 단 음식을 먹었을 때 치아에 통증이 있을 때

- 치아가 덜렁거릴 때

- 씹는 느낌이 달라졌을 때

- 한 개 이상의 치아에서 고름이 날 때

심각한 잇몸질환을 치료하기 위해서는 특별한 구강 청결 기술과 항생제가 필요하다. 때로는 수술이 필요할 수도 있다. 만약 임신 중에 중요한 치과 치료를 받아야 한다면 안전을 위해서 치과 의사 또는 담당 의사와 함께 충분히 이야기를 나눠야 한다.

HCG 호르몬 테스트

임신초기

융모성선자극 호르몬 HCG는 임신한 여성의 태반에서 생성되는 단백질 호르몬으로 여성의 소변이나 혈액에 포함되어 있는 HCG 호르몬의 양을 감지하여 임신여부를 판단한다.

임신초기 몇 주 동안 HCG 호르몬은 황체가 퇴행하는 것을 방지하여 기능을 유지시켜 줌으로써 프로게스트로겐이 지속적으로 생성되도록 하는 중요한 역할을 한다. 황체는 성숙한 난포(난소에서 난자가 성숙하는 주머니)에서 배란이 일어난 뒤 남은 세포들의 집합체를 말한다.

보통 임신을 하게 되면 HCG 호르몬의 분비가 급속도로 증가하는데, 처음 10주 동안은 2~3일마다 양이 두 배씩 증가한다. 그리고 나머지 기간 동안은 분비량이 천천히 낮아진다.

임신 확인을 위한 HCG 호르몬 검사는, 가정에서는 소변을 통해서 병원이나 실험실에서는 혈액 또는 소변을 통해서 이루어진다. 수정이 이루어진 뒤 약 6~12일이 지나면 소변에서 HCG 호르몬이 발견된다. 만약 HCG 호르몬 수치가 비정상적이라면 자궁외임신, 자연유산의 임박, 기태임신(수정 후 자궁에서 비정상적인 세포체가 발생하는 것) 등을 알려주는 신호일 수 있다. 자궁외임신이나 자연유산이 발생하는 경우 HCG 호르몬의 증가율은 정상보다 훨씬 느리다. 담당 의사는 이런 문제들이 발생했는지 의심스러울 경우 수일에 걸쳐 혈액을 채취해 여러 번 HCG 호르몬 수치를 측정하고 그 양이 정상속도로 증가하는지 확인할 것이다.

HCG 호르몬 수치가 정상보다 높다면 쌍둥이를 임신했거나 기태임신일 가능성이 있다. 또한 기태임신, 유산이나 자궁외임신 후 체내에 임신 세포 조직들이 사라졌는지 알아보기 위해서도 HCG 검사가 실시된다.

두통

임신초기, 중기, 후기

많은 임신부들이 임신 중에 두통을 호소한다. 두통은 임신초기에 혈액 순환량이 증가하고, 호르몬 분비가 변하면서 발생할 수 있으며, 스트레스, 걱정, 피로, 코막힘, 눈의 피로, 긴장 또한 원인이 될 수 있다. 또는 임신 사실을 알고 나서 카페인 양을 갑자기 줄이거나 아예 섭취하지 않으면서 며칠 동안 두통이 발생할 수도 있다.

편두통에 시달리던 여성이라면 임신 후에는 그 정도가 그대로이거나 개선 또는 더 악화될 수 있다. 아마 임신초기 3개월 동안은 증상이 나빠지다가 그 후에는 점점 나아질 것이다.

예방 및 관리

두통을 예방하는 한 가지 방법은 두통의 발생 원인을 찾아내 그것을 피하는 것이다. 두통의 원인은 담배연기, 통풍이 안 되는 방, 눈의 피로, 특정 음식 등이 될 수 있다. 다음은 두통을 최소화하기 위한 방법들이다.

- 밤에 충분한 수면을 취하고 가능하다면 낮에도 휴식 시간을 갖는다.
- 충분한 수분을 섭취한다.
- 따뜻한 물에 적신 수건을 얼굴의 앞과 옆, 코, 눈, 관자놀이 주변에 대면 두통(sinus headache) 을 완화할 수 있다. 긴장성 두통이라면 이마나 목 뒷부분에 냉찜질을 한다.
- 따뜻한 물로 샤워나 목욕을 한다.
- 목, 어깨, 얼굴, 두개골 등을 직접 마사지하거나 남편이나 친구에게 마사지를 부탁한다.
- 명상과 같은 긴장이완훈련이나 운동을 한다.
- 신선한 공기를 쐰다. 가능하다면 밖에 나가 산책을 하도록 한다.
- 생활 속 스트레스를 줄이도록 한다. 모든 스트레스를 피할 수는 없겠지만 잘 다스리는 방법을 찾을 수는 있을 것이다. 감당할 수 없을 정도의 스트레스에 시달리고 있다면 심리치료사나 상담사를 찾아가는 것도 도움이 될 것이다. 담당 의사와 스트레스에 대해 이야기할 수도 있다.

의학적 치료가 필요한 경우

두통이 심각하거나 오래 또는 자주 발생할 때, 시야가 흐릿해지거나 그 밖의 시력변화가 두통과 동반될 때는 즉시 담당 의사를 찾아가도록 한다. 만약 고혈압이라면 어떤 두통이라도 의사에게 말해야 한다.

아스피린이나 이부프로펜 등 진통제나 두통약을 복용하기 전에는 항상 의사
와 상담해야 한다. 왜냐하면 이런 종류의 약들은 임신 중에 복용했을 때 문제
가 될 수 있기 때문이다. 그러므로 임신 중에는 타이레놀과 같은 아세트아미
노펜을 복용하는 것이 더 낫다. 아세트아미노펜은 매우 안전한 약 성분으로
알려져 있으며, 보통 임신기간 중 통증과 열을 완화하는 데 처음 사용된다.
편두통으로 고생하고 있는 임신부라면 임신 중에 증상을 어떻게 다스려야 할
지 담당 의사와 상의한다. 절대로 의사의 허락 없이 편두통약을 복용하지 않
는다. 담당 의사는 아마도 아스피린, 프로프라놀롤*propranolol*, 특히 에르고
타민*ergotamine* 성분이 포함된 일부 편두통을 위한 약은 피하라고 할 것이다.

속쓰림(heartburn)

임신후기

임신부의 절반 이상이 속쓰림 증상을 겪으며, 대부분은 그러한 증상을 임신
초기에 겪게 된다. 속쓰림 증상은 역류성식도염(GERD)이라고도 불린다. 이
것은 위속 내용물이 식도를 따라 위에서 입으로 다시 역류하면서 발생하는
것이다. 이 때 역류하는 위산이 식도를 자극하게 되면 심장 부근이 타는 것 같
은 느낌이 드는데, 이 때문에 이와 같은 영문 이름이 붙여지게 된 것이다.
속쓰림 증상은 많은 이유들로 인해서 임신 중에 매우 흔히 발생한다. 우선
임신 호르몬이 소화기의 진행속도를 늦춘다. 그래서 섭취한 음식물이 구불
거리는 식도를 따라 위로 이동하는 속도가 느려질 뿐 아니라 위가 비워지는
데에도 시간이 걸린다. 이러한 변화들은 많은 영양분이 임신부의 혈액으로
흡수돼 태아에게 전달되게 하기 위한 것이다. 하지만 동시에 소화불량이나
속쓰림의 원인이 되기도 한다. 또한 위와 식도 사이의 근육이 이완되면서

위산이 역류하기 쉽게 된다.

게다가 임신후기에는 자궁이 점점 커지면서 위를 누르게 되고 위쪽으로 압박을 가하게 된다. 이러한 압박 역시 위산을 역류하게 할 수 있으며, 이로 인해 속쓰림 증상이 발생하기도 한다.

속쓰림의 전형적인 증상은 흉골 뒤쪽이 불편하거나 가슴이 타는 듯한 느낌이다. 그것은 소화불량, 쓰린 위, 위쪽 복부의 통증, 적은 양의 음식을 먹고 나서 느껴지는 포만감과 비슷하다. 아마 눕거나 몸을 구부릴 때 또는 운동할 때 가슴 부분이 타는 것 같은 느낌이 들 것이다. 어떤 사람들은, 특히 눕거나 잠을 청할 때 식도와 입으로 시큼한 액체가 위장에서 올라오는 것으로 증상을 묘사하기도 한다.

이 외에도 트림이 나고 가스가 차는 느낌이 들거나 평소보다 침이 많이 분비되는 증상이 나타날 수 있다. 때때로 역류성식도염은 목에 덩어리가 걸린 것 같은 느낌을 주기도 한다.

예방 및 관리

속쓰림 현상은 매우 불편하지만 다음과 같은 단계를 따르면 이를 예방하고 치료할 수 있다.

- 일정량의 음식을 자주 먹도록 한다. 예를 들어, 하루에 세끼 식사를 하기보다는 적은 양의 음식을 5~6번 먹는다.
- 특정 음식이 다른 음식보다 더 속쓰림을 일으키는 원인이 될 수 있으므로, 속쓰림을 유발하는 음식을 찾아내 섭취를 피하도록 한다. 지방이 많고 기름지거나 튀긴 음식, 커피, 차, 초콜릿, 페퍼민트, 술, 탄산음료, 매우 단 음식, 감귤류 과일이나 주스 같은 산성 음식, 토마토, 빨간 고추, 향신료가 많

이 들어간 음식 등은 피한다.

- 수분, 특히 물을 많이 섭취한다.

- 흡연하지 않는다. 흡연은 위의 산도를 더욱 높이는 것은 물론 태아에게도 좋지 않다.

- 식사를 할 때는 바른 자세로 앉는다. 몸을 앞으로 기울이고 음식을 먹으면 위에 추가적인 압박을 가할 수 있다.

- 음식을 먹은 뒤 눕기 전에 한 시간 이상 기다린다.

- 잠자리에 들기 2~3시간 전에는 음식을 먹지 않는다. 비어있는 위장은 보다 적은 양의 위산을 분비한다.

- 속쓰림 증상을 심하게 하는 움직임이나 자세는 피한다. 물건을 주울 때는 허리가 아닌 무릎을 구부리도록 한다.

- 바닥에 등을 대고 눕는 것을 피한다. 휴식을 취하거나 잠을 잘 때는 머리와 어깨를 잘 받쳐줄 수 있도록 베개로 몸을 받치거나 침대머리를 약 10~15cm 정도 높인다.

의학적 치료가 필요한 경우

속쓰림 현상이 심각하다면 담당 의사는 위산을 줄여주는 제산제를 처방할 것이다. 하지만 종종 제산제에 들어 있는 염분이 몸속의 수분량을 증가시킬 수도 있으므로 담당 의사와 상의 후 복용하도록 한다.

또한 속쓰림 증상을 줄이기 위해 아스피린 성분이 포함된 약을 복용하지 않도록 한다. 그리고 궤양 , 소화 문제, 식도열공탈장 등이 발생했던 적이 있다면 담당 의사에게 알리도록 한다. 흔한 일은 아니지만 내시경을 통해서 식도 내부 상태를 확인해야 할 만큼 상태가 심각한 경우도 있다. 역류성식도염이 심각하다면 임신 중이라도 적질하게 치료 받도록 한다.

심장박동(심장이 빨리 뜀 또는 빠른 맥박)

임신중기, 후기

임신 중에는 심장이 평상시보다 많은 혈액을, 더 빨리 공급하게 된다. 이것은 태반에 충분한 혈액을 보내 태아에게 필요한 산소와 영양분이 부족하지 않도록 하기 위함이다.

심장이 30~50퍼센트 이상의 혈액을 공급하게 되므로 심장박동 속도 또한 그만큼 빨라진다. 임신기간 내내 심장은 점점 빠르게 뛴다. 그리하여 임신 9개월쯤에는 심장박동이 임신 전보다 20퍼센트 정도 빨라질 것이다.

의학적 치료가 필요한 경우

혈액양의 증가 때문에 많은 임신부들은 심장의 두근거림을 겪게 된다. 이것은 좀더 많은 혈액이 심장판막을 통해서 흐르기 때문에 일어나는 자연스러운 현상이다.

하지만 때때로 두근거리는 소리가 정상과 다르다면 담당 의사는 그 원인을 찾기 위한 검사를 실시할 것이다. 심장의 두근거림은 심장판막 뿐만 아니라 승모판에서의 변화 또는 류머티즘열에 의한 손상에 의해서도 발생할 수 있기 때문이다.

치질

임신중기, 후기

어떤 임신부들은 직장에 생긴 정맥류, 즉 치질을 겪는다. 치질은 증가된 혈액과 직장 속 정맥을 누르는 자궁의 압력에 의해 생긴다. 직장 속 정맥들은 직장의 안과 밖에 있는 점막 아래에 단단하게 부풀어 오른 주머니로 임신중에 확장된다. 대개 치질은 임신 중 처음 발생한 것이 아니라면 그 증세나 정도가 심하게 자주 나타난다.

변비 역시 치질의 원인이 될 수 있다. 왜냐하면 변비 시 발생하는 긴장이 직장의 정맥을 확장할 수 있기 때문이다. 변비는 임신기간 내내 흔하게 발생하는데, 특히 자궁이 대장을 압박하는 임신 마지막 달에는 더욱 그렇다(p605 '변비'를 참고하시오).

치질은 통증을 동반하며, 특히 배변 중이나 후에 출혈, 가려움, 따끔거림 등이 발생할 수 있다. 그러나 일반적으로 치질은 출산 후에 증상이 약화되거나 사라진다.

예방 및 관리

치질을 예방하는 가장 좋은 방법은 변비를 피하는 것이다. 임신 전에 변비나 치질에 걸렸더라면 이는 더욱 중요하다. 치질을 예방하고 불편함을 줄이고 싶다면 다음에 제시하는 것을 따르도록 한다.

- 섬유질이 풍부한 음식, 과일, 야채를 먹고 충분한 수분을 섭취해서 변비 증상이 나타나지 않도록 한다.

- 규칙적으로 운동을 하면 규칙적인 배변에 도움이 될 수 있다.

- 배변을 할 때 너무 긴장하지 않는다. 이것은 직장에 있는 정맥에 필요 이상의 압박을 가하게 되어 치질을 야기하거나 악화시킬 수 있다. 긴장을 줄이기 위해 발판에 발을 올린다. 그리고 화장실에 너무 오래 앉아 있지 않도록 한다.

- 항문 주위를 언제나 정결하게 한다. 배변 뒤에는 항상 항문 주위를 부드럽

게 씻어준다. 위치하젤*witch hazel*패드를 사용하면 통증과 가려움증을 완화하는 데 도움이 되는데, 냉장고에 보관해서 차갑게 사용하면 통증을 좀더 가라앉힐 수 있을 것이다. 또한 좌욕용 욕조를 준비해 화장실에 두고, 따뜻한 물에 둔부를 담그는 것도 좋다.

- 긴장완화를 위해서 얼음팩을 한다.
- 튜브를 이용해 따뜻한 물로 씻거나 좌욕을 하면 치질 상태와 통증을 완화하는 데 보다 도움이 된다. 가려움을 없애려면 오트밀로 만든 입욕제나 베이킹소다를 물에 타서 사용한다.
- 한 자리에, 특히 딱딱한 의자에 오랜 시간 앉아 있지 않는다.

의학적 치료가 필요한 경우

대변을 부드럽게 하는 약이나 관장약을 사용하면 도움이 될 것이다. 하지만 담당 의사와 상의하기 전에는 치질에 관련된 어떤 일반의약품도 사용해서는 안 된다. 위에서 제시한 자가치료법이 효과가 없을 때는 담당 의사가 직장의 확장된 정맥을 줄이는 크림이나 연고를 처방해줄 것이다.

때때로 치질이 혈병으로 가득 차기도 한다(혈병증). 그렇게 부어오른 정맥은 정상적인 크기로 다시 줄어들지 않기 때문에 치질 제거를 위한 간단한 시술이 필요할 수도 있다.

허브 치료

임신초기, 중기, 후기

임신 중에는 어떠한 허브치료도 하지 않는 것이 좋다. 허브들은 미국 식품의약국(FDA)에서 관리하지 않기 때문에 여러 제약업체에서는 허브제품에 대한 안전이나 품질을 증명하지 않는다.

따라서 허브제품은 임신부와 태아에게 위험할 수 있다. 임신부에게 문제를 일으킬 수 있는 것으로 알려진 것으로는 에크나시아*echinacea*, 은행나무, 세인트 존스워트(St. John's wort) 등이 있다. 허브제품을 복용하고 있거나 복용할 계획이라면 반드시 의사와 상담하도록 한다.

둔부 통증

임신후기

임신 중에는 밤에 옆으로 누워서 잠을 잘 때 둔부에 통증이 느껴지는 일이 흔하다. 임신부의 몸속 연결조직은 아기를 출산할 준비를 하면서 부드럽고 느슨해지는데, 이 때 둔부를 잡아당기는 인대와 골반 뼈 사이의 관절이 이완되면서 통증이 발생하는 것이다. 이것은 태어날 아기가 쉽게 골반을 통과할 수 있게 하기 위해 일어나는 일이다.

또한 임신후기로 갈수록 무거워지는 자궁이 자세에 영향을 주면서 둔부 통증을 가중시킨다. 그런데 종종 둔부의 한쪽 부분이 더 아프게 되는데, 그 이유는 태아가 한 쪽으로 치우쳐 누워 있는 경향이 있기 때문이다.

예방 및 관리

아래쪽 척추 부분과 복부 근육을 강화하는 운동을 하면 둔부 통증을 줄일 수 있다. 또한 따뜻한 물로 목욕을 하면서 압박과 마사지를 해주는 것 역시 도움이 된다. 한 번에 몇 분 동안은 둔부를 가슴 높이 위로 올리도록 한다.

배고픔

임신초기, 중기, 후기

혹시 임신한 이후로 끊임없이 냉장고 주변을 기웃거리고 있는가? 임신 전보다 허기를 더 많이 느끼는 것은 정상적인 일로 대부분의 임신부들은 임신기간 내내 식욕이 증가하는 것을 경험한다. 태아의 성장과 발달을 위해서는 하루에 약 300칼로리 정도의 추가분이 더 필요하므로 이러한 현상이 생기는 것은 당연하다. 그러나 어떤 여성들은 그 반대 증상을 겪는다. 즉 입덧 때문에 식욕을 잃는 것이다. 아니면 과일, 초콜릿, 으깬 감자, 시리얼 등 특정 음식만 먹고 싶을 수도 있다.

특히 임신초기 3개월 동안 일어나는 호르몬 분비 변화는 식욕을 변화시킨다. 하지만 다양한 음식을 골고루 충분히 섭취하는 한 허기나 특정 음식에 대한 욕구 같은 변화된 식욕에 대해 너무 걱정할 필요는 없다. 배고픔을 자주 느낀다면 하루에 여러 번 조금씩 식사를 하고, 주로 저지방 건강식품을 선택하는 것이 좋다.

만약 입덧이 자주 발생한다면 적은 양의 담백한 음식을 먹도록 한다. 입덧 및 식욕 감소가 잠시 동안 나타나는 것이라면 태아에게 해가 될까 걱정하지 않아도 된다. 왜냐하면 태아는 임신부가 소비하는 영양분을 가장 먼저 얻기 때문이다(p667 '하루 종일 지속되는 입덧' 을 참고하시오).

독감(influenza)

임신초기, 중기, 후기

인플루엔자는 소화계보다는 코, 목, 폐와 같은 호흡계에 더 영향을 끼친다.

예방 및 관리

미국 질병예방통제 센터는 10~4월까지 감기가 유행하는 시기에 임신초기 3개월을 보내야하는 여성들에게 독감예방 접종을 권하고 있다. 자신이 독감 예방 주사를 맞아도 되는지 담당 의사와 상담한다.

또한 특히 눈이나 입을 만지기 전에는 손을 자주 씻는 것이 중요하다. 비누와 따뜻한 물로 15~30초 동안 손을 북북 문질러 씻도록 한다. 그리고 주위 사람들에게 입을 가리고 기침이나 재채기하도록 부탁해 바이러스에 감염되지 않도록 한다. 만약 독감에 걸린 것 같으면 담당 의사에게 진찰 받는다. 그리고 수분을 충분히 섭취한다.

의학적 치료가 필요한 경우

탈수 증상이 나타나면 담당 의사를 찾아가도록 한다(p611 '위장염 후 탈수증상' 을 참고하시오).

불면증

임신중기, 후기

하루를 보내고 지친 상태로 잠자리에 들면 몇 분 지나지 않아 베개에 머리를 파묻고 잠들어야 할 것이다. 그런데 그 대신 완전히 깬 채 시계의 분침이 움직이는 것만 보게 되거나 새벽 4시에 일어나서 다시 잠들 수가 없게 되기도 한다. 이렇게 잠들기가 어렵거나 잠들었다가도 숙면을 취하기 어려운 증상을 불면증이라 하는데, 이것은 임신 중에 흔히 나타난다. 사실 임신부가 겪는 신체적, 정서적인 변화들을 생각해볼 때 수면 역시 바뀌는 것은 당연하다.

비록 많은 임신부들이 임신초기 3개월 동안 임신 전보다 잠을 좀더 많이 자는 것은 사실이지만 어떤 여성들은 호르몬 변화 때문에 밤에 잠드는 것이 힘들어진다. 또한 자궁이 커지면서 방광에 압박을 가하게 되면 소변을 자주 보고 싶어져서 밤에 여러 번 화장실에 가게 된다.

또한 뱃속의 태아가 자랄수록 임신부는 편안한 자세로 잠을 자기가 어려워진다. 태아의 활발한 움직임 역시 잠을 깨울 수 있다. 속쓰림, 다리 경련, 코 막힘 등 여러 증상들도 임신후기 잠을 방해하는 원인이다. 곧 태어날 아기를 생각하며 기대, 흥분 또는 걱정을 하는 것은 자연스러운 일이다. 아마 아기의 건강과 아기가 태어난 후 변할 자신의 삶이 걱정될 것이다. 그런데 이러한 감정들은 임신부의 몸과 마음을 불편하게 하기 때문에 아기와 출산에 대한 생생한 꿈을 자주 꾸게 될 수 있다. 그리고 이것이 불면증의 원인이 되기도 한다. 비록 불면증 때문에 괴로울 수는 있지만 이것이 태아에게 해롭지는 않을 것이다.

예방 및 관리

수면 부족에 대해서 걱정하는 것은 단지 그 문제를 가중시킬 뿐이다. 만약 잠들기가 어렵거나 숙면을 취하는 것이 힘들다면 걱정하기보다는 다음과 같이 하는 것이 도움이 될 것이다.

- 잠들기 전에 몸과 마음을 진정시킨다. 따뜻한 물로 샤워를 하거나 이완운동을 한다. 남편에게 마사지를 부탁할 수도 있다.
- 침실이 수면을 취하기에 적당한 온도인지 그리고 충분히 어둡고 조용한지를 확인한다.
- 저녁에는 수분을 섭취하지 않는다.
- 규칙적으로 운동을 하되 너무 과하게는 하지 않는다.
- 임신후기에 잠을 잘 잘 수 있는 가장 좋은 자세는 옆으로 누워서 다리와

무릎을 구부리는 것이다. 옆으로 눕게 되면 대정맥에 가해지는 압력을 줄여 다리와 발에서 심장으로 혈액이 이동하기 쉬워진다. 또한 이 자세는 아래쪽 등에 가해지는 압박도 줄일 수 있다. 베개를 이용해 하나는 복부를 지지하고 또 다른 하나는 허벅지를 받치도록 한다. 또한 등을 받치는 데 베개더미나 돌돌 말린 담요를 받쳐둘 수도 있다. 이것은 누워 있는 동안 둔부에 가해지는 압력을 줄이는 데 도움이 될 것이다.

- 잠들지 못하고 깨어 있는 상태로 누워 있지 않는다. 일어나서 책을 읽고, 편지를 쓴다. 또는 조용한 음악을 듣거나 바느질을 하는 등 마음을 차분하게 하는 다른 활동을 한다.
- 가능하다면 부족한 잠을 보충하도록 짧은 낮잠을 자둔다.

의학적 치료가 필요한 경우

허브 치료를 포함하여 불면증 해소를 위해 사용되는 어떤 약도 임신 중 복용하는 것은 안전하지 않다. 여러 가지 걱정들로 인해 밤에 잠을 이루지 못한다면, 도움이 될 수 있는 이완운동을 담당 의사에게 배우거나 출산육아 교실에서 배운 명상기법을 사용해보도록 한다. 자신이 생각하기에 심각한 수면장애를 겪고 있는 것 같다면 담당 의사와 상의한다. 만약 악몽으로 인해서 잠을 이루지 못한다면 심리치료사나 상담사와 이야기한다.

지나친 두려움

임신초기, 중기, 후기

아기가 뭔가 잘못되면 어쩌지? 이것은 모든 예비 부모들이 가지고 있는 공통된 두려움일 것이다. 출산예정일이 점점 다가오면서 모든 부부들은 특히 아기의 건강상태에 대해 두려움을 갖게 된다. 또한 제 시간에 병원에 갈 수 없을까봐 또는 제왕절개 수술이나 낯선 사람들 앞에서의 노출 등 분만에 대한 여러 두려움 또한 갖게 된다.

물론 확실할 수 없는 것들에 대해 약간의 두려움을 느끼는 것은 당연한 일이다. 하지만 하루 종일 걱정하느라 생활을 방해받는다면 주의할 필요가 있다. 사실 어떤 아기들은 건강상 문제를 가지고 태어나거나 때로는 사망하기도 한다. 하지만 심각한 건강 문제나 사망은 낮은 작은 확률로, 일어날 가능성이 거의 없다.

예방 및 관리

자리에 앉아서 걱정거리들을 종이에 적어본다. 그리고 그것을 남편이나 분만을 도울 사람과 나눈다. 걱정거리를 이야기하는 것은 불필요한 심리적 부담을 덜어낼 수 있기 때문이다. 또한 전문가나 출산육아교실 또는 온라인상으로 만난 다른 예비 엄마들과 이야기를 나눌 수도 있다. 그렇게 함으로써 아마 걱정의 무게가 줄어들 것이다. 출산육아교실에서는 같은 걱정을 하고 있는 다른 부부들과 이야기할 수 있는 기회를 마련해주기도 한다. 강사 또한 출산에 대한 두려움을 줄이는 데 도움을 줄 것이다.

의학적 치료가 필요한 경우

걱정 때문에 일상생활, 특히 먹고 자기가 힘들다면 담당 의사에게 이야기하도록 한다. 만약 태아의 건강에 대해서 극도로 신경이 날카로워진 상태라면 의사는 초음파 검사나 다른 여러 검사를 통해서 태아의 상태를 확인시켜줄 것이다. 이러한 검사로 잠재적인 모든 문제들을 밝힐 수는 없지만 그래도 태아의 상태에 대해 많은 것들을 알 수 있을 것이다.

검사를 받고 의사의 확인까지 받고 나면 두려움이 약간 가시고 자신과 태아를 계속해서 돌볼 수 있을 것이다. 만약 두려움이 전혀 가시지 않는다면 담당 의사는 정신과 상담을 권할 수도 있다.

가려움증

임신중기, 후기

아마도 당신은 임신을 하면 체중이 증가하고, 쉽게 피로를 느끼게 될 것이라는 생각을 임신 전에도 해봤을 것이다. 하지만 가려움에 대해서는 생각해보지 못했을 것이다. 임신한 여성의 약 1/5이 가려움증을 겪는다. 가려움은 복부 또는 온몸에 나타나는데, 붉은 반점이 생기고, 피부껍질이 쉽게 벗겨진다. 일반적인 가려움증은 보통 출산 직후 사라진다.

또한 임신기간에는 임신성소양두드러기 구진과 반점(PUPPP)이라 불리는 피부문제가 흔히 나타난다. 이것의 증상은 구진과 반점이라 불리는 가려운 돌기가 복부, 허벅지, 팔 등에 발생하는 것이다.

드물지만 어떤 여성들은 임신성담습울체 때문에 가려움을 겪기도 한다. 이 병은 간이 담즙을 원래 속도보다 느리게 처리해 생기는 것으로, 피부에 담즙이 쌓여 극심한 가려움증을 유발한다.

예방 및 관리

긁는 것이 가려움을 줄이는 가장 좋은 방법은 아니다. 다음과 같이 해본다.

- 로션, 크림 오일 등으로 피부에 수분을 공급한다.
- 솜과 같이 자연섬유로 만들어진 헐렁한 옷을 입는다.

- 오트밀 성분이 포함된 입욕제를 사용한다.

- 더우면 가려움증이 심해질 수 있으므로 몸을 너무 덥게 만들지 않는다.

의학적 치료가 필요한 경우

위에서 말한 자가관리법으로도 가려움증이 줄어들지 않는다면 담당 의사가 약을 처방해주거나 도움이 될 만한 다른 치료 방법을 알려줄 수 있다. 임신성 소양두드러기 구진과 반점(PUPPP)은 처방 약을 통해서 치료가 될 수 있다. 임신후기에 심각한 가려움증이 발생한다면 담당 의사는 간 기능을 검사하기 위해 혈액 검사를 실시할 것이다. 임신성담즙울체가 심한 가려움증을 유발할 수 있기 때문이다. 또한 매우 드물긴 하지만 이것은 구토, 식욕 부진, 피로 등을 일으키기도 한다. 그러나 출산 직후 이 문제는 곧 사라진다.

유당 과민증(락토오스 알레르기)

임신초기, 중기, 후기

흔히 임신부들은 우유를 많이 마셔야 한다는 이야기를 듣는다. 하지만 이 조언은 우유나 유제품을 피해야 하는 유당 분해효소 결핍증이 있는 사람들에게는 적절치 않을 수 있다. 유당 과민증이 있는 사람들은 우유에 포함되어 있는 당 성분인 유당을 소화하는 데 문제를 겪는데, 그 이유는 유당 분해효소인 락타아제가 부족하기 때문이다.

미국 백인 성인 인구 중 약 15퍼센트, 흑인 성인, 미국 원주민, 아시아계 미국인 인구 중에서는 75퍼센트에 해당되는 사람들이 유당 과민증을 겪는다. 증상은 묽은 대변, 설사, 복부 팽만감, 통증, 가스, 구토, 위와 창자에서 부글거리는 현상 등으로, 우유나 다른 유제품을 섭취했을 때 나타난다.많은 여성들은 임신기간 동안, 특히 개월 수가 늘어나면서 유당 소화 능력이 커진다. 따라서 평소에 유당 과민증이 있었더라도 임신 중에는 성가신 증상 없이 우유나 유제품을 섭취할 수 있다.

유당 과민증이 있는 사람들은 종종 유제품의 섭취를 피하기 때문에 음식을 통해서 충분한 칼슘을 섭취하기가 어려울 수 있다. 미국 의학회에 의하면 임신 여성을 포함한 19세 이상의 여성들은 하루에 1000mg 이상의 칼슘을, 19세 미만 임신한 여성이라면 하루에 1300mg의 칼슘을 섭취해야 한다고 한다. 그런데 칼슘이 가장 풍부하게 포함되어 있는 우유나 유제품을 먹지 않는다면 이와 같은 칼슘 섭취 요구량을 충족시키기 매우 어려울 수 있다.

예방 및 관리

유당 과민증이 있거나 우유 또는 다른 유제품을 원래 싫어한다면 다른 음식을 통해서 부족한 칼슘을 보충해야만 한다. 다음과 같이 해본다.

- 유당 과민증을 가지고 있더라도 대부분의 사람들은 식사를 하면서 마시는 한 컵 정도의 우유에는 증상이 나타나지 않을 수 있다. 한 컵도 문제가 된다면 양을 반으로 줄여서 하루에 두 번 우유를 마시도록 한다.
- 유당이 없거나 유당의 함유량이 적은 우유, 치즈, 요구르트를 먹는다.
- 요구르트와 치즈 같은 발효식품은 일반적인 우유보다 먹기가 쉬울 수 있다. 요구르트 속의 유당은 요구르트에 있는 활성 박테리아에 의해 이미 부분적으로 소화되었기 때문이다.
- 락트에이드*Lactaid*와 락트레이스*Lactrase*와 같이 락타아제 효소가 함유된 약을 복용하면 유당 소화에 도움이 될 것이다. 그러나 모든 사람들에게 효과가 있는 것은 아니다.

- 뼈째 먹는 정어리와 연어, 두부, 브로콜리, 시금치, 칼슘 강화 주스와 식품
  등 칼슘이 풍부한 여러 음식들을 먹도록 한다.

의학적 치료가 필요한 경우

유당 과민증이 있다고 해서 반드시 치료할 필요는 없다. 하지만 칼슘을 충
분히 섭취하지 못할 것이 염려된다면 담당 의사와 상의하도록 한다. 여러
가지 칼슘 보조제를 이용할 수 있을 것이다.

다리 경련

임신중기, 후기

임신 4개월 이후에는 아래쪽 다리 근육에 경련이 꽤 흔히 나타난다. 특히 밤
중에 자주 나타나 수면을 방해할 것이다. 다리 경련을 일으키는 정확한 원
인은 알려져 있지 않지만 아마도 심장으로 되돌아가는 혈액의 이동 속도 감
소, 피로, 자궁이 다리 신경에 가하는 압박 등이 원인인 것으로 여겨진다.

예방 및 관리

다음은 다리 경련, 종아리 근육 당김 등의 증상을
줄이는 몇 가지 요령이다.

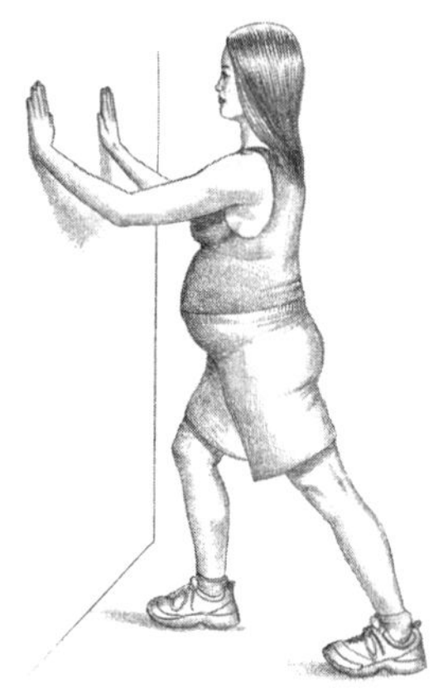

- 아픈 쪽 다리를 쭉 편다. 그리고 무릎을 곧게
  편 다음 발을 위쪽으로 부드럽게 구부려 본다.
- 걷는다. 처음에는 불편하겠지만 경련 증상이
  나아지는 데 도움이 될 것이다.

- 특히 잠들기 전에 종아리 근육을 펴는 운동을 한다.
- 하루 종일 많은 시간 서 있어야 한다면 압박 스타킹을 신는다.
- 오랜 기간 앉아 있거나 서 있을 때는 자주 휴식을 취한다.
- 부분적으로 열찜질을 한다.
- 종아리를 마사지 한다.
- 베개나 소파의 팔걸이에 다리를 올리고 휴식을 취한다.
- 굽이 낮은 신발을 신는다.

의학적 치료가 필요한 경우

만약 다리 경련이 지속된다면 담당 의사를 찾아가도록 한다. 혈액순환 장애일 수도 있기 때문이다. 피부가 붉어지고 부어오르며 통증이 증가하거나 혈액응고 장애 또는 정맥에 혈액응고와 염증이 발생하는 혈병정맥염과 같은 병을 앓았던 적이 있다면 담당 의사에게 반드시 알리도록 한다.

하강감(lightening)

임신후기

임신부는 아마도 출산예정일이 다가올수록 아기가 골반 아래로 내려오는 것을 느낄 것이다. 아기의 머리가 골반으로 내려오는 이러한 현상을 일반적으로 하강감이라고 표현한다. 아기가 골반으로 내려오게 되면 그 동안 횡격막과 위에 가해지던 압박이 줄어들기 때문에 임신부는 아마 몸이 가벼워지는 것을 느낄 수 있을 것이다.

또한 숨쉬기도 한결 편안해지고, 소화 역시 더 쉬워진다. 이와 동시에 방광으로 가해지는 압박은 증가하기 때문에 아마도 더욱 자주 소변이 보고 싶을 것이다. 만약 첫 출산이라면 분만이 시작되기 몇 주 전에 하강감이 발생할 수 있다. 반면에 출산 경험이 있는 경우라면 보통 분만이 시작되기 전까지 하강감이 느껴지지 않는다.

하강감이 느껴지면 복부가 아래로 처지면서 앞으로 나오게 된다. 그 변화는 주변 사람들이 알아채고 얘기해줄 정도일 수도 있고 또는 임신부 자신조차 전혀 모를 정도일 수도 있다. 일부 여성들은 골반과 서혜부에 통증이나 압박을 느끼기도 한다. 태아의 머리가 골반 바닥을 누르게 되면 임신부는 질이나 회음부에 찌르는 것 같은 통증을 느끼기기도 한다.

의학적 치료가 필요한 경우

하강감이란 출산을 준비하면서 태아의 머리가 골반 윗부분으로 내려왔음을 알려주는 신호이다. 임신 마지막 주가 되면 담당 의사는 하강감 여부를 살피기 위해 임신부에게 검사를 실시할 수 있다. 하강감이 발생한 후 해야 할 일은 출산을 준비하는 것 외에는 아무것도 없다. 만약 아기가 골반 아래로 내려오고 규칙적인 수축과 같은 분만의 시작을 알리는 신호가 나타나면 담당 의사에게 연락하도록 한다(p607 '자궁수축' 을 참고하시오).

임신선

임신초기, 중기, 후기

복부에서 골반까지 있는 선으로 평소에는 거의 눈에 띠지 않아 '백색선(linea alba)' 이라 불리다가 임신을 하게 되면 그 색이 짙어지는 선이 있는데, 그것을 '흑선(linea nigra)' 또는 임신선이라고 부른다. 임신 중에 나타나는 다양한 변화들과 마찬가지로 피부가 검어지는 것 또한 호르몬의 영향으로 몸이 색소를 더 분비하기 때문에 일어난다. 임신선을 예방할 수는 없으나 출산 후에 곧 희미해질 것이다(p687 '피부 변화' 를 참고하시오).

임신마스크

임신초기, 중기, 후기

임신부들의 절반 이상이 얼굴에 경미한 색소침착을 겪는다. 흔히 임신 마스크라고 불리는 이 갈색 침착은 갈색반 또는 기미로도 알려져 있다. 이것은 임신한 여성 누구에게라도 나타날 수 있지만 검은 머리와 흰 피부를 가진 여성일수록 더욱 잘 발생한다. 기미는 일반적으로 얼굴 중 자외선에 많이 노출되는 부위인 이마, 관자놀이, 볼, 턱, 코, 윗입술 등에 나타나며, 얼굴 양쪽에 대칭적으로 나타나는 경향이 있다.

기미는 햇빛이나 자외선을 방출하는 것들에 의해 상태가 악화된다. 보통 출산 후에는 완전히는 아니지만 어느 정도 희미해지나 다시 임신을 하면 재발할 수도 있다.

예방 및 관리

햇빛에 피부를 노출시키면 색소침착 현상이 악화되므로 햇빛을 너무 많이 쪼이지 않도록 한다.

- 야외에 나갈 때에는 날씨가 맑거나 흐림에 상관없이 항상 자외선 차단제(SPF 15이상)로 햇빛을 막는다. 날씨가 흐리더라도 자외선이 피부에 닿을 수 있음을 기억한다.
- 햇빛이 가장 강한 오후 시간에는 외출을 삼간다.

- 넓은 챙이 달린 모자를 써서 얼굴에 그늘을 만든다.
- 기미가 심각하다면 화장을 하는 것이 도움이 될 것이다.

의학적 치료가 필요한 경우

피부를 창백하게 만드는 크림이나 약품은 바르지 않는다. 색소침착 정도가 심각하다면 담당 의사나 피부과 의사가 증상에 도움이 되는 의약용 연고를 처방해줄 것이다. 출산 후에도 기미가 사라지지 않고 남아있다면, 피부과 의사와 상담하도록 한다. 의사는 아마도 의약용 크림이나 연고 또는 필링 *peeling* 을 권할 것이다.

의약품

임신초기, 중기, 후기

임신한 여성 역시 보통 사람들이 겪을 수 있는 여러 질병들에 노출되어 있다. 또한 임신 자체가 치료가 필요한 증상을 유발하기도 한다. 그러나 많은 여성들은 임신 중에 약을 복용하는 것을 두려워한다. 그렇다면 모든 약들을 피해야만 하는 것일까? 또는 어떤 약들은 안전할까? 복용하고 있던 약이 있었다면 계속 복용해도 될까?

일반적으로 임신 중에는 약물을 신중하게 사용하거나 복용하지 않는 것이 가장 좋다. 일부 약물은 임신초기에 자연유산을 일으키거나 성장하는 태아에게 해로울 수 있다.

예를 들어 약물 복용은 태아에게 선천적 기형을 발생키는 원인의 2퍼센트를 차지하는 것으로 알려져 있다. 임신 중에 복용해도 완전히 안전한 약은 찾아보기 힘들다. 하지만 복용 효과에 비해 위험성이 작거나 거의 알려지지 않은 비교적 안전한 약들은 많이 있다. 처방약이든 일반 의약품이든 간에 복용 전에는 건강상태와 필요에 따라 담당 의사의 확인을 받아야 한다. 물론 약사 또한 일반적인 안내사항은 제시할 수 있다.

만약 정기적으로 약을 복용해야 하는 상황이거나 임신 전부터 지속적으로 약을 복용해 왔다면 담당 의사는 약을 계속 복용하는 것과 복용 중단 또는 위험이 적은 다른 약으로의 교체 중 어느 것이 가장 안전한지 결정할 것이다. 임신 전 건강을 위해 반드시 필요한 약이었다면 임신 동안에도 필요할 것이다. 가장 좋은 것은 임신을 계획할 때 미리 약 복용에 대한 계획을 세우는 것이다. 다음은 흔히 사용되는 약물 중 임신한 여성에게 위험할 수 있는 것들에 대한 안내이다.

여드름 치료약

담당 의사의 허락 없이 어떠한 여드름 치료제도 복용해서는 안 된다. 일부 여드름 치료제들은 태아에게 유해할 수 있다. 그것들은 다음과 같다.

• 이소트레티노인(Isotretinoin, Accutane) : 이것은 경구용 여드름 치료제로 뇌수종, 심장기형, 귀 결손 등 태아의 선천적 기형을 유발하는 것으로 알려져 있다. 임신을 계획하기 최소 3개월 전부터 복용을 중단해야 한다.

• 호르몬 치료 : 에스트로겐, 항안드로겐 스피로노락톤*spironolactone*, 플루타미드*flutamide*와 같은 성분이 포함된 호르몬들이 때로는 여드름 치료를 위해서 사용된다. 하지만 임신기간에는 사용해서는 안 된다.

• 테트라시클린*tetracyclines* : 이러한 항생제는 여드름 치료를 위해 종종 사

용된다. 그러나 이것은 엄마에게는 심각한 간질환을 유발할 수 있을 뿐 아니라 태아의 뼈 성장 속도를 늦추고 치아를 변색시킨다. 따라서 임신 중에는 절대로 사용해서는 안 된다(p578 '여드름' 을 참고하시오).

알레르기 치료약

항히스타민제, 충혈완화제, 비강 스프레이, 알레르기 예방 주사와 같은 것들이 알레르기 치료제로 사용된다. 임신 중에는 담당 의사가 추천하지 않는 한, 대부분의 항히스타민제와 충혈완화제는 피해야 한다. 담당 의사는 태아에게 발생할 수 있는 위험을 최소화할 수 있는 약을 선택하도록 도와줄 것이다. 스테로이드성 또는 비스테로이드 성 비강 스프레이 모두 일반적으로 임신 기간 동안 사용해도 안전하다. 물론 사용할 때는 담당 의사의 지시에 따른다. 대부분의 전문의들은 임신 중에 알레르기 주사를 맞게 하지 않지만 임신 전에 알레르기 주사를 맞은 경험이 있다면 임신 중에 또 맞아도 안전하다(p580 '알레르기' 를 참고하시오).

제산제와 항산화제

일반적으로 제산제 자체는 안전하지만 다소 부작용이 발생할 수도 있다. 우선 제산제의 일반적인 구성 성분인 나트륨은 몸속 수분 함유를 높여 부기를 악화시킬 수 있으며, 그 밖에 설사와 변비도 일으킬 수 있다. 한편 제산제는 다른 약과 비타민의 흡수력을 떨어뜨리기 때문에 다른 약과 비타민을 복용한 후 적어도 1시간 후에 복용하도록 한다.

히스타민(H-2) 차단제와 PPI(proton pump inhibitors, 위궤양 치료제-옮긴이)와 같은 항산화제는 담당 의사의 지시를 따른다면 복용해도 안전한 것으로 알려져 있다. 히스타민 차단제에는 시메티딘(cimetidine, Tagamet), 파모티딘

(famotidine, Pepcid), 라니티딘(ranitidine, Zantac) 과 같은 성분들이 포함되어 있고, PPI에는 에소메프라졸 마그네슘(esomeprazole magnesium, Nexium)과 오메프라졸(omeprazole, Prilosec) 성분이 포함되어 있다(p633 '속쓰림' 을 참고하시오).

항생제

부비동 감염, 패혈성 인두염, 등과 같은 박테리아성 감염 증상이 나타나면 담당 의사는 산모에게 항생제를 처방할 것이다. 페니실린을 포함한 대부분의 항생제는 임신 중에 복용해도 안전하지만 예외 역시 존재한다. 그러므로 항생제를 처방받을 때는 자신의 임신 사실을 항상 의사에게 주지시켜야 한다.

항응고제

혈액응고 방지제는 혈액의 응고력을 줄이고, 혈관에 형성되는 유해한 혈병 발생을 예방한다.

• 헤파린*heparin* : 헤파린은 치료가 필요한 임신부에게 쓰는 약으로 유전적으로 혈액응고 문제를 가지고 있거나 임신 중에 혈액응고가 발생할 위험이 큰 임신부들에게 처방된다.

헤파린은 태반을 통과하지 않기 때문에 임신 중에 사용하더라도 태아에게 유해하지 않다. 보통 주사를 통해서 투여되는데, 분만 중에는 과다 출혈이 발생할 수 있기 때문에 투여가 잠시 중단돼야 한다. 헤파린을 이용한 치료는 숙련된 산과전문 의사에게 받도록 한다.

• 저분자량 헤파린(low molecular weight heparins, LMWH) : 새롭게 출시

된 '낮은 분자량을 가지고 있는 헤파린' 역시 임신부가 복용해도 안전하며 몇 가지 장점도 가지고 있다. 대신 매우 비싸다.

• 와파린*warfarin* : 와파린 역시 혈액응고를 막는 약물이지만 태아에게 선천적 장애가 나타날 수 있다는 위험 때문에 임신부에게는 복용이 금지되어 있다.

만약 혈병이 있거나 혈병이 발생할 위험이 높다면 담당 의사는 임신부에게 맞는 가장 좋은 치료 방법을 결정할 것이다.

항우울제와 신경안정제

우울함, 걱정, 그 밖의 심리적 문제 때문에 약을 복용하는 여성들은 임신기간 동안 약을 바꿔야 할지도 모른다. 임신 전에 항우울제를 복용했거나 기타 정신과 치료를 위한 약을 복용했다면 담당 의사에게 계속 복용해도 좋을지 묻도록 한다. 다음은 위 증상에 사용되는 약들이다.

• 삼환계 항우울제 : 임신 중에 이와 같은 계통의 약물 사용은 문제를 일으킬 수 있다. 보다 효과가 좋은 약이 많이 출시되었기 때문에 임신 중 이런 계통의 약물 복용을 필요로 하는 경우는 거의 없다.

• 선택적 세로토닌 재흡수 억제제(SSRIs) : 여러 연구들에 의하면 플루옥세틴(fluoxetine, Prozac / Sarafem), 서트랄린(sertraline, Zoloft) , 파록세틴(paroxetine, Paxil) 성분을 임신 중 복용하는 것이 태아의 선천적 장애 위험을 증가시킨다는 증거는 없다.

하지만 이러한 약물 성분들이 아기의 행동발달에 어떠한 영향을 미칠지에 대해서도 알려져 있지 않다. 이 약들은 대개 심각한 우울증세를 가지고 있는 경우에만 계속 사용될 수 있다.

• 기타 항우울제 : 부프로피온(Bupropion, Wellbutrin) 이 태아에게 선천적 결손을 일으킨다고 알려져 있진 않다. 하지만 임신기간 동안 이 약에 노출 되었을 경우 아이에게 그리고 그 아이가 나중에 성인이 되었을 때 어떤 영향을 끼칠지도 알려져 있지 않다. 부프로피온은 또한 자이반*Zyban*이라는 이름의 금연 보조제로도 팔린다.

• 신경안정제 : 리튬(Lithium, Lithobid), 발프로익 산(valproic acid, Depakene) 그리고 카바마제핀(carbamazepine, Tegretol) 과 같은 성분들이 양극성 장애 (bipolar disorder) 치료제로 사용된다. 그러나 임신 중에 복용할 경우 태아에게 해로운 영향을 끼칠 수 있다.

만약 이 중 어떠한 약이라도 복용을 하고 있는 상태에서, 임신을 원한다면 먼저 담당 의사나 산과 전문의를 찾아가 발생 가능한 위험과 이점에 대해 이야기를 나눈다. 리튬과 발프로익 산은 태아의 선천적 기형과 강한 관련이 있다.

감기 치료제

일반적인 감기 증상을 치료하기 위한 수십 가지의 충혈완화제, 감기 시럽, 비강 스프레이 등을 비롯한 다양한 종류의 감기약이 시중에 유통되고 있다. 이 약 중 대부분은 임신 중 복용할 경우 약간의 문제를 일으킬 수 있다. 이 약들은 감기 증상을 완화하는 것이지 감기를 치료하거나 발병 기간을 줄이지는 못한다.

그러므로 임신을 했을 때 감기를 치료하기 위한 가장 좋은 방법은 충분한 휴식을 취하고, 수분을 섭취하는 것이다. 담당의사는 임신 중에 감기 발생을 최소화하기 위한 여러 방법들을 알려줄 것이다(p602 '감기' 를 참고하시오).

변비약

임신 중에는 흔히 변비 증상이 악화된다. 일반의약품인 변비약은 보통 안전하지만 그래도 담당 의사의 추천을 받는 것이 좋다. 변비약의 과다 복용은 설사를 유발하며 의존도를 높일 수 있다. 따라서 변비는 치료보다는 예방이 최선이다(p605 '변비' 를 참고하시오).

진통제

• 아세트아미토펜*acetaminophen* : 이것은 아스피린 성분이 포함되지 않은 약으로 타이레놀을 비롯한 다양한 제품명으로 시중에 유통되고 있다. 복용량을 준수한다면 임신 중에 복용해도 안전한 것으로 여겨진다. 이것은 진통을 줄여줄 뿐 아니라 열을 낮추기도 있다.

• 아스피린*aspirin* : 특별히 담당 의사가 권하지 않는 이상 임신 했을 때는 아스피린의 복용을 피하도록 한다. 엄마의 아스피린을 복용은 태아의 선천적 장애와 임신부와 태아 출혈 문제와 다소 관련이 있다.

• 이부프로펜과 비스테로이드성 소염진통제(NSAIDs) : 이부프로펜(Advil / Motrin)등 , 인도메타신(indomethacin, Indocin), 카토프로판(katoprofen, Orudis) 그리고 기타 비스테로이드성 소염진통제는 태아에게 위험할 수 있으므로 반드시 내과 의사의 지시 없이 복용해서는 안 된다.

• 나르코틱 : 일부 진통제에는 코데인codeine이나 옥시코돈oxycodone과 같은 나르코틱 성분과 아세타미노펜이 조합돼 있다. 이러한 약의 제품명으로는 타이레놀, 코데인Codeine, 다르보세트Darvocet, 비코딘Vicodin, 페르코세트ercocet 등이 있다. 옥시코돈 성분이 포함된 의약품은 태아에게 선천적 장애를 발생시키지는 않지만 중독성이 강해 금단 증상을 일으킬 수 있고, 분만 전 마지막 주에 복용했을 경우 아기에게 다른 문제를 일으킬 수 있다. 이러한 약들은 위와 같이 잠재적 중독성을 가지고 있기 때문에 암이 아닌 만성통증에 사용하는 것으로는 결코 적합하지 않다.

진통을 줄이기 위해서 약물을 복용하지 않고 다른 대체 방법을 사용할 수도 있다. 예를 들어 두통이 생길 경우 빛을 피하고 머리에 얼음 팩을 올려둔 채 쉬도록 한다. 또한 관절염으로 인해 근육이 시리고 쑤신다면 따뜻한 물로 목욕을 하거나 마사지를 한다. 그 밖의 다른 증상들을 치료하기 위해 사용되는 약들에 대해 보다 자세히 알고 싶다면 p631 '두통', p638 '허브 치료', p662 '입덧' 부분을 참고한다.

심한 감정 기복

임신초기, 중기, 후기

임신부는 기쁨에 들떠 있다가도 몇 분 후에는 울고 싶어질 수 있다. 특히 임신초기와 임신후기가 끝날 무렵 감정 기복이 커지는 것은 흔한 일로 기쁨과 즐거움에 넘치다가도 갑자기 지치고, 짜증나면서 우울해지거나 눈물이 날 것이다. 만약 임신 전에 전형적인 생리증후군을 경험해왔다면 임신 중에는 이와 같은 감정 기복이 더욱 심해질 것이다.

그렇다면 무엇이 이런 감정상태를 유발하는 것일까? 일부는 입덧, 빈뇨, 몸이 붓는 현상, 요통 등과 같이 임신과 관련한 불편함 때문에 숙면을 취하지 못하는 것과 관련 있을 것이다. 피곤함, 수면 패턴의 변화, 새로운 신체적 감각들 모두가 기분에 영향을 끼칠 수 있다. 또한 특히 임신초기에는 여러 가지 신체적 변화에 적응하게 된다. 이러한 피로와 불편함은 감정적인 스트레스로 다가오게 되고, 이로 인해 우울해진 기분은 다시 신체적인 감각에도 영향을 미치며 악순환을 하게 된다.

호르몬 분비의 변화와 신진 대사의 변화 또한 감정에 영향을 미칠 수 있다. 프로게스테론, 에스트로겐 그리고 다른 호르몬들의 계속되는 변화는 생리 전 또는 출산 후 많은 여성들이 느끼는 우울증과 관련이 있다. 따라서 이러한 호르몬 변화들이 임신 중 감정 변화에도 영향을 끼칠 수 있다.

또한 임신은 삶에 여러 가지 새로운 스트레스를 불러온다. 생활습관의 변화에 대한 적응과 새로운 책임에 대한 준비가 매일 매일의 기분을 달라지게 할 것이다. 그리고 아기의 건강과 좋은 부모가 되기 위한 걱정뿐만 아니라 경제적인 부담 역시 또 다른 스트레스로 다가올 것이다.

임신은 신체, 관계 그리고 삶의 많은 요소들에 중요한 영향을 끼친다. 따라서 이 때에는 배우자, 가족, 고용주, 사회의 도움이 필요하다. 하지만 불행히도 그러한 도움이 항상 존재하는 것은 아니다.

임신 중 감정이 자주 변하는 것은 일반적인 현상이며, 대개는 걱정할 필요가 없다. 하지만 감정 기복이 스트레스 조절을 더 어렵게 만들 수 있다. 또한 감당할 수 없을 만큼 스트레스가 쌓일 경우 피로, 불면증, 신경과민, 식욕 부진 또는 과식, 두통, 요통 등의 문제가 나타날 수 있으며, 스트레스가 오랜 시간 지속되면 건강에도 심각한 문제를 초래할 수 있다.

그러나 스트레스를 잘 조절할 수 있다면 약간의 스트레스정도는 임신부 자신과 태아의 건강에 큰 위협이 되지는 않을 것이다.

예방 및 관리

자신이 이런 감정을 느끼는 이유와 이런 감정 기복이 일시적이라는 사실을 아는 것만으로도 상황을 잘 이겨낼 수 있을 것이다. 또한 다음에 제시하는 건강한 습관 역시 심한 감정 기복을 예방하는데 도움이 될 수 있다.

- 항상 건강을 유지한다. 그러기 위해서는 영양분이 풍부한 음식을 충분히 섭취하고, 숙면을 취한다. 또한 음주를 하지 않고, 금연하며 규칙적으로 운동을 하는 것 역시 도움이 될 것이다. 특히 운동은 자연스럽게 스트레스를 해소시키며, 요통, 피로, 변비 예방에도 도움이 될 수 있다.
- 자신을 도와줄 수 있는 사람들을 찾아본다. 아마도 남편, 가족, 친구들이 도와줄 수 있을 것이다. 또한 이들은 감정적인 도움뿐 아니라 집안일도 도와줄 수 있을 것이다.
- 매일 충분한 휴식을 취할 시간을 갖는다. 명상, 상상요법(guided mental imagery), 점진적 근육이완(rogressive muscle relaxation) 등 몸과 마음을 편안하게 할 수 있는 방법들을 시도한다. 이러한 종류의 이완훈련은 종종 출산육아교실에서 배울 수 있다.
- 임신 전에 했던 모든 것들을 임신 후에도 똑같이 할 수 있다고 생각하지 않는다. 스트레스나 불편함이 될 것 같은 불필요한 활동들은 줄인다.

의학적 치료가 필요한 경우

일상생활에 지장을 줄 정도의 감정 기복은 일시적인 피로, 스트레스, 우울함의 도를 넘는 것이다. 만약 과도한 감정 기복이 2주 이상 지속된다면 이것은 우울증의 신호이다. 가벼운 우울증 증세는 임신한 여성들에게 아주 흔하다. 만약 계속해서 슬프고 우울하며, 자신이 가치 없다고 여겨지고, 먹고 자는 것에 문제가 있다고 느껴지며, 업무에 지장이 생기거나 평소에는 즐거웠던 일들도 그리 달갑지 않게 느껴진다면 우울증일 수 있다.

혼자서 감정 기복을 조절하기가 힘들거나 자신이 우울증인 것 같다면 담당 의사를 찾아가 그에 대해 이야기해야 한다. 우울증은 패혈성인두염 만큼이나 다스리기가 어려운 심각한 질병이다. 임신 중에 나타난 우울증은 상담, 심리치료, 약물 또는 이것들의 조합을 통해 치료될 수 있다. 만약 우울증 증세가 나타나면 반드시 도움을 청하도록 한다.

입덧

임신초기

입덧은 임신초기에 나타나는 대표적인 증상이다. 임신부들 대부분(최대 70퍼센트 이상)이 구역질과 구토를 경험한다. 이것들은 흔히 입덧(morning sickness)으로 알려져 있지만 하루 중 언제라도 발생할 수 있으므로 다소 오해의 소지가 있는 이름이다.

일반적으로 임신 후 4~8주에 처음 시작되고 임신 13~14주가 지나면 증상이 가라앉는다. 하지만 일부 임신부들은 임신 3개월이 지나서도 입덧으로 고생하기도 한다. 입덧은 첫 임신이고, 임신부가 젊을수록 그리고 다태아를 임신했을 경우에 좀 더 심해질 수 있다.

입덧의 원인이 정확히 밝혀지진 않았지만 아마도 위 근육의 이완이 원인의 하나로 여겨진다. 임신을 하게 되면 호르몬 분비의 영향으로 위를 비우는 데 다소 시간이 걸리기 때문이다. 또 다른 원인으로는 태반과 태아에 의한 에스트로겐 호르몬 수치의 급속한 증가가 있다. 이외에 감정적인 스트레스, 피로, 여행, 일부 음식들이 입덧을 악화시키기도 한다.

입덧이 꽤 고통스러운 일일 수 있지만 탈수나 급격한 체중 감소와 같은 심각한 문제를 초래하는 일은 드물다. 또한 입덧은 태아에게 아무런 영향도 미치지 않으며,입덧이 아기가 아프다는 뜻도 아니다. 사실 대부분의 입덧은 임신이 잘 진행되고 있다는 신호이다.

예방 및 관리

• 식습관 : 위를 완전히 비우거나 채우지 않고, 약간의 음식을 위에 남겨 둠으로써 입덧 증상을 줄일 수 있다. 다음은 입덧을 예방 또는 완화할 수 있는 그 밖의 식습관이다.

- 자주, 적은 양의 식사나 간식을 먹는다.
- 아침에 일어나기 전에 과자 약간 또는 구운 빵 한 조각을 먹는다. 음식이 소화될 수 있도록 시간을 두고 천천히 일어난다.
- 잠들기 전, 일어났을 때, 밤중에 일어날 때 약간의 과자를 먹는다.
- 입덧을 일으키는 음식을 먹거나 음식 냄새를 맡는 일을 피한다.
- 식사를 할 때는 물을 조금만 마신다.
- 흰밥, 말려서 구운 빵, 구운 감자 등 탄수화물을 보나 많이 섭취한다.
- 저지방의 부드러운 음식이나 땅콩버터와 사과조각, 땅콩, 치즈, 크래커, 우유, 요구르트를 함께 먹는 등 단백질이 풍부한 음식을 먹는다. 젤리, 하드 아이스크림, 묽은 치킨 수프 등을 먹는 것도 좋다. 일부 여성들은 프레즐pretzel이나 레모네이드lemonade와 같이 짭짤하고 시큼한 음식을 먹는 것이 도움이 된다고 느낀다.
- 고지방, 고염분의 영양가가 낮은 음식 또는 기름지고, 매운 음식은 피한다.
- 딱딱한 사탕을 녹여 먹는다.

- 입덧을 할 것 같을 때 생강이 포함된 음료를 마시는 것은 과학적으로 근거가 있는 방법이다. 여러 연구 결과에 따르면 생강은 입덧 증상을 완화하는 데 효과가 있으며, 부작용도 없다고 한다. 소다 음료, 차, 간식, 캡슐의 형태 등 여러 가지 방법으로 생강을 먹을 수 있다. 또는 생강 뿌리를 구입할 수도 있는데, 이용할 때는 생강 뿌리를 잘게 썰어서 끓인다. 5분 정도 우려 낸 뒤, 기호에 따라 꿀을 타서 마시면 된다.

• 생활 습관의 변화와 그 밖의 대체방법 : 다음과 같은 간단한 방법을 통해서 입덧을 줄일 수도 있다.

- 실내의 환기가 잘 이루어지도록 해서 음식 냄새, 담배 냄새 등 입덧을 유발할 수 있는 냄새가 공기 중에 남아있지 않도록 한다.
- 신선한 공기를 충분히 공급받도록 한다. 산책을 하거나 창문을 열어둔 채로 잠을 잔다.
- 휴식을 취한다. 임신초기에 느끼는 피로가 입덧을 악화시킬 수 있기 때문이다. 누워 있는 것 역시 도움이 될 수 있다.
- 일부 연구 결과에 의하면 지압을 하거나 침을 맞는 것도 입덧을 줄이는 데 도움이 된다고 한다. 지압이란 바늘이나 전기적 충격을 사용하지 않고 신체의 특정 부위를 자극하는 것을 말한다. 손목에 고무줄을 두르면 입덧에 효과가 있을 것이다. 이러한 팔찌는 손목 안에 있는 특정 부위를 지압하게 된다. 이러한 밴드는 배 멀미에도 사용되므로 여행사나 선박 가게에서도 구입할 수 있다.
- 철분 보충제가 입덧을 발생시키기도 한다. 엽산이 포함된 씹어 먹는 유아용 비타민 보조제로 바꾸는 것 역시 도움이 될 수 있다. 비타민제를 바꾸

기 전에는 담당 의사와 먼저 상의하도록 한다.

- 비타민 B-6 보충제를 복용해도 괜찮은지 담당 의사에게 먼저 조언을 구하도록 한다. 연구 결과에 다르면 비타민 B-6가 임신 중 구역질과 구토를 줄인다고 한다. 적정량은 25mg 씩 하루에 세 번 복용하는 것이다.

의학적 도움이 필요한 경우

드물긴 하지만 구역질과 구토가 심할 경우 충분한 영양분을 섭취하지 못해 체중이 정상적으로 증가하지 못할 수도 있다.

또한 심한 입덧이 지속되는 경우 드물지만 간질환이나 갑상선질환 같은 심각한 병이 원인일 수 있다.

다음과 같이 상황이 발생하면 담당 의사에게 알리도록 한다.

- 자가관리 방법을 동원해도 입덧이 나아지지 않을 때
- 혈액이나 커피색과 같은 물질을 토해낼 때
- 1kg 이상 체중이 감소힐 때
- 심각한 입덧이 계속될 때

입덧이 심할 경우 입덧을 다스리는 항구토제(antiemetics) 와 같은 치료약이 필요할 수 있다. 어떤 여성들은 일반의약품인 제산제나 멀미약 또는 항히스타민제 복용을 통해 입덧이 완화되는 것을 느끼기도 한다.

어떤 방법을 선택할지 담당 의사와 논의하는 것이 좋다(p667 '하루 종일 지속되는 입덧' 을 참고하시오).

점액 분비

임신후기

출산예정일이 다가올수록 질의 점액 분비가 늘어날 것이다. 임신기간에는 자궁 안으로 박테리아나 병균이 침입하지 못하게 자궁경부에 걸쭉한 점액층이 덮인다. 분만 시점이 다가올수록 자궁경부가 얇아지고 이완하기 시작하면서 점액으로 이루어진 층이 느슨해진다. 그리고 걸쭉한 점액 분비량이 증가하게 되는 것이다. 때때로 점액으로 이루어진 마개는 걸쭉하고, 끈적거리며 혈액이 섞여 있는 채로 배출되기도 한다(p590 '혈성이슬' 을 참고하시오).

예방 및 관리

점액 분비는 임신 막바지에 발생하는 정상적인 과정 중 하나이다. 점액을 흡수시키려면 탐폰 같은 체내 삽입형 생리대보다는 일반 생리대를 사용하는 것이 좋다.

항상 음부 주변을 청결하게 하고 면으로 된 속옷을 입는다. 몸에 꽉 맞거나 나일론으로 만들어진 속옷은 피한다. 또한 음부 주변에 향수나 탈취 효과가 있는 비누를 사용하지 않도록 한다.

의학적 치료가 필요한 경우

만약 분비되는 점액이 고약한 냄새를 풍기고, 노란색이나 초록색을 띠며, 가려움증이나 따끔거림을 유발한다면 담당 의사에게 알리도록 한다. 왜냐하면 이러한 증상들은 감염을 알리는 것일 수 있기 때문이다.

또한 임신 35주 이전에 점액이 배출된다면 조산의 신호일 수 있으므로 자신의 상태를 담당 의사에게 자세히 설명하도록 한다.

하루 종일 지속되는 입덧

임신초기

아침, 점심, 심지어는 저녁 한밤중에도 입덧이 발생한다면 어떻게 해야 할까? 입덧(morning sickness)이 아침뿐 아니라 하루 종일 일어난다면 임신부는 무언가 잘못된 것이 아닌지 걱정할 수 있다. 하지만 실제로 입덧은 하루 중 언제라도 나타날 수 있다. 160명의 임신부를 대상으로 한 연구에 따르면 전체 단 2퍼센트 미만의 여성들이 아침에만 입덧을 했다고 한다. 나머지 대부분의 임신부들은 하루 종일 때를 가리지 않고 입덧을 경험했다. 그 밖의 다른 연구의 결과도 이와 비슷했다(p662 '입덧' , p714 '구토' 를 참고하시오).

의학적 치료가 필요한 경우

만약 입덧 때문에 음식이나 물을 제대로 섭취하지 못해 체중이 감소한다면 큰 문제가 될 수 있다. 심각한 입덧이 계속 된다면 담당 의사를 찾아간다.

복부 통증

임신중기

자궁이 확장되면 통증과 함께 복부가 당기거나 쓰라릴 수 있다. 임신 20주가 지나면서 복부 당김이 가장 심해지지만, 커지는 자궁에 맞춰 복부가 확장되면 당기는 통증은 점차 사라진다. 임신부는 똑바로 앉아있을 때 가장 불편함을 느낄 것이다. 복부를 따라 자리하고 있는 두 개의 큰 근육이 분리되고 늘어나는 것 또한 배꼽 주변에 통증을 일으킬 수 있다(p577 '근육 분리로 인한 복부 당김' 을 참고하시오).

관리

복부 주변의 당기는 증상을 줄이기 위해 손가락을 이용해서 원을 그리듯이 스스로 복부 마사지를 하거나 남편에게 마사지를 부탁하도록 한다. 배꼽 주변을 차갑거나 따뜻한 수건으로 찜질할 수도 있다. 만약 식욕 감퇴와 함께 복부 통증이 나타난다면 보다 심각한 문제일 수 있으므로 담당 의사에게 연락해서 상태를 알리도록 한다.

보금자리 본능(nesting instinct)

임신후기

출산예정일이 다가오면 컵 받침대를 씻고, 벽면을 닦으며 옷장을 정리할 뿐 아니라 쓰레기통을 비우고, 아기 옷가지를 정리하면서 아기 방을 꾸미고 있는 자신을 발견하게 될 것이다. 이처럼 아기가 태어나기 전에 집안을 청소하고 정리하면서 꾸미고 싶은 강렬한 욕구를 '보금자리 본능' 이라고 부르는데, 이는 보통 출산 전에 가장 강하게 느낀다.

이와 같이 주변 정리는 임신부가 출산 전에 성취감을 느끼게 할 뿐 아니라 출산 후 깨끗한 집으로 돌아올 수 있게 한다. 출산 후 건강을 회복하고, 아기와 보다 많은 시간을 보낼 수 있다는 점에서 미리 집안일을 해두고자 하는 욕구가 유용할 수 있다. 하지만 절대 지칠 정도로 지나치게 일을 해서는 안 된다. 분만이라는 어려운 일을 위해서는 상당한 에너지가 필요하기 때문이다.

집안 청소 시 유의사항

적당량의 청소 세제 사용이 태아의 선천적 장애를 일으킨다는 증거는 없다. 하지만 항상 제조업체가 지시한 주의사항을 잘 따르고, 임신 중에는 몇 배

더 조심하도록 한다. 표백제처럼 염소성분이 포함된 물질에는 절대 암모니아를 섞지 않는다. 왜냐하면 두 물질을 섞게 되면 독성 가스가 만들어지기 때문이다. 또한 청소를 할 때는 항상 장갑을 착용하고 강한 냄새도 직접적으로 들이마시지 않도록 한다(p670 '페인트칠'을 참고하시오).

유두 색소침착

임신중기

다른 부위의 피부와 마찬가지로 임신 중에는 유두 주변의 피부에도 색소가 침착된다. 피부 색소침착은 체내에 보다 많은 색소를 만들어내도록 하는 임신 호르몬 분비로 인해 나타난다. 색소침착은 피부가 태양빛에 그을린 것처럼 골고루 어두워지는 것이 아니기 때문에 종종 반점처럼 보인다. 대개 유두 주변과 다른 부위의 색소침착은 출산 후에 희미해지므로, 그 사이에 미백 제품은 사용하지 않도록 한다.

코피

임신초기, 중기, 후기

임신 전에는 코피를 흘린 적이 거의 없었던 여성도 임신기간 중에 코피를 흘리는 경우도 있다. 임신 중에는 체내에 많은 혈액이 흐르기 때문에 콧구멍을 따라 나 있는 얇은 혈관들이 약해져 파열되기 쉽기 때문이다.

예방 및 관리

• **코피를 멈추는 방법** : ① 똑바로 앉아서 머리를 위로 든다. 코의 부드러운

부분을 엄지와 검지를 이용해 잡는다. ②손가락으로 잡은 코 부분을 움직이지 않도록 하면서 부드럽게 얼굴 쪽으로 힘을 주어 누른다. ③5분 동안 같은 자세를 반복한다. ④혈액을 삼키지 않도록 몸을 약간 앞으로 숙이고 입으로 호흡하도록 한다. 얼린 젖은 수건이나 팩을 콧등을 가로질러 놓고 냉찜질을 한다.

• 코피를 예방하는 방법 : ①코를 잡을 때 너무 세게 잡지 말고 거즈로 코를 막지 않는다. ②건조한 공기는 코피가 잘 나게 한다. 그러므로 겨울철에는 가습기를 사용하는 것이 좋다.

의학적 치료가 필요한 경우

고혈압이 있거나 머리를 다친 후 코피가 났을 때, 또는 코피가 멈추지 않는 경우에는 담당 의사에게 연락하도록 한다.

페인트칠

임신초기, 중기, 후기

임신기간에는 집을 단장할 여유가 많이 생기게 된다. 페인트칠을 벗기고, 새로 칠하며, 벽지를 새로 바르고, 가구를 재배치하기로 결정했다면 임신부는 여러 가지를 조심해야 한다.

특히 임신초기 3개월 동안은 유성 페인트, 납, 수은(몇몇 라텍스 페인트에 존재), 기타 용해제(다른 물질들을 녹이는 데 사용되는 화학물질)로 쓰이는 물질에 노출되지 않도록 각별히 유의해야 한다.

이러한 화학물질들에 노출되면 자연유산이나 태아의 선천적 장애 위험이 증가할 수 있기 때문이다. 이러한 물질이 임신부에게 끼치는 위험성을 연구한 대부분의 연구는 직업상 페인트 냄새에 오래 노출된 여성들도 연구대상으로 삼았다. 페인트나 그와 유사한 화학물질에 잠깐 노출된 경우에는 태아에게 심각한 위험이 되지 않았다. 하지만 언제나 그렇듯이 항상 조심하는 것이 가장 좋다. 유해 물질에 노출되는 것을 최소화하기 위해서는 다음과 같이 하는 것이 좋다.

- 넓고 환기가 잘 되는 곳에서 작업한다.
- 장갑이나 마스크 등 보호 장비를 착용한다.
- 작업 공간에서 음식을 먹거나 음료를 마시지 않는다.
- 다른 사람에게 페인트칠을 부탁한다.
- 페인트 제품은 제조업체가 지정한 용도로만 사용한다. 예를 들어 야외용 페인트를 실내에서 사용하지 않도록 한다.

골반 통증

임신후기

임신 마지막 주가 되면 골반 부분에서 압박, 무거움, 찌르거나 당기는 것 같은 느낌이 들 것이다. 이것은 태아가 골반 아래로 내려가서 방광과 직장을 누르기 때문이다. 태아가 일부 정맥을 눌러 울혈을 만들 수도 있다. 뿐만 아니라 골반 뼈가 약간 바깥쪽으로 밀려나면서 통증이 더욱 심해지기도 한다. 하지만 임신 37주 이전에 골반에 통증이 느껴질 경우, 특히 골반이나 질 부분에서 허벅지 쪽으로 퍼지는 듯한 압력이 느껴지거나 태아가 아래로 내려오는 느낌이 든다면 이것은 조산을 알리는 신호일 수 있다.

예방 및 관리

임신 마지막 주에 골반의 압박이 느껴질 때 발을 위에 올려놓고 쉬면 다소 편안해질 것이다. 그리고 케겔 운동 또한 골반 통증을 줄이는 데 도움이 된다. 흐르는 소변을 참는 것처럼 몇 초 동안 질 근육을 꽉 조인 후 이완한다. 이것을 10회 반복한다.

의학적 치료가 필요한 경우

조산인 것 같다고 생각되면 담당 의사에게 바로 연락을 하거나 병원에 간다. 조산의 신호와 증상에는 골반의 압박 외에도 다음과 같은 것들이 있다.

- 아래쪽 복부에 일어나는 경련으로 생리통과 유사할 수 있다. 통증은 지속될 수도, 나타났다 사라질 수도 있다.
- 아래쪽 허리의 둔탁한 통증이 몸의 옆이나 앞 쪽으로 퍼지면서 자세를 계속 바꿔도 통증이 사라지지 않는다.
- 10분 또는 그보다 짧은 간격으로 자궁수축이 일어난다.
- 질을 통해서 맑은 분비물이나 분홍빛 또는 갈색의 분비물이 나올 때

이러한 증상들이 모두 나타나야 조산인 것은 아니다. 따라서 한 가지 증상이라도 나타나게 되면 바로 조치를 취하도록 한다. 담당 의사는 진찰실로 오도록 하거나 병원에 가게 할 것이다. 또는 한 시간 정도 시간을 두고 상태를 지켜보자고 할 수도 있다.

만약 증상이 더욱 악화되거나 한 시간이 지나도 사라지지 않는다면 담당 의사에게 다시 연락하거나 병원으로 가야 한다.

회음부 통증

임신후기

임신 마지막 달이 되어 태아가 골반강으로 내려오면 회음부, 즉 외음부와 항문 사이 주변에 나타나는 압박과 통증이 더욱 심해질 것이다. 하강감이라고도 불리는 이러한 증상은 태아의 일부분이, 즉 대개는 태아의 머리가 골반 윗부분에 들어와 있다는 것을 알려준다.

만약 첫 임신이라면 분만 몇 주 전에 하강감이 느껴질 것이다. 반면에 출산 경험이 있다면 대개 하강감은 분만 직전에 나타난다(p649 '하강감'을 참고하시오). 태아의 머리가 골반 바닥을 누르게 되면 회음부에 압박과 통증 뿐만 아니라 날카로운 통증도 느껴질 것이다.

예방 및 관리

케겔 운동은 회음부 근육을 강화하기 때문에 통증을 줄이는 데에 도움이 될 수 있다. 케겔 운동을 하는 방법은 흐르는 소변을 참는 것처럼 몇 초 동안 질 근육을 꽉 조인 후 이완하는 것이다. 10회 반복한다.

의학적 치료가 필요한 경우

임신 마지막 주가 되면 담당 의사는 태아의 머리가 골반에 진입해 있는지 확인하기 위해 몇가지 검사를 실시할 수 있다. 그리고 이 시기에 회음부 통증이나 압력이 더 커지고, 수축하거나 당기는 것 같은 느낌이 동반된다면 진통의 시작일 수 있다.

파마하기

임신초기, 중기, 후기

많은 여성들이 임신 중에 파마나 염색 또는 머리 손질을 위해서 화학 약품을 사용해도 안전한지 궁금해 한다. 그러나 현재까지 정확한 대답은 나와 있지 않다. 동물을 이용한 연구들은 화학 미용제품으로 인한 특정 위험이나 선천적 장애의 가능성을 밝혀내지 못했다. 하지만 사람을 대상으로 한 모발 손질용 화학약품이나 처리가 태아의 성장발달에 끼치는 영향을 조사한 연구는 거의 없다.

이렇듯 사람을 대상으로 연구는 아직 부족하기 때문에 일부 전문가들은 임신 3개월이 지날 때까지는 파마하는 것을 미루도록 권하고 있다. 그러나 출산 후에는 머리카락이 많이 빠지므로 임신후기에 파마를 하는 것은 그다지 효과적이지 않을 것이다.

발한

임신초기, 중기, 후기

태아가 발산하는 열을 제거하기 위해 분비되는 임신호르몬이 땀샘에 영향을 미쳐서 임신부는 땀을 많이 흘리게 된다. 임신 중에 증가된 땀으로 인해 땀띠가 더 많이 날 수 있다. 따라서 임신후기의 더운 여름은 아주 고생스러울 수 있다. 임신한 상태로 여름을 보내야 한다면 몸이 더워지는 것을 막기 위해 찬 음료를 마시고, 찬물에 샤워를 하면서 휴식을 취할 필요가 있다 (p716 '더운 느낌'을 참고하시오).

결막염

임신초기, 중기, 후기

결막염이란 결막에 감염이나 염증이 생긴 것을 말하는데, 이 때 결막이란 하얀 눈동자를 덮고 있는 눈꺼풀 안쪽의 예민하고 축축한 막을 말한다. 결막염에 걸리게 되면 눈이 충혈되며, 가렵고, 따끔거리고 이물감이 느껴지면서 눈물이 고인다. 성인의 경우 대개 바이러스나 박테리아 감염 때문에 결막염에 걸린다. 또한 알레르기, 화학 물질의 접촉, 콘택트렌즈(특히 눈을 넓게 덮는 렌즈)의 사용 때문에 그럴 수 있다. 그러나 임신 중 결막염이 태아에게 영향을 미치지는 않을 것이다.

신생아의 역시 태어나는 동안 박테리아에 노출이 된다면 결막염에 걸릴 수 있다. 분만 중 엄마의 질에서 나온 박테리아가 아기의 눈에 들어가 결막염을 일으킬 수 있는데, 대개 클라미디아나 임질 등과 같은 성병을 옮기는 박테리아에 의해 발생한다. 신생아 결막염은 눈 손상을 예방하고 시력을 보호하기 위해 발견 즉시 치료되어야만 한다.

안구 감염을 예방하기 위해서 신생아는 태어난 후 질산은 성분이 포함된 안약을 투여 받게 된다. 이로 인해 아기의 눈이 잠시 충혈될 수도 있다. 신생아의 안구 충혈은 태어난 후 6~12시간 후에 나타나며, 이틀 이내에 없어진다.

예방 및 관리

임신한 여성은 출산 전과 후에 신생아에게 영향을 미칠 수 있는 성병에 걸려 있지 않은지 확실히 확인해야 한다. 박테리아나 바이러스를 통한 결막염을 방지하기 위해서, 그리고 가족 중에 결막염에 걸린 사람이 있다면 다음의 주의사항을 따르도록 한다.

- 손으로 눈을 만지지 않는다.

- 손을 자주 씻는다.

- 수건, 베갯잇 등을 다른 사람들과 함께 사용하지 않는다. 이러한 용품들은
  자주 바꿔주고, 사용 후에는 뜨거운 물로 빤 뒤 살균소독 하도록 한다.

- 눈에 사용하는 화장품 용기와 도구들을 주기적으로 새것으로 교체한다.

- 콘택트렌즈를 적절히 관리 사용한다.

결막염에 의한 불편함을 완화하기 위해 따뜻한 물이나 차가운 물로 적신 깨끗한 천을 감은 눈 위에 올려놓는다. 따뜻한 물은 박테리아나 바이러스가 활동하기에 더욱 좋으므로 알레르기에 의한 결막염에 걸린 경우에는 냉찜질을 하는 것이 가장 좋다.

이러한 방법들은 증상을 완화해줄 수는 있지만 심각한 다른 원인이 있는지 알아보기 위해서는 병원에 가보는 것이 좋다.

의학적 치료가 필요한 경우

결막염 치료는 감염 원인에 따라 달라진다. 박테리아 감염의 경우에는 항생제가 포함된 안약이나 연고를 사용한다. 특정 유형의 박테리아 감염은 경구용 항생제를 복용해야 할 수도 있다. 한편 바이러스에 의한 결막염은 며칠이 지나면 저절로 사라질 것이다.

알레르기성 결막염은 때때로 알레르기를 일으킨 원인을 제거함으로써 치료될 수 있다. 예를 들어 특정 제품의 콘택트렌즈 세척액에 의한 염증이라면 단순히 다른 제품으로 바꿈으로써 문제를 해결할 수 있다.

화학물질에 의한 결막염의 경우는 물로 눈을 씻어내는 것이 치료방법이 될 수 있다. 하지만 어떤 경우에는 즉시 의학적 조치를 받아야 할 수도 있다. 눈

에 화학 물질이 들어갔다면 흐르는 물에 최소 15분 이상 눈을 씻는다. 그리고 눈을 깨끗한 패드로 덮은 후 병원 응급실에 간다.

질산은 성분이 포함된 안약 때문에 아기의 눈이 충혈된 경우에는 보통 증상이 경미하며 이틀 이내에 사라지게 된다. 만약 충혈된 상태가 사라지지 않고 지속된다면 담당 의사를 찾아가도록 한다.

타액분비과다증

임신초기

입덧에 의한 구역질과 함께 침이 과도하게 흐르는 것을 느낄 수 있다. 이러한 증상을 타액분비과다라고 부르는데, 이것은 임신으로 인한 흔하지 않은 부작용이긴 하지만 매우 심할 수도 있고, 성가신 일일 수도 있다. 하지만 타액분비과다증이 무언가 잘못됐다는 것을 의미하지는 않는다. 이것은 실제로 보다 많은 타액을 분비하는 것이라기보다는 입덧으로 인해서 삼키는 침의 양이 평소보다 감소하기 때문에 일어나는 것이다.

예방 및 관리

타액분비과다를 겪게 되면 전분이 들어간 음식을 먹지 않는 것이 좋다. 입덧 증상이 사라지기 시작하면 타액분비과다 증상 또한 없어질 것이다.

의학적 치료가 필요한 경우

타액분비과다증을 위한 특별한 의학적 치료 방법은 없다. 하지만 침을 삼키는 것에 고통이 따르거나 어려움을 느낀다면 담당 의사에게 알리도록 한다.

치골 통증

임신후기

일부 임신부들은 치골 통증으로 인해 어려움을 겪기도 한다. 부드럽거나 날카로운 통증이 수반되고 타박상을 입은 것 같은 느낌이 들기도 할 것이다. 이러한 통증은 신체 조직과 관절이 부드러워지고 느슨해지면서 발생한다. 골반 중심에 있는 두 개의 치골 뼈를 연결하는 연골 조직이 부드러워질수록 움직이거나 걸을 때 치골이 매우 아플 것이다.

어떤 여성들은 치골 통증을 다른 사람보다 심하게 느끼지만 어떤 여성들은 임신후기에만 잠깐 느끼기도 한다. 치골 통증은 대개 출산 후 몇 주 이내에 사라진다.

예방 및 관리

압박 팬티스타킹이나 거들을 착용하면 치골 통증을 완화할 수 있다. 또한 아픈 부위를 온찜질하거나 따듯한 물로 목욕하는 것 역시 도움이 된다.

의학적 치료가 필요한 경우

매우 드물기는 하지만 치골 통증이 치골염에 의해 일어나는 경우도 있는데, 치골염이란 조직의 파괴를 일으키는 관절 염증이다.

만약 치골염이라면 치골 통증이 지속되거나 상태가 악화되며 열을 동반할 수 있다. 그러므로 이러한 증상들이 나타난다면 지체하지 말고 담당 의사에게 연락하도록 한다.

태동

임신중기

태동이란 임신부가 느끼는 태아의 움직임이나 발차기를 가리키는 용어이다. 첫 번째 임신이라면 일반적으로 약 임신 20주를 전후해 처음 경험하게 된다. 처음 느낀 태아의 움직임은 가볍게 두드리거나 나비가 파닥이는 느낌일 것이다. 따라서 처음에는 배에 가스가 차거나 배고파서 꼬르륵거리는 것으로 오해할 수도 있다.

처음에 아주 드물게 또는 하루에 몇 번씩 나타나다가도 다음 날에는 한번도 나타나지 않는 등 임신중기의 태동은 다소 불규칙적이다. 하지만 이것은 정상인 현상으로 나중에는 아기의 발차기나 움직임이 대개 좀더 강해지고, 규칙적으로 변한다. 그리고 이 때 아랫배에 손을 대면 태동을 느낄 수 있을 것이다.

태동을 느끼는 것은 자신이 임신과 관련 있음을 느끼게 해주는 기쁜 일이다. 남편과 함께 태동을 느끼면서 부부는 아기에게 감정적으로 보다 애착을 느끼게 된다. 개월 수가 지나면서 임신부는 태동에 일정한 패턴이 있음을 깨닫게 될 것이다. 태아들은 모두 자신만의 특징적인 움직임과 발달과정을 가지고 있다.

한편 태아의 활동이 가장 활발한 때는 임신 27~32주 사이이며 임신 마지막 주가 되면 태동이 감소하는 경향이 있다(p584 '태동의 감소' 를 참고하시오). 만약 임신 22주 후에 태동이 전혀 없거나 24시간 이상 움직임이 눈에 띄게 줄었다면 담당 의사에게 연락하도록 한다.

발진

임신중기, 후기

피부가 붉게 달아오르고 가려운 증상이 임신 때 나타나리라고는 미처 예상
치 못했을 것이다. 하지만 어떤 여성들은 임신 중에 피부 발진 증상을 겪는
다. 땀띠는 아주 흔한 증상으로 임신 호르몬에 의해 증가된 땀과 습기가 때
문에 나타난다(p674 '발한'을 참고하시오). 또한 임신 중에는 다른 형태의 발
진도 나타날 수 있다.

• 간찰진 : 증가된 땀은 간찰진이라고 불리는 발진을 일으키는데, 이는 특히
체중이 많이 나가는 여성들에게 흔히 나타난다. 이것은 유방 아래나 서혜부
안쪽 같이 땀에 젖은 피부가 접히는 부분에 주로 발견되는데, 이 부분은 따
뜻하고 축축해서 곰팡이 균이 서식하기 좋아 염증을 일으키는 감염이 일어
나기 쉽다. 간찰진은 증상이 오래될수록 치료하기 어려우므로 가능하면 초
기에 치료를 시작해야 한다.

• 임신소양성두드러기성 구진 및 반점(PUPPP) : 임신한 여성 150명 중 한 명
꼴로 임신소양성두드러기성 구진 및 반점이라는 혀가 꼬이는 이름의 심각한
발진을 경험한다. 이때 가려운 붉은 반점이 솟아오르는데 작게 솟아오른 반
점을 구진(papules), 더 크게 솟아오른 반점을 반(plaques)라고 부른다. 보통
복부에 처음 나타나며, 종종 팔, 다리, 허벅지 부위로 퍼진다. 그리고 어떤 여
성들에게는 가려움증이 매우 심할 수 있다. 이처럼 임신소양성두드러기성
구진 및 반점은 엄마들에게는 고통스럽지만 아기에게는 아무런 해도 끼치지
않는다. 그리고 출산 후 얼마 지나지 않아 증상은 모두 사라질 것이다.

임신소양성두드러기성구진 및 반점의 정확한 원인은 아직 밝혀지지 않았지만 가족끼리 같은 증상이 나타나는 경향으로 보아 유전적인 요인이 있는 것으로 여겨진다. 이것은 첫 임신일 때 좀 더 흔하고, 그 이후 임신에서는 재발하는 일이 드물다.

예방 및 관리

대부분의 일반적인 발진 증상들은 자극을 주지 않는 피부 관리를 통해서 개선된다. 피부를 거칠게 문지르지 말고 자극이 없는 클렌저(cleanser)를 사용한다. 그리고 비누 사용은 최소화 한다. 오트밀 성분이나 베이킹소다 성분이 포함된 입욕제를 사용하면 가려움증을 줄일 수 있다.

땀띠는 뜨거운 물로 샤워 또는 목욕하는 것을 피하고, 목욕 후 옥수수 녹말(cornstarch)을 발라주거나 항상 피부를 시원하고 건조하게 유지시키는 것으로 증상을 완화할 수 있다.

간찰진 발생을 예방하기 위해서는 면으로 된 헐렁한 옷을 입고 자극이 없는 클렌저나 무향 비누를 사용해 아픈 부분을 자주 씻고 말려 준다. 그리고 칼라민calamine 로션(가려움증을 감소시켜주는 로션-옮긴이), 베이킹소다 또는 산화아연 가루를 산잔진이 발생한 부위에 비른다. 또한 신풍기나 헤어드라이기를 발진이 나타난 부분에 대 축축한 부위를 건조시킬 수도 있다.

의학적 치료가 필요한 경우

만약 자가관리법이 효과가 없거나 발진이 오래 지속 또는 악화되거나 다른 여러 증상들을 동반한다면 담당 의사에게 연락하도록 한다. 앞에서 말한 관리법으로도 간찰진을 없애지 못한다면 담당 의사는 스테로이드가 포함된 항생제나 항진균성 크림을 처방해줄 것이다. 임신소양성두드러기성구진 및 반점 치료를 위해서는 구강용 약이나 가려움 방지 크림을 사용하면 된다. 심한 경우에는 스테로이드 크림이 처방될 수 있다.

직장 출혈

임신후기

직장 출혈은 언제나 관심을 가지고 지켜봐야할 매우 중요한 증상이다. 다행히 항문 출혈이 임신에 문제가 있음을 나타내는 경우는 거의 없고 임신부들의 나이를 고려했을 때 심각한 직장질환과 관련되는 경우도 거의 드물다. 대부분의 잦은 직장 출혈은 치질에 의한 것이다. 이는 임신후기와 분만 후에 흔하게 발생한다(p636 '치질' 을 참고하시오).

직장 출혈이 나타나는 또 다른 원인은 항문 상처(항문열창)이다. 열창은 대개 임신 중 잘 발생하는 또 다른 증상인 변비로 인해 발생하며 보통 상당한 통증을 동반한다.

예방 및 관리

치질과 항문열창 모두 그 발생의 시작은 변비이므로 자주 배변을 하는 것이 좋다(변비를 예방하기 위한 요령을 원한다면 p605 '변비' 를 참고하시오).

의학적 치료가 필요한 경우

직장 출혈이 발생하면 항상 담당 의사에게 알리도록 한다. 의사는 직장 출혈의 발생 원인을 알기 위해 검사를 실시하거나 치질 치료를 위한 다른 방법들을 알려줄 것이다. 출혈 시 점액 분비, 복부 통증과 함께 설사가 동반된다면 대장의 염증을 의심할 수 있다.

붉은 손바닥과 발바닥

임신초기, 중기, 후기

임신한 여성들의 약 2/3가 손바닥과 발바닥이 빨갛게 되는 일을 경험하는데, 이러한 피부 변화는 흑인 여성보다는 백인 여성에게서 더 흔히 나타난다. 임신초기일수록 피부가 빨갛게 되는데 이것은 손과 발에 흐르는 혈액량의 급격한 증가 때문이다. 한편 색이 붉어짐과 동시에 가려움증이 나타나기도 한다. 그러나 임신 중에 나타나는 대부분의 피부 변화와 마찬가지로 이러한 증상 역시 출산 후에 사라진다.

관리

만약 손과 발이 가렵다면 보습 크림을 발라주는 것이 도움이 된다.

의학적 치료가 필요한 경우

붉게 변한 손바닥과 발바닥이 출산 후에도 원래 상태로 돌아가지 않는다면 담당 의사와 상의하도록 한다. 이러한 증상은 간경화, 홍반성 낭창(lupus), 갑상선항진증 등을 알리는 또 다른 신호일 수도 있기 때문이다.

갈비뼈가 당김

임신후기

임신 마지막 달이 되면 태아는 좁은 태내에서 자꾸 몸을 펴면서 엄마의 갈비뼈 사이에 발을 두는 것이 편하다는 것을 알게 된다. 아마 임신부는 그 작은 발가락과 발이 갈비뼈 사이에 들어가는 것이 그렇게 아플 수 있다는 사실에 놀랄 것이다.

태아가 가하는 압박 이외에도 자궁이 횡격막을 누르는 동안 폐를 위한 여유 공간을 확보하기 위해 흉곽의 모양 역시 변한다. 이 때 변한 흉곽이 갈비뼈를 바깥쪽으로 밀어내기 때문에 갈비뼈와 흉골을 연결시키는 연골 사이에 통증이 일어날 수 있다. 만약 태아의 자세가 갈비뼈에 무리를 주고 있다면 임신부 스스로 자세를 바꿔본다. 여기 설명하는 스트레칭을 하면 도움이 될 것이다. 이렇게 해볼 수도 있다. 한쪽 팔을 머리 위로 올리면서 숨을 깊게 쉰다. 그런 다음 팔을 내리면서 숨을 내쉰다. 그리고 팔을 바꿔가면서 이것을 몇 번 반복한다. 통증이 느껴지는 부분에서 태아의 발이나 하체를 가볍게 밀어내는 것도 매우 안전한 방법이다.

갈비뼈가 당기는 증상은 태아가 골반으로 내려가면 사라진다. 만약 첫 번째 임신이라면 보통 분만을 앞두고 2~3주가 남았을 때 이 증상이 나타나겠지만 대부분은 분만이 시작될 때까지 일어나지 않는다.

스트레칭을 할 때는 이렇게 한다. 손과 무릎을 바닥에 대고 엎드린다. 이 때 등을 이완하되 축 처지게 하지는 않는다. 머리를 곧게 펴고, 목과 척추가 평행이 되도록 유지한 채 등을 위쪽으로 활처럼 둥글게 구부린다. 등을 구부릴 때는 머리를 밑으로 숙인다. 그리고 점점 등을 펴면서 머리를 원래 위치로 들어 올린다. 같은 동작을 여러 번 반복한다.

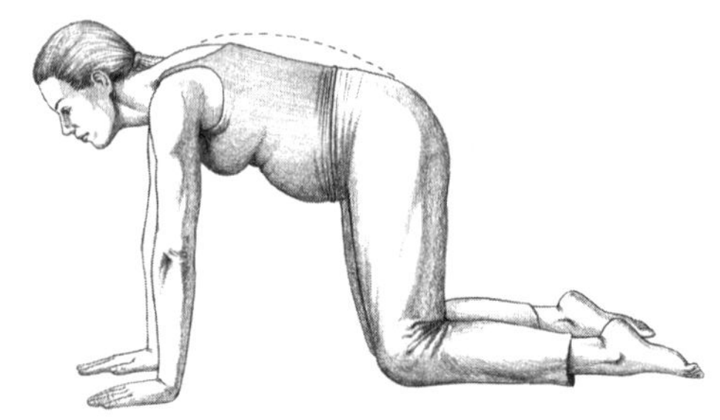

자궁 원 인대 통증(round ligament pain)

임신중기, 후기

임신 후기에 자궁이 커지면 원인대가 당겨지고 이로 인해 복부, 골반, 서혜부 등에 통증이 나타날 수 있다. 복부에 자리하면서 자궁을 지탱해주는 주요 인대 중 하나인 원 인대는 임신 전에는 두께가 0.5cm도 안 되는 끈 모양의 구조이다. 물론 임신 전 자궁 크기 역시 거의 서양배 한 개 정도이다.

그런데 자궁이 커지고 무게가 무거워지면서 자궁을 지지하는 인대 또한 길고 두꺼워지며 마치 늘어난 고무 밴드와 같이 팽팽해진다. 만약 임신부가 갑자기 움직이거나 뻗게 되면 원 인대가 늘어나 아래쪽 복부나 서혜부 그리고 옆구리에 칼로 찌르는 것 같은 통증을 일으킨다. 이 때 느껴지는 통증은 꽤 심하지만 대개는 몇 분 후에 사라진다.

한편 임신부는 밤에 자면서 몸을 뒤척이다가 이 같은 통증을 느끼고 잠이 깰 수도 있다. 또한 운동을 하다가 통증을 느낄 수도 있다. 그러나 개월 수가 지나면서 원 인대 통증은 나아질 것이며, 아기가 태어나면 사라지게 된다.

예방 및 관리

원 인대 통증이 여러 가지로 불편함을 주는 것은 사실이지만 이것은 임신으로 인한 정상적인 변화 중 하나로 특별히 치료해야 하는 것은 아니다. 다음은 통증 완화를 위한 방법들이다.

- 천천히 앉고 일어서는 등, 갑작스러운 움직임은 피한다.
- 복부 통증이 심해진다면 앉거나 눕는다.
- 따뜻한 물로 목욕을 하거나 온찜질을 한다.

의학적 치료가 필요한 경우

만약 원 인대 통증이 심각하다면 담당 의사에게 도움을 청한다. 의사는 아마도 타이레놀과 같은 아세트아미노펜 계열의 진통제를 처방해줄 것이다. 때때로 자궁외임신, 자궁내막증, 충수염 등의 심각한 문제 발생으로 인해서 복부 통증이 나타나기도 하므로 다음과 같은 증상이 나타난다면 즉시 담당 의사에게 알리거나 병원 응급실에 가야 한다.

- 열, 오한, 식욕 감퇴, 배뇨 시 통증, 질 출혈

좌골신경통

임신후기

엉덩이, 허리, 또는 허벅지로 뻗어내려가는 통증, 이상감각이나 저린느낌을 좌골신경통이라 한다. 좌골 신경은 허리 아래에서 다리 뒤를 통해 발까지 내려가는 주요 신경으로 커진 자궁과 아기가 신경을 압박하거나 좌골신경에 위치한 골반 관절이 이완되면서 좌골 신경통을 유발한다. 물건 들어올리거나 몸을 구부리는 일 심지어 걷는 것 역시 좌골신경통을 악화시킬 수 있다.

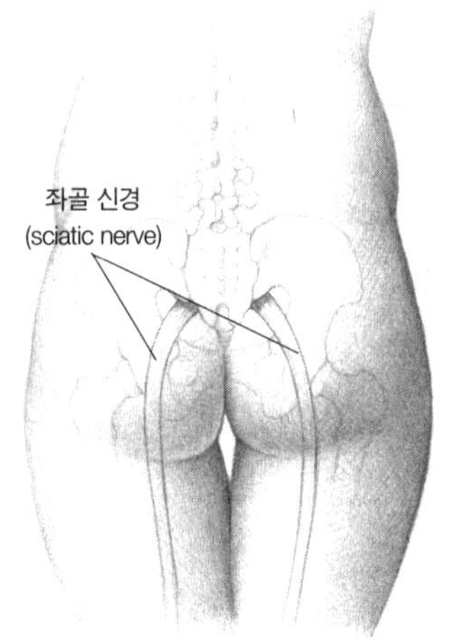

좌골신경통이 반가울 리는 없겠지만 일반적으로 이것은 심각한 질환 때문에 발생하는 것이 아니다. 보통 분만이 가까워진 태아가 위치를 바꾸게 되면 통증은 완화된다. 그러나 때로는 척추 디스크라고 하는 심각한 질환 때문에 좌골신경통이 생기기도 한다.

예방 및 관리

따뜻한 물로 샤워를 하거나 온찜질을 한다. 또는 잠잘 때 누워 자는 방향을
바꾸는 것도 좌골신경통을 줄이는 데 도움이 될 것이다. 낮에도 계속 매 시
간마다 일어나 몸을 움직여주면서 규칙적으로 자세를 바꿔준다. 수영 또한
신경통을 줄일 수 있는 좋은 방법이다. 물에 있는 동안 몸에 실리는 자궁의
무게가 줄어들면서 신경을 압박하는 원인이 사라지기 때문이다.

의학적 치료가 필요한 경우

좌골신경통을 겪게 되면 담당 의사에게 알린다. 무딘 통증이 계속되거나 걸
을 때 몸이 기울어지거나 방향에 따라 같은 힘으로 발을 옮길 수 없다면 치
료를 받도록 한다. 담당 의사가 좌골신경통을 일으키는, 드물지만 심각한
다른 원인들이 있는지 알아보기 위해 검사를 시행할 수도 있다. 한편 통증
을 감소시키기 위해서 물리치료가 필요한 경우도 있다.

피부 변화

임신초기, 중기, 후기

임신 호르몬들은 몇 가지 피부 변화를 일으킨다. 운이 좋은 경우 피부 아래
작은 혈관의 혈약량 증가 때문에 건강해보이는 정도의 홍조만 나타날 수도
있다. 그러나 대부분의 임신부에게는 원치 않는 여러 가지 피부 변화들이
나타난다.

• 피부 색소침착 : 이것은 임신부의 90퍼센트가 겪는 가장 대표적인 피부 변화 중 하나이다. 볼, 턱, 코, 이마, 배, 겨드랑이, 회음부의 피부색이 어두워지는 것이다. 게다가 이미 색소침착이 된 피부는 더 어두워지는데, 특히 유두와 대음순의 색변화가 두드러진다. 또한 배에서 치골까지의 희미한 선이 나타나는데, 이것을 임신선이라고 부르며(p650 ‘임신선’ 을 참고하시오), 얼굴에 나타나는 피부 색소침착은 임신마스크 또는 기미라고 부른다(p651 ‘임신마스크’ 를 참고하시오). 피부가 어두워지는 이유는 태아 발달에 중요한 역할을 하는 멜라토닌의 증가 때문이다. 어두워진 피부는 대개 출산 후 원래 색으로 돌아가지만 유두나 음순 같이 특정 부위에 이루어진 색소침착은 그대로 남아 있게 된다.

• 거미상 혈관종(vascular spiders) : 거미상 혈관종은 대개 임신 중에만 나타난다. 작고 붉은 점이 혈관을 따라서 중심에서 밖으로 뻗어나간 모습이 마치 거미의 다리 같다고 해서 붙여진 이름이다. 임신 중에는 혈액 순환량이 증가하기 때문에 거미상 혈관종이 얼굴, 목, 가슴 위쪽, 팔 등에 가장 잘 나타나게 된다. 통증이나 불편한 점은 없고, 출산 후 몇 주가 지나면 저절로 사라진다.

• 살트임 : 임신 여성 중 약 절반이 복부, 유방, 팔뚝, 둔부, 허벅지 등의 살이 터서 분홍 또는 보라색의 줄이 생긴다(p650 ‘임신선’ 을 참고하시오).

• 여드름 : 임신을 하면 여드름이 더욱 잘 발생하며, 원래 있던 여드름 증상도 심해진다. 일부 여드름은 국소 치료가 가능하다(p578 ‘여드름’ 을 참고하시오).

• 사마귀와 주근깨 : 임신 중에 새로 생기는 사마귀는 대개 피부암과 관련이

없다. 한편 원래 있던 사마귀, 주근깨, 피부 결점 등은 임신 중에 색이 어두워질 것이다.

• **가려움** : 복부 피부가 팽팽해지고 당기면 건조함과 가려움증을 유발할 수 있다. 또한 일부 여성들은 가려움증이 전신에 나타나기도 한다. 땀띠를 비롯한 여러 발진 역시 가려움을 유발한다(p645 '가려움증', p680 '발진'을 참고하시오).

• **손바닥과 발바닥이 붉어짐** : 임신한 여성의 2/3가 발바닥과 손바닥이 붉어지는 현상을 겪는다. 이러한 증상은 출산 후 대부분 사라진다(p683 '붉은 손바닥과 발바닥'을 참고하시오).

• **발한** : 임신부에게는 발한 증세가 종종 나타난다(p674 '발한'을 참고하시오).

• **발진** : 임신부는 발한 증상으로 인해 몸에 땀띠가 자주 나며, 그 밖의 다른 발진 역시 잘 나타난다(p680 '발진'을 참고하시오).

• **피부연성섬유종** : 팔과 유방 아래 피부에 작고 물렁한 사마귀 같은 폴립이 생길 수 있다.(p691 '피부연성섬유종'을 참고하시오).

• **손톱이 물러짐** : 일부 여성들은 임신 중에 손톱과 관련한 문제를 겪는다. 이것은 일시적인 현상으로 심각한 증상은 아니다.

관리

피부의 색소침착 발생이 걱정된다면 햇빛을 너무 많이 쬐지 않도록 한다.

임신 중 색소침착은 햇빛과 자외선에 노출될 때 더욱 악화될 수 있다. 그러므로 외출할 때는 자외선 차단 선크림(SPF15 이상)을 충분히 바른다. 또한 날씨가 흐리더라도 자외선이 피부에 닿을 수 있으므로 주의한다. 넓은 챙의 모자를 써서 얼굴을 가리거나 화장을 하는 것도 얼굴 피부색이 어두워지는 것을 막는 데 도움이 된다.

가려움증을 줄이기 위해서 보습 효과가 뛰어난 크림을 충분히 바르도록 한다. 손뿐만 아니라 손톱에도 수분을 공급해주고, 세제를 사용하거나 청소를 할 때는 고무장갑을 착용하도록 한다.

의학적 치료가 필요한 경우

색소침착이나 가려움 증상이 심각하다면 담당 의사에게 도움을 요청한다. 치료용 연고를 바르면 가려움증에 효과가 있을 것이다. 때때로 피부에 나타나는 변화가 좀 더 심각한 문제를 알려주는 신호가 될 수 있으므로 다음과 같은 일이 생기면 담당 의사에게 연락한다.

- 특정 사마귀의 모양과 크기가 눈에 띄게 변했을 경우. 새로운 사마귀가 생기면 담당 의사에게 보여주도록 한다. 임신기간 중 발생한 사마귀가 피부암과는 관련이 없다고 하더라도 흑색종으로 발달할 가능성이 있으며, 종양을 초기에 발견하는 일은 중요하기 때문이다.
- 갑자기 일주일에 약 2kg 이상씩 체중이 증가하면 눈꺼풀이 붓게 된다. 갑작스런 체중증가와 몸이 붓는 현상은 자간전증 신호일 수도 있다.
- 임신후기에 발진 없이 심한 가려움증이 나타날 경우

피부연성섬유종(skin tag)

임신중기, 후기

임신을 하면 팔, 목, 어깨 또는 그 밖의 신체부위에 새로운 살점이 자라서 조그만 돌기처럼 붙어 있는 경우를 발견할 수 있다. 이러한 작은 피부 돌기는 피부연성섬유종이라고 불리기도 하는데 통증도 없고 아무런 해도 없다. 또한 대개 한번 발생하면 자라거나 변하지 않는다.

피부연성섬유종이 발생하는 이유는 아직 알려진 바가 없다. 보통 출산 후에는 사라지지만 중년 이후 흔히 나타난다. 일반적으로 피부연성섬유종은 문제가 되거나 특별한 치료를 요구하지도 않는다. 하지만 피부에 뭔가 나는 것이 짜증나거나 외관상 보기가 안 좋을 경우 쉽게 제거할 수 있다. 만약 피부연성섬유종의 모습이 변한다면 담당 의사에게 알리도록 한다.

후각의 발달

임신초기

당신은 원래 베이컨을 굽거나 커피를 내릴 때 나는 향을 매우 좋아했을 것이다. 하지만 임신 후에는 이러한 냄새를 맡으면 구역질이 날 수 있다. 또는 직장 동료가 사용하는 향수의 진한 향 때문에 머리가 아플 수 있고, 차에 기름을 넣을 때는 구역질을 억지로 참아야 할 것이다.

여러 전문가들의 연구 결과에 따르면 임신부는 후각이 보다 예민해져서 일반인이 알아채지 못하는 냄새를 맡는 한편 이전에 좋아했던 냄새가 비위에 맞지 않게 되기도 한다고 한다. 또한 이러한 후각의 발달은 많은 임신부들이 겪는 입덧과도 관련이 있다. 음식을 요리하는 냄새, 커피, 향수, 담배 연기, 특정 음식 등 다양한 냄새가 입덧을 일으킬 수 있다.

임신 중에 후각이 발달하는 이유 중 하나는 에스트로겐 호르몬 분비의 증가 때문이다. 입덧과 마찬가지로 임신부의 후각 발달 증상은 태반과 태아세포가 빠른 속도로 잘 자라고 있으니 안심해도 좋다는 신호와도 같다. 한편 쥐를 대상으로 실시한 실험에서 후각을 지배하는 뇌세포에서 일어나는 변화가 프롤락틴prolactin이라는 호르몬과 관련이 있다는 것이 밝혀졌는데, 이 호르몬은 임신한 여성에게서도 발견된다. 대부분의 여성들은 임신 후 입덧과 동시에 후각이 발달되는 것을 느끼는데, 보통 임신 13~14주까지 후각이 눈에 띄게 예민해질 것이다.

관리

급격히 발달한 후각으로 인해 불편을 겪지 않으려면 비위를 상하게 하고, 입덧을 유발하는 냄새를 가능하면 맡지 않도록 한다. 예를 들어, 점심 때 여러 가지 냄새가 나는 식당에 가는 대신 사무실 책상에서 간단히 먹을 수 있다. 또한 동료에게서 나는 향수나 화장품 냄새가 입덧을 유발한다면 입덧이 가라앉는 임신4개월까지 향수를 자제해달라고 부탁한다.

코골이

임신초기, 중기, 후기

같은 나이의 임신하지 않은 여성의 약 4퍼센트가 코를 고는데 비해 임신부는 전체의 약 1/4이 코를 곤다. 임신 중에는 콧속이 잘 붓고 충혈되는 현상이 증가하기 때문에, 기도가 좁아진다. 그리고 이렇게 좁아진 기도가 코골이를 유발할 수 있다.

보통 코골이는 종종 유머의 소재로 사용될 정도로 가볍게 여겨진다. 하지만 이 코골이가 때로는 심각한 질환의 결과일 수도 있다. 예를 들어 코골이는 고혈압과 관련이 있을 수 있고, 임신 중에 코를 고는 임신부는 자간전증이거나 임신주수에 비해 작은 아기를 낳게 될 위험이 높다. 한 연구 결과에 따르면 습관적으로 코를 고는 임신부가 고혈압일 확률은 그렇지 않은 경우의 두 배, 태아의 성장이 늦어질 확률은 거의 3.5배에 달했다.

또한 코골이는 잠자던 중 잠시 호흡이 멎는 수면장애인 수면무호흡증의 신호일 수도 있다. 이 경우 산소가 부족하게 될 수 있는데, 그로 인해 잠을 충분히 잘 수 없을 뿐 아니라 태아에게도 스트레스를 줄 수 있다.

한편 과체중 여성은 코골이와 관련한 문제들을 겪을 위험이 특히 크다. 출산한 지 얼마 안 된 여성 502명을 대상으로 실시한 연구 결과에 따르면 임신 중에 습관적으로 코를 골았던 여성들은 임신 전에도 체중이 많이 나갔으며, 임신 중에도 그렇지 않은 여성보다 체중이 더 늘었다고 한다.

예방 및 관리

다음은 코골이를 줄일 수 있는 방법이다.

- 등을 바닥에 대고 자지 말고, 옆으로 누워서 잔다. 바닥에 등을 댄 채 잠을 자게 되면 혀와 연구개가 후두와 기도로 통하는 입구를 막을 수 있기 때문이다.
- 비강확장기를 이용하면 기도를 넓히는 데 도움이 될 수 있다.
- 체중증가를 계속 체크한다. 적정 수준 이상으로 체중이 증가하지 않도록 주의한다.

의학적 치료가 필요한 경우

자신의 코골이 소리에 깨거나 같이 자던 남편이 '코고는 소리가 크다' 고 또는 '코를 골다 잠시 무호흡 상태가 된다' 고 알려주면 담당 의사를 찾아가도록 한다. 이와 같은 문제들을 겪는 대부분의 사람들은 하루 종일 매우 졸린 상태로 생활하게 될 뿐 아니라 폐색성 수면무호흡증의 가능성이 있을 수 있다. 진찰 결과 수면무호흡증이라면 담당 의사는 지속적 기도 양압 호흡기(CPAP)로 치료할 것을 권할 것이다. 이것은 산소를 공급해주는 기계와 연결된 마스크를 얼굴에 써 코와 입을 통해서 산소를 공급받고, 기도를 확장하는 치료 방법이다. 지속적 기도 양압 호흡기는 수면 중에 코를 골거나 수면무호흡증이 나타나는 것을 막아줄 뿐 아니라 혈압 문제를 개선하기도 한다.

살트임

임신중기, 후기

다른 예비 엄마들과의 만남을 통해 살트임에 대한 이야기를 들었을 것이다. 살트임은 분홍빛이나 보랏빛의 줄로 복부 유방, 팔뚝, 둔부, 허벅지 등에 나타난다. 절반 이상의 임신부들에게 나타나며, 임신중기 이후 가장 많이 발생한다. 과도한 체중증가가 살트임의 원인은 아니다. 살트임은 부신에서 생성되는 호르몬인 코티존cortisone의 분비 증가가 피부를 잡아당기면서 생겨나는데, 코티존 호르몬 분비가 증가하게 되면 피부의 탄성 섬유 또한 약하게 만들 수 있다. 살트임 발생은 유전적인 요인이 가장 크게 작용한다고 여겨지는데, 일부 여성들은 체중이 거의 증가하지 않았음에도 선명한 살트임이 나타나기도 한다. 보통 살트임은 한 번에 다 같이 없어지지 않으며, 출산 후 밝은 분홍색이나 흰색 등으로 점점 그 색이 옅어질 것이다.

예방

사람들은 크림이나 연고를 바르면 살트임을 예방하거나 사라지게 할 수 있다고 생각하지만 사실은 그렇지 않다. 왜냐하면 살트임은 피부 아래의 연결 조직 깊은 곳에서 발생하는 것이기 때문이다.

코 막힘

임신초기, 중기, 후기

감기에 걸렸거나 알레르기가 아니라도 임신 중에는 코 막힘 증상이 흔하다. 임신을 하면 몸속 점막에 흐르는 혈액의 양이 증가하기 때문에 코에 울혈과 코피가 좀 더 자주 일어나는 것이다. 콧속과 기도가 부어오르면서 공기가 통하는 통로가 좁아지게 되며, 코의 세포 조직이 더 부드러워져 코피가 잘 나게 된다. 임신 중 코 막힘은 흔한 일이고 코 점막의 염증(비염)을 의미하는 것은 아닐지라도 매우 성가신 일이 될 수 있다.

비염은 콧속의 염증으로 인하여 콧물이 계속 흐르거나 코가 막히는 현상을 말하는데, 이것은 몸속으로 외부 세균이 침입하지 못하게 하려는 신체 전략이다. 알레르기성 비염의 경우 일 년 내내 또는 특정 계절에 발생하며, 비알레르기성 비염은 공기오염, 담배연기, 세균 감염 등으로 인해 발생한다.

그 밖에 콧속의 혈관의 변화가 코 막힘이나 콧물이 계속 흐르는 것을 유발할 수 있는데, 이것을 혈관성 비염이라고 한다. 이러한 증상은 비강 스프레이를 과도하게 사용했을 경우에도 발생할 수 있다.

예방 및 관리

대부분은 약을 복용하지 않고도 코 막힘 현상이나 그 밖에 증상들을 견딜 수 있을 것이다. 또한 감기나 알레르기 때문이 아니라면 일반적으로 따로 치료를 할 필요는 없다. 다음은 코 막힘을 줄여주는 데 도움이 되는 요령들이다.

- 집에 가습기를 켜놓으면 콧물 분비가 줄어든다.
- 머리맡에 젖은 수건을 두고 수증기를 호흡한다.
- 머리를 위로 높게 한 채 잠을 잔다.

의학적 치료가 필요한 경우

코 막힘 증상을 해결하기 위해서 일반의약품을 복용하는 것은 피한다. 이런 약을 오래 복용하게 되면 다른 문제가 생길 수 있고 때로는 코 막힘 증상이 임신 9개월 내내 지속될 수 있다. 신중하게 고려하여 치료방법을 선택하도록 한다(염증과 관련된 코 막힘 증상에 대해 더욱 자세한 정보를 원한다면 p580 '알레르기', p602 '감기'를 참고하시오).

붓는 현상

임신후기

때때로 임신기간 동안 몸이 붓는데, 이렇게 몸이 붓는 현상을 부종이라고 한다. 이것은 임신기간 동안 증가한 혈액과 확장된 혈관 때문에 몸속 조직이 보다 많은 체액을 생성하면서 일어나게 된다. 그리고 따듯한 날씨가 증상을 악화시키기도 한다.

임신후기가 되면 임신부의 절반 이상이 눈꺼풀과 얼굴이 아침에 특히 매우 부어있는 것을 느낀다. 이것은 임신으로 인해 체내 수분 축적량이 많아지고 혈관이 확장되기 때문에 나타나는 것이다. 출산을 몇 주 남겨둔 시점에는 거의 모든 임신부들의 발목, 다리, 손가락 또는 얼굴이 다소 붓게 된다. 당연히 몸이 붓는 것이 신경은 쓰이겠지만 심각한 합병증을 나타내는 것은 아니므로 걱정하지 않아도 된다.

예방 및 관리
몸이 부을 때는 다음과 같이 한다.

- 부은 곳을 냉찜질 한다.
- 프레즐 같은 짠 음식을 먹지 않는 것이 좋긴 하지만 갑자기 염분 섭취를 급격히 줄이는 것은 좋지 않다. 염분을 제한하는 것은 체내 수분 함량을 적절하게 유지시켜주지만 갑작스럽게 그 양을 줄이게 되면 몸이 염분과 수분을 유지하려고 해서 붓는 현상을 더 악화할 수 있다.
- 발과 다리의 부종을 줄이려면 오후에 2시간 정도 다리를 위로 올린 채 눕는다. 이 때 발 받침대를 사용하면 도움이 될 것이다.
- 수영을 하거나 수영장 속에 들어가 있는 것 역시 부종을 완화할 수 있다. 왜냐하면 수압이 발목을 눌러주는 한편 자궁을 소금 뜨게 해 정맥에 가해지는 압박을 줄여주기 때문이다.

의학적 치료가 필요한 경우
평소보다 소변이 배출되는 횟수가 많이 줄어들면서 갑자기 얼굴과 손이 붓는다면 담당 의사에게 즉시 연락하도록 한다. 때때로 얼굴, 특히 눈 주변이 붓는 것은 자간전증을 알리는 신호일 수 있다.

일광욕(tanning)

임신초기, 중기, 후기

햇빛을 쬐는 것을 좋아한다면 임신 중에 일광욕을 해도 괜찮은지 궁금할 것이다. 하지만 이에 대한 답은 일광욕이 항상 괜찮지는 않다는 것이다.

피부과 의사를 비롯한 전문가들은 안전하거나 건강한 일광욕이란 없다고 한다. 햇빛에 포함된 자외선(UV) 뿐만 아니라 태닝용 침대나 인공 태양등을 이용한 일광욕은 피부암을 일으킬 수 있다. 그리고 체내의 결합 조직을 손상하고 피부 노화를 촉진해서 주름이 생기게 하며, 피부를 거칠게 만들기도 한다. 특히 대부분의 피부암은 자외선과 관련이 있는데, 매년 수천 명의 사람들이 이로 인해 사망한다. 한편 얼굴 피부색이 어두워지는 임신마스크 증상 역시 햇빛이나 태닝용 광선에 피부가 노출되었을 경우 악화될 수 있다 (p651 '임신마스크' 를 참고하시오).

태닝용 침대를 이용하거나 셀프-태닝 로션(햇빛 없이 바르기만 해도 태닝이 되는효과가 있는 제품-옮긴이)을 바르는 것이 임신부에게 직접적으로 어떠한 영향을 끼치는지에 대한 정확한 연구 결과는 아직 없다. 그러나 태닝용 침대에서 과도한 태닝을 하지 않는다 하더라도 여전히 임신부는 자외선과 관련한 다른 피부 문제를 겪을 수 있다. 또한 셀프-태닝 크림이나 로션과 같이 화학적으로 태닝효과를 일으키는 제품에 들어 있는 디히드록시아세톤 (dihydroxyacetone, DHA)이 임신부에게 어떠한 영향을 끼치는지 아직 연구된 바가 없다. 말하자면 해를 끼친다는 증거도 없지만 안전하다는 증거 역시 없는 것이다. 물론 햇빛을 쬐면 비타민 D의 생성이 증가하고 에너지가 충전되는 느낌을 받는다는 장점도 있다. 또한 햇빛은 정신 건강에도 좋아서, 질병에 고통 받는 사람들뿐만 아니라 건강한 사람들 또한 햇빛을 쬐면 기분이 좋아진다. 그러나 기억해야 할 것은 비타민 D의 생성을 위해서라면 선탠보다 적게 햇빛을 쫴도 된다는 점이다.

예방

- 야외에 나갈 때는 항상 자외선 차단제(최소 SPF 15이상)를 바른다. 그리고 수영을 하거나 오랫동안 야외활동을 할 때는 틈틈이 덧발라주도록 한다. 또한 구름이 끼거나 흐린 날에도 자외선이 피부에 닿을 수 있다는 것을 잊어서는 안 된다.
- 한낮과 같이 햇볕이 강하게 내리쬘 때는 야외 활동을 하지 않는다. 일반적으로 오전 10시에서 오후 4시까지는 특히 주의해야 한다.
- 챙이 넓은 모자를 사용해서 얼굴을 충분히 가리고 소매가 긴 셔츠와 긴바지를 입어서 피부가 자외선에 노출되는 것을 피한다.
- 자외선을 완전히 차단하는 선글라스를 착용한다.
- 현관 아래나 양산이 펴져 있는 야외 카페와 같이 그늘진 곳에 머문다.
- 물을 충분히 마신다. 그러면 몸이 지나치게 더워지는 것을 막을 수 있다.
- 셀프-태닝 로션을 사용할 때는 먼저 담당 의사에게 확인을 받도록 한다. 그리고 셀프-태닝 제품들은 자외선을 차단하지 못한다는 것을 기억한다.

갈증

임신초기, 중기, 후기

임신을 하면 전보다 갈증을 많이 느낄 것이다. 이것은 건강한 신체 반응으로 임신부가 더 많은 물과 수분을 섭취하게 만드는 신체 전략이라 할 수 있다. 임신을 하면 양수를 보충하고, 증가된 혈액량을 유지해야 하기 때문에 보다 많은 수분을 필요로 하기 때문이다. 또한 수분을 많이 섭취하면 변비와 피부건조를 예방할 수 있으며, 태아가 만들어낸 배설물을 신장이 잘 처리하도록 도와준다.

예방 및 관리

물이나 음료를 하루에 최소 8잔 이상 마신다. 그리고 카페인이 함유된 음료는 소변의 배출을 촉진할 수 있으므로 섭취하지 않는 것이 좋다. 그 밖에 과일이나 야채 주스, 수프, 우유를 넣은 과일 셰이크등을 마시는 것은 좋다. 만약 입덧을 하거나 어지러움을 느낀다면 케토레이나 파워에이드와 같은 스포츠 음료가 도움이 될 것이다.

의학적 치료가 필요한 경우

임신 중에 갈증이 나타나는 것은 정상적인 일이지만 때로는 이것이 당뇨병을 알리는 신호일 수도 있다. 일반적으로 임신성당뇨병은 특별한 증상이 없지만 임신 중에 당뇨의 전형적인 증상이 발생할 수도 있다. 하지만 피로, 잦은 갈증과 소변 배출 같은 미묘한 당뇨병 증상과 전형적인 임신기간 중 변화를 구별하기란 쉽지 않다.

치아 농양

임신초기, 중기, 후기

잇몸에 고름이 발생하는 것을 반길 사람은 아무도 없을 것이다. 그리고 임신 중이라면 더욱 그럴 것이다. 깨진 치아나 치아 사이에 생긴 공간으로 박테리아가 침입하면 염증과 함께 잇몸에서 고름이 나오기 시작한다. 치아의 뿌리

끝에 쌓인 고름이 턱뼈에 자리를 잡으면 고름 주머니(농양)가 생기는데, 농양은 치아 주변의 뼈를 손상시킬 수 있고 전신감염을 초래하기도 한다.

예방 및 관리

치아 농양은 전문적인 치과 치료가 요구된다. 따라서 평소에 치과 위생을 철저히 하고 정기적으로 치과 진료를 받음으로써 병을 예방하는 것이 가장 중요하다. 임신 중에는 치아의 사소한 변화들이 치아질환으로 진행되는 속도가 빠르기 때문에 예방적 치아 관리가 특히 중요하다(치아 위생을 위한 요령을 알고 싶다면 p628 '잇몸질환'을 참고하시오).

의학적 치료가 필요한 경우

치아나 턱에 통증이 있고 열과 같은 감염 증상이 나타난다면 치과 의사에게 알리도록 한다. 치아 농양이라면 치료를 위해 뿌리 관(root canal)이 필요할 수 있으며, 항생제도 처방받을 수 있을 것이다. 임신 중에 중요한 치과 수술을 받아야 한다면 치과 의사와 산부인과 의사 모두에게 연락하여 특별히 주의해야 할 사항은 없는지 확인해야 한다. 또한 혹여 임신 중이라고 해서 절대로 치료를 미뤄서는 안 된다.

유해물질에 노출

임신초기, 중기, 후기

성장하는 태아가 해로운 물질에 노출되는 경우가 드물긴 하지만 이런 상황 역시 일어날 수 있다. 임신 중 노출되었을 때 태아에게 문제를 일으키는 물질들을 기형유발물질이라고 부르는데, 이것은 자연유산이나 태아의 선천적 장애를 초래하기도 한다. 또한 물질들 중 일부는 모유수유를 통해서 아기에게 전달되기도 한다. 태아에게 유해하다고 알려진 물질은 다음과 같다.

- 살충제
- 납이나 수은과 같은 중금속
- 메토트렉사트*methotrexate*와 아미노프테린*aminopterin*과 같이 암 치료를 위해 사용되는 약물
- 전리 방사선(X-rays)
- 일부 바이러스와 박테리아 그리고 원충

정확한 연구 결과가 존재하는 것은 아니지만 벤젠과 같은 유기용매제 또한 태아에게 유해할 것으로 알려져 있다. 또한 병원, 농장, 공장, 세탁소, 인쇄소, 그림이나 도자기에 광택제를 입히는 수공업이나 전자산업에 종사하는 여성이라면 직장에서 유해물질들에 노출될 수 있으므로 조심해야 한다.
물론 규칙을 준수하여 유해물질을 다룬다면 작업 환경으로 인해 태아에게 선천적 장애가 발생할 일은 거의 없다. 하지만 유해물질 또는 유해할 것으로 의심되는 물질은 피하는 것이 좋다. 만약 화학약품, 약물, 중금속, 방사선 등에 노출된 경우에는 즉시 담당 의사에게 알리도록 한다. 또한 작업장에서 사용하는 가운, 장갑, 마스크, 환기 시스템 등 유해물질에 대한 노출을 최소화하는 장비들에 대해서도 이야기한다. 이를 통해 담당 의사는 임신부의 작업 환경이 안전한지 또는 보충해야 할 것은 무엇인지 조언해줄 것이다. 하지만 의사가 작업장의 상황을 속속들이 알지는 못하므로 도움을 주는 데 한계가 있을 수 있다. 이 때문에 직장 상사 또는 노조 관계자들과 작업장 내 유해물질 노출에 대해 이야기를 나누는 것이 도움이 될 수 있다.

요실금

임신중기, 후기

때때로 임신부는 자신도 모르게 소변이 새는 것을 느낄 수 있는데, 이는 특히 기침을 할 때나 기지개를 켤 때, 크게 웃을 때 그럴 것이다. 이것은 임신 중에 뱃속의 태아가 방광 바로 위를 압박하기 때문에 일어난다. 때때로 출산 시 골반 저근과 신경 그리고 방광에 손상이 가면서 출산 후 몇 주 동안 소변이 새기도 한다. 이러한 문제들은 대개 출산 후 약 3개월 이내에 증상이 좋아지지만 때때로 나중에 재발할 수 있다.

예방 및 관리

여러 연구에 따르면 케겔 운동이 임신기간 동안이나 출산 후 나타나는 요실금 현상을 줄일 수 있다고 한다. 왜냐하면 케겔 운동을 하면 방광, 요도 및 다른 골반 내장 기관들을 받쳐주는 근육들이 보다 강하고, 두텁게 형성되기 때문이다.

케겔 운동을 할 때는 소변을 참는 것처럼 몇 초 동안 질 주변 근육을 꽉 쪼인 다음 이완한다. 같은 방법을 10번 반복한다. 한편 요실금이 생기면 보호 속옷이나 생리대를 착용한다.

요로 감염(UTIs)

임신초기, 중기, 후기

임신으로 인해 나타나는 여러 변화들이 방광이나 신장, 요도가 감염되는 요로감염의 위험성을 증가시키기도 한다. 요로 감염은 조산의 흔한 원인이다.

따라서 요로 감염 여부를 알아내고 치료하는 것은 매우 중요하다. 더구나 임신기간에는 요로 감염 증상이 더욱 악화될 수 있는데, 예를 들어 방광에 발생한 감염 증상을 치료하지 않으면 신장 감염으로까지 발전할 수 있다. 한편 출산 후에는 요로 감염에 걸릴 확률이 더 크다. 출산 후 한동안은 방광을 완전히 비우기 어려운데, 이 때 남아 있는 소변에서 박테리아가 번식할 수 있다. 다행히도 방광 감염은 특별한 증상이 없더라도 선별 검사를 통해 초기 감염 증상을 발견할 수 있으며, 신장 감염으로 발전하기 전에 치료가 가능하다. 이처럼 요로 감염은 초기에 적절히 치료되기만 한다면 태아에게 해가 되지 않는다.

요로 감염에 걸리게 되면 소변을 볼 때 통증이나 따가움을 느끼게 된다. 또한 자주 화장실에 가고 싶은 욕구를 심하게 느끼거나 소변을 배출한 직후에 다시 화장실에 가고 싶을 수 있다.

그 밖의 증상으로는 혈뇨, 강한 냄새가 나는 소변, 미열과 방광주변의 당기는 느낌 등이 있다. 또한 복부 통증과 요통 역시 요로 감염을 알리는 증상일 수 있으니 주의한다.

예방 및 관리

다음은 요로 감염을 예방하는 데 도움을 주는 방법들이다.

- 물을 비롯하여 충분한 수분을 섭취한다.
- 자주 배뇨를 한다. 오랜 시간 소변을 참거나 기다리지 않는다. 소변을 참게 되면 방광을 완전히 비우기가 힘들어져 그로 인해 요로 감염이 발생할 수 있기 때문이다. 자주 소변을 보는 것은 요로 감염 치료에도 도움이 된다.
- 소변을 배출할 때 몸을 앞으로 숙인다. 그러면 보다 완벽히 방광을 비울

수 있기 때문이다.

- 성관계 후에는 항상 소변을 배출한다.
- 소변을 배출한 후 휴지로 닦을 때는 앞에서 뒤로 닦아준다.

의학적 치료가 필요한 경우

요로감염은 소변 검사를 통해 이루어진다. 감염이 확인되면 감염을 치료하기 위한 항생체와 열을 내리기 위한 해열제 치료를 받게 된다. 이러한 약물들은 임신 중에 복용해도 안전하지만 의사가 최선의 약을 선택할 수 있도록 의사에게 임신 사실을 알리도록 한다.

만약 신장감염이라면 입원을 해서 정맥주사를 통해 항생제를 투여 받아야 한다. 요로감염이 치료된 후에도 담당 의사는 재발을 막기 위해서 일정기간 추가로 항생제를 복용하라고 권할 것이다.

빈뇨

임신초기, 후기

임신초기 3개월 농안은 자궁이 점점 커지면서 방광을 압박하기 때문에 임신 전보다 자주 화장실에 가게 된다. 또한 기침을 할 때, 재채기를 할 때 또는 웃을 때 소변이 약간 새어나올 수도 있다. 하지만 임신 4개월이 되면 자궁이 골반강에서 위로 커지게 돼 방광에 가해지는 압박이 없어진다. 그리고 나서 출산 몇 주 전에는 태아의 머리가 골반 아래로 내려와 방광을 다시 압박하게 되므로 보다 자주 화장실에 가고 싶어질 것이다. 그러나 빈뇨 증상은 출산 후에는 곧 사라진다.

예방 및 관리

다음과 같은 방법을 따르면 도움이 될 것이다.

- 화장실이 가고 싶을 때마다 바로 가도록 한다. 소변을 참으면 방광을 완전히 비우는 것이 어려워져 요로감염이 발생할 수 있기 때문이다.
- 방광을 완벽히 비우기 위해서 소변을 배출할 때는 몸을 앞으로 숙인다.
- 밤중에 일어나 화장실 가는 횟수를 줄이기 위해 잠자기 몇 시간 전에는 아무것도 마시지 않는다. 하지만 낮에는 여전히 수분을 충분히 섭취한다.
- 하루에 몇 번씩 케겔 운동을 반복하면 요실금 현상을 줄일 수 있다. 케겔 운동은 다음과 같이 한다. 먼저 소변을 참듯이 질 주변 근육을 꽉 조인다. 그리고 몇 초 동안 이 상태를 유지한 후 이완한다. 이것을 10번 반복한다.
- 하루에도 몇 번씩 소변이 샌다면 무향 팬티 라이너를 착용하도록 한다.

의학적 치료가 필요한 경우

자주 소변을 본다든지 통증, 따가움, 열, 소변의 색깔과 냄새의 변화 등이 나타난다면 요로감염일 수 있으므로 담당 의사에게 연락한다(p703 '요로 감염'을 참고하시오).

통증과 쓰라림을 동반하는 배뇨

임신초기, 중기, 후기

소변을 배출할 때 통증과 쓰라림이 동반된다면 요로감염을 의심할 수 있으므로 담당 의사에게 즉시 연락한다(p703 '요로 감염'을 참고하시오).

질 출혈

임신초기, 중기, 후기

임신부의 절반 이상이 임신 중, 특히 임신초기 3개월 이내에 질 출혈을 경험한다. 임신 중 질 출혈은 다양한 이유에 의해서 발생하는데 어떤 것은 위험을 알리는 것일 수도 있고 아닐 수도 있다. 보통 질 출혈의 원인과 위험성은 임신기간 중 언제 발생했는가에 따라 달라진다.

• 임신초기 : 많은 여성들이 임신초기 12주 이내에 질 출혈을 경험한다. 이 때 출혈 상태의 정도나 지속정도, 지속시간에 따라 조심해야 하는 상황인지, 단지 임신 중에 나타날 수 있는 정상적인 상황인지를 파악할 수 있다.

아주 이른 임신초기, 즉 수정이 되고 7일에서 14일 이내 일어나는 소량의 출혈을 착상혈이라고 한다. 이것은 자궁 속에 수정란이 착상하면서 일어나는 가벼운 출혈로 대개 오래 지속되지 않는다.

한편 임신초기 3개월에 나타나는 출혈은 자연유산을 알리는 신호일 수 있다. 자연유산은 임신 6개월 이내에 언제든지 일어날 수 있지만 대부분은 임신초기 3개월 이내에 발생한다. 하지만 그렇다고 이 시기에 발생하는 질 출혈이 반드시 자연유산을 의미하는 것은 아니다. 임신초기 출혈을 경험한 여성들의 최소 절반은 자연유산을 경험하지 않기 때문이다.

이 밖에 임신초기에 나타나는 출혈과 통증의 또 다른 원인에는 자궁외임신이 있다. 이 때 자궁외임신이란 태아세포가 자궁 밖, 보통 나팔관에 착상한 경우를 말한다. 또한 드물지만 기태임신으로 인해서 임신초기에 출혈이 발생하는 경우도 있는데, 기태임신이란 수정 후 자궁 안에 아기 대신 비정상적인 덩어리들이 자라나는 드문 상태를 의미한다.

• 임신중기 : 임신 4개월이 지나면 초기 3개월보다는 자연유산이 될 가능성
이 적어지긴 하지만 위험성이 완전히 사라지는 것은 아니다. 질 출혈은 자연
유산을 알리는 대표적인 증상이므로 이 시기에 나타나는 출혈은 주의 깊게
살펴야 한다.

한편 임신중기에 일어난 적지 않은 출혈은 태반전치와 태반조기박리처럼
태반 문제를 알리는 신호일 수도 있다. 이 때 태반전치란 태반이 자궁의 너
무 아래쪽에 위치해서 자궁을 부분적 또는 완전히 덮고 있는 상태를 말하며,
태반조기박리란 미처 출산이 이루어지기 전에 자궁의 내벽에서 태반이 분
리되는 증상을 말한다. 하지만 이 두 가지 증상 모두 임신중기보다는 임신
후기에 더욱 자주 나타난다. 또한 임신 20~37주 사이에 발생하는 출혈은
조산을 알리는 신호일 수 있다.

이 밖에 자궁경부 감염이나 염증이 질 출혈의 원인이 되기도 한다. 대개 자
궁경부에 일어나는 출혈은 태아에게 위험을 끼치지는 않는다. 하지만 출
혈이 자궁경부암 때문에 일어나는 경우도 있으므로 출혈 시 바로 진찰받
는 것이 중요하다. 때때로 자궁경부에서 일어나는 가벼운 출혈은 자연적
으로 자궁경부가 열리는 자궁경부무력증이 원인일 수 있는데, 이는 조산
을 유발한다.

• 임신후기 : 임신 7개월 이후 나타나는 질 출혈은 대개 태반조기박리나 전
치태반 등의 태반 문제를 알리는 신호이다. 이 중 태반조기박리란 출산 전
자궁내벽에서 태반이 떨어지는 것을 의미하며, 이로 인해 발생하는 출혈량
은 상황에 따라서 다르다.

전치태반이란 일반적으로 자궁의 위쪽에 위치해 있어야 할 태반이 자궁경
부의 일부 또는 전체를 막는 것을 말하며 중요한 증상은 통증이 없는 질출혈

인데, 전형적으로 임신 중후반이나 만삭 가까이에 발생한다. 전치태반에 의한 질출혈은 보통 밝은 적색을 띠며 양이 적은 경우도 있지만 대부분의 경우는 출혈량이 많다.

임신 마지막 주에 일어난 출혈은 대개 분만이 임박했음을 알려주는 신호이다. 또한 분만 시작되기 직전이나 몇 주 전에는 임신 중에 자궁의 입구를 막고 있던 점액 마개가 배출되는데, 이 때 소량의 혈액이 섞여서 나오기도 한다 (p590 '혈성이슬' 을 참고하시오).

의학적 치료가 필요한 경우

임신 중에 발생하는 출혈 중 일부는 경미한 질환 때문에 나타나거나 치료를 요하지 않는 정상적인 과정에서 발생한다. 하지만 그 밖의 경우 출혈은 심각한 문제를 알려주는 신호일 수 있으므로 임신 중에 발생하는 모든 출혈에 대해서 담당 의사에게 알리도록 한다. 특히 임신초기 이후에 나타난 출혈에 대해서는 더욱 그렇다.

하루 만에 사라진 출혈이라 할지라도 담당 의사에게 알린다. 만약 다음과 같은 경우라면 즉시 담당 의사에게 연락하거나 병원 응급실에 가야 한다.

- 임신 4개월 이후에 나타나는 모든 질 출혈
- 많은 양의 출혈이 발생했을 때
- 통증, 경련, 열, 오한, 수축 등과 같은 증상들을 수반하며 출혈이 나타날 때

출혈의 원인을 찾기 위해서 병원에 입원해야할 수도 있다. 밝혀진 원인에 따라 치료 방법이 달라질 것이다.

냉증

임신초기, 중기, 후기

많은 여성들이 임신기간 동안 질 분비물의 증가를 경험한다. 냉은 백대하라고도 불리며, 가늘고 하얀색이며 약간의 냄새가 나거나 또는 아무 냄새도 나지 않을 수도 있다. 이것은 호르몬이 질 벽에 영향을 끼쳐 생기는 것으로 임신기간 동안 분비가 증가된다. 그리하여 임신 중 냉이 계속 증가하여 나중에는 그 양이 꽤 많아진다. 이 때 냉은 강한 산성을 띠는데, 이는 해로운 박테리아의 성장을 억제하는 하기 위한 것으로 알려져 있다.

임신 마지막 몇 주 동안 배출되는 냉에 피가 약간 섞여 있으면서 끈적거리거나 가는 덩어리가 나온다면 이것은 아마 자궁경부를 보호했던 점액질 마개일 것이다(p590 '혈성이슬' 을 참고하시오). 한편 출산 후에도 일시적으로 냉증이 나타날 수 있다. 오로라고도 불리는 이러한 냉증은 호르몬 분비의 변화로 인해 나타나는 것으로 자연분만 여부와는 상관없이 나타난다. 오로의 발생량, 형태, 발생 기간 등은 매우 다양하다. 처음에는 혈액이 포함되어 있다가 약 4일 후에는 핏빛이 희미해지거나 갈색으로 변한다. 그리고 약 10일이 지나면 하얀색이나 노란색으로 변하게 될 것이다. 그리고 때로는 혈병이 배출될 수도 있다. 출산 후 나타나는 이러한 오로는 약 2~8주 정도 지속되며, 그 양은 점점 줄어들게 된다.

이 밖에 질 감염이나 임신 호르몬, 항생제와 같은 약물 때문에 냉증이 일어나기도 한다. 배출되는 냉의 색이 녹색이나 노란색이면서 끈적거리고, 치즈에서 나는 것 같은 강한 냄새가 날 경우 또는 외음부 부분이 빨갛게 되면서 가렵고 따끔거리는 경우에는 질 감염을 의심할 수 있다. 질 감염 중에서 가장 흔한 형태는 박테리아성 질염으로, 고약한 냄새를 풍기면서 회색이나 녹색의 냉을 배출하며 조산을 초래하기도 하는데, 이는 경구용 또는 질 삽입용 메트로니다졸(metronidazole , Flagyl/MetroGel)을 통해 치료가 가능하다. 이 외에 임신 중에 잘 발생하는 질 감염으로는 칸디다증(candidiasis, p717 '이스트 감염'을 참고하시오)과 트리코모나스증(trichomoniasis)이 있다. 두 증상 모두 태아에게 직접적인 해를 끼치지 않으며, 임신 중에 치료가 가능하다. 한편 지속적으로 나오는 많은 양의 묽은 냉은 양수가 터졌다는 신호일 수 있으며, 혈액이 섞여 있거나 끈적거리는 점액 같은 냉이라면 자궁경부에 문제가 있음을 나타내는 것일 수 있다.

예방 및 관리

임신 중에 증가하는 냉을 처리하기 위해 팬티라이너나 얇은 생리대를 사용한다. 다음은 감염의 위험을 줄이기 위한 방법이다.

- 질 세정을 하지 않는다. 질 세정을 할 경우 질속 미생물의 정상적인 균형을 깨뜨려 박테리아성 질염이라는 질 감염을 일으킬 수 있다.
- 면으로 된 속옷을 입는다.
- 편안하고 헐렁한 옷을 입는다. 통기가 안 되는 꽉 끼는 바지나 운동 팬츠, 쫄바지 등은 피한다.
- 유산균 락토바실러스 아시도필러스*Lactobacillus acidophilu*가 들어 있는 요구르트를 매일 한 컵씩 먹으면 이스트로 인한 질 감염의 위험을 줄일 수 있다는 과학적 근거가 있다.

의학적 치료가 필요한 경우

다음과 같은 경우에는 담당 의사에게 연락하도록 한다.

- 복부에 통증이 있거나 열이 나면서 냉이 배출될 때

- 냉의 색이 녹색 또는 노란색이거나 강한 악취가 날 때

- 배출된 냉이 끈적거리고 치즈나 굳은 우유와 같을 때

- 냉이 배출되면서 음순에 붉어짐, 통증, 쓰라림, 가려움 등이 나타날 때

- 묽은 냉이 많이 배출되거나 지속될 때

- 배출되는 냉에 혈액이 섞여 있거나 비정상적으로 끈적거릴 때

- 양수검사를 막 마친 후 질 분비물이 증가한다면 양수가 새는 것일 수 있다.

출산 후 다음과 같은 일이 발생한다면 담당 의사에게 연락하도록 한다.

- 1시간마다 생리대를 갈아줘야할 정도의 질 분비물이 4시간 동안 지속될
  때. 만약 현기증이 나거나 출혈이 증가한다면 4시간까지 기다리지 말고
  바로 담당 의사에게 연락하거나 병원 응급실로 간다.
- 배출되는 냉에서 생선 비린내와 같은 악취가 날 때
- 복부가 당기고 출혈이 증가할 때 그리고 많은 양의 덩어리들이 배출될 때

하지정맥류

임신중기, 후기

임신을 하면 태아가 자라면서 임신부의 체내 혈액순환에 일어나는 많은 변
화들은 하지정맥류와 같이 반갑지 않은 부작용들을 낳기도 한다. 그리고 임
신부의 약 20%가 하지정맥류를 경험한다. 임신 중에는 증가한 혈액량에 맞
춰 혈관들이 종종 더 넓어질 뿐 아니라 다리에서 골반으로 흐르는 혈액량이
줄어들게 된다. 이로 인해 다리에 있는 정맥 판막이 제 구실을 못하게 되어

정맥이 팽창되면서 부풀어 오르게 되는 것이다. 정맥의 문제들은 특히 다리와 발목부분 피부 아래에 푸른빛색이나 붉은색 또는 보라색의 가는 선으로 나타나기도 한다. 하지정맥류는 가족간에 나타나는 경향이 있다. 따라서 유전적으로 약한 정맥 판막을 가지고 있다면 하지정맥류 증상이 나타날 가능성이 더욱 높아진다. 하지정맥류는 증상이 없는 경우도 있지만 다리의 통증이나 쑤시는 등의 증상을 초래하는 경우도 있다. 한편 확장된 정맥은 보통 출산 후에 줄어 든다.

예방 및 관리

다음과 같은 방법을 통해서 하지정맥류 발생을 예방하고, 증상이 악화되는 것을 막는 동시에 그로 인한 고통을 줄일 수 있을 것이다.

- 오랜 시간 서있는 것을 피한다.
- 다리를 꼬고 앉지 않는다. 이런 자세는 혈액순환을 방해할 수 있다.
- 자주 다리를 올려준다. 앉을 때는 다리를 다른 의자나 발걸이에 걸친다. 그리고 누워있을 때는 발과 다리 밑에 베개를 받쳐 둔다.
- 진체적인 혈액순환을 위해서 규칙적으로 운동한다.
- 일어나서 잠자리에 들기 전까지 활동을 하는 동안은 압박 스타킹을 착용한다. 압박 스타킹을 착용하면 다리의 혈액순환이 개선될 수 있다. 담당 의사에게 좋은 제품을 추천받을 수도 있을 것이다.
- 허벅지와 허리 부분이 헐렁한 옷을 입는다. 양말을 신거나 종아리에 딱 맞는 옷을 입는 것은 좋지만 다리 부분이 꽉 끼는 속옷처럼 허벅지를 죄는 옷들은 입지 않는다. 이러한 옷들은 다리에서 상체로 혈액이 돌아가는 길을 방해하여 하지정맥류를 악화할 수 있기 때문이다.

의학적 치료가 필요한 경우

대개 임신 중 나타나는 하지정맥류는 치료할 필요가 없지만 심각한 경우라면 외과적 시술을 통해서 해결될 수 있다. 하지만 임신 중에는 되도록 시술을 피하는 것이 좋다.

구토

임신초기

구토와 구역질은 임신초기에 발생하는 가장 대표적인 증상으로 하루 중 언제라도 발생할 수 있다(p662 '입덧', p667 '하루 종일 지속되는 입덧'을 참고하시오). 하지만 때때로 심각한 구토증세가 임신부의 음식섭취를 제한해 필요한 영양분과 수분을 공급받지 못하게 될 수가 있다. 이렇게 임신 중에 심각하게 입덧을 하는 증상을 의학용어로 임신오조(hyperemesis gravidarum)라고 한다.

임신오조는 임신부 약 300명 중 1명에게 나타나며, 심각한 구토가 빈번히 나타나면서 지속되는 것이 특징이다. 또한 현기증이나 어지러움 등을 느낄 수도 있다. 임신오조를 치료하지 않고 내버려두면 임신부에게 꼭 필요한 영양분과 수분을 섭취가 어렵게 된다.

임신오조로 인해 발생할 수 있는 가장 심각한 합병증은 탈수증상으로 드물기는 하지만 구토로 인해 체내 수분과 염분의 손실이 클 경우 태아의 생명이 위험할 수도 있다.

임신오조의 정확한 원인은 밝혀지지 않았지만 쌍생아를 임신했거나 기태임신(수정 후 자궁 안에 아기 대신 비정상적인 덩어리가 생기는 드문 현상)인 경우처럼 HCG 호르몬 수치가 높을 때 더욱 자주 발생한다. 첫 임신이고, 젊을수록 그리고 쌍생아를 임신했을 경우 임신오조는 더 잘 발생한다.

예방 및 관리

어쩌다 또는 하루에 한 번 정도만 구토를 한다면 p662 '입덧' 의 예방 및 관리를 참고하도록 한다.

의학적 치료가 필요한 경우

다음과 같은 경우에는 담당 의사에게 연락한다.

- 아무 음식도 먹을 수 없을 정도로 입덧이 심할 때

- 하루에 2~3번 이상 구토가 일어날 때

- 임신 4개월이 지나서도 입덧이 가라앉지 않거나 다음과 같은 초기 혹은 약한 탈수증상이 나타날 때

1. 홍조를 띤 얼굴

2. 극심한 갈증

3. 어두운 노란색의 소변을 소량 배출

4. 서있기도 어려울 정도로 어시러움

5. 팔이나 다리에 경련이 일어남

6. 두통

7. 입이 마르고 침이 끈적거림

탈수증상을 치료하기에 앞서 담당 의사는 기태임신, 소화 장애, 갑상선 질환 등 구토를 일으키는 다른 원인이 있는 것은 아닌지 확인할 것이다.

더운 느낌

임신중기, 후기

너무 더운가? 임신부가 더위를 느끼는 것은 단지 몸이 커졌거나 날씨가 따뜻해서 그런 것이 아니라 신진대사, 즉 '안정 시 에너지 대사율'이 빨라지기 때문이다. 게다가 태아가 생성하는 열까지 배출해야 하기 때문에 발한 증상은 더욱 심해진다. 그래서 임신부는 겨울에도 더위를 느끼는 것이다.

예방 및 관리

임신기간 동안에는 체온을 너무 높이지 않도록 온도를 조절하는 것이 매우 중요하다. 다음과 같이 하면 몸이 시원해지는 데 도움이 될 것이다.

- 물이나 기타 수분을 많이 섭취한다. 항상 물병을 휴대하는 것이 좋다.
- 면과 같이 통기성이 좋은 옷을 가볍게 입는다.
- 하루 중 가장 더운 시간에는 밖에 나가 운동하지 않는다. 새벽이나 저녁에 산책을 하거나 체육관에 가는 것이 좋다.
- 가능하다면 햇볕을 너무 쬐지 않는다.
- 수영을 하거나 미지근한 물이나 시원한 물로 샤워 및 목욕을 한다.
- 바깥 온도가 32도 이상인 경우 에어컨이 켜진 곳에 머무르도록 한다.

양막파열

임신후기

진통 전 양막이 터지면 그 동안 태아를 충격으로부터 보호해주던 양수가 새어나오게 된다. 이것은 양수 터짐 또는 양막 파열 등으로 불리며, 극적인 사건으로 묘사되지만 실제로는 단지 약 10퍼센트의 임신부만이 그것도 대개 집 또는 침대에서 경험한다. 양수는 진통 중에 터지는 경우가 많은데, 자궁 경부가 다 열리고 힘주기를 하는 단계에서 터지는 경우가 가장 흔하다. 대개 양수가 터지고 나면 진통이 시작되거나, 강도가 더 세지게 된다.

양수가 터지면 바로 담당 의사에게 알리도록 한다. 대부분의 의사들은 양수가 터진 후에는 감염의 위험이 있기 때문에 즉시 병원으로 올 것을 권할 것이다. 특별한 기준이 있는 것은 아니지만 조산이 아니라면 양수가 터지고 24시간 이내에 출산을 하는 것이 가장 좋다. 새어나온 양수에서 냄새가 나거나 그 빛깔이 투명하지 않다면 담당 의사에게 알리도록 한다. 초록빛을 띠거나 냄새가 날 경우 자궁감염이 발생한 것일 수 있기 때문이다.

만약 배출된 것이 양수인지 소변인지 확신할 수가 없다면 담당 의사를 찾아가 확인하도록 한다. 한편 많은 임신한 여성들이 임신후기에 요실금증상을 겪는데, 이 때 성관계를 가지거나 체내형 생리대를 삽입하게 되면 질을 통해 박테리아가 침입할 수 있으므로 삼가는 것이 좋다.

이스트 감염

임신초기, 중기, 후기

이스트 감염(칸디다증)은 전체 여성 중 25퍼센트에 달하는 이들의 질에서 조금씩 발견되는 칸디다 알비칸*Candida albicans*라 불리는 미생물에 의해 발생한다. 사실 정상적인 질에는 여러 미생물이 서로 균형을 맞추면서 존재하는데, 임신 중에는 에스트로겐 호르몬이 증가하여 질내 환경을 바꿈으로써 미생물간의 균형이 깨지게 된다. 이 때 일부 미생물들이 다른 것들보다 빠르게 성장하면서 문제가 발생하게 되는 것이다.

이처럼 칸디다증은 어떤 증상이나 문제없이 질에 존재할 수도, 감염을 일으킬 수도 있다. 감염이 일어나게 되면 끈적거리고, 하얗게 굳은 우유 같은 분비물이 나오며, 질과 음순 주변이 가렵고 따가우면서 붉어지고, 배뇨 시 통증이 나타난다. 이로 인해 임신부는 여러 가지로 불편함을 느끼겠지만 이는 아기에게 특별한 해를 끼치지 않으며, 대부분 임신기간 동안 안전하게 치료를 받을 수 있다.

예방 및 관리

이스트 감염을 예방하기 위해서는 다음과 같이 한다.

- 락토바실러스 아시도필러스가 포함된 요구르트를 먹는다. 물론 대부분의 요구르트에는 이 유산균이 들어 있다. 이것은 몸에 존재하는 박테리아들이 균형을 이루도록 도와줄 것이다.
- 헐렁한 바지와 면으로 된 속옷이나 팬티스타킹을 입는다.
- 젖은 목욕 가운이나 운동복 등을 오랜 시간 동안 입고 있지 않는다. 그리고 입은 옷은 한 번 입고 빨도록 한다.

의학적 치료가 필요한 경우

임신 중에 칸디다증을 치료할 때는 질에 크림을 바르거나 항진균성 크림이 포함된 보조 약품을 바른다. 이러한 약들은 의사의 처방 없이 사용할 수 있지만 반드시 사용 전에 담당 의사와 상의하는 것이 좋다. 또한 치료를 받기 전에 담당 의사로부터 확실한 진단을 받는 것이 먼저인 것은 물론이다.

이스트 감염을 치료하기 위해 경구용 치료제가 이용되기도 하지만 임신 중이라면 대부분의 의사들은 국소적인 치료방법을 권할 것이다.

임신 중의 이스트 감염은 대개 분만 후에 사라지지만 여전히 재발될 가능성이 있다. 따라서 임신 내내 계속해서 이스트 감염을 치료해야 할 수도 있다.

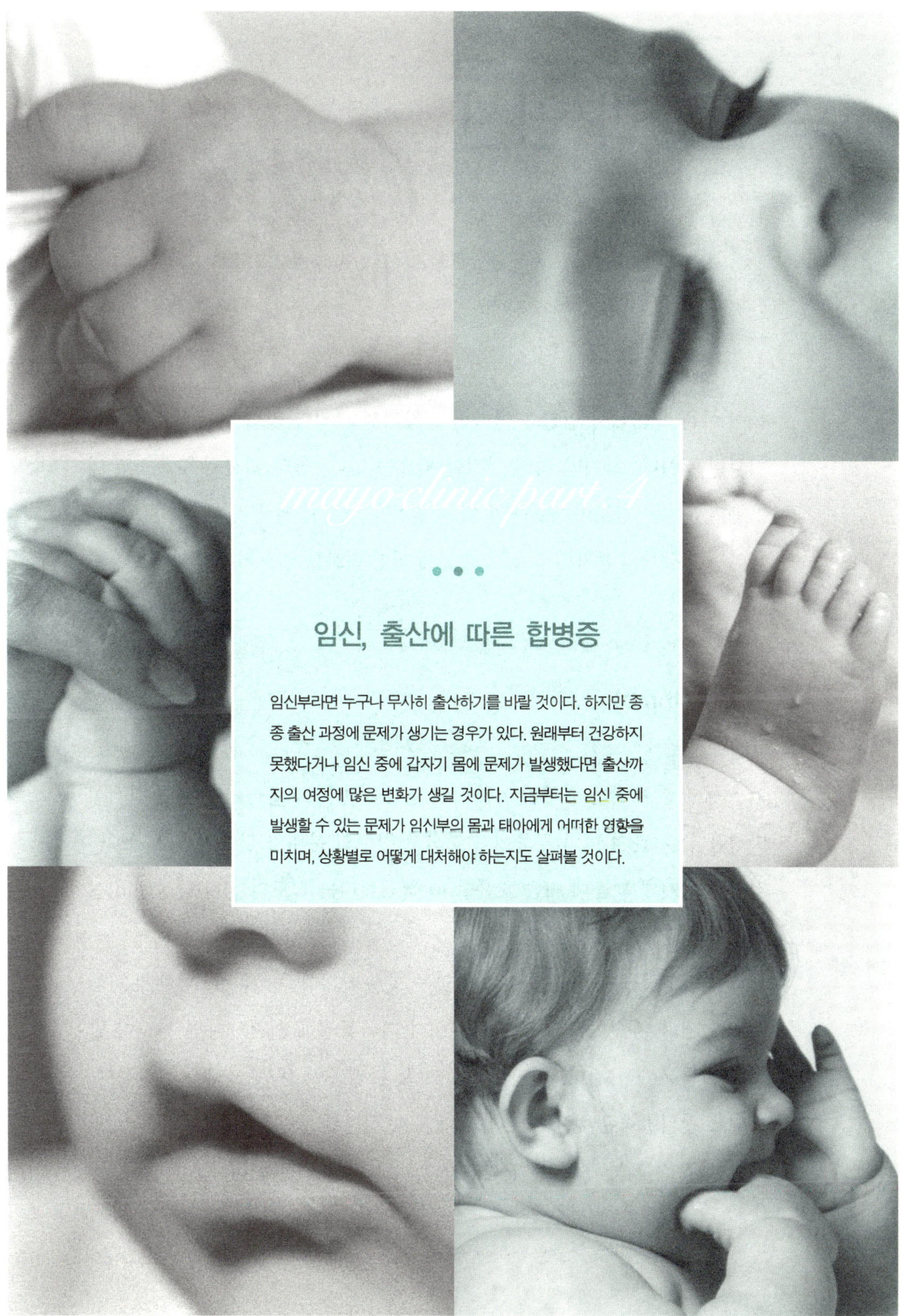

임신, 출산에 따른 합병증

임신부라면 누구나 무사히 출산하기를 바랄 것이다. 하지만 종종 출산 과정에 문제가 생기는 경우가 있다. 원래부터 건강하지 못했다거나 임신 중에 갑자기 몸에 문제가 발생했다면 출산까지의 여정에 많은 변화가 생길 것이다. 지금부터는 임신 중에 발생할 수 있는 문제가 임신부의 몸과 태아에게 어떠한 영향을 미치며, 상황별로 어떻게 대처해야 하는지도 살펴볼 것이다.

건강과 임신

몸이 아픈 상태에서 임신을 했다면 일반적인 과정과 많이 다른 출산여정이 펼쳐질 것이다. 하지만 미리 걱정할 필요는 없다. 담당 의사의 도움으로 대부분의 문제는 산모와 태아에게 나쁜 영향을 끼치기 전에 잘 해결된다. 이제부터는 건강상의 문제가 임신과 출산에 어떤 변화를 일으키는지 알아보자.

천식 (Asthma)

폐로 공기를 보내는 통로인 기관지에 염증이 생기고 좁아지게 되면 천식이 발생한다. 기관지 벽의 근육이 수축하고 점액의 분비가 많아지면서 기도는 점점 좁아지게 되는데 이는 호흡할 때 쌕쌕거리는 정도의 경한 증상에서 심한 호흡곤란까지 초래할 수 있다.

천식이 발생하는 특별한 연령층이 있는 것은 아니다. 만일 부모님에게 천식이 있었거나 자신이 알레르기 물질이나 자극물질에 민감하다면 천식이 발생할 확률은 높아진다. 비만, 식도 역류, 간접흡연 등도 천식을 유발한다. 때때로 천식발작은 생명을 위협할 정도로 심각한 경우도 있지만 대체로 치료가 매우 잘 되는 병이다. 임신부가 스스로 건강을 잘 관리하고 약을 잘 복용한다면 임신 중에 천식으로 큰 어려움을 겪는 일은 없을 것이다.

임신 중 천식의 관리

천식은 잘 관리하기만 하면 임신부와 태아에게 문제를 일으킬 가능성은 거의 없다. 하지만 천식환자라면 일단 자신이 어떤 것을 주의해야 하는지 담당 의사와 먼저 상담한다. 임신부 자신이 편히 호흡하지 못하면 태아에게 해가 될 수 있고 천식약은 태아에게 거의 영향을 주지 않기 때문에, 약물복용이 필요하다면 주저하지 말아야 한다.

임신 전에 휴대용 최대 유량계(peak flow meter)를 사용한 적이 없다면 임신 중에 사용할 수 있도록 담당 의사에게 이에 대해 물어보도록 한다. 최대 유량계는 임신부의 호흡이 매일 어떻게 달라지는지 체크하는 데도 유용하지만 천식의 원인과 추가적으로 치료가 필요한지 여부를 결정하는 데도 큰 도움을 준다. 천식이 조절되지 않으면 임신부와 태아는 문제를 겪을 수 있다. 천식으로 인해 숨을 잘 쉬지 못하면 몸에 산소가 부족해지고 이에 따라 태아에게 전달되는 산소의 양 또한 줄어들기 때문이다. 때로 이러한 산소부족이 태아의 성장 속도를 감소시키고 심지어 뇌손상을 초래할 수 있다.

만일 임신 중에 심각한 천식 증세가 나타날 경우 산소치료와 함께 폐 기능 검사나 동맥혈액가스 분석검사를 받는다. 또한 담당 의사는 빈혈이 있는지도 검사하게 될 것이다. 왜냐하면 천식이 있는 여성에게는 빈혈이 부가적인 스트레스를 주기 때문이다.

한편 천식을 앓고 있는 임신부가 독감에 걸리게 되면 호흡이 더욱 힘들어질 수 있으므로 예방 접종을 하는 것이 매우 중요한다. 단, 예방 접종을 할 때는 적어도 임신초기 3개월이 지난 후에 한다. 담당 의사는 임신부가 복용하고 있는 약물에 대하여 다시 한번 점검할 것이다. 천식 증세를 다스리기 위해서는 담당 의사가 처방한 약을 지속적으로 복용해야 한다. 그러므로 의사의 특별한 지시가 있지 않은 한 천식약 복용을 중단해서는 안 된다.

한편 임신이 천식에 어떠한 영향을 끼치는지 정확하게 예측하기란 쉽지 않다. 상황에 따라 상태는 그대로이거나 악화 또는 호전될 수도 있다. 일부 임신부들의 경우 임신중기와 후기에 천식이 악화될 수 있는데, 드물긴 하지만 분만 중에 천식이 악화되는 경우도 있다. 하지만 천식 치료제는 임신 중 복용해도 안전하므로 임신 중 천식이 다소 악화된다 하더라도 약을 통해 다스릴 수 있다.

암(Cancer)

통계적으로 임신부 천 명 중 한 명은 암에 걸린다. 아직까지 임신기간 동안 암 발생률이 증가한다는 명확한 근거는 없지만 유방암, 자궁경부암, 난소암 그리고 흑색종이라 불리는 피부암 등이 가임 연령의 여성들에게서 많이 발견되고 있다.

암이란 신체 내 어떤 종류의 세포가 과도하게 성장하는 다양한 질병의 총칭이다. 건강한 상태에서 세포는 우리 몸이 필요로 하는 수를 유지하면서 지속적으로 성장과 분할을 반복한다. 그런데 때때로 세포 분열이 계속되면서 필요 이상의 세포를 생산하는 비정상적인 과정이 일어나는데, 이것이 하나의 조직 덩어리를 이루면 '종양'이 되는 것이다.

양성 종양은 암이 아니며, 생명을 위협하는 경우도 드물다. 실제로 양성종양은 종종 제거될 수도 있으며, 더 큰 문제를 일으키지도 않는다. 문제는 악성 종양이다. 악성종양을 이루고 있는 세포는 끊임없이 분열하고 성장한다.

그리고 이러한 세포들은 몸 안의 다른 장기와 조직들로 퍼져나가(전이돼) 생명을 위협할 정도로 조직과 장기를 손상시킬 수 있다.

예전에 암에 걸린 적이 있거나 현재 암에 대한 치료를 받고 있는 중이라면 담당 의사는 임신을 미룰 것을 권할 것이다. 예를 들어 유방암 진단을 받은 여성들은 완치될 때까지 피임을 권유받는다. 또한 과거에 유방암에 걸린 적이 있던 사람들 역시 임신을 시도하기 전에 암의 재발여부를 확인받을 것이다. 암은 치료 후 2~3년 사이에 재발할 위험이 가장 높으므로 특히 주의가 필요하다. 어떤 경우에는 이전의 암 치료가 생식 능력을 감소시키기도 한다. 난소암에 걸린 여성이라면 한 쪽 또는 양쪽 난소가 수술에 의해 제거될 수 있으며, 만약 암이 진행된 상태라면 나팔관, 자궁, 자궁경부까지 제거될 수도 있다. 이러한 경우에 여성이 임신을 하기란 불가능하다.

임신 중 암의 관리

임신 중에 암 진단을 받았다면 어떤 종류의 암에 걸렸는지, 암이 얼마나 진행되었는지, 어떤 치료가 최선의 방법일지, 임신한 지 얼마나 되었는지에 따라 치료방법이 결정될 것이다. 가장 흔한 암 치료방법은 화학요법이다. 하지만 임신초기에 화학요법 치료를 하면 태아가 선천성 기형을 가지고 태어날 위험이 있으며, 임신 4~9개월 사이에 화학요법을 실시할 경우 저체중아가 태어날 가능성이 있다. 이외에도 어떤 약물을 사용하느냐에 따라 다른 문제들이 나타날 위험성의 정도는 다양하다.

또 다른 치료방법으로는 방사선 치료가 있는데, 방사선에 노출된 강도나 노출된 신체부위, 임신주수 여부에 따라 태아에게 끼치는 영향 여부가 달라진다. 가슴이나 복부에 방사선 치료를 받는 경우 태아에게 영향을 미치는 것은 거의 확실하다. 고용량의 방사선은 태아에게 기형, 정신지체, 성장 장애 등을 일으킬수 있다. 태아가 가장 영향을 받는 임신주수는 대개 임신 8~15 주 사이이다.

임신 중이라 해도 외과적 수술을 통해 암을 치료할 수 있다. 수술 부위가 자궁과 관련이 없고 반드시 암을 제거해야 할 필요가 있다면 출산 후까지 기다리기보다는 임신 중이라도 수술을 택하는 것이 최선이기 때문이다. 하지만 수술 후 복부에 염증이나 감염이 발생한다면 조산의 위험이 증가하게 된다. 또한 임신 중 이뤄지는 이와 같은 암 치료들은 여러 가지 합병증을 유발할 수 있다. 예를 들어 자궁경부암 때문에 임신중임에도 불구하고 자궁경부에 있는 암덩어리를 반드시 수술로 제거해야 하는 경우라면 출혈, 조산, 유산의 위험이 증가할 수 있다.

또한 암이 몸의 다른 부위로 전이될경우 태아가 위험해질 수 있다. 드문 경우이지만 악성 흑색종은 태반이나 태아에게 전이될 수 있다. 하지만 암이 많이 진행되어 있는 상태에서 임신을 유지하기 위해 암 치료를 중단하거나 연기한다면 임신부의 생명이 위험해질 수 있다.

임신이 암 진행에 직접적인 영향을 끼치는지는 분명하지 않다. 하지만 많은 경우 임신으로 인해 치료를 하기 곤란하거나 특정 치료방법의 선택 기회를 줄임으로써 결과에 영향을 끼칠 수 있다. 특히 진행되어 있는 상태 (advanced)의 유방암, 자궁경부암, 림프종인 경우에 더욱 그러하다.

일반적으로 임신 중에 유방암 진단을 받은 여성이나 그렇지 않은 여성 모두 그에 따른 치료과정이나 결과는 비슷하다. 그러나 이것은 치료를 시작했을 때의 이야기이다. 임신 중에는 암의 진단과 치료를 미루는 일이 흔하다. 임신 중에 진행되어 있는 상태의 암을 선고받은 여성은 태아를 포기하지 않는 한 일반 여성들과 같은 치료방법을 선택하지 못할 수 있다. 예를 들어 방사선 치료가 그렇다. 자궁 근처에 직접 방사선을 쬘 경우에 태아에게 해가 될 위험이 있기 때문에 임신부는 방사선치료를 하지 않는 것이 일반적이다. 따라서 암이 퍼진 정도에 따라서 수술을 할 것인지, 화학요법을 택할 것인지가 결정될 것이다.

진행성 유방암의 경우 치료가 태아에게 영향을 끼친다 하더라도 즉시 치료되어야만 하는데, 이는 치료를 연기하거나 치료 방법을 바꾸다가 자칫 임신부의 생명까지 위태롭게 할 수 있기 때문이다. 이것은 진행된 또는 침투적 자궁경부암 역시 마찬가지이다.

난소암은 초기 증상이 뚜렷하지 않은 편이다. 그래서 난소암은 이미 병이 상당히 진행된 후에 발견되기 쉽고, 그로 인해 예후가 더 나빠지기도 한다. 하지만 보통 나이가 많은 여성들 사이에서 발병하는 난소암이 임신부에게 발병할 확률은 낮다.

임신부에게서 발견되는 난소종양은 대개 정기적인 초음파 검사로 우연히 발견하게 되며, 대부분 초기 단계에서 발견된다. 또한 임신 중에도 종양을 제거하는 수술이 이뤄질 수 있다. 종종 출산 때까지 수술을 늦추는 경우도 있지만 대부분은 연기할 필요도 없고, 바람직하지도 않다. 그리고 임신 중에는 난소암보다는 양성 난소종양이 더 많이 발견된다.

한편 악성 흑색종은 피부의 반점세포에서 시작되는 공격적인 암으로 위치와 크기에 따라서 제거 여부가 결정된다. 임신이 암의 진행에 영향을 끼치지는 않지만 대신 발견이 늦어질 수는 있다. 악성 흑색종은 주로 외과적 수술을 통해 제거되는데, 피부에 실시되는 외과적 수술이 태아에게 영향을 끼칠 가능성은 거의 없다. 그러므로 임신 중이더라도 피부에 악성 흑색종으로 의심되는 병변이 생기면 바로 제거해야만 한다.

임신 전후 그리고 임신 중에도 정기적인 암 검사는 필수이다. 특히 특정 암과 관련해서 가족력이 있거나 다른 위험 요인이 있다면 더욱 중요하다.

예를 들어 임신부는 유방암 자가진단과 함께 악성 흑색종의 신호일 수 있는 부정형의 사마귀 발생을 지속적으로 확인해야만 한다.

임신 중에 암이 발병하는 경우는 드물다. 하지만 발견하지 못해 암이 말기에 이르게 되면 치료하기가 어려워질 것이다. 그러므로 임신기간 동안 적절한 진단과 치료가 늦어지지 않는 것이 무엇보다 중요하다.

고혈압 (High blood pressure)

혈압이란 혈액이 동맥 혈관 벽에 가하는 압력을 말한다. 혈압은 기본적으로 몸의 자세를 바꿀 때나 기본적인 활동에 변화가 생길 때마다 적절하게 조절되는데, 혈압이 정상적인 수준보다 매우 높은 경우를 고혈압이라 한다.

만성적인 고혈압의 원인은 여러 가지이다. 유전이나 식습관, 생활습관 같은 것들이 고혈압의 원인이며, 그 밖의 다른 만성질환도 고혈압을 유발할 수 있다. 예를 들어 신장질환, 갑상선 기능장애, 쿠싱 증후군(부신피질호르몬의 분비과잉으로 발생하는 임상적 현상), 수면무호흡증 등이 그것이다. 따라서 고혈압을 일으키는 주요 원인이 무엇이냐에 따라 치료방법도 달라질 수 있다. 그러나 그 원인이 무엇이든 간에 고혈압은 공통적으로 심장마비, 발작, 신장 기능장애, 급사 등을 일으킬 수 있으므로 반드시 치료되어야만 한다.

임신 중 고혈압의 관리

고혈압이라고 해서 건강한 임신을 하지 못하는 것은 아니다. 하지만 임신기간 내내 주의 깊은 관찰과 관리가 요구된다. 만성 고혈압은 악화될 경우 엄마와 태아 모두에게 문제를 일으킬 수 있다. 특히 만성 고혈압 환자가 자간전증으로 발전하게 되면 문제는 더욱 심각해진다. 임신부에게 일어날 수 있는 합병증으로는 심장마비, 발작, 신장과 간 기능의 장애, 시력 저하 등이 있으며 중중 고혈압일 경우 생명을 위협할 수도 있다.

고혈압인 여성들 상당수가 다음 번 임신 시에도 문제를 겪는다. 고혈압은 태아의 성장장애, 조기태반박리 뿐만 아니라 분만 전이나 후에 호흡곤란을 발생시킬 위험성을 높이며, 고혈압 치료제는 태아에게 영향을 끼치기도 한다. 만일 만성 고혈압이라면 임신하기 전에 미리 의사를 찾아가서 현재의 상태와 복용하고 있는 약들을 점검받는 것이 좋다. 혈압을 낮추는 일부 약들은 임신 중에 복용해도 안전하지만 ACE억제제(Angiotensin-coverting enzyme inhibitor)와 같은 고혈압 치료제는 태아에게 위험할 수 있기 때문이다. 이 때문에 담당 의사는 임신 중에 복용할 고혈압 치료제의 종류나 양을 바꾸게 할 수 있다.

임신을 하면 몸이 임신에 적응해나가는 과정에서 혈압이 변화할 수 있다. 고혈압은 임신 중, 특히 임신후기에 악화되기 쉬운데 임신이 고혈압에 영향을 끼치지는 않지만 임신 중이나 출산 시 심각한 합병증이 나타날 수 있다. 그래서 어떤 경우에는 임신을 하면서 비로소 고혈압이 있는 것을 알게 되기도 한다. 따라서 임신부는 고혈압 치료를 간과해선 안 된다. 임신부는 혈압이 잘 조절되는지 뿐만 아니라 태아의 발달상태 또한 반드시 체크해야 한다. 태아의 건강 상태와 성장 정도를 확인하기 위해서는 정기적으로 병원을 방문해서 초음파 검사를 받는 것이 좋다. 일단 출산을 3개월 앞둔 시점에는 태아가 잘 있는지 눈으로 확인하기 위해서 검사가 실시되기도 한다. 때때로 고혈압이 있는 임신부는 합병증을 피하기 위해 출산 예정일 몇 주 전에 분만을 해야 할 수도 있다.

우울증 (Depression)

우울증은 심각한 정신적 질병이다. 우울증에 걸리면 일단 먹고, 자고, 일하고 다른 사람들과 의사소통하는 것이 어려워지며, 삶을 즐기는 것 자체가 힘들어진다. 우울증은 사랑하는 사람이 죽는 것 같은 엄청난 스트레스 때문에 일시적으로 발생하기도 하지만 어떤 경우에는 만성적으로 지속되기도 한다. 그리고 우울증은 가족력으로 나타나기도 하는데, 이는 우울증이 유전적인 요인과도 다소 관련이 있음을 보여준다. 전문가들은 스트레스와 같은 환경적 요인과 함께 이런 유전적 취약함이 뇌 속 화학 물질의 균형을 깨뜨려 우울증이 나타나는 것으로 생각한다.

우울증은 단순히 기분이 가라앉는 것과는 많이 다르다. 만일 치료하지 않고 방치하면 무기력, 의존증 같은 정신적인 장애를 비롯해서 자살로 이어질 수도 있다. 한편 우울증을 치료하는 방법에는 상담, 약물, 그 밖의 대체요법 등이 있다.

임신 중 우울증의 관리

누구나 우울증에 걸릴 수 있다. 특히 가임기의 여성들은 우울증에 걸릴 위험이 높다. 다행인 것은 적절한 의학적 치료를 받으면 대부분의 우울증 환자들이 별 문제없이 임신과 출산을 할 수 있다는 점이다.

하지만 임신이 우울증에 영향을 미치기도 한다. 임신기간 동안 여성들은 많은 변화를 겪는다. 더구나 우울증이 있는 여성에게 임신은 자신의 다양한 감정 변화를 다스리기 더욱 힘들게 만든다. 또한 임신 중에 나타나는 신체적 변화와 분만이 항우울제의 효과를 떨어뜨리거나 변화시킬 수 있다. 임신 전에 우울증을 심하게 앓았던 여성이라면 임신 중이나 후에 재발되기도 하는데 특히 임신기간 동안 항우울증제를 끊었던 이들이라면 더욱 그렇다.

만약 우울증이 있는 상태에서 임신을 하고자 한다면 먼저 담당 의사와 함께 자신의 상황에 대해 이야기하도록 한다. 그리고 지금까지 치료제를 복용하고 있었다면 앞으로도 같은 약을 계속 먹어도 되는지 복용량에는 문제가 없는지 의사에게 물어봐야 한다. 증세가 심각하지 않다면 약을 중단해도 되겠지만 현재 우울증이 심하거나 최근에 우울증을 겪은 경험이 있다면 계속해서 치료를 받아야 할 것이다.

임신기간 동안 항우울증제의 복용의 안전성에 대한 연구들은 계속 행해져 왔다. 연구에 따르면 플루옥세틴(fluoxetine, Prozac/Sarafem 등), 설트랄린(sertraline, Zoloft), 패록세틴(paroxetine, Paxil) 등은 태아의 선천적 장애 위험을 증가시키지 않았다. 그리고 부프로피온(bupropion, Well butrin) 역시 아직까지는 태아에게 선천적 장애를 일으키지 않는 것으로 알려져 있다. 하지만 이런 약들이 출산 이후 아기의 행동에 어떤 영향을 미치는지는 아직 밝혀지지 않았다.

한편 트리사이클릭*tricyclic* 항우울제로 알려진 약물들은 주의하여 사용해야 한다. 물론 지금은 효능이 우수한 다른 신제품이 많이 개발되었기 때문에 임신 중에 이 약을 복용할 일은 거의 없을 것이나.

임신 중에 우울증을 적절히 관리하는 일은 중요하다. 우울증을 내버려 두게 되면 건강을 잃을 수 있고, 이로 인해 임신부와 태아 모두에게 문제가 생길 수 있다. 예를 들어 우울증에 시달리면 식욕이 줄거나 충분한 체중증가가 일어나지 않을 수 있다. 그리고 술이나 약물 중독에 빠지거나 그 밖에 다른 위험한 행동을 하게 되기도 한다. 심각할 경우 자해나 자살을 하게 될 수도 있다.

또한 임신기간 동안 우울증을 제대로 치료받지 못하게 되면 태아의 건강도 위협받을 수 있다. 연구에 따르면 엄마의 우울증이 조산, 저체중아 출산,

낮은 아프가 점수(출산 후 아기의 건강을 측정하는 점수)와 관련이 있다고 한다. 현재 우울증을 치료받고 있거나 전에 우울증에 걸린 적이 있다면 임신기간 동안 어떻게 해야 할지 담당 의사에게 조언을 구하도록 하고, 약을 복용하거나 중단 또는 다른 종류로 바꿀 때에도 반드시 담당 의사의 확인을 받는다. 그리고 우울증 증세가 재발한 경우에는 담당 의사에게 바로 알려야 한다.

당뇨병 (Diabetes)

당뇨병이란 우리 몸의 주요 에너지원인 혈당(글루코오스) 조절에 영향을 끼치는 병이다. 보통 우리가 섭취한 음식물은 글루코오스로 분해되어 몇 분에서 몇 시간 후에 혈액으로 흡수된다. 그러면 췌장에서 분비되는 호르몬인 인슐린은 우리 몸이 에너지를 사용하거나 저장할 수 있도록 글루코오스가 세포 내로 들어가는 것을 도와주게 된다.

그런데 당뇨병에 걸리면 이러한 체계가 뒤틀린다. 즉 글루코오스가 세포로 이동하지 못하고 혈액에 남아 있다가 소변으로 배출되는 것이다. 이렇게 계속 혈중 글루코오스 수치가 높은 채로 있게 되면 신경, 신장, 눈, 심장, 혈관, 면역체계 등이 손상될 수 있다. 한편 당뇨병은 다음과 같이 크게 두 가지 유형으로 나뉘어진다.

• 제1형 당뇨병(인슐린 의존형 혹은 소아 당뇨병) : 췌장에서 인슐린이 거의 분비되지 않거나 몸의 근육과 조직 세포들이 인슐린에 저항성을 가지게 되었을 때 제1형 당뇨병이 발병한다. 이 경우에는 매일 인슐린을 주사해야 한다.

• 제2형 당뇨병(인슐린 비의존형 당뇨병 혹은 성인 당뇨병) : 췌장에서 인슐린이 충분히 분비되지 않거나 그에 대한 저항성을 갖게 될 때 제2형 당뇨병이 발병한다. 체내 세포들이 인슐린에 대한 저항성을 갖게 되면 몸이 혈당조절 역할을 하는 인슐린 호르몬을 거부하게 된다. 그러면 당이 혈액에 쌓이게 되는 것이다.

미국의 경우 1600만 명의 성인 및 어린이가 당뇨병을 앓고 있다. 또한 일부 여성들은 임신 중에 일시적으로 '임신성 당뇨'를 겪는다. 임신성 당뇨는 제2형 당뇨병과 유사한 증상을 보이지만 출산 후 사라진다.

제2형 당뇨병은 연령이 높을수록 그리고 집안 병력이 있는 사람일수록 발병률이 높아지며, 흑인, 히스패닉, 인디안 원주민에게 특히 잘 나타난다. 제2형 당뇨병의 경우 과체중, 운동부족과 같은 평소의 생활방식이 발병률을 높이기도 한다. 현재까지는 한번 발병한 당뇨병을 완전히 낫게 하는 방법은 없다. 하지만 적절한 약물 복용과 올바른 식습관, 적절한 체중 유지, 꾸준한 운동 등을 통한 혈당조절은 가능하다.

임신 중 당뇨병의 관리

임신 전 또는 임신기간 동안 당뇨병을 앓았다 해도 건강한 아기를 임신하고, 출산할 수 있다. 그러나 만약 혈당수치를 잘 조절하지 못할 경우 뇌나 척수, 심장, 신장 등에 선천적 기형을 가진 아기를 낳을 위험이 커지며, 특히 자연유산이나 사산의 위험도 증가한다.

특히 당뇨병을 잘 조절하지 못하면 4.5kg 이상의 거대아를 출산할 확률이 커진다. 혈당수치가 높아지면 태아 또한 정상치 이상의 당을 공급받게 되고 그에 따라 인슐린의 생성이 증가하면서 당분이 지방으로 축적되기 때문이다. 따라서 임신기간 중 태아의 성장상태를 관찰하는 것은 당뇨병이 태아에게 끼치는 영향을 파악하는 데 있어 중요하다. 당뇨가 잘 조절되지 않는 경우 사산의 위험 때문에 간혹 만삭 이전에 유도분만을 하기도 한다.

그러나 당뇨병을 가진 엄마에게서 태어난 아기들은 호흡곤란 증후군이나 황달이 발생할 위험이 높기 때문에 조기유도분만에는 위험이 따른다. 특히 당뇨 조절을 제대로 못한 상태에서 낳은 아기, 특히 거대아의 경우 저혈당이 있을 수 있고 이런 경우 태어난 직후 정맥주사를 통해 글루코오스 공급해주어야 하는 경우도 있다.

당뇨병을 앓고 있는 여성이 임신을 하면 인슐린 요구량이 증가한다. 이는 태반에서 분비되는 호르몬이 정상적인 인슐린의 작용을 방해하기 때문이다. 실제 어떤 여성들은 혈당을 조절하기 위해 임신 전보다 2~3배 정도 되는 인슐린이 필요하다. 그리고 임신 전에 인슐린을 주사했던 여성들의 대부분은 하루에 몇 번 인슐린 주사를 맞아야 하거나 인슐린 펌프(insulin pump, 인슐린 자동 주입기)를 필요로 하게 된다. 또한 인슐린의 양을 자주 점검하고 필요에 따라서 줄이거나 늘리게 될 것이다.

임신 전에 인슐린 주사 외의 방법으로 당뇨병을 치료하고 있었다면 담당 의사는 일단 복용하고 있는 약물의 종류를 확인할 것이다. 일부 경구용 혈당강하제의 경우 선천성 기형의 위험을 증가시키기 때문에 의사는 임신을 계획하고 있거나 임신 중에는 경구용 혈당강하제를 인슐린 주사로 바꾸도록 권할 수 있다.

임신 중, 특히 임신초기에는 입덧이 심하기 때문에 혈당조절을 위한 식단을 유지하는 데 어려움을 느낄 수 있다. 그러나 식이조절은 당뇨 치료에 가장 중요한 부분 중 하나임을 기억해야 한다.

임신중에는 특히 당뇨 합병증이 생기지 않도록 주의해야 한다. 합병증 중 하나인 케톤산혈증(Ketoacidosis)은 체내에 인슐린이 충분하지 않아 적절한 에너지를 얻지 못한 세포가 에너지를 얻기 위해 지방을 분해하는 과정에서 생기는 '케톤산(Ketone)'이라는 독성물질 때문에 발생한다. 당뇨병성 망막증(retinopathy) 역시 임신 후에 악화될 가능성이 있기 때문에 보다 집중적인 치료와 정기적인 검진이 필요하다. 하지만 이것은 임신 자체에 의한 악화라기보다는 당뇨병과 혈압 조절 실패와 더 관련이 있는 것으로 여겨진다. 만일 임신 중 당뇨로 인한 신장 문제(당뇨병성 신증)가 동반되어 있는 경우 고혈압이나 신장기능 저하로 이어질 위험이 있기 때문에 주의 깊게 상태를 살펴야 한다. 이러한 합병증들은 임신부의 건강뿐만 아니라 태아의 선천적 장애 또는 성장장애 등으로 이어질 수 있다. 또한 임신 중 태아에게 발생할 수 있는 위험이 조기 출산으로 위한 위험보다 크다면 예정일보다 일찍 출산해야 할 수도 있다.

그동안 당뇨병을 잘 조절해왔다 하더라도 임신을 하면 예기치 못한 문제가 발생할 수 있다. 그러므로 자신과 태아의 건강을 위해서 임신부는 담당 의사와 함께 모든 상황을 예의주시해야 할 것이다. 특히 당뇨병 환자인 경우 임신을 하기 전에 미리 계획을 세우는 것이 무엇보다 중요하다. 당뇨를 잘 관리한 상태에서 임신을 하고, 엽산 보충제 역시 잘 섭취한다면 아기와 임신 상태 모두 정상적일 가능성이 높다.

간질 (Epilepsy)

간질은 뇌의 비정상적인 전기 반응으로 인해 발생하는 경련질환이다. 이러한 비정상 신호들은 일시적으로 감각, 행동, 움직임, 의식 등에 변화를 일으킬 수 있다. 몇몇 경우는 뇌에 영향을 주는 질병이나 사고와 같은 원인에 의해 발생하지만 대부분은 명확한 원인이 없이 발생한다. 대부분의 간질 환자들은 간질치료제(Anti-epileptic)를 통해 발작의 횟수와 그 강도를 줄이거나 일어나지 않게 할 수 있지만 약물로 조절이 되지 않는 경우에는 수술을 고려해야 할 수도 있다.

임신 중 간질의 관리

간질을 앓고 있는 여성의 대부분, 즉 90퍼센트 이상은 특별한 문제 없이 건강하게 출산을 한다. 그러나 간질이 질 출혈과 태반조기박리의 위험을 증가시키는 것 역시 사실이다. 또한 간질이 있는 여성들은 그렇지 않은 여성들에 비해 조기양막파열, 임신성 고혈압이 나타날 위험이 더 높으며, 태아의 선천성 기형의 위험이 약간 증가한다. 이와 같은 태아의 선천성 기형은 항경련제와 관련이 있는 것으로 보이나 대부분의 환자들에게 항경련제 복용은 필수적이다.

일부 항경련제가 임신 중 태아에게 영향을 끼칠 수 있다 하더라도 약을 지속적으로 복용하는 일은 중요하다. 간질은 그 자체로 태아에게 해를 줄 수 있을 뿐 아니라 드물기는 하지만 자연유산을 일으킬 수도 있다. 그러므로 간질이 있는 여성은 임신 계획 단계부터 자신의 간질 치료에 대해서 담당 의사와 상의해야 한다. 물론 최근에 개발된 일부 간질치료제는 태아에게 덜 해로울 것으로 보이지만 아직은 시장에서 충분히 사용되지 않은 상태이기 때문에 의사들이 임신부들에게 안전할 것이라고 자신하고 있지는 않다.

이렇듯 아직 태아에게 완전히 안전한 약은 없지만 그렇다고 해서 담당 의사의 처방 없이 치료제의 복용을 중단하거나 종류를 바꿔서는 안 된다. 대부분의 여성들은 임신 전부터 복용을 해온 약과 같은 종류를 임신 후에도 계속해서 복용해야만 하는데, 그 이유는 약을 바꿀 시에 생길 또 다른 발작의 위험 때문이다. 일부 항경련제는 선천성 기형을 예방하는 데 중요한 역할을 하는 엽산의 흡수를 방해하기도 한다. 그러므로 담당 의사는 임신부에게 간질치료제와 함께 충분한 엽산 보충제의 섭취를 권할 것이다. 그리고 임신을 하면 혈액량이 증가하고 신장이 보다 빨리 혈액 속의 약 성분을 제거할 수 있으므로 약물의 복용량을 늘려야 할 수 있다. 반드시 의사의 지시에 따라야 함을 명심해야 한다.

임신이 간질에 어떤 영향을 끼칠지 예측하기란 어렵다. 간질 앓고 있는 여성의 절반의 경우 발작의 횟수와 임신이 별 관련이 없는 것으로 드러났다. 하지만 간질을 앓고 있는 여성 중 1/4은 임신 후 발작 횟수가 증가했고 1/4은 오히려 임신 후에 발작 횟수가 감소했다. 하지만 공통적으로 임신초기 3개월 사이에 발작이 많이 일어났는데, 이는 체내에 존재하는 화학물질들의 변화 때문인 것으로 생각된다. 또한 임신초기에 나타나는 심한 입덧이 항경련제(anticonvulsant medication)의 효능을 떨어뜨려 발작의 위험을 증가시킬 수도 있다.

임신 중에는 간질 치료제의 혈중 농도가 감소하는 경향이 있다. 그러므로 임신부는 상황에 따라 복용량을 조절하는 동시에 약물의 혈중농도를 계속 체크해야 할 수도 있다.

담석 (Gallstone)

담낭(쓸개)는 간아래, 복부의 오른쪽 위편에 위치한 서양배(pear) 모양의 작은 주머니다. 담당의 역할은 간에서 생성된 담즙을 저장하는 일로, 담즙은 지방을 소화하기 위해 소장으로 내려가기 전까지 담낭에 머물게 된다.

그러나 담즙에 필요 이상의 콜레스테롤이나 쉽게 분해 되지 않은 물질들이 쌓이면 쓸개나 담관 근처에 딱딱한 고체 침전물이 생긴다. 이러한 침전물을 담석이라 불르는데, 담석은 모래 알갱이처럼 작은 것부터 골프공처럼 큰 것까지 그 크기가 다양하다.

사실 열 명 중 한 명은 몸속에 담석을 가지고 있지만 상당수는 병원에서 검사를 받기 전까지 담석의 존재를 모르고 지낸다. 그러다 종종 담석이 간에서 소장으로 이동하는 담즙의 흐름을 가로막기도 하는데, 그렇게 되면 소화불량 증상이나 복부 위쪽에서 통증이 느껴질 수 있다. 만약 이와 같은 통증이 갑자기 시작되어 강하고 격렬한 상태로 몇 시간 동안 지속된다면 담낭 발작의 신호일 수 있다. 또한 동시에 메스꺼움이나 구토와 같은 증상이 일어나기도 하는데, 만약 이와 같은 통증이 정도가 심하고 계속 반복된다면 외과적 수술로 담낭을 제거해야 할 수도 있다.

임신 중 담석의 관리

여성의 담석발생률은 남성의 두 배 이상으로, 이는 임신과도 관련이 있다. 임신중에는 임신 호르몬의 영향으로 담낭에서 담즙이 비워지는 속도가 느려지고 완전히 비워지지도 않기 때문에 고여 있는 담즙에서 담석이 형성되기 쉽다. 또한 일부 여성들의 경우 임신 중에 체중이 너무 많이 증가해 담즙 안의 콜레스테롤 함유량이 증가하여 담석의 발생 가능성을 높이기도 한다.

담석 발생을 완전히 막기란 어렵다. 하지만 체중조절이나 규칙적인 운동, 저지방 식품의 섭취, 과일 · 야채 · 곡물 등 섬유질이 풍부한 음식을 섭취함으로써 담석의 발생 위험을 낮출 수는 있을 것이다.

임신 전에 담석이 있다는 진단을 받았더라도 임신 중에 담낭 발작을 겪는 일은 드물다. 만일 담낭발작이 발생한다면 임신여부와 관계없이 비임신시와 같은 치료를 받게 된다. 다만 담석의 유무를 확인할 때 X-ray가 아닌 초음파 검사를 받게 될 것이다. 임신부 1000명 중 한 명은 담석 제거수술을 받는다. 임신부와 태아 모두 건강하게 담석수술을 끝낼 수 있는 시기는 임신 4~6개월이다. 만일 담낭 발작이 의심된다면 바로 담당 의사에게 연락해야 한다.

심장질환 (Heart disease)

심장질환에는 관상동맥질환에서부터 선천성 심장질환이나 심장판막질환까지 기타 심장관련 질병들이 모두 포함된다. 질병에 따라 심각성은 다르지만, 대부분 심장과 순환기의 기능에 영향을 미친다.

최근까지, 심장병을 앓고 있는 여성 또는 앓은 경험이 있는 여성은 임신을 하지 않도록 권유 받았다. 하지만 요즘은 임신부와 태아에게 미치는 위험을 최소화 하기 위해 임산부의 상태를 면밀히 관찰하면서 임신을 유지하는 것이 가능해졌다. 하지만 선천성 청색성심장질환(cyanotic congenital heart disease), 폐고혈압(pulmonary hypertension), 중증의 대동맥판막협착증(severe aortic stenosis) 등의 심장질환을 가신 경우에는 임신부와 태아의 위험을 감소시키기 위하여 임신 전에 병을 치료하는 것을 우선으로 한다. 임신이 되기 전에 미리 자신의 특이 상태에 대해 의사와 충분히 상담하고 임신이 된 후에도 전문가와 함께 지속적으로 건강 상태를 살펴야 한다.

임신 중 심장질환의 관리

임신은 임신부의 심장과 순환기에 추가적인 부담이 된다. 실제로, 임신 3개월만 되어도 심장의 작업량이 늘어난다. 그뿐만 아니라 진통 중, 특히 힘주기를 할 때 임신부의 혈류 상태나 혈압은 갑작스럽게 변화할 수 있다. 분만 직후에는 자궁으로 이동하는 혈액량이 감소하기 때문에 심장의 작업량이 더 늘어나게 된다.

일단 임신부가 선천성 심장질환을 앓고 있다면 태아도 심장질환을 가지고 태어날 가능성이 높다. 임신 전부터 혈액응고방지제와 같은 심장질환 약을 복용하고 있었다면 이를 임신 계획단계에 의사에게 알려서 약이 태아에게 미치는 영향을 최소화할 수 있도록 복용량을 조절하거나 대체 가능한 약을 찾을 수 있도록 해야 한다. 또한 의사는 임신으로 일어나는 순환계 변화에 맞춰 약물의 용량을 조절해 줄 것이다. 임신 중에 태아의 심장기형 여부를 알기 위해서 초음파 검사를 받을 수도 있다.

임신 중에는 심장질환이 악화될 가능성이 있기 때문에 의사는 당신의 건강 상태를 주의 깊게 관찰할 것이다. 이는 더 잦은 검사와 진료를 의미하기도 한다. 심장질환이 있는 임신부에게는 임신에 따른 정상적인 변화도 부담이 될 수 있다. 예를 들어 빈혈은 심장질환을 가진 어떤 이들에게는 큰 위협이 될 수 있다. 그뿐만 아니라 체액정체현상 역시 심장질환을 가진 임신부에게 있어서는 치료하기 어렵고, 심장질환의 악화를 뜻하는 신호가 되기도 한다. 심장질환이 있는 경우에는 진통중에도 동맥의 압력을 측정하는 카테터나 심초음파 검사 기기와 같은 특수장비로 집중 관찰해야 하는 경우도 있다. 진통 중에는 임신부의 심혈관계의 부담을 덜기 위해서 진통제를 사용할 수 있는데, 경막외 마취나 척추 마취가 흔히 시행되는 방법들이다. 힘주기 시간이 길어질 경우에는 임신부의 심혈관계 부담을 최소화하기 위해 겸자나 흡입기로 자연분만을 돕기도 한다.

힘든 분만과정을 피하기 위해 제왕절개를 선택하는 경우도 있지만, 대부분 자연 분만을 선호한다. 분만 후에는 순환계에 큰 변화들이 생기므로 분만 후 몇 주 동안은 면밀한 관찰이 필요하다.

또한 임신은 심내막염(심장의 심방과 심실 내벽, 판막에 발생한 치명적인 세균감염)의 발생위험을 높일 수 있다. 만약 임신부가 심장이나 판막에 기형이 있거나 심장판막에 염증 등으로 인한 흉터가 있다면 심장 안쪽 표면은 울퉁불퉁할 것이다. 이런 굴곡은 박테리아가 모여서(congregate) 증식할 수 있는 환경을 제공해주고 결국 온몸으로 퍼져나갈 수 있는 상태를 만들게 된다. 출산 중 혈류에 쉽게 침투하는 박테리아의 특성 때문에 심내막염의 우려가 있는 임신부에게는 감염의 위험을 최소화하기 위해 분만 전후에 항생제를 투여한다. 심방 또는 심실 조기수축과 같은 심장박동의 작은 이상들은 임신 중에 흔히 발생하기 때문에 대부분은 크게 염려할 필요가 없다. 하지만 다른 임신 관련 합병증들은 심장혈관질환과 사망의 위험을 증가시킨다. 최근 연구 결과에 의하면, 자간전증이나 여러 번의 자연유산을 경험한 여성은 평생 심혈관계 상태를 잘 관찰해야 한다.

B형 간염 (Hepatitis B)

B형 간염은 B형 간염 바이러스(HBV : hepatitis B virus)에 의한 간 감염성 질병이다. B형 간염 바이러스는 에이즈의 원인인 HIV바이러스(Human immunodeficiency virus)와 같이 바이러스 보균자의 혈액 또는 체액을 통해 전염되지만, 그 감염력은 HIV보다 강한 것으로 알려져 있다. 전 세계에는 성인과 아이를 통틀어 10억이 넘는 HBV 보균자가 있다. B형 간염에 걸린 임신부는 분만과정에서 HBV를 태아에게 옮길 수 있으며, 때로는 HBV에 양성 반응을 보이는 엄마와의 접촉으로 신생아가 감염될 수도 있다.

HBV는 간 기능 상실의 원인이 되기도 하며 간암의 발생가능성을 높인다. 성인의 경우에는 HBV바이러스에 감염되어도 대부분 완치가 된다. 그러나 영아, 또는 아동의 경우에는 만성감염으로 발전할 가능성이 높다. HBV감염의 초기증상은 경중에서 중증까지 정도가 다양해서 어떤 경우 독감으로 오진되는 경우도 있다.

B형 간염에 걸린 대부분의 성인과 아이들은 특별한 증상을 보이지 않거나 감염 후 몇 주가 지난 후 증상이 나타난다. 그 결과 많은 사람들은 자신이 HBV 바이러스 보균자임을 모르는 경우가 많다. 미국에서는 임신을 한 여성의 산전검사 시 HBV 보균여부를 확인한다.

임신 중 B형 간염의 관리

B형 간염에 걸린 임신부는 조산을 할 위험이 증가한다. 하지만 가장 큰 문제는 아기의 HBV 감염이다. 임신부가 HBV에 감염되어 있다면 신생아는 즉시 HBV 항체주사를 맞게 된다.

미국의 일부 주에서는 소아기 필수 예방접종 중의 하나로서 신생아들에게 의무적으로 B형간염백신을 투여하게 한다(한국에서도 필수이다 – 옮긴이). HBV 백신은 신생아뿐만 아니라 조산아에게도 주사할 수 있다.

헤르페스 (Herpes)

포진은 단순 헤르페스 바이러스에 감염되어 생기는 질병이다. 헤르페스 바이러스는 제1형과 제2형으로 나뉜다. 제1형 단순 헤르페스 바이러스는 입과 코, 또는 생식기 주변에 궤양을 유발한다. 제2형 바이러스는 통증을 동반하는 물집을 생식기 주변에 발생시키는데, 물집은 터져서 궤양을 형성한다. 두 가지 종류의 바이러스 모두 감염자와의 직접적인 접촉을 통해 감염된다.

1차 감염은 뚜렷한 증상이 일주일 이상 지속될 수도 있지만 종종 감염을 눈치 채지 못하는 경우도 있다. 일단 1차 감염이 일어나면 바이러스는 처음 발생한 지역에 잠복해 있다가 주기적으로 헤르페스를 재발시킨다. 증상은 열흘 정도 지속되는데 상처가 눈에 보이기 전에 환부에 따끔거리는 느낌이나 가려움, 혹은 통증이 먼저 느껴진다. 궤양(sore) 상태일 경우 헤르페스는 전염성을 가지고 있으므로 주의한다.

임신 중 헤르페스 관리

항바이러스성 약물들은 바이러스의 재발을 방지하거나 그 재발 기간을 줄여준다. 때로 임신 중에 복용하는 항바이러스성 약물이 임신 말기의 헤르페스 재발을 방지해주기도 한다.

만약 임신부에게 생식기 헤르페스가 있다면, 아기가 산도를 통해 나오면서 헤르페스에 감염될 위험이 있다. 신생아에게 감염위험이 가장 높은 경우는 진통 바로 직진에 임신부가 헤르페스에 1차 감염뇌는 성우이다. 분만 중에 헤르페스가 재발하는 것은 이에 비하면 태아의 감염위험이 훨씬 적다.

신생아 헤르페스 감염은 예방하기 어렵다. 대다수의 신생아 감염에서 산모가 진통 혹은 분만 시 헤르페스를 시사하는 증상이 없기 때문이다. 그러나 헤르페스 감염은 신생아의 생명을 위협할 수도 있기 때문에 이의 예방은 여전히 중요하다. 헤르페스에 감염된 신생아는 약물로 적절히 치료한다고 해도 눈, 내장기관, 뇌에 심각한 감염으로 이어질 수 있다.

만약 과거에 생식기 헤르페스가 발생한 적이 있다면 아기가 출산과정에서 감염이 될 우려는 거의 없다. 이런 경우에는 이미 임신부의 몸에 항체가 형성되어 태아에게 전달되기 때문에 일시적으로 태아가 면역력을 지닐 수 있다. 그럼에도 불구하고 위험요소가 전혀 없는 것은 아니다. 출산 당시 생식기 주변에 궤양이 있으면 아기의 감염 확률을 줄이기 위해서 제왕절개를 하는 편이 낫다. 현재 미국에서는 위와 같은 경우에 일반적으로 제왕절개를 시행한다. 만일 임신부가 임신 중에 처음으로 단순 헤르페스 바이러스에 감염되었다면, 제왕절개수술은 선택이 아닌 필수다.

태어난 후에는 아기가 입술 헤르페스를 지닌 사람과의 접촉으로 헤르페스에 감염될 수 있다. 입술 헤르페스를 가진 사람의 경우에는 아기에게 뽀뽀하지 않도록 조심해야 한다. 아기를 만지기 전에 손을 깨끗이 씻는 것 역시 중요하다. 만일 출산 시 임신부가 입술 헤르페스 증상을 보였다면 아기를 되도록 얼굴에서 멀리 떨어트려 놓는 것이 좋다. 그와 동시에 산모는 손을 자주 깨끗이 씻어야 한다.

에이즈와 HIV(AIDS and HIV)

에이즈(acquires immunodeficiency syndrome, AIDS)는 치명적인 만성질환이다. 이는 HIV 바이러스에 의해 발병한다. HIV 바이러스에 감염되면 일단 몇 년 동안 잠복기를 거친다. 이 잠복기에는 아주 약간의 증상이 나타나거나 또는 아무런 증상이 나타나지 않는다. 잠복해 있던 바이러스가 활성화되고 AIDS 상태, 곧 감염자의 체내 면역 시스템이 망가진 상태가 되기 전까지는 이렇듯 별 증상이 없다.

HIV 바이러스는 흔히 감염자와의 성관계를 통해 전이된다. 그 외에도 감염자의 혈액을 수혈하거나 바이러스에 노출된 주사 바늘을 사용하거나 감염된 사람과 같은 관장기를 쓸 경우에도 감염될 수 있다. 치료를 받지 않은 에이즈에 감염된 임신부는 임신 중 이나 분만 중 또는 모유를 통해서 아기를 감염시키게 된다.

임신 중 에이즈의 관리

임신 전 또는 중간에라도 임신부는 HIV 바이러스 감염 여부를 검사해야 한다. 많은 여성들이 자신은 에이즈에 감염될 확률이 낮다고 여기고 에이즈 검사를 하지 않기도 한다. HIV 양성반응이 나온다면 무척 충격적이겠지만 요즘은 태아의 에이즈 감염가능성을 급격하게 줄이는 치료가 가능하므로 너무 겁먹지 않도록 한다. 임신 전이나 임신 중에 이뤄지는 약물 치료는 임신부의 건강과 생명연장에 도움을 줄 것이다.

HIV 바이러스나 에이즈가 임신에 직접적인 영향을 미치지는 않는다. 하지만 임신부가 원래 건강하지 않았거나 에이즈가 진행된 상태에서 감염이 발생하였다면 분만이나 출산과정에서 산모의 위험이 증가하게 된다. 그뿐만 아니라 에이즈 환자에서 발생한 감염의 치료에 사용되는 일부 항생제는 태아에게 좋지 않을 수 있다.

에이즈 또는 HIV양성인 임신부에게 가장 큰 위험은 태아의 감염이다. 안타깝게도 HIV 바이러스에 감염된 약 15퍼센트의 아기들은 심각한 이상 증세를 보이거나 한 해를 넘기지 못하고 사망하고 절반에 가까운 아이들이 10살을 넘기지 못하고 생을 마감한다.

에이즈 환자이거나 HIV 양성인 임신부는 감염사실을 반드시 의사에게 알려야 한다. 의사가 임신부의 상태를 잘 알고 있어야 임신부를 잘 살필 수 있고 임신부의 혈액에 태아가 노출될 위험을 증가시키는 시술을 하지 않을 수 있기 때문이다. 약물치료는 태아에게 바이러스가 전염될 위험을 크게 감소시켜준다. 의사는 아이가 태어나자마자 감염여부를 검사할 것이다. 에이즈는 그 진행과정 속도가 느리기 때문에 조기에 발견하여 유아에게 항 HIV 바이러스 약물을 투여하며 치료를 시작한다면 생존율을 보다 높일 수 있다.

갑상선 기능 항진증 (Hyperthyroidism)

갑상선은 나비 모양의 분비기관(gland)으로 목 아래, 정확히는 목젖 바로 밑에 있다. 갑상선 호르몬은 신진대사, 즉 심장박동수부터 체내 칼로리 소모 속도까지 모든 것을 조절한다. 일반적으로 갑상선 기능 항진증의 진단과 그 치료에 사용되는 방사성 요오드는 임신부에게 사용할 수 없다. 하지만 다행히 다른 치료방법들이 있다.

갑상선 항진증은 갑상선이 갑상선 호르몬을 과다하게 분비할 때 생긴다. 이는 인체의 신진대사 속도를 높이는 역할을 한다. 그 결과 체중이 갑작스럽게 감소하거나 심장박동이 불규칙해질 수 있으며 신경이 유난히 날카로워지기도 한다.

갑상선 기능 항진증은 남자보다는 여자들에게 많이 나타난다. 그리고 치료를 하지 않으면 여러 가지 심각한 합병증으로 이어질 수 있다. 하지만 적절한 약물 복용과 여러 가지 치료를 받으면 증상이 호전되거나 사라질 수 있다.

임신 중 갑상선 기능 항진증의 관리

대부분의 갑상선 항진증에서는 임신 중 특별한 문제가 없다. 그러나 갑상선 기능 항진증이 잘 조절되지 않을 경우에는 조산, 태아의 느린 성장, 임신부의 고혈압 위험이 높아진다. 또한 갑상선 항진증 치료를 위해 흔히 사용되는 일부 약은 임신 중 또는 모유수유 중에는 중단하거나 다시 조절되어야 한다. 예를 들어 방사성 요오드는 임신 중에 사용할 수 없다.

갑상선 항진증을 앓고 있거나 과거에 앓았던 경험이 있다면 의사와 지금까지의 약물치료를 다시 한번 살펴봐야 한다. 의사는 임신기간 내내 임신부의 건강 상태를 주의 깊게 살펴볼 것이다. 만일 과도하게 약을 복용하게 되면 태아에게 갑상선 저하증(갑상선의 활동이 저하되는 병)과 함께 다른 부작용이 나타날 가능성이 높다. 그러므로 임신부의 상태를 잘 관리하는 것이 임신부와 태아 모두의 건강을 위해 중요하다. 의사의 지시에 잘 따르면서 증상이 재발하거나 악화될 경우 바로 의사에게 알리는 것 역시 치료에 도움이 된다. 갑상선 항진증은 임신 1~3개월 사이에 증상이 더욱 악화되기도 한다. 그리고 임신 중반 이후에는 병이 개선되기도 한다. 일부 여성에게는 출산 후에 갑상선 항진증이 발생하기도 한다(출산 후 갑상선염). 갑상선 기능 항진증이 발생하면 극심한 피로, 신경과민 등이 나타나고 더위에 민감해진다. 그래서 갑상선 항진증은 종종 산후 우울증으로 오진되기도 한다. 출산 후 진찰에서 아무런 이상이 없었다고 하더라도 이런 증상이 나타나면 일단 자신의 상태를 의사에게 상세히 알리도록 한다.

갑상선 기능 저하증 (Hypothyroidism)

갑상선 기능 저하증은 갑상선이 필요한 호르몬을 제대로 분비하지 못하는 질병이다. 갑상선이 그 기능을 제대로 하지 못하면 늘 피곤하고 온 몸의 기능이 둔해지는 느낌이 든다. 이를 초기에 치료하지 않고 방치하면 추위에 민감해지고, 변비가 생기며, 피부가 창백하고 건조해지며, 얼굴이 붓거나 숨이 찬다. 그뿐만 아니라 체중이 늘고, 쉰 목소리가 나며, 혈중 콜레스테롤 농도가 상승하는 동시에 우울증 증상들이 나타나기도 한다.

임신 중 갑상선 기능 저하증의 관리

갑상선 저하증의 증상들은 임신초기 흔히 나타나는 피로감이라고 생각하고 지나쳐버리기 쉽다. 그러나 일단 갑상선 기능 저하증이 진단되었다면 반드시 약물로 치료해야 한다.

갑상선 기능 저하증을 앓고 있는 여성은 임신이 어렵다. 만약 임신에 성공했다 하더라도 치료하지 않고 내버려준다면 유산이나 자간전증, 태반의 문제, 태아의 성장속도 감소 등의 문제가 나타날 가능성이 크다. 또한 갑상선 기능 저하증이 있는 임신부에게서 태어난 아기들은 건강한 임신부에게서 태어난 아기들 보다는 선천성 기형의 위험이 높다. 태아의 정상적인 두뇌 발달을 위해서는 적절한 갑상선 호르몬 보충요법이 필요하다.

갑상선 기능을 확인하는 것은 갑상선 기능 저하증의 예방적 관리 방법이 될 수 있다. 만약 갑상선 저하증이 의심된다면, 의사는 임신초기에 검사를 실시할 것이다. 임신초기에 분비되는 호르몬이 갑상선 검사에 영향을 미칠 수 있기 때문에 검사결과를 주의하여 해석해야 한다. 검사 결과 갑상선 저하증이 진단되면 갑상선호르몬 보충치료를 받게 되는데 용량은 임신 주수에 따라 조절될 수 있다. 보통 임신 후반부로 갈 수록 필요한 용량이 증가한다. 담당 의사는 임신기간 내내 1달에 한 번 또는 3달에 한 번 갑상선 호르몬 수치를 체크할 것이다. 검사 받아야 할 시기가 되면 이를 담당 의사에게 상기시켜 주는 것도 좋은 방법이다.

면역 혈소판 감소성 자반증
(Immune Thrombocytopenic Purpura, ITP)

면역 혈소판 감소성 자반증(ITP)은 혈액 내 혈소판 수가 비정상적으로 낮을 때 생기는 질병이다. 혈소판은 혈액응고에 필수적인 일종의 혈구이며 베이거나 멍들었을 때 출혈을 멎게 하는 세포다. 이런 혈소판의 수치가 지나치게 낮아지면, 미세한 상처에도 출혈이 생기기 쉽거나 가볍게 스치기만 해도 심한 멍이 들 수 있다.

혈소판 감소의 원인은 흔히 바이러스나 박테리아 감염, 혈소판을 감소하게 하는 특정 약물, 루푸스 및 류머티즘 관절염 등이다. 또한 임신 중에는 혈소판 수가 감소할 수 있다.

ITP는 면역체계의 기능에 이상이 생겨 신체가 혈소판을 공격하게 되어 혈소판이 감소하는 특수한 질병이다. 이렇게 혈소판 수치가 극도로 낮아지면 피부에 '자반(purpura: 피부 안쪽에서 출혈이 생기는 것. 흔히 멍들었다고 표현한다 – 옮긴이)'이 생기게 된다.

문제의 원인을 제거하는 것이 혈소판 감소의 가장 근본적인 해결책이지만, 때에 따라 면역글로블린(IVIG)과 코르티코스테로이드corticosteroids 같은 약물로도 치료할 수 있다. 그러나 어떤 경우에는 비장에서 파괴되는 혈소판 수를 감소시키기 위하여 비장을 수술적으로 제거해야 할 수도 있다. 면역 혈소판 감소성 자반증은 남성보다 여성에게 흔히 나타나며, 주로 젊은 층에서 발생한다.

임신 중 ITP의 관리

임신 자체가 ITP를 악화시키지는 않는다. 그러나 종종 혈소판을 공격하는 항체가 태반으로 넘어가 태아의 혈소판 수를 줄이기도 한다. 안타깝게도 임신부의 혈소판 수치 검사로 태아의 혈소판 수치까지 알 수는 없으며, 임신부의 혈소판 수치가 낮았던 기간으로도 태아의 상태를 파악하긴 어렵다. 간혹 임신부의 혈소판 수치는 정상인데도 불구하고 태아의 혈소판 수치가 낮은 경우도 있다. 그렇기 때문에, 의사들은 출산이 가까운 때 또는 진통중에 태아의 혈소판 수치를 검사하는 방법을 연구해왔다. 그러나 태아의 혈소판 수치를 측정하려면 침습적 검사방법이 필요하기 때문에 위험이 있을 수 있다. 한편 제왕절개를 하면 태아를 보호할 수 있다는 가능성이 오랫동안 제기돼왔다. 그러나 지금까지의 결과로는 직접 태아의 혈소판을 검사하는 것도, 제왕절개도 그다지 성공적이지 않다.

태아에서 출혈이 발생할 위험은 매우 낮기 때문에 ITP라는 이유로 제왕절개를 시행하지는 않는다. 따라서 적절한 치료를 위해서는 산부인과와 소아과 의사를 포함한 의료진의 노력이 필요하다.

임신부의 혈소판 수치가 많이 낮은 경우, 척추마취나 경막외마취를 통한 무통분만은 할 수가 없다. 그리고 제왕절개가 필요한 경우에는 혈소판 수혈을 받아야 한다. 임신중 혈소판을 감소시킬 수 있는 다른 원인들로는 임신성 고혈압(자간전증), 태반조기박리, 자궁감염 등이 있다. 그러나 이러한 병들은 임신부에게 문제가 될 뿐, 태아의 혈소판 수치를 떨어트리지는 않는다.

염증성 장질환(Inflammatory Bowel Disease, IBD)

염증성 장 질환(IBD)은 소화기 만성염증성질환의 원인이 된다. IBD에 속하는 가장 흔한 질병 두 가지는 궤양성 대장염과 크론병이다. 두 가지 모두 반복적인 발열, 설사, 직장출혈, 복통의 증상을 수반한다. IBD의 원인에 대해서는 아직 확실히 밝혀진 바가 없으나 유전, 환경, 면역체계가 영향을 미치는 것으로 추정하고 있다.

크론병은 소화기 어느 부위에서든 발병할 수 있다. 이 병은 조직층을 통해 퍼지며 궤양, 장폐색, 소화불량, 그리고 섭식장애나 영양분 흡수저하를 일으킨다. 궤양성 대장염은 일반적으로 가장 깊숙한 곳에 위치한 결장과 직장에만 영향을 미친다.

궤양성 대장염이나 크론병은 완치가 불가능하지만 약물이나 기타 치료법의 도움은 받을 수 있다. IBD 증상은 임신 중에 시작될 수 있으나 임신 전에 진단을 받을 가능성이 더 높다.

IBD로 인한 체중이나 영양상태에 변화는 임신성공확률을 떨어뜨린다. 대개 활성 크론병인 여성은 착상과정에 문제를 일으키는 부인과질병까지 갖고 있는 경우가 많으며 조산의 위험 역시 증가한다. 그러나 IBD인 여성이라 해도 임신 전과 임신 중에 적절한 관리를 받는다면 얼마든지 건강한 임신과 출산이 가능하다.

임신 중 IBD의 관리

IBD인 여성은 임신과 동시에 주치의와 발생 가능한 여러 가지 문제에 대해 상의해야 한다. 사실 임신 때문에 치료를 못하는 것은 아니다. 일반적인 IBD 치료약물은 태아에게 해가 되지 않기 때문이다. 만일 IBD 증상이 있다면 약물이 태아에 미칠 잠재적인 영향을 걱정하기보다는 증상을 개선하는 데 집중하는 것이 임신부와 태아 모두에게 좋다.

그러나 IBD 증상 개선에 사용되는 약물 중 일부 면역억제제는 태아에게 해로울 수 있으므로 치료를 할 때 반드시 의사와 의논해야 한다. 또한 임신초기

3개월 동안은 지사제 역시 의사와 상의 후 사용해야 한다.

만일 크론병이 있음에도 임신 전에는 그에 따른 별다른 증세가 없었다면 임신 중에도 증세가 나타나지 않을 가능성이 높다. 그러나 임신 전에 병의 증상이 있었다면 임신 중에 악화될 수 있다. 궤양성 대장염 소강기에 임신한 여성의 약 3분의 1은 증상이 재발한다. 임신 중에 대장염 증상이 재발했다면 그 상태는 유지되거나 악화될 가능성이 높으며, 궤양성 대장염의 재발은 대개 임신 3개월 내에 일어난다.

임신 중에 이뤄지는 IBD 수술은 최대한 신중해야 한다. 태아에게 미칠 영향을 최소화하기 위해 임신 중이라 할지라도 안전한 S상 결장경 검사나 직장 점막 생검, 대장내시경 검사 등이 이루어질 수 있다. 진단용 엑스레이 검사는 보통 출산 후로 연기하곤 하지만 임신부의 상태가 중한 경우에는 위험을 감수하고라도 하는 것이 좋다.

홍반성 루푸스 (Lupus erythematosus)

홍반성 루푸스는 피부, 관절, 신장, 혈구, 심장, 폐까지 영향을 미치며 다른 여러 기관의 만성염증으로 이어지기도 한다. 1천 4백만 미국인을 괴롭히는 이 질병은 흔히 발진과 관절염을 일으키며 그 증세 역시 개인차가 크다. 심한 경우에는 신부전증이나 발작 등을 일으키기도 한다.

루푸스의 종류는 다양하다. 가장 보편적인 것은 전신 홍반성 루푸스(SLE)로, 거의 모든 신체부위와 조직에 증상이 나타날 수 있다. 루푸스의 원인은 아직 확실히 알려지지 않았으나, 여성이 남성보다 발병률이 높으며, 가족력과 관계 있는 것으로 밝혀졌다. 아직 루푸스는 완치법이 없다. 그러나 징후와 증상을 경감하고 합병증을 줄이는 치료법은 개발된 상태다.

임신초기나 출산 직후에 루푸스가 발병하는 경우도 있다. 루푸스를 앓은 병력이 있는 여성은 임신 중에 그 징후와 증상이 악화될 가능성이 높다. 설령 임신 전에 한 번도 증상이 나타나지 않았다 하더라도 이는 마찬가지다. 임신초기에 루푸스가 발병했다면, 임신 중에 그 증상이 심해질 위험이 높다. 다행히 감염여성의 대다수는 임신 중에 겪은 문제가 출산 후에 개선되는 경향을 보인다.

임신 중 루푸스의 관리

임신 중에 활동성 루푸스가 발병하면 유산, 사산 등의 임신합병증의 위험이 증가한다. 특히 루푸스 신장병증이 있는 경우에는 고혈압이나 자간전증의 위험이 높아진다. 이 경우 의사들은 고혈압과 단백뇨가 자간전증에 의한 것인지, 루푸스에 의한 것인지 판단하기 어렵게 된다.

루푸스는 태아의 비정상적인 발육이나(자궁내 발육부전), 태아 서맥을 일으킬 수 있다. 두 가지 증상은 모두 임신 중 지속적인 관찰을 통해 발견할 수 있다. 루푸스가 있는 임신부에서 태어난 아기 중 소수는 신생아 루푸스에 걸릴 수 있다. 신생아 루푸스의 특징은 발진과 비정상적인 혈구 수로 전형적으로 이러한 증상은 생후 6개월 이내에 사라진다. 이외에 신생아 루푸스 환자의 절반가량은 치료가 필요한 영구적인 심장질환을 갖고 태어난다.

비록 임신 중에 활동성 루푸스의 징후와 증상이 나타날 가능성이 있다고 하더라도 루푸스 치료에 쓰이는 일부 약물은 태아에게 해가 될 수 있으므로 조절이 필요하다. 그러므로 임신 계획이 있거나 임신 중에는 의사와의 면밀한 상담을 통해 자신의 건강을 돌보는 동시에 태아도 보호할 수 있는 방안을 찾아야 한다.

페닐케톤뇨증 (Phenylketonuria, PKU)

유전성 질병인 페닐케톤뇨증(PKU)은 체내 단백질 분해과정에 영향을 끼친다. 좀 더 정확히 말하자면, 신체가 페닐알라닌을 분해하는 과정에 영향을 미친다는 뜻이다. 페닐알라닌은 단백질을 구성하는 아미노산 중 하나인데, 우유와 치즈, 달걀, 육류, 생선 및 고단백 식품에 함유돼 있다. 혈중 페닐알라닌의 농도가 과도하게 높아지면 뇌손상을 초래할 수 있다. PKU로 인한 뇌손상은 페닐알라닌 섭취를 줄이는 특수 식이요법을 통해서 막거나 최소화할 수 있다.

반면 PKU가 있어도 건강한 여성도 있다. 이는 유아기에 적절한 치료를 받았기 때문이다. 이렇게 유아기에 치료를 잘 받으면 위의 식이요법 없이도 건강하게 살 수 있다. 미국에서는 약 3천 명의 가임기 여성이 이 질병을 지닌 것으로 추정된다.

임신 중 PKU의 관리

PKU가 있는 여성이라 할지라도 임신 전과 임신 중에 철저한 관리를 받는다면 얼마든지 건강한 아이를 낳을 수 있다. 하지만 혈중 페닐알라닌 농도가 잘 조절되지 않으면 정신지체아를 낳을 위험이 높아지며, 아기가 비정상적으로 작은 머리와 심장질환을 가진 경우가 많다.

PKU에 대한 가족력이 있거나 어릴 때 PKU 치료를 받았다면, 의사에게 그 사실을 말해야 한다. 가장 이상적인 방법은 혈중 페닐알라닌 농도를 측정한 후에 임신을 하는 것이다. 필요하다면 혈중 페닐알라닌 수치를 낮추고 선천적 장애를 예방하기 위하여 특수 식이요법을 시작해야 할 수도 있다.

임신 중에는 식이요법을 실천하는 것이 어려울 수도 있다. PKU가 있는 임신부는 정기적으로 혈액 검사를 받아야 한다. 페닐알라닌 수준이 지나치게 높다면 기존의 식단을 점검하고 개선해야 한다. PKU의 관리는 이를 전문으로 연구하는 의사와 상담하는 것이 좋다. 소아과의사가 PKU의 전문가인 경우가 많으니 참고하길 바란다.

류머티즘 관절염 (Rheumatoid arthritis)

손목, 손, 발, 발목 관절에 흔히 나타나는 류머티즘 관절염은 관절의 만성염증으로 인해 생기는 질병이다. 종종 팔꿈치, 어깨, 무릎, 목, 턱관절과 고관절에 발병하기도 한다. 간헐적으로 타는 듯한 고통을 느끼는 것에서부터 심각한 관절손상에 이르기까지 그 증상은 다양하다.

류머티즘 관절염은 어느 연령대나 겪을 수 있다. 미국의 경우, 2백만 명 이상이 이 질병으로 고통 받고 있다. 이는 특히 20~50세 사이의 여성에게서 흔하게 발병한다. 류머티즘 관절염을 완치하는 치료법은 아직 없다. 다만 적절한 약물치료를 받거나 환자 스스로 주의를 기울임으로써 증상을 관리할 수 있을 뿐이디.

임신 중 류머티즘 관절염의 관리

류머티즘 관절염이 태아에게 영향을 미치는 경우는 거의 없다. 그러나 관절염의 고통을 완화해주는 약물은 주의해서 사용해야 한다. 류머티즘 관절염의 고통과 염증을 경감시키는 아스피린은 태아에게 출혈이나 다른 여러 가지 문제를 일으킬 수도 된다. 그러므로 임신 중에는 의사의 처방에 따라 다른 진통소염제를 사용하는 것이 안전하다.

임신 중에 류머티즘 관절염의 증세가 심해지는 경우가 있다. 이는 태아 때문에 신체의 면역체계가 변화하기 때문이다. 그러나 임신 중에 증상이 악화된 임신부라 해도 대부분 출산 후에 정상으로 돌아온다.

성 접촉에 의한 질병 (Sexually Transmitted Diseases)

성적 접촉에 의한 질병 또는 성병(STDs)에 감염된 사실을 모른 채 치료를 받지 않으면, 임신부는 물론이고 태아까지 영향을 받을 수 있다. 불행하게도 상당수의 성병은 징후와 증상이 미미하기 때문에 많은 여성들이 눈에 띄는 증상을 경험하기 전까지 감염사실을 눈치채지 못한다.

미국에서 가장 흔한 세균성 성병은 클라미디아 감염이다. 클라미디아 균에 감염된 여성의 75퍼센트, 남성의 50퍼센트는 아무런 징후나 증상이 없다. 25세 이하 남녀에게서 감염 위험성이 가장 높이 나타나는 클라미디아는 적절한 치료를 받지 못하면 골반염(Pelvic Inflammatory Disease, PID)으로 이어질 수 있다. 골반염은 불임과 만성 골반통증을 초래할 수 있는 자궁과 난관의 감염 및 염증이다. 클라미디아에 감염된 분비물이 눈에 들어갈 경우 결막염이나 실명으로 이어질 수도 있으며, 출산 시 신생아에게 전염될 수 있다.

임질도 클라미디아처럼 흔하면서 전염성이 강한 성인성 질환이다. 임질 역시 초기에는 뚜렷한 징후나 증상이 없다. 그래서 과거나 현재 관계한 성적 파트너의 증세가 심해진 후에야 자신의 임질을 알아채는 경우가 많다. 여성의 경우 15~19세에 가장 빈번히 발생하는 임질은 질 분비물이 미세하게 많아질 경우에 의심할 수 있다. 조기에 발견해 치료하지 않으면 성인이 되어 골반염과 불임으로 이어질 수 있다.

매독은 한때 가장 흔한 성병이었다. 최근 발병률이 다시 높아지고 있지만, 다른 성병에 비해서는 흔치 않다. 심각한 박테리아 감염인 매독은 치료를 받지 않으면 신경계 및 심혈관계 기능을 저하시키고 심지어 목숨을 앗아가기도 한다. 매독균은 태반을 통해 쉽게 태아에게 넘어간다. 매독의 징후와 증상은 단계적으로 발생하므로 초기에 발견할 수 있다. 가장 흔한 증상은 감염 후 열흘에서 6주 후에 생식기 주변에 통증을 동반하지 않는 궤양이다.

곤지름은 거의 안 보이는 것부터 눈에 확 띄는 것까지 다양한 양상으로 나타난다. 감염된 파트너와 관계를 맺은 후 1개월 혹은 수년이 지난 후에 나타나기도 한다. 대체로 성기의 촉촉한 부위에 생기며, 조그만 살색 혹으로 시작되지만 시간이 지나면 여러 개의 혹이 다닥다닥 붙어서 꽃양배추 같은 형태가 되기도 한다. 곤지름이 돋으면 성기 부위가 가렵거나 화끈거린다. 때때로 감염된 파트너와 오럴섹스를 한 후 입이나 목구멍에 혹이 생기는 경우도 있다. 곤지름은 치료가능한 질환이지만 곤지름의 원인인 인유두종바이러스(Human Papilloma Virus, HPV)는 자궁경부암이나 기타 다른 생식기 암과도 연관이 있으므로 유의해야 한다.

임신 중 성병의 관리

성병은 조산과 분만 중 또는 분만 후 합병증을 초래할 수 있으며, 태아나 신생아가 감염되었을 경우 심각한 문제가 될 수 있다.

예를 들어 클라미디아를 치료받지 않은 채 임신하면 유산과 조기양막파열의 위험이 높아진다. 그리고 질에 있는 클라미디아는 출산 시 아기에게 감염될 수 있는데, 신생아 클라미디아 감염은 실명의 위험이 있는 결막염이나 폐렴을 초래하기도 한다.

임질 역시 유산과 조기 양막파열의 원인이 된다. 또한 자연분만 시 신생아가 감염될 확률도 높은데, 감염된 아기는 중증 결막염에 걸리기 쉽다. 임신부가 미리 감염여부를 알기 어려운 임질은 신생아의 눈에 심각한 악영향을 미친다. 따라서 모든 신생아는 태어나자마자 약물투여를 통해 이러한 감염을 예방하는 것이 좋다.

임신부가 매독에 걸린 경우에도 태아가 감염될 가능성이 높다. 이 역시 심각하거나 치명적인 질병의 원인이 된다. 매독 치료를 받지 않은 임신부는 흔히 조산과 사산의 고통을 겪으며 매독에 감염된 신생아가 신속한 항생제 치료를 받지 못하면 눈, 귀, 간, 골수, 뼈, 피부, 심장까지 문제가 생길 수 있다. 그러므로 임신 중에 매독 치료를 받았다 해도 신생아 역시 항생제 치료를 받아야 한다.

곤지름을 치료하지 않은 채로 임신하면 혹이 더 커져서 위험할 수 있다. 때로는 소변보기가 곤란할 정도로 커지기도 한다. 또 혹의 수가 늘어나고 커지는 바람에 출혈량이 증가하거나 산도를 차단하는 경우도 있다. 이때는 수술을 비롯한 다양한 방법 중 하나를 택하여 혹을 제거할 수 있다. 아주 드문 경우이긴 하지만, 임신부에게 감염된 신생아의 목구멍과 후두에 혹이 돋아나는 때가 있다. 이때는 숨을 쉴 수 있도록 수술을 해주어야 한다.

조기에 발견하기만 하면 대부분의 성인성 질환은 완치가 가능하다. 임신부와 태아를 위한다면 과거에 검사를 받은 적이 있다 해도 다시 한해서만 검사를 받는 것이 좋다. 임신 중에는 통상적으로 일부 성인성 질환에 대한 검사를 하므로 특별한 경우가 아니면 검사를 하지 않는 경우가 많다. 그러나 임신부뿐만 아니라 배우자에게도 성인성 질환 검사는 필수다.

임신기간에 한 명 이상의 사람과 관계를 맺는 경우라면 반드시 콘돔을 착용해야 한다. 이는 자신과 태어날 아기를 성인성 질환으로부터 보호할 것이다.

겸상적혈구 질환(Sickle cell disease)

유전성 혈관질환인 겸상적혈구 질환은 빈혈, 통증, 잦은 감염, 중추기관 손상으로 이어진다. 이 질환은 비정상적인 헤모글로빈의 형태 때문에 생긴다. 헤모글로빈은 적혈구가 폐에서 신체 모든 부위로 산소를 옮길 수 있도록 돕는 물질이다. 겸상적혈구 질환을 앓는 사람들의 적혈구는 둥근 모양의 정상적인 적혈구와 달리 낫 혹은 초승달 모양처럼 생겼다. 이러한 비정상 혈구는 혈관 내 혈액의 흐름을 막는다.

겸상적혈구 질환은 보통 영아기에 선별 검사를 통해 진단이 내려지며, 미국에서는 흑인과 라틴아메리카인, 아메리카 원주민에게 흔히 발견되는데, 치료법은 아직 없다. 그러나 통증을 줄이고 발병을 예방할 수는 있다.

겸상적혈구 질환을 지닌 여성은 태아에게 병이나 보유인자를 물려줄 가능성이 높다. 부모가 모두 겸상적혈구 유전인자를 갖고 있는 경우 자녀에게도 병의 증상이 나타난다. 만일 모계나 부계 중 한쪽의 유전자를 받았다면 그 아이는 보인자가 되며, 보인자 역시 자녀에게 이 유전인자를 물려주게 된다.

임신 중 겸상적혈구 질환의 관리

겸상적혈구 질환이 있는 여성은 임신성 고혈압 같은 임신합병증의 위험이 매우 높다. 또한 조산이나 저체중아 출산의 위험도 높다. 임신 중에는 감염이 더 자주 발생하며, 요로감염, 폐렴, 자궁감염 등의 고통스러운 질병을 수반하기도 한다.

겸상적혈구 질환이 있는 여성은 출산 전부터 전문 의료진의 도움을 받아야 한다. 의료진에는 여성 겸상적혈구 질환자를 돌본 경험이 있는 산부인과 의사, 혈액 전문의, 신생아 전문의 등이 포함돼 있어야 한다. 겸상적혈구 질환이 있는 임신부는 발작, 울혈성 심부전증, 중증 빈혈과 같은 합병증을 꾸준히 모니터링 해야 한다. 빈혈은 출산 전 2개월 동안 가장 심하게 나타나며 심할 경우 수혈이 필요하기도 한다.

임신부에게 겸상적혈구로 인한 건강상의 위기나 합병증이 나타나면 태아의 건강도 면밀히 모니터링 해야 한다. 겸상적혈구 환자인 임신부는 제왕절개가 필요한 경우에도 전신 마취 대신 경막외 마취를 할 확률이 높다.

자궁섬유종 (Uterine fibroids)

자궁근종은 자궁에 생기는 양성종양으로, 가임기 여성에게서 흔히 볼 수 있는 질병이다. 실제로 35세 이상의 여성 4~5명 중 한 명은 자궁근종을 갖고 있다. 자궁근종은 자궁강 안쪽이나 근육층(muscular wall)에 발생한다. 자궁근종이 생기는 원인은 확실치 않다. 일반적으로 평활근세포 하나가 지속적으로 커지면서 근종이 되는데 그 크기는 완두콩만큼 작은 것이 있는가 하면 포도송이만한 것도 있다. 대부분은 증상이 없어서 부인과의 정기검진이나 출산 전 관리 중에 발견된다.

간혹 증상을 느낄 때도 있다. 이상하게 묵직한 느낌이 들거나 월경기간이 비정상적으로 길어지고, 복부 또는 허리가 아프며, 성관계 시 통증이 느껴지기도 한다. 소변을 자주보거나 소변보기 자체가 어려운 경우도 있으며 종종 골반에 압박감이 느껴지기도 한다. 이러한 불편감이나 과다출혈, 불임을 초래하는 근종의 경우에는 근종을 제거하거나 크기를 줄이기 위한 약물 치료 또는 수술이 필요하다.

임신 중 자궁섬유종의 관리

자궁근종은 임신초기의 유산이나 조산의 위험을 증가시킬 수 있다. 어떤 경우에는 근종이 산도를 막아 진통과 분만을 방해하는 경우도 가끔 있다. 더 드문 경우이긴 하지만, 이는 수정란이 자궁내벽에 착상되는 것을 방해하여 임신을 어렵게 하기도 한다.

임신 중에는 근종이 커지는 경향이 있다. 그 원인은 신체 내 에스트로겐 분비의 증가 때문으로 생각된다. 가끔 임신 중 커진 근종에서 출혈이 있거나 혈액을 충분히 공급받지 못해 괴사하는 경우에는 복부통증으로 이어지는 경우도 있다. 복부통증이 느껴지거나 과다출혈이 발생할 시에는 즉시 의사에게 연락해야 한다. 근종이 통증을 수반한다면 진통제 등의 약물 치료를 받을 수도 있을 것이다.

근종이 조기진통을 유발하는 경우 치료법은 대부분 절대안정이다. 근종으로 인해 출혈이 생기면 입원하여 태아의 상태를 모니터링해야 하며 필요하다면 수혈을 할 수도 있다. 임신 중의 근종 제거수술은 조산이나 과다출혈의 위험이 있기 때문에 일반적으로는 시행하지 않는 것이 원칙이다.

임신부에게 일어날 수 있는 일들

임신 중에 문제가 생기면 누구나 걱정과 혼란스러움 그리고 두려움을 느끼기 마련이다. 지금부터 임신부가 당면할 수 있는 몇 가지 문제를 살펴보고 의료기관에서는 이런 문제를 어떻게 다루는지 살펴보도록 한다.

조기분만 (또는 조기산통, Preterm Labor)

만삭임신은 보통 임신 37~42주 사이의 분만으로 정의되기 때문에 조기진통은 37주 이전에 자궁수축이 발생하여 자궁경부가 열리는 것을 의미한다. 미국에서는 전체 출산의 약 11퍼센트가 조산이다. 너무 일찍 태어나는 신생아는 2.5kg 미만의 저체중인 경우가 많은데 조산은 저체중 뿐만 아니라 여러 가지 다른 건강문제를 일으키기도 한다.

조기진통은 간혹 20~28주 사이에 발생하며, 29~37주 사이에는 더 자주 발생한다. 조기진통의 원인은 아직 확실히 밝혀지지 않았다. 대부분의 조기진통은 위험요소가 발견되지 않은 임산부들에게서 발생한다.

의료기관과 전문가들에 따르면 조산의 위험이 높은 경우는 다음과 같다.

- 조기진통(Preterm Labor) 혹은 조산(Preterm birth)의 경험이 있을 때

- 둘 이상의 쌍둥이를 임신했을 때

- 유산이나 중절의 경험이 있을 때

- 양수나 태막이 감염되었을 때

- 양수의 양이 지나치게 많을 때(양수과다증)

- 자궁이나 태반에 문제가 생겼을 때

- 의학적 증상, 특히 중증 질환이나 질병의 병력이 있을 때

- 임신 중 출혈이 있을 때

- 자궁경부가 열렸을 때

- 요로감염 등의 기타 감염이 있을 때

- 자간전증, 즉 임신 20주 후 고혈압 등의 증상이 있을 때

징후와 증상

어떤 여성들은 조기진통 시 통증을 느끼기도 하지만 사람에 따라서는 그 진통이 미미한 경우도 있다. 대부분은 복부가 꽉 조이는 듯한 느낌을 받는다. 어떤 사람은 자궁수축시 통증이 동반되지 않고 복부에 손을 대었을 때만 단단하게 뭉쳐지는 느낌이 들 수도 있다. 무엇이 됐든 본인이 느끼는 증상을 의사에게 정확히 말하면 된다.

어떤 임신부들은 자궁수축으로 인한 통증을 장운동이나 변비, 태아의 움직임 때문에 오는 통증이라고 생각하는 경우도 있다. 대부분의 경우 자궁수축은 아프지 않다. 조기진통의 또 다른 징후들은 다음과 같다.

- 복부, 골반, 등, 허리에 통증을 느낀다.
- 태아가 아래쪽으로 미는 것처럼 골반의 압박감을 느낀다.

- 소변이 자주 마렵다.
- 설사를 한다.
- 생리통이나 복통과 비슷한 통증이 있다.
- 가벼운 질 출혈이 있다.
- 질에서 양수가 새어나와 팬티가 젖는다.

팬티가 젖는 경우는 대개 양수가 터진 것이다. 즉 태아 주위의 양막이 파열되었다는 징후다. 혈액이 약간 섞인 끈끈한 액체가 나왔다면 이는 점액마개(임신 중 자궁경부를 덮는 점액)가 흘러나온 것으로 보면 된다.

이런 징후들이 나타나면 걱정이 될 것이다. 특히 복통과 질 출혈이 있을 경우는 더럭 겁이 날 수도 있다. 혹여 조기분만이 아니라는 판명이 나도 이는 전혀 창피한 일이 아니므로 이런 일이 있을 때는 반드시 산부인과에 연락하라.

대처와 관리법

임신부의 증상이 조기진통 때문인 것 같다는 판단이 서면, 의사는 자궁경부가 열리기 시작했는지 또는 양수가 터졌는지를 살펴보기 위해 질경으로 자궁경부를 시진하거나 내진을 시행한다.

자궁수축의 정도와 주기를 측정하는 데는 주로 자궁 모니터가 사용되며, 초음파로 자궁경부길이를 측정하기도 한다. 또한 자궁경관 점액검사를 통해 태아 파이브로넥틴(fetal fibronectin)이 있는지를 알아보기도 하는데, 결과가 양성이면 조산의 가능성이 높다. 타액을 이용해서 조기분만을 알아보는 에스트로겐 검사도 있는데, 요즈음은 과거에 비해 잘 시행되지 않는다.

출산을 꼭 해야 하는 상황이 아니라면 의사는 임신부의 임신지속을 위해 갖은 노력을 기울일 것이다. 당연한 애기지만 태아는 충분히 자란 후에 태어나는 것이 가장 좋기 때문이다. 따라서 임신부의 전반적인 건강상태에 특별한 문제가 없다면 조기분만을 일으킬 수 있는 요인들을 세심하게 관리해야 한다. 의사는 우선 임신부의 병력을 검토하고 신체 검사를 한다. 골반 검사를 하는 동안 의사는 임신부의 자궁경부를 자세히 관찰하여 자궁경부가 열려 있는지, 숙화되어 얇아져 있는지 여부를 파악할 것이다. 태아의 건강상태를 판단하기 위한 검사도 이뤄진다. 초음파 검사와 양수 검사를 받을 수도 있다. 흔히 미숙아는 폐가 완전히 발달하지 못해서 문제를 겪는데 양수를 분석해보면 태아의 폐가 어느 정도나 발달했는지를 알 수 있기 때문이다. 또한 양수검사는 태아의 폐 발달 정도뿐만 아니라 양수의 감염 여부까지 알 수 있다. 만약 양수가 감염되었다면 임신을 지속하기보다는 분만을 하는 것이 태아에게 더 좋을 수 있다.

조기진통을 겪는 임신부는 대부분 정맥으로 수액주사를 맞고 절대안정을 하도록 한다. 때로는 이런 방법만으로도 조기진통이 사라지기도 한다. 실제로 수축감이 줄어들고 자궁경부가 열리지 않는다면, 임신부는 퇴원하여 절대안정을 취해 조기진통의 가능성을 줄일 것을 권유받게 될 것이다.

수축이 지속되고 자궁경부가 열릴 경우에는, 조기진통을 억제하는 데 도움이 되는 자궁수축억제제(tocolytic)와 함께 태아의 폐성숙을 촉진하기 위한 스테로이드를 투여한다. 이는 임신부와 태아가 모두 건강하고 임신 34주 이내일 때 가장 효과적인 처치법이다. 자궁수축억제제는 효력이 오래 가지 않는 편이다. 그러나 이 약물은 태아가 스테로이드 투여의 효과를 보기까지 필요한 시간(투여 후 최소 48시간 이상)을 벌어줌으로써 태아의 폐가 조금이라도 더 성숙할 수 있게 도와주는 역할을 한다. 상기 치료에도 불구하고 자궁수축이 계속 되거나, 태아의 상태에 문제가 생겼을 경우, 임산부에게 고혈압 등의 건강상 문제가 발생하였을 때와 같은 경우에는, 담당 의사가 조산이지만 분만하는 것이 더 낫다고 판단할 수 있다. 제왕절개를 하는 방법도 있지만 대부분은 유도분만을 한다.

유도분만은 옥시토신이라는 약물을 투여하여 이루어진다. 임신부가 옥시토신을 맞은 지 30분쯤 지나면 자궁수축이 시작되며, 대부분은 시간이 조금 더 걸린다. 간혹 자궁경부를 부드럽게(성숙하게) 하는 약물이 투여되기도 한다. 이 역시 자연진통이 시작될 때와 비슷한 신체의 조건을 만들어준다.

조기분만은 대부분 만삭분만과 비슷한 과정을 따른다. 미숙아로 태어나는 아기는 출산과 동시에 소아과 전문 의료팀의 손으로 넘어간다. 그들은 신생아의 건강상태를 점검하고 필요한 치료를 시작할 것이다.

과거에 조산의 경험이 있는 임신부가 다시 조기분만을 할 가능성은 25~50퍼센트에 이른다. 지금도 여러 전문가들이 조기분만을 막는 방법을 연구하고 있고 프로게스테론 호르몬을 매주 투여하는 방법이 상당히 효과적이라는 결과도 나왔다. 그러나 이 방법이 상용화되기까지는 좀 더 심층적인 연구가 필요하다.

유산 (Pregnancy loss)

'장밋빛 꿈이 산산이 부서졌다. 그토록 안아보고 싶었던, 조그만 나의 아기는 세상에 없다.' 이 상황은 분명 슬픔과 혼란스러움, 그리고 두려움의 시간일 것이다. 유산이 왜 일어나는지를 안다고 비통함이 사라지지는 않겠지만, 최소한 의사가 특정한 치료와 관리를 권하는 이유를 이해할 수는 있을 것이다.

유산은 다양한 형태로 일어난다. 자연유산, 자궁외임신, 기태임신, 자궁경관무력증, 사산 등이 모두 유산에 속하며, 각각 원인과 치료법이 다르다.

침대에서 쉬기

의사가 임신 합병증이 있는 당신에게 누워서 쉬라는 처방을 내렸다. 처음 몇 시간은 그렇게 좋을
수가 없을 것이다. 푹 쉬어도 좋다는 허락을 받은 당신의 주변에는 기꺼이 손발이 되어줄 가족들
이 있기 때문이다.

그러다 문득 잊고 있었던 사실이 떠오른다. 직장에 나갈 수 없는 건 물론이고, 집안일을 하거나
아이들과 술래잡기하는 것 역시 금지다. 동네 슈퍼에도 나갈 수 없고, 산책하거나 친구와 영화를
볼 수도 없다. 도대체 이런 상황을 어떻게 이겨낼 수 있을까? 우선 이 방법이 당신과 뱃속의 아
기를 위한 최선임을 잊지 마라. 다른 방법이 있었다면 의사가 '누워서 쉬세요' 라는 처방을 내리
지 않는다. 지루하고 재미없고 심심한 '누워서 쉬기' 의 놀라운 효과는 다음과 같다.

- 태아가 자궁경부를 눌러서 생기는 압박감이 줄어들고 조기수축과 유산의 원인인 자궁경부
  팽창이 줄어든다.
- 태반의 혈류량이 늘어나서 태아가 영양분과 산소를 충분히 공급받는다. 태아의 발달이 정상
  보다 느리다면 더더욱 누워서 쉬어야 한다.
- 임신부의 신체기관, 특히 심장과 신장이 더 잘 일할 수 있도록 도와준다. 이는 고혈압을 개선
  하는 효과가 있다.

절대 해서는 안 되는 일이 무엇인지 의사에게 꼼꼼히 물어보고 정확하게 이해하도록 한다. 예를
들어 아래와 같은 질문을 던지면 좋을 것이다.

- 누워 있을 때는 어떤 자세가 좋을까요?
- 가끔 앉아 있어도 될까요? 그렇다면 한 번에 얼마 동안 앉아노 되나요?
- 화장실 갈 때는 일어나도 되나요? 된다면 몸을 움직여도 되는 다른 경우는 더 없나요?
- 목욕이나 샤워는 해도 되나요?
- 남편과의 관계는 금지사항인가요?
- 자리에 누워서 해야 할 운동 같은 게 있나요?

누워서 쉬어야 하는 임신부를 위한 팁

이 지루함을 잘 견디기 위한 비결을 소개한다.

- 침대에 누운 상태에서 손만 뻗으면 필요한 것이 다 닿게 주변을 정리한다.
- 하루 스케줄을 짠다. 직장에 전화하는 시간, 배우자와 연락하는 시간, TV 보는 시간, 독서

시간 등을 정해둔다.

- 새로운 취미생활을 시작한다. 스크랩북 만들기, 그림 그리기, 뜨개질 등이 좋은 예다.
- 긴장이완 · 상상요법 등의 기술을 익힌다. 이는 진통과 출산 시에도 도움이 될 것이다.
- 가로세로 낱말 맞추기를 한다.
- 친구들에게 이메일이나 편지를 보내거나 전화를 건다.
- 집안일이 자신 없이도 잘 이뤄질 수 있도록 정리를 잘 해준다. 달력에 집안 행사의 스케줄을 기록하고, 일주일 식단을 짜두고, 각종 공과금 납부와 가계부 정리를 점검한다.
- 무엇이든 읽는다. 평소에 잘 읽지 않았던 책이나 잡지, 신문 등을 이번 기회에 접해본다.
- 인터넷이나 홈쇼핑을 통해 육아용품을 준비해둔다.
- 갓 태어난 아기 다루는 법을 공부한다. 목욕 시키는 법, 옷 입히는 법, 수유하는 법, 아기 달래는 법 등, 알아야 할 것은 무궁무진하다.
- 해야 할 일 목록을 만들어둔다. 그리고 친구나 가족이 도와주겠다고 나설 때 그 목록에 있는 항목을 말해주면 된다.

자연유산

임신 20주 전에 아기를 잃을 겪을 경우, 이를 유산이라 부른다. 특히 자연적인 이유로 태아를 잃은 경우를 의학용어로 자연유산(spontaneous)이라 부르는데, 임신부의 15~20퍼센트가 자연유산을 경험한다고 한다. 그러나 실질적인 유산율은 아마 더 높을 것이다. 임신초기에는 유산의 위험이 높아 심지어 임신부가 임신사실을 알기도 전에 유산을 하는 경우도 있다.

공식적으로는 임신 7~12주째에 유산이 될 확률이 가장 높다. 유산의 80퍼센트 이상이 임신 12주 이내에 발생한다는 조사결과도 있다. 임신초기의 유산은 태아가 사망한 후 몇 주가 지난 후에 발생하기도 한다.

유산의 경험이 있거나 그럴 가능성이 걱정되는 임신부라면 유산의 원인이 자신의 '잘못' 이 아님을 반드시 알아두어야 한다. 불법약물을 복용한 경우가 아니라면 임신부의 잘못이 아니다. 운동, 섹스, 일, 무거운 물건 들기 역시 유산의 원인이 아니다. 임신초기의 매스꺼움이나 구토(꽤 심하다 해도)도 마찬가지다. 그리고 넘어지거나 몸에 사소한 충격을 받는 것, 깜짝 놀람 등이 유산으로 이어진다는 증거 역시 아직 없다. 확실한 한 가지는 임신부의 생명을 위협할 정도로 심한 상처가 아니라면 태아의 생명에도 큰 위협이 되지는 않는 다는 것이다.

조기 유산의 절반가량은 태아의 염색체 이상으로 인한 것으로 추정된다. 그러나 이는 부모로 인한 유전자 결함은 아니라 배아가 분할하고 성장하면서 우연히 발생한 것에 가깝다. 염색체 결함일 경우 태아가 살아남을 가능성은 '제로'로 유산은 필연적이다.

이외에 임신부의 건강이나 신체조건 때문에 유산이 되는 경우도 있다. 이는 일반적으로 임신후기에 발생하는데 태아가 사망했을 경우 대부분은 임신부의 건강상 문제 때문이다. 다음은 유산을 초래할 수 있는 임신부의 상태이다.

- 중증의 고혈압이 있다.
- 당뇨가 있음에도 체계적으로 관리하지 않았다.
- 면역체계의 이상(자가면역 질환)이 있다.
- 핏덩이 잘 생긴다(혈전증).
- 자궁 혹은 경부에 문제가 있다는 진단을 받은 적이 있다(자궁경부 무력증).

35세 이상의 여성과 3회 이상의 유산 병력(또는 기왕력)을 지닌 여성은 유산의 위험이 더 높다. 흡연, 음주, 불법약물 복용과 같은 생활습관도 위험성을 높일 수 있다.

또한 최근의 연구에 의하면, 혈중 엽산치가 낮은 임신부는 정상 엽산치의 임신부에 비해 조기유산의 가능성이 더 높다고 한다.

징후와 증상

질 출혈은 유산을 경고하는 신호다. 그렇다고 질 출혈이 무조건 유산으로 이어지는 것은 아니다. 전체 임신부의 40퍼센트가 임신 중에 질 출혈을 경험하며, 이들 중 절반이 유산으로 이어진다.

출혈의 양을 가지고 유산의 징후를 판단하기는 어렵다. 출혈은 계속되기도 하고, 간헐적으로 나타나기도 한다. 이런 출혈이 심한 복통으로 이어지는 경우도 있는가 하면, 가벼운 요통으로 끝나는 경우도 있다. 하지만 확실한 한 가지는 임신 중 심한 질 출혈이나 통증이 발생했을 때는 주저하지 말고 즉시 산부인과에 연락해야 한다는 점이다.

출혈 때문에 병원을 찾았다면, 일단 골반 검사를 통해 자궁이 열리기 시작했는지 살펴볼 것이다. 요즈음은 임신상태의 점검을 위해 흔히 초음파 검사를 실시한다. 자궁경부가 열리지 않았는데도 질 출혈이 생긴 경우는 '절박유산'이라고 부른다. 그러나 절박유산이 모두 유산으로 이어지는 것은 아니다. 더 이상 문제가 생기지 않으면 대부분 건강한 아기를 낳을 수 있다.

자궁경부가 열리고 임신조직이 질 밖으로 빠져나오고 있다면, 더 이상 유산을 막을 방법은 없다. 이런 경우는 '불가피 유산'이다. 임신부의 질에서 조직이 흘러나온 경우, 의사는 유산이 이미 진행된 것으로 판단한다. 조직검사가 가능하다면, 의사가 검사를 통해 그 조직에 태아의 조직 혹은 태반의 일부가 섞여 있는지 밝혀낼 것이다.

살아 있는 태아가 자궁 안에 무사히 있는지를 알아내기 위해서 주로 하는 검사는 초음파 검사다. 초음파 검사로 알 수 있는 사실은 뱃속 태아가 살아 있는지, 예정대로 자라고 있는지, 난황낭과 양막낭의 크기가 적절한지 등이다. 한편 태아가 사망했으나 임신부의 몸 밖으로 나가지 않은 상태는 '계류유산'이라고 부른다. 최근에는 임신초기 출혈이 있을 때 초음파 검사를 일반적으로 실시함에 따라 상대적으로 계류유산의 진단이 쉬워졌다.

대처와 관리법

절박유산의 경우, 출혈이나 통증이 사라질 때까지 안정을 취하라는 처방이 내려진다. 드문 경우긴 하지만 출혈이나 통증이 아주 심할 때는 입원해야 한다. 일부 의사들은 운동을 피하고 배우자와의 관계를 자제하라고 권하기도 한다. 그러나 절대안정을 취하거나 일상 활동 및 격렬한 활동을 하지 않는 것이 절박유산을 예방하는 데 큰 도움은 되지 않는다. 그러므로 출혈이 완전히 멈출 때까지는 의사와 긴밀히 연락하는 편이 가장 현명한 선택이다. 자궁경부가 팽창하거나 조직 일부가 흘러나오면 곧 유산으로 이어진다. 아주 가끔은 출혈이나 통증이 너무 심해서 이 과정을 신속하게 진행해야 하는 경우도 있다. 이때는 태반 조직을 자궁에서 확실히 떼어내야 한다. 즉 소파수술(Dilation and Curettage, D&C)을 해야 하는 것이다.

소파수술은 필요에 따라 자궁경부를 서서히 넓히고 자궁에 붙은 조직을 조심스럽게 빨아내는 수술이다. 계류유산이나 불완전유산 후에는 소파수술을 통해 자궁 속에 태아의 조직을 제거한다. 유산한 후에는 출혈을 빨리 멈추게 하는 약물이 투여된다.

유산을 했거나 소파 수술을 받았다면 질 출혈이 있는지 여부를 지속적으로 관찰해야 한다. 심한 출혈, 발열, 오한, 심한 통증이 느껴진다면 감염의 징후일 수 있으므로 바로 병원에 가보는 것이 좋다.

계류유산은 태아가 자궁 속에서 사망했거나 형체를 갖추지 못한 경우다. 계류유산을 한 경우 몇가지 가능한 경과 중 하나를 선택해야 할 수 있다. 시간이 얼마나 걸릴지는 모르지만 때가 되면 자연적으로 임신 산물이 자궁 밖으로 빠져나오게 될 것이다. 이 경우 보통은 자연유산을 기다리는 것이 안전

습관성 유산

임신 첫 3개월 전후에 3회 이상 연속적으로 유산이 발생한 경우를 습관성 유산이라 부른다. 부부 20쌍 당 1쌍은 연속 두 번의 유산을 경험하며, 전체 부부의 1퍼센트는 3회 이상 유산을 겪는다. 그러나 임신 14주 이후에는 유산 발생률이 현저히 떨어진다.

2회 이상의 유산이 발생한 경우에는 원인을 찾아내서 그에 대한 관리를 해야 한다. 추측 가능한 원인은 다음과 같다.

• **염색체 이상** : 부모 중 한 명이 변이된 염색체 구조를 갖고 있을 수 있다. 이것이 태아의 염색체 구조를 변화시켜 유산으로 이어지는 것이다.

• **자궁이나 자궁경부의 문제** : 자궁 모양이 정상적이지 않거나 자궁경부가 약한 경우 유산으로 이어질 수 있다. 자궁과 자궁경부의 문제 중 일부는 수술로 해결이 가능하다.

• **혈병** : 유난히 혈병이 잘 생기는 사람들이 있다. 여성의 경우, 잦은 혈병은 태반의 기능 저하와 유산의 원인이 된다. 요즘은 검사를 통해 임신부에게 항카르디올리핀(anticardiolipin) 항체나 항인지질(antiphospholipid) 항체, factor V 유전자가 있는지 확인하는데 이는 세 가지 모두 혈병을 증가시켜 유산의 원인이 되기 때문이다. 이 경우 유산의 위험을 줄이기 위해 여러 가지 항응고요법이 실시된다.

이 밖에도 반복 유산의 원인으로 지목되는 요인들은 무척 다양하다. 임신초기의 프로게스테론 결핍, 수정란의 비정상 착상, 여러 가지 감염에 이르기까지 그 원인은 수를 헤아릴 수 없을 정도다. 그러나 이들 요인에 대한 치료가 다음 임신의 결과에 영향을 미친다는 뚜렷한 증거는 없다. 이렇듯 유산의 절반 이상은 원인을 찾을 수 없다. 그렇다 해도 희망의 끈을 놓지 않길 바란다. 미국 산부인과 협회에 의하면 원인불명의 습관성 유산을 경험했음에도 특별한 의료적 치료 없이 임신과 출산에 성공한 부부는 60퍼센트나 된다고 한다.

하긴 하지만 사람에 따라서는 심리적으로 그 상황을 견디지 못해 수술을 시행할 수도 있다. 소파수술은 어느 시점에서나 시행할 수 있지만 위험요소가 없진 않다. 마취가 필요하기 때문에 약물 부작용이 있을 수도 있으며 소파수술 과정에서 경부를 넓힐 때 드물긴 하지만 경부가 약해져 다음 번 유산의 가능성이 조금 높아질 수도 있다. 마찬가지로 매우 드문 경우이긴 하나 수술도구에 의한 자궁천공이 발생하여 출혈이 생길 수도 있다. 한편 소파 수술 외 또 다른 방법은 유산을 유도하는 약물을 사용하는 것이다. 그러나 이 약물은 임신초기에는 항상 효과적이지는 않아 결국 소파수술이 필요하게 되는 경우가 있을 수 있다. 결국 어떤 방법이 더 낫다는 결론은 없으므로 임신부 스스로 자신에게 맞는 방법을 선택해야 한다.

향후의 임신

한 번 유산을 경험한 여성이라도 다음번에는 대부분 성공적으로 임신과 출산을 한다. 일반적으로 의사들은 임신부에게 다시 임신을 하기 전에 어느 정도 기간을 두라고 권한다. 신체적, 감정적으로 모두 치유할 시간이 필요하기 때문이다.

유산 후에는 담당 의사와 상의해서 임신에 최적기가 언제인지 알아보는 것이 좋다. 상실감을 극복하려면 심리적으로 기댈 만한 누군가가 필요한데 이때 의사가 도움이 될 수 있다.

자궁외임신 (Ectopic pregnsncy)

자궁외임신 또는 난관임신은 수정란이 자궁 안이 아닌 다른 곳에 자리 잡은 경우를 일컫는다. 자궁외임신의 95퍼센트 이상이 난관에서 발생하며 때로는 수정란이 복부나 난소, 자궁경부에 자리를 잡을 때도 있다. 그러나 자궁외임신은 자라나는 태아를 기르기에는 공간이 협소해 임신이 정상적으로 유지될 수가 없다. 시간이 지나면 난관이 늘어나고 결국 터지기도 하는데 이 때문에 임신부는 생명이 위험할 정도의 출혈을 경험할 수도 한다. 임신부 60명 중 1명 정도가 자궁외임신을 하며, 주로 난관이상에 의한 것이 많다. 난관임신의 위험을 높이는 것으로 알려진 요인은 다음과 같다.

- 감염이나 염증으로 난관이 부분적 혹은 전체적으로 폐색되었을 때
- 과거 골반 부위나 난관에 수술을 받은 경험이 있을 때
- 자궁내막증, 즉 정상적으로 자궁 안쪽에 있어야 할 조직이 자궁 밖에서 발견될 때(난관폐색의 원인이 됨)
- 난관 형태에 이상이 있을 때

자궁외임신을 일으키는 가장 위험한 요인은 골반염 질환(Pelvic Inflammatory Disease, PID)이다. 골반염이란 자궁이나 난관, 난소가 감염된 상태를 말한다. 다음의 조건에 해당하는 여성은 자궁외임신의 위험이 높다.

- 자궁외임신의 기왕력
- 난관수술 경험
- 불임
- 배란을 촉진하는 약물 투여

징후와 증상

초기에는 자궁외임신도 정상임신과의 차이점이 없다. 초기 증상은 정상적인 임신처럼 생리가 멎고, 가슴이 부드러워지며, 쉽게 피로하고 구역질이 나는 정도다.

임신이 아닌 자궁외임신의 통상적인 첫 번째 징후는 바로 통증이다. 그리고

비정상적인 출혈도 흔히 나타난다. 그뿐만 아니라 골반이나 복부 쪽에서 예리하게 찌르는 듯한 통증이 느껴지기도 하며 심해지면 이러한 통증이 어깨와 목까지 퍼지기도 한다. 간헐적으로 나타나는 통증은 나아지다가도 심해질 수 있다.

자궁외임신의 또 다른 증상은 복부 팽창감, 현기증, 어지러움 등이다. 이런 변화가 느껴진다면 당장 담당 의사를 만나야 한다. 물론 그런 증상을 일으키는 다른 이유가 있을 수도 있지만, 담당 의사는 자궁외임신을 염두에 둘 가능성이 크다.

대처와 관리법

자궁외임신이 의심되면 의사는 골반진찰을 시행하여 통증의 위치와 압통이 있는지 여부, 자궁 옆에 있는 난관과 난소 부위에 덩어리가 만져지는지 등에 대해 파악할 것이다. 자궁외임신이 아주 명확한 경우 또는 응급상황이 아니라면 대부분은 초음파 검사를 실시하여 확진하게 된다.

좁은 난관은 자라나는 태아를 버텨낼 수가 없기 때문에 난관에 착상한 수정란은 정상적으로 발달할 수 없다. 난관파열과 기타 합병증을 방지하기 위해서는 반드시 난관에 착상된 임신산물을 제거해야 한다. 자궁외임신 진단은 곧 의사의 처치가 필요하다는 뜻이기도 하다.

가장 보편적인 자궁외임신 처치법은 수술로, 주로 복강경수술을 통하여 이루어진다. 먼저 복부 아래쪽 배꼽 근처를 조그맣게 절개한다. 그런 다음 길고 가느다란 기구, 즉 복강경을 골반 부위로 밀어 넣는다. 의사는 복강경을 통해 자궁외임신을 확인하고 난관을 제거하거나 복구한다.

조기 자궁외임신의 경우에는 메토트렉세이트*methotrexate*라는 먹는 약 또는 주사약으로 치료가 가능한 경우도 있다. 하지만 이는 초음파 검사를 통해 임신호르몬 수치와 배아의 크기 등을 면밀히 고려하여 엄격한 지침에 따라 사용해야 하는 약품이다.

치료 후에도 융모선성자극호르몬(HCG) 수치가 제로로 내려갈 때까지 임신부의 임신호르몬 수치는 모니터링 되어야 한다. 이 수치가 내려가지 않는다는 것은 곧 자궁 외에 자리 잡은 배아가 아직 완전히 제거되지 않았다는 뜻이다. 이 경우에는 추가수술이나 메토트렉세이트 처방이 필요하다.

때로는 아주 드문 경우이긴 하지만 의사가 치료를 하지 말자고 권하는 경우도 있다. 자리를 잘못 잡은 수정란이 난관에 손상을 입히기 전에 자연유산될 수도 있기 때문이다. 하지만 이때도 면밀한 모니터링은 필수다.

향후의 임신

한 번 자궁외임신을 경험한 임신부는 다시 한 번 그 고통을 겪을 확률이 비교적 높다. 자궁외임신을 했던 여성의 10퍼센트는 다음에도 자궁외임신을 한다. 두 번 자궁외임신을 한 경우, 다시 정상적인 임신을 할 가능성은 50퍼센트 이하로 줄어든다. 한쪽 난관이 남아 있다면 아직 희망이 있는 셈이다. 한쪽 난관이 제거됐더라도 남은 난관에서 수정될 난자가 나오기 때문이다. 그러나 한 번 이상의 자궁외임신으로 양쪽 난관 모두에 심각한 손상을 입었다면, '체외수정' 이라는 대안을 고려해보는 것도 나쁘지 않다.

체외수정은 상당히 보편화된 생식보조 기술이다. 이는 여성에게서 성숙한 난자를 채취하여 실험실의 페트리 접시에서 정자와 수정시킨 후, 이틀 후 수정란을 여성의 자궁에 착상시키는 방법이다.

만일 자궁외임신을 경험한 임신부라면 다시 임신계획을 잡을 때 의사와 의논하는 것이 좋다.

아기를 잃은 상실감 극복하기

흔치 않은 일이긴 하지만, 임신말기에 태아가 사망하는 경우도 있다. 이를 '자궁 내 태아 사망' 이라 부른다. 보통 '자궁 내 태아 사망' 은 사산으로 이어진다.

사산을 경험한 산모의 상실감은 극복하기 힘들 정도의 슬픔으로 이어지기도 한다. 만날 날을 고대하며 몇 달 동안이나 뱃속에서 키워오던 아기가 한순간에 사라진 상황인데 산모에게 이보다 더한 상실감은 없을 것이다.

산모에게는 온 세상이 무너진 듯한 기분일 것이다. 그리고 평범한 삶이 다시는 오지 않을 것처럼 괴로울 것이다. 그래도 삶은 계속되어야 한다. 그리고 그러기 위해서는 약간의 조치가 필요하다. 아래에 상실감의 고통을 덜고 미래의 삶을 꾸리는 데 도움이 될 만한 몇 가지 활동을 소개한다.

떠난 아기에게 작별인사 하기

아기를 잃은 사실을 받아들이고 다시 일어서기 위해서는 애도의 시간이 필요하다. 그러나 만나지도, 안아보지도, 이름조차 불러보지 못한 아기를 그리워하면서 마냥 슬퍼할 수는 없음을 기억해야 한다. 아기의 죽음을 피부로 느낄 수 있다면 슬픔에 대처하기도 한결 편안해질 것이다. 그리고 아기를 위한 장례식이 조금이나마 위안이 될 수도 있다.

아기의 유품을 고이 간직하기

전문가들은 죽은 사람의 사진이나 유품을 갖는 것이 상실감의 고통을 이겨내는 데 도움이 된다고 한다. 유품은 지금이나 미래에 그 사람을 떠올릴 수 있는 물건이어야 한다. 상실감을 극복하는 데 시간이 더 필요하다면, 가족과 친구들에게 아직은 아기의 방을 치우지 말아달라고 부탁하라.

마음껏 슬퍼하기

필요하다면 얼마든지 울어라. 자신의 감정을 털어놓고 그 감정에 자신이 온전히 빠져들게 내버려둬라. 애도는 전혀 감추거나 회피할 감정이 아니다.

기댈 곳 찾기

배우자, 가족, 친구에게 의지하라. 물론 그 누구도 당신이 입은 상처를 없앨 수는 없다. 하지만 당신을 사랑하고 또 지지해주는 사람이 있다는 사실은 분명 힘이 될 것이다. 전문 카운슬러의 도움을 받는 것도 좋고, 같은 경험을 가진 부모들의 모임에 들어가는 것도 좋다.

아기를 잃은 부부는 왜 하필 이런 일이 자신에게 일어났는지 의문을 가질 것이다. 그러나 이런 철학적인 의문에는 속 시원한 답이라는 것이 존재하지 않는다. 다소나마 자신들에게 일어난 일을 이해하기 위해서 태아나 신생아 사망의 물리적인 원인을 알아두는 것은 도움이 될 것이다. 정신적인 충격이 어느 정도 가신 후에는, 병원의 부검결과를 토대로 몇 가지 사실을 확인할 수 있다. 사망의 원인이나 기타 세부사항을 알고 나면 이 결과를 받아들이는 것이 한결 수월해질 것이다.

기태임신(Molar pregnancy)

포상기태임신은 태반의 융모막 융모가 비정상적으로 발달할 때 발생한다. 결과적으로 정상적인 태아 대신 비정상적인 덩어리가 형성된다. 이 덩어리는 태반의 종양이며 수정란의 염색체 이상에서 비롯된다.

기태임신은 비교적 희귀한 축에 속한다. 보고된 바에 의하면 미국에서는 임신 1,000~1,200건 중 한 건 꼴로 발생한다.

징후와 증상

기태임신의 주요 징후는 임신 12주 내의 출혈이다. 종종 자궁이 일반 임신 때 커지는 크기보다 더 커지기도 한다. 심한 메슥거림을 비롯한 다른 임신 증상도 보편적으로 나타난다. 기태임신의 징후나 증상을 경험한 임신부는 즉시 의사에게 연락해야 한다. 초음파 검사는 기태임신을 판별하는 데 높은 신뢰도를 보여주는 검사방법이다.

대처와 관리법

기태임신 때 생긴 덩어리는 흡입수술을 통해 제거할 수 있다. 이는 마취를 한 후 자궁경부를 넓히고 자궁 속의 내용물을 부드럽게 빨아내는 방식이다. 간혹 이 덩어리가 악성변화를 일으키는 경우가 있기 때문에 종양을 제거한 후에도 임신호르몬인 HCG의 수치를 오랫동안 모니터링 해야 한다. 만일 종양을 제거한 후에도 HCG 호르몬 수치가 높으면 침습성(invasive) 질병을 의심할 수 있기 때문에 담당 의사는 HCG 수치검사를 정기적으로 시행 할 것이다. 포상기태임신 이후 비정상세포덩어리가 악성으로 변할 경우에는 화학요법이 필요하다. 그러나 적절한 화학치료를 할 경우 항암치료중 가장 성공률이 높으며 대부분 완치가 가능하다.

향후의 임신

기태임신을 한 여성은 최소 1년은 다시 임신하지 않는 것이 좋다. 기태임신을 했던 경우 다음 임신이 기태임신일 위험이 증가하기는 하지만 정상임신이라면 합병증이 더 증가하지는 않는다.

자궁경관 무력증 (Cervical incompetence)

자궁경관 무력증은 만삭이 되기전에 자궁경부가 얇아지면서 저절로 열리는 상황을 일컫는 의학용어이다. 정상임신에서는 자궁수축 때문에 사궁이 열리지만 자궁경관 무력증의 경우 자궁경부의 결합조직이 점점 커지는 자궁의 압력을 이기지 못하여 발생한다. 자궁경관 무력증은 흔치 않다. 임신부의 1~2퍼센트 정도만이 이를 겪는다. 그러나 임신 4~6개월에 일어나는 유산 중 1/4이 자궁경관 무력증으로 인한 것이다. 과거에 자궁수술을 받은 경험이 있거나 난산으로 인한 자궁손상이 있을 때, 혹은 선천적으로 자궁 형태가 비정상일 때 자궁경관 무력증이 발생할 가능성이 높다. 쌍둥이를 임신했거나 양수과다인 경우에도 자궁경관 무력증의 위험도가 증가한다.

징후와 증상

자궁경관 무력증은 통증을 제외한 기타 유산 및 조기진통의 증상을 갖는다.
즉 질 출혈, 끈끈하고 혈액이 섞인 점액조직의 배출, 하복부의 압박감이나
무게감 등의 증상이 나타난다.

대처와 관리법

임신 4~6개월 중에 이런 증상이 나타나면 즉시 의사에게 연락해야 한다. 자
궁경관 무력증을 조기에 발견하면 자궁봉합수술을 통해 임신상태를 유지할
수 있다. 자궁봉합수술의 성공률이 가장 높은 시기는 임신 20주 이내다.

향후의 임신

과거에 자궁경관 무력증으로 유산을 경험한 산모는 다음번 임신 때는 초기
에 자궁봉합수술을 받는 것이 좋다. 착상이 제대로 끝난 시기이며 태아의
무게가 자궁경부를 압박하기 전인 임신 12~14주에 수술을 받도록 하라
(p435의 '2부 유산 후에 재임신 시도하기'를 읽어보는 것도 도움이 될 것이다).

우울증 (Depression)

누구나 살면서 한 번은 우울해본 경험이 있을 것이다. 그러나 장기간에 걸
친 부적절한 우울함은 정신이상에 속한다. 그런 우울함은 먹고, 자고, 일하
고, 인간관계를 맺고, 삶을 즐기는 기본적인 일상생활을 방해한다.
우울함의 원인은 복합적이며, 가족력도 작용한다. 전문가들에 따르면 이러
한 유전적 특성이 스트레스나 질병 등의 요인과 결합하여 뇌화학 작용에 불

균형을 일으키는 탓에 우울증이 올 수 있다고 한다. 임신 중인 여성 사이에서 우울증은 흔히 나타나는 증상이다.

또한 출산 후에 우울증을 겪는 여성도 많다. 한 연구에 의하면, 산후 우울증의 25퍼센트 가량이 임신 중에 시작된다고 한다. 임신 중에 우울증을 야기하는 요인은 다음과 같다.

- 신체의 변화
- 건강상의 문제
- 예기치 않은 임신
- 과거의 유산 경험
- 경제력에 대한 스트레스
- 출산과 양육에 대한 비현실적인 기대감
- 사회적, 감정적 지지의 부족
- 아직 해소되지 않은 아동기의 문제

우울증은 산모의 연령, 인종, 사회 환경적 계층에 상관없이 영향력을 미치며, 특히 취약한 성격이나 생활방식이 있다. 자존감이 낮고 자기비하를 일삼는 성격, 비관적인 태도, 스트레스에 금방 지치는 성향을 지닌 여성은 우울증에 걸릴 위험이 높다. 알코올 중독, 약물남용, 흡연도 우울증을 야기하는 요인에 속한다. 또한 다이어트로 인한 엽산 및 비타민 B-12 결핍도 우울증의 원인이 될 수 있다.

징후와 증상

우울증 진단의 기초가 되는 두 가지 증상이 있다.

• 일상에 대한 홍미의 상실 : 예전에 즐겼던 활동에서 더 이상 홍미와 기쁨을 느끼지 못하는 경우

• 우울감 : 슬프고, 무기력하며, 절망적인 기분이 들어서 자주 우는 경우
이외에도 흔하게 나타나는 징후와 증상은 그저 보편적인 임신증상으로 오인되고는 한다. 그러다보니 임신 중의 우울증은 간과되는 경우가 많다. 전문가가 우울증 진단을 내리는 근거는 다음과 같다. 최소 2주 동안, 거의 매일 다음과 같은 증상을 겪는 사람은 우울증으로 판단된다.

- 불면증
- 사고력과 집중력 저하
- 원인불명의 식욕변화로 인한 뚜렷한 체중변화
- 과도하게 활발해지거나 둔화된 신체 움직임
- 피로감
- 낮은 자존감
- 성적 홍미 상실
- 죽음에 대한 생각

우울증은 광범위한 신체적 합병증으로 이어지기도 한다. 가려움, 시력저하, 과도한 발한, 입 마름, 두통, 요통, 위장질환 등이 그 예다. 많은 우울증 환자들은 끊임없이 걱정을 하는 불안증세를 경험한다.
우울함에서 빠져 나오기 어렵다면, 의사와 이야기해봐라. 이때는 자신의 증상에 대해 자세히 털어놓는 것이 좋다. 필요하다면 우울증과 비슷한 증상을 야기하는 다른 질병의 가능성 때문에 몇 가지 검사를 받게 될 수도 있다.

대처와 관리법

우울증 진단을 받았다면 의사의 조언을 새겨들어야 한다. 우울증은 치료가 필요한 심각한 질병이다. 이 진단을 무시하면 임신부는 물론이고 태아까지 위험해질 수 있다.

가장 보편적인 임신 중 우울증 치료방법은 상담과 심리치료다. 때로는 항우울성 약물을 함께 사용하기도 한다. 가장 중요한 점은 전문가의 도움을 받아 자신에게 적합한 치료계획을 세워야 한다는 것이다. 의사가 약물치료를 권한다면, 임신에 영향을 미치지 않는 안전한 방법일 것이므로 크게 걱정하지 않아도 된다.

임신 중의 우울증은 산후 우울증으로 이어질 가능성이 매우 높다. 그뿐만 아니라 적절한 치료를 받지 않으면 만성 우울증으로 이어져 다음 임신에도 영향을 미칠 수 있다. 임신 전후의 우울증도 다른 질병과 마찬가지로 치료가 필요하다.

임신성 당뇨(Gestational diabetes)

당뇨란 혈당(글루코오스)이 적정 수준으로 유지되지 않는 상태다. 이 질병은 혈중 글루코오스의 양을 조절하는 인슐린 호르몬과 관련이 있다. 임신 전에는 당뇨가 없었던 여성에게 임신 중에 당뇨가 생긴 경우를 임신성 당뇨라 부른다. 이는 임신 호르몬의 영향으로 신진대사에 변화가 생겨 발생하는 것으로 알려져 있다.

미국의 경우 임신부의 3~5퍼센트가 임신성 당뇨를 경험한다고 한다. 임신성 당뇨의 발생률을 높이는 요인은 다음과 같다.

- 30세 이상의 여성이 임신했을 때

- 당뇨에 대한 가족력이 있을 때

- 비만여성이 임신했을 때

- 과거에 임신 합병증을 경험한 일이 있을 때

이전 임신에서 사산, 거대아 출산, 임신성 당뇨를 경험한 산모는 다음번에도 임신성 당뇨에 걸릴 확률이 높다. 이유는 밝혀지지 않았지만, 흑인과 라틴계 미국인, 아메리칸 원주민일수록 임신성 당뇨 발병률이 높다.

일반적으로 임신성 당뇨가 임신부의 건강을 크게 위협하는 것은 아니다. 그러나 태아에게 당뇨가 미칠 영향이 염려된다면 검사를 받는 것이 좋다. 임신성 당뇨인 임신부는 4.5kg 이상의 거대아를 낳을 위험이 있다. 거대아는 정상아보다 분만외상을 입을 가능성이 현저히 높다. 주로 어깨가 산도에 걸리는 견갑난산 때문에 분만외상을 겪게 되는 것이다. 임신성 당뇨로 나타날 수 있는 또 다른 문제는 신생아의 저혈당증, 황달, 호흡곤란증후군 등이 있다.

임신부가 임신성 당뇨를 발견하지 못하면 사산 혹은 출생 직후 아기의 사망 위험이 높아지지만 적절한 시기에 병을 발견하여 잘 관리하면 별 문제없이 건강한 아이를 낳을 수 있다.

징후와 증상

일반적으로 임신성 당뇨는 눈에 드러나는 증상이라고 할 게 없다. 그러므로 임신부의 징후나 증상 대신 혈당 검사를 통해 알아내는 수밖에 없다. 보통 임신 26~28주에 포도당 부하 검사를 받는다. 임신부가 임신성 당뇨에 걸릴 가능성이 높다고 판단될 경우에는 좀 더 일찍 이 검사를 받기도 한다. 임신성 당뇨를 경험하는 여성의 절반 정도는 별다른 위험요인이 없다. 그래서 의사들은 연령이나 위험요인에 상관없이 모든 임신부에게 임신성 당뇨 검사를 시행한다.

검사과정은 이렇다. 먼저 포도당 부하 검사를 위해, 임신부는 포도당 용액을 마신다. 그리고 약 한 시간 후에 혈액샘플을 채취해 포도당 수치를 검사한다. 대개 이 검사를 받은 임신부의 15퍼센트가 혈당수치 이상이라는 결과를 얻는다. 혈당수치가 정상보다 높을 경우에는 구강 포도당 부하 검사를 받게 된다.

후속검사가 필요한 임신부는 검사 전날 밤부터 금식해야 한다. 그리고 다음 날 한 번 더 포도당 용액을 마신 후 3시간이 지나면 혈액 검사를 시행하고 혈당을 여러 번 측정한다. 첫 번째 검사결과 이상이 발견되어 후속검사를 받은 여성의 약 15퍼센트가 임신성 당뇨 진단을 받는다.

대처와 관리법

임신성 당뇨관리의 핵심은 바로 혈당수치 조절이다. 대부분의 경우 계획된 식이요법과 충분한 운동, 정기적인 혈당 검사로 이루어진다. 요즘은 대부분의 의사가 적절한 혈당 조절을 위해 임산부가 집에서 직접 정기적으로 혈당수치를 관찰하도록 권하고 있다. 이는 주로 아침식사 전과 후를 비교해서 혈당수치가 얼마나 올라갔는지를 체크한다.

식이요법과 운동을 했는데도 혈당수치가 정상치로 내려가지 않는 임신부에게는 좀 더 심화된 치료법이 적용된다. 이 경우에는 보통 인슐린 주사를 맞게 된다. 인슐린은 태반을 통과하지 못하므로 태아에게 아무런 영향을 미치지 않으면서도 임신부의 혈당수치를 효과적으로 조절할 수 있기 때문이다. 한편 인슐린을 투여하기 전에 글리브라이드*glyburide*라는 경구용 약을 사용할 수도 있다. 이 약은 상대적으로 널리 쓰이지 않지만 태아에게 안전한 동시에 임신부에게도 효과적인 것으로 알려져 있다.

임신 마지막 주에는 임신부 자신의 혈당조절에 힘쓰는 한편 정기적으로 태아를 관찰하는 것도 중요하다. 일반적으로 태아의 발달상태를 살피기 위해 쓰이는 초음파 검사는 태아의 체중 측정 시 오류 발생률이 높은 편이다. 그래서 초음파로 태아의 발달 정도를 측정하기는 좋지만, 출생 시 체중을 정확히 알아내기는 어렵다.

임신기간을 채우기 전에 아기가 태어날 위험도 있다. 그러나 대부분의 의사가 임신기간을 충분히 채운 후에 출산할 수 있도록 물심양면으로 도울 것이다. 거대아 출산의 위험이 있을 경우에는 견갑난산을 피하기 위해 제왕절개가 권장되는 편이다.

임신 40주가 지나도록 진통이 나타나지 않으면 유도분만을 해야 한다. 39주 이내에 출산이 계획돼 있다면, 태아의 폐가 충분히 자랐는지를 판단하기 위해서 양수 검사를 해야 한다. 대부분의 임신성 당뇨는 출산 직후에 사라진다. 임신부의 혈당수치가 정상으로 돌아왔는지 확인하기 위해 출산 다음날에도 한두 차례의 혈당 검사를 실시해야 한다. 일부 의사들은 산모가 출산 6주 후에 한 번 더 포도당 검사를 받도록 권하기도 한다.

과거에 임신성 당뇨를 경험한 임신부는 다음 임신 때도 당뇨를 겪을 확률이 높다. 그리고 향후에 임신성이 아닌 2형 당뇨(성인형 당뇨 혹은 인슐린 저항성 당뇨)에 걸릴 가능성도 높아진다. 즉, 임신성 당뇨를 경험한 여성의 절반가량이 결국 비임신성 당뇨에 걸린다. 그러므로 출산 후에도 의사의 권고에 따라 식이요법과 운동을 시행하고 최소 1년에 한 번 이상 혈당수치를 점검하는 것이 좋다.

임신오조 (Hyperemesis gravidarun)

임신초기의 메슥거림과 구토는 일반적인 입덧증상이다. 그러나 간혹 임신 중에 구토가 지나쳐 고생하는 경우가 있다. 임신 중의 구토가 잦고 지속적이며 심한 것을 임신오조라고 부른다.

임신오조는 임신부 300명 당 한 명 꼴로 나타난다. 확실한 원인은 밝혀진 바 없지만 임신 호르몬인 HCG와 에스트로겐 수치가 비정상적으로 높을 때 이런 증상이 나타나는 경향이 있다. 첫 임신인 경우, 임신부의 나이가 어린 경우, 다태아 임신인 경우에 임신오조의 발생률이 높다.

징후와 증상

임신오조의 주요 징후는 과도한 구토가 끊임없이 이어지는 것이다. 정도가 심할 경우 임신부의 체중이 줄기도 하고 탈수증상을 겪기도 하며 심지어 현기증으로 기절하기도 한다. 구역질과 구토가 심해 음식이나 음료를 전혀 입에 댈 수 없는 상태가 임신 20주까지 이어지면 의사의 도움을 받아야 한다. 발열을 동반하거나 구토 후에 통증이 지속된다면 즉시 담당 의사에게 연락하도록 힌다. 임신오조는 임신부의 영양분과 수분 흡수를 막을 수 있어서 임신부가 필요한 것을 충분히 섭취하지 못하는 상태가 오래 지속되면 태아까지 위험해지기 때문이다.

임신오조로 병원을 찾게 되면 우선 구토를 유발하는 다른 원인이 있는지 살펴볼 것이다. 그리고 다른 원인이 없다면 임신오조의 치료에 들어갈 것이다. 병원에서는 뱃속에 한 명 이상의 태아가 있는지, 임신으로 비롯된 신체 이상이나 당뇨, 자궁 내 정상배아가 아닌 이상 덩어리의 형성여부(기태임신)도 살펴볼 것이다.

그 외에 병원에서 임신오조의 원인을 밝히기 위해 하는 검사는 일반적으로 혈액 검사, 자궁 검사, 초음파 검사 등이 있다.

대처와 관리법

가벼운 임신오조는 구토를 유발하는 음식 피하기, 일반의약품 복용, 조금씩 자주 먹기, 안정 취하기 등으로 호전될 수 있다. 하지만 심한 경우에는 정맥주사와 처방약 복용이 이뤄진다. 아주 심각한 경우에는 입원과 정맥주사가 필요할 수 있다.

임신오조로 병원을 찾은 임신부는 의사의 조언에 따라 충분한 영양을 섭취하고 자신과 태아에게 다른 합병증이 오지 않도록 주의를 기울여야 한다.

자궁 내 발육지연(Intrauterine Growth restriction)

자궁 내 발육지연(IUGR)은 태아가 정상적으로 자라지 않는 상태를 말한다. 여기에 해당하는 태아는 정상태아에 비해 몸체가 작다. 그리고 태어나도 정상 아기들보다 10퍼센트 이상 체중이 적게 나간다.

미국에서는 매년 약 4만 명의 태아가 2.5kg 미만의 저체중아로 태어난다. IUGR은 태반에 생긴 이상으로 태아가 충분한 산소와 영양분을 공급받지 못할 때 발생한다. 그 원인은 다음과 같다.

- 임신부의 고혈압
- 흡연
- 임신부의 영양실조 또는 체중미달

- 약물이나 알코올 남용
- 임신부의 만성질환, 가령 1형 당뇨(연소성 당뇨 혹은 인슐린 의존성 당뇨) 합병증, 심장 또는 간이나 신장질환, 루푸스 등의 류머티즘 질환, 적혈구 항체와 같은 항체 이상 등등
- 자간전증이나 자간(eclampsia)
- 태반이나 난관 이상
- 다태아 임신
- 희귀한 면역체계 이상, 즉 항인지질항체 증후군

그 외에도 원인불명의 IUGR도 있을 수 있다.

사전에 의료처치를 하면 발육이 지연된 아기에게 일어날 수 있는 위험한 상황을 크게 줄일 수 있다. 그러나 그렇다 하더라도 완전히 방심해서는 안 된다. 보통 저체중인 아기는 에너지원(포도당)으로 쓰일 체내지방이나 글리코겐이 정상 체중의 아기보다 적어서 체온유지에 어려움을 겪는다. 그리고 이는 저체온증으로 이어질 위험이 있다.

사산과 태아가사도 IUGR에서 쉽게 볼 수 있는 현상이다. 저체중인 아기는 에너지 수준이 낮기 때문에 출생 후 저혈낭중의 위험이 있다. 마지막으로 태반이 적절한 산소와 에너지원을 공급하지 못한 경우, 태아가 진통 스트레스에 민감할 경우가 많다.

징후와 증상

태아의 발달이 지연되는 경우 역시 임신부가 별다른 징후를 느끼지 못할 수 있다. 그러나 의사가 수시로 태아의 발달상황을 점검함으로써 IUGR을 발견할 수 있다. 담당 의사는 IUGR을 초기에 발견해내기 위해 임신부가 병원에

올 때마다 검사를 한다. 그리고 이렇게 뱃속의 아기가 얼마나 자랐는지를 살펴봄으로써 IUGR을 발견하게 된다. 그리고 IUGR이 의심될 때는 초음파를 사용하여 태아의 머리둘레와 대퇴골 길이, 임신부의 복부 크기와 양수의 양 등을 측정할 것이다.

한편 쌍둥이를 임신한 경우 IUGR은 두 태아 모두에게 같은 영향을 미칠 수 있다. 그러나 간혹 한 태아만 더 많은 영향을 받기도 한다. 따라서 담당 의사 두 태아의 성장률이 15퍼센트 이상 차이날 경우 이를 주의 깊게 살필 것이다.

대처와 관리법

아기의 발육부진에 대처하려면 먼저 문제의 원인을 밝혀내고 이를 개선해야 한다. 만약 흡연, 약물남용, 영양실조 등이 원인이라면 치료하기가 비교적 쉽다. 물론 경우에 따라서는 입원이나 절대안정이 권고되기도 한다.

임신부와 담당 의사는 태아의 상태를 늘 예의주시해야 한다. 임신부가 태아의 움직임을 매일 기록하는 것도 한 방법이다. 일반적으로는 3~4주에 한 번씩 초음파 검사를 실시하여 태아의 발달과 양수의 양을 점검하며 때때로 의사가 태아의 건강상태를 체크하기도 한다.

그리고 염색체 이상이나 감염 여부를 밝혀내기 위해 양수 검사를 실시할 수 있다. 그리고 빠른 결과를 얻기 위해 형광 제자리 부합법(FISH; Fluorescence in situ hybrization)과 기타 모든 검사를 통해 염색체를 관찰하기도 한다. 드문 경우이지만 태아의 혈액분석이 필요할 때도 있다. 이 경우, 탯줄에서 혈액샘플을 채취하는데, 이를 경피하 제대혈 채취(PUBS)라고 한다.

담당 의사는 검사 전에 임신부에게 검사의 장단점에 대해 알려준다. 만일 초음파 검사 결과 태아가 잘 자라고 있으며 위험하지 않다면, 정상적인 진통이 올 때까지 임신상태는 무사히 유지될 것이다. 그러나 태아의 상태가 위험하거나 발달이 느릴 경우, 의사가 조산을 권할 가능성도 있다.

상황에 따라서는 임신부에게 유도분만이나 제왕절개를 권할 수도 있다. 유도분만을 할 때는 태아를 면밀히 모니터링 해야 한다. 태아의 심박수 측정을 비롯한 여러 가지 검사를 통해 태아가 진통을 견딜 수 없다는 판단이 서면 제왕절개로 출산하는 편이 좋다.

어떠한 방법으로 태어나건, 저체중인 아기는 건강상 문제가 있을 위험이 있다. 상태에 따라서는 출생 직후 포도당 수액을 맞기도 한다. 일단 저체중인 아기가 태어나면 아기의 체온도 꼼꼼히 관찰해야 한다.

과거에 저체중 아기의 출산의 경험이 있는 임신부는 다음번에도 저체중 아기를 낳을 위험이 있다. 다행인 점은 주의 깊게 모니터링을 하고 조기에 필요한 조치를 취하면 IUGR의 위험을 낮출 수 있으며 태아의 발육지연 현상을 완전히 해결할 수도 있다는 점이다. 이뿐만 아니라 영양섭취에 신경을 쓰고 금연, 금주 등으로 태반을 건강하게 관리해야 한다. 이는 건강한 아이가 태어날 확률을 높이는 방법이다.

아기가 저체중으로 태어났다고 해서 지나친 걱정을 하는 것은 금물이다. 출생 시의 체중이 향후의 발달과 성장까지 결정하는 것은 아니기 때문이다. 상당수의 저체중 아기는 생후 18~24개월 청소년 또래의 정상적인 아기들의 발달수준을 따라잡는다. 심각한 선천적 장애를 지니지 않은 한, 대부분의 아기들은 장기적으로 정상적인 지능 및 신체발달을 하게 되어 있다.

철 결핍성 빈혈(Iron Deficiency Anemia)

체내의 적혈구 수가 줄어들면 철 결핍성 빈혈이 생긴다. 체내에 적혈구 생산에 필요한 철이 부족한 것이 그 원인이다. 철 결핍성 빈혈은 임신 20주 전후에 가장 자주 발생한다. 임신 첫 20주 동안 임신부의 몸은 혈액을 계속해서 만들어내는데, 이때 적혈구보다는 액체성분(혈장)이 더 빨리 만들어지는 경향이 있다. 그래서 전반적인 적혈구 밀도가 떨어지는 것이다.

통계적으로 보면 임신부의 20퍼센트 이상이 철 부족을 겪는다. 이는 임신부가 하루 권장량인 30mg의 철분을 섭취하지 못한다는 뜻인 동시에, 철 결핍성 빈혈에 얼마나 취약한지를 보여준다.

임신 중에는 식이요법만으로 적절한 철을 공급받기 어렵다. 많은 의사들이 임신 4개월에 접어든 임신부에게 철분 보충제를 처방하는 이유가 바로 여기에 있다. 정기적인 검사와 임부용 비타민의 복용만 잘 지켜도 철 결핍성 빈혈은 걱정하지 않아도 된다.

징후와 증상

가벼운 철 결핍성 빈혈은 대개 별다른 증상을 동반하지 않는다. 그러나 그 정도가 심한 경우 임산부는 얼굴이 창백해지고 쉽게 피로해지며 자주 숨이 차고 간간이 어지럼증을 느끼게 된다. 간혹 심장이 두근거리고 일시적으로 기절하는 경우도 있다.

철 결핍성 빈혈의 흔한 증상 중 하나는 평소에 먹지 않던 것인데도 입맛이 당기는 것이다. 주로 얼음, 옥수수 전분 등이며 심지어 진흙이 먹고 싶어지기도 한다. 이러한 증상이 있는 임신부는 반드시 담당 의사에게 이야기를 해야 한다.

철 결핍성 빈혈 진단을 받았다 해도 크게 걱정할 일은 아니다. 그 때문에 쉽게 피로해지고 자주 아플 수는 있지만 심각한 경우가 아니라면 태아를 위협하지는 않는다. 그리고 심각해지기 전에 미리 대처하는 방법도 쉽다.

대처와 관리법

철분을 충분히 섭취하는 것이 가장 좋은 해결책이다. 의사의 처방에 따라 캡슐이나 알약을 복용하면 된다. 아주 드문 경우이긴 하지만 수혈이 필요한 경우도 있다. 그러나 수혈은 임신부가 중증 빈혈을 앓고 있거나 지속적인 혈액손실이 있을 경우에 한해 이뤄지는 것이 보통이다.

태반조기박리(Placental Abruption)

태반조기박리는 태반이 출산 전에 자궁내 벽에서 분리되는 것을 의미한다. 이는 임신부와 태아 모두의 생명을 위협하는 심각한 상태다. 임신부의 경우에는 과다출혈로 쇼크를 일으킬 수 있고, 태아는 생명유지에 필수인 산소의 공급이 끊어지게 된다. 전체 출산의 150분의 1 정도가 태반조기박리를 겪게 되는 것으로 일러져 있는데 안타깝게도 아직 그 원인은 밝혀지지 않았다.

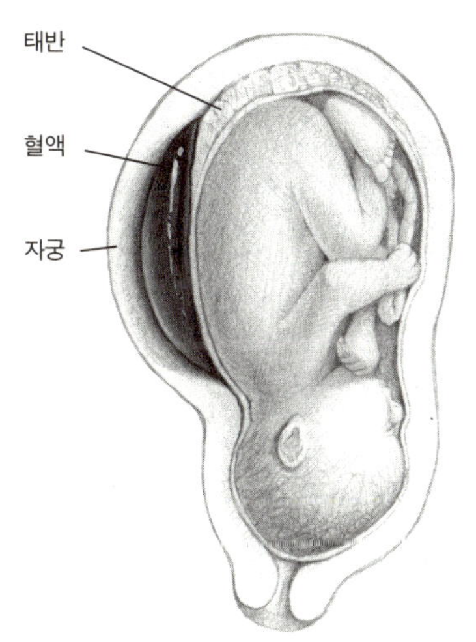

태반조기박리에 영향을 주는 것으로 추정되는 요인은 임신성 고혈압이다. 임신부가 임신 전 또는 중간에 처음 고혈압을 경험하면 태반조기박리의 가능성이 높다.

여러 인종 중에 특히 흑인, 출산 경험이 많은 40세 이상의 여성, 임신 중에 흡연을 하거나 알코올 및 약물 남용을 한 여성 역시 태반조기박리의 발생률이 높다. 그뿐만 아니라 임신부의 혈액응고체계 이상도 태반조기박리와 관련이 있는 것으로 보인다. 아주 드문 경우로, 임신부의 외상이나 상해가 조기박리로 이어지기도 한다.

징후와 증상

초기에는 별다른 태반조기박리의 증상이 없을 수 있다. 그러나 박리, 즉 자궁벽에서 태반이 떨어지기 시작하면 대부분의 임신부는 질 출혈을 겪게 된다. 출혈량은 많을 수도 있고 적을 수도 있다. 출혈량이 꼭 자궁과 태반의 박리정도에 비례하는 것은 아니다. 태반조기박리의 다른 증상들은 다음과 같다.

- 허리의 통증이나(요통) 혹은 배의 통증(복통)
- 자궁이 눌리면서 느껴지는 통증(압통)
- 갑작스러운 자궁의 수축감
- 자궁이 단단해진 듯한 느낌

산부인과에 찾아가면 의사가 임신부의 질 출혈의 원인을 찾아보기 위해 여러 가지 검사를 시행할 것이다. 초음파 검사만으로는 태반조기박리 여부를 알기 힘들다. 그저 출혈의 원인이 전치태반(다음 페이지를 참고하시오)인지 아닌지만 알 수 있을 뿐이다.

대처와 관리법

태반조기박리가 의심되는 경우, 임신부와 태아의 상태, 임신단계에 따라 치료를 달리 한다. 전자모니터로 태아의 심박패턴을 살펴본 결과, 당장 태아가 위험하거나 임신상태가 위태롭다는 결과가 나오지 않더라도 임신부는 며칠간 입원하여 면밀한 모니터링을 받아야 한다.

태아가 충분히 성숙했고 박리수준이 미미한 경우에는 자연분만이 가능하다. 그러나 박리가 이미 많이 진행되어 임신부와 태아가 위험하다는 결과가 나오면 보통 제왕절개로 즉시 분만에 들어간다. 임신부의 출혈이 심각한 상황인 경우에는 수혈이 필요하다.

한번 태반조기박리를 겪은 산모가 다음 임신 시에 이를 다시 겪게 될 확률은 10분의 1이다. 고혈압, 혈액응고 이상, 물질남용 등 자신에게 태반조기박리의 원인이 될 만한 요인이 있다면 다음 임신 전에 치료를 받는 것이 좋다.

태반박리는 심각한 합병증임으로 임신부와 태아 모두의 건강을 위해 전문적이고 적절한 관리가 필요하다. 간혹 박리가 광범위하고 빠르게 진행되면 태아를 외상으로부터 보호하지 못하는 경우도 있다.

전치태반 (Placenta Previa)

간혹 임신부의 태반이 자궁 아래쪽에 위치하는 경우가 있다. 그러면 대반이 자궁경관, 곧 산도의 입구를 부분적 혹은 전체적으로 막을 수 있다. 이것이 바로 전치태반이다. 출산 전이나 중간에 과다출혈이 있을 가능성이 있기 때문에 전치태반은 상당한 주의를 요한다.

전치태반의 확률은 200분의 1이며, 그 형태는 다음과 같이 다양하다.

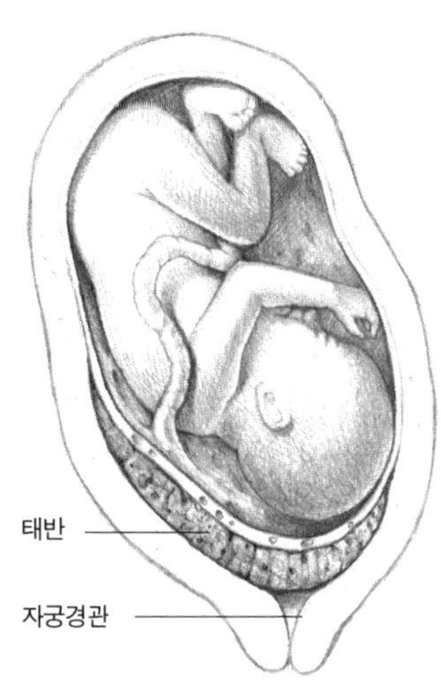

• **번연 전치태반**(Marginal) : 태반의 끝부분이 경부 입구 가장자리에 위치한 경우다. 진통과 함께 경부가 확장될 때, 태반 끝부분이 좀 걸리기는 해도 아기가 골반으로 빠져나갈 수는 있다. 이 경우 자연분만도 가능하다.

• **부분 전치태반**(Partial) : 태반이 경부 입구 일부를 덮은 경우다. 과다출혈 방지를 위해 제왕절개를 할 수 있다.

• **완전 전치태반**(Total) : 태반이 경부 입구 전체를 덮은 경우다. 과다출혈의 위험이 높아서 자연분만이 불가능하다.

전치태반의 원인 역시 알려진 바가 없다. 그러나 태반조기박리와 마찬가지로 출산경험이 많은 여성, 나이 든 여성, 흡연여성의 경우 발생률이 높다. 소파수술 등 자궁수술 유경험자도 가능성이 높은 것으로 보인다. 또한 자궁 내의 제왕절개 흉터 역시 전치태반의 위험을 높이는 것으로 알려져 있다.

징후와 증상

임신 6~7개월 무렵에 가장 자주 발생하는 징후는 바로 통증 없는 질 출혈이다. 일반적으로 혈액의 색이 옅고, 그 양은 사람마다 다르다. 출혈은 멈추기도 하지만, 십중팔구 며칠 혹은 몇 주 후에 다시 출혈이 시작된다. 만일 임신 7주 이후에 출혈을 한다면 무조건 의사에게 알려야 한다.

전치태반은 주로 초음파 검사를 통해서 발견된다. 경부 검사는 비록 살살 진행한다고 해도 출혈의 원인이 될 수 있기 때문에 오직 유도분만과 즉각 제왕절개 시에만 이루어진다. 보통 출혈이 일어난 후에 전치태반임을 알게 될 확률은 매우 희박하다. 왜냐하면 초음파나 MRI 검사로 태반의 위치는 쉽게 파악할 수 있기 때문이다.

사전에 초음파로 전치태반임을 알게 되었다면 자연분만이 가능한지 의사와 상담해보는 것이 좋다. 마지막으로 의사가 전치태반으로 인한 문제가 해결 되었다고 말하기 전까지는 성관계 역시 피하는 것이 좋다.

대처와 관리법

전치태반에 대처하는 법은 개인의 상황에 따라 달라진다. 태아가 태어나도 될 만큼 성숙했는지, 임신부에게 질 출혈이 있는지 등 다양한 요인을 고려해 대처해야 한다.

만일 태반이 경부 가까이 위치해 있지만 산도를 완전히 덮지 않았고 출혈도 없을 경우, 임신부에게 귀가조치가 내려진다. 물론 출혈하는 동시에 즉시 연락한다는 전제 하에 말이다. 만일 임신초기라면 조기진통을 예방하는 약 물을 투여하기도 한다.

전치태반의 경우 출혈이 한 번이라도 있었다면 통상적으로 입원을 하거나 절대안정을 취해야 한다. 그리고 태아가 출생 가능할 만큼 성숙해지는 대로 상황에 따라 제왕절개가 실시될 것이다. 이외에도 출혈이 시작된 상태에서 임신상태를 유지하는 것이 도저히 불가능한 상황에서도 즉시 제왕절개가 실시된다. 이것은 아기가 저체중이나 미숙아로 태어날지라도 일단 생명을 구하기 위해서 이뤄지는 조치이다.

전치태반을 경험한 여성이 다음 임신에 또 전치태반을 겪을 가능성은 4~8 퍼센트이다. 이미 언급했듯 전치태반은 보통 조기에, 즉 태아가 위험해지기 전에 발견이 되므로 크게 걱정할 필요는 없다. 다만 태반이 기존의 자궁 내에 제왕절개 흉터 쪽에 있다면 다음번 제왕절개 수술이 무척 복잡해질 수 있다.

자간전증(Preeclampsia)

자간전증은 임신부의 혈압을 올리는 질병이다. 특징은 다음과 같다.

– 고혈압, 부은 얼굴과 손(부종), 임신 20주 후의 단백뇨

과거에는 임신부의 혈액 속 독소가 자간전증의 원인이라고 여긴 탓에 이를 독혈증이라고 불렀다. 그러나 독소가 원인이 아니라는 사실이 밝혀진 지금은 자간전증이라는 명칭으로 통한다. 자간전증은 아직 정확한 원인이 밝혀지지 않았다.

자간전증은 꽤 흔히 발생한다. 전체 임신부의 6~8퍼센트가 자간전증을 경험하며, 이들 중 85퍼센트가 첫 임신 중에 자간전증을 겪는다. 자간전증에 영향을 줄 수 있는 요인으로는 쌍둥이 이상의 다태아임신, 당뇨, 만성 고혈압, 신장질환, 류머티즘 질환, 가족력 등이 있다. 그리고 10대와 35세 이상의 여성에게서 더 자주 발생하는 경향이 있다.

징후와 증상

자간전증은 임신초기에 걸리는 병임에도 불구하고 한참 후에야 그 증세가 확실해진다. 고혈압, 부은 얼굴과 손, 단백뇨 등의 명백한 증상이 나타난다면 이미 자간전증이 상당히 진전된 상태다.

일부 산모들은 자간전증의 첫 징후로 급격한 체중증가를 겪는다. 보통 일주일에 1kg 이상, 한 달에 6kg 이상 불어난다. 이러한 체중증가는 지방 때문이 아니라 양수 때문이다. 이외에도 두통, 시력저하, 상복부의 통증이 나타나기도 한다. 담당 의사는 임신기간 내내 임신부의 혈압을 관찰하는데, 이는 지

속적인 혈압의 상승이 자간전증의 전형적인 증세이기 때문이다. 그러나 한 번 혈압이 높아졌다 해서 자간전증이라고 말하기는 어렵다. 보통 임신부의 정상적인 혈압은 130/85mmHg을 넘지 않기 때문에 혈압이 140/90mmHg 이상이면 정상이 아닌 것으로 간주된다. 자간전증의 정도는 사람마다 천차 만별이다. 만일 별 다른 증세 없이 혈압상승만 나타났다면 임신성 고혈압 진단을 받게 될 것이다.

한편 자간전증은 단백뇨 검사로도 알아낼 수 있다. 더불어 간과 신장의 기능을 살펴보기 위해서 혈액 검사를 받을 수도 있다. 혈액 검사는 혈액응고에 꼭 필요한 혈소판의 혈중 수치가 정상인지 아닌지를 아는 데 매우 유용하다. 상태가 심각할 경우 HELLP 증후군이라 불리며 일반적인 자간전증과는 간효소 수치와 혈소판 수치, 여러 임상 양상 등을 통해 구분한다.

대처와 관리법

자간전증을 없애는 방법은 오직 출산뿐이다. 간혹 약물을 사용하는 경우도 있지만, 의사들은 웬만해서는 약물치료를 권하지 않는다. 가벼운 자간전증은 집에서 절대 안정을 취하고 혈압을 정기적으로 확인함으로써 관리한다. 이때는 일주일에 몇 번씩 병원을 찾아 혈압과 단백뇨 검사를 받고 태아의 상태를 점검하도록 한다.

그러나 좀 더 심한 경우에는 입원이 필요하다. 정기적인 비자극검사나 생체 물리학적 종합 검사를 통해 태아가 안정적인지 모니터링 해야 한다. 양수의 양을 측정하는 데는 초음파 검사가 사용된다. 양수의 양은 태아에게 공급되는 혈액의 양을 좌우하는데 만일 양수가 적당하지 않으면 유도분만이 필요할지도 모른다.

자간전증은 적절한 조치를 취하지 않으면 자간증으로 이어질 수 있다. 자간은 발작까지 일으킬 수 있는 심각한 합병증으로, 임신부와 태아 모두에게 위험할 수 있기 때문에 만일 임산부가 자간전증 진단을 받으면 담당 의사와 상담 후 자간전증을 적극적으로 관리하여 자간으로 진행되지 않도록 만전을 기해야 한다.

대부분의 경우 자간전증은 출산예정일에 가까워져서야 뚜렷이 나타나며 유도분만을 하는 경우가 많다. 그러나 상태가 조금 심각한 경우에는 태아가 적당히 자랄 때까지 기다릴 수 없는 경우도 있다. 이 경우에는 태아와 임신부 모두를 살리기 위해서 유도분만이나 제왕절개를 해야 한다. 긴급한 경우에는 황산마그네슘 정맥주사로 임신부의 자궁 내 혈류를 증가시키고 발작을 막기도 한다.

자간전증은 태아의 건강에 위협이 되기 때문에 보통 40주 이상 임신을 지속하기보다는 자궁경부가 얼마나 얇아졌는지, 또 부드러워졌는지를 살펴서 출산에 적합한 상황인지 판단한 후 유도분만을 결정한다.

일반적으로 혈압은 출산 후 수일에서 몇 주 내에 정상으로 돌아온다. 의사가 산모에게 필요하다고 판단하는 경우에는 퇴원 시 혈압약을 처방받기도 한다. 만일 혈압약을 처방받게 된다면 출산 후 1~2개월을 기한으로 점진적으로 약을 끊는 것이 좋다. 임신 중 자간전증으로 고생한 산모는 퇴원 후에도 정기적으로 병원을 방문하여 혈압을 모니터링 하도록 한다.

향후 임신에 자간전증이 발생할 가능성은 첫 임신 시의 증상이 얼마나 심각했느냐에 달려 있다. 만일 자간전증이 심하지 않았다면 다음 임신 때는 재발할 확률이 낮다. 그러나 첫 임신에서 심한 자간전증을 경험한 산모가 다음번 임신 때도 자간전증으로 고생할 확률은 25~45퍼센트 정도다.

Rh인자 부적합 (Rhesus factor incompatibility)

Rh인자 부적합은 임신부와 태아의 Rh 혈액형이 다를 때 발생한다. Rh인자란 이따금 적혈구 표면에서 발견되는 단백질 유형인데 이를 지닌 사람은 혈액형이 Rh+, 없는 사람은 Rh-라 부른다. 백인의 85퍼센트는 Rh+이고·흑인의 경우에는 그 비율이 조금 더 높다. 그리고 아메리칸 원주민과 아시아인들의 경우에는 거의 대부분 Rh+다. Rh-인 사람은 백인의 15퍼센트, 흑인의 7퍼센트를 차지한다.

평상시에는 Rh인자가 건강에 영향을 미치지 않는다. 그러나 Rh-인 여성이 Rh+인 태아를 가지게 된 경우에(파트너 혈액형이 Rh+인 경우에 이런 일이 생긴다) Rh인자 부적합 문제가 생길 수 있다. Rh인자 부적합이 위험한 이유는 임신부의 신체가 아기의 Rh+인자를 외부물질로 인식하고 항체를 만들어 공격하기 때문이다. 그리고 그 결과 태아의 적혈구가 파괴되어 태아빈혈이 생기며, 아무런 조치 없이 이 상태를 방치할 경우, 태아에게 경미한 손상에서부터 사망에 이르는 심각한 타격이 미칠 수 있다.

Rh-의 임신부와 Rh+의 배우자 사이에서의 첫 임신일 경우는 태아의 혈액형이 Rh+로 결정되었으나 해노 큰 문제가 없다. 문제는 임신부의 몸이 태아를 해칠 정도의 항체를 만들어낸 시점부터다. 이때 적절한 치료를 받지 않으면 다음번 임신기간 중에 Rh인자 부적합이 나타날 위험이 높아질 것이다.

징후와 증상

Rh-인 임신부는 임신 28~29주 무렵에 Rh항체에 대한 혈액 검사를 받는다. 검사결과 아직 Rh항체가 생성되지 않았다면 Rh 면역글로블린(RhIg) 근육주사를 맞는다. RhIg 주사는 임신부의 혈류 속을 떠다니는 Rh+혈구를 파괴한다. 이렇게 싸워야 할 Rh인자가 사라지면 항체도 생기지 않는다. 즉 Rh항체가 생기지 않도록 선제공격을 감행하는 셈이다. RhIg가 개발된 덕에 요즈음은 태아의 Rh인자로 인한 문제는 거의 자취를 감추었다.

Rh항체가 생겨버렸다면 임신부는 임신 4~6개월 사이에 정기적으로 검사를 받아 혈중 항체수치를 측정해야 한다. 때로는 태아의 건강을 모니터링하기 위해 심층 검사를 받을 수도 있다. 이때는 태아빈혈을 알아보는 초음파 혈류 검사, 파괴된 태아의 혈액량을 측정하는 양수 검사 등이 이루어진다. 만일 임신부의 항체수치가 너무 높으면 태아의 신체손상을 막는 치료가 필요하다. 이럴 경우에는 일반적으로 자궁 내의 태아에게 수혈을 하기도 하며, 간혹 조산을 유도하기도 한다. 이렇게 태어난 신생아는 빈혈을 앓을 가능성이 있고, 치료가 필요한 황달이 나타나는 경우도 있다.

여기서 꼭 하나 기억해야 할 사실이 있다. 임신부가 Rh-이고 태아는 Rh+일 경우, 반드시 임신인 경우에만 Rh항체가 생성되는 것은 아니다. 유산이나 중절 또는 자궁외임신이나 기태임신이라 할지라도 항체는 얼마든지 생길 수 있다. 그러므로 이전의 임신이 출산까지 이루어진 경우는 아니었더라도 다음 번 임신 때는 Rh항체 생성을 멈추는 치료를 받아야 한다.

태아를 위협하는 적혈구 항체는 Rh항체가 가장 보편적이다. 그러나 다른 유형의 위험한 적혈구 항체도 분명 존재한다. 불행히도 나머지 특수항체는 막을 길이 아직 없다. 그러므로 모든 임신부는 미리 혈액형 및 항체 검사를 받는 것이 좋다.

임신 중 감염

임신했다고 해도 일상적으로 문제가 될 수 있는 감염과 질병에 신경을 써야 한다. 물론 감염이나 질병을 치료하는 방법은 임신 전과 달라진다. '임신 중 감염' 부분에서는 여러 가지 감염이 임신에 어떤 영향을 미치는지 살펴볼 것이다.

수두 (Chickenpox)

수두의 병원체는 수두–대상포진 바이러스다. 이는 아이들에게 흔하게 나타는 전염성 강한 질병으로, 빨갛고 가려운 부스럼이 특징이다. 매년 약 400만 명의 미국인(대부분이 아이들)이 수두에 걸린다. 아이들뿐만 아니라 성인 역시 수두에 걸릴 수 있다.

그러나 다행히도 1995년에 수두를 막는 백신이 개발되어서 요즘은 그 발병률이 줄어들고 있다. 그리고 앞으로도 이런 추세는 계속될 것으로 보인다. 일단 수두에 한 번 걸렸거나 그 백신을 맞은 사람은 해당 수두 바이러스에 대한 면역력을 얻게 된다. 누구나 혈액 검사를 통해서 자신이 수두 바이러스에 면역력이 있는지 없는지 알 수 있다.

일단 임신을 했다면 백신을 맞을 수 없다. 면역이 없는 여성이 임신을 계획 중이라면, 백신을 맞고 임신을 한 달 이상 미루는 게 좋다. 아동기에 걸리는 수두는 보통 증상이 가벼운 편이지만 성인기에, 특히 임신한 여성이 걸리면 중증이 되는 경우가 많기 때문이다. 이는 신속히 대처하지 않으면 폐렴 등의 합병증으로 이어질 수 있다.

임신 중 수두의 관리

임신초기에 수두 걸리면 드물긴 하지만 태아가 선천적 장애를 갖고 태어날 수 있다. 아기에게 가장 위협이 되는 경우는 임신부가 출산 일주일 전에 수두에 걸리는 것이다. 물론 신생아에게 신속히 수두-대상포진 면역글로블린(VZIG)을 주사하면 감염의 증세를 경감시킬 수 있다. 하지만 신생아는 수두에도 생명이 위태로울 수 있다는 점을 꼭 염두에 두어야 한다.

수두에 노출된 임신부 역시 VZIG를 맞고 병세를 약화시켜야 한다. 바이러스에 노출이 되었다 하더라도 96시간 이내에 약물을 투여하면 폐렴 및 기타 합병증의 위험을 줄일 수 있다.

거대세포바이러스 (Cytomegalovirus)

사실 거의 모든 사람은 거대세포바이러스(Cytomegalovirus, CMV)에 감염된다고 한다. 하지만 건강한 성인은 대부분 증상 없이 감염 사실을 모른 채 지나간다. 그러나 사람에 따라서 발열, 인후염, 근육통, 피로 등의 증상이 나타나는 경우도 있다.

성인 미국인 전체의 85퍼센트 이상이 40세 이전에 CMV에 감염되며, 살면서 감염이 재발하기도 하지만, 대부분은 재발사실도 모르고 지나간다. CMV에 감염된 후 몇 년 동안은 침이나 소변, 모유로 이 바이러스를 퍼뜨릴 수 있다.

임신 중 거대세포바이러스의 관리

CMV는 사람의 체액으로 전파된다. 임신부가 CMV에 감염되면 출산 전이나 중간에, 혹은 출산 후 모유수유를 통해 태아에게 바이러스를 옮길 위험이 있다. 미국의 경우 임신부가 태아에게 옮기는 가장 흔한 바이러스가 바로 CMV다. 이미 여러 번 CMV에 감염된 적이 있는 사람은 임신 중에 감염이 되도 큰 문제가 되지 않는다. 이 경우에는 태아까지 전염될 확률이 1퍼센트 미만이다. 하지만 임신 중에 처음으로 CMV에 걸렸다면 얘기가 달라진다. 이 경우에는 아기가 중증의 선천성 감염을 가지고 태어날 위험이 커진다. 출생 당시부터 영아기까지 아무런 징후가 나타나지 않기 때문에 감염사실을 일찍 알기는 어렵다. 하지만 아동기에 접어들면 CMV가 심각한 영향을 미칠 수 있다. 소수의 경우, 학습장애를 비롯해서 신경부분의 이상을 겪기도 한다. 그리고 감염아동의 10퍼센트 이상은 다소간의 청력손실을 경험하게 된다.

영아의 1퍼센트는 출생 시에 CMV의 징후와 증상을 보인다. 흔한 증상은 중증의 간 손상, 발자, 실명, 청력 상실, 폐렴 등이다. 안타깝세노 이늘 중 20퍼센트 이상이 사망에 이른다. 그뿐만 아니라 생명을 이어간다 해도 이 아기들은 대다수가 심각한 신경학적 장애를 갖게 된다.

CMV 진단을 받은 임신부는 일단 양수 검사를 통해 태아의 감염여부를 알아야 한다. 그리고 초음파 검사를 통해 감염과 관련하여 태아에게 발달구조상의 문제가 발생했는지를 알아볼 수도 있다. 아직까지는 선천성 CMV에 대한 치료법이 없지만 현재 새 백신이 한창 개발 중에 있다.

전염성 홍반(Erythema infection)

전염성 홍반(Fifth disease, 제5병)은 학령기 아동에게 흔히 발병하는 전염병이다. 병원체는 인간 파보바이러스B19(human parvovirus B19)로 발진이 돋아서 마치 맞은 듯 빨갛게 부어오른 뺨이 대표적인 징후다. 그리고 발진은 다리, 몸통, 목에 레이스 모양으로 돋아나기도 한다. 아이들에 따라서는 전염성 홍반의 별다른 증상을 못 느끼기도 한다. 때로는 미열이 있거나 속이 거북한, 또는 감기와 비슷한 증상으로 나타나기도 한다.

성인기에 볼 수 있는 가장 뚜렷한 전염성 홍반 증상은 며칠에서 몇 주까지 지속되는 관절통증이다. 아이들에 비해 성인은 뺨이 맞은 듯 빨개지는 증상이 훨씬 덜하다. 때로는 아동과 성인 모두 아무런 징후나 증상 없이 감염만 되기도 한다. 그래서 어렸을 때 감염되었던 사실을 모르고 성인이 된 사람도 많다. 일단 한 번 감염되면 그 후에는 대개 평생 지속이 되는 면역력을 얻게 된다. 전염성 발진은 얼굴에 발진이 돋기 일주일 전부터 남에게 바이러스를 옮길 수 있기 때문에 전염방지가 매우 어렵다. 보통 잠복기는 4~14일 정도다. 현재로서는 전염성 홍반을 예방하는 백신이 없을뿐더러 전염성 홍반에 감염된 여성에게는 항바이러스요법도 큰 효과가 없다고 알려져 있다.

임신 중 전염성 홍반의 관리

임신부의 25~50퍼센트가 임신 중에 B19 바이러스에 감염될 수 있다. 한마디로 임신부가 전염성 홍반에 감염되는 것은 비교적 흔한 일이다. 또한 감염이 되었다고 해도 대다수가 건강한 아이를 낳을 수 있으니 크게 걱정할 필요는 없다.

그러나 드물게 임신부의 감염이 태아의 중증 빈혈로 이어지는 경우가 있으며, 때로는 이 빈혈이 태아의 생명을 위협하기도 한다. 그뿐만 아니라 이런 빈혈은 태아는 심장이 심하게 붓는 울혈성 심부종의 원인이 되기도 한다. 만일 태아에게 이런 합병증이 발생했다면, 탯줄을 통해 수혈을 하는 수술이 가능하다.

임신부가 B19 바이러스에 노출되었거나 전염성 홍반이 의심된다면, 혈액 검사로 면역 혹은 감염 여부를 알 수 있다. 만일 면역력이 있다는 결과가 나오면 전혀 걱정하지 않아도 된다. 그러나 감염되었다는 결과가 나오면 약 12주 동안은 초음파 검사를 통해 태아에게 빈혈이나 울혈성 심부전의 징후가 보이는지를 관찰해야 한다.

B군 연쇄상구균 (Group B Streptococcus)

미국 성인의 35퍼센트 가량이 B군 연쇄상구균(GBS) 박테리아를 보유하고 있다. GBS는 주로 결장과 직장에 분포한다. 평상시에는 GBS가 별로 위험하지 않다. 그러나 임신부가 GBS를 가졌다면 이야기가 달라진다. 진통과 출산 중에 아기에게 이를 감염시킬 수 있기 때문이다. GBS에 감염된 신생아는 중증질환을 앓게 될 수 있다.

임신 중 B군 연쇄상구균의 관리

GBS를 지닌 임신부에게서 태어났다고 해도 그 중 극소수의 아기들만 병을 앓는다. 그나마도 박테리아에 감염된 임신부에게 진통 중 항생제를 사용하면 신생아의 GBS 감염을 확실히 막을 수 있다. 그러나 GBS는 아무런 증상도 일으키지 않기 때문에, 모든 여성이 GBS 검사를 받는 것이 좋다.

신생아가 GBS에게 감염된 경우라면, 질병은 두 가지 형태 중 하나로 나타
난다. 첫째, 잠복기가 짧아 출생 후 몇 시간 내에 GBS가 발병할 수 있다. 이
경우에는 뇌 내부 체액의 감염(뇌막염), 폐의 염증과 감염(폐렴), 패혈증으로
인한 발열과 호흡곤란·쇼크 등의 문제가 생길 수 있다. 특히 패혈증은 목
숨을 앗아갈 정도로 위험한 증상이다.

잠복기가 짧은 GBS에 감염된 아기 중 약 20퍼센트는 바로 대처를 한다고
해도 장기적인 장애를 갖게 되거나 결국 사망한다. 하지만 분만 중인 임신
부에게 항생제를 투여하면 이러한 신생아 감염을 대부분 막을 수 있다.

나머지 한 가지 형태는 좀 더 잠복기가 긴 경우다. GBS의 잠복기가 긴 경우
에는 출생 후 일주일 이내에 발병한다. 이 경우는 거의 뇌막염이 된다. 물론
뇌막염 자체가 중증질환이기는 해도, 사망률은 잠복기가 짧은 경우보다는
높지 않다. 중요한 것은 위의 두 가지 중 어떤 타입이든지 GBS에 감염된 아
이는 장기적인 신경손상을 입을 가능성이 높다는 사실이다.

리스테리아증 (Listeriosis)

박테리아의 일종인 리스테리아균을 원인으로 하는 리스테리아증은 대개 오
염된 음식의 섭취로 감염된다. 특히 햄, 핫도그, 살균하지 않은 우유, 치즈
등의 육류 가공식품과 유 가공식품을 먹고 감염되는 경우가 많다.

대부분의 건강한 사람들은 리스테리아균에 노출되어도 병에 바로 걸리지
않는다. 그러나 병에 걸리면 간혹 발열, 피로, 메슥거림, 구토, 설사와 감
기와 유사한 증상이 나타나는데, 특히 임신 중에는 이런 증상을 겪을 확
률이 더 높다.

임신 중 리스테리아증 다스리기

임신 중에 리스테리아증에 걸렸다면, 태반을 통해 태아가 감염될 수 있다. 이는 조산, 유산, 사산, 신생아 사망의 원인이 될 수 있다.

그러므로 임신 중에는 리스테리아균에 노출되지 않도록 최대한 노력해야 한다. 리스테리아 오염과 관련한 사건은 심심치 않게 발생한다. 그리고 이에 대한 주의를 기울여야 한다는 언론보도 역시 자주 등장한다. 만일 당신이 임신했다면 이런 사실에 특히 주목해야 한다. 그리고 살균처리를 하지 않은 육류ㆍ유제품은 반드시 피하길 바란다.

풍진 (German measles)

풍진은 발열, 림프절 종창, 관절통, 발진을 수반하는 바이러스성 전염병이다. 간혹 풍진과 홍역을 혼돈하기도 하는데, 이 두 질병은 각기 다른 바이러스를 원인으로 하는 엄연히 다른 질병이다.

미국의 경우, 아동기에 대부분 홍역-볼거리-풍진(MMR) 백신을 반기 때문에 풍진의 발병률이 극히 낮다. 따라서 임신한 여성도 대부분은 풍진에 면역이 되어 있다. 풍진은 일단 백신을 맞으면 95퍼센트 이상이 평생 면역력을 갖게 된다. 하지만 면역력이 없다면 아무리 발병률이 낮다고 해도 임신 중에 풍진에 감염될 가능성이 있다.

임신 중 풍진의 관리

평상시에는 풍진의 증상이 그리 심하게 나타나지 않는다. 그러나 임신 중에 풍진에 감염된다면 상당히 위험할 수 있다. 왜냐하면 유산, 사산, 출생결함의 원인이 될 수 있기 때문이다. 그뿐만 아니라 신생아가 발달지체, 정신지체, 백내장을 비롯한 안과질환, 청력상실, 선천성 심장병, 기타 장기의 결함 등을 안고 태어날 수도 있다. 풍진은 임신 3개월까지가 가장 위험하지만, 4~6개월 중에 감염되는 풍진 역시 위험하긴 마찬가지이다.

통상적으로 임신부는 임신초기에 풍진면역 검사를 받는다. 그리고 풍진 면역력이 없다고 판단된 임신부는 풍진 바이러스에 노출되었을지 모르는 사람과 절대로 접촉해서는 안 된다. 안타깝게도 임신 중에는 MMR 백신(홍역, 볼거리로 알려진 유행성이하선염, 풍진의 백신- 옮긴이)을 맞을 수 없다. 그러나 출산 후에 백신을 맞아두면 다음번 임신 때는 풍진 걱정을 덜 수 있다. 아직 임신 전이라면, 백신을 맞은 후 최소 3개월 전에는 임신을 하지 않는 것이 좋다.

톡소플라스마증 (Toxoplasmosis)

톡소플라스마증은 기생충 감염의 일종인데, 설치류를 먹이로 하는 고양이들이 주로 기생충을 옮긴다. 집에서 키우는 고양이는 감염의 요인이 될 확률이 낮은 편이다. 위험한 것은 길고양이에게서 기생충이 옮겨졌을 가능성이 높은 실외의 토양이나 고양이 화장실로 쓰이는 모래상자다. 이는 날씨가 따뜻할 때 특히 더 위험하다. 그리고 위험성이 가장 높은 감염경로는 오염된 음식이다. 음식의 재료를 철저히 손질하는 습관 역시 톡소플라스마 기생충의 감염 방지에 큰 도움이 된다.

대부분의 경우에는 톡소플라스마 기생충이 별다른 징후나 증상을 일으키지 않으므로 감염사실을 알긴 쉽지 않다. 일단 증상은 임파선이 붓고, 피로하며, 근육이 아프고 열이 나는 등 감기와 비슷하다. 일반적으로 이 질병은 한

번 감염되면 그 이후에 평생 면역이 생긴다. 그러나 임신 중에 처음으로 톡소플라스마증에 걸린 여성의 40퍼센트는 태아에게 질병을 옮긴다. 그러므로 다음의 사항들을 지켜서 감염을 막도록 한다.

- 육류는 완전히 익혀서 먹는다.
- 음식 재료를 손질한 후에는 반드시 손을 꼼꼼히 씻는다.
- 정원손질을 하거나 실외의 흙을 만질 때는 장갑을 낀다.
- 고양이를 기르고 있다면, 다른 사람에게 고양이 화장실 청소를 부탁하라.

임신 중 톡소플라스마증 관리

임신 중 톡소플라스마에 처음으로 감염되면 유산, 태아의 발달지연, 37주 이전의 조기진통 등으로 이어지기도 한다. 톡소플라스마에 감염된 태아의 대다수는 출산 전까지는 정상적으로 자라지만 태어난 후에 실명이나 시력손상, 간이나 비장의 종창(종기), 황달, 발작, 정신지체 등의 문제가 나타날 수 있다. 감염이 의심될 경우에는 혈액 검사를 받으면 된다. 검사를 통해 현재 감염되었다는 결과를 얻게 되면, 양수 검사와 초음파 검사 등 출산 전 검사를 통해 태아의 감염 여부를 밝혀낸다. 그리고 출산 후 아기의 감염여부를 알아보는 경우에는 아기의 태반·척수검사와 머리부분의 CT촬영이 필요하다.

임신 중에 톡소플라스마를 치료하기는 어렵다. 치료에 사용되는 약물이 태아에게 어떤 영향을 미치는지가 분명히 밝혀지지 않았기 때문에, 치료를 원하는 임신부도 드물다. 그러므로 치료를 받는다고 해도 자신의 상황을 잘 고려해서 결정해야 할 것이다.

진통과 출산 시의 문제

합병증은 완벽하게 진통과 출산을 준비했다고 해도 발생할 수 있는 문제다. 일단 뭔가 문제가 생겼다면, 의료진을 믿는 것이 중요하다. 그들은 임신부와 태어날 아기를 위해 최선을 다하는 사람들이다. 그러나 임신 중에 받았던 의료 서비스가 만족스럽지 못했다면, 의사나 병원을 바꾼다. 진통을 겪는 와중에 문제가 발생했을 때는 의료진을 신뢰하는 것이 아주 중요하다. 대개 상황이 급박하게 돌아가기 때문에 의사의 실력을 순간순간 가늠하기 어려운 탓이다.

누구나 문제 앞에서는 통제력을 잃어버리기 십상이다. 이럴 때는 가능한 한 유연하게 대처하는 것이 최선이다. 먼저 담당의가 문제를 설명해주고 새로운 처치법과 그에 따라 예상 가능한 결과를 일러줄 것이다. 그 다음에는 의사와 상의해서 어떤 단계를 밟아야 할지 결정하라.

진통이 시작되지 않을 때

간혹 예정일이 되었는데도 진통이 없는 경우가 있는데 상황에 따라 의사는 기다리거나 유도분만, 즉 인공적인 출산을 유도할 것이다.

징후와 증상

유도분만을 하는 이유는 여러 가지다. 아기는 태어날 준비가 되었는데도 자궁수축이 시작되지 않을 때, 혹은 임신부나 태아의 건강에 해가 될 만한 요인이 존재할 때, 의사는 유도분만을 권한다. 유도분만을 하게 되는 몇 가지 상황을 소개한다.

- 태아가 나올 시기를 넘겼고 임신기간이 42주(일부 경우, 41주)를 넘어섰다.
- 양수가 터졌으나, 진통은 시작되지 않았다.
- 자궁 내 감염이 있다.
- 태아의 발육이 느리거나 멈춰서 더 이상 뱃속에서 자라지 않을 듯하다. 태아의 움직임이 거의 없거나, 양수의 양이 줄어들고 있거나, 태반이 더 이상 태아에게 영양을 공급하지 못할 때도 마찬가지다.
- 임신 고혈압이 생겼다(자간전증).
- 임신부에게 본인과 태아를 위험에 빠뜨릴 수 있는 폐질환이나 신장질환의 합병증, 혹은 당뇨나 기타 병력이 있다.
- 태반이 자궁벽에서 분리되기 시작했다.
- 임신부와 태아의 혈액형이 일치하지 않는다. 즉 Rh인자 부적합이다.

다른 이유도 얼마든지 있을 수 있다. 임신부의 집이 병원과 아주 멀거나 지난번 출산 때 급박하게 분만을 한 경우도 유도분만의 이유가 될 수 있다. 때로는 임신부가 자연분만을 원하는데도 담당의가 유도분만을 권하는 경우도 있다. 이때는 의사의 권고를 긍정적으로 생각하는 게 좋다. 또한 유도분만을 계획해두면 심리적으로나 신체적으로 아기를 낳을 더 잘할 수 있다.

대처와 관리법

유도분만의 방법은 여러 가지다. 그러나 어떤 방법이든지, 자궁경관이 출산에 알맞게 열리는 과정은 꼭 거쳐야 한다. 이 과정이 저절로 이루어지지 않을 경우에는 자궁숙화 촉진제를 투여해서 인위적으로 유도한다.

이 때 천연화학물인 프로스타글란딘*prostaglandins* 제제가 자궁수축 촉진제로 사용될 수 있다. 프로스타글란딘 제제로는 미소프로스톨(misoprostol, cytotec)과 디노프로스톤(dinoprostone, Cervidil/prepidil) 등이 있다. 이러한 약물은 진통을 촉진하는 동시에 옥시토신과 같은 유도분만 촉진제를 덜 사용해도 된다는 이점이 있다. 이외에 진통과 출산 사이의 시간을 줄이는 효과도 있다.

어떠한 약물을 사용하건 유도분만 시에는 한 가지 위험요소를 감수해야 한다. 즉 약물의 영향 때문에 자궁이 과다하게 수축 때문에 태아에게 산소가 원활하게 공급되지 않는 경우다. 그러므로 이러한 분만촉진제를 사용할 때는 태아의 심장박동을 면밀히 모니터링 해야 한다. 의사는 부작용 여부에 따라 분만촉진제의 사용량을 조절할 것이다.

프로스타글란딘 제제 외에도 자궁경관을 성숙시키는 방법에는 다음과 같은 것이 있다. 그 중 하나는 도관을 사용해 자궁에 조그만 물풍선을 끼워 넣는 삽관술이다. 이때 자궁은 풍선을 자궁경부 쪽으로 밀어내는데, 이 과정에서 자궁경부가 출산에 알맞게 부드러워지면서 조금씩 열린다. 또 다른 방법은 원통형의 말린 해조류를 삽입하는 것이다. 이때 해조류가 수분을 빨아들여 두꺼워지면, 자궁경부가 약간 열리는 효과가 있다.

유도분만을 계획한 임신부는 대개 병원에 가서 약물을 투여하고 입원하여 다음날 분만을 시도한다. 유도분만을 위해 산부인과 의사들이 사용하는 기술은 다음과 같다. 보통 둘 중 한 가지 혹은 두 가지 방법 모두를 사용한다.

• **인위적으로 양막 터뜨리기** : 흔히 태아를 감싸고 있던 양막이 파열되어 양수가 흘러나오는 현상을 '양수가 터졌다'고 표현한다. 양수가 터지는 것은 아기가 곧 태어난다는 징후인 동시에 체내에 프로스타글란딘의 생성이 활발해지면서 자궁수축이 시작될 것이라는 의미다.

분만을 유도하거나 촉진하는 방법 중 하나는 양막을 인위적으로 터뜨리는 것이다. 이때는 임신부의 자궁경부 안으로 길고 가느다란 플라스틱 갈고리를 넣어 양막을 약간 찢는다. 아마 검사 시에 임신부는 질 검사 때와 비슷한 느낌이 들고, 따뜻한 액체가 흘러나오는 것을 감지할 수 있을 것이다. 이 방법은 임신부와 태아 모두에게 전혀 해가 되지 않는다.

인위적으로 양수를 터뜨리는 것은 분만시간을 단축할 수 있는 동시에 의사가 양수를 관찰해서 아기의 첫 배변(태변) 여부까지 검사할 수 있다는 두 가지 장점이 있다. 만일 양수에 태변이 섞여 암녹색을 띠게 되면 의료진은 임신부에게 몇 가지 조치를 한 후 출산과정을 더 면밀히 모니터링할 것이다.

• **옥시토신 투여** : 옥시토신은 임신부의 몸이 임신기간 내내 조금씩 만들어내는 호르몬이다. 분만 중에는 체내 옥시토신 수치가 올라간다. 그리고 유도분만 시에는 자궁경관이 어느 정도 확장되고 얇아진 후에 이 옥시토신 제제(Pitocin)를 임신부에게 투여하기도 한다.

옥시토신은 정맥주사로 주입하는데, 정맥주사용 카테터를 팔이나 손등의 정맥에 꽂으면 소량의 옥시토신이 규칙적으로 혈류 안에 유입된다. 자궁수축이 지나치게 강하거나 그 빈도가 충분하지 않다면 투여량을 적절하게 조정한다. 일반적으로 출산이 임박했을 때는 옥시토신 투여 후 30분이 지났을 때 자궁수축이 시작된다. 유도분만 시의 자궁수축은 자연분만을 할 때에 비해 더 규칙적이고 더 잦다.

미국에서는 진통이 시작되지 않을 때 진통을 시작하기 위한 방법으로 옥시토신을 사용하는 예가 아주 흔하다. 또한 출산 중에 자궁의 수축이 지연되어 출산의 진행이 어려울 경우에도 옥시토신을 투여해 출산 시간을 단축하기도 한다. 이때는 합병증의 위험을 줄이기 위해 자궁수축과 태아의 심박동을 면밀히 모니터링 해야 한다.

약물을 주입해서 분만유도가 시작되면 임신부는 활발하고도 연속적인 진통을 느끼게 된다. 그 증상은 이전보다 더 자주, 더 강하게, 더 오래 지속되는 자궁수축이나 자궁경부의 열림, 양수파열 등이 될 것이다.

유도분만 역시 인위적인 방법이므로 아무래도 꼭 필요한 경우에만 시행하는 것이 좋을 것이다. 임신부와 태아의 건강에 문제가 있는 상태에서 유도분만에 성공하지 못할 경우에는 제왕절개 같은 의료적 처치가 필요하다.

분만과정이 원활하지 않을 때

출산의 진행이 원활하지 않은 상태를 '난산' 이라 부른다. 이는 분만과정에서 한 가지 이상의 문제가 생기는 경우 발생한다. 분만과정은 임신부의 자궁경부가 얼마나 잘 열리고 태아가 골반을 얼마나 잘 통과해 나오는지에 달려 있다. 자궁경부가 잘 열리고 아기가 잘 빠져나오면 순조로운 출산, 곧 순산으로 이어진다. 순산을 위한 조건은 다음과 같다.

- 자궁수축이 강할 때
- 태아의 몸체가 임신부의 골반 크기에 적합하고 하강에 적합한 위치에서
  좋은 자세를 취하고 있을 때

– 아기가 통과할 수 있을 만큼 임신부의 골반에 공간이 충분할 때

자궁수축이 경부를 열리게 할 만큼 강하지 못하다면, 의사가 자궁수축을 촉진하는 약물을 투여하기도 한다. 때로는 규칙적이던 자궁수축이 출산 중간에 멈춰버리는 경우도 있다. 그래서 분만과정이 몇 시간 동안 멈추게 되면 의사가 직접 양막을 찢거나 옥시토신으로 출산의 진행을 촉진할 것이다.

징후와 증상
다음은 분만 중에 발생할 수 있는 문제들이다.

• **잠복기의 지연** : 초산인 경우 20시간, 초산이 아닌 경우 14시간의 진통을 겪고도 임신부의 경관이 3cm밖에 열리지 않는 경우를 잠복기의 지연이라 한다. 종종 진짜 진통이 아닌 가짜 진통, 곧 가진통 때문에 출산이 지연되기도 한다. 이때 임신부가 느끼는 자궁수축은 가진통(자궁 내 혈관의 수축, 즉 브랙스턴-힉스 수축)으로 자궁경관이 열리는 효과가 없다. 분만지연은 분만 통증을 경감하는 약물을 너무 일찍 투여할 때 나타나는 부작용일 수 있다.

• **활성기(Active Labor)의 지연** : 종종 분만이 수월하게 진행되다가도 활성진통 단계에서 더뎌지는 경우가 있다. 활성기의 지연이란 자궁경관이 3~4cm에 이른 후 두시간 이상이 지나도 1cm 이상 더 열리지 않는 상태를 말한다. 대부분 그 원인은 자궁수축이 줄어들거나 불규칙하기 때문이다.

• **밀어내기(pushing)의 지연** : 간혹 태아를 산도를 통해 밀어내는 일, 곧 푸싱(pushing)이 제대로 이루어지지 않아 임신부가 기진맥진해지기도 한다.

보조분만 (Assisted Birth)

난산이거나 합병증이 발생할 경우에는 의료적인 조치가 필요한 경우도 있다. 종종 겸자나 진공 흡착기 같은 기구를 써야할 때가 있다. 특히 임신부의 자궁경관이 충분히 열리지 않거나 태아가 산도를 통과하지 못한 경우에 더더욱 그렇다.

그뿐만 아니라 태아의 머리방향이 잘못되었을 때, 태아의 머리가 골반을 파고들 때, 태아가 너무 클 때도 보조분만이 필요하다. 아기의 상태가 좋지 않아서 신속한 분만이 필요할 때, 임신부가 지쳐서 더 이상 태아를 밀어내기 힘들 때도 마찬가지다.

겸자분만 (Forceps - assisted birth)

겸자는 양 끝이 숟가락 모양으로 생겼으며 샐러드 집게처럼 생긴 기구다. 겸자분만은 겸자의 끝 부분을 질 안에 부드럽게 밀어 넣어 태아의 머리 양옆에 위치하는 것으로 시작된다. 그리고 겸자 끝부분이 태아의 머리를 감싸는 형태가 된다. 자궁수축이 이루어지고 임신부가 밀어내기를 할 수 있는 상태가 되면, 의사가 겸자를 잡아당기면서 태아가 산도를 통과할 수 있게 돕는다. 순서 는 임신부가 밀어내기를 한 직후 의사가 겸자를 당기는 순이다.

간혹 겸자분만이라는 말만 듣고 겁을 먹는 임신부가 있다. 그러나 제왕절개 대신 겸자분만이 가 능하다면 그건 오히려 쌍수를 들고 반겨야 할 일이다. 진짜 노련한 산부인과 의사라면 겸자분만 역시 안전성을 확신할 수 있을 때만 시도하는 현명함을 보여줄 것이다.

겸자분만은 태아의 머리가 임신부의 골반 아래쪽으로 위치해 있을 때만 가능하다. 만일 태아의 머리위치가 바르지 않다면 제왕절개를 할 수밖에 없다.

흡인분만 (Vacuum - assisted birth)

때로는 겸자 대신 진공흡착기를 사용하기도 한다. 태아의 머리에 고무나 플라스틱으로 만들어 진 컵을 씌우고 펌프로 조심스럽게 끌어당기는 방식으로, 임신부가 밀어내기를 하는 동안 태아 가 산도를 통과하기 쉽게 돕는다.

진공흡착기는 겸자분만보다 더 좁은 산도에서도 이뤄질 수 있고 임신부에게 상처를 입힐 가능 성도 더 낮다. 그러나 사실 아기에게는 약간 더 위험한 방법이다.

보조분만의 장단점

보조분만은 비교적 짧은 시간에 끝나지만 준비시간은 좀 긴 편이다. 보통 30~45분 정도의 보조 분만 준비시간이 필요하다. 먼저 의사는 임신부에게 경막외마취 또는 척추마취를 실시할 것이 다. 그리고 미리 방광에 얇은 플라스틱 관(도뇨관)을 끼워 소변을 비워둔다. 만일 보조분만에 성공 하지 못하는 경우에는 제왕절개를 위해 수술실로 들어갈 수도 있다. 그뿐만 아니라 산도확보를 위해 대부분 회음절개술이 이루어진다.

혹시 겸자나 진공흡착기가 태아를 다치게 할까봐 걱정하는 임신부도 있을 것이다. 때때로 겸자가 아기의 머리 양쪽에 멍이나 빨간 자국을 남길 수도 있다. 그리고 진공흡착기 역시 머리 꼭대기에 혹을 남길지도 모른다. 하지만 멍은 일주일, 빨간 자국이나 혹은 며칠 내로 없어진다. 한마디로 겸자분만이나 흡인분만 모두 아기에게 심각한 손상을 남기는 경우는 매우 드물다.

보조분만에 대해 궁금한 점이 있다면 주저하지 말고 의사에게 확실하게 물어보는 것이 좋다. 요즘 보조분만은 흔한 시술 중 하나다. 회음부가 찢어지거나 늘어날 위험이 있긴 하지만 안전성만은 대부분의 의사가 확신한다. 그러므로 둘 중 어느 방법을 사용할지는 의사의 선택에 맡기는 것이 최선이다. 기구를 사용한 분만은 약물을 사용한 분만에 비해 합병증의 위험이 덜하다는 사실을 기억하길 바란다.

대처와 관리법

• **잠복기의 지연 대처하기** : 그 원인이 무엇이건 간에, 병원에 도착한 시점에도 경관이 거의 닫혀 있고 수축감도 강하지 않다면, 임신부에게 분만을 촉진하기 위한 몇 가지 선택권이 주어질 것이다. 때에 따라서는 산책을 좀 하라는 처방을 받을 수도 있고, 집으로 돌아가 쉬라는 말을 들을 수도 있다.

대부분의 경우, 안정이 잠복기의 지연에 가장 효과적인 대처법이다. 그 외에도 의사가 필요하다고 판단하는 경우, 안정을 돕기 위한 약물이 투여되기도 한다.

• **활성기의 지연 대처하기** : 활성기에 어느 정도 진전이 있다면, 정상적인 자연분만을 할 수 있다. 좀 걷거나 자세를 바꾸는 것도 분만에 도움이 된다. 만일 진통이 길어진다면, 임신부의 탈수방지를 위해 의료진이 정맥주사를 놓기도 한다. 반면 활성기 단계에 왔음에도 불구하고 몇 시간 동안 진전이 보이지 않는 경우도 있다.

이때는 임신부에게 옥시토신을 투여하거나 의사가 직접 임신부의 양막을 찢어 분만 시간을 줄일 것이다. 이런 조치를 취하면 진통이 다시 시작되고 원활하게 자연분만을 할 수 있다.

종종 태아의 머리가 너무 커서 산도를 통과하지 못하는 경우도 있다. 이 경우에는 어쩔 수없이 제왕절개가 필요하다.

• 힘주기(pushing)의 지연 대처하기 : 2~3시간 이상 밀어내기를 했는데도 진전이 없을 경우, 부득이하게 제왕절개를 고려해야 한다. 하지만 아직 임신부에게 힘이 남아 있고 태아에게도 스트레스의 징후가 없다면, 좀 더 힘주기를 해보는 것도 좋다.

때에 따라 분만 마지막 단계에서 겸자나 진공흡착기를 이용하여 아기의 머리가 쉽게 빠져나올 수 있게 돕는 방법도 있다. 그리고 힘주기를 좀 더 쉽게 하기 위해 임신부가 반쯤 앉는 자세나 쭈그려앉는 자세 또는 무릎을 꿇고 앉는 자세를 취할 수도 있다.

출산 중에 수혈이 필요한 경우는?

진통과 분만을 겪는 과정에서 어느 정도의 혈액손실은 있게 마련이다. 그러나 그 정도가 심해서 출산 중에 수혈이 필요한 경우는 드물다. 즉 일반적인 분만과정이라면 출혈이 수혈을 받을 정도의 수준으로 일어나지 않는다는 것이다.

수혈은 임신부에게 혈액응고와 관련한 질병이 있거나 이전 출산 시 출혈로 인한 난산을 겪었을 경우, 혹은 전치태반인 경우에 필요할 수 있다. 전치태반이란 태반이 자궁경관에 가까이 내려와 있거나 경관 입구를 아예 막은 상태를 말한다. 그뿐만 아니라 제왕절개로 출산할 때도 간혹 수혈이 필요한 때가 있다. 그러나 위 경우를 제외하면 출산을 하면서, 혹은 출산한 후의 출혈 때문에 수혈이 필요한 임신부는 극히 소수에 불과하다.

만일 출산 중에 수혈이 필요한 상황이 올까봐 걱정된다면, 의사에게 한번 질문해보는 것도 좋다. 그리고 수혈로 인한 질병감염 위험은 없는지 함께 확인해보는 것도 나쁘지 않다.

태아에게 생기는 합병증

태아의 자세 이상

태아가 자궁 내에서 정상적인 자세를 잡지 못할 경우 분만이 복잡해지기도
하고 상황에 따라서는 자연분만이 불가능하기도 하다.

임신 32~34주에 이르면 대부분의 태아는 머리를 아래로 향한 자세를 취한
다. 이는 하강을 통해 산도를 지나가기 위한 자세다. 그래서 출산예정일이
가까워지면 태아의 자세를 파악할 필요가 있다. 이는 임신부의 복부모양을
보고 판단할 수도 있고, 질 검사나 초음파를 사용하여 판단할 수도 있다. 가
끔은 분만 중에 초음파를 통해 아기의 위치를 살펴보는 경우도 있다.

태아가 정상적인 자세에서 벗어나면 일단 자연분만을 통해 산도를 빠져나
오기가 어렵다. 문제가 될 만한 자세도 여러 가지 종류로 나뉜다.

징후와 증상

• 태아가 고개를 위로 들 때 : 여성의 골반은 양 옆의 윗부분이 넓은 깔때기
모양이다. 태아의 머리는 앞뒤로 쟀을 때 가장 큰 수치가 나온다. 그러므로
태아의 머리가 골반에 진입하면 머리가 옆으로 돌아가게 되는 것이 가장 이
상적이다. 그리고 턱은 가슴 쪽으로 끌어
당겨져 머리 뒤쪽이 더 좁아져야 산도를
통과하기 쉽다. 골반 중간까지 내려온 태
아의 머리는 임신부의 골반 아래쪽과 일
직선이 되도록 머리를 숙인다. 이렇게 대
부분의 태아는 머리를 아래로 숙이지만,
종종 태아가 고개를 드는 어려운 상황도

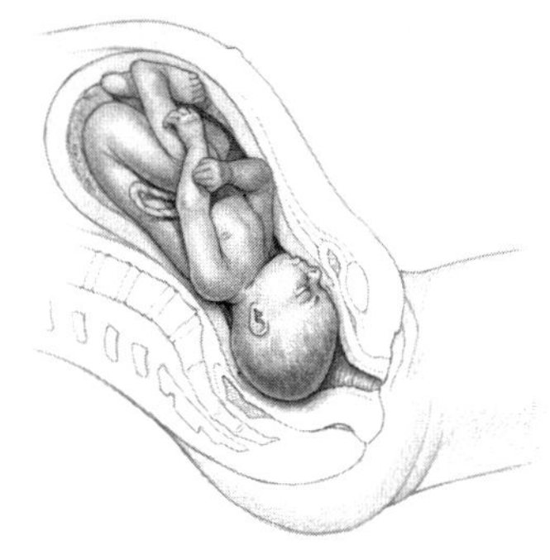

후방후두위(Occiput posterior)

있다. 이렇게 되면 분만이 어려워지는데 이런 상태를 의학용어로는 '후방후두위(Occiput posterior)'라고 한다. 이 경우 임신부는 심한 요통을 겪게 되며 분만까지 지연된다.

대처와 관리법

대부분의 태아는 공간이 충분하면 알아서 고개를 돌린다. 가끔씩 임신부가 자세를 바꿔주면 태아가 더 편하게 위치를 잡을 수 있다. 특히 임신부가 엎드린 자세에서 손과 무릎으로 땅을 짚고 엉덩이를 위쪽으로 들어주는 자세가 좋다. 이 자세를 하면 자궁이 앞쪽으로 쏠려 태아가 고개를 돌리기 충분한 공간이 확보된다.

그러나 이 방법이 효과가 없다면, 의사가 직접 임신부의 질 속으로 손을 넣어 태아의 머리를 잡고 조심스럽게 돌리는 방법도 있다. 하지만 이 방법도 소용이 없을 경우, 의료진은 임신부의 분만상태를 점검해보고 제왕절개를 시행하는 편이 더 안전할지 판단할 것이다. 물론 태아가 고개를 든 상태로도 자연분만은 가능하다. 그러나 분만시간이 더 오래 걸릴 것이다.

징후와 증상

• 태아 머리의 각도가 뒤틀려 있을 때 : 태아가 산도를 빠져나오기 가장 좋은 자세는 턱을 가슴 쪽으로 바짝 붙인 상태다. 만약 턱을 가슴 쪽으로 당긴 상태가 아니라면 태아는 최소 머리직경으로 산도를 통과할 수가 없다. 그러므로 이 상태에서는 최소보다 좀 더 큰 머리직경으로 산도를 통과하는 것이 가능한지 먼저 가늠해봐야 한다. 그리고 더 크게 계산된 머리직경이 산도를 통과할 수 있는 수준이라 하더라도 태아의 이마나 얼굴이 먼저 산도에 닿으면 분만이 어려워진다. 이렇게 태아의 머리 각도가 뒤틀린 채 산도에 이르

면, 임신부는 엄청난 신체적인 불편함에 시달리게 된다. 그리고 진통의 기간도 길어진다.

대처와 관리법

태아가 산도를 내려오지 못하면 의사는 보통 제왕절개를 권유한다. 이는 태아가 스트레스를 견뎌낼 수 없을 때도 마찬가지지다.

징후와 증상

• **태아의 머리가 너무 클 때** : 태아의 머리가 너무 커서 산도를 통과할 수 없는 상태를 의학용어로는 '아두골반 불균형(Cephalopelvic disproportion)'라 부른다. 이는 태아의 머리가 너무 큰 경우뿐만 아니라 임신부의 골반이 태아의 머리직경에 비해 너무 작을 때 역시 함께 가리키는 말이다. 태아의 머리가 산도와 일직선을 이루지 못해 최소한의 머리직경으로 산도를 통과하지 못하는 상황 역시 아두골반 불균형에 해당된다. 이 문제의 원인이 무엇이건 간에, 특정한 시점이 되면 임신부는 더 이상 분만을 진행할 수 없고 자궁경관을 확장된 상태로 유지할 수도 없다. 결국 이는 분만지연으로 이어질 수밖에 없다.

대처와 관리법

대부분의 경우, 의사는 아두골반 불균형 여부를 미리 알려준다. 초음파 검사를 하면 태아의 크기를 측정할 수 있기 때문이다. 그러나 초음파 검사를 해도 의사가 분만과정까지 어떻게 진행될지 예측하기는 어렵다. 분만에 불리한 경우라 해도 자궁이 수축하면서 일시적으로 태아의 머리를 압박하여 태아가 산도를 통과하거나 임신부의 인대가 늘어나 골반 뼈가 움직여서 태아가 나올 수도 있다. 이렇게 여러 가지 변수가 있기 때문에, 의사에게 분만 과정을 꼼꼼히 모니터링 하는 일은 필수다. 모니터링을 통해 의사는 태아의 머리가 임신부의 골반 내 공간을 통과할 수 있는지 없는지 판단해야 한다. 이 역시 상황에 따라 제왕절개가 필요할 수도 있다.

징후와 증상

• 태아가 똑바로 앉아 있을 때 : 태아가 똑바로 앉은 자세를 취하고 있다면 엉덩이나 발부터 골반에 닿는 '골반위(Breech presentation)'를 하고 있는 셈이다. 골반위는 임신부에게 합병증을 남길 수 있다. 그리고 태아 역시 골반위 자세로 산도를 빠져나오는 과정에서 생길 수 있는 여러 가지 문제의 위험이 있다. 특히 제대탈출(prolapsed umbilical cord)은 태아가 골반위일 때 흔히 나타나는 심각한 상황이다. 엉덩이나 다리부터 나올 경우 태아의 머리가 임신부의 골반을 통과할 수 있는지 여부도 알 길이 없다. 머리는 태아에게 있어서 가장 큰 부분인 동시에 산도를 통과하는 과정에서 수축력이 가장 적은 부위이기도 하다. 이런 상황에서는 태아의 몸이 쉽게 빠져나왔다고 하더라도 머리가 걸리기 십상이다.

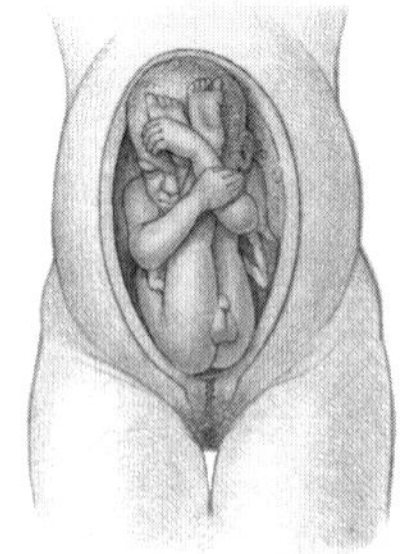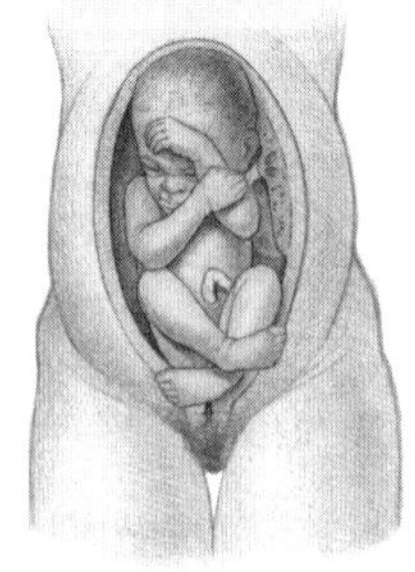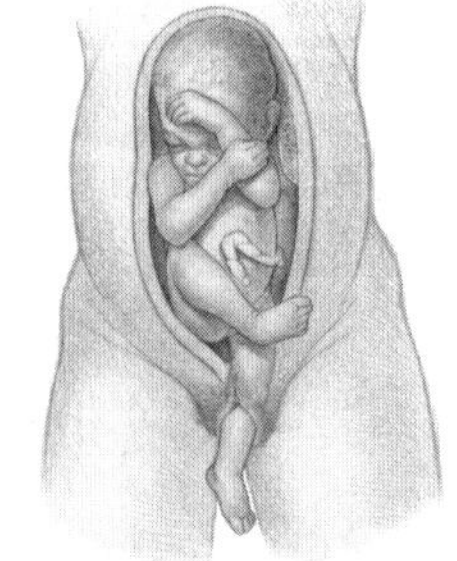

▲ 골반위의 세 가지 예

대처와 관리법

보통 출산예정일 몇 주 전부터 의사는 태아의 자세를 바로잡기 위해 조치를 취한다. 태아가 골반 아래로 너무 많이 내려간 경우가 아니라면, 임신부의 복부를 눌러가며 태아의 위치를 바로잡을 수도 있는데 이 기술을 '역아 외회전술(external version)' 이라고 부른다.

외회전술로 자세를 바로잡지 못했다면, 제왕절개를 고려해야 한다. 골반위를 한 태아라고 해도 대부분 별 문제없이 태어날 수 있다. 그러나 최근의 사례를 보면 제왕절개술이 더 안전하다고 알려져 있다.

징후와 증상

• 태아가 옆으로 누워 있을 때 : 자궁 속에서 태아가 옆으로(가로로)누워 있는 상황을 '횡와위' 라고 한다.

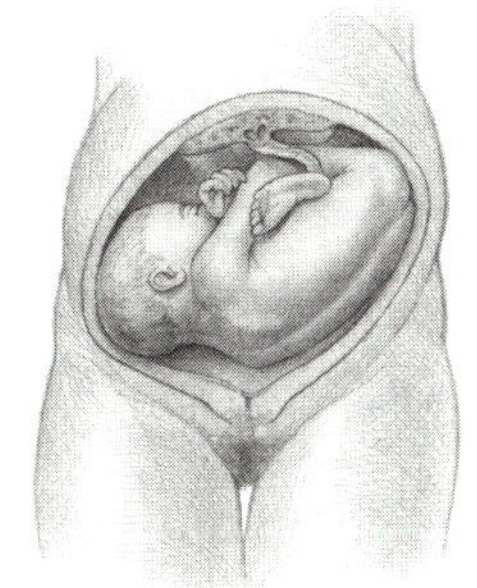

▲ 횡와위(Transverse lie)

대처와 관리법

골반위를 한 태아와 마찬가지로 외회전술을 시도할 수 있다. 그러나 출산 시까지 태아의 자세를 바로잡지 못하면 무조건 제왕절개를 해야 한다. 이 자세는 출산 시 임신부와 아이 둘 다 위험할 수 있다.

징후와 증상

• 탯줄이 빠져나왔을 때 : 열린 경관을 통해 탯줄(제대)이 미끄러져 나오면 태아에게 공급되는 혈액의 흐름이 느려지거나 막힐 수 있다. 제대탈출은 미숙아나 저체중아에게서 흔히 발생한다. 태아가 골반

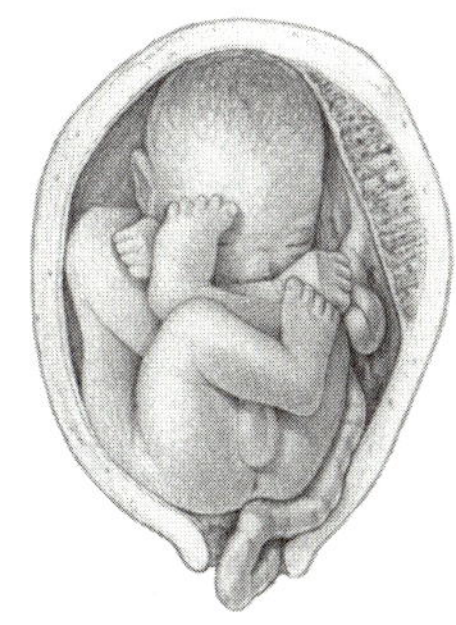

▲ 제대탈출(umbrical cord prolapse)

위를 하고 있는 경우나 태아가 골반 쪽으로 충분히 내려오기 전에 양수가 먼저 터져버리는 경우에도 제대탈출의 위험이 높다.

대처와 관리법

자궁경관이 완전히 열렸고 임신부도 밀어내기를 할 준비가 된 상태라면 태아의 탯줄이 미끄러져 나왔다 해도 자연분만이 가능하다. 만일 자궁경관이 덜 열렸거나 임신부가 밀어내기를 할 수 없는 상태라면 제왕절개가 최선이다.

징후와 증상

• 탯줄이 눌렸을 때 : 태아의 몸과 임신부의 골반 사이에 탯줄이 끼거나 양수가 줄어들면 탯줄이 압박을 받게 된다(제대압박). 탯줄이 눌리면 자궁수축이 일어나는 동시에 태아에게로 공급되는 혈류가 줄어들거나 막힌다. 이 문제는 태아가 산도 아래로 거의 내려왔을 때, 즉 분만이 끝나갈 무렵에 생기기 쉽다. 제대압박이 지속되거나 그 상태가 심각하다면 태아가 산소결핍 증상을 보일 것이다.

대처와 관리법

이 경우, 의사는 임신부의 자세를 조절해서 탯줄에 가해지는 무게를 최소화해야 한다. 종종 태아의 산소결핍을 막기 위해서 임신부에게 산소를 공급하기도 한다. 그뿐만 아니라 겸자나 진공흡착기를 이용하여 분만을 보조하는 경우도 있으며 태아가 충분히 하강하지 못한 상황에서 탯줄이 눌리면 제왕절개를 해야 할 수도 있다.

태아가 산고를 견디지 못할 때

만일 태아가 계속 산소공급 감소 징후를 보인다면 이는 분만과정을 견디지 못하는 것으로 간주해야 한다. 이는 일반적으로 전자 모니터를 통해 태아의 심박동을 측정하면 발견할 수 있다. 태아의 산소공급량이 불충분하다는 것은 태반에서 공급되는 혈류량이 줄어든다는 뜻이다. 이 경우에는 최대한 분만을 서둘러야 한다.

이러한 문제의 잠재적 원인은 제대압박, 임신부에게서 자궁으로 들어가는 혈류량 감소, 또는 태반의 기능이상 등이다.

징후와 증상

분만 중에는 통상적으로 태아의 심박동을 계속 모니터링 한다. 태아의 심박동이 지속적으로 아주 빠르거나 아주 느리다면, 이는 산소공급이 충분하지 못하다는 의미로 해석될 수 있다. 이때 의사는 태아용 모니터를 살펴보면서 문제가 될 만한, 불규칙한 심박동을 잡아낸다. 태아를 모니터링 하는 방법은 아래의 두 가지다.

• **외부 태아 모니터링**: 임신부의 복부에 두 개의 넓은 벨트를 두른다. 하나는 자궁 위에 둘러 자궁수축이 한번 지속되는 시간과 수축이 발생하는 빈도를 측정한다. 다른 하나는 태아의 심박동을 기록하기 위한 것으로, 임신부의 복부 아래쪽에 두른다.

두 개의 벨트는 두 가지 기록을 동시에 보여주면서 인쇄하는 모니터와 연결된다. 의사는 이 자료를 토대로 자궁수축과 태아의 심박동 간의 상호작용을 관찰할 수 있다.

• 내부 태아 모니터링 : 내부 모니터링은 자연적으로건 인위적으로건 양수가 터진 후에 가능하다. 이는 양막파열 후에 의사가 임신부의 질과 확장된 경관 안으로 손을 집어넣어 아기를 만져보는 방법이다.

의사는 태아의 머리에 직접 아주 조그만 전선을 부착해서 심박동을 측정한다. 그리고 자궁수축의 강도를 측정하기 위해서 압박을 감지할 수 있는 가느다란 관(액체로 가득 차 있다)을 임신부의 자궁 내벽에 삽입한다.

외부 모니터링과 마찬가지로, 이들 장치도 각각의 기록을 보여주고 인쇄하는 모니터와 연결된다. 이 모니터는 태아의 심장이 뛰는 소리를 확대하여 들려줄 수도 있다.

상황에 따라서는 태아가 산고를 얼마나 잘 견뎌내는지 점검하기 위해서 다른 검사를 해야할 때도 있다. 그 중 몇 가지를 아래에 소개한다.

• 태아 자극 검사 : 보통 의사가 태아의 머리를 건드리면 이에 대한 반응으로 태아의 심박수치도 올라간다. 만일 머리를 건드렸는데도 태아의 심박수치가 올라가지 않는다면 태아에게 산소가 충분히 공급되지 못한다는 뜻이다.

• 태아 혈액 검사 : 태아가 무사한지를 알아보는 데 유용한 방법은 태아의 혈액을 채취하여 산-염기균형(pH수치)을 검사하는 것이다. 이 수치가 낮다면 태아가 적절한 양의 산소를 공급받지 못한다는 뜻이다.

이 검사를 위해 기다란 관을 임신부의 질과 자궁경부로 삽입하여 태아의 머리까지 닿게 한다. 그리고 의사가 기다란 핸들 끝에 달린 작은 칼날로 태아의 머리에 살짝 생채기를 내어 약간의 혈액을 얻는다. 이 혈액샘플은 검사실로 보내어 분석에 들어간다.

대처와 관리법

검사 결과 태아의 pH수치가 매우 낮다면, 조속히 분만을 시행하고 아기를 상태에 따라 치료해야 한다. 그러나 태아 모니터링 결과가 어느 정도 염려스러운 태아들일지라도 대부분은 정상아로 태어나며, 약간의 처치만으로도 대부분의 심박동 이상은 정상으로 돌아온다.

그 외에도 태아가 산소를 충분히 공급받을 수 있도록 돕는 방법이 있다. 그중 하나는 약물 투여로 임신부의 자궁수축을 늦춰 태아에게로 가는 혈류량을 늘리는 방법이 있다. 그리고 임신부의 혈압이 낮은 경우에는 혈압을 높이는 약물을 투여하며 필요하다면 임신부에게도 산소를 공급할 수 있다.

아주 드문 경우긴 하지만, 태아의 심각한 산소결핍은 뇌손상으로 이어지기도 하며 심각할 경우 태아의 생명을 앗아갈 수도 있다. 하지만 임신부는 의사를 믿는 것이 중요하다. 의사들은 이러한 문제의 징후를 발견하고 나쁜 결과를 피하기 위해 충분한 훈련을 거친 사람들이기 때문이다.

신경계 손상은 대부분 진통 이전에 시작된다. 최근 들어서 제왕절개술을 받는 임신부의 수가 늘었음에도 불구하고 신경계 손상의 위험은 줄어들지 않았다. 그러므로 섣불리 제왕절개를 선택하지 말고 태아가 일시적인 스트레스를 받는 듯한 징후를 보이더라도 의사와 상의하에 분만 방법을 결정하는 것이 좋다.

산후의 병증

아기가 태어난 순간부터는 산모의 산후조리기간이 시작된다. 이 기간은 신체적으로나 감정적인 과도기이다. 이번 장에서는 산후에 발생할 수 있는 문제들을 찬찬히 짚어보도록 하겠다.

심부정맥 혈전증 (Deep Vein Thrombophlebitis)

심부정맥 혈전증(DVT)은 출산 후에 가장 흔하게 나타나는 합병증이다. 만약 별다른 조치 없이 이를 방치할 경우, 하지정맥의 혈병이 심장과 폐로 이동할 수 있다. 이런 혈병은 혈류를 막아 흉부통증과 호흡곤란을 유발하며, 드물지만 사망의 원인이 되기도 한다.

임신 중에 생기는 호르몬 변화 때문에 모든 산모는 DVT의 위험을 안고 있다. 그러나 출산 후에 DVT를 겪는 산모는 0.5퍼센트 정도로 희귀한 편에 속한다. 다만 제왕절개 출산을 한 경우에는 자연분만에 비해 하지정맥 혈병의 발생률이 3~5배 정도 높다. 일반적으로 혈병은 다리에 생기지만 종종 제왕절개를 한 사람의 경우에는 골반정맥에 생기기도 한다.

징후와 증상

DVT의 징후와 증상은 다리, 특히 종아리의 통증과 부종이다. 해당 부위에 열이 날 수도 있다. 35세 이상이며 체질량지수(BMI)가 30이 넘거나 제왕절개 후 의사가 권하는 정도로 걷지 못한다면 DVT 증세가 나타날 가능성이 매우 높다. 최근의 연구에 의하면, DVT를 앓는 사람들 중 (대부분은 아니라도) 상당수는 유전적으로 DVT에 취약한하다고 한다.

DVT는 통상적으로 출산 후 며칠 내에 발생하며 병원에서 발견이 가능하다. 그러나 퇴원한 후에 발생하는 경우도 종종 있다. 만일 DVT로 의심되는 징후나 증상을 발견하면 그 즉시 의사에게 연락해야 한다.

대처와 관리법

DVT 환자는 일단 입원해서 다리를 높게 고정해두어야 한다. 그리고 필요에 따라서는 혈액응고를 막는 헤파린을 투여 받을 수 있다.

자궁내막염 (Endometritis)

자궁내막염은 자궁 내 점막 염증이 생기거나 바이러스에 점막이 감염되어 박테리아가 태반이 있던 자리에서 성장하는 병이다. 그 다음에는 자궁이 감염되고 심한 경우에는 난소와 골반혈관까지 감염되기도 한다.

사실 산모의 1~8퍼센트는 자궁내막염에 걸릴 정도로 이는 출산 후 발생할 수 있는 보편적인 감염 중 하나이다. 제왕절개 역시 감염의 위험이 있기는 하지만 자연분만에 비해서 제왕절개가 자궁내막염에는 좀 더 안전하다. 이외에도 분만지연이나 조기 양막파열도 자궁내막염의 원인이 될 수 있다.

징후와 증상

자궁내막염은 통상적으로 출산 후 48~72시간 내에 발병한다. 그리고 감염의 진행속도에 따라서 징후와 증상은 달라지지만 일반적으로 다음과 같다.

- 전반적인 통증, 발열, 오한, 두통, 요통
- 질 분비물에서 악취가 나는 등 평소와 상태가 다르다.
- 자궁이 붓고 짓무른 듯하다.
- 생리통과 같은 통증이 있다.

의사는 산모의 하복부를 눌러보고 압통 여부에 따라 자궁내막염을 진단한다. 감염이 의심되는 경우에는 부인과 검사, 혈액 검사, 소변 검사를 받게 된다. 때에 따라서는 산모의 자궁경부에서 박테리아균을 채취하여 성병을 비롯한 기타 감염의 원인을 찾을 수도 있다.

대처와 관리

자궁내막염 환자는 대개 입원하여 항생제를 맞는다. 항생제는 주로 2~7일간 정맥주사로 투여된다. 때로는 약물을 마시기도 한다. 그리고 열이 있다면 아세트아미노펜(타이레놀 등)을 함께 복용할 수도 있다. 전염의 위험이 높은 편은 아니지만 만약을 대비해 자궁내막염 환자는 다른 산모들로부터 격리된다. 치료가 시작되었다고 해서 그전부터 하던 모유수유를 중단할 필요는 없다. 그리고 증상이 가볍다면 통원치료도 가능하다.

대부분의 자궁내막염 박테리아는 항생제로 말끔히 없앨 수 있다. 그러나 치료를 받지 않으면 불임 등의 더 심각한 문제로 번질 수 있다. 자궁내막염의 징후가 느껴진다면 반드시 병원을 찾아야 한다.

유선염 (Mastitis)

유선염은 모유수유 중에 유방으로 침입한 박테리아 때문에 발생하는 것으로 수유 시에 유두가 갈라지거나 아픈 징후를 보인다. 이는 아기가 젖을 먹을 때 위치를 잘 잡지 못하거나 유두를 입에 넣지 못하고 꼭지 주위(유륜)를 맴돌기만 할 때 감염되기 쉽다. 유선염은 한쪽 유방에만 감염되기도 하고 양쪽 모두 감염되기도 한다.

징후와 증상

일단 유선염에 걸리면 유방이 단단해지고 아프며 열이 나기도 한다. 눈으로 보기에는 유두가 벌겋게 부어올라 있을 것이다. 모유수유를 하는 산모라면 따로 유선염 검사를 실시해 병을 확진할 필요가 없다. 하지만 모유수유를 하지 않는다면 유방 X선 촬영이나 유방생검으로 감염의 원인을 밝혀내야 할 것이다. 유선염의 징후나 증상을 느끼는 산모는 의사에게 연락해야 한다.

대처와 관리

유선염은 주로 항생제처방을 받는다. 열과 통증을 완화해주는 아세트아미노펜(타이레놀 등)도 도움이 될 것이다. 이 시기에는 젖을 먹이는 것이 너무 아프기 때문에 모유수유를 중단하고 싶을 것이다. 그러나 유축기를 사용해서라도 모유는 끊지 않는 것이 좋다. 모유수유는 아기를 건강하게 해줄 뿐만 아니라 산모의 입장에서도 젖을 비움으로써 압력에 의한 통증을 덜 느낄 수 있다. 또한 모유수유를 한다고 해서 아기가 감염되는 것은 아니다. 때때로 아기의 변 색깔이 산모가 치료받는 동안 변할 수 있지만 치료를 위한 항생제는 아기에게 전혀 해롭지 않으니 크게 걱정할 필요 없다.

산모의 입장에서는 최대한 수유시간을 짧게 하는 것이 좋다. 그리고 감염된 유방을 하루에 여러 차례 따뜻하게 마사지해주는 것도 도움이 될 수 있다. 수유를 하지 않는 시간에는 유방을 마른 상태로 유지하고 자주 마사지해주는 것이 좋다.

유선염은 분명 고통스럽다. 하지만 그다지 심각한 질병은 아니며 항생제로 충분히 치료가 가능하다. 유방을 신경 써서 관리하면 감염의 위험이 줄어드는 것은 사실이지만 100퍼센트 안전하다고 장담은 할 수 없다. 언제든지 징후와 증상을 잘 살펴보고 악화될 경우에는 즉시 의사에게 알려야 한다.

제왕절개 상처의 감염 (Post-Caesarean wound infection)

제왕절개 때 생긴 절개선은 대부분 아무 문제없이 잘 아문다. 그러나 간혹 수술상처가 감염이 되는 경우가 있다. 제왕절개 후의 상처 감염률은 상황에 따라 다르다. 선택에 의해 제왕절개를 한 산모의 상처 감염률은 약 2퍼센트다. 하지만 진통 후 제왕절개, 특히 양수가 터진 후에 수술한 경우의 상처 감염률은 5~10퍼센트 정도다. 게다가 임신부가 알코올중독이거나 2형 당뇨 혹은 비만(체질량지수 30 이상)인 경우, 제왕절개 후 감염될 가능성이 조금 더 높다. 지방조직의 비율이 높아 치유가 잘 되지 않기 때문이다.

징후와 증상

수술상처 부위가 아프고 빨갛게 부어오른다면, 일단 감염을 의심해보는 것이 좋다. 특히 상처에서 고름이나 액체가 새어나온다면 감염이라고 확신해도 좋다. 상처가 감염되면 해당부위에서 열이 나기도 한다. 만일 제왕절개 후 상처부위에 위와 같은 증상이 나타난다면 담당의에게 연락하도록 한다.

대처와 관리

감염이 확실하다면, 상처부위에 갇혀 있던 박테리아를 짜내야 한다. 이는
일반적인 진료절차로 행해지는 것이다.

산후출혈 (Postpartum bleeding)

출산 후에 심각한 출혈을 경험하는 산모는 흔치 않다. 모든 산모의 5퍼센트
정도만이 출산 중이나 출산 후 24시간 내에 조기 산후출혈이라고 부르는 출
혈증상을 겪는다. 후기 산후출혈은 출산 후 6주까지의 출혈을 일컫는다. 산
후출혈의 원인이 될 만한 요인은 여러 가지로 대부분은 다음과 같은 이유로
산모의 출혈이 발생한다.

• 자궁수축부전(Uterine atony) : 출산 후에는 태반이 있던 위치에서 흘러나
오는 피를 자궁수축으로 억제해야 한다. 간호사들이 출산 후 산모의 복부
를 주기적으로 마사지해주는 이유도 자궁의 수축을 돕기 위한 것이다. 만
일 산모가 자궁수축부전이라면 자궁근육이 제대로 수축하지 못한다.
안타깝게도 자궁수축부전의 원인은 아직 확실히 밝혀지지 않았다. 그저 거
대아나 쌍둥이 출산으로 자궁이 늘어지는 경우와 장시간 출산에 시달린 경
우에 자궁수축부전으로 이어지는 확률이 약간 높다고 알려져 있을 뿐이다.

• 태반잔류(Retaines placenta) : 아기가 태어난 후 30분 내에 태반이 저절로

빠져나오지 않으면 산모가 과도한 출혈을 겪을 수 있다. 만일 태반이 저절로 빠져나왔다고 해도, 의사는 태반이 온전히 빠져나왔는지 철저히 살펴야한다. 태반조직 일부만 자궁에 남아도 출혈의 위험이 있다.

• 열창(Tearing) : 출산 중에 질이나 자궁경관이 찢어질 경우, 과도한 출혈이 올 수 있다. 열창의 원인으로는 거대아 출산, 겸자분만, 흡인분만, 회음절개술인 경우와 예상보다 아기가 산도를 너무 빨리 통과했을 때 등을 들 수 있다.

드물긴 하지만 다음과 같은 이유들도 있다.

• 비정상적 태반유착(Abnormal placental attachment) : 아주 드물게 태반이 자궁벽에 정상보다 더 깊이 자리 잡는 경우가 있다. 이렇게 되면 출산 후에 태반이 쉽게 떨어지지 않는다. 비정상적 태반유착은 심각한 출혈을 일으킬 수 있다. 이는 과거에 제왕절개 등의 수술 때문에 자궁에 흉터가 남아 있는 여성에게 좀 더 자주 발생한다.

• 혈종(Hermatomas) : 조직 내 출혈이 피부 밖으로 나오지 못하면 혈종이 생긴다. 이런 혈종이 성기의 하부에 생기면 조직이 부어오르고 엄청난 고통이 느껴질 수 있다. 이런 혈종으로 인한 통증 때문에 소변을 보기 어렵거나 심지어 보지 못하는 경우도 생길 수 있다.

• 자궁내번증(Uterine inversion) : 출산이 끝나고 태반을 제거한 후에 자궁이 뒤집히는 상태를 말하는 자궁내번증은 2,000건의 출산 당 1건 미만으로 일어나는 문제다. 자궁내번증의 요인은 아직까지 밝혀진 바 없으나, 비정상

적 태반유착 시에 발생 확률이 약간 높아지는 경향이 있다.

• 자궁파열(Uterine rupture) : 1,500분의 1의 발생률을 보이는 자궁파열은 임신 혹은 출산 중에 자궁이 파열되는 것을 의미한다. 이 경우 임신부는 심각한 출혈을 겪게 되고, 태아는 불충분한 산소공급에 시달리게 된다.

만일 산모가 이전에 출산할 때 자궁파열과 관련된 출혈로 문제를 겪었다면, 다음 임신 때도 같은 일을 겪을 가능성이 높다. 전치태반, 즉 태반이 자궁 아래쪽에 위치하여 경관 입구를 부분적으로나 완전히 덮는 경우에도 자궁파열과 같은 심각한 출혈의 위험이 있다. 자궁의 하부는 상부만큼 활발히 수축하지 않으므로 산후출혈의 위험이 더욱 높다.

징후와 증상

신체는 출혈에 대한 일종의 반응으로 뇌와 심장에 긴박하게 혈액공급을 늘린다. 이는 생명유지에 가장 중요한 장기를 보호하기 위한 일종의 자연적인 메커니즘이다. 그러나 이런 경우에는 다른 장기가 희생될 수 있다. 그리고 체세포로 유입되는 산소량이 급격하게 줄어들기 때문에 신체가 쇼크 상태에 빠지게 된다.

과도한 산후출혈로 생길 수 있는 문제는 다음과 같다.

- 얼굴이 창백해진다.
- 추위가 느껴진다.
- 현기증을 느끼고 심지어 기절한다.

- 손이 축축해진다.

- 속이 매스껍고 구토를 하기도 한다.

- 심박동이 빠르고 강해진다.

임신부의 출혈이 심할 때 의료진들은 위의 징후들이 나타나는지 관찰할 것이다. 만약 위의 증상을 동반한 출혈이라면 응급상황으로 즉각적인 조치가 취해져야 한다.

대처와 관리법

대부분의 산후출혈 증상은 퇴원 전에 나타나므로 의료진의 즉각적인 치료가 가능하다. 일반적으로는 침대머리를 낮추고 자궁을 마사지하며, 정맥주사와 옥시토신(자궁수축을 촉진하는 호르몬)을 투여한다.

이렇게 의료진은 자궁수축에 도움이 되는 여러 가지 약물을 투여부터 필요에 따라서는 수술과 수혈까지 동원해 지혈을 할 것이다. 다양한 치료방법 중 무엇을 선택하는 가는 출혈이 얼마나 심각한가에 따라 달라진다. 사실 대부분의 산모들이 산후출혈을 겪기는 하지만 수혈이 필요할 정도의 출혈을 겪는 이들은 전체의 2퍼센트도 안 된다.

심지어 제왕절개의 경우에도 수혈이 필요한 경우는 3퍼센트 정도이나 증상이 심하다고 무조건 수혈을 하지는 않는다. 출혈 역시 원인에 따라 치료방법도 달라진다.

• 자궁수축부전(Uterine atony) : 자궁근육이 너무 연약해서 자체수축이 불가능할 때는 자궁수축을 돕는 약물을 투여하기도 한다. 그리고 동시에 의사가 한 손으로 산모의 복부를 누르면서 다른 손으로 질 속의 자궁을 마사지해

서 수축을 더 촉진시킨다. 이런 방법으로도 지혈이 되지 않을 경우에는 수술을 할 가능성이 높다.

• 혈종(Hermatomas) : 작은 혈종은 저절로 없어진다. 그러나 혈종이 큰 경우에는 없어지길 기다릴 게 아니라 직접 제거해야 한다. 혈관이 터져서 출혈이 계속 되는 경우에는 혈관봉합을 해야 한다. 그리고 심각한 혈액손실이 계속되면 수혈을 해야 한다. 간혹 복강에 혈종이 생기는 경우도 있는데, 이때는 복부를 열어(개복술) 혈종을 제거한다. 개복술의 경우에는 감염의 위험이 있기 때문에 수술부위를 청결하게 유지하는 일이 매우 중요하다. 혹여 감염이 발생하면 항생제 투여가 이뤄진다.

• 태반잔류(Retaines placenta) : 출산 후에도 자궁 내에 태반이 남아 있거나 완전히 빠져나오지 못한 경우에는 의사가 손으로 직접 산모의 자궁벽에 남아있는 태반조직을 제거한다. 이 방법이 효과가 없다면 소파술(자궁벽을 긁어내는 수술)을 해야 한다.

• 열창(Tearing) : 찢어진 부위를 찾아내 치료한다.

• 자궁내번증(Uterine inversion) : 의사가 자궁경관을 통해 자궁을 원래 있어야 할 자리로 돌려놓는다.

• 자궁파열(Uterine rupture) : 출산 중에 자궁이 파열되면, 즉시 수술을 해서 태아를 꺼내고 찢어진 곳을 봉합해야 한다. 만일 이 방법이 실패할 경우에는 자궁의 일부 혹은 전체를 들어내는 수술(자궁적출술)을 할 수도 있다.

만일 과다출혈의 요인이 자궁까지 영향을 미치면 불임을 초래할 수도 있다. 이때 산모를 살리기 위해서 수혈을 하기도 한다. 또한 아주 드문 일이지만 과다출혈로 산모가 사망하는 경우도 있다.

사실상 미국의 경우에는 임신과 관련한 사망사고의 주요원인 중 하나가 과다출혈이다. 그러나 적절한 장비와 의료진을 갖춘 병원이라면 이런 사고가 거의 일어나지 않는다.

산후우울증 (Postpartum depression)

출산은 산모에게 여러 가지 감정을 불러일으키는 일종의 '사건'이다. 산모는 출산을 통해서 흥분과 기쁨, 그리고 두려움을 함께 느낀다. 그러나 때때로는 예기지 않게 우울함이 산모에게 밀려오기도 한다.

많은 산모가 출산 후 며칠 동안 가벼운 우울증을 겪는데, 산후우울증은 짧게는 몇 시간, 길게는 약 2주까지 이어진다. 그리고 좀 더 심각한 우울증에 시달리는 산모는 전체의 10퍼센트 정도다. 심각한 우울증의 경우에는 출산 후 몇 주에서 몇 달까지 이어지기도 한다. 만일 이를 그대로 방치할 경우 1년 넘게 우울증에 시달릴 수 있다.

한편 드물지만 산후정신병에 걸리는 산모도 있다. 산후우울증과 유사한 산후정신병의 증상은 좀 더 극단적인 것이 특징이다. 산후정신병에 시달리는 산모는 급기야 생명을 끊는 다는 생각, 또는 행동을 한다.

산후우울증의 뚜렷한 원인은 아직 아무도 모른다. 다만 아기와 산모의 마음, 그 외의 인간관계 등이 복합적으로 작용한다고만 알려져 있다. 임신과 진통, 출산을 겪는 여성의 신체는 무엇과도 비교할 수 없는 급격한 변화를 경험하며 출산 후에는 신체가 전과 달라진다. 호르몬의 일종인 에스트로겐과 프로게스테론이 급속도로 줄어들고 체내 혈액량, 혈압, 면역체계, 신진대사도 온통 뒤바뀐다. 결국 이러한 변화가 신체적·감정적으로 산모의 감정에 지대한 영향을 미치는 것이다. 다음은 산후우울증과 밀접한 관련이 있는 특징과 감정상태들이다.

- 가족 중 누군가 혹은 과거의 자신이 우울증을 겪은 적이 있다.
- 출산이라는 경험이 만족스럽지 못했다.
- 산후통증을 비롯한 출산 합병증으로 괴롭다.
- 하나부터 열까지 엄마의 도움이 필요한 아기가 부담스럽다.
- 아기를 돌보는 것이 너무 피곤하다.
- 좋은 엄마가 될 수 있을지 불안하다. 혹은 비현실적으로 좋은 엄마가 되고자 기대한다.
- 가정·직장의 변화로 스트레스를 받는다.
- 출산 이전의 내 정체성이 이제 사라진 느낌이다.
- 사회적으로 자신을 지지하지 않는 것 같다.
- 인간관계에 문제가 생겼다.

징후와 증상

가벼운 산후우울증의 대표적인 증상은 불안, 슬픔, 짜증, 잦은 눈물, 두통, 피로함, 자존감 상실 등이다. 대개 이러한 징후와 증상은 며칠에서 몇 주까지 지속된다. 때로는 가벼운 우울증이 중증 우울증으로 전이되기도 한다. 중증 우울증의 경우, 증상이 더 심각하고 더 오래 유지된다. 아래에 중증 우울증의 증상을 참고하라.

- 늘 피로하다.

- 살고 싶은 마음이 없다

- 감정적으로 갇혀있다는 느낌이 든다. 심지어 감정이 마비된 것 같다.

- 가족과 친구들로부터 멀어지고 싶다.

- 내 자신이나 아기에게 관심이 가지 않는다.

- 불면증에 시달린다.

- 과도하게 아기에게 관심을 가지거나 늘 아기를 염려한다.

- 성적인 흥미를 잃었다.

- 내가 엄마로서는 부적격자라는 느낌과 실패자라는 생각이 든다.

- 기분의 변화가 잦고 그 정도도 심하다.

- 주변인들이 나를 기대보다 낮게 대한다.

- 사물에 대한 감각이 별로 없다.

산후정신병은 그 징후와 증상이 산후우울증과 비슷하다. 하지만 알고 보면 훨씬 더 극단적인 성향을 보인다. 산후정신병을 앓는 여성은 심각한 우울함과 불안함에 시달린다. 대개는 엄청난 불안, 혼란, 편집증, 또는 히스테리를 느끼며 심지어 자신이나 아기를 누군가가 해칠 것 같은 두려움을 겪는다. 산모가 자신의 우울함이 '우울증'이라고 인정하는 것은 쉽지 않은 일이다. 출산 후의 우울함을 별스럽지 않은 일로 치부하거나 다들 겪는 일 정도로 생각해버리는 이들도 있다. 그러나 우울증이 정말 별일이 아닌지는 자신이 판단할 수 없는 일이기도 하다. 산모나 자신의 배우자(파트너도 같은 증상을 경험할 수 있다)가 산후우울증의 징후를 보이거나 그 증상을 느낀다면 반드시 의사에게 그 사실을 알려야 한다. 산후정신병의 경우에는 누군가의 생명을 위협할 수도 있기 때문에 더더욱 치료가 절실하다.

산후우울증 스스로 다스리기

산후우울증 진단을 받은 산모는 우선 도움을 줄 전문가를 만나야 한다. 그 이후에 산모 스스로 회복방법을 찾는 것 역시 중요하다. 다음의 방법은 산모에게 도움이 될 것이다.

— 가능한 한 많이 쉰다. 아기가 잠자는 동안은 산모도 쉬면서 안정을 취하는 습관을 들인다.

— 적절히 먹는다. 곡물, 과일, 야채를 중심으로 한 식단이 좋다.

— 조금씩 운동을 한다.

— 가족 및 친구들과 친밀하게 지낸다.

— 가끔은 가족과 친구들에게 아기를 부탁하거나 집안일을 도와달라고 한다.

— 자기만의 시간을 갖는다. 예쁘게 입고 바깥구경도 하고 친구를 만나거나 쇼핑을 한다.

— 다른 엄마들과 이야기를 나눈다. 동네에 산모들의 모임이 있는지 알아본다.

— 배우자와 함께 오붓한 시간을 보낸다.

대처와 관리법

의사는 산모와 일대일로 대화를 나누면서 산후우울증 여부를 판단한다. 상당수의 여성은 아기를 낳은 후에 지치고 겁에 질린다. 따라서 의사는 우울증진단척도(depression-screening scale)로 산모의 우울함이 금방 지나갈 가벼운 우울증이지 아니면 오래 지속될 중증의 우울증인지 가려낸다.

일단 산후우울증으로 밝혀지면 의사는 의학적 질병으로 간주한다. 이에 대한 치료는 개인에 따라 차이가 있지만 대체로 다음의 방법을 포함한다.

- 정기적인 친목회

- 개인상담 혹은 심리치료

- 항우울제 투여

- 호르몬요법

산모가 모유수유 중이라면 항우울제를 복용하기 전에 의사와 상담해야 한다. 일부 항우울제는 모유에 영향을 미칠 수 있기 때문이다. 산후우울증을 경험한 산모는 다음 출산 후에도 우울증에 걸릴 위험이 높다. 실제로, 산후우울증은 둘째 아이를 출산한 산모에게서 더 많이 발견된다. 그러나 조기에 적절한 치료를 받으면 우울증이 심화될 가능성이 현저히 줄어드는 동시에 신속하게 회복할 수 있다.

요로 감염 (Unirary Tract Infection)

일단 출산을 한번 하고나면 방광의 기능이 저하된다. 그리고 방광을 완전히 비우지 못하는 경우도 있다. 이때 방광 속에 남은 소변은 박테리아가 서식하기에 알맞은 환경을 제공한다. 이들 박테리아는 방광에서 자라나 신장이나 요도(소변이 배출되는 통로)로 번지기 쉽다.

자연분만이든 제왕절개든 모두 요로 감염(UTIs)에 걸릴 위험은 있다. 요로 감염은 제왕절개로 생길 수 있는 합병증 중 자궁내막염 다음으로 가장 흔한 질병이다. 오래 도뇨관을 꽂고 있었을 경우 또는 임신부가 당뇨환자인 경우에는 요로 감염에 걸릴 확률이 더 높아진다.

징후와 증상

자주 소변이 마렵거나 금방이라도 나올 듯 급하다. 또는 소변을 보는 동안에 통증이 느껴지기도 한다. 종종 방광이 있는 부위가 단단해지고 열이 나는 증상도 나타난다. 퇴원 후 이런 변화가 생긴다면 다시 병원으로 가야 한다. 병원에서는 소변 검사를 통해 방광 속의 박테리아 서식 여부를 밝혀낼 것이다.

대처와 관리법

요로 감염은 대개 항생제 복용, 다량의 수분 섭취, 규칙적으로 화장실 가기,
해열제인 아세트아미노펜(타이레놀 등) 복용으로 치료한다.

■ 저자소개

지은이   Mayo Clinic

메이요 클리닉*Mayo Clinic*은 초기 창립자인 의사 윌리엄 워럴 메이요*William Worrall Mayo*와 그의 두 아들인 윌리엄 주니어*William J.* 와 찰스 메이요*Charles H. Mayo*에 의해 1900년대 초에 설립된 병원이다. 미네소타*Minnesota* 주 로체스터*Rochester*에 처음 메이요 클리닉이 설립된 후 우수한 의료진들로 구성되었다. 오늘날 메이요 클리닉은 미네소타 주 로체스터, 플로리다*Florida* 주 잭슨빌*Jacksonville*, 애리조나*Arizona* 주 스카츠데일*Scottsdale* 이렇게 세 곳에 위치하고 있으며 2,000명 이상의 내과의사와 의학 전문가들이 그 곳에서 왕성하게 활동하고 있다. 1983년부터 메이요 클리닉은 건강에 관련된 책을 출판하며 수백만의 사람들에게 신뢰성 높은 정보를 제공해왔으며 이제는 신문, 책, 온라인 서비스까지 그 영역을 넓혀가고 있다. 그로 인해 얻어지는 수익금은 메이요 클리닉의 의학 교육과 연구에 사용되고 있다.

옮긴이   노정래

서울대학교 의과대학을 졸업하고, 현재 성균관대학교 의과대학 삼성서울병원 산부인과 교수이다. 진료 분야는 산과, 분만, 고위험 임신, 정상·비정상 임산부의 진단 및 산전 검사, 산전 초음파 검사이다. 공저로 《소문난 임신 출산 책》이 있다.